中国科学院中国孢子植物志编辑委员会　编辑

中 国 真 菌 志

第七十一卷

红 菇 属

文华安　李国杰　主编

国家自然科学基金重大项目
中国科学院知识创新工程重大项目

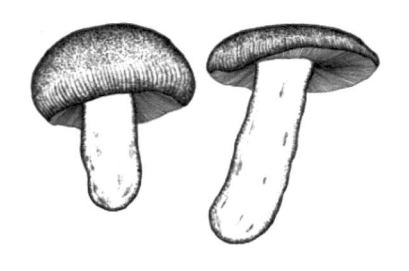

科 学 出 版 社
北 京

内 容 简 介

红菇属是种类众多的伞状类真菌，有重要的经济价值，多数种是著名的味道鲜美、营养丰富的食用菌，有些种在我国有着悠久的药用历史，可单方或复方入药，少数种误食会引起中毒甚至死亡。所有种均为外生菌根菌，在苗木培育和植树造林中是林木生长的重要因子。本卷概述了红菇属真菌的基本特征和分类研究的历史，记载了我国红菇属真菌159个分类单位，其中含152种3亚种4变种。每个分类单位有形态描述、生境、分布、讨论和特征插图，并注明可食、可入药、毒性；有些种附有彩色照片和担孢子扫描电镜照片。书中提供了我国红菇属的分亚属、分组和分种检索表，并附有参考文献、真菌汉名索引和真菌学名索引。

本书可供菌物学、森林保护学、菌物资源开发等领域的工作者，大专院校相关专业的师生，以及真菌爱好者参考。

图书在版编目 (CIP) 数据

中国真菌志. 第七十一卷, 红菇属 / 文华安, 李国杰主编. — 北京：科学出版社, 2024.6. — ISBN 978-7-03-078752-1

I. Q949.32；Q949.329

中国国家版本馆 CIP 数据核字第 2024HW4355 号

责任编辑：刘新新 / 责任校对：严 娜
责任印制：肖 兴 / 封面设计：刘新新

科学出版社 出版
北京东黄城根北街 16 号
邮政编码：100717
http://www.sciencep.com

北京建宏印刷有限公司印刷
科学出版社发行 各地新华书店经销

*

2024 年 6 月第 一 版　开本：787×1092　1/16
2024 年 6 月第一次印刷　印张：22　插页：14
字数：500 000

定价：398.00 元
(如有印装质量问题，我社负责调换)

CONSILIO FLORARUM CRYPTOGAMARUM SINICARUM
ACADEMIAE SINICAE EDITA

FLORA FUNGORUM SINICORUM

VOL. 71

RUSSULA

REDACTORES PRINCIPALES

Wen Hua-An   Li Guo-Jie

A Major Project of the National Natural Science Foundation of China
A Major Project of the Knowledge Innovation Program of the Chinese Academy of Sciences

Science Press
Beijing

红 菇 属

本 卷 著 者

文华安 李国杰 李赛飞

(中国科学院微生物研究所)

RUSSULA

AUCTORES

Wen Hua-An Li Guo-Jie Li Sai-Fei

(*Institutum Microbiologicum, Academiae Sinicae*)

中国孢子植物志第五届编委名单

(2007年5月)(2017年5月调整)

主　　　编　魏江春
副 主 编　庄文颖　夏邦美　吴鹏程　胡征宇
编　　　委　(以姓氏笔画为序)

丁兰平　王幼芳　王全喜　王旭雷　吕国忠
庄剑云　刘小勇　刘国祥　李仁辉　李增智
杨祝良　张天宇　陈健斌　胡鸿钧　姚一建
贾　渝　高亚辉　郭　林　谢树莲　蔡　磊
戴玉成　魏印心

序

中国孢子植物志是非维管束孢子植物志，分《中国海藻志》、《中国淡水藻志》、《中国真菌志》、《中国地衣志》及《中国苔藓志》五部分。中国孢子植物志是在系统生物学原理与方法的指导下对中国孢子植物进行考察、收集和分类的研究成果；是生物物种多样性研究的主要内容；是物种保护的重要依据，与人类活动及环境甚至全球变化都有不可分割的联系。

中国孢子植物志是我国孢子植物物种数量、形态特征、生理生化性状、地理分布及其与人类关系等方面的综合信息库；是我国生物资源开发利用、科学研究与教学的重要参考文献。

我国气候条件复杂，山河纵横，湖泊星布，海域辽阔，陆生和水生孢子植物资源极其丰富。中国孢子植物分类工作的发展和中国孢子植物志的陆续出版，必将为我国开发利用孢子植物资源和促进学科发展发挥积极作用。

随着科学技术的进步，我国孢子植物分类工作在广度和深度方面将有更大的发展，这部著作也将不断被补充、修订和提高。

中国科学院中国孢子植物志编辑委员会
1984 年 10 月·北京

中国孢子植物志总序

中国孢子植物志是由《中国海藻志》、《中国淡水藻志》、《中国真菌志》、《中国地衣志》及《中国苔藓志》所组成。至于维管束孢子植物蕨类未被包括在中国孢子植物志之内,是因为它早先已被纳入《中国植物志》计划之内。为了将上述未被纳入《中国植物志》计划之内的藻类、真菌、地衣及苔藓植物纳入中国生物志计划之内,出席1972年中国科学院计划工作会议的孢子植物学工作者提出筹建"中国孢子植物志编辑委员会"的倡议。该倡议经中国科学院领导批准后,"中国孢子植物志编辑委员会"的筹建工作随之启动,并于1973年在广州召开的《中国植物志》、《中国动物志》和中国孢子植物志工作会议上正式成立。自那时起,中国孢子植物志一直在"中国孢子植物志编辑委员会"统一主持下编辑出版。

孢子植物在系统演化上虽然并非单一的自然类群,但是,这并不妨碍在全国统一组织和协调下进行孢子植物志的编写和出版。

随着科学技术的飞速发展,在人们对真菌知识的了解日益深入的今天,黏菌与卵菌已从真菌界中分出,分别归隶于原生动物界和管毛生物界。但是,长期以来,由于它们一直被当作真菌由国内外真菌学家进行研究,而且,在"中国孢子植物志编辑委员会"成立时已将黏菌与卵菌纳入中国孢子植物志之一的《中国真菌志》计划之内,因此,沿用包括黏菌与卵菌在内的《中国真菌志》广义名称是必要的。

自"中国孢子植物志编辑委员会"于1973年成立以后,作为"三志"的组成部分,中国孢子植物志的编研工作由中国科学院资助;自1982年起,国家自然科学基金委员会参与部分资助;自1993年以来,作为国家自然科学基金委员会重大项目,在国家基金委资助下,中国科学院及科技部参与部分资助,中国孢子植物志的编辑出版工作不断取得重要进展。

中国孢子植物志是记述我国孢子植物物种的形态、解剖、生态、地理分布及其与人类关系等方面的大型系列著作,是我国孢子植物物种多样性的重要研究成果,是我国孢子植物资源的综合信息库,是我国生物资源开发利用、科学研究与教学的重要参考文献。

我国气候条件复杂,山河纵横,湖泊星布,海域辽阔,陆生与水生孢子植物物种多样性极其丰富。中国孢子植物志的陆续出版,必将为我国孢子植物资源的开发利用,为我国孢子植物科学的发展发挥积极作用。

中国科学院中国孢子植物志编辑委员会
主编　曾呈奎
2000年3月　北京

Foreword of the Cryptogamic Flora of China

Cryptogamic Flora of China is composed of *Flora Algarum Marinarum Sinicarum*, *Flora Algarum Sinicarum Aquae Dulcis*, *Flora Fungorum Sinicorum*, *Flora Lichenum Sinicorum*, and *Flora Bryophytorum Sinicorum*, edited and published under the direction of the Editorial Committee of the Cryptogamic Flora of China, Chinese Academy of Sciences (CAS). It also serves as a comprehensive information bank of Chinese cryptogamic resources.

Cryptogams are not a single natural group from a phylogenetic point of view which, however, does not present an obstacle to the editing and publication of the Cryptogamic Flora of China by a coordinated, nationwide organization. The Cryptogamic Flora of China is restricted to non-vascular cryptogams including the bryophytes, algae, fungi, and lichens. The ferns, a group of vascular cryptogams, were earlier included in the plan of *Flora of China*, and are not taken into consideration here. In order to bring the above groups into the plan of Fauna and Flora of China, some leading scientists on cryptogams, who were attending a working meeting of CAS in Beijing in July 1972, proposed to establish the Editorial Committee of the Cryptogamic Flora of China. The proposal was approved later by the CAS. The committee was formally established in the working conference of Fauna and Flora of China, including cryptogams, held by CAS in Guangzhou in March 1973.

Although myxomycetes and oomycetes do not belong to the Kingdom of Fungi in modern treatments, they have long been studied by mycologists. *Flora Fungorum Sinicorum* volumes including myxomycetes and oomycetes have been published, retaining for *Flora Fungorum Sinicorum* the traditional meaning of the term fungi.

Since the establishment of the editorial committee in 1973, compilation of Cryptogamic Flora of China and related studies have been supported financially by the CAS. The National Natural Science Foundation of China has taken an important part of the financial support since 1982. Under the direction of the committee, progress has been made in compilation and study of Cryptogamic Flora of China by organizing and coordinating the main research institutions and universities all over the country. Since 1993, study and compilation of the Chinese fauna, flora, and cryptogamic flora have become one of the key state projects of the National Natural Science Foundation with the combined support of the CAS and the National Science and Technology Ministry.

Cryptogamic Flora of China derives its results from the investigations, collections, and classification of Chinese cryptogams by using theories and methods of systematic and evolutionary biology as its guide. It is the summary of study on species diversity of cryptogams and provides important data for species protection. It is closely connected with human activities, environmental changes and even global changes. Cryptogamic Flora of

China is a comprehensive information bank concerning morphology, anatomy, physiology, biochemistry, ecology, and phytogeographical distribution. It includes a series of special monographs for using the biological resources in China, for scientific research, and for teaching.

China has complicated weather conditions, with a crisscross network of mountains and rivers, lakes of all sizes, and an extensive sea area. China is rich in terrestrial and aquatic cryptogamic resources. The development of taxonomic studies of cryptogams and the publication of Cryptogamic Flora of China in concert will play an active role in exploration and utilization of the cryptogamic resources of China and in promoting the development of cryptogamic studies in China.

C.K. Tseng
Editor-in-Chief
The Editorial Committee of the Cryptogamic Flora of China
Chinese Academy of Sciences
March, 2000 in Beijing

《中国真菌志》序

《中国真菌志》是在系统生物学原理和方法指导下，对中国真菌，即真菌界的子囊菌、担子菌、壶菌及接合菌四个门以及不属于真菌界的卵菌等三个门和黏菌及其类似的菌类生物进行搜集、考察和研究的成果。本志所谓"真菌"系广义概念，涵盖上述三大菌类生物（地衣型真菌除外），即当今所称"菌物"。

中国先民认识并利用真菌作为生活、生产资料，历史悠久，经验丰富，诸如酒、醋、酱、红曲、豆豉、豆腐乳、豆瓣酱等的酿制，蘑菇、木耳、茭白作食用，茯苓、虫草、灵芝等作药用，在制革、纺织、造纸工业中应用真菌进行发酵，以及利用具有抗癌作用和促进碳素循环的真菌，充分显示其经济价值和生态效益。此外，真菌又是多种植物和人畜病害的病原菌，危害甚大。因此，对真菌物种的形态特征、多样性、生理生化、亲缘关系、区系组成、地理分布、生态环境以及经济价值等进行研究和描述，非常必要。这是一项重要的基础科学研究，也是利用益菌、控制害菌、化害为利、变废为宝的应用科学的源泉和先导。

中国是具有悠久历史的文明古国，古代科学技术一直处于世界前沿，真菌学也不例外。酒是真菌的代谢产物，中国酒文化博大精深、源远流长，有几千年历史。约在公元300年的晋代，江统在其《酒诰》诗中说："酒之所兴，肇自上皇。或云仪狄，一曰杜康。有饭不尽，委余空桑。郁积成味，久蓄气芳。本出于此，不由奇方。"作者精辟地总结了我国酿酒历史和自然发酵方法，比意大利学者雷蒂（Radi，1860）提出微生物自然发酵法的学说约早1500年。在仰韶文化时期（5000 B. C.～3000 B. C.），我国先民已懂得采食蘑菇。中国历代古籍中均有食用菇蕈的记载，如宋代陈仁玉在其《菌谱》（1245）中记述浙江台州产鹅膏菌、松蕈等11种，并对其形态、生态、品级和食用方法等作了论述和分类，是中国第一部地方性食用蕈菌志。先民用真菌作药材也是一大创造，中国最早的药典《神农本草经》（成书于102～200 A. D.）所载365种药物中，有茯苓、雷丸、桑耳等10余种药用真菌的形态、色泽、性味和疗效的叙述。明代李时珍在《本草纲目》（1578）中，记载"三菌"、"五蕈"、"六芝"、"七耳"以及羊肚菜、桑黄、鸡坳、雪蚕等30多种药用真菌。李时珍将菌、蕈、芝、耳集为一类论述，在当时尚无显微镜帮助的情况下，其认识颇为精深。该籍的真菌学知识，足可代表中国古代真菌学水平，堪与同时代欧洲人（如C. Clusius，1529～1609）的水平比拟而无逊色。

15世纪以后，居世界领先地位的中国科学技术逐渐落后。从18世纪中叶到20世纪40年代，外国传教士、旅行家、科学工作者、外交官、军官、教师以及负有特殊任务者，纷纷来华考察，搜集资料，采集标本，研究鉴定，发表论文或专辑。如法国传教士西博特（P.M. Cibot）1759年首先来到中国，一住就是25年，写过不少关于中国植物（含真菌）的文章，1775年他发表的五棱散尾菌（*Lysurus mokusin*），是用现代科学方法研究发表的第一个中国真菌。继而，俄国的波塔宁（G.N. Potanin，1876）、意大利的吉拉迪（P. Giraldii，1890）、奥地利的汉德尔-马泽蒂（H. Handel-Mazzetti，1913）、美国的梅里尔（E.D. Merrill，1916）、瑞典的史密斯（H. Smith，1921）等共27人次来我国采集标本。研究发表中国真菌论著114篇册，作者多达60余人次，报道中国真菌2040种，其中含

10新属、361新种。东邻日本自1894年以来，特别是1937年以后，大批人员涌到中国，调查真菌资源及植物病害，采集标本，鉴定发表。据初步统计，发表论著172篇册，作者67人次以上，共报道中国真菌约6000种（有重复），其中含17新属、1130新种。其代表人物在华北有三宅市郎(1908)，东北有三浦道哉(1918)，台湾有泽田兼吉(1912)；此外，还有斋藤贤道、伊藤诚哉、平冢直秀、山本和太郎、逸见武雄等数十人。

国人用现代科学方法研究中国真菌始于20世纪初，最初工作多侧重于植物病害和工业发酵，纯真菌学研究较少。在一二十年代便有不少研究报告和学术论文发表在中外各种刊物上，如胡先骕1915年的"菌类鉴别法"，章祖纯1916年的"北京附近发生最盛之植物病害调查表"以及钱穟孙(1918)、邹钟琳(1919)、戴芳澜(1920)、李寅恭(1921)、朱凤美(1924)、孙豫寿(1925)、俞大绂(1926)、魏喦寿(1928)等的论文。三四十年代有陈鸿康、邓叔群、魏景超、凌立、周宗璜、欧世璜、方心芳、王云章、裘维蕃等发表的论文，为数甚多。他们中有的人终生或大半生都从事中国真菌学的科教工作，如戴芳澜(1893～1973)著"江苏真菌名录"(1927)、"中国真菌杂录"(1932～1939)、《中国已知真菌名录》(1936，1937)、《中国真菌总汇》(1979)和《真菌的形态和分类》(1987)等，他发表的"三角枫上白粉病菌之一新种"(1930)，是国人用现代科学方法研究、发表的第一个中国真菌新种。邓叔群(1902～1970)著"南京真菌之记载"(1932～1933)、"中国真菌续志"(1936～1938)、《中国高等真菌》(1939)和《中国的真菌》(1963)等，堪称《中国真菌志》的先导。上述学者以及其他许多真菌学工作者，为《中国真菌志》研编的起步奠定了基础。

在20世纪后半叶，特别是改革开放以来的20多年，中国真菌学有了迅猛的发展，如各类真菌学课程的开设，各级学位研究生的招收和培养，专业机构和学会的建立，专业刊物的创办和出版，地区真菌志的问世等，使真菌学人才辈出，为《中国真菌志》的研编输送了新鲜血液。1973年中国科学院广州"三志"会议决定，《中国真菌志》的研编正式启动，1987年由郑儒永、余永年等编撰的《中国真菌志》第1卷《白粉菌目》出版，至2000年《中国真菌志》已出版14卷。《中国真菌志》自第2卷开始实行主编负责制，2.《银耳目和花耳目》(刘波，1992)；3.《多孔菌科》(赵继鼎，1998)；4.《小煤炱目Ⅰ》(胡炎兴，1996)；5.《曲霉属及其相关有性型》(齐祖同，1997)；6.《霜霉目》(余永年，1998)；7.《层腹菌目 黑腹菌目 高腹菌目》(刘波，1998)；8.《核盘菌科 地舌菌科》(庄文颖，1998)；9.《假尾孢属》(刘锡琎、郭英兰，1998)；10.《锈菌目(一)》(王云章、庄剑云，1998)；11.《小煤炱目Ⅱ》(胡炎兴，1999)；12.《黑粉菌科》(郭林，2000)；13.《虫霉目》(李增智，2000)；14.《灵芝科》(赵继鼎、张小青，2000)。盛世出巨著，在国家"科教兴国"英明政策的指引下，《中国真菌志》的研编和出版，定将为中华灿烂文化做出新贡献。

余永年
庄文颖 谨识
中国科学院微生物研究所
中国·北京·中关村
2002年9月15日

Foreword of Flora Fungorum Sinicorum

Flora Fungorum Sinicorum summarizes the achievements of Chinese mycologists based on principles and methods of systematic biology in intensive studies on the organisms studied by mycologists, which include non-lichenized fungi of the Kingdom Fungi, some organisms of the Chromista, such as oomycetes etc., and some of the Protozoa, such as slime molds. In this series of volumes, results from extensive collections, field investigations, and taxonomic treatments reveal the fungal diversity of China.

Our Chinese ancestors were very experienced in the application of fungi in their daily life and production. Fungi have long been used in China as food, such as edible mushrooms, including jelly fungi, and the hypertrophic stems of water bamboo infected with *Ustilago esculenta*; as medicines, like *Cordyceps sinensis* (caterpillar fungus), *Poria cocos* (China root), and *Ganoderma* spp. (lingzhi); and in the fermentation industry, for example, manufacturing liquors, vinegar, soy-sauce, *Monascus*, fermented soya beans, fermented bean curd, and thick broad-bean sauce. Fungal fermentation is also applied in the tannery, paperma-king, and textile industries. The anti-cancer compounds produced by fungi and functions of saprophytic fungi in accelerating the carbon-cycle in nature are of economic value and ecological benefits to human beings. On the other hand, fungal pathogens of plants, animals and human cause a huge amount of damage each year. In order to utilize the beneficial fungi and to control the harmful ones, to turn the harmfulness into advantage, and to convert wastes into valuables, it is necessary to understand the morphology, diversity, physiology, biochemistry, relationship, geographical distribution, ecological environment, and economic value of different groups of fungi.

China is a country with an ancient civilization of long standing. In ancient times, her science and technology as well as knowledge of fungi stood in the leading position of the world. Wine is a metabolite of fungi. The Wine Culture history in China goes back to thousands of years ago, which has a distant source and a long stream of extensive knowledge and profound scholarship. In the Jin Dynasty (*ca.* 300 A.D.), JIANG Tong, the famous writer, gave a vivid account of the Chinese fermentation history and methods of wine processing in one of his poems entitled *Drinking Games* (Jiu Gao), 1500 years earlier than the theory of microbial fermentation in natural conditions raised by the Italian scholar, Radi (1860). During the period of the Yangshao Culture (5000—3000 B.C.), our Chinese ancestors knew how to eat mushrooms. There were a great number of records of edible mushrooms in Chinese ancient books. For example, back to the Song Dynasty, CHEN Ren-Yu (1245) published the *Mushroom Menu* (Jun Pu) in which he listed 11 species of edible fungi including *Amanita* sp. and *Tricholoma matsutake* from Taizhou, Zhejiang Province, and described in detail their morphology, habitats, taxonomy, taste, and way of cooking. This was the first local flora of the Chinese edible mushrooms. Fungi used as medicines originated in ancient China. The earliest Chinese pharmacopocia, *Shen-Nong Materia Medica* (Shen Nong Ben Cao Jing), was published in 102—200 A.D. Among the 365 medicines recorded, more than 10 fungi, such as *Poria cocos* and *Polyporus mylittae*, were included. Their fruitbody shape, color, taste, and medical functions were provided. The great pharmacist of Ming Dynasty, LI Shi-Zhen published his eminent work *Compendium Materia Medica* (Ben Cao Gang Mu) (1578) in which more than thirty fungal species were accepted as medicines, including *Aecidium mori*, *Cordyceps sinensis*, *Morchella* spp., *Termitomyces* sp., etc. Before the invention of microscope, he managed to bring fungi of different classes together, which demonstrated his intelligence and profound knowledge of biology.

After the 15th century, development of science and technology in China slowed down. From middle of the 18th century to the 1940's, foreign missionaries, tourists, scientists, diplomats, officers, and other professional workers visited China. They collected specimens of plants and fungi, carried out taxonomic studies, and published papers, exsi ccatae, and monographs based on Chinese materials. The French missionary, P.M. Cibot, came to China in 1759 and stayed for 25 years to investigate plants including fungi in different regions of China. Many papers were written by him. *Lysurus mokusin*, identified with modern techniques and published in 1775, was probably the first Chinese fungal record by these visitors. Subsequently, around 27 man-times of foreigners attended field excursions in China, such as G.N. Potanin from Russia in 1876, P. Giraldii from Italy in 1890, H. Handel-Mazzetti from Austria in 1913, E.D. Merrill from the United States in 1916, and H. Smith from Sweden in 1921. Based on examinations of the Chinese collections obtained, 2040 species including 10 new genera and 361 new species were reported or described in 114 papers and books. Since 1894, especially after 1937, many Japanese entered China. They investigated the fungal resources and plant diseases, collected specimens, and published their identification results. According to incomplete information, some 6000 fungal names (with synonyms) including 17 new genera and 1130 new species appeared in 172 publications. The main workers were I. Miyake (1908) in the Northern China, M. Miura (1918) in the Northeast, K. Sawada (1912) in Taiwan, as well as K. Saito, S. Ito, N. Hiratsuka, W. Yamamoto, T. Hemmi, etc.

Research by Chinese mycologists started at the turn of the 20th century when plant diseases and fungal fermentation were emphasized with very little systematic work. Scientific papers or experimental reports were published in domestic and international journals during the 1910's to 1920's. The best-known are "Identification of the fungi" by H.H. Hu in 1915, "Plant disease report from Peking and the adjacent regions" by C.S. Chang in 1916, and papers by S.S. Chian (1918), C.L. Chou (1919), F.L. Tai (1920), Y.G. Li (1921), V.M. Chu (1924), Y.S. Sun (1925), T.F. Yu (1926), and N.S. Wei (1928). Mycologists who were active at the 1930's to 1940's are H.K. Chen, S.C. Teng, C.T. Wei, L. Ling, C.H. Chow, S.H. Ou, S.F. Fang, Y.C. Wang, W.F. Chiu, and others. Some of them dedicated their lifetime to research and teaching in mycology. Prof. F.L. Tai (1893—1973) is one of them, whose representative works were "List of fungi from Jiangsu"(1927), "Notes on Chinese fungi"(1932—1939), *A List of Fungi Hitherto Known from China* (1936, 1937), *Sylloge Fungorum Sinicorum* (1979), *Morphology and Taxonomy of the Fungi* (1987), etc. His paper entitled "A new species of *Uncinula* on *Acer trifidum* Hook. & Arn." (1930) was the first new species described by a Chinese mycologist. Prof. S.C. Teng (1902—1970) is also an eminent teacher. He published "Notes on fungi from Nanking" in 1932—1933, "Notes on Chinese fungi" in 1936—1938, *A Contribution to Our Knowledge of the Higher Fungi of China* in 1939, and *Fungi of China* in 1963. Work done by the above-mentioned scholars lays a foundation for our current project on *Flora Fungorum Sinicorum*.

Significant progress has been made in development of Chinese mycology since 1978. Many mycological institutions were founded in different areas of the country. The Mycological Society of China was established, the journals *Acta Mycological Sinica* and *Mycosystema* were published as well as local floras of the economically important fungi. A young generation in field of mycology grew up through postgraduate training programs in the graduate schools. In 1973, an important meeting organized by the Chinese Academy of Sciences was held in Guangzhou (Canton) and a decision was made, uniting the related scientists from all over China to initiate the long term project "Fauna, Flora, and Cryptogamic Flora of China". Work on *Flora Fungorum Sinicorum* thus started. The first volume of Chinese Mycoflora on the Erysiphales (edited by R.Y. Zheng & Y.N. Yu, 1987) appeared. Up to now, 14 volumes have been published: Tremellales and Dacrymycetales edited by B. Liu (1992), Polyporaceae by J.D. Zhao (1998), Meliolales Part I (Y.X. Hu, 1996), *Aspergillus* and its related teleomorphs (Z.T. Qi, 1997), Peronosporales (Y.N. Yu, 1998), Hymenogastrales, Melanogastrales and Gautieriales (B. Liu, 1998), Sclerotiniaceae and Geoglossaceae (W.Y. Zhuang, 1998), *Pseudocercospora* (X.J. Liu & Y.L. Guo, 1998), Uredinales Part I (Y.C. Wang & J.Y. Zhuang, 1998), Meliolales Part II (Y.X. Hu, 1999), Ustilaginaceae (L. Guo, 2000), Entomophthorales (Z.Z. Li, 2000), and Ganodermataceae (J.D. Zhao & X.Q. Zhang, 2000). We eagerly await the coming volumes and expect the completion of Flora *Fungorum Sinicorum* which will reflect the flourishing of Chinese culture.

Y.N. Yu and W.Y. Zhuang
Institute of Microbiology, CAS, Beijing
September 15, 2002

致　谢

　　本卷基于在全国各地采集的红菇标本编研而成。大量标本是我国同行和前辈科学家长期辛苦在野外采集的标本，没有他们的工作积累本卷是难以完成的。

　　我国老一辈菌物学家邓叔群教授、戴芳澜教授、裘维蕃教授、臧穆教授和应建浙教授等对红菇属分类研究做了大量基础性研究，积累了丰富的研究标本和文献资料，为本卷的编撰奠定了坚实的基础。特别是应建浙教授对笔者研究工作的亲临指导，把研究红菇属真菌积累几十年的资料和经验毫无保留地给予笔者，为本卷的编研起到了重要的作用。在编研该志期间得到庄文颖院士的热心指导。中国科学院微生物研究所的卯晓岚副研究员、宗毓臣先生、孙述宵先生、马启明先生、徐连旺先生、王庆之先生、张小青副研究员、郭良栋研究员和魏铁铮副研究员，中国科学院昆明植物研究所杨祝良研究员、刘培贵研究员和王向华副研究员，大理大学农学与生物科学学院苏鸿雁教授，广东省科学院微生物研究所毕志树研究员、郑国扬先生、李泰辉研究员和邓旺秋博士，吉林农业大学图力古尔教授和范宇光博士，中国科学院沈阳应用生态研究所谢支锡研究员等同仁提供了多年野外辛苦采集的红菇属真菌标本。在多年真菌资源调查和标本采集的野外工作中，得到了中国科学院微生物研究所庄剑云研究员、刘杏忠研究员和姚一建研究员，云南省农业科学院生物技术与种质资源研究所赵永昌研究员和李树红助理研究员，云南省大理白族自治州苍山保护管理局张彬先生和赵勇先生，云南省热带作物研究所曹旸博士，贵州省农业科学院刘作易教授和龚光禄先生，四川省农业科学院王波研究员和何晓兰博士，福建农林大学生命科学学院邱君志副教授，福建三明真菌研究所黄年来研究员和上官舟建先生，海南大学环境与植物保护学院李增平教授，西藏农牧学院旺姆教授，广西大学生命科学学院刘斌教授，新疆大学生命科学学院阿不都拉·阿巴斯教授和吾尔妮莎·沙依丁博士等无私的热心帮助。中山大学生命科学学院邱礼鸿教授，中国林业科学研究院热带林业研究所梁俊峰研究员，中国科学院微生物研究所赵瑞琳研究员提供部分文献、图片和数据。

　　在标本的借阅及其研究中，得到了中国科学院微生物研究所菌物标本馆（HMAS）、中国科学院昆明植物研究所标本馆隐花植物标本室（HKAS）、广东省科学院微生物研究所真菌标本馆（HMIGD）、吉林农业大学菌物标本馆（HMJAU）、中国科学院沈阳生态研究所标本馆（IFP）、台湾自然科学博物馆标本馆（TNM）和奥地利维也纳大学植物标本馆（WU）鼎力帮助支持。

　　国家自然科学基金委给予红菇属真菌研究的资金支持。中国科学院微生物研究所大型仪器中心电镜室在扫描电镜样品制备和观察中提供了支持帮助，微生物所图书馆和中国科学院植物研究所图书馆帮助查找部分文献。

在此对本卷研究和编撰工作中提供帮助的单位和个人表示诚挚的感谢！

因笔者水平有限，编写真菌志的经验不足，本书难免有一些不足之处，敬请阅者提出宝贵的修改意见，便于今后修正。

文华安
中国科学院微生物研究所
中国·北京·奥运村
2022 年 5 月 5 日

目　录

序
中国孢子植物志总序
《中国真菌志》序
致谢
绪论 ·· 1
　一、经济价值 ··· 1
　二、标本的采集和观察方法 ··· 2
　三、形态与结构 ·· 4
　四、生态与分布 ·· 9
　五、红菇属的分类和评价 ··· 10
　六、中国红菇属分类研究简史 ·· 14
专论 ··· 18
　红菇属 RUSSULA Pers. ·· 18
　　深红亚属 subgen. *Coccinula* Romagn. ··· 19
　　　褪色组 sect. *Decolorantinae* Maire ·· 19
　　　　宾川红菇 *Russula binchuanensis* H.A. Wen & J.Z. Ying ························· 20
　　　　鸡足山红菇 *Russula chichuensis* W. F. Chiu ·· 21
　　　　褪色红菇 *Russula decolorans* (Fr.) Fr. ··· 22
　　　　变红红菇 *Russula rubescens* Beardslee ·· 24
　　　　斯坦巴克红菇 *Russula steinbachii* Čern. & Singer ································ 25
　　　光亮组 sect. *Laetinae* Romagn. ··· 26
　　　　似金红菇 *Russula auraiacearum* B. Song ·· 27
　　　　金红菇 *Russula aurea* Pers. ··· 28
　　　　北方红菇 *Russula borealis* Kauffman ·· 30
　　　　奶榛色红菇 *Russula cremeoavellanea* Singer ······································ 32
　　　　吉林红菇 *Russula jilinensis* G.J. Li & H.A. Wen ··································· 33
　　　　光亮红菇 *Russula nitida* (Pers.) Fr. ·· 34
　　　沼泽组 sect. *Paludosinae* Jul. Schäff. ·· 36
　　　　淡黄红菇 *Russula flavida* Frost ex Peck ··· 37
　　　　湿生红菇 *Russula humidicola* Burl. ·· 38
　　　　沼泽红菇 *Russula paludosa* Britzelm. ··· 39
　　　　微紫红菇 *Russula purpurina* Quél. & Schulzer ···································· 41
　　　　四川红菇 *Russula sichuanensis* G.J. Li & H.A. Wen ······························· 42
　　　　细皮囊体红菇 *Russula velenovskyi* Melzer & Zvára ······························· 44

密集亚属 subgen. *Compacta* (Fr.) Bon ··· 45
 黑色组 sect. *Nigricantinae* Bataille ··· 46
  辣褶红菇 *Russula acrifolia* Romagn. ··· 46
  烟色红菇 *Russula adusta* (Pers.) Fr. ··· 47
  黑白红菇 *Russula albonigra* (Krombh.) Fr. ··· 50
  密褶红菇 *Russula densifolia* Secr. ex Gillet ··· 51
  亚稀褶黑红菇 *Russula subnigricans* Hongo ··· 54
 哭泣组 sect. *Plorantinae* Bataille ··· 55
  短柄红菇 *Russula brevipes* Peck ··· 55
  黄绿红菇 *Russula chloroides* (Krombh.) Bres. ··· 57
  密集红菇 *Russula compacta* Frost ··· 59
  美味红菇 *Russula delica* Fr. ··· 60
  硫孢红菇 *Russula flavispora* Romagn. ··· 63
  日本红菇 *Russula japonica* Hongo ··· 65
  淡孢红菇 *Russula pallidospora* J. Blum ex Romagn. ··· 66
  假美味红菇 *Russula pseudodelica* J.E. Lange ··· 67
异褶亚属 subgen. *Heterophyllidia* Romagn. ··· 69
 灰色组 sect. *Griseinae* Jul. Schäff. ··· 69
  铜绿红菇 *Russula aeruginea* Lindblad ex Fr. ··· 70
  暗绿红菇 *Russula atroaeruginea* G.J. Li, Q. Zhao & H.A. Wen ··· 72
  灰红菇 *Russula grisea* Fr. ··· 73
  紫绿红菇 *Russula ionochlora* Romagn. ··· 75
  髓质红菇 *Russula medullata* Romagn. ··· 76
  似天蓝红菇 *Russula parazurea* Jul. Schäff. ··· 78
  假铜绿红菇 *Russula pseudoaeruginea* (Romagn.) Kuyper & Vuure ··· 79
 异褶组 sect. *Heterophyllinae* Maire ··· 80
  异褶红菇 *Russula heterophylla* (Fr.) Fr. ··· 81
  厚皮红菇 *Russula mustelina* Fr. ··· 83
  草绿红菇 *Russula prasina* G.J. Li & R.L. Zhao ··· 85
  拟菱红菇 *Russula pseudovesca* J.Z. Ying ··· 86
  菱红菇 *Russula vesca* Fr. ··· 87
 靛青组 sect. *Indolentinae* Melzer & Zvára ··· 89
  蓝黄红菇 *Russula cyanoxantha* (Schaeff.) Fr. ··· 90
  多褶红菇 *Russula polyphylla* Peck ··· 93
 变绿组 sect. *Virescentinae* Singer ··· 94
  粉粒白红菇 *Russula alboareolata* Hongo ··· 95
  怡红菇 *Russula amoena* Quél. ··· 96
  鸭绿红菇 *Russula anatina* Romagn. ··· 98
  壳状红菇 *Russula crustosa* Peck ··· 99

叉褶红菇 *Russula furcata* Pers. 101
　　紫柄红菇 *Russula violeipes* Quél. 103
　　变绿红菇 *Russula virescens* (Schaeff.) Fr. 104
　　云南红菇 *Russula yunnanensis* (Singer) Singer 107
硬壳亚属 subgen. *Incrustatula* Romagn. 108
　浅蓝色组 sect. *Amethystinae* Romagn. 108
　　紫晶红菇 *Russula amethystina* Quél. 109
　　紫晶红菇邓氏亚种 *Russula amethystina* subsp. *tengii* G.J. Li, H.A. Wen & R.L. Zhao 110
　　刻点红菇 *Russula punctata* Krombh. 112
　　玫瑰柄红菇 *Russula roseipes* Secr. ex Bres. 113
　　大理红菇 *Russula taliensis* W.F. Chiu 114
　　黄孢紫红菇 *Russula turci* Bres. 115
　丁香紫色组 sect. *Lilacinae* Melzer & Zvára 117
　　天蓝红菇 *Russula azurea* Bres. 118
　　褐紫红菇 *Russula brunneoviolacea* Crawshay 119
　　呕吐色红菇 *Russula emeticicolor* Jul. Schäff. 121
　　淡紫红菇原亚种 *Russula lilacea* subsp. *lilacea* Quél. 122
　　淡紫红菇网孢亚种 *Russula lilacea* subsp. *retispora* Singer 123
　　绒紫红菇 *Russula mariae* Peck 124
　　近江红菇 *Russula omiensis* Hongo 126
　玫瑰色组 sect. *Roseinae* Singer 127
　　白红菇 *Russula albida* Peck 128
　　小白红菇 *Russula albidula* Peck 129
　　珊瑚藻色红菇 *Russula corallina* Burl. 131
　　广西红菇 *Russula guangxiensis* G.J. Li, H.A. Wen & R.L. Zhao 132
　　客家红菇 *Russula hakkae* G.J. Li, H.A. Wen & R.L. Zhao 133
　　鳞盖色红菇 *Russula lepidicolor* Romagn. 135
　　小红菇较小变种 *Russula minutula* var. *minor* Z. S. Bi 136
　　小红菇原变种 *Russula minutula* var. *minutula* Velen. 137
　　皮氏红菇 *Russula peckii* Singer 139
　　假全缘红菇 *Russula pseudointegra* Arnould & Goris 140
　　玫瑰红菇 *Russula rosea* Pers. 141
　　矮红菇 *Russula uncialis* Peck 144
劣味亚属 subgen. *Ingratula* Romagn. 146
　苦味组 sect. *Felleinae* Melzer & Zvára 146
　　亮黄红菇 *Russula claroflava* Grove 146
　　解毒红菇 *Russula consobrina* (Fr.) Fr. 147
　　苦红菇 *Russula fellea* (Fr.) Fr. 149
　　非凡红菇 *Russula insignis* Quél. 150

黄白红菇 *Russula ochroleuca* Fr. ·· 152
腐臭组 sect. *Foetentinae* Melzer & Zvára ·· 154
　　粉柄红菇 *Russula farinipes* Romell ·· 155
　　臭红菇 *Russula foetens* Pers. ·· 156
　　绵粒红菇 *Russula granulata* Peck ··· 159
　　可爱红菇 *Russula grata* Britzelm. ·· 161
　　广东红菇 *Russula guangdongensis* Z. S. Bi & T. H. Li ·· 163
　　污红菇 *Russula illota* Romagn. ··· 164
　　变蓝红菇 *Russula livescens* (Batsch) Bataille ··· 166
　　篦形红菇 *Russula pectinata* Fr. ··· 167
　　拟篦形红菇 *Russula pectinatoides* Peck ·· 169
　　异白粉红菇 *Russula poichilochroa* Sarnari ·· 171
　　假拟篦形红菇 *Russula pseudopectinatoides* G.J. Li & H.A. Wen ··································· 172
　　斑柄红菇 *Russula punctipes* Singer ·· 173
　　点柄黄红菇 *Russula senecis* S. Imai ··· 174
　　黄茶红菇 *Russula sororia* (Fr.) Romell ··· 176
　　亚臭红菇 *Russula subfoetens* W.G. Sm. ··· 178
内向亚属 subgen. *Insidiosula* Romagn. ·· 180
　斑点组 sect. *Maculatinae* Konard & Joss. ·· 180
　　切氏红菇 *Russula cernohorskyi* Singer ··· 180
　　铜色红菇 *Russula cuprea* Krombh. ·· 181
　　拟土黄红菇 *Russula decipiens* (Singer) Kühner & Romagn. ··· 183
　　黑龙江红菇 *Russula heilongjiangensis* G.J. Li & R.L. Zhao ··· 185
　　邓氏红菇 *Russula tengii* G.J. Li & H.A. Wen ·· 186
　　老红菇 *Russula veternosa* Fr. ·· 187
　　王氏红菇 *Russula wangii* G.J. Li, H.A.Wen & R.L. Zhao ··· 189
多色亚属 subgen. *Polychromidia* Romagn. ·· 190
　全缘组 sect. *Integrinae* Maire ·· 190
　　全缘红菇 *Russula integra* (L.) Fr. ··· 191
　　全缘形红菇 *Russula integriformis* Sarnari ·· 194
　　假罗梅尔红菇 *Russula pseudoromellii* J. Blum ex Bon ·· 195
　　罗梅尔红菇 *Russula romellii* Maire ··· 196
　类全缘组 sect. *Integroidinae* Romagn. ··· 197
　　青色红菇 *Russula caerulea* Fr. ··· 198
　　苋菜红菇 *Russula depallens* Fr. ··· 199
　　灰肉红菇 *Russula griseocarnosa* X.H. Wang, Z.L. Yang & Knudsen ····························· 201
　　软红菇 *Russula mollis* Quél. ··· 202
　　粉红菇 *Russula subdepallens* Peck ·· 203
　蜜味组 sect. *Melliolentinae* Singer ··· 205

蜜味红菇 *Russula melliolens* Quél. ·········· 205
黏质红菇 *Russula viscida* Kudřna ·········· 206
紫橄榄色组 sect. *Olivaceinae* Singer ·········· 208
革质红菇 *Russula alutacea* (Pers.) Fr. ·········· 208
橄榄绿红菇 *Russula olivacea* (Schaeff.) Fr. ·········· 211
波氏红菇 *Russula postiana* Romell ·········· 213
鸡冠红菇 *Russula risigallina* (Batsch) Sacc. ·········· 214
浅绿组 sect. *Viridantinae* Melzer & Zvára ·········· 217
紫褐红菇 *Russula badia* Quél. ·········· 217
山毛榉红菇 *Russula faginea* Romagn. ·········· 219
牧场红菇 *Russula pascua* (F.H. Møller & Jul. Schäff.) Kühner ·········· 220
假鳞盖红菇 *Russula pseudolepida* Singer ·········· 221
黄孢花盖红菇 *Russula xerampelina* (Schaeff.) Fr. ·········· 222

红菇亚属 subgen. *Russula* Romagn. ·········· 225
黑紫色组 sect. *Atropurpurinae* Romagn. ·········· 225
黑紫红菇 *Russula atropurpurea* (Krombh.) Britzelm. ·········· 226
黑绿红菇 *Russula atroviridis* Buyck ·········· 228
脆红菇 *Russula fragilis* Fr. ·········· 229
无害红菇 *Russula innocua* (Singer) Romagn. ex Bon ·········· 232
漆亮红菇 *Russula laccata* Huijsman ·········· 233
诱吐组 sect. *Emeticinae* Melzer & Zvára ·········· 234
桦林红菇 *Russula betularum* Hora ·········· 235
裘氏红菇 *Russula chiui* G.J. Li & H.A. Wen ·········· 236
毒红菇原变种 *Russula emetica* var. *emetica* (Schaeff.) Pers. ·········· 239
毒红菇群生变种 *Russula emetica* var. *gregaria* Kauffman ·········· 241
高贵红菇 *Russula nobilis* Velen. ·········· 242
紫红菇 *Russula punicea* W.F. Chiu ·········· 244
黏红菇 *Russula viscosa* Henn. ·········· 245
桃红色组 sect. *Persicinae* Romagn. ·········· 246
触黄红菇 *Russula luteotacta* Rea ·········· 246
桃色红菇 *Russula persicina* Krombh. ·········· 248
血根草红菇 *Russula sanguinaria* (Schumach.) Rauschert ·········· 249
血红菇 *Russula sanguinea* Fr. ·········· 251
红色组 sect. *Rubrinae* Singer ·········· 253
汉德尔红菇 *Russula handelii* Singer ·········· 253
大红菇 *Russula rubra* (Lam.) Fr. ·········· 254
辣味组 sect. *Sardoninae* Singer ·········· 255
非白红菇 *Russula exalbicans* (Pers.) Melzer & Zvára ·········· 256
细弱红菇 *Russula gracillima* Jul. Schäff. ·········· 257

凯莱红菇 *Russula queletii* Fr. ·· 259
　　　辣红菇 *Russula sardonia* Fr. ·· 261
　　紫罗兰色组 sect. *Violaceinae* Romagn. ·· 263
　　　堇紫红菇 *Russula violacea* Quél. ·· 263
娇弱亚属 subgen. *Tenellula* Romagn. ·· 264
　　落叶松组 sect. *Laricinae* Romagn. ·· 265
　　　晚生红菇 *Russula cessans* A. Pearson ··· 265
　　　落叶松红菇 *Russula laricina* Velen. ·· 266
　　　臭味红菇 *Russula nauseosa* (Pers.) Fr. ··· 268
　　　泥炭藓红菇 *Russula sphagnophila* Kauffman ··· 270
　　　葡萄酒褐红菇 *Russula vinosobrunneola* G.J. Li & R.L. Zhao ································· 271
　　美丽组 sect. *Puellarinae* Singer ·· 272
　　　关西红菇 *Russula kansaiensis* Hongo ··· 273
　　　兴安红菇 *Russula khinganensis* G.J. Li & R.L. Zhao ·· 274
　　　香红菇 *Russula odorata* Romagn. ·· 275
　　　美红菇 *Russula puellaris* Fr. ··· 277
　　　多色红菇 *Russula versicolor* Jul. Schäff. ·· 279
　　蔷薇花组 sect. *Rhodellinae* Romagn. ·· 280
　　　长白红菇 *Russula changbaiensis* G.J. Li & H.A. Wen ·· 280
　　　浙江红菇 *Russula zhejiangensis* G.J. Li & H.A. Wen ··· 282
笔者未观察的种 ·· 283
　　无球胞红菇 *Russula absphaerocellaris* X.Y. Sang & L. Fan ······································· 283
　　白灰红菇 *Russula albidogrisea* J.W. Li & L.H. Qiu ··· 283
　　平滑红菇 *Russula aquosa* Leclair ·· 283
　　金绿红菇 *Russula aureoviridis* J.W. Li & L.H. Qiu ·· 284
　　斑盖赭黄红菇 *Russula ballouii* Peck ··· 284
　　短盖囊体红菇 *Russula brevipileocystidiata* X.Y. Sang & L. Fan ································ 284
　　褐酒红红菇 *Russula brunneovinacea* X.M. Jiang, Y.K. Li & J.F. Liang ······················· 284
　　桂黄红菇 *Russula bubalina* J.W. Li & L.H. Qiu ··· 284
　　栲裂皮红菇 *Russula castanopsidis* Hongo ·· 284
　　凹柄红菇 *Russula cavipes* Britzelm. ·· 285
　　氯味红菇 *Russula chlorineolens* Trappe & T.F. Elliott ·· 285
　　鼎湖红菇 *Russula dinghuensis* J.B. Zhang & L.H. Qiu ··· 285
　　象牙黄斑红菇 *Russula eburneoareolata* Hongo ··· 285
　　榄色红菇 *Russula firmula* J. Schäff. ·· 285
　　胶盖红菇 *Russula gelatinosa* Y. Song & L.H. Qiu ··· 285
　　莲红菇 *Russula lotus* Fang Li ··· 286
　　马关红菇 *Russula maguanensis* J. Wang, X.H. Wang ··· 286
　　巨假囊体红菇 *Russula megapseudocystidiata* X.Y. Sang & L. Fan ···························· 286

矮小红菇 *Russula nana* Killerm. ·········· 286
深绿红菇 *Russula nigrovirens* Q. Zhao, Y.K. Li & J.F. Liang ·········· 286
霰红菇 *Russula nivalis* Fang Li ·········· 286
奥地红菇 *Russula orinocensis* Pat. & Gaillard ·········· 287
假桂黄红菇 *Russula pseudobubalina* J.W. Li & L.H. Qiu ·········· 287
假晚红菇 *Russula pseudocatillus* F. Yuan & Y. Song ·········· 287
紫疣红菇 *Russula purpureoverrucosa* Fang Li ·········· 287
赤柄基红菇 *Russula rufobasalis* Y. Song & L.H. Qiu ·········· 287
甜汁红菇 *Russula sapinea* Sarnari ·········· 288
金乌红菇 *Russula solaris* Ferd. & Winge ·········· 288
花脸红菇 *Russula sordida* Peck ·········· 288
污盖红菇 *Russula squalida* Peck ·········· 288
亚黑紫红菇 *Russula subatropurpurea* J.W. Li & L.H. Qiu ·········· 288
亚浅粉红菇 *Russula subpallidirosea* J.B. Zhang & L.H. Qiu ·········· 288
亚红盖红菇 *Russula subrutilans* Y. K. Li & J.F. Liang ·········· 289
近条纹红菇 *Russula substriata* J. Wang, X.H. Wang ·········· 289
薄盖红菇 *Russula tenuiceps* Kauffman ·········· 289
辛德红菇 *Russula thindii* K. Das & S.L. Miller ·········· 289
疣孢红菇 *Russula verrucospora* Y. Song & L.H. Qiu ·········· 289
绿桂红菇 *Russula viridicinnamomea* F. Yuan & Y. Song ·········· 290
绿盖红菇 *Russula xanthovirens* Y. Song & L.H. Qiu ·········· 290
沿河红菇 *Russula yanheensis* T.C. Wen, K. Hapuar & K.D. Hyde ·········· 290

参考文献 ·········· 291
索引 ·········· 302
  真菌汉名索引 ·········· 302
  真菌学名索引 ·········· 308
图版

绪 论

红菇属 Russula Pers.（1796）隶属于担子菌门 Basidiomycota 伞菌亚门 Agaricomycotina 伞菌纲 Agaricomycetes 红菇目 Russulales 红菇科 Russulaceae Losty（Kirk et al.，2008），是一类世界广泛分布且种类众多的大型伞状真菌，是红菇科的模式属，也是红菇科中种类最多的一个属。本卷根据最新的研究结果，以 Sarnari（1998）、Singer（1986）和 Romagnesi（1967）的概念为基础，并参考 Buyck 等（2010，2008）、Lebel 和 Tonkin（2007）的观点，包括了子实体呈近腹菌状和腹菌状的腔囊菌属 Cystangium Singer & A.H. Sm.、板菌属 Elasmomyces Cavara、裸腹菌属 Gymnomyces Massee & Rodway、地红菇属 Macowanites Kalchbr.和马特拉菌属 Martellia Mattir.成员，但不包括被归入多褶菇属 Multifurca Buyck & V. Hofstetter 的伞菌状前红菇属成员。

一、经济价值

红菇属的多数种不仅味道鲜美，而且营养丰富，我国已报道红菇属 82 种可食用真菌（李国杰等，2010）。红菇属真菌含有丰富的人体必需氨基酸等营养物质，味道鲜美，如铜绿红菇 Russula aeruginea Fr.、变绿红菇 R. virescens (Schaeff.) Fr.、菱红菇 R. vesca Fr.、灰肉红菇 R. griseocarnosa X.H. Wang, Z.L. Yang & Knudsen、壳状红菇 R. crustosa Peck、蓝黄红菇 R. cyanoxantha (Schaeff.) Fr.等。一些著名的可食红菇的价格十分昂贵，是我国东南地区妇女产后必备的传统滋补保健食品，并出口到欧洲和东南亚等地（王向华等，2004；卯晓岚，1998）。在东亚、东南亚、东欧、东北亚及非洲南部等国家和地区，红菇也被当作美味的野生食用菌而广泛采食（Buyck，2008；Manassila et al.，2005；Buyck，1994b，1994a；Rammeloo and Walleyn，1993）。

红菇除食用价值外，还可以药用。由于中医药食同源的医学传统，红菇属真菌在我国有着悠久的入药历史，可单方或复方入药。据明代李时珍（1578）《本草纲目》所载："红菇味清、性温、开胃、止泻、解毒、滋补、常服之益寿也"。我国红菇属真菌具药用价值的种，如革质红菇 R. alutacea (Fr.) Fr.、密褶红菇 R. densifolia Secr. ex Gillet、臭红菇 R. foetens Pers.、全缘红菇 R. integra (L.) Fr.等，是传统中药"舒筋丸"的重要成分，用于治疗手足麻木、筋骨不适、四肢抽搐。部分红菇种类还具有抗肿瘤功效，如毒红菇 R. emetica (Schaeff.) Pers.、血红菇 R. sanguinea Fr.、点柄黄红菇 R. senecis S. Imai、黄茶红菇 R. sororia (Fr.) Romell 和黄孢花盖红菇 R. xerampelina (Schaeff.) Fr.等对小白鼠肉瘤 180 和艾氏癌的抑制率可达 60%~100%（Ying et al.，1987）。随着现代医学和生化分析技术的发展，对红菇属真菌成分的分析不断深入，发现了多种生物活性物质，已证明红菇属的一些真菌具有减轻肝损伤、保护肝功能、治疗失血性贫血、抗氧化损伤、防衰老、增加肌体抗负荷能力、消除疲劳、治疗颈椎病、降低血糖血脂、抑制肿瘤和抗病原菌等多种功效（李国杰等，2010）。美味红菇 R. delica Fr.等不少种类是酪氨酸酶的良好来源，在工业上有着潜在的应用价值（Singer，1986）。

红菇属真菌除食用和药用种类外，我国还记载 13 种有毒红菇（宋斌等，2007），其中日本红菇 *R. japonica* Hongo、毒红菇、点柄黄红菇等误食后往往引起胃肠炎型中毒症状。而亚稀褶黑红菇 *R. subnigricans* Hongo 为剧毒种，误食引起横纹肌溶解型中毒，食用半小时后发生呕吐和腹泻等症状，死亡率可达 70%。我国已经发生了多起因误食亚稀褶黑红菇引起的食物中毒，导致多人死亡的食物中毒事件（陈作红等，2016；尹军华等，2008；卯晓岚，1987；中国科学院微生物研究所真菌组，1979）。

红菇属真菌在高等担子菌分类中受到关注，不仅因为其较高的食用和药用经济价值，更因其与多种植物形成外生菌根，可以促进植物生长，提高抗逆性，对于森林生态系统的维持、保护和重建具有重要作用。红菇属的所有种均为外生菌根菌，是林木生长的重要因子，与树木共生后形成的菌根可扩大植物根系的营养吸收范围，在苗木培育和植树造林中有利于提高移植树木的成活率，减少根系病害，增强抗旱能力，产生的子实体还是多种动物的食物来源，在维系森林生态系统中物质和能量的流动和循环、增加植物多样性、保持生态平衡有着重要的作用，是森林生态系统的重要成员（Buyck et al.，1996；Claridge et al.，1996；Gardes and Bruns，1996；Claridge and May，1994；应建浙和臧穆，1994；Villeneuve et al.，1991，1989；Bills et al.，1986）。

二、标本的采集和观察方法

红菇属真菌可与多种植物形成外生菌根，选择各种类型树林的林间空地等红菇子实体可能出现的地方进行采集。采集时清理覆盖在子实体菌盖和基部的朽叶和泥土，选取幼嫩至成熟的有代表性子实体进行采集，用树枝或木棍轻轻松动子实体基部土壤，并向下深挖，防止菌柄断裂造成标本不完整，从土壤中取出子实体后，清理掉附着在子实体基部的泥土，在子实体的菌柄处拴上标签后轻轻放置于采集篮或袋中。红菇属真菌子实体普遍较脆，在携带过程中防止碰撞和挤压。用于提取 DNA 的子实体选取干净的菌肉小块包裹在干净的吸水纸中，放置于装满变色硅胶的封口袋中，及时更换已经变色的硅胶，使组织尽快干燥。

对出现有红菇子实体的地方，首先拍摄生态环境的照片，然后对子实体进行拍照，拍照时候放置标尺，以及展示子实体各部分（如菌盖、菌褶、菌柄）的特征，采集现场记录采集地点、海拔、生态环境（如针叶林、阔叶林、针阔混交林等）、时间、采集人、采集号、子实体菌盖大小、颜色、菌盖表面附属物有无及菌盖表面特征、菌盖黏或不黏；菌肉的颜色，厚度，受伤后的颜色变化，味道等特征；菌褶着生方式、高度、颜色、疏密、小菌褶有无，菌褶间有无横脉；菌柄长短、粗细、空心或实心、颜色；孢子印颜色等信息。需要时可以将子实体从中间剖开，注意记录新鲜子实体的外观特征。记录的数值均为对成熟子实体的观察，菌盖直径一般为菌盖圆周的直径，如不等长时取最宽处的值。子实体大小按照 Bas（1969）的标准，以菌盖直径大小将子实体划分为很小（直径≤3 cm）、小型（直径 3~5 cm）、中型（直径 5~9 cm）、大型（直径 9~15 cm）和很大（直径≥15 cm）。菌褶的宽度取最大值，小菌褶的宽度不计入。菌柄的粗度取最粗处，若有略弯曲的菌柄，则分段测量其长度，相加后计入。

在标本采集、整理、编号、拍照、记录等进行完后,将编号标本分别放入电烤炉内,调节温度,前期调低一些,快干的时候温度适当调高,保证标本完全干燥,待干燥的标本放凉后分别装入纸袋内,防止重压。当标本运回实验室,再次放入干燥箱进行干燥,以防发生霉变。

本研究工作中所有显微观察均采用徒手双面刀片切片和压片的方法,各部分制片和绘图方法如下。

1. 担子、担孢子和囊状体的观察

用镊子尖端夹取小片菌褶(直径 1~2 mm)放置于载玻片上,滴加一滴梅氏试剂(Melzer's reagent),以盖玻片覆盖,轻轻压盖玻片后直接在显微镜下观察。测量时尽量选取担孢子的侧面观(与孢子梗相连的突起部分在孢子的一端时),并注意担孢子的长度和宽度不包括纹饰和担孢子梗处的突起,长度和宽度均为每个担孢子最长处和最宽处的值。担孢子大小测量数据前的(a/b/c)表示标本大小基于 c 份标本的 b 个子实体的 a 个担孢子的测量结果。担孢子大小测量中未计入表面纹饰的高度。担孢子长度或宽度的数值表达式(a)b~c(d)中,a 和 d 表示所有测量担孢子中的最小值和最大值,b 表示所有值排序后除去最小的 5%个测量值后最小的那个值,c 表示所有值排序后除去最大的 5%个测量值后最大的那个值,如果括号内外的值相同,则省略括号内的值。担孢子的长宽比用 Q 表示,而 **Q**(黑体)为担孢子长宽比的样本算术平均数与标准差。根据长宽比不同,分为球形 Q = 1.0~1.05、近球形 Q = 1.05~1.15、宽椭球形 Q = 1.15~1.3 和椭球形 Q = 1.3~1.6。担孢子图片由扫描电子显微镜拍摄,方法为干燥的小片菌褶(直径 2~5 mm)经过离子溅射喷金后放入样品室抽真空观察,在电镜下放大 3000 倍或 5000 倍后拍照,包括各种角度的担孢子,测量和拍摄时弃去不成熟、形状和纹饰发育不良的担孢子。担子和囊状体的长度为从其顶端(担子不含小梗)到基部分隔的最大值,宽度为最宽处的值。测量观察来源于不同标本的多个子实体,测量 40 个以上的担孢子和 20 个以上的囊状体和担子。担孢子表面的淀粉质反应使用梅氏试剂观察,梅氏试剂配制方法:0.5g 碘(I_2),加入 1.5g 碘化钾(KI),再加入 20g 水合氯醛($CCl_3CHO·H_2O$),最后加入 20ml 蒸馏水(dH_2O),混匀至晶体完全溶解,常温保存于棕色玻璃试剂瓶中备用。

2. 子实层的观察

用刀片或者镊子取含褶缘的一片菌褶,放置于吸水纸或滤纸片上,滴加若干滴 5%KOH 溶液,充分润湿后挑取菌褶到卡片纸或载玻片上,在解剖镜下沿垂直于菌褶边缘的方向,用刀片将菌褶切成细长条状,厚度薄而均匀,在载玻片上滴 1~2 滴 5%KOH 溶液,将切好的菌褶小心转移到溶液中,以盖玻片压片观察,绘图方法为常规显微手绘,放大倍数 1000 倍左右。

3. 菌盖表皮和菌柄表皮的观察

选取成熟的子实体,菌盖表皮的切片用刀片在菌盖中央到边缘 1/2 处沿平行于菌盖表皮的方向切取,切片包括菌盖表皮和部分菌肉,个别菌肉较薄的还会包括部分子实层。

菌柄表皮的切片用刀片从菌盖到菌柄基部 1/2 处沿平行于菌柄的方向切取。切片按照以上子实层的切片方法在解剖镜下切成细长条状,观察绘图同子实层的方法。部分膨大的表皮细胞由于烘干时温度过高,菌丝皱缩情况严重,影响观察,可增加用 KOH 溶液复水的时间或用略微加热后的 10%KOH 溶液处理,以更好地分散菌丝和结构的观察测量。

本研究引证和提及的标本馆名称缩写按照"Index Herbariorum"(Holmgren et al., 1990)。中国科学院微生物研究所菌物标本馆缩写为 HMAS,中国科学院昆明植物研究所标本馆隐花植物标本室缩写为 HKAS,广东省科学院微生物研究所真菌标本馆缩写为 HMIGD,吉林农业大学菌物标本馆缩写为 HMJAU,中国科学院沈阳生态研究所标本馆缩写为 IFP,台湾自然科学博物馆标本馆缩写为 TNM,奥地利维也纳大学植物标本馆缩写为 WU。引用他人采集的标本信息依据标本所附记录。对有关文献引用的标本,由于各种原因,部分标本已经散佚,部分标本未能借阅到,所涉及的种类在未观察到的种中列出,另有部分标本不完整,或没有详细的野外记录,或由于烘烤干燥出现了不同程度的碳化,或运输、保存不善受潮霉变、虫蛀等现象的标本研究数据不够完整仅作参考。

三、形态与结构

菌盖 菌盖表皮的颜色是最早用来进行大型真菌分类的特征之一。菌盖表皮的颜色是实践中应用最多的分类特征,红菇属的拉丁名 *Russula* 和汉文名称都是由此而来(Romagnesi,1967;Persoon,1796)。红菇属子实体菌盖颜色多样,红色、黄色、橙色、白色、绿色、褐色、黑色和蓝色色调等,并可呈现以上各种色调的混合色调,随着子实体的成熟和干燥往往伴随着菌盖的褪色,或其他颜色变化(Sarnari,2005,1998)。在红菇属分类研究的初期,欧洲的研究者在研究红菇属的种类时把菌盖色调相近的种类归入同一亚属(subgen.)或组(sect.)(Fries,1874)。在历史上的多个红菇属下分类系统中,菌盖的颜色都是亚属下分组和组下分种所依据的重要形态特征,并且一直沿用至今。随着红菇属分类研究工作的发展,人们发现依靠菌盖颜色的划分,不同的研究者对颜色观察理解常有差异,导致不同的分类系统中往往划分的具体依据差异很大,难免会引起分类和鉴定中的误差和混乱(Sarnari,1998;Romagnesi,1987,1967;Singer,1986)。随着研究的深入,用于划分红菇属类群的形态特征不断被引入,各亚属间颜色的界线逐渐模糊,以至于当代的红菇分类学者发现属下部分亚属之间并无明显的颜色特征差异,很难用菌盖颜色对亚属间和组间进行简单而快速的区分。越来越多的菌盖颜色多变的红菇属分类单元被报道,如蓝黄红菇,其菌盖颜色极为多变,可以表现为紫、红、绿、灰、蓝各色调的混合(Sarnari,1998;Romagnesi,1967)。红菇属成员的菌盖在子实体成熟过程中会呈现褪色、变黄和变黑等现象,如野外观察不全面、无标本野外观察记录或记录不够细致,或不经过显微观察等进一步的研究,很容易把原本属于一个种的标本鉴定为不同种。菌盖颜色这一特征的重要性一直在弱化,不过在多数大型真菌分类研究者的实际工作中,通过菌盖表皮的颜色区分和鉴定红菇属成员仍然是最简便和直接的方法,红菇属分类的研究在采集标本时仍然必须详细地记录菌盖的颜色和颜色变化的情况。在基于 ITS1-5.8S-ITS2 和 28S 大亚基序列构建的系统发育树上，菌盖颜色相近或相同的部分组的个别分支得到了支持（Shimono et al., 2004; Miller and Buyck, 2002），但从整个属来看，菌盖颜色则明显不是属下划分亚属的可靠形态特征依据。

除了菌盖的颜色外，菌盖表面的上表皮是否开裂，菌盖表皮的黏度这两个特征也是种间区分的重要参考特征（Sarnari, 2005, 1998; Romagnesi, 1987, 1967; Singer, 1986），如变绿红菇和壳状红菇，均具有开裂的菌盖表面上表皮，在红菇属中很容易辨认。而黏红菇 *R. viscosa* Henn.和黏质红菇 *R. viscida* Kudřna 的菌盖表面则很黏。

菌盖表皮（pileipellis）显微结构在红菇属真菌分类中具有重要价值，尤其是在属下各类群的区分中，菌盖表皮的一些特殊结构，如菌丝末端细胞的大小、排列和分隔等形态，盖生囊状体（pileocystidium）的有无、分隔和表面纹饰等形态，遇硫酸香草醛溶液后的反应等，均可作为红菇属内分类单元间区分的依据（Adamčík and Marhold, 2000; Schaffer, 1970a）。Romagnesi（1967）就已经指出了菌盖表皮菌丝在红菇属分类中的重要作用，现在这个特征在属下亚属、组的分类中仍然具有较高的价值，如在硬壳亚属 subgen. *Incrustatula* Romagn.成员菌盖表皮存在结晶的原菌丝而无盖生囊状体，在变绿组 sect. *Virescentinae* Singer 中虽然菌盖表皮不存在盖生囊状体，但有基部较粗而上端尖细的较长末端菌丝。内向亚属 subgen. *Insidiosula* Romagn.和红菇亚属 subgen. *Russula* Romagn.的成员菌盖表皮盖生囊状体遇到硫酸香草醛溶液有强烈的反应。密集亚属 subgen. *Compacta*（Fr.）Bon 真菌的菌盖表皮菌丝末端则是细长而未分化的细胞，与硫酸香草醛溶液无反应（Sarnari, 2005, 1998; Romagnesi, 1985, 1967），这些特征也得到了分子系统学研究结果较高程度的支持（Miller and Buyck, 2002）。进行菌盖表皮的观察时，首先沿平行于菌盖的方向切下部分菌盖表皮，然后将切下的菌盖表皮沿垂直于菌盖的方向切成很细的条在显微镜下进项观察，如果标本本身状态不佳，保存时间过久，烘干时过于干燥，保存条件不理想，则很难观察到合适而可靠的特征（王向华，2008）。菌盖表皮显微特征很重要，在观察状态较差的标本时要特别注意，防止被其已经与原貌有差异的形态特征误导。

菌肉 红菇属真菌的菌肉主要是由膨大的细胞组成（图 1），这也是其子实体较脆的原因。部分种类的菌肉有着特殊的气味和味道，因此子实体的气味和味道常被用作分亚属、分组和分种的重要特征（Sarnari, 2005, 1998; Singer, 1986; Romagnesi, 1967）。如 Romagnesi（1987）指出劣味亚属 subgen. *Ingratula* Romagn.和内向亚属的成员，菌肉常具有苦或辛辣的味道。有时子实体的气味和味道对于一些特殊的分类单元的鉴定具有重要价值，如 Romagnesi（1967）和 Sarnari（2005, 1998）报道蜜味红菇 *R. melliolens* Quél.新鲜子实体有蜂蜜香味，毕志树和李泰辉（1986）报道广东红菇 *R. guangdongensis* Z.S. Bi & T.H. Li 子实体有浓郁的蛋花香味。干燥后的子实体气味和味道的特征往往会消失，在新鲜标本采集时应及时记录子实体的气味和味道。根据标本采集实际经验，这两个特征会或多或少的带有采集人个人的主观因素，例如，不同的人对菌肉味道辛辣与否的阈值往往不一样，或菌肉在舌尖停留的时间长短而导致辛辣的程度不同，品尝极为辛辣的菌肉后需要较长时间才能恢复正常的味觉，连续的品尝会导致结果不准确。在基于 ITS1-5.8S-ITS2 序列构建的系统发育树上，多数近末端同一分支上的分类单位菌肉的味道往往相同或较为相近，表明分子系统学研究的结果在一定水平上支持了依据菌肉味道对于亚属及亚属以下分类单位的划分（Miller and Buyck，2002）。

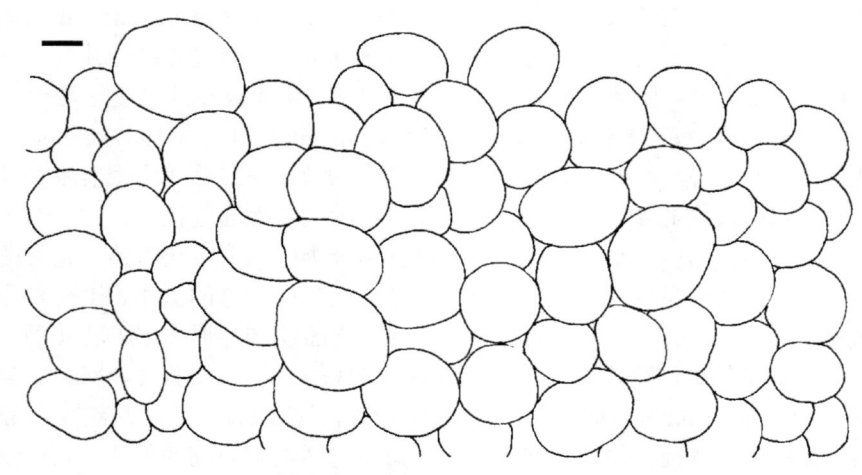

图 1　红菇属菌肉显微结构形态图（标尺=10 μm）
毒红菇 *Russula emetica* (Schaeff.) Pers. (HMAS 32612)

菌褶　红菇属真菌的菌褶着生方式一般为离生、直生和弯生，或几种方式的过渡形态（Singer，1986），作为区分近似种的参考。菌褶的颜色、疏密程度和受伤后的变色情况是红菇属分类中种间区分的形态特征，如近菌盖边缘处的小菌褶的有无和多少是区分密集亚属与其他亚属的重要特征（Romagnesi，1985）。红菇属的菌褶颜色，最浅为白色，最深至赭黄色（Romagnesi，1967），与孢子印的颜色和担孢子的颜色相关，对数量众多的菌盖表面红色至紫红色色调的红菇属成员，在采集标本时不注意记录和观察菌褶颜色，容易混淆红菇亚属和深红亚属 subgen. *Coccinula* Romagn.的成员。红菇菌褶的疏密程度会随着子实体的生长和发育而变化。本研究中涉及的菌褶疏密程度均是针对成熟的子实体。在同一种内的成熟子实体，绝大多数情况下菌褶的疏密程度是稳定的，尤其是一些菌褶疏密程度比较极端的种，如多褶红菇 *R. polyphylla* Peck、密褶红菇、厚皮红菇 *R. mustelina* Fr.的菌褶很密集，亚稀褶黑红菇的菌褶却很稀疏，这些菌褶密集的分类单元多属于密集亚属。还有个别分类单元菌褶分叉极多，可作为种间分类的特征（Buyck and Atri，2011）。多数红菇属种类的菌褶均是介于"稀疏"和"密集"之间，对于绝大多数的红菇属成员来说，菌褶疏密程度的特征在分类中价值不高。

菌褶和菌肉干燥和受伤后明显的变色情况也是区分各亚属、组和种的重要特征，在不同的种类中需要几分钟至几个小时不等的时间，颜色在变化过程中有时还会呈现多种色调，如亚稀褶黑红菇新鲜子实体的快速区分方法就是依据菌肉受伤变黑的过程中是否变红。红菇属中最常见的是菌肉老后和伤后变为黄色-黄褐色色调与灰色-灰黑色色调的差异，深红亚属的成员老后多变为红褐色、灰色至黑色，娇弱亚属 subgen. *Tenellula* Romagn.和多色亚属 subgen. *Polychromidia* 则多变为灰白色、黄色、黄褐色至褐色（Romagnesi，1985）。

密集亚属真菌的子实体靠近菌盖边缘处有众多的小菌褶，是红菇属内最容易与其他亚属区分的亚属。Romagnesi（1967）将小菌褶的有无作为区分密集亚属与其他亚属的依据。尽管后来其他学者提出了暗淡的菌盖颜色和较为坚实的菌肉等特征作为这一划分的其他依据（Miller and Buyck，2002），但是作者在标本采集和形态观察中发现，小菌褶的有无这一特征要比菌盖颜色和菌肉的坚实与否这两个特征稳定的多,在过于干燥和潮湿的环境中，一些过于成熟的子实体会明显地变脆或变坚实，菌盖颜色也会变得暗淡，但是小菌褶的有无不会因为环境和子实体的成熟与否而变化。而且这一特征在种、亚属的水平上相当稳定,同时这一亚属的划分也得到了 ITS1-5.8S-ITS2 和 28S 大亚基序列构建的系统发育树的支持（Shimono et al.，2004；Miller and Buyck，2002），因而该特征在红菇属分类研究中具有重要意义。取一片菌褶（含褶缘）切成很薄的薄片，在显微镜下清楚地观测到菌褶的显微结构，菌褶由担子（basidium）、侧生囊状体（pleurocystidium）、不孕细胞、缘生囊状体（cheilocystidium）和菌髓（trama）组成，菌褶两侧的栅状层即是子实层（hymenium）（图2）。

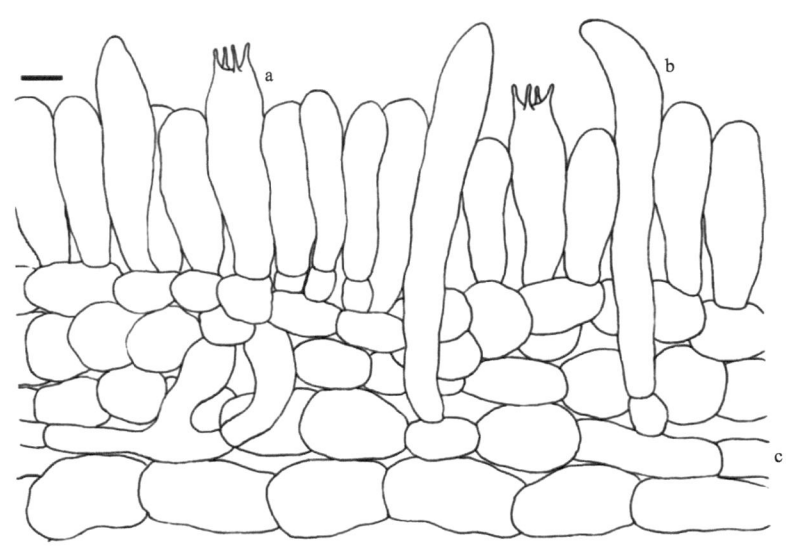

图 2　红菇属子实层形态图（标尺=10 μm）
毒红菇 *Russula emetica* (Schaeff.) Pers. (HMAS 32612)
a. 担子；b. 侧生囊状体；c. 菌髓

菌柄　红菇属真菌的菌柄一般中生至近中生，极少数侧生，棒状、圆柱形至近圆柱形，有时近基部处和近顶端处略粗，表面多为白色至奶油色，有时染有粉色、红色色调，老后变黄褐色、灰褐色或灰黑色，表面光滑，老后有微细的纵纹。菌柄幼嫩时内实，老后一般松软至中空。菌柄由大量膨大的球状细胞组成，该特征在红菇科内仅有红菇属表现的最为显著，在近缘的乳菇属 *Lactarius* Pers.等类群中较少（Verbeken，1996），在分类学和系统学上有一定意义。红菇属下致密亚属成员子实体老后的菌柄中空较为不明显，可以作为该亚属与其他亚属区分的显著特征，而其他亚属间菌柄中空的程度差异很小。菌柄表面染有的粉色和红色色调可作为种间区分的参考形态特征，如血红菇和玫瑰柄红菇 *R. roseipes* Secr. ex Bres.的菌柄带有明显红色色调，可较为容易地区分其他近缘种。菌柄表面老后和受伤后颜色变化的情况是较为稳定的形态特征，可以和菌褶颜色的变化一起作为区分各亚属、组和种的重要依据（Sarnari，1998；Singer，1986；Romagnesi，1967）。在显微镜下观察菌柄表皮菌丝常有隔，无色，有些种具柄生囊状体

（caulocystidium），常棒状，少有分隔，或有内含物。

孢子印 在红菇属分类研究的早期，人们发现了一个种的孢子印颜色往往是非常稳定的，自19世纪菌物分类学者开始建立最初的红菇属属下分类单位开始，孢子印颜色就一直是区分各亚属和组间最重要的特征（Sarnari，1998；Romagnesi，1987，1967；Singer，1986）。在基于ITS1-5.8S-ITS2和28S大亚基序列构建的系统发育树上，孢子印颜色相近或相同的多数分支得到了一定的支持，仍有部分分支菌褶和孢子印颜色与其近缘分支差异较大（Shimono et al.，2004；Miller and Buyck，2002）。在标本采集和整理中对这一特征记录时，孢子印颜色虽然稳定，记录时需要较长的时间，在良好的光线下才能获得，且对标准比色卡的要求较高，如缺乏比色工具，或比色卡中白色至黄色色系的颜色较少，很难对其孢子印颜色进行准确的判断记录。记录孢子印所需时间不足时，可以记录菌褶新鲜时和干燥时的颜色，虽然不能准确的反映孢子印的颜色，但可以提供孢子印颜色的大致范围。

担子和担孢子 红菇属真菌的担子一般为棒状（图2a），无色透明，具有2~4个小梗（sterigma），担子长度一般为15~40 μm，宽度多为7~15 μm，不同种间担子大小的差异一般较为稳定，可以作为种间区分的参考特征。

红菇属真菌担孢子的大小多数是7~12 μm，担孢子大小的特征仅在部分担孢子特别大或者特别小的时候的分类单位中可以作为区分近似种的形态特征依据，如具有较小担孢子的粉柄红菇 *R. farinipes* Romell和具有较大担孢子的四川红菇 *R. sichuanensis* G.J. Li & H.A. Wen。担孢子表面的纹饰在区分近似种时也可以作为参考的形态特征，由于幼嫩的子实体担孢子尚未产生或担孢子表面的纹饰尚未形成，选择成熟的子实体进行观察。传统的担孢子形状表述方式仅包括了担孢子长和宽的范围，现代伞菌分类研究多用担孢子长度和宽度的比值（Q）来表示担孢子的形状（Yang，2000）。在中国红菇属的研究中也采用Q值来对担孢子形状进行描述。在使用Q值的特征时，部分种的Q值变化范围较大，如果只是观察了少数的担孢子或者标本，没有注意担孢子大小差异的连续性，就很容易将种内的差异处理为种间的差异。担孢子大小和形状的差异，与种内更加稳定的表面纹饰结合起来，为红菇属真菌分类提供更多的形态特征信息。担孢子表面纹饰的重要性随着显微镜观察技术的发展而被菌物分类学者重视起来。Romagnesi（1967）曾经把红菇属真菌担孢子表面的纹饰分成了若干型，涵盖了从菱红菇担孢子表面分散而低矮，不到0.5 μm的半球形纹饰到可爱红菇 *R. grata* Britzelm.担孢子表面高达1.7 μm的板状纹饰，用以表示纹饰的形态，现代分类研究都是以手绘图或者扫描电子显微镜照片来表示。

侧生囊状体和缘生囊状体 红菇属真菌的绝大多数种具有侧生囊状体（pleurocystidium）（图2b），其多少和形态特征，以及缘生囊状体（cheilocystidium）的存在与否是种内较为稳定的特征，可作为种间区分的依据（Sarnari，1998）。在实际工作中，由于不同种类缘生囊状体数量有多有少，观察缘生囊状体对菌褶切片和压片的技术水平要求较高，切片过厚，或者压片的力度过小或过大，都难以观察到缘生囊状体，或误将缘生囊状体与侧生囊状体混淆（王向华，2008）。由于部分红菇属真菌种的囊状体长度变化范围较大，在测量囊状体大小时要测量足够多的数量，并在观察和测量过程中选取各个长度的囊状体。部分红菇属真菌种的囊状体末端常具有披针状和乳头状小突起，测量时不仅需要注意对此类末端的观察，并记录具有较为特殊末端的囊状体形状、大小。红菇属的绝大多数种具有侧生囊状体，有时侧生囊状体高出子实层高度往往不显著，需要对此类红菇属真菌种的子实层进行仔细的观察。在显微镜下观察侧生囊状体，需要选择较为成熟的标本，不成熟的标本侧生囊状体形态和成熟标本的侧生囊状体有差异。在观测侧生囊状体的大小、形状和表面有无纹饰等特征时，常有不同产地的同一个种的标本，形状和表面有无纹饰的特征往往是稳定的，而大小多少会有一些差异。子实层上的另一个稳定的特征是缘生囊状体的有无。本研究中涉及的众多保存时间较长的标本被损坏较严重，褶缘部分显微结构难以细致观测，未对缘生囊状体在红菇属分类中的作用进行详细分析。

在红菇属分类研究中，宏观特征和微观特征是在区分不同亚属、组和种时较为重要的形态特征。只有新鲜的标本能提供最多和最真实的形态特征，采集时详细记录形态特征显得尤为重要。影响我国红菇属真菌分类的重要原因之一，就是非专业采集人员采集的标本，常常没有任何采集记录，或只有寥寥数语极为简单的采集记录，且记录常不能抓住形态特征的重点，为研究提供的有效信息极少，对缺乏原始描述记录的标本进行显微特征观察时更要细心，在分析鉴定中仔细斟酌更为重要。红菇属分类研究者将新鲜子实体、干标本、子实层和菌盖表皮等宏观和微观的详细特征对应起来，形成每个分类单位的总体概念，对红菇属的分类研究有更深入的理解。

四、生态与分布

红菇属真菌广泛分布于世界各地，北起格陵兰岛的冻原带和阿拉斯加的针叶林，南到热带非洲、南美洲和大洋洲新西兰的阔叶林（Buyck et al.，1996；Brunner，1989；Knudsen and Borgen，1982；McNabb，1973），从现有已知分类单元的数量来说，北温带物种多样性最高，但物种的特有程度则以热带非洲为最高（Kleine et al.，2013；Buyck，1989a）。当然，以上种类的多样性可能是由于欧洲和北美等北温带地区的红菇属分类研究较多，无论从数量上还是从分布的广度上看，红菇属真菌都是担子菌类的一个大属。我国红菇属真菌一般生长在每年的 6~10 月，在热带地区，早至 4 月也可以采集到。目前已知可以与松属 *Pinus*、落叶松属 *Larix*、冷杉属 *Abies*、铁杉属 *Tsuga*、云杉属 *Picea*、黄杉属 *Pseudotsuga* 等裸子植物，以及壳斗目 Fagales、杨柳目 Salicales、豆科 Fabaceae、蓼科 Polygonaceae、山榄科 Sapotaceae、紫茉莉科 Nyctaginaceae、椴科 Tiliaceae、龙脑香科 Dipterocarpaceae 和桃金娘科 Myrtaceae 等被子植物形成外生菌根（应建浙和臧穆，1994）。通常于夏秋两季阵雨较多时生于有机质丰富、透气保湿、pH 弱酸性、肥力中等偏低的林中地上（上官舟建，1987）。野外采集标本发现，红菇属真菌的子实体不仅生长在林中地上，还有少数生长在高海拔地区森林分布线以上的高山灌丛草甸地带。另有文献报道，在南美的热带地区，部分红菇还可以生长在外生菌根生存的树干表面（Henkel et al.，2000）。

红菇属真菌不会仅与特定的植物形成共生关系，可以在对区分形态上近似种的时候提供一定的参考，部分种类被报道仅分布于阔叶林或者针叶林中（Sarnari，1998；Romagnesi，1967），如灰肉红菇仅被报道分布于阔叶林中（Wang et al.，2009）。

通过对 Miller 和 Buyck（2002）提供的基于 ITS1-5.8S-ITS2 序列构建的系统发育树上各分类单位的共生树种的分析，系统发育树基部的分支中会同时包括产自于针叶林和阔叶林的红菇属分类单位，但是在系统发育树末端的小分支上并未发现产自差异极大的林型的红菇属分类单位。

五、红菇属的分类和评价

自红菇科 Russulaceae Losty（1907）建立以来，红菇属一直是红菇科的模式属，而红菇科曾经先后被置于伞菌目 Agaricales 和后来成立的红菇目 Russulales 下，其建立之初仅包括红菇属和乳菇属。在随后的研究中，腹菌状的腔囊菌属和泽勒腹菌属 *Zelleromyces* Singer & A.H. Sm.，革菌状的假侧担菌属 *Pseudoxenasma* K.H. Larss. & Hjortstam 也被归入了红菇科。而红菇属与红菇科内腹菌状各属的关系也一直是红菇科系统学的研究热点。Clémençon 等（2004）、Trappe 等（2002）、Clémençon（1998）、Pegler 和 Young（1979）及 Singer（1975，1938）认为层菌状的红菇属是由腹菌状的红菇科祖先进化而来，而 Thiers（1984b，1984a）、Heim（1971，1948，1943，1937b，1937a，1936b，1936a，1931）、Malençon（1931b，1931a）及 Singer 和 Smith（1960）则认为现代腹菌状的红菇科成员是由于其层菌状的祖先的子实层发生了退化和简单化（Miller et al.，2001）。腹菌状红菇科种类研究的热点地区主要集中在北美和大洋洲（Kong et al.，2008；Lebel and Tonkin，2007；Lebel and Castellano，2002；Lebel and Trappe，2000；Bougher，1997；Smith，1963；Zeller and Dodge，1936），其他地区的研究较少（Moseer et al.，1977）。红菇科的另一个较大的属是乳菇属，最显著的形态特征是菌肉中具有分泌乳汁的乳管，我国的乳菇属得到了比红菇属更为深入的研究（王向华，2008；周茂新，2006）。在世界范围内，随着分子系统学研究的深入，有研究者发现传统概念的乳菇属并不是一个单系的类群，并建议将乳菇属进一步分为乳菇属和水乳菇属 *Lactifluus* (Pers.) Roussel（Buyck et al.，2010）。

多数红菇属真菌的子实体颜色较为鲜艳，容易识别，菌物研究者很早就开始对其进行分类研究，红菇属 *Russula* 由荷兰菌物学者 Christiaan Hendrik Persoon 于 1796 年根据采集自欧洲的标本建立，他将瑞典植物学者 Carl von Linnaeus 描述的蘑菇属 *Agaricus* L. 中菌盖为红色、菌肉较脆、破损后无乳汁状液体流出的种类分出归入红菇属。红菇属初建时共报道了 6 个种（Persoon，1796），部分学者认为当时 Persoon 并没有明确指明本属的模式，红菇属的模式种一直到了 Burlingham（1915）的报道中才被正式确定，以描述自北欧瑞典的毒红菇为本属的后选模式（Sarnari，1998）。红菇属拉丁名"*Russula*"一词来源于古典拉丁语词汇"*russulus*"，意为"带红色的，微红色的"，与我国对红菇属真菌一直沿用的称呼"红菇"一词意思相同。我国记载红菇一词，较早的是明朝李时珍所著《本草纲目》（1578）中所述：红菇味清、性温、开胃、止泻、解毒、滋补、常服之益寿也。进入 19 世纪后，英国菌物学者 Samuel Frederick Gray 和瑞典菌物学者 Elias Magnus Fries 继续报道了一些欧洲的种类（Fries，1835-1838；Gray，1821）。最初，Fries（1821）将 *Russula* 作为族（tribus）[①]列入蘑菇属中，同年，Gray（1821）将 *Russula* 由族提升为属，不过当时的研究手段较为原始和简单，有许多今天为红菇分类研究者熟知的分类单位在当时仅仅只有寥寥数语极为简单的描述，而且当时的研究者也并未在为数众多的同种标本中指定模式标本（Singer，1961）。Roze（1876）将红菇属归入其新提出的红菇科中。随着对红菇属研究的发展，人们对于这一类群的认识也不断深入，一些腹菌类的属，由于其孢子纹饰、菌丝形态、子实体形态和菌根生态等方面均与红菇属较为接近，不断的被并入红菇属。从19世纪末到20世纪初，意大利菌物学者Cavara（1898）建立的板菌属，Mattirolo（1900）建立的马特拉菌属，美国菌物学者Earle（1909）建立的南褶菇属 *Dixophyllum* Earle、乳蘑属 *Lactarelis* Earle 和暗菇属 *Omphalomyces* Battarra ex Earle，德国菌物学者 Lohwag（1924）建立的布氏菇属 *Bucholtzia* Lohwag，Hennings（1901）建立的暗湿伞属 *Phaeohygrocybe* Henn.和 Schröder（1889）建立的赤菇属 *Russulina* J. Schröt.也被当代菌物分类学者认为是红菇属的同物异名（Sarnari，1998）。1924年，捷克菌物学者Václav Melzer改进了由德国植物学者Arthur Meyer发明的三氯乙醛-碘化钾水溶液，这种改进后的试剂被称为梅氏试剂（Melzer's reagent），广泛的应用于红菇属真菌的担孢子观察，并在实际工作中进一步明晰了红菇属的核心形态特征：担孢子遇梅氏试剂变蓝色，菌丝无锁状联合，菌肉是含有球状膨大细胞的异型菌髓，没有产乳汁的乳管菌丝（少数种类菌肉内有形态上近似于乳菇属成员菌肉中的乳管，但不产乳汁的菌丝）。美籍德裔菌物学者Rolf Singer在20世纪60至80年代提出了伞菌目的现代分类学观点，特点是显微观察中基于担孢子的纹饰细节及菌盖和菌柄表皮的细微结构，并在观察和测量中引入统计学方法。Rolf Singer将现代分类学的方法应用在红菇属的研究中，有效地区分了欧洲、北美洲和南美洲部分种类的形态学问题，这一思想和具体方法在近几十年中被世界其他地区的菌物学工作者广泛运用于红菇属分类研究中（Sarnari，1998）。

红菇属所在的红菇目为大型真菌中较为独特的类群之一，红菇目真菌在研究大型担子菌分子系统学和演化中也占有较高的价值。作为红菇目模式科下的模式属，红菇属真菌更是红菇目中的重要组成部分。在世界范围内来看，红菇属分类学在欧洲、北美洲和非洲得到了较为全面和深入的研究，有多部专著和总结性论文出版和发表，在欧洲，自Persoon（1796）建立红菇属后，后续的红菇属资源和分类的报道最多，也最具系统性和连续性（Kränzlin，2005；Sarnari，2005，1998；Maire，1910；Bon，1988；Romagnesi，1987，1985，1967；Blum，1962；Schaeffer，1952；Lange，1940，1926；Crawshay，1930；Ricken，1915；Bataille，1908；Barbier，1908；Massee，1902；Quélet，1888；Fries，1874），北美洲的报道次之（Bills and Miller，1984；Grund，1979；Singer，1957，1939，1938；Burlingham，1915；Peck，1906），再次之的是非洲（Buyck，1997，1994b，1994a，1990b，1990a，1989b，1989a；Heim，1938，1937b）和南美洲（Miller et al.，2012；Buyck，1988b，1988a；Pegler and Singer，1980；Singer，1952），而其他地区如亚洲和大洋洲的研究则十分分散和不连续，但近年来也有一些新种的报道（Das et al.，2013，2006c，2006b，2006a），值得注意的是在这些地区发现了一些形态独特的红菇

---

① tribus 即族，一般作为科以下属以上的一个分类单位。

属类群，如报道于大洋洲巴布亚新几内亚，子实体呈侧耳状的侧褶红菇 *R. lateralipes* Buyck & E. Horak 和侧生红菇 *R. pleurogena* Buyck & E. Horak；报道于北美洲墨西哥，子实体菌盖边缘和菌柄有菌幕残余的赫氏红菇 *R. herrerae* Kong, Montoya & Estrada；报道于泰国，菌柄有菌环结构的暹罗红菇 *R. siamensis* Yomyart, Piap., Watling, Whalley & Sihan.；报道于印度锡金邦，子实层呈网状，且覆盖了整个菌柄表面的目前难以定名的红菇属成员（Buyck and Atri，2011；Yomyart et al.，2006； Kong et al.，2002；Buyck and Horak，1999），以上研究结果不仅丰富了红菇属的种类，还拓宽了人们对于红菇属形态多样性的认识。

  红菇属建立后的很长一段历史中，仅包括有伞菌状的成员，但进入21世纪后，一些形态学和分子生物学的工作，都支持将一些具有腹菌类特征的种类归入红菇属中，如马特拉菌属和板菌属的一些种类，以及我国已有报道的地红菇属，该属一直以来被认为是红菇属的近缘属（Miller and Buyck，2002），在形态学和分子生物学上均与红菇属种类近似，最近澳大利亚的菌物学者已将其并入红菇属（Lebel and Tonkin，2007）。红菇属和乳菇属的传统界限，如乳汁的有无，也随着形态学和分子生物学的深入研究，变得模糊起来（Buyck and Desjardin，2003；Buyck，1995），对一些原属于红菇属的种，如环带红菇 *R. zonaria* Buyck & Desjardin 和致密赭红菇 *R. ochricompacta* Bills & O.K. Mill.等，同近缘的乳菇属的一些种，如叉褶乳菇 *Lactarius furcatus* Coker 一起进行分子系统学研究，发现他们聚成独立于以上两个属之外独立的一支，而深入的宏观和微观形态学观察的结果也支持了这个红菇科新属——多褶菇属（Wang and Liu，2010；Buyck et al.，2008）。

  在传统菌物形态分类学中，红菇属最显著的特征为子实体各个部位（特别是菌褶）很脆，菌柄短而粗，菌盖常有鲜艳的颜色，菌褶通常有侧生囊状体（pleurocystidium）而无假囊状体（pseudocystidium），子实体通常肉质而不具有乳汁，菌髓由丝状菌丝缠绕形成的球状胞（sphaerocyst）组成，菌丝无锁状联合，担孢子具淀粉质纹饰（应建浙和臧穆，1994）。虽然新成立的多褶菇属已经使以上的形态学区分不再绝对明确，但红菇属的多数种类均可依据上述明显的特征，较容易与其他大型伞菌的类群区分（Miller and Buyck，2002）。红菇属真菌属内各分类群的划分经历了从宏观到微观水平的发展，从最初的主要观察子实体外形、菌盖颜色和质地进行种间区分到进一步的观察担孢子、子实层、菌盖表皮和菌柄表皮的微观形态进行分类。由于菌盖表皮的显微特征又与菌盖表面宏观特征相对应，现代的分类系统可以说是对于历史上的众多分类系统的总结、发展和提高。目前多数的红菇属内分类系统是基于欧洲（特别是西欧和北欧）的种类建立的（Miller and Buyck，2002），最早的红菇属内分类系统可以追溯到红菇属建立后的七八十年（Fries，1874），在随后的一百多年中，大型真菌分类研究者们不断更新和完善着红菇属内分类系统（Lange，1940；Romagnesi，1936；Konrad and Josserand，1934；Schaeffer，1933-1935；Singer，1935b，1935a，1932；Melzer and Zvára，1927； Maire，1910；Quélet，1888），目前世界上参考和使用较多的是 Sarnari（1998）、Romagnesi（1987，1985，1967）和 Singer（1986）的红菇属内分类系统。前两个分类系统包括了北欧和南欧的红菇属类群，而后者还包括了部分热带和亚热带地区的类群（Pegler and Singer，1980）。Romagnesi（1985）的分类系统将一直被红菇分类学者们最广为使用的 Romagnesi（1967）分类系统中的红菇亚属下的部分组级分类单位提升为亚属级分类单位，并在分类系统中引入了较多的显微形态特征以作为重要的分类依据，如菌盖表皮菌丝结构、担子、囊状体的大小和形态等。Singer（1986）的属下分类系统源自其 1932 年提出的分类系统，并受到了 Romagnesi（1967）分类系统的较大影响，其属下 7 个组（section）中的 5 个组与 Romagnesi（1967）分类系统中 5 个组的名称相同，且形态描述近似，相比 Romagnesi 在红菇属分类中同时注重宏观形态和显微特征，Singer（1986）比较注重明显的宏观形态特征，并在组下进一步划分了亚组（subsection），以适应因为地理分布造成的差异。Sarnari（1998）的分类系统则是在保留了 Romagnesi（1987）大致框架的基础上进行了部分修改，在沿用了 Romagnesi（1987）分类系统中的特征较显著的多数亚属后，将部分差异较小的亚属降为组，并在分类过程中进一步加大了显微结构特征的权重，突出了显微特征在划分红菇属内各亚属和各组中的作用。目前针对红菇属分类开展的分子生物学研究也并不完整，仅包括了少数北温带和热带的种类，而现有的红菇属分类系统均不同程度地存在着繁琐复杂，不能明确反映属内各种间关系的问题（Miller and Buyck，2002）。综合以上研究，同时兼顾宏观特征和微观特征的 Romagnesi（1985）红菇属系统相比其他分类系统是目前较为自然的系统，为本卷红菇属分类研究采用。

  红菇属种间的区分标准经历了由子实体外观形态到注重子实层和菌盖表皮显微特征的发展过程。红菇属的担孢子纹饰，子实层囊状体存在与否，丰富度和形态的多样性虽不及同属于红菇科的乳菇属，但与菌肉味道和孢子印颜色等宏观形态特征一起，也可以作为区分组间和种间的重要特征。因此，现在的红菇属分类研究趋向于结合宏观特征和显微特征的差异进行分类。一些过去未受重视的显微特征，如担孢子的长宽比和纹饰细节、菌盖表皮各种成分（菌丝、盖生囊状体）的形态、菌柄表皮各种成分（菌丝、柄生囊状体）的形态等特征，都被越来越多的用于属下各种间的区分。必须强调的是，对于种的鉴定和区分显微特征相近的种，必须结合新鲜子实体的外观和显微特征。保藏很久的干标本不仅缺失了很大一部分形态特征，而且剩余的形态特征还会随着保藏时间的增加而产生进一步的变化和丢失，其中最严重的是部分模式标本和其他重要标本的散佚，会对后人的研究带来不可挽回的损失（Hesler，1961）。应用现代形态学方法研究新鲜子实体，并借助于分子生物学的研究结果对属内种间关系进行讨论已经成为红菇属真菌分类研究的大势所趋。

  作为经济价值重要的红菇属真菌，在研究红菇属分类和系统发育中仅通过形态学观察无法解决的问题，如红菇属所在的目、科内各属的系统发育关系，红菇属的定义和区分是否与自然的系统一致，是否为单系类群，属下各分类单位之间的关系是否与形态学的结果一致，某些重要和特殊种的分类系统地位等问题均有待于进一步的研究。随着 21 世纪分子生物学技术的飞速发展，越来越多的序列被用于分析红菇属真菌的分类和系统发育，使红菇属的分类学研究有了一定的新进展。近十年来，各国菌物学工作者对红菇属、红菇科以及红菇目的分类研究都很重视。Robert 和 Buyck（1996）开发了用于描述、鉴定红菇属 486 个种的计算机软件 ALLRUS，Miller 等（2001）研究了红菇目 40 个种基于核糖体大亚基 rDNA 序列的系统发育关系，认为传统意义上狭义的红菇属（不包括腹菌状的成员）是一个多系的类群，而广义的红菇属是一个并系的类群，在腹菌状的红菇科各属中，地红菇属、裸腹菌属、腔囊菌属和马特拉菌属与红菇属成员聚在一起，而泽勒腹菌属和交褶菌属 Arcangeliella Cavara 与乳菇属成员聚在一起，多数红菇科腹菌状的属是多系的类群，并建议将这些腹菌状的属并入红菇属和乳菇属。Eberhardt（2002）在对欧洲红菇科 70 个分类单元的子实体和菌根的大亚基序列进行分子系统学研究后认为红菇属是一个并系的类群，不支持以往的各种依据形态学所划定的分类系统。Miller 和 Buyck（2002）通过对欧洲 87 个红菇属分类单元的 ITS1-5.8S-ITS2 的分子系统学研究，发现传统的红菇属内分类系统可以被分子系统学研究的结果部分的支持，并认为孢子印、子实体味道和囊状体表面纹饰的有无等形态学特征，易于在标本的采集和保存过程中发生变化，造成形态描述上的记录误差，并进一步导致分子系统学结果并不支持这些特征在属下各种分类中起到明确作用。Shimono 等（2004）研究了红菇科 64 个种基于核糖体大亚基 rDNA 序列的系统发育关系，认为乳菇属是一个单系的类群，而红菇属是否为一单系群还有待进一步研究。Lebel 和 Tonkin（2007）通过对欧洲、北美洲和大洋洲 77 个红菇科成员的核糖体 ITS 和大亚基序列的系统发育分析，认为传统的红菇属——层菌状的红菇属成员是个并系的类群，由于腹菌状的地红菇属成员分散于红菇属系统发育树的各个分支，完全无法与层菌状的红菇属成员区分开来，据此将地红菇属并入红菇属。Buyck 等（2008）通过对红菇科 67 个分类单元的 ITS、LSU 和 rpb2 序列进行分子系统学分析后，认为红菇科由 4 个分支组成，其中红菇属是一个单系的类群，而乳菇属是一个多系的类群，由两个分支组成，还有一个分支包括了红菇属和乳菇属的极少数成员，根据该分支成立了新属多褶菇属。Park 等（2013）对于朝鲜半岛的怡人亚属 subgen. *Amoenula* Sarnari 成员进行形态学和 ITS1-5.8S-ITS2、LSU 和 rpb2 序列分子系统学研究，结果显示形态学方法和 LSU 序列无法对绒紫红菇 *R. mariae* Peck 和紫柄红菇 *R. violeipes* Quél.进行有效的区分，而 ITS 和 rpb2 序列则可进行明确的区分，并推荐使用以上两个序列作为该亚属的 DNA 条形码序列。

六、中国红菇属分类研究简史

红菇属真菌是大型伞菌中形态最为独特的类群之一，在研究高等担子菌的进化和分子系统学中占据重要地位（Miller and Buyck，2002）。我国气候条件复杂，山河纵横，植物种类和植被类型丰富，从高纬度、高海拔的高山灌丛、针叶林到低纬度、低海拔的热带雨林，为红菇属物种多样性研究提供了优越的自然条件。我国有众多的特有树种（吴征镒等，2005），在与这些植物的长期协同演化中，可能形成了许多特殊或独有的大型真菌（Yang，2000）。从中国大型真菌区系性质的研究结果来看，我国不仅有着北温带广布、东亚-北美、欧亚温带、热带亚洲和中国-喜马拉雅的真菌类群，而且在我国的热带、亚热带和高海拔地区更是有着一些特有的真菌类群（王向华，2008；杨祝良，2005）。我国是全球红菇属种类最为丰富的地区之一，尤其是华南地区和西南地区，青藏高原和云贵高原的松柏类和壳斗科植物种类极为丰富，红菇属成员与植物形成多样的菌根组合，我国地质结构的多样和环境变化的复杂，为红菇属物种资源的遗传和进化提供了良好的条件。

19 世纪末，法国传教士 Soulié 和意大利人 Giradi 从我国四川、云南、陕西采集的大型真菌标本,由法国人Patouillard和Baccarini对其进行了鉴定,并于1895年和1905年发表,报道了革质红菇 *R. alutacea*,这是最早关于我国红菇属真菌的报道(Baccarini, 1905; Patouillard, 1895)。此后,奥地利维也纳大学讲师Handel-Mazzetti于1913~1917年在我国西南、华南等地进行了专门的植物和大型菌物采集,部分红菇属标本经Singer(1935a)鉴定后,发表了 3 个新种切氏红菇 *R. cernohorskyi* Singer、汉德尔红菇 *R. handelii* Singer和点柄红菇 *R. punctipes* Singer,还有一部分红菇属标本经Lohwag研究后发表,目前这些标本仍保存于维也纳大学标本馆(WU)。日本菌物学家泽田兼吉(Sawada)于1942年和1943年报道了中国台湾的红菇属 2 个种:变蓝红菇 *R. livescens* (Batsch) Bataille和脆红菇 *R. fragilis* Fr.。20世纪30年代和40年代是我国早期菌物学家研究的活跃时期,从1932年到1939年,邓叔群教授记录并报导了中国江苏、浙江、福建、安徽等省份的红菇属24个种(Teng, 1939),周宗璜教授报道了采集于中国北方的 2 个种:美味红菇和烟色红菇 *R. adusta* (Pers.) Fr.(Cheo, 1935),戴芳澜教授报道了采集于南京的 1 种毒红菇(Tai, 1936-1937)。此后,裘维蕃(Chiu, 1945)教授报道了我国云南省的红菇属31个种,其中包括 3 个新种:鸡足山红菇 *R. chichuensis* W. F. Chiu.、大理红菇 *R. taliensis* W. F. Chiu.和假金红菇 *R. pseudoaurata* W. F. Chiu。这个时期是我国红菇属分类研究从无到有的阶段,邓叔群教授和裘维蕃教授两位我国菌物学先驱对于红菇属分类的开创性工作不仅持续的时间长,而且涉及的范围广,为菌物分类学者进行中国红菇属分类研究奠定了基础。

20 世纪 50~70 年代,邓叔群(1964)《中国的真菌》和戴芳澜(1979)《中国真菌总汇》两部总结性著作问世,标志着我国菌物学研究进入了新的阶段,这两部著作均记录了我国红菇属真菌,其中《中国的真菌》共记录了中国红菇属19种,《中国真菌总汇》共记录了中国红菇属73种。随着我国红菇属分类研究的进一步深入,全国性或区域性的大型菌物资源专著和物种名录相继出版和发表,并且开始对本属少数种的生物学特性进行研究。

20 世纪 80 年代起,由于研究方法不断多样化,不再仅仅局限于形态分类方法,更多的新种和新记录种被发现和报道,如Wang等(2009)、宋斌等(2007)、Wen 和 Ying(2001)、卯晓岚和庄剑云(1997)、毕志树等(1997, 1994, 1990)、吴兴亮(1989)、Ying(1989, 1983)、Ying 等(1987)、李泰辉等(1987)、谢支锡等(1986)及中国科学院青藏高原综合科学考察队(1983),分别报道过新种、新记录,还有一些报道散见于各种菌物期刊和书志中。随着我国红菇属分类研究的进一步深入,全国性或区域性的大型菌物资源专著和物种名录相继的出版和发表,一些学者开始对中国红菇属的种类进行了整理和汇总,这些地区性的大型真菌报道,提供了中国红菇属分类研究的阶段性成果。应建浙和臧穆(1994)对我国西南地区的红菇属56个分类单位进行了重新描述,卯晓岚(2000)中收录了我国红菇属92个分类单位,宋斌等(2007)中则列举了中国红菇属179个分类单位名称。我国学者利用分子生物学方法进行红菇属分类研究尚处于起步阶段,孙文波等(2000)及王桂文和孙文波(2004)对采集自广西不同地区的红菇子实体分离所得的菌株rDNA ITS片段进行遗传多样性的分析,以鉴别红菇子实体分离的菌株的真伪。尹军华等(2008)对剧毒的亚稀褶黑红菇的rDNA ITS全序列进行了测定,用以鉴定近似种。Li等(2010)在分析了采集自我国华南和西南 5 个地区的

122 份"大红菌"样品的 ITS、nrLSU、mtSSU 和 *rpb2* 序列的遗传多样性后,认为在我国被称作"大红菌"的红菇其实是由 3 个分支的世系所组成,陈新华(2010)对广东梅州地区的商品红菇的分子系统学研究,肖东来等(2013)对福建"正红菇"的遗传多样性研究也支持了这一结果。余玲(2013)对福建省商品红菇的遗传多态性进行了研究,发现当地商品红菇主要可以分为 5 个类群。Cao 等(2013)对于我国云南不同地区的 210 份变绿红菇(俗称"青头菌")的样品开展了群体遗传多样性的研究,发现来自我国云南的变绿红菇与产自欧美的同种的 ITS 序列之间有 3%~6%的差异,多基因群体遗传学分析显示云南不同地区的变绿红菇之间存在着经常性的基因交流,而基于核基因和线粒体基因分析得出的基因交流频率水平明显不同。

通过对文献查阅研究,我国红菇属种类分布十分广泛,除上海和澳门未见报道外,其他省、市、自治区和特别行政区均有报道,其中西南地区和华南地区已经报道的种数最多,均可以占到中国已报道种数的 40%以上。最初报道于中国的 11 个种和 3 个变种的模式标本均来自于西南和华南两个地区。在红菇属部分种类的专门研究方面,毕志树和李泰辉(1986)及 Ying(1983)对中国华南地区,Wen 和 Ying(2001)、Ying(1989)及 Chiu(1945)对中国西南地区,均做过专门的研究,使这些地区的研究前期积累比其他地区更为丰富。据李国杰和文华安(2009)报道,我国已报道红菇属的名称记录有 179 个,其中有效名称 159 个,包括 148 种 9 变种 2 变型。这些研究为我国红菇属的深入分类研究积累了丰富的资料和经验,但对红菇的研究尚处于起步阶段。与国际上对红菇属较为系统的研究相比,我国对具有重要价值的红菇属真菌的分类研究却显得间断而零散,尚未对中国红菇属的分类进行系统研究。由于起步晚,中国红菇属分类研究仍存在着很多困难,馆藏标本普遍缺乏新鲜子实体的采集记录,或是仅有极为简单的采集记录,新鲜子实体特征的缺乏使仅凭显微特征的观察要做出准确的鉴定有一定困难。多数的形态研究是对伞菌的一般特征的描述,缺乏新鲜子实体的生长环境、孢子印颜色,以及经过标准色谱比较的颜色记录和菌盖表皮显微特征的观察记录,而这些特征却是红菇属鉴定中最为关键的信息。年代过于久远的标本一般以炭火烘烤或晒干,加之部分标本干燥、运输和保存过程中霉变、虫蛀严重,使得显微结构被破坏难于观察,研究十分困难,和国外同行交流较少。虽然我国菌物学工作者在红菇属分类研究工作中已经开始引入了国际通用的现代分类的研究手段,但是在实际的分类鉴定工作中,却经常面对一份标本,难以依据我国已报道红菇属名称的众多文献的描述找到一个合适的名称。我国各标本馆馆藏的大量标本是我国几代菌物学工作者辛勤劳动的结果,为本卷研究积累了丰富的研究材料。基于对文献的查阅,以及对我国红菇属真菌馆藏标本和多年自采标本的研究,丰富已报道的红菇属各分类单位的形态信息,在分类鉴定中注意担孢子形状、纹饰细节和菌盖表皮形态等区分近似种的重要依据,明确各个分类单位的概念。

在未来的研究中,在详细记录新鲜子实体的形态特征和生态习性信息,以统计分析方法汇总微观特征,基于 ITS、nrLSU、mtSSU、*tef-1α*、*rpb1* 和 *rpb2* 等的多基因分子系统学和系统基因组学分析的基础上,对我国红菇属真菌的物种多样性和系统发育方面展开深入研究,建立更加自然的属内分类系统,同时结合红菇属真菌生存的森林类型、地理分布、外生菌根多样性等综合信息,探讨红菇科内各属由层菌类向腹菌类演化,在与不同植物共生条件下的种群形成、分化和扩散的分子生物学和生态学机制。

经过对现有馆藏和自采红菇标本的研究，本卷志记载了我国红菇属真菌 159 个分类单位，其中含 152 种 3 亚种及 4 变种。我国地域广阔具有热带、亚热带、温带和暖温带气候，森林植被丰富多样物种繁多给红菇属真菌生长提供了极为有利条件，物种十分丰富，还有很多新分类单位和新记录种有待被发现。

专　论

红菇属 RUSSULA Pers.
Observ. mycol. (Lipsiae) 1: 100, 1796

Bucholtzia Lohwag, Öst. bot. Z. 74: 173, 1924.
Dixophyllum Earle, Bull. New York Bot. Gard. 5: 410, 1909.
Elasmomyces Cavara, Malpighia 11(9-10): 426, 1897.
Lactarelis Earle, Bull. New York Bot. Gard. 5: 409, 1909.
Macowanites Kalchbr., Grevillea 10 (no. 55): 107, 1882.
Martellia Mattir., Malpighia 14: 78, 1900.
Omphalomyces Battarra ex Earle, Bull. New York Bot. Gard. 5: 410, 1909.
Phaeohygrocybe Henn., Bot. Jb. 30: 50, 1901.
Russulina J. Schröt., in Cohn, Krypt.-Fl. Schlesien (Breslau) 3.1(33-40): 550, 1889.

　　子实体小型至大型，多数伞状，少数近似伞菌至腹菌状，极少数侧耳状，裸果型至假被果型。菌盖表面颜色多样，呈单一的色调至多种色调的组合，表面黏、稍黏至光滑，极少数上表皮开裂，无明显绒毛，无鳞片，少数幼时有微细果霜，无光泽至有光泽，边缘光滑而无条纹至有明显或不明显的条纹，菌盖表皮可以部分从边缘剥离。菌肉白色至浅奶油色，受伤后不变色，或变奶油色、黄色至浅赭色，或变浅灰色、灰色至黑色，有时呈水浸状的灰色，无味道或有不同程度的辛辣味和苦味，无显著气味或有不同程度的香味和臭味。菌褶离生、直生、弯生至略延生，白色、奶油色至浅黄色色调，老后变浅黄色、黄色、赭色、灰色至黑色色调，无分叉至有明显分叉，褶间无横脉至有明显横脉，无小菌褶至有较多小菌褶。菌柄中生，少数略偏生，极少数侧生，棒状至圆柱形，近基部处略微变粗，白色、黄色至浅赭色，干燥后变黄色、赭色、灰色至黑色，表面光滑至有纵向微细皱纹。孢子印纯白色至奶油色，浅赭色至深黄色。担子棒状，近顶端处膨大至略膨大，具 2~4 个小梗。担孢子球形、近球形、卵圆形至宽椭球形，表面有疣刺，分散、有连线或形成嵴和不完整至完整的网纹。侧生囊状体棒状、近梭形至梭形，顶端钝圆、近尖锐至尖锐，或有乳头状、披针状至短棒状凸起。缘生囊状体与侧生相同或近似，棒状，顶端尖锐至近尖锐，披针状。菌盖表皮菌丝栅栏状、平伏状排列，有时表面有明显纹饰，盖生囊状体长棒状，顶端钝圆，有隔至无隔。菌肉中具丝状的菌丝细胞和膨大的球状细胞。菌柄表皮菌丝平伏状排列，极少具有柄生囊状体。

　　模式种：*Russula emetica* (Schaeff.) Pers.（Burlingham，1915；Persoon，1796）。

　　生境：夏秋季节常见于阔叶林、针叶林和混交林地上，少数种类见于高山灌丛和草甸开阔地上，与多种植物形成外生菌根。

　　现全世界已知 750 余种，广泛分布。本卷记载中国红菇属 159 个分类单位（含 152

种 3 亚种 4 变种），全国广布。

中国红菇属分亚属检索表

1. 菌盖颜色不鲜艳，多为白色、灰色、黑色和暗黄色等色调，菌肉较坚实，菌褶长短不一，小菌褶多 ·· 密集亚属 subgen. *Compacta*
1. 菌盖颜色鲜艳，可呈红色、紫色、绿色、蓝色、褐色和亮黄色等色调，菌肉较脆，菌褶长短基本一致，无小菌褶或小菌褶很少 ··· 2
   2. 菌肉有强烈的令人不愉快的味道和气味，或具有极显著的香味 ······ 劣味亚属 subgen. *Ingratula*
   2. 菌肉不具上述综合特征 ·· 3
3. 菌盖表皮具有原菌丝 ··· 硬壳亚属 subgen. *Incrustatula*
3. 菌盖表皮无原菌丝 ··· 4
   4. 孢子印白色至奶油色 ··· 5
   4. 孢子印奶油色、赭黄色至黄色 ··· 6
5. 菌盖表皮菌丝末端常细长而尖锐 ···································· 异褶亚属 subgen. *Heterophyllidia*
5. 菌盖表皮不具上述综合特征 ·· 红菇亚属 subgen. *Russula*
   6. 菌肉味道辛辣至极辛辣 ··· 内向亚属 subgen. *Insidiosula*
   6. 菌肉味道柔和、稍辛辣至中度辛辣 ··· 7
7. 菌肉老后和受伤后不变色，或变红褐色、灰色至黑色 ·········· 深红亚属 subgen. *Coccinula*
7. 菌肉老后和受伤后变灰白色、黄色、黄褐色至褐色 ·· 8
   8. 侧生囊状体长而粗 ·· 多色亚属 subgen. *Polychromidia*
   8. 侧生囊状体少而短 ·· 娇弱亚属 subgen. *Tenellula*

深红亚属 subgen. *Coccinula* Romagn.

子实体多数较大，没有鱼腥味或甜味。菌盖一般红色、橙色或黄色，极少见白色或紫色。菌肉味道温和至辛辣，不易变形或变色，仅轻微地变红褐色或灰黑色。孢子印赭色至黄色，或白色。盖生囊状体明显或无。

模式种：*Russula paludosa* Britzelm.（Romagnesi，1987）。

中国深红亚属分组检索表

1. 菌肉老后和受伤后不变色或几乎不变色，孢子印奶油色至赭黄色 ············ 沼泽组 sect. *Paludosinae*
1. 菌肉老后变色，孢子印赭色至黄色 ··· 2
   2. 菌肉老后和受伤后轻微变色 ·· 光亮组 sect. *Laetinae*
   2. 菌肉老后和受伤后显著变色 ·· 褪色组 sect. *Decolorantinae*

褪色组 sect. *Decolorantinae* Maire

菌肉气味温和，无苦味，受伤时变浅灰色至黑色色调。菌盖表皮有原菌丝或表面有硬壳结晶的菌丝，部分菌丝遇福尔马林液变粉色至红色。

模式种：*Russula decolorans* (Fr.) Fr.（Maire，1910）。

中国褪色组分种检索表

1. 菌盖苋菜红色，中央有灰黑色鳞片 ··· 斯坦巴克红菇 *R. steinbachii*
1. 菌盖非上述特征 ·· 2
   2. 孢子印奶油色至浅赭石色 ··· 褪色红菇 *R. decolorans*
   2. 孢子印白色或赭黄色 ·· 3
3. 菌肉初白色，伤后变红色，渐变灰白色至灰黑色 ··· 变红红菇 *R. rubescens*
3. 菌肉非上述特征 ·· 4
   4. 担孢子表面疣刺间形成网纹 ·· 鸡足山红菇 *R. chichuensis*
   4. 担孢子表面疣刺间无连线，不形成网纹 ··· 宾川红菇 *R. binchuanensis*

宾川红菇　图 3，图版 VIII 1

Russula binchuanensis H.A. Wen & J.Z. Ying, Mycosystema 20(2): 153, 2001.

子实体中型。菌盖直径 6.2 cm，幼时扁半球形，中央凸起至轻微下凹，褐色，湿时略黏，边缘无棱纹。菌肉苍白色，暴露于空气中不变色，无明显的气味和味道。菌褶弯生至直生，宽 0.5 cm，白色至浅奶油色，干燥后浅赭黄色，无分叉至较少见分叉，小菌褶少见，褶间微具横脉。菌柄长 7.0 cm，粗 1.6 cm，苍白色，圆柱形，中间海绵质，表面光滑，老后略有纵向皱纹。孢子印苍白色。

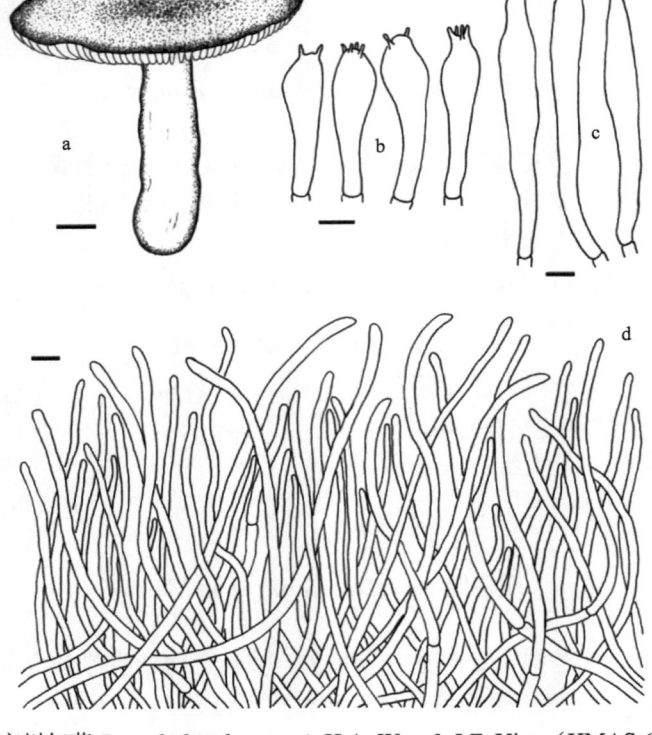

图 3　宾川红菇 *Russula binchuanensis* H.A. Wen & J.Z. Ying（HMAS 69679）
a. 子实体；b. 担子；c. 侧生囊状体；d. 菌盖表皮菌丝。a. 标尺=1 cm；b~d. 标尺=10 μm

担子 37~51 × 8~15 μm，棒状，一端膨大，透明，具 2~4 个小梗，小梗长达 9 μm。

担孢子（40/2/2） 8.4~10.3（11.0）×（7.3）7.5~8.8（9.5） μm [Q = 1.03~1.31, **Q** =1.17±0.07]，近球形至宽椭球形，少数球形和椭球形，无色，表面疣刺高 0.7~1.5 μm，近圆锥形至近圆柱形，部分板状，疣刺间无连线，不形成网纹，脐上区淀粉质点不显著。侧生囊状体 39~112 × 8~13 μm，较多，纺锤形，透明，表面光滑，无纹饰，部分壁厚 0.9~1.8 μm。缘生囊状体 58~90 × 7~11 μm，少见，圆柱形或近纺锤形，薄壁。菌盖表皮由薄壁有隔的菌丝构成，直立状，菌丝宽 2.5~4.1 μm，有隔，薄壁，无色透明，表面光滑而无纹饰，末端钝圆至近尖锐，盖生囊状体未见。菌柄表皮菌丝宽 2.5~5.0 μm，有隔，无色透明，柄生囊状体未见。

生境：夏秋季生于林中地上。

模式产地：中国。

世界分布：亚洲（中国）。

研究标本：云南宾川鸡足山，林中地上，1989 年 8 月 5 日，李宇、宗毓臣 117（HMAS 69679）。

鸡足山红菇 图 4，图版 VIII 2

Russula chichuensis W. F. Chiu, Lloydia, 8: 57, 1945.

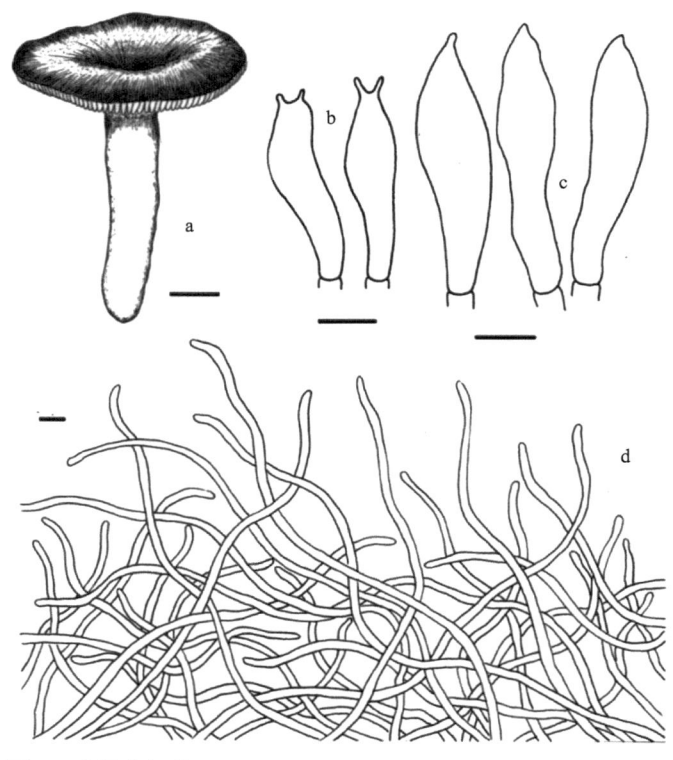

图 4 鸡足山红菇 *Russula chichuensis* W.F. Chiu（HMAS 3982）
a. 子实体；b. 担子；c. 侧生囊状体；d. 菌盖表皮菌丝. a. 标尺=1 cm；b~d. 标尺=10 μm

子实体中型。菌盖直径 3~9 cm，幼时扁半球形，成熟后平展至中央凸起，老后轻微下凹，边缘钝圆至近尖锐，略有起伏和开裂，珊瑚红色至橙红色，或边缘变淡橙黄色，光滑，边缘无棱纹或略有棱纹。菌肉白色，不易变色，初坚实，后海绵质，味道辛辣，气味不显著。菌褶离生，宽 0.6 cm，白色，边缘钝圆，密集。菌柄长 2~8 cm，上下等粗，淡黄色略带桃色，基部呈褐色，光滑，老后略有纵向微细皱纹。孢子印白色。

担子 26~35 × 6~10 μm，棒状，具 2~4 个小梗，无色透明。担孢子（40/2/1）（7.1）7.5~9.1（9.5）×（6.0）6.3~7.6（7.8）μm [Q = 1.01~1.25（1.28）, **Q** = 1.14 ± 0.08]，近球形至宽椭球形，部分球形，无色，表面小疣刺高 0.3~0.7 μm，呈现嵴状突起，部分连接近于完整的网纹，脐上区淀粉质点不显著。侧生囊状体 67~131 × 11~14 μm，梭形至近梭形，中央凹起并顶端有喙状凸起，无色透明。菌盖表皮菌丝栅栏状，宽 1.7~5.8 μm，无色透明，无隔，顶端钝圆，少数近尖锐，盖生囊状体未见。菌柄表皮菌丝宽 2.5~5.0 μm，有隔，无色透明，柄生囊状体 37~51 × 2.5~5.8 μm，棒状，有分隔，无色至微黄色。

生境：林中地上。
模式产地：中国。
世界分布：亚洲（中国）。
研究标本：云南宾川鸡足山，林中地上，1938 年 9 月 10 日，周家炽 7982（HMAS 3982）。

褪色红菇 图 5
Russula decolorans (Fr.) Fr., Epicr. syst. mycol. (Upsaliae): 361, 1838.
Agaricus decolorans Fr., Syst. mycol. (Lundae) 1: 56, 1821.
Myxacium decolorans (Fr.) P. Kumm., Führ. Pilzk. (Zerbst): 91, 1871.
Russula decolorans var. *albida* A. Blytt & Rostr., in Blytt, Skr. VidenskSelsk. Chistiania, Kl. I, Math.-Natur. (no. 6): 107, 1905.
Russula decolorans var. *cichoriata* Melzer & Z. Schaef., Holubinky (Praha): 21, 1944.
Russula decolorans var. *cinnamomea* Melzer, Holubinky (Praha): 21, 1944.
Russula decolorans var. *rubriceps* Kauffman, Report Mich. Acad. Sci. 13: 220, 1911.
Russula decolorans var. *tenera* Melzer, Holubinky (Praha): 20, 1944.
Russula rubriceps (Kauffman) Singer, Mycologia 35(2): 151, 1943.

子实体中型至大型。菌盖直径 5~12 cm，初近球形至半球形，后扁半球形，成熟后平展，中部下凹，边缘钝圆，有时不规则开裂，浅红色、橙红色、红铜色或橙褐色，部分褪至深蛋色或蛋壳色，有时为土黄色或肉桂色，湿时黏，干燥后光滑，无光泽，盖缘平滑，老后具短棱纹。菌肉白色，伤后或老后变污白色、灰白色、灰色至灰黑色，味道柔和，有甜味，无特殊气味。菌褶弯生至离生，密集至略稀疏，无分叉或少数近柄处有分叉，顶端钝圆，白色，褶间具横脉，乳黄色至浅黄赭色，老后变灰黑色或褶缘黑色，小菌褶较少。菌柄长 5~12 cm，粗 1~3 cm，通常圆柱形，近菌褶处渐细，近基部处稍粗，初白色，后污白色、灰白色至浅灰色，老后杂有黑色点，初内实，后变松软表面有明显网纹，幼时光滑，老后稍粗糙。孢子印奶油色至浅赭石色。

担子 57~76 × 8~13 μm，棒状，近顶端处有膨大，多数具 2 个小梗，少数 4 个小梗，无色透明。担孢子（40/2/2）6.5~7.3（7.6）×（5.8）6.0~6.5（6.8）μm [Q =（1.01）1.04~1.16（1.27）, **Q** = 1.09 ± 0.04]，球形至近球形，部分宽椭球形，浅乳黄色，表面有小疣刺，

高 0.3~0.7 μm，半球形至扁半球形，多数分散，部分刺间相连成不完整的网纹，脐上区淀粉质点较显著。侧生囊状体 28~35 × 7~9 μm，梭形至近梭形，顶端近尖锐，表面略有至有一定程度的纹饰。菌盖表皮菌丝栅栏状，菌丝宽 3.7~5.1 μm，有分叉和分隔，顶端钝圆至近尖锐，盖生囊状体未见。菌柄表皮菌丝宽 2.6~4.8 μm，有隔，无色透明，柄生囊状体未见。

生境：夏秋季单生或散生于针叶林或混交林地上。

模式产地：法国。

世界分布：亚洲（中国、印度）；欧洲（法国、英国、德国、比利时、瑞士、瑞典、丹麦、冰岛、挪威、芬兰、斯洛伐克）；北美洲（美国、加拿大）。

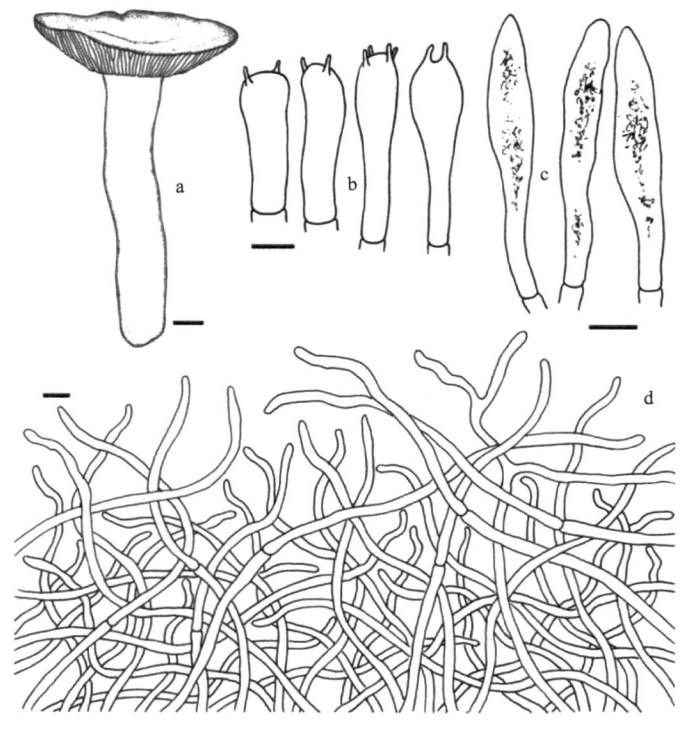

图 5 褪色红菇 *Russula decolorans* (Fr.) Fr.（HMAS 35735）
a. 子实体；b. 担子；c. 侧生囊状体；d. 菌盖表皮菌丝。a. 标尺=1 cm；b~d. 标尺=10 μm

研究标本：北京门头沟潭柘寺，林中地上，1958 年 7 月 25 日，邓叔群 6040（HMAS 32207）；门头沟东灵山，混交林地上，1998 年 8 月 19 日，文华安、宗毓臣 98278（HMAS 75223）。吉林安图二道白河长白山，林中地上，1960 年 7 月 5 日，杨玉川、郭俊英、袁福生 140（HMAS 32208）；长白山池北区二道白河镇北，混交林地上，2013 年 7 月 25 日，李赛飞、赵东、范宇光、李国杰 13100（HMAS 267753）；延吉安图，林中地上，1960 年 7 月 8 日，杨玉川、郭俊英、袁福生 182（HMAS 32774）。江苏苏州穹窿山，林中地上，1965 年 6 月 27 日，邓叔群 6829（HMAS 35735）。四川雅江剪子弯山，林中地上，1983 年 8 月 6 日，文华安、苏京军 424（HMAS 49974）、437（HMAS 49971）、438（HMAS 49972）、439（HMAS 49973）、441（HMAS 49975）、442（HMAS 50817）、453（HMAS 50981）、500（HMAS 49976）、593（HMAS 50710），1984 年 7 月 25

日，文华安、苏京军 1381（HMAS 48273）。云南大理宾川鸡足山，林中地上，1989年8月9日，宗毓臣、李宇 195（HMAS 63447）。西藏林芝波密扎木林场，林中地上，1976年7月18日，宗毓臣 299（HMAS 38016）；聂拉木县樟木镇立新乡，林中地上，1975年7月15日，宗毓臣 67（HMAS 37092）。甘肃陇南康县，林中地上，1987年6月27日，卯晓岚 1690（HMAS 131015）。

经济价值：该种可食用。与松属 *Pinus*、桤木属 *Alnus*、桦木属 *Betula* 和鹅耳枥属 *Carpinus* 等的一些树种形成外生菌根。

变红红菇　图 6

Russula rubescens Beardslee, Mycologia 6: 91, fig. 1, 1914.

子实体中型至较大。菌盖直径 5.0~8.5 cm，初扁半球形，后平展中部略微下凹，边缘近钝圆至钝圆，稍有起伏，不开裂，表面通常暗红色，有时带污黄色、赭色和赭绿色，老时褪色，有时可呈污白色，边缘有不明显的棱纹，湿时稍黏，表面光滑而无光泽，菌盖表皮可从边缘剥离 1/2。菌肉初白色，受伤后变红色，渐变灰白色、灰色至灰黑色，老后和干燥后变黑色，无明显味道，有轻微的水果香味或奶酪味。菌褶近直生，密集至稍稀疏，等长，近柄处分叉，褶间具横脉，初白色，后乳黄色，老后带灰白色至浅灰色，伤后变红色，渐变灰白色、灰色至灰黑色。菌柄长 3.0~5.5 cm，粗 1~2 cm，圆柱形，上下等粗或向下稍细，初内实，后中空，初白色，有时带浅粉色至浅红色色调，后变灰色，老后变灰黑色，伤后先变红色，后变黑色。孢子印浅黄色至赭黄色。

担子 28~41 × 9~14 μm，棒状，部分中部至近顶部处有膨大，具 2~4 个小梗，无色透明。担孢子（40/2/2）6.3~7.9（8.1）×（5.1）5.8~7.1（7.3）μm [Q =（1.02）1.04~1.24（1.27），Q = 1.13 ± 0.07]，近球形至宽椭球形，少数球形，微黄色至黄色，表面有疣刺，高 0.7~1.2 μm，近圆锥形至近圆柱形，疣刺间无连线，或仅有极个别连线，形成短嵴，脐上区淀粉质点不显著。侧生囊状体 35~55 × 8~12 μm，较少，近棒状或近梭形，顶端近尖锐至尖锐，有时有披针状的突起，表面略有纹饰。菌盖表皮菌丝栅栏状，菌丝宽 1.7~5.8 μm，有分叉和分隔，无色透明，末端细钝圆至近尖锐，盖生囊状体未见。菌柄表皮菌丝宽 1.7~4.1 μm，有隔，无色透明，柄生囊状体未见。

生境：夏秋季散生或群生于阔叶林或混交林地上。

模式产地：美国。

世界分布：亚洲（中国、日本）；北美洲（美国）。

研究标本：河南三门峡卢氏县狮子坪公社，林中地上，1968年8月，卯晓岚、李惠中 252（HMAS 36834）。云南嵩明五台山，混交林地上，2006年8月，文华安、周茂新、李国杰 06229-1（HMAS 187102）；漾濞苍山，海拔 2628 m 混交林地上，2009年7月13日，李国杰、杨晓莉 09027（HMAS 220705）。西藏林芝鲁朗镇中科院藏东南高山站，混交林地上，2012年8月26日，赵东、李国杰、王亚宁 12121（HMAS 264964）。陕西汉中秦岭，林中地上，1991年9月，卯晓岚 6370（HMAS 61636）。

讨论：变红红菇的菌盖表面为红色，菌肉老后颜色变黑等的特征与欧洲的葡萄酒红菇 *R. vinosa* Lindblad 和我国的灰肉红菇易混淆（Wang et al., 2009；Singer, 1947），两者的主要区别是变红红菇的菌肉变黑前有一个变红的阶段，而葡萄酒红菇菌肉变色不明显，灰肉红菇菌肉变灰色无变红的阶段。

经济价值：该种可食用和药用。

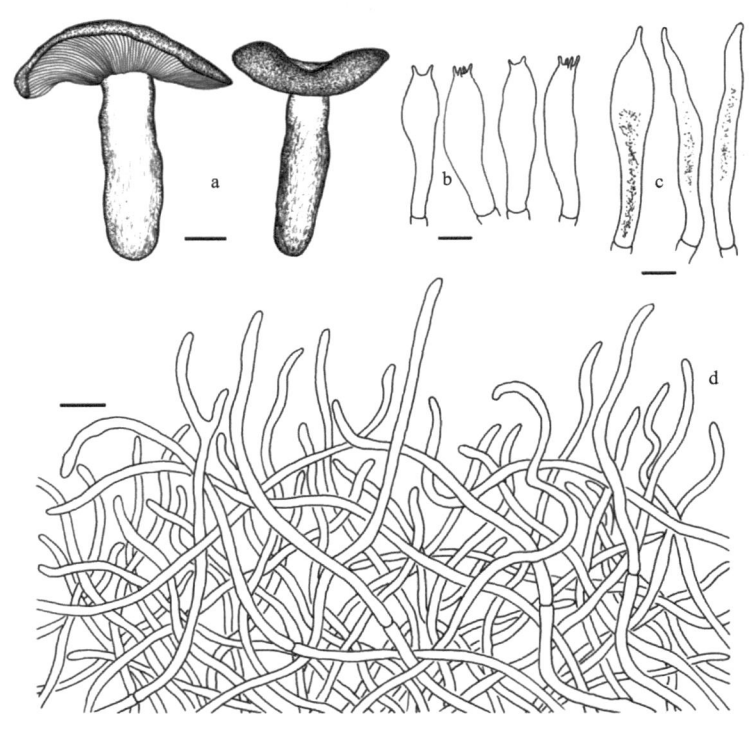

图 6　变红红菇 *Russula rubescens* Beardslee（HMAS 61636）
a. 子实体；b. 担子；c. 侧生囊状体；d. 菌盖表皮菌丝。a. 标尺=1 cm；b~d. 标尺=10 μm

斯坦巴克红菇　图 7
别名：斯氏红菇

Russula steinbachii Čern. & Singer, Annls mycol. 32(5): 457, 1934.

子实体小型至中型。菌盖直径 4.5~13 cm，初扁半球形，后平展中部下凹，大红色、苋菜红色至暗红带紫色，部分边缘及受伤处渐变黑色，干标本较为明显，湿时微黏至黏，被不明显绒毛，中央常有灰黑色鳞片，边缘整齐，偶尔具弱棱纹，表皮易剥离。菌肉近柄处厚 0.9~1.2 cm，白色至灰白色，近表皮处浅红色，受伤后变浅灰色，干燥后部分变黑色，有苦味，气味不显著。菌褶直生，宽 1~1.5 cm，盖缘处 12~14 片/cm，基本等长，褶间弱具横脉，浅黄色至黄色，干燥后部分灰色至黑色。菌柄长 5~13 cm，近柄顶处粗 1.5~3.5 cm，中生至稍偏生，圆柱形至近圆柱形，部分至大部分呈粉红色至红色，其余部分白色，受伤处带灰色至灰黑色，被细绒毛，海绵质。孢子印奶油色。

担子 35~47 × 10~15 μm，棒状，近顶端处膨大，无色，多数具 2 个小梗，少数 4 个小梗。担孢子（40/2/2）（7.4）7.6~10.7（11.1）×（6.8）7.1~9.2（9.6）μm [Q=（1.03）1.06~1.22（1.25），**Q** = 1.10 ± 0.05]，近球形至宽椭球形，个别球形，微黄色，表面具小疣刺，高 0.7~1.2 μm，近圆锥形至近圆柱形，疣间无连线，或少部分相连形成不完整网纹，脐上区淀粉质点不显著。侧生囊状体 76~127 × 7~14 μm，近梭形至长梭形，顶端

• 25 •

钝圆至近尖锐，透明，浅黄色，表面光滑至略有纹饰。菌盖表皮菌丝直立状，有时交错至近栅状排列，菌丝宽 3.6~5.1 μm，末端钝圆至近尖锐，无色透明，盖生囊状体未见。菌柄表皮菌丝宽 3.6~5.1 μm，有隔，无色透明，柄生囊状体未见。

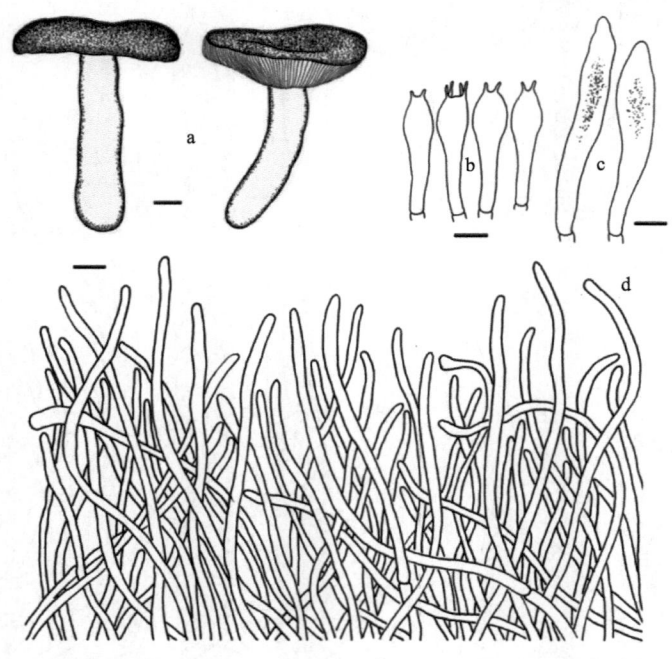

图 7　斯坦巴克红菇 *Russula steinbachii* Čern. & Singer（HMIGD 11201）
a. 子实体；b. 担子；c. 侧生囊状体；d. 菌盖表皮菌丝。a. 标尺=1 cm；b~d. 标尺=10 μm

生境：夏秋季单生至散生于阔叶林地上。

模式产地：奥地利。

世界分布：亚洲（中国）；欧洲（奥地利）。

研究标本：广东梅州大埔丰溪林场，海拔 400~450 m 阔叶林地上，1987 年 6 月 21 日，郑国杨（HMIGD 11201）。

讨论：斯坦巴克红菇形态特征与变红红菇和褪色红菇易混淆，主要区别是变红红菇的菌肉和子实体菌柄新鲜时就可观察到显著的变黑现象，褪色红菇的菌盖有较少的鲜红色，担孢子表面疣刺较低矮。

经济价值：该种可食用。

光亮组 sect. *Laetinae* Romagn.

菌盖颜色较鲜艳。菌盖表皮，菌肉受伤后不变色至变黄色。

模式种：*Russula laeta* Jul. Schäff.（Romagnesi, 1987）。

中国光亮组分种检索表

1. 菌盖橘红色至橘黄色，老后褪色至鲜黄色 ·· 金红菇 *R. aurea*
1. 菌盖非上述颜色 ··· 2

2. 菌褶离生 ·· 3
　　2. 菌褶弯生至直生 ·· 4
3. 菌盖中央暗玫瑰色，边缘亮橙黄色，菌柄微黄色 ······························· 似金红菇 *R. auraiacearum*
3. 菌盖血红色，颜色均一，菌柄白色 ·· 北方红菇 *R. borealis*
　　4. 孢子印浅赭色至深黄色 ··· 吉林红菇 *R. jilinensis*
　　4. 孢子印非上述颜色 ·· 5
5. 担孢子疣间少有连线，不形成完整网纹 ··································· 奶榛色红菇 *R. cremeoavellanea*
5. 担孢子疣间无连线，或极少连线 ··· 光亮红菇 *R. nitida*

似金红菇　图8
别名：假金红菇

Russula auraiacearum B. Song, in Song, Li, Shen & Lin, J. Fungal Res. 5 (1): 35, 2007.
Russula pseudoaurata W.F. Chiu, Lloydia 8: 58, 1945.

　　子实体中型。菌盖直径 5 cm，初半球形至扁半球形，后中央凸起，老后平展，中部下凹，形状极不规则，边缘钝圆，幼嫩时边缘下垂，成熟后渐平展，略有起伏，有时开裂，表面中央暗玫瑰色，向边缘方向有亮橙黄色，有时褪色至亮黄色和杏黄色，湿时稍黏，干燥后光滑无毛，边缘光滑，无棱纹或有极不明显的短棱纹。菌肉微黄色，白色，表皮下微红色，成熟后或老后略变黄色，坚实，后松软而较脆，味道辛辣，无显著气味。菌褶离生，宽 0.4 cm，宽而密，暗柠檬黄色，前端尖锐，菌褶后部分叉。菌柄长 4 cm，粗 1 cm，圆柱形，中生，等粗至近等粗，表面幼时白色，成熟后微黄色至黄色，光滑无毛，或老后有皱纹，初内实，后中空。孢子印微黄色至浅赭色。

　　担子 27~29 × 8~11 μm，棒状，近顶端处略有膨大，无色透明，具 2~4 个小梗。担孢子（40/2/1）（7.1）7.5~9.6（11.3）× 6.3~7.8（8.3）μm [Q =（1.09）1.11~1.33（1.35），Q = 1.25 ± 0.08]，近球形至宽椭球形，少数椭球形，微黄色，表面有明显的疣状凸起，近圆锥形，高 0.3~0.7 μm，疣刺间有连线，形成近于完整的网纹，脐上区淀粉质点不显著。侧生囊状体 54~79 × 10~12 μm，梭形至近梭形，部分近棒状，顶端近尖锐至尖锐，表面有极为强烈的纹饰。菌盖表皮菌丝栅栏状，菌丝宽 2.5~5.8 μm，无色透明，有隔，盖生囊状体 45~162 × 6~10 μm，数量较多，圆柱形，棒状，顶端钝圆，有时一侧膨大，尖端至呈喙状，有纹饰。菌柄表皮菌丝宽 1.7~5.8 μm，有隔，无色透明，柄生囊状体 35~66 × 6~8 μm，棒状，有隔，微黄色。

　　生境：夏秋季生于林中地上。
　　模式产地：中国。
　　世界分布：亚洲（中国）。
　　研究标本：云南宾川鸡足山，林中地上，1940 年 9 月 10 日，周家炽 7986（HMAS 03986）。

　　讨论：Chiu（1945）用假金红菇发表，因种名加词 *pseudoaurata* 已经被发表[*R. pseudoaurata* Jul. Schäff., Z. Pilzk. 7 (9): 133~136, 1928]，假金红菇即为 *R. pseudoaurata* Jul. Schäff.的晚出同名。宋斌等（2007）用似金红菇合法发表。似金红菇菌盖特征与金红菇很相似，不同之处是金红菇的担孢子有明显的连成网状的疣刺，侧生囊状体稍有纹饰，无盖生囊状体，似金红菇侧生囊状体有明显的纹饰，盖生囊状体多。

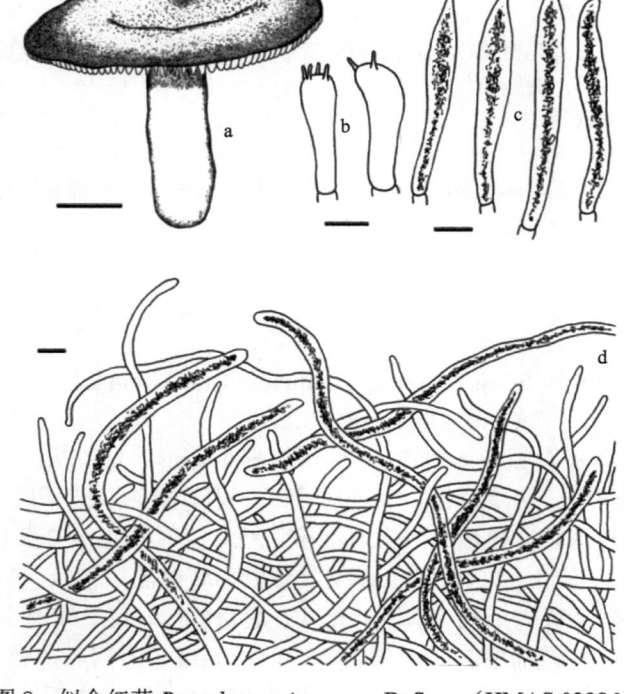

图 8 似金红菇 *Russula auraiacearum* B. Song（HMAS 03986）
a. 子实体；b. 担子；c. 侧生囊状体；d. 菌盖表皮菌丝。a. 标尺=1 cm；b~d. 标尺=10 μm

金红菇　图 9，图版 I 1、VIII 3
别名：红斑黄菇、黄斑红菇、黄金红菇、金黄红菇

Russula aurea Pers., Observ. mycol. (Lipsiae) 1: 101, 1796.

Agaricus auratus With. ex Mussat, in Saccardo, Syll. fung. (Abellini) 15: 11, 1901.

Agaricus aureus (Pers.) Pers. Syn. meth. fung. (Göttingen) 2: 442, 1801.

Russula aurata Fr., Epicr. syst. mycol. (Upsaliae): 360, 1838.

Russula aurata f. *axantha* Romagn., Russules d'Europe Afr. Nord (Bordas): 812, 1967.

Russula aurata f. *esculenta* (Pers.) Singer, Z. Pilzk. 2(1): 11, 1923.

Russula aurata subsp. *esculenta* (Pers.) Sacc., Syll. Fung. (Abellini) 5: 477, 1887.

Russula aurata var. *esculenta* (Pers.) Sacc., in Saccardo & Traverso, Syll. Fung. (Abellini) 20: 708, 1911.

Russula aurea var. *axantha* (Romagn.) Bon, Docums Mycol. 17(no. 67): 12, 1987.

Russula esculenta Pers., Observ. mycol. (Lipsiae) 1: 101, 1796.

子实体中型。菌盖直径 5~8 cm，扁半球形，后中央凸起，成熟后平展至中部稍下凹，边缘钝圆至少尖锐，不开裂至极少开裂，表面橘红色至橘黄色，中部往往色较深或带黄色，老后褪色至整个菌盖呈现鲜黄色，边缘无棱纹或不明显棱纹，湿时稍黏至不黏，干燥后光滑，无附属物，老后和干燥后有微细皱纹，边缘整齐，自菌盖边缘至中央方向可剥离 1/2。菌肉厚 0.9 cm，白色、浅橙灰色，靠近表皮处橘红色或黄色，边缘处极薄，受伤或遇硫酸亚铁溶液均不变色，味道柔和，有甜味或微辛辣，气味不显著。菌褶直生至近离生，稍密，褶间具横脉，近菌柄处往往分叉，等长，有时不等长，盖缘处 12~16 片/cm，褶缘平滑，柠檬黄色，老后赭色。菌柄长 3.5~7.0 cm，粗 1.0~1.8 cm，中生，圆柱形至近圆柱形，近基部处略有膨大，淡黄色或白色或部分柠檬黄色，肉质，初内实，后内部松软后变中空，表面光滑至有皱纹。孢子印浅黄色至近赭色。

担子 37~43 × 6~9 μm，棒状，近顶端处稍膨大，具 2~4 个小梗，小梗长 4~6 μm，无色透明至微黄色。担孢子（100/4/4）(6.3) 6.9~8.5 (8.8) × (5.3) 5.9~7.0 (7.3) μm [Q =（1.04）1.09~1.30（1.36），**Q** = 1.22 ± 0.06]，多数宽椭球形至椭球形，少数球形至近球形，无色，淡黄色至浅橙色，表面有小疣刺，高 0.6~1.6 μm，半球形，形成短嵴，相邻近网状，脐上区淀粉质点稍显著。侧生囊状体 39~52 × 7~10 μm，棒状至近梭形，顶端尖锐，有乳头状至披针状凸起，无色透明。菌盖表皮菌丝栅栏状，菌丝宽 3~5 μm，无色透明，有分叉，盖生囊状体未见。菌褶菌髓异型，部分细胞泡囊状，无色至微黄色。菌柄表皮菌丝宽 2~3 μm，有隔，无色透明，柄生囊状体未见。

生境：夏秋季单生或群生于混交林地上。

模式产地：法国。

世界分布：亚洲（中国、日本）；欧洲（英国、法国、德国、瑞士、意大利、捷克、波兰、克罗地亚）；北美洲（美国）。

研究标本：吉林安图长白山，林中地上，2008 年 8 月 1 日，周茂新、Yusufjon Gafforov 等 08008（HMAS 187082）；安图长白山池北区二道白河镇北，混交林地上，2013 年 7 月 21 日，文华安、李赛飞、赵东、范宇光、李国杰 13007（HMAS 267806）、13008（HMAS 267809）；长白山池北区二道白河镇北山门，混交林地上，2013 年 7 月 22 日，范宇光、李国杰 13357（HMAS 252610）；长白山池北区二道白河镇生态站，混交林地上，2013 年 7 月 24 日，文华安、李赛飞、赵东、李国杰 13372（HMAS 267875）；长白山池北区二道白河镇西，混交林地上，2013 年 7 月 25 日，李赛飞、赵东、范宇光、李国杰 13113（HMAS 252637）；延边州和龙市八家子林业局仙峰国家森林公园雪岭（老爷岭），混交林地上，2013 年 7 月 23 日，文华安、王柏、李赛飞、赵东、李国杰 13362（HMAS 267762）。黑龙江牡丹江林口，林中地上，1972 年 9 月，徐连旺、卯晓岚 180（HMAS 36831）。安徽黄山，混交林地上，1957 年 8 月 30 日，邓叔群 5243（HMAS 20049）。河南南阳内乡县宝天曼伏牛山，海拔 1200 m 阔叶林地上，2009 年 7 月，申进文等（HMAS 196530）；三门峡卢氏，林中地上，1968 年 8 月 26 日，李惠中、卯晓岚 127（HMAS 36913），1968 年 8 月 29 日，卯晓岚、李惠中、应建浙 220（HMAS 36925）。湖北十堰神农架，林中地上，1984 年 9 月 5 日，张小青、孙述霄 441（HMAS 53670）。海南通什五指山，林中地上，2000 年，文华安（HMAS 83419）。四川西昌，林中地上，1971 年 8 月，宗毓臣、卯晓岚 183（HMAS 36846）。云南大理宾川鸡足山，林中地上，1989 年 8 月 13 日，李宇、宗毓臣 337（HMAS 72089）；洱源邓川镇苍山，海拔 2608 m 林中地上，2009 年 7 月 24 日，李国杰、赵勇 09495（HMAS 196497）；龙陵大雪山，林中地上，2002 年 8 月 29 日，杨祝良 3351（HKAS 41420）。西藏波密扎木，林中地上，1983 年 8 月 27 日，卯晓岚 1359（HMAS 46153），1983 年 8 月 28 日，卯晓岚 1462（HMAS 46627）；林芝鲁朗镇中科院藏东南高山站，混交林地上，2012 年 8 月 26 日，赵东、李国杰、王亚宁 12124（HMAS 265007）。甘肃迭部，林中地上，1992 年 9 月

10日，卯晓岚6210（HMAS 70209）。

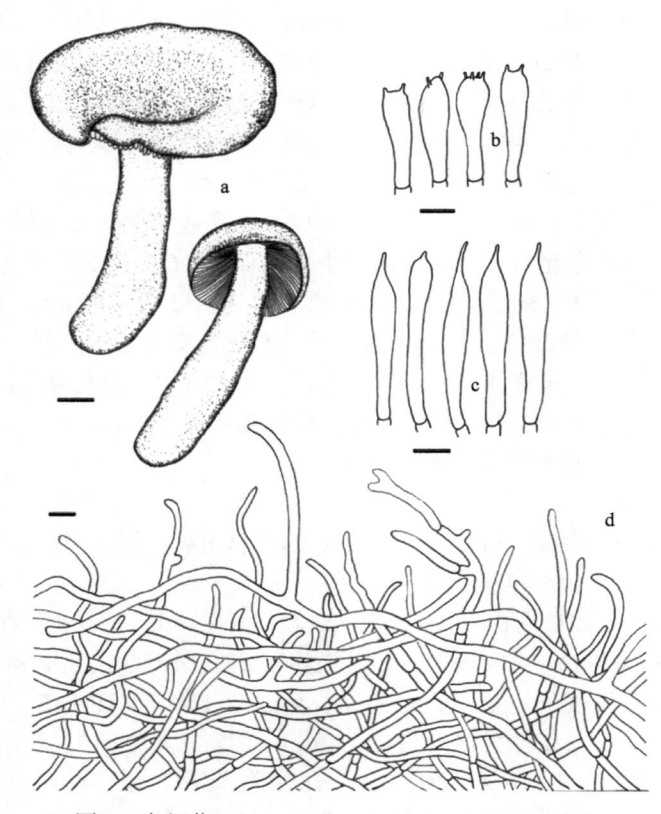

图9 金红菇 *Russula aurea* Pers.（HMAS 187082）
a. 子实体；b. 担子；c. 侧生囊状体；d. 菌盖表皮菌丝。a. 标尺=1 cm；b~d. 标尺=10 μm

讨论：金红菇是北温带广泛分布的物种，欧亚大陆的报道较多，北美洲较少见（Beardslee，1918）。我国分布也非常广泛，自邓叔群（1964）报道金红菇分布于安徽后，多数省、自治区均有报道。金红菇历史上使用较多的两个种加词 aurata 和 aurea，哪个具有优先权的问题曾一度悬而未决，金红菇的同物异名金黄红菇 *R. aurata* (With.) Fr.最初被描述为蘑菇属中的金黄蘑菇 *Agaricus auratus* With.，金红菇和金黄蘑菇这两个种名的发表时间均为1796年，因年代久远，两个种名的具体发表时间目前已无从考证，哪个种名有命名上的优先权存在长时间的争议，在历史上使用较多而广泛的种名是金黄红菇，根据20世纪80年代修订的国际植物命名法的规定，红菇属内金红菇的出现要早于金黄蘑菇 *Agaricus auratus* With.，因此金红菇为合法名称（Singer and Machol, 1983）。我国自邓叔群（1964）使用金黄红菇报道后，后续的报道也多用金黄红菇，而使用金红菇报道较少。

经济价值：该种可食用和药用。

北方红菇　图10，图版 VIII 4
Russula borealis Kauffman, Report Mich. Acad. Sci. 11: 69, 1909.
　　子实体中型。菌盖直径5~10 cm，初扁半球形，后中央凸起至扁平，成熟后中部稍下凹，边缘幼时稍下垂或内卷，成熟后近平展，钝圆，偶见近尖锐，亮红色、鲜红色至牛血红色，颜色均一，老后不变色或仅有轻微的褪色，干燥后颜色变深，湿时稍黏或不黏，表面光滑，近于光滑，有光泽，或有微细绒毛，边缘光滑，无棱纹和沟槽。菌肉白色，老后变黄色，近菌盖表皮处有粉红色色调，较坚实，不易变形，近柄处较厚实，味道辛辣，无特殊气味。菌褶离生，微黄色至柠檬黄色，干后深褐色，密集，近缘处分叉，褶间无横脉或略有横脉。菌柄长 11 cm，粗 1~2 cm，中生，圆柱形，等粗或近基部处略粗，初内实，后海绵质而中空，白色，有时略有粉红色色调，表面光滑。孢子印深奶油色至浅赭色。

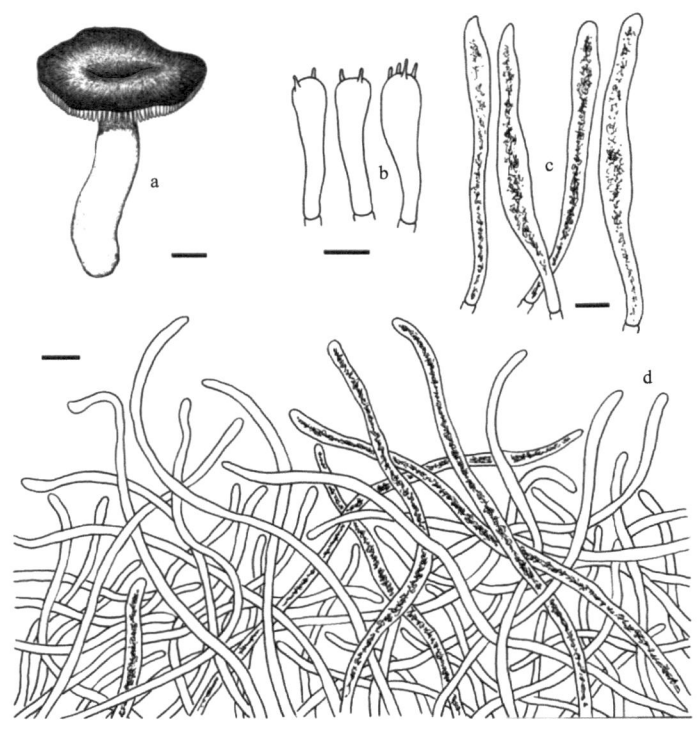

图 10　北方红菇 *Russula borealis* Kauffman（HMAS 03981）
a. 子实体；b. 担子；c. 侧生囊状体；d. 菌盖表皮菌丝。a. 标尺=1 cm；b~d. 标尺=10 μm

担子 27~51 × 6~7 μm，棒状，近顶端处膨大，多数具 2 个小梗，少数 4 个小梗，无色透明。担孢子（80/4/1）（6.8）7.0~8.9（9.1）×（6.1）6.3~7.5（7.8）μm [Q =（1.02）1.04~1.28（1.36），**Q** = 1.18 ± 0.06]，近球形至宽椭球形，少数椭球形和球形，微黄色至浅黄色，表面小疣刺高 0.5~1.0 μm，较为密集，近圆锥形，疣刺间有连线，形成不完整至近于完整的网纹。侧生囊状体 28~71 × 6~12 μm，长棒状至近梭形，顶端钝圆至近尖锐，数目较多，表面有一定程度的纹饰。菌盖表皮菌丝栅栏状，菌丝宽 2.5~4.2 μm，无色透明，无隔，末端钝圆，盖生囊状体 26~49 × 3~5 μm，长棒状，无隔至有个别分隔，顶端钝圆，表面有强烈的纹饰。菌柄表皮菌丝宽 3.3~5.0 μm，有隔，无色透明，柄生囊状体 17~46 × 3.3~5.0 μm，较少，棒状，末端钝圆，有少量分隔，有颗粒状内含物。

生境：林中地上。

模式产地：美国。
世界分布：亚洲（中国）；北美洲（美国、加拿大）。
研究标本：云南昆明，林中地上，1940年9月1日，赵士讃 7981（HMAS 03981）。

奶榛色红菇　图 11，图版 VIII 5
别名：浅榛色红菇

Russula cremeoavellanea Singer, Revue Mycol., Paris 1(6): 288, 1936.

子实体一般中型。菌盖直径 4~9 cm，初扁半球形，后至近平展，中部有时稍凹，边缘幼时内卷，后平展，有时不规则起伏，个别开裂，菌盖表面乳黄色、柠檬黄色至浅栗褐色，有时边缘带浅粉红色至红色色调，表皮可从菌盖边缘处略微剥离，表面幼时有较明显的微细绒毛，湿时稍黏或不黏，干后稍有光泽或无光泽，边缘无棱纹。菌肉白色，老后略变黄色，近菌柄处较厚，味道柔和，无明显气味。菌褶近直生，等长，无分叉至有时基部分叉，褶间无横脉至有微细横脉，污白色至浅赭黄色，受伤后不变色，较脆。菌柄长 4~7 cm，粗 1~2 cm，圆柱形，有时近基部处略有膨大，表面白色，老后浅灰色至浅黄色，初内实，后松软至中空。孢子印深奶油色至浅赭色。

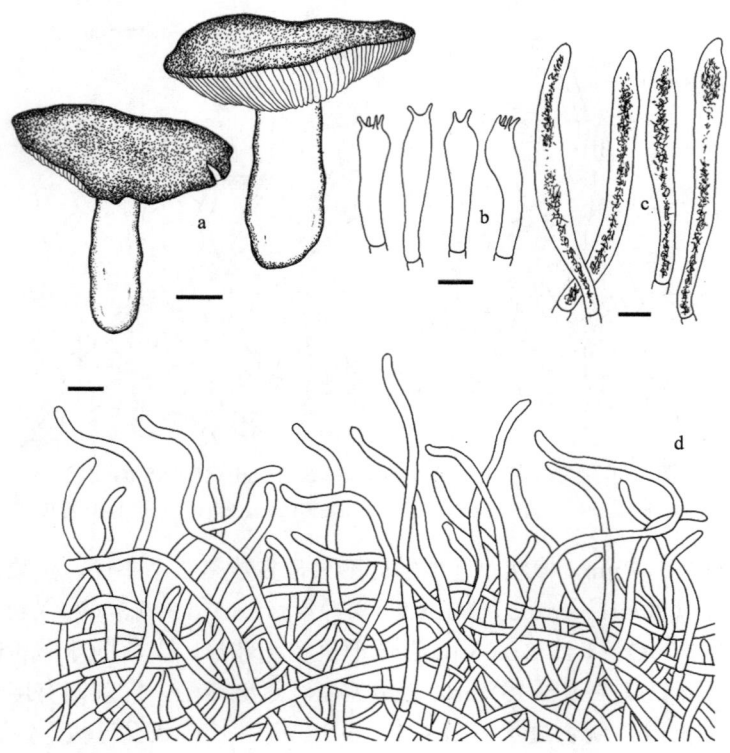

图 11　奶榛色红菇 *Russula cremeoavellanea* Singer（HMAS 49967）
a. 子实体；b. 担子；c. 侧生囊状体；d. 菌盖表皮菌丝。a. 标尺=1 cm；b~d. 标尺=10 μm

担子 27~46 × 10~12 μm，棒状，近顶端处稍膨大至膨大，无色透明，具 2~4 个小梗。担孢子（40/2/1）（6.4）6.6~8.3（9.4）×（5.8）6.0~6.7（7.2）μm [Q =（1.04）1.06~1.30（1.34），Q = 1.21 ± 0.09]，近球形至宽椭球形，少数椭球形，个别球形，无色至微

黄色，表面有小疣，高 0.3~0.7 μm，扁半球形至近圆锥形，疣间少有连线，不形成完整的网纹，脐上区淀粉质点不显著。侧生囊状体 18~81 × 9~13 μm，梭形至棒状，顶端钝圆，个别近尖锐或具尖，表面有较显著的纹饰。菌盖表皮菌丝栅栏状，菌丝宽 1.7~4.2 μm，有隔，末端细胞顶端钝圆至近尖锐，无色透明，盖生囊状体未见。菌柄表皮菌丝宽 1.7~5.0 μm，有隔，无色透明，柄生囊状体未见。

生境：夏秋季散生于阔叶林地上。

模式产地：西班牙。

世界分布：亚洲（中国）；欧洲（西班牙、法国、瑞典、芬兰）。

研究标本：广东韶关乐昌茶树乡兰山子村峡坑口，阔叶林地上，1984 年 9 月 17 日，郑国扬、李崇（HMIGD 7573）。四川贡嘎山东坡，林中地上，1984 年 7 月 4 日，文华安、苏京军 961（HMAS 49967）。西藏八一镇农牧学院后山，林中地上，1995 年 7 月 16 日，文华安、孙述霄（HMAS 68988）。

经济价值：该种可食用。

吉林红菇　图 12，图版 I 2、VIII 6

Russula jilinensis G.J. Li & H.A. Wen, Mycotaxon 120: 51, 2012.

子实体中型。菌盖直径 6.1~7.3 cm，幼嫩时半球形至扁半球形，成熟后扁半球形至中央略微下凹，菌盖表面幼嫩时亮红色和鲜红色色调，老后略变暗红色，中央有黄绿色至浅黄绿色色调，光滑，湿时稍黏，干燥后不具果霜，表皮自边缘至中央方向可剥离 1/2 左右，边缘无条纹至有极不明显的条纹，不开裂。菌肉白色，老后易变奶油色至浅黄色，受伤后不变色，无明显气味和味道。菌褶直生至近延生，宽 0.4~0.7 cm，边缘 9~12 片/cm，不分叉，等长，较脆，幼时奶油色，老后深奶油色至浅赭色。菌柄长 9.2 cm，粗 1.8~2.1 cm，圆柱形，近基部处稍膨大，表面光滑，幼时白色，老后变浅黄色，基部颜色稍深，初内实，后中空。孢子印浅赭色至深黄色。

担子（33）38~44 × 11~14 μm，棒状，近顶端处略膨大至膨大，具 4 个小梗，少数 2 个小梗，透明，有时有一油滴。担孢子（100/4/4）（6.3）7.1~8.0（8.5）×（5.5）6.0~7.0 μm [Q =（1.02）1.06~1.28（1.31），**Q** = 1.18 ± 0.06]，近球形至宽椭球形，少数球形和椭球形，淡黄色，有时内含油滴，脐上区淀粉质点不显著，表面疣刺圆锥形至近圆柱形，高 0.4~1.0 μm，多分散，不形成嵴和网纹。侧生囊状体（50）53~56（63）×（8）9~10（11）μm，较少，棒状、梭形至纺锤状，顶端略有膨大至膨大，近尖锐，内含物晶体状，遇硫酸香草醛溶液变深灰色，缘生囊状体形态近于侧生囊状体。菌盖表皮双层，厚 100~125 μm，上表皮栅栏状，有黏液层，菌丝宽 3.0~6.0 μm，有隔，较少分叉，直立至近直立，透明，细胞末端钝圆，通常变窄，盖生囊状体 48~64 × 5~7 μm，较多，圆柱形，近顶端处稍膨大，无分隔或有 1~2 个分隔，含有晶状的内含物，硫酸香草醛溶液中变灰色，下表皮菌丝交织，多分叉，宽 2.5~5.0 μm，透明，有时在 KOH 溶液中变浅黄色。菌柄表皮菌丝宽 3.5~5.0 μm，有隔，无色透明，柄生囊状体未见。

生境：夏秋季单生于混交林地上。

模式产地：中国。

世界分布：亚洲（中国）。

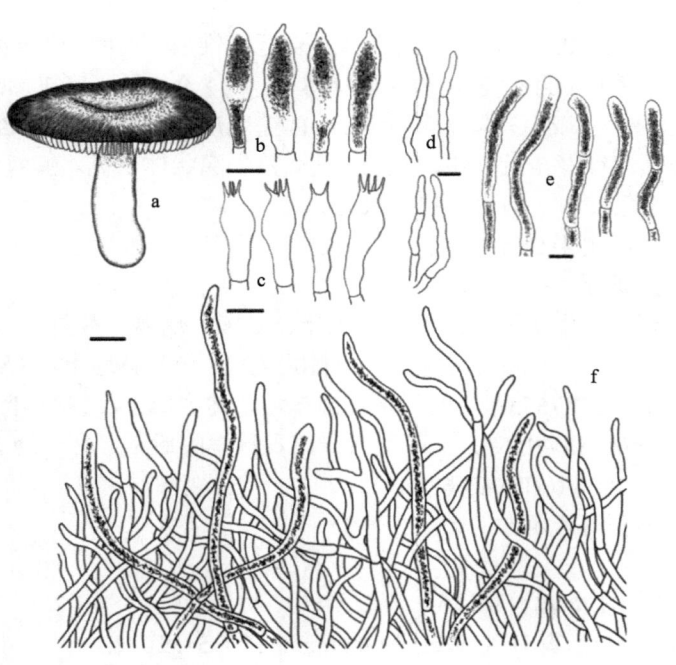

图 12　吉林红菇 *Russula jilinensis* G.J. Li & H.A. Wen（HMAS 194253）
a. 子实体；b. 侧生囊状体；c. 担子；d. 菌盖表皮菌丝；e. 盖生囊状体；f. 菌盖表皮菌丝。
a. 标尺=1 cm；b~f. 标尺=10 μm

研究标本：内蒙古鄂温克旗红花尔基樟子松国家森林公园，林中地上，2013 年 7 月 31 日，文华安、李赛飞、赵东、李国杰 13215（HMAS 267852）；牙克石南木林业局，混交林地上，2013 年 7 月 30 日，李赛飞、赵东、范宇光、李国杰 13177（HMAS 252635）。吉林安图县二道白河镇长白山，海拔 761 m 混交林地上，2008 年 8 月 1 日，周茂新、Yusufjon Gafforov 08004（HMAS 194253）；安图县二道白河镇长白山生态定位站，林中地上，2010 年 7 月 25 日，孙翔、李国杰 20100410（HMAS 262364）；安图县二道白河镇和平林场，海拔 1014 m 混交林地上，2010 年 7 月 22 日，郭良栋、孙翔、李国杰、谢立璟 20100054（HMAS 262395）；长白山池北区二道白河镇西，混交林地上，2013 年 7 月 25 日，李赛飞、赵东、范宇光、李国杰 13107（HMAS 252628）。

讨论：吉林红菇与欧洲的全缘红菇和钝柄红菇 *R. curtipes* F.H. Møller & Jul. Schäff. 相似，不同之处是全缘红菇具有较大的担孢子和较长的担子和侧生囊状体，钝柄红菇的菌盖有更多的紫红色色调，多生长于阔叶林中（Li et al., 2012）。

光亮红菇　图 13，图版 IX 1
Russula nitida (Pers.) Fr., Epicr. syst. mycol. (Upsaliae): 361, 1838.
Agaricus nitidus Pers. Syn. meth. fung. (Göttingen) 2: 444, 1801.
Russula nitida f. *ochraceoalba* (Singer) Bon. Docums Mycol. 18(no. 69): 36, 1987.
Russula nitida f. *olivaceoalba* (Singer) Bon, Docums Mycol.18(nos.70-71): 72, 1988.
Russula nitida f. *pseudoamethystina* Singer, Beih. bot. Zbl., Abt. 2 49: 261, 1932.
Russula nitida f. *subingrata* (Singer) Bon, Docums Mycol. 17(no. 67): 12, 1987.

Russula nitida var. *heterosperma* (Singer) Bon, Docums Mycol. 17(no. 65): 56, 1986.
Russula nitida var. *oirotica* Singer, Bull. trimest. Soc. mycol. Fr. 54: 160, 1938.
Russula nitida var. *subheterosperma* (Singer) Reumaux, in Reumaux, Bidaud & Moënne-Loccoz, Russules Rares ou Méconnues (Marlioz): 285, 1996.
Russula sphagnophila f. *olivaceoalba* Singer, Revue Mycol., Paris 1(6): 293, 1936.
Russula sphagnophila var. *heterosperma* Singer, Bull. trimest. Soc. mycol. Fr. 54: 150, 1938.
Russula sphagnophila var. *olivaceoalba* (Singer) J. Blum, Encyclop. Mycol. 32: 96, 1963.
Russula sphagnophila var. *pallida* (J.E. Lange) Bon, Revue Mycol. Paris 35(4): 250, 1970.
Russula sphagnophila var. *subheterospora* Singer, Bull. trimest. Soc. mycol. Fr. 54:150, 1938.
Russula sphagnophila var. *subingrata* Singer, Bull. trimest. Soc. mycol. Fr. 46: 209, 212, 1930.
Russula venosa Velen., České Houby 1: 146, 1920.
Russula venosa var. *pallida* J.E. Lange, Fl. Agaric. Danic. 5: 80, 1940.
Russula venosa var. *pallida* J.E. Lange, Dansk bot. Ark. 9(no. 6): 102, 1938.

子实体中型。菌盖直径 2.2~6.0 cm，幼时半球形至扁半球形，后中央凸起，最后渐平展，有时中部下凹，边缘钝圆，有时有波纹状起伏，不开裂或极少开裂，表面颜色多样，浅紫红色至红色、灰红色、酒红色、米黄色，中部带灰绿色而盖缘淡红色至淡紫红色，老后褪色至呈橄榄绿色、橄榄褐色、污奶油色，盖缘薄，有明显棱纹，表皮易剥离，可从菌盖边缘向中央方向剥离 1/2~2/3，湿时稍黏或不黏，有显著的光泽。菌肉白色，老后和受伤后变黄色，薄而脆，近柄处稍厚，味道柔和，有甜味或近菌柄处辛辣，无明显气味或略有水果香味。菌褶弯生至离生，宽 0.5~0.7 cm，稍稀疏，顶端钝圆，褶间具横脉，无分叉或极少分叉，幼时奶油色，后米黄色至稻草黄色，老后浅赭色。菌柄长 2~9 cm，粗 0.5~2.0 cm，圆柱形，近棒状，有时近基部处渐粗，白色或基部带粉红色，环境干燥时易变黄色，老后或干燥后变灰褐色，幼时内实，不久松软，成熟后中空。孢子印浅赭黄色。

担子 36~61 × 9~14 μm，棒状，中部至近顶端处略有膨大，多数具 4 个小梗，少数 2 个小梗，无色透明。担孢子（100/4/4）（6.3）6.6~10.1（10.6）×（5.6）5.9~8.3（9.1）μm [Q =（1.02）1.05~1.38（1.40），**Q** = 1.22 ± 0.08]，近球形，宽椭球形至椭球形，少数球形，淡黄色，表面小疣刺高 0.7~1.2 μm，近圆柱形至近圆锥形，刺间无连线，或只有极少的连线，脐上区淀粉质点较显著。侧生囊状体 54~96 × 9~14 μm，近梭形，顶端较尖锐至尖锐，通常有披针状至短棒状凸起，表面略有纹饰，无色至微黄色。菌盖表皮菌丝栅栏状，宽 2.5~5.0 μm，末端钝圆，盖生囊状体未见。菌柄表皮菌丝宽 1.7~5.8 μm，有隔，无色透明，柄生囊状体未见。

生境：夏秋季单生或群生于阔叶林地上。
模式产地：法国。
世界分布：亚洲（中国、印度）；欧洲（法国、英国、瑞士、丹麦、冰岛、挪威、瑞典、芬兰、克罗地亚）；北美洲（格陵兰）。
研究标本：北京市门头沟区东灵山，林中地上，1993 年 7 月 28 日，卯晓岚、王有志（HMAS 131449）。湖北十堰神农架大九湖，阔叶林地上，1984年7月15日，张小青、孙述霄 50（HMAS 53660），1984年8月26日，张小青、孙述霄 344（HMAS 53668）。广东肇庆鼎湖山地震台后山坡，林中地上，1982年8月11日，毕志树等（HMIGD 5641）；肇庆鼎湖山教工疗养院西侧山坡，阔叶林地上，1982年8月10日，毕志树等（HMIGD 5640）；肇庆鼎湖山庆云寺至鬼坑路，阔叶林地上，1982年9月10日，钟恒、李泰辉（HMIGD 5613）。四川贡嘎山东坡海螺沟，林中地上，1984年6月29日，文华安、苏京军 810（HMAS 51011）。云南保山百花岭，海拔1400 m林中地上，2008年9月4日，郭林、何双辉、朱一凡（HMAS 187086）；大理宾川鸡足山，林中地上，1989年8月12日，李宇、宗毓臣 294（HMAS 59929）。陕西汉中秦岭，林中地上，1991年9月20日，卯晓岚 3837（HMAS 61539）。

经济价值：该种可食用。

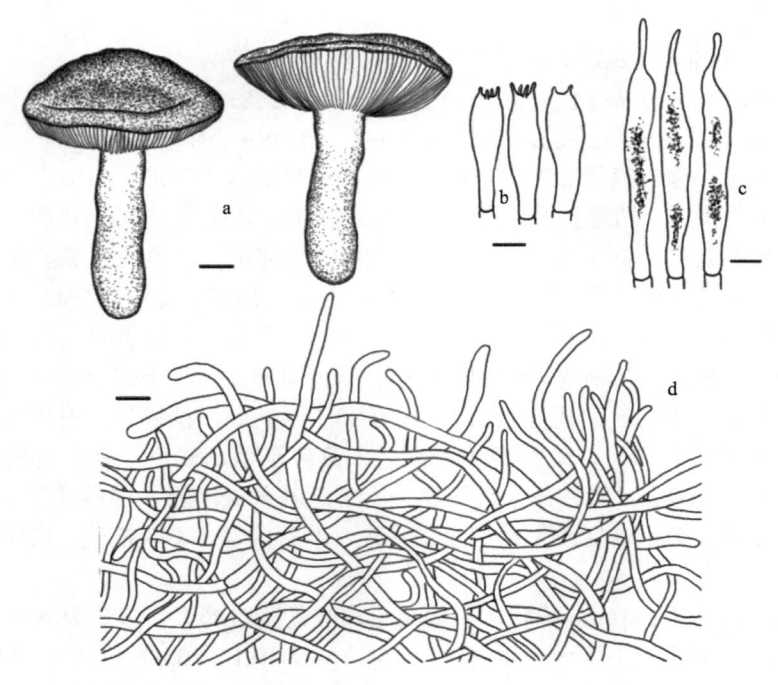

图13 光亮红菇 *Russula nitida* (Pers.) Fr.（HMAS 51011）
a. 子实体；b. 担子；c. 侧生囊状体；d. 菌盖表皮菌丝。a. 标尺=1 cm；b~d. 标尺=10 μm

沼泽组 sect. *Paludosinae* Jul. Schäff.

菌盖表面颜色较复杂。菌肉老后和受伤后不变色或几乎不变色。孢子印奶油色至赭黄色。

模式种：*Russula paludosa* Britzelm.（Romagnesi, 1987）。

中国沼泽组分种检索表

1. 菌柄表面粗糙而往往有纵的条沟窝，较菌盖面色深呈金黄色或深姜黄色 ········· 淡黄红菇 *R. flavida*
1. 菌柄表面非上述特征 ·· 2

2. 孢子印浅黄色至黄色 ··· 沼泽红菇 *R. paludosa*
2. 孢子印非上述颜色 ·· 3
3. 菌柄全部为白色 ··· 4
3. 菌柄非全部白色 ··· 5
4. 菌肉白色至奶油色，味道辛辣 ··· 湿生红菇 *R. humidicola*
4. 菌肉白色，味道温和 ··· 四川红菇 *R. sichuanensis*
5. 担孢子疣刺间多有连线，形成近于完整网纹 ······································ 微紫红菇 *R. purpurina*
5. 担孢子疣刺间少有相连，不形成网纹 ·· 细皮囊体红菇 *R. velenovskyi*

淡黄红菇　图 14，图版 IX 2

别名：橙黄红菇、黄姜红菇

Russula flavida Frost ex Peck, Ann. Rep. N.Y. St. Mus. Nat. Hist. 32: 32, 1880.

Russula mariae var. *flavida* (Frost ex Peck) Singer, Bull. trimest. Soc. mycol. Fr. 55: 244, 1940.

Russula flavida var. *dhakurianus* K. Das, J.R. Sharma & R.P. Bhatt, Russulaceae of Kumaon Himalaya: 203, 2005.

　　子实体一般中型，个别较小。菌盖直径 3~8 cm，初期扁半球形，成熟后平展，中部下凹，呈碟状，有时呈漏斗状，边缘起伏，有时开裂，表面呈鲜亮的金黄色或姜黄色，个别略呈橙黄色，老后污黄色至浅黄褐色，湿时黏，干燥后光滑，有时可渐呈现粗糙似的粉状，老后有微细皱纹，边缘无条纹或有不明显的短条棱，菌盖表皮可从边缘至菌盖中央方向剥离 1/2。菌肉白色，薄而较脆，味道辛辣，有令人不愉快的气味。菌褶直生至近离生，密至稀，褶间具横脉或分叉，等长，无小菌褶或小菌褶极少，污白色。菌柄长 3~8 cm，粗 1~2 cm，一般呈粗圆柱状，基部渐变粗，表面幼时光滑，成熟后粗糙，往往有纵的条沟窝，较菌盖颜色深，呈金黄色或深姜黄色，部分呈白色，初内实，后内部松软。孢子印深奶油色至黄色。

　　担子 24~33 × 9~12 μm，棒状，近顶端处略膨大，多数具 2 个小梗，少数 4 个小梗，无色透明。担孢子（80/4/4）（7.5）7.8~8.3（8.8）×（6.6）6.9~7.5（7.8）μm [Q =（1.01）1.03~1.28（1.33），**Q** = 1.15 ± 0.04]，近球形至宽椭球形，少数球形和椭球形，无色至微黄色，表面有疣刺，高 0.7~1.2 μm，疣刺间有连线，呈完整的网纹状，脐上区淀粉质点不显著。侧生囊状体 22~42 × 9~12 μm，近棱形至近棒状，顶端近尖锐，无色透明，个别表面有极轻微的纹饰。缘生囊状体同于侧生囊状体。菌盖表皮菌丝栅栏状，菌丝宽 2.5~7.1 μm，有较多的分隔，顶端近尖锐至钝圆，个别渐细，无色透明，盖生囊状体未见。菌柄表皮菌丝宽 1.7~4.1 μm，有隔，无色透明，柄生囊状体未见。

　　生境：夏秋季单生或群生于红松和阔叶混交林地上。

　　模式产地：美国。

　　世界分布：亚洲（中国、日本、印度）；欧洲（法国）；北美洲（美国）。

　　研究标本：吉林长春市净月潭，林中地上，2005 年 9 月 3 日，王建瑞（HMJAU 3776）。黑龙江呼玛，林中地上，2000 年 7 月 28 日，卯晓岚、孙述霄、文华安 103（HMAS 78443）。云南景东哀牢山生态站旁，林中地上，2006 年 7 月 19 日，冯邦 9（HKAS 51068）；昆明黑龙潭植物所后山，混交林地上，2003 年 8 月 23 日，卯晓岚（HMAS 85303）；昆明妙高寺，混交林地上，1942 年 4 月 25 日，裘维蕃 7987（HMAS 3987）；西双版纳勐腊，常绿阔叶林地上，1999 年 8 月 12 日，孙述霄、文华安、卯晓岚（HMAS 81934）。

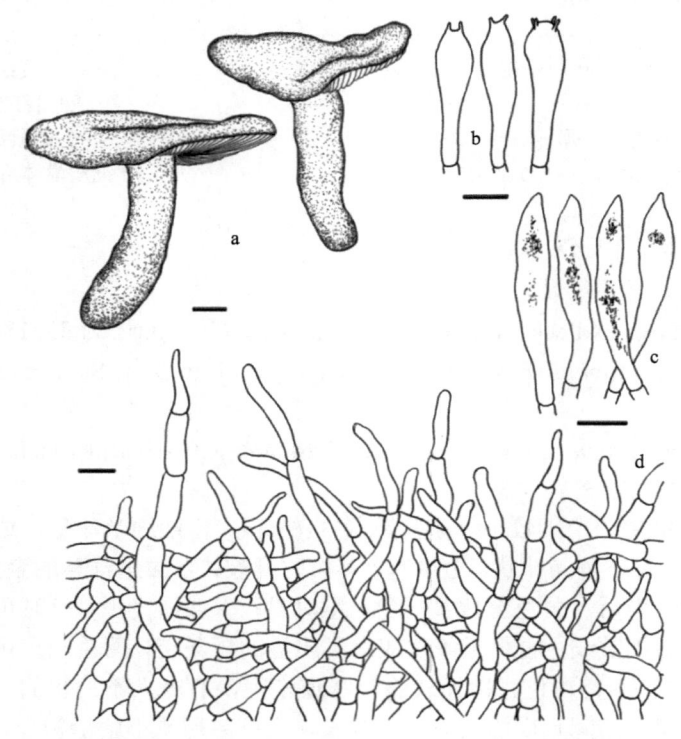

图 14　淡黄红菇 *Russula flavida* Frost ex Peck（HMAS 3987）
a. 子实体；b. 担子；c. 侧生囊状体；d. 菌盖表皮菌丝。a. 标尺=1 cm；b~d. 标尺=10 μm

湿生红菇　图 15，图版 IX 3
别名：土生红菇

Russula humidicola Burl., N. Amer. Fl. (New York) 9(4): 230, 1915.

　　子实体中型，个别较小。菌盖直径 5~8 cm，初扁半球形，中央凸起，成熟后渐平展，橙红色、橙色至橙黄色，中央通常凹陷，菌盖表面红色至浅红色色调，初桃花心木红色，老后褪色，常变粉红色至浅红色，通常边缘颜色变淡，变粉色至几乎为白色，近光滑，边缘幼嫩时有条纹，菌盖边缘下垂，湿时黏，干燥后光滑，有微弱光泽至无光泽，菌盖表皮容易剥离。菌肉白色至奶油色，薄而脆，味道辛辣，无显著气味。菌褶离生，宽约 0.6 cm，一侧略宽，近稠密，等长，近柄处少见分叉，顶端近尖锐至尖锐，褶间无横脉至有微细横脉，无小菌褶或小菌褶极少，白色，奶油色，老后赭色，或干燥时牛皮色。菌柄长 4~7 cm，粗 1~2 cm，圆柱形，等粗，白色，光滑，初海绵质，后中空。孢子印浅赭色。

　　担子 24~30 × 5~10 μm，棒状，具 2~4 个小梗，小梗长达 0.8~3.3 μm，无色透明。担孢子（100/4/2）（6.3）6.5~8.1（8.6）×（5.5）5.9~7.0（7.5）μm [Q =（1.02）1.04~1.27（1.34），Q = 1.12 ± 0.07]，近球形至宽椭球形，少数球形和卵圆形，微黄色至浅黄色，表面疣刺高 0.7~1.5 μm，近圆锥形，疣刺间无连线或极少连线，脐上区淀粉质点不显著。

侧生囊状体 43~112×7~16 μm，棒状，近顶端方向渐细，略呈近梭形，无色，表面略有纹饰，部分透明。菌盖表皮菌丝栅栏状，菌丝宽 1.7~5.0 μm，较多分隔，末端近尖端处渐细，尖锐至近尖锐，无色透明，盖生囊状体未见。菌柄表皮菌丝宽 2.5~4.1 m，有隔，无色透明，柄生囊状体未见。

生境：夏秋季生于栎树林地上。
模式产地：美国。
世界分布：亚洲（中国）；北美洲（美国）。

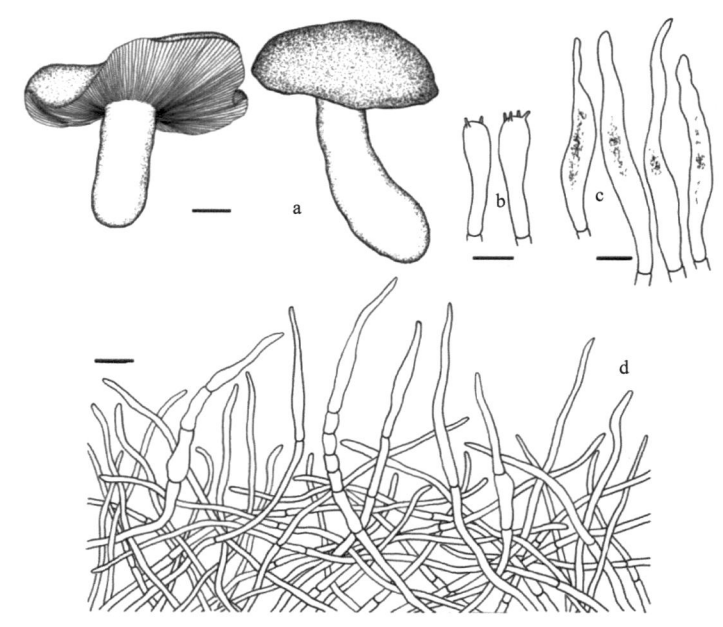

图 15　湿生红菇 *Russula humidicola* Burl.（HMAS 04282）
a. 子实体；b. 担子；c. 侧生囊状体；d. 菌盖表皮菌丝。a. 标尺=1 cm；b~d. 标尺=10 μm

研究标本：云南昆明西山，林中地上，1943 年 9 月 3 日，裘维蕃 8282（HMAS 04282）。

讨论：北美报道湿生红菇的子实体可以生长在有菌根充分侵染的腐木上（Singer，1942）。Singer（1942）的报道则显示湿生红菇部分子实体有稍大的担孢子（Hesler，1961）。

沼泽红菇　图 16

Russula paludosa Britzelm., Hymenomyc. Südbayern 10: 11, 1891.

Russula integra var. *paludosa* (Britzelm.) Singer, Z. Pilzk. 2(1): 7, 1923.

子实体中型至大型。菌盖直径 8~17 cm，初扁半球形，后中央凸起，成熟后渐平展，部分中部略有下陷，凹镜形至浅中凹形，边缘幼时内卷而下垂，成熟后近平展，略有起伏和开裂，表面大红色色调、玫瑰红色、樱桃红色、血红色，中央色较暗，呈深红色至紫红色，中央有时褪色至橙红色，表皮易剥离，湿时黏，干燥后有光泽，边缘无条棱，老时偶有弱条棱。菌肉近柄处厚 0.8~1.0 cm，较坚实，黄白色，伤不变色，长时间暴露于空气中缓慢地变灰黄色，味道不明显或较甜，无明显的气味。菌褶直生，宽 0.7~1.1 cm，盖缘处 10~12 片/cm，基本等长，褶间具明显横脉，带黄白色，部分近盖缘处褶缘带红色，无小菌褶或小菌褶极少。菌柄长 6~11 cm，粗 1.5~2.8 cm，中生，圆柱形，近基部处略有膨大，大部分至全部带珊瑚红色至淡红色，表面幼时具果霜，老后有明显的皱纹，稍粗糙。孢子印浅黄色至黄色。

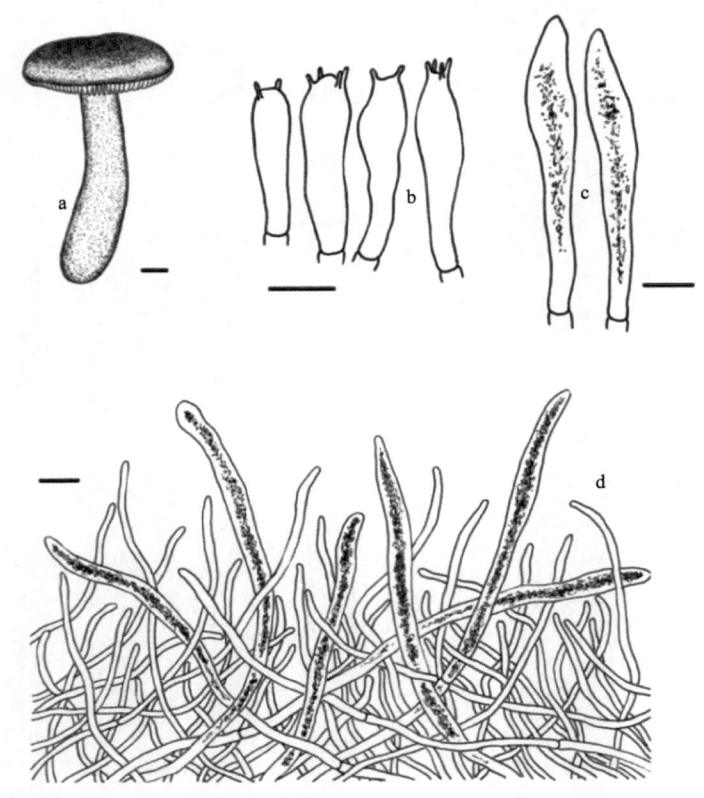

图 16　沼泽红菇 *Russula paludosa* Britzelm.（HMAS 36833）
a. 子实体；b. 担子；c. 侧生囊状体；d. 菌盖表皮菌丝。a. 标尺=1 cm；b~d. 标尺=10 μm

担子 31~42 × 10~12 μm，棒状，部分近顶端处稍膨大，无色透明，具 2~4 个小梗。担孢子（80/4/4）(6.8) 7.0~9.2 (10.1) × 6.3~7.8 (8.1) μm [Q =（1.02）1.03~1.30（1.35），Q = 1.17 ± 0.04]，近球形至宽椭球形，部分球形和椭球形，微黄色，表面具小疣刺，高 0.5~1.2 μm，半球形至近圆锥形，疣刺间有连线，不形成网纹至形成不完整网纹，脐上区淀粉质点不显著。侧生囊状体 44~82 × 10~13 μm，梭形至近梭形，顶端近尖锐，表面略有纹饰至有一定程度纹饰。菌盖表皮菌丝近直立状至栅栏状，菌丝宽 1.7~5.0 μm，有隔，无色透明，末端钝圆至近尖锐，盖生囊状体 36~66 × 7~10 μm，长棒状至略呈近梭形，表面稍有纹饰，顶端钝圆至近尖锐。菌柄表皮菌丝宽 2.5~5.8 μm，有隔，无色透明，柄生囊状体 51~112 × 7~12 μm。

生境：夏秋季散生于针叶林地上。

模式产地：德国。

世界分布：亚洲（中国）；欧洲（德国、法国、英国、瑞士、比利时、荷兰、丹麦、冰岛、挪威、芬兰、波兰、斯洛伐克、保加利亚、克罗地亚）；北美洲（美国、加拿大）。

研究标本：河北保定满城灵山，林中地上，1993年7月29日，卯晓岚、王有志（HMAS 99437）。吉林安图二道白河镇生态定位站，海拔811 m混交林地上，2010年7月25日，李国杰、孙翔20100045（HMAS 250951）。黑龙江密山，林中地上，2003年8月，冯坤（HMAS 85452）；牡丹江林口，林中地上，1972年8月1日，卯晓岚、徐联旺34（HMAS 36833）；伊春带岭，云杉林地上，1974年8月31日，东北林学院341（HMAS 36817）。广东潮州凤凰山，林中地上，1991年4月19日，郑国杨、李泰辉（HMIGD 10399）、（HMIGD 10649）；肇庆鼎湖山，林中地上，1991年4月19日，李泰辉（HMIGD 10468）。四川攀枝花格萨拉山，海拔2950 m混交林地上，2009年8月3日，文华安、李赛飞、王波、钱茜185（HMAS 220667）。西藏波密桃花沟，混交林地上，2012年8月23日，赵东、李国杰、杨顼12063（HMAS 264935）；米林南伊沟，混交林地上，2012年8月18日，赵东、李国杰、齐莎12009（HMAS 264806）；墨竹工卡县日多乡，灌丛林地上，2012年8月28日，赵东、李国杰、韩俊杰12164（HMAS 264805）。甘肃甘南迭部，林中地上，1992年9月11日，卯晓岚6243（HMAS 63618）；陇南武都，林中地上，1992年9月，卯晓岚7040（HMAS 61763）。

经济价值：该种可食用。

微紫红菇 图17

Russula purpurina Quél. & Schulzer, in Schulzer, Hedwigia 24(4): 139, 1885.

子实体中型。菌盖直径4~6 cm，幼时半球形至初扁半球形，后平展中部微下凹，边缘幼时内卷而下垂，后渐平展，边缘近尖锐至尖锐，表面蓝紫色至污血红色，胭脂红色至玫瑰红色，有时局部褪色，变粉红色至浅红色，湿时黏，表皮易剥离，干燥后光滑，幼时具果霜，成熟时边缘有颗粒状条纹。菌肉白色，幼时坚实，成熟后脆，易碎，表皮下淡红色，老后带浅黄色、黄色至浅赭黄色，味道柔和，有时有甜味，无特殊的气味。菌褶直生，较密，有时褶缘粉状、絮状、微齿状，多数等长，不分叉，边缘近尖锐至尖锐，褶间不具横脉至有微细横脉，白色，老后淡黄色。菌柄长5~7 cm，粗1~2 cm，等粗，有时向下稍细，白色变乳黄色至浅黄色，干燥后变浅赭黄色，内实，后松软呈海绵质。孢子印浅黄色、黄色至浅赭黄色。

担子32~49 × 8~11 μm，棒状，近顶端处膨大，具2~4个小梗，无色透明。担孢子（40/2/1）6.5~8.6（9.0）×（5.9）6.3~7.5（7.8）μm [Q =（1.04）1.08~1.26（1.31），**Q** = 1.15 ± 0.06]，近球形至宽椭球形，个别球形和椭球形，浅黄色，表面疣刺高0.5~1.0 μm，半球形至近圆锥形，疣刺间多有连线，形成近于完整的网纹，脐上区淀粉质点不显著。侧生囊状体43~53 × 7~11 μm，棒状至近梭形，部分梭形，末端有乳头状的突起，近尖锐至尖锐。菌盖表皮菌丝栅栏状，菌丝宽2.5~5.8 μm，末端近尖锐，无色透明，盖生囊状体35~103 × 6~9 μm，长棒状，较多，表面有纹饰，顶端钝圆。菌柄表皮菌丝宽1.7~4.1 μm，有隔，无色透明，柄生囊状体未见。

生境：夏秋季散生于松林等针叶林或混交林地上。
模式产地：斯洛文尼亚。
世界分布：亚洲（中国）；欧洲（斯洛文尼亚）。
研究标本：云南大理中和峰洗马潭，林中地上，1938年8月28日，姚荷生7985

（HMAS 03985）。

经济价值：该种可食用。

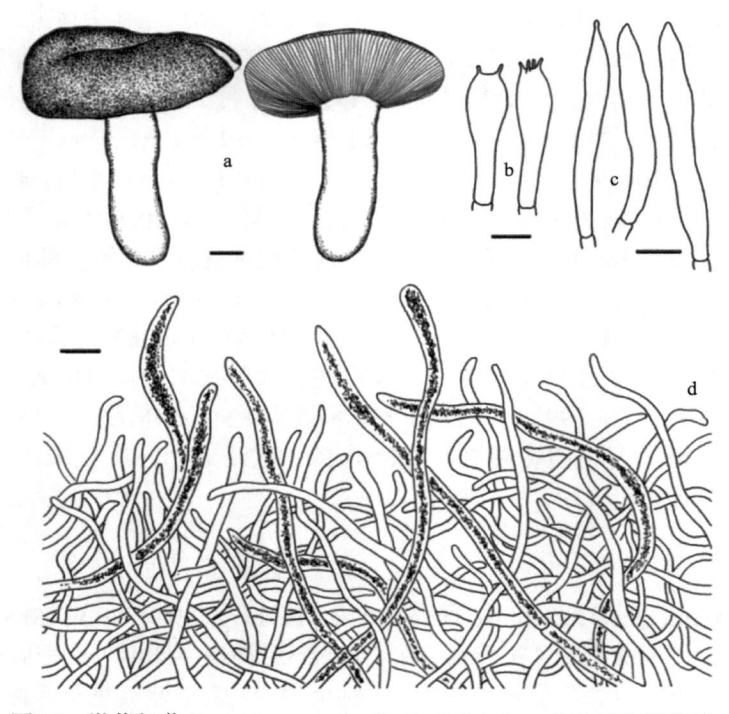

图 17 微紫红菇 *Russula purpurina* Quél. & Schulzer（HMAS 03985）
a. 子实体；b. 担子；c. 侧生囊状体；d. 菌盖表皮菌丝。a. 标尺=1 cm；b~d. 标尺=10 μm

四川红菇 图 18，图版 IX 4

Russula sichuanensis G.J. Li & H.A. Wen, Mycotaxon 124: 179, 2013.

子实体中型。菌盖直径 3~4 cm，层菌状至腹菌状，小型，幼嫩时球形至近球形，成熟时半球形至垫状，有时中央略凹陷，白色至污白色，菌盖中央有时略带淡粉色和淡绿色色调，干燥后略变棕褐色，菌盖边缘白色至奶油色，表面光滑，湿时稍黏，较强烈的内卷，有时有放射状的皱纹，无棱纹。菌肉最厚处厚 0.3 cm，白色，脆，味道温和，无明显气味。菌褶密集而较扭曲，宽 0.3~0.6 cm，橙黄色至深橙黄色。菌柄长 4~6 cm，粗 1~2 cm，表面光滑，略有皱纹，白色，近菌盖处略细，初内实，后中空。孢子印浅黄色至赭黄色。

担子 24~35 × 11~15 μm，短棒状，近顶端处膨大，个别纺锤形，多数具 2 个小梗，少数 4 个小梗，透明，部分微黄色。担孢子（100/3/2）（8.8）9.4~14.1（15.5）×（7.6）7.9~12.8（13.1）μm，[Q =（1.01）1.02~1.26（1.32），Q = 1.11 ± 0.08]，球形至近球形，少数宽椭球形，浅黄色，表面疣刺高 1.0~1.5 μm，疣刺间相连，形成板状的嵴，并形成完整的网纹，脐上区淀粉质点不显著。侧生囊状体 45~72 × 10~15 μm，较少，棒状，中部膨大，顶端钝圆至近尖锐，无色透明，有时略有纹饰。菌盖表皮菌丝层厚 125~150 μm，栅栏状，表面胶质，菌丝宽 3~6 μm，无色透明，盖生囊状体宽 6~10 μm，有隔，顶端膨大，有纹饰。菌柄表皮菌丝宽 3~6 μm，有隔，无色透明，柄生囊状体 35~44 × 8~11 μm，较少，圆柱状，有分隔，顶端钝圆。

生境：单生至散生于针叶林（云杉属 *Picea*）地上。

模式产地：中国。

世界分布：亚洲（中国）。

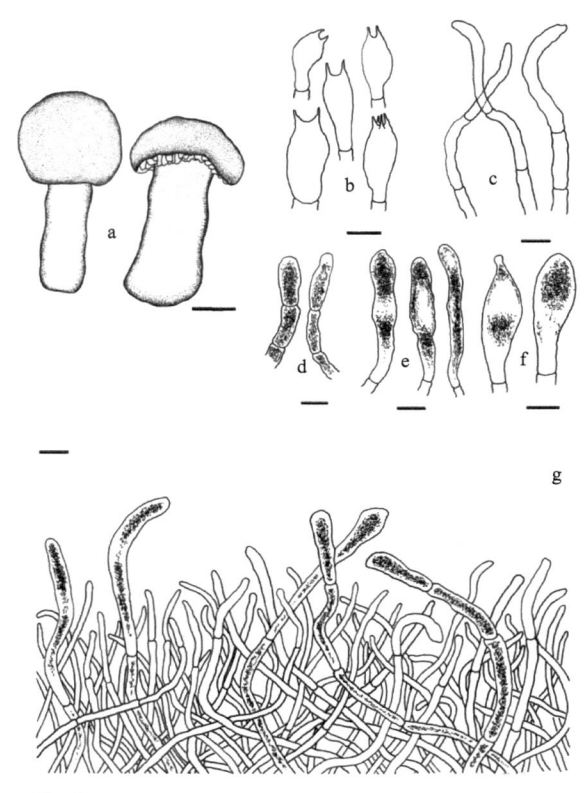

图 18 四川红菇 *Russula sichuanensis* G.J. Li & H.A. Wen（HKAS 46615）

a. 子实体；b. 担子；c. 菌盖表皮菌丝；d. 盖生囊状体；e. 柄生囊状体；f. 侧生囊状体；g. 菌盖表皮菌丝。a. 标尺=1 cm；b~g. 标尺=10 μm

研究标本：四川道孚各卡村，针叶林地上，2013 年 8 月 12 日，卢维来、蒋岚、李国杰 13283（HMAS 268814）；红原洛托村，针叶林地上，2013 年 8 月 7 日，卢维来、蒋岚、李国杰 13242（HMAS 267854）；九寨沟日则沟原始森林，针叶林地上，2013 年 8 月 5 日，卢维来、蒋岚、李国杰 13230（HMAS 267859）、13231（HMAS 267857）、23234（HMAS 267860）；壤塘县至色达县，林中地上，2007 年 8 月 5 日，葛再伟 1707（HKAS 53792）。西藏江达县同普镇，海拔 3300 m 林中地上，2004 年 8 月 2 日，杨祝良 4266（HKAS 45645）；类乌齐县桑多镇，海拔 3900 m 针叶林地上，2004 年 8 月 11 日，葛再伟 335（HKAS 46615）；左贡县旺达镇，海拔 3700 m 林中地上，2009 年 7 月 18 日，杨祝良 5285（HKAS 57828）。

细皮囊体红菇　图 19

别名：细裂皮红菇

Russula velenovskyi Melzer & Zvára, Arch. Přírod. Výzk. Čech. 17(4): 92, 1928.

Russula velenovskyi var. *pallida* Bon, Docums Mycol. 21(no. 81): 49, 1991.

Russula velenovskyi var. *scrobiculata* Melzer, Holubinky (Praha): 28, 1944.

　　子实体小型至中型。菌盖直径 3~8 cm，初近球形至扁半球形，后平展中部下凹，常具脐状突起，盖缘钝圆至近尖锐，幼时内卷，后平直，无条纹，老后有短棱纹，菌盖表面红色、珊瑚红色、红铜色、砖红色、酒红色或肉红色，部分颜色较深，呈深红色至暗红色，或中央局部褪色至橙红色、粉红色、赭黄色或米黄色，湿时黏，不久干燥，无光泽，表皮易从菌盖边缘向中央剥离 2/3，老后部分表皮剥落。菌肉白色，老后和受伤后变奶油黄色至稻黄色，味道柔和，稍甜，气味不显著。菌褶近离生，宽 0.3~0.6 cm，较密，边缘钝圆，不等长，稍具分叉，幼时白色、乳黄色，后赭黄色。菌柄长 3~11 cm，粗 1~2 cm，圆柱形，等粗，或在近菌褶处稍粗，白色，基部常带粉红色，上部幼时有果霜，初内实，后松软而中空。孢子印浅赭石色。

　　担子 32~38 × 10~12 μm，棒状，近顶端处略有膨大，具 2~4 个小梗，无色透明。担孢子（40/2/2）（5.9）6.5~9.8（10.3）×（5.6）6.2~8.6（8.8）μm [$Q = 1.03$~1.35（1.44），$Q = 1.19 ± 0.12$]，近球形至宽椭球形，部分球形和椭球形，微黄色至黄色，表面疣刺高 0.7~1.2 μm，个别疣刺间相连，但不形成网纹，脐上区淀粉质点较明显。侧生囊状体 52~62 × 11~14 μm，梭形，顶端较尖或有乳头状突起，表面有一定程度的纹饰。菌盖表皮菌丝栅栏状，菌丝宽 2.5~5.8 μm，无色透明，无隔，末端近尖锐，盖生囊状体 43~84 × 3~7 μm，细长棒状，末端近尖锐，表面有纹饰。菌柄表皮菌丝宽 1.7~4.2 μm，有隔，无色透明，柄生囊状体未见。

　　生境：夏秋季散生至群生于阔叶林地上，与桦木属等的一些树种形成外生菌根。

　　模式产地：捷克。

　　世界分布：亚洲（中国、以色列）；欧洲（法国、英国、意大利、丹麦、挪威、瑞典、芬兰、捷克、克罗地亚）；北美洲（美国、加拿大）。

　　研究标本：吉林安图长白山，林中地上，2008 年 8 月 1 日，周茂新、Yusufjon Gafforov 等（HMAS 187094）；安图长白山，针叶林地上，2010 年 7 月 21 日，郭良栋、孙翔、谢立璟、李国杰 20100461（HMAS 262362）；长白山池北区二道白河镇北，混交林地上，2013 年 7 月 21 日，文华安、李赛飞、赵东、范宇光 13004（HMAS 267774）、13006（HMAS 267775），2013 年 7 月 22 日，文华安、李赛飞、赵东、范宇光、李国杰 13028（HMAS 252584）、13358（HMAS 252585）、13031（HMAS 267801），2013 年 7 月 25 日，文华安、李赛飞、赵东、范宇光 13096（HMAS 267757）、13109（HMAS 252614）；延边州和龙市八家子林业局仙峰国家森林公园雪岭（老爷岭），混交林地上，2013 年 7 月 23 日，文华安、王柏、李赛飞、赵东、李国杰 13363（HMAS 267763）。江苏南京中山陵，林中地上，1958 年 9 月 6 日，林桂坚、王维新、邓叔群（HMAS 32215）。福建南平浦城，林中地上，1960 年 8 月 25 日，王庆之 701（HMAS 32216）。广东肇庆鼎湖山疗养院附近，林中地上，1982 年 5 月 6 日，梁建庆等（HMIGD 5645），1982 年 8 月 10 日，王又昭、郑国杨、梁建庆（HMIGD 5644）。海南乐东尖峰岭，阔叶林地上，2007 年 7 月 22 日，周茂新、李国杰 071091（HMAS 187053）；五指山，阔叶林地上，2000 年 5 月 20 日，文华安 2145（HMAS 145874）。云南大理宾川鸡足山，林中地上，1989 年 8 月 12 日，李宇、宗毓臣 308（HMAS 59820）、309（HMAS 60479）；牟定化佛山，混交林地上，2006 年 8 月 8 日，文华安、周茂新、李国杰 06126（HMAS 139845）；屏边大围山水围城，林中地上，2005 年 7 月 17 日，魏铁铮、王向华、于富强、郑焕娣 712（HMAS 99505）。甘肃陇南文县，林中地上，1992 年 9 月，卯晓岚 7052（HMAS 66049）。青海互助北山林场，海拔 3000 m 林中地上，2004 年 8 月 17 日，郭良栋、张英 448（HMAS 99357）。

经济价值：该种可食用。

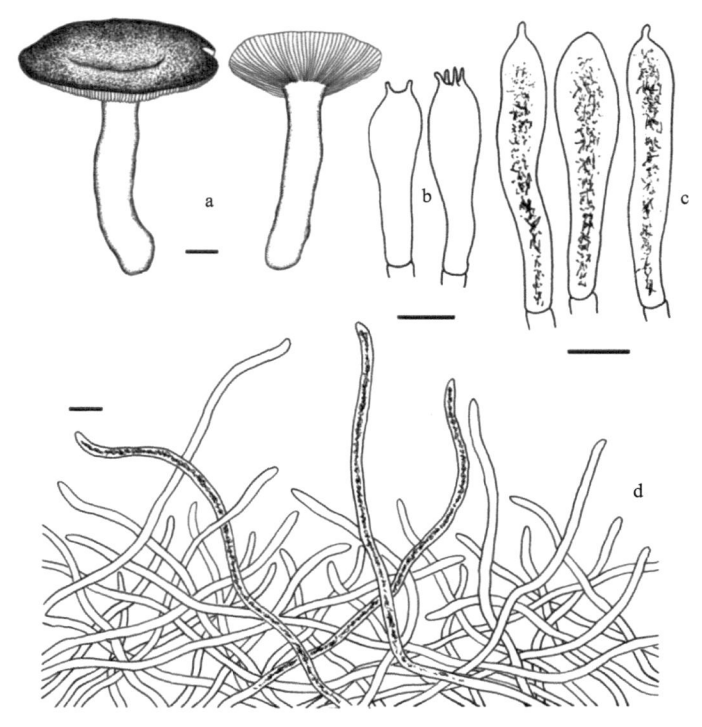

图 19　细皮囊体红菇 *Russula velenovskyi* Melzer & Zvára（HMAS 60479）
a. 子实体；b. 担子；c. 侧生囊状体；d. 菌盖表皮菌丝。a. 标尺=1 cm；b~d. 标尺=10 μm

密集亚属 subgen. *Compacta* (Fr.) Bon

子实体多数大型。菌盖边缘常上翘呈漏斗形，并常稍内卷。菌肉较为坚实。菌柄较粗短。菌褶不等长，具不等长的小菌褶。菌肉细胞中无膨大细胞或细胞膨大不显著，常具乳管。菌盖表皮菌丝末端细长，表皮细胞间无色素或具有显著的褐色色素。

模式种：*Russula nigricans* Fr.（Singer，1951）。

中国密集亚属分组检索表

1. 子实体老后、干燥后和菌肉受伤不变色，或变色不显著，且最终不变为黑色··哭泣组 sect. *Plorantinae*

1. 子实体老后、干燥后和菌肉受伤明显变色，最终多变为黑色 ············· **黑色组** sect. *Nigricantinae*

黑色组 sect. *Nigricantinae* Bataille

  菌盖污白色、灰白色、灰褐色、灰黑色至黑色色调，边缘无显著条纹。菌肉老后、受伤后和干燥后变灰黑色色调。菌褶边缘有较多的小菌褶，菌褶伤后和干燥后变灰黑色。孢子印白色。菌盖表皮菌丝内含大量的褐色至黑色色调的色素。

  模式种：*Russula nigricans* Fr.（Singer，1951）。

中国黑色组分种检索表

1. 菌肉受伤后直接变黑色 ··· 黑白红菇 *R. albonigra*
1. 菌肉受伤后不直接变黑色 ··· 2
  2. 菌褶受伤后或老后变褐色至黑色 ·· 烟色红菇 *R. adusta*
  2. 菌褶受伤后非上述特征 ·· 3
3. 菌褶受伤后最终不变黑 ·· 亚稀褶黑红菇 *R. subnigricans*
3. 菌褶受伤后先变红，最终变黑色 ·· 4
  4. 菌盖表皮有囊状体 ·· 辣褶红菇 *R. acrifolia*
  4. 菌盖表皮无囊状体 ·· 密褶红菇 *R. densifolia*

辣褶红菇   图20，图版 I 3、IX 5
别名：尖褶红菇

Russula acrifolia Romagn., Docums Mycol. 26 (no. 104): 32, 1997.
Russula acrifolia Romagn., Bull. mens Soc. linn. Lyon 31(6): 173, 1962.

  子实体小型至中型。菌盖直径 3~11 cm，初扁半球形，后平展中部下凹至漏斗形，污白色、黄褐色至橙褐色，表皮具短绒毛。菌肉味苦，无气味，厚 0.4~0.6 cm，受伤后先变暗橙褐色，后变黑褐色，干燥后变灰黑色至黑色。菌褶直生，淡黄色，稍稀疏，盖缘处 12~14 片/cm，不等长，褶间具横脉，盖缘平滑，味道辛辣，具小菌褶。菌柄长 4~8 cm，粗 0.6~2.2 cm，中生，圆柱形，基部略膨大，橙褐色带粉色，上被绒毛，初内实，后海绵状。孢子印白色。

  担子 26~50 × 7~14 μm，棒状，无色透明，具 2~4 个小梗，小梗长 3.0~8.5 μm。担孢子（40/2/2）7.5~8.8（9.0）×（5.2）5.7~6.5 μm [Q = 1.02~1.12（1.17），Q = 1.06 ± 0.03]，球形至近球形，淡黄色，表面纹饰高 1.0~1.5 μm，疣刺间相连形成嵴状网纹，脐上区淀粉质点显著。侧生囊状体 67~81 × 11~15 μm，棒状至近梭形，顶端钝圆至近尖锐，表面稍有纹饰。菌盖表皮菌丝栅栏状，菌丝细胞宽 5.8~6.6 μm，末端钝圆，菌盖外皮层具短棒状浅褐色细胞，细胞部分破溃，呈胶黏状，菌肉内有产乳汁菌丝，盖生囊状体 60~149 × 5~7 μm，棒状，顶端钝圆，表面有纹饰。菌柄表皮菌丝宽 2.5~5.0 μm，无色，有隔，柄生囊状体未见。

  生境：夏秋季单生或散生于阔叶林地上。
  模式产地：法国。
  世界分布：亚洲（中国）；欧洲（法国、德国、克罗地亚、斯洛伐克、丹麦、冰岛、挪威、瑞典、芬兰)。

研究标本：吉林长白山池北区北山门，混交林地上，2013 年 7 月 22 日，范宇光、李国杰 13359（HMAS 252599）；长白山池北区二道白河镇北，混交林地上，2013 年 7 月 21 日，文华安、李赛飞、赵东、范宇光、李国杰 13370（HMAS 267872）。内蒙古扎兰屯秀水景区，混交林地上，2013 年 7 月 28 日，李赛飞、赵东、李国杰 13132（HMAS 267799）。广东清远阳山秤架太平洞铜鼓坑，阔叶林地上，1985 年 9 月 19 日，郑国杨（HMIGD 9215）。青海班玛玛可河林场，针叶林地上，2013 年 8 月 10 日，卢维来、蒋岚、李国杰 13260（HMAS 252578）。

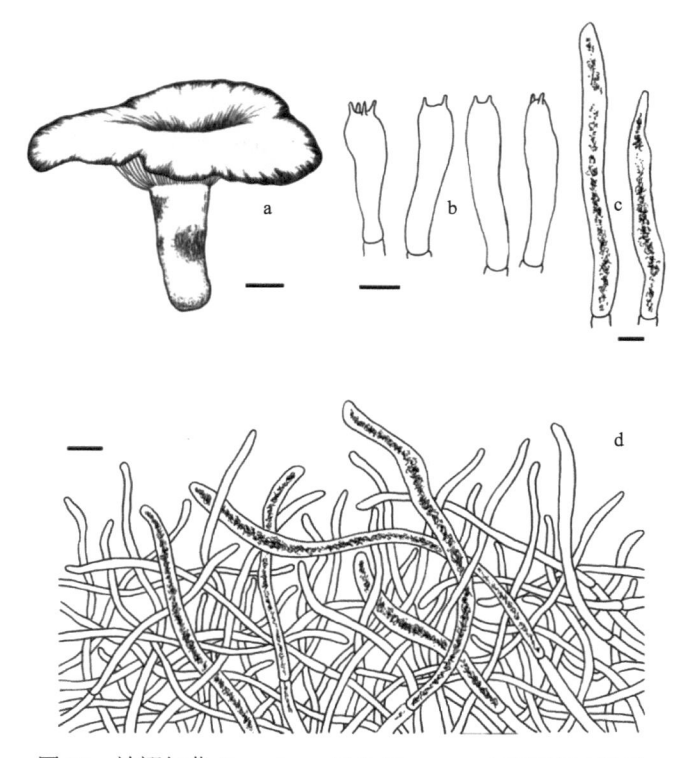

图 20　辣褶红菇 *Russula acrifolia* Romagn.（HMIGD 9215）
a. 子实体；b. 担子；c. 侧生囊状体；d. 菌盖表皮菌丝。a. 标尺=1 cm；b~d. 标尺=10 μm

烟色红菇　图 21，图版 IX 6
别名：黑菇、火炭菌

Russula adusta (Pers.) Fr., Epicr. syst. mycol.(Upsaliae):350, 1838.
Agaricus adustus Pers., Syn. meth. fung. (Göttingen) 2: 459, 1801.
Agaricus adustus var. *elephantinus* (Bolton) Fr., Syst. mycol. (Lundae) 1: 60, 1821.
Agaricus adustus var. *elephantinus* Pers., Syn. meth. fung. (Göttingen) 2: 459, 1801.
Agaricus elephantinus Sowerby, Col. fig. Engl. Fung. Mushr. (London) 1(no. 6): tab. 36, 1796.
Agaricus elephantinus Bolton, Hist. fung. Halifax (Huddersfield) 1: 28, 1788.
Agaricus nigrescens Bull., Herb. Fr. (Paris) 11: tab. 595, figs E-H, 1791.

Agaricus nigricans Bull., Herb. Fr. (Paris) 5: tab. 212, 1785.

Lactarelis nigricans (Fr.) Earle, Bull. New York Bot. Gard. 5: 410, 1909.

Omphalia adusta (Pers.) Gray, Nat. Arr. Brit. Pl. (London) 1: 614, 1821.

Omphalia adusta var. *elephantinus* (Pers.) Gray, Nat. Arr. Brit. Pl. (London) 1: 612, 1821.

Omphalia adusta ß *elephantinus* (Bolton) Gray, Nat. Arr. Brit. Pl. (London) 1: 614, 1821.

Russula adusta f. *gigantea* Britzelm., Botan. Zbl. 62(10): 310, 1895.

Russula adusta f. *rubens* Romagn., Bull. trimest. Soc. mycol. Fr. 59: 71, 1943.

Russula adusta var. *coerulescens* Fr. ex P. Karst., Bidr. Känn. Finl. Nat. Folk 32: 200, 1879.

Russula adusta var. *sabulosa* Bon, Cryptog. Mycol. 7(4): 306, 1986.

Russula eccentrica Peck, Bull. N.Y. St. Mus. 150: 61, 1911.

Russula elephantina (Bolton) Fr., Epicr. syst. mycol. (Upsaliae): 350, 1838.

Russula nigricans Fr., Epicr. syst. mycol. (Upsaliae): 350, 1838.

Russula nigricans subsp. *eccentrica* (Peck) Singer, Sydowia 11(1-6); 146, 1958.

Russula nigricans var. *adusta* (Pers.) Barbier, So. Sci. Nat. Sâon. 33(2): 91, 1907.

　　子实体中型。菌盖直径 10~11 cm，初扁半球形，后下凹至漏斗状，边缘初内卷，后渐平展，初白色、污白色或灰白色，后从菌盖边缘向菌盖中央渐变淡烟色、棕灰色、棕灰色至深棕灰色，有时混有黄褐色至红褐色色调，中央易褪色至灰黄色，受伤处灰黑色，表皮平滑，不黏或在潮湿环境下稍黏，不易剥离。菌肉较厚，近柄处厚 0.5~1.1（1.5）cm，较坚实，老后略软，向边缘处逐渐变薄，白色，受伤时不变红色而变灰色或灰褐色，最后呈黑色，个别略变红色，较厚，味道柔和，有霉味，有时无特殊气味，有时有淡酒味或橡木桶味。菌褶直生或稍延生，边缘处 9~12 片/cm，稍密而薄，不等长，有少量分叉，较密集，小菌褶多，菌褶初为白色，受伤后或老后变褐色至黑色。菌柄长 1.5~6.5 cm，粗 1~2.8 cm，较粗壮，近圆柱形，有时倒圆锥形，基部稍膨大，表面有皱纹，有时有凹坑或开裂，初白色，老后与菌盖同色，伤处变暗，中实，被绒毛，肉质。孢子印白色。

　　担子 25~53 × 5~11 μm，棒状，近顶端处略膨大，具 2~4 个小梗，部分小梗长达 12 μm，无色。担孢子（80/4/4）（6.2）6.8~8.1（8.8）×（5.2）5.8~7.0（7.6） μm [Q =（1.04）1.07~1.27（1.28），Q = 1.17 ± 0.06]，近球形至宽椭球形，部分球形，无色，表面疣刺高 0.2~0.4 μm，多数分散，部分之间有连线，形成不完整至近于完整的网纹，脐上区淀粉质点不显著。侧生囊状体 65~68 × 9~10 μm，不常见，棒状至近纺锤状，部分近梭形至近尖锐，顶端常有乳头状的小凸起，表面稍有纹饰。菌盖表皮菌丝平伏状至栅栏状排列，菌丝宽 3~7 μm，丝状，有分隔，末端近尖锐至钝圆，红褐色，部分无色，可见细胞间有很多红褐色至黑褐色的色素颗粒，盖生囊状体未见。菌柄表皮菌丝宽 2~4 μm，有隔，无色。柄生囊状体 42~26 × 5~8 μm，棒状，有隔，无色。

　　生境：夏秋季单生或群生于针叶林地上。

　　模式产地：瑞典。

　　世界分布：亚洲（中国）；欧洲（英国、德国、法国、瑞士、瑞典、丹麦、芬兰、克罗地亚）；非洲；北美洲（美国、加拿大）；大洋洲。

　　研究标本：北京门头沟潭柘寺，林中地上，1958 年 7 月 25 日，邓叔群 6055（HMAS

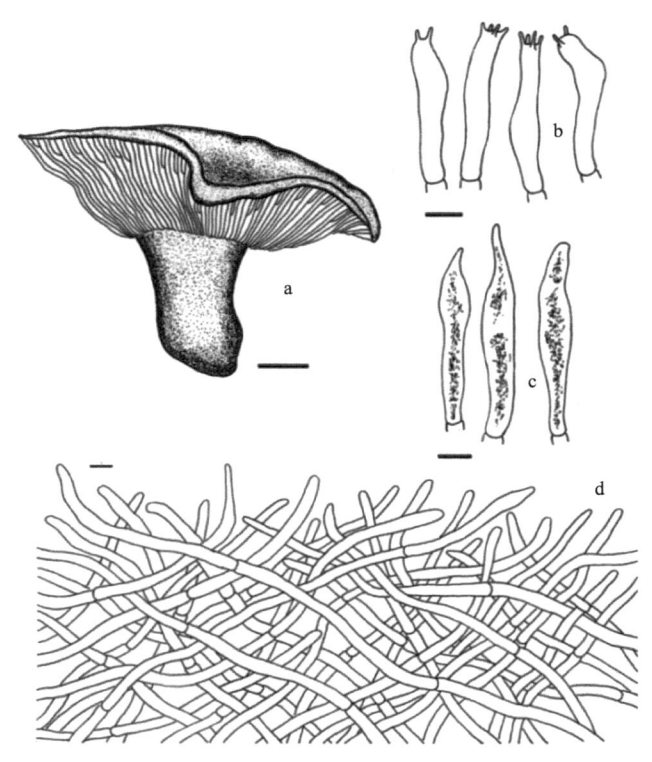

图 21 烟色红菇 *Russula adusta* (Pers.) Fr. （HMAS 23017）
a. 子实体；b. 担子；c. 侧生囊状体；d. 菌盖表皮菌丝。a. 标尺=1 cm；b~d. 标尺=10 μm

23017），1959 年 7 月 15 日，邓叔群 31（HMAS 25026），1959 年 8 月 28 日，王维新、孔显良 56（HMAS 25027），1959 年 8 月 29 日，王维新、孔显良 75（HMAS 25028）。内蒙古牙克石南木林业局，针叶林地上，2013 年 7 月 29 日，李赛飞、赵东、李国杰 13183（HMAS 252600）；扎兰屯秀水景区，混交林地上，2013 年 7 月 28 日，李赛飞、赵东、李国杰 13198（HMAS 267735）。江苏南京灵谷寺，松树林地上，1957 年 8 月 17 日，邓叔群 4909（HMAS 20239）。湖南麻阳，林中地上，1982 年 8 月，麻阳卫生院 2（HMAS 44030）、2（HMAS 44031）、3（HMAS 44032）。广东梅州丰溪坪附近，海拔 500~550 m 阔叶林地上，1986 年 8 月 15 日，郑国杨（HMIGD 10967）；韶关始兴龙斗峰，针叶林地上，1984 年 9 月 6 日，毕志树、李泰辉（HMIGD 8007）；韶关市曲江区小坑林场雷打石，林中地上，1984 年 9 月 9 日，毕志树、李泰辉（HMIGD 8102）。广西桂林龙胜，林中地上，1969 年 7 月 12 日，徐连旺、宗毓臣、李惠中 11（HMAS 36789）、8（HMAS 36924）。贵州铜仁梵净山，林中地上，1982 年 8 月 26 日，宗毓臣、文华安 84（HMAS 44033）。云南保山百花岭，林中地上，2003 年 7 月 24 日，王岚 264（HKAS 43359）；西双版纳勐海，林中地上，1999 年 8 月 15 日，卯晓岚、孙述霄、文华安 206（HMAS 73014）。西藏波密扎木林场，林中地上，1976 年 7 月 20 日，宗毓臣 306（HMAS 39129），1976 年 7 月 30 日，宗毓臣 350（HMAS 37964），1983 年 8 月 27 日，卯晓岚 1367（HMAS 47075）；林芝鲁朗镇中科院藏东南高山站，混交林地上，2012 年 8 月 26 日，赵东、李国杰、齐莎 12120（HMAS 263665）；米林，林中地上，1974 年 9

月20日，宗毓臣76（HMAS 36832）；墨脱，林中地上，1982年9月1日，卯晓岚283（HMAS 46626）；易贡，林中地上，1982年10月8日，卯晓岚819（HMAS 47074）。甘肃陇南康县，林中地上，1986年7月15日，宗毓臣、文华安20（HMAS 51811）。台湾台北植物园，林中地上，1995年7月18日，周文能CWN00963（HKAS 50016）。

讨论：烟色红菇子实体老后或受伤后不变红色，直接变灰黑色，而欧洲和北美的烟色红菇子实体老后或受伤后常有粉色至红色的色调，以至部分早期的法国文献常把该种与黑白红菇混淆（Singer，1957）。该种产自不同地区的标本受伤后变色的时间会有差异，从数分钟到数十分钟不等（Beardslee，1918）。

经济价值：该种可食用和药用。与松属形成外生菌根。

黑白红菇　图22，图版Ⅹ1
别名：白黑红菇、火炭菇、火炭菌

Russula albonigra (Krombh.) Fr., Hymenomyc. eur. (Upsaliae): 440, 1874.
Agaricus alboniger Krombh., Naturgetr. Abbild. Beschr. Schwämme (Prague) 9: 27, 1845.
Russula adusta var. *albonigra* (Krombh.) Massee, Brit. Fung.-Fl. (London) 3: 52, 1893.
Russula albonigra f. *pseudonigricans* Romagn., Bull. mens. Soc. linn. Lyon 31(6): 173, 1962.
Russula albonigra var. *pseudonigricans* (Romagn.) Bon, Docums Mycol. 18(nos 70-71): 8, 1988.
Russula nigricans var. *albonigra* (Krombh.) Cooke & Quél., Clavis syn. Hymen. Europ. (London): 143, 1878.

子实体中型至较大型。菌盖直径5.5~15 cm，最初扁半球形至平展，后中部下凹或深凹，白色或污白色，很快变灰褐色，后黑色，湿时稍黏，易干燥，表面光滑但无光泽，边缘初内卷，无条纹，菌盖表皮不易剥离，从菌盖边缘可以剥离1 cm左右。菌肉白色至污白色，老后或伤后很快变黑色，不变红色，无特殊气味或略有水果香味，较厚，近柄处菌肉厚1 cm以上，味道柔和，有薄荷味道，或略带辛辣味。菌褶直生至稍延生，宽0.3~0.6 cm，多分叉，密而窄，白色至污白色，边缘略带黑色，个别带浅橙色色调，老后浅灰色，干燥后黑色，具小菌褶。菌柄长2.6~6.5 cm，粗1~4 cm，多数中生，少数偏生，近圆柱形或向下略细，表面白色，后浅灰色，很快变浅黑色，老后或者成熟后变灰黑色至黑色，基部颜色较深，初内实，后中空。孢子印白色。

担子23~42 × 7~11 μm，棒状，具2~4个小梗，近顶端处略膨大，无色透明。担孢子（60/3/1）（6.0）6.4~8.3（8.5）× 5.6~7.1（7.5）μm [Q =（1.01）1.04~1.24（1.33），Q = 1.13 ± 0.07]，球形、近球形至宽椭球形，少数椭球形，无色，表面小疣高0.5~0.7 μm，疣间多有连线，呈微细不完整网纹，脐上区淀粉质点不显著。侧生囊状体和缘生囊状体43~70 × 7~15 μm，近梭形，有的顶端乳头状凸起，无色透明。菌盖表皮菌丝栅栏状排列，长圆柱形，有隔，宽1.7~5.0 μm，有较多的膨大菌丝细胞，直径可达20~30 μm，末端钝圆，盖生囊状体未见。菌柄表皮菌丝宽3.3~5.0 μm，有隔，无色至浅褐色，柄生囊状体未见。

生境：夏秋季生于阔叶林和混交林地上。
模式产地：瑞典。

世界分布：亚洲（中国）；欧洲（英国、法国、德国、瑞典、丹麦、挪威、芬兰、波兰、克罗地亚）；非洲；北美洲（美国、加拿大）。

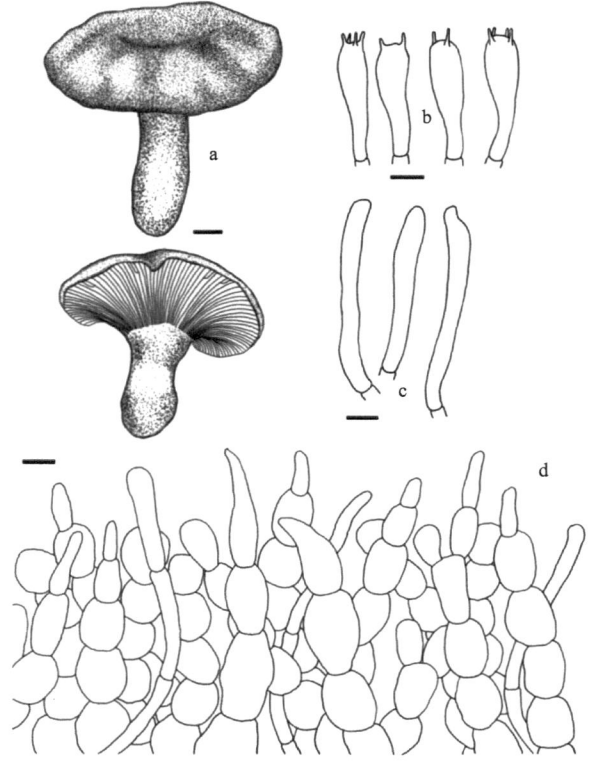

图 22 黑白红菇 *Russula albonigra* (Krombh.) Fr.（HMAS 58254）
a. 子实体；b. 担子；c. 侧生囊状体；d. 菌盖表皮细胞。a. 标尺=1 cm；b~d. 标尺=10 μm

研究标本：广西桂林龙胜，林中地上，1969 年 7 月，宗毓臣、徐连旺 24（HMAS 36915），1969 年 7 月 18 日，宗毓臣、徐连旺 7（HMAS 36787）。贵州贵阳花溪，林中地上，1988 年 7 月 1 日，应建浙等 114（HMAS 58252）；绥阳县宽阔水，林中地上，1988 年 7 月 19 日，应建浙、宗毓臣、李宇 438（HMAS 58254）。云南昆明妙高寺，混交林地上，1942 年 8 月 7 日，裘维蕃 8000（HMAS 4000）。西藏八一镇老虎山，林中地上，1995 年 7 月 22 日，文华安、孙述霄 254（HMAS 69023）；林芝波密扎木，林中地上，1983 年 8 月 27 日，卯晓岚 1369（HMAS 46097）。

讨论：黑白红菇菌肉在变黑的过程中不变红色的特征与烟色红菇易混淆，主要区别是烟色红菇菌肉变黑的过程较慢，有霉味、橡木桶或水果的香味，菌盖上表皮无大量的膨大细胞（Sarnari，1998；Romagnesi，1967）。

经济价值：该种可食用。

密褶红菇 图 23，图版 I 4、X 2
别名：火炭菌、密褶黑菇
Russula densifolia Secr. ex Gillet, Hyménomycètes (Alençon): 231. 1876.

Russula densifolia f. *cremeispora* shaffer, Brittonia 14(3): 276, 1962.
Russula densifolia f. *dilatoria* Shaffer, Brittonia 14(3): 275, 1962.
Russula densifolia f. *fragrans* Shaffer, Brittonia 14(3): 276, 1962.
Russula densifolia f. *gregata* Shaffer, Brittonia 14(3): 276, 1962.
Russula densifolia f. *subrubescens* Reumaux, Russules Rares ou Méconnues (Marlioz): 284, 1996.
Russula densifolia var. *caucasica* Singer, Beih. bot. Zbl., Abt. 2 46: 90, 1929.
Russula densifolia var. *colettarum* Dagron, Bull. trimest. Soc. mycol. Fr. 115(2): 150, 1999.
Russula densifolia var. *fumosella* R. Socha, in Socha, Hálek, Baier & Hálek, Holubinky (Russula) (Praha): 506, 2011.

子实体较小型至中型。菌盖直径 2~7 cm，初半球形，菌盖平展脐凹状，部分子实体成熟后呈漏斗状，初时污白，后变为茶褐色，最终变为黑色，湿时稍黏，成熟后干燥，表面有光泽，被嫩细绒毛，边缘内卷，无条纹，肉质。菌肉白色，稍后略变为淡红色，老后再变为黑色，无味道，个别有辛辣味道，无苦味，或有薄荷味、甜橘子气味、令人不愉快的气味。菌褶直生至延生，不等长，个别近菌柄处有分叉，盖缘处 14~15 片/cm，有时可达 25~28 片/cm，白色，伤时变为褐色至红褐色，后变为黑色。菌柄长 2~5 cm，近柄处粗 0.8~2.0 cm，圆柱形，近基部处膨大，初时白色，后变为与盖同色，被白色绒毛或有条纹。孢子印白色。

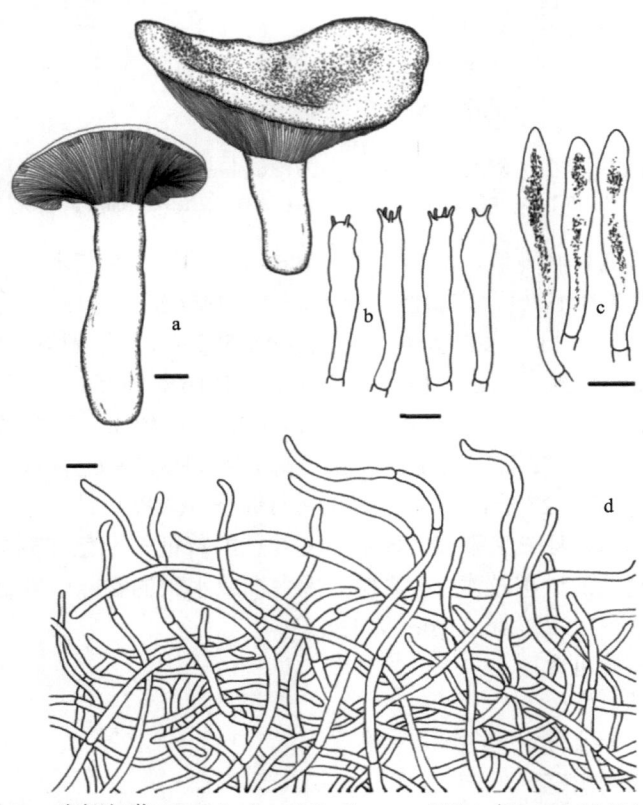

图 23 密褶红菇 *Russula densifolia* Secr. ex Gillet（HMAS 194246）
a. 子实体；b. 担子；c. 侧生囊状体；d. 菌盖表皮菌丝。a. 标尺=1 cm；b~d. 标尺=10 μm

担子 32~46 × 7~10 μm，棒状，具 2~4 个小梗，无色。担孢子（40/2/2）(5.7) 5.9~9.7 (10.2) ×（5.3）5.5~7.5 (7.8) μm [Q =（1.02）1.04~1.38（1.42），**Q** = 1.18 ± 0.12]，球形、近球形至宽椭球形，少数椭球形，无色，表面小疣刺高 0.5~0.7 μm，半球形至近圆锥形，疣刺间有连线，形成近于完整的网纹，部分含一个油滴，脐上区淀粉质点不明显。菌褶菌髓异型，丝状，近平行，无色。侧生囊状体 42~77 × 5~9 μm，棒状至近梭形，末端近尖锐至钝圆，较少，散生，无色，表面有纹饰。菌盖表皮菌丝栅栏状，菌丝宽 3.6~5.1 μm，个别分枝，有分隔，末端近尖锐，部分钝圆，盖生囊状体未见。菌柄表皮菌丝无色，宽 3.6~4.7 μm，无色，有隔，柄生囊状体未见。

生境：夏秋季生于阔叶林或混交林地上。

模式产地：法国。

世界分布：亚洲（中国、日本、泰国、印度）；欧洲（法国、英国、意大利、德国、瑞典、丹麦、挪威、芬兰、克罗地亚）；北美洲（美国、加拿大）。

研究标本：北京门头沟潭柘寺，林中地上，1960 年 8 月 7 日，（HMAS 32264）。吉林长春市净月潭，林中地上，2003 年 8 月 14 日，王建瑞（HMJAU 3571）。江苏南京灵谷寺，林中地上，1974 年 8 月 28 日，卯晓岚等 278（HMAS 37967）。安徽黄山，林中地上，1957 年 8 月 30 日，邓叔群 5154 （HMAS 20454）；金寨银山畈，海拔 500m 林中地上，2008 年 7 月 30 日，文华安、李国杰、杨晓莉 08267（HMAS 194246）。福建省漳州市南靖县南坑镇大岭村，林中地上，1958 年 6 月 13 日，邓叔群 5867（HMAS 23023）；武夷山，林中地上，1960 年 8 月 26 日，王庆之 737a（HMAS 32605）。山东青岛崂山，林中地上，1982 年 8 月 18 日，赵继鼎、徐连旺 138（HMAS 44036）。河南内乡县宝天曼，海拔 1200 m 林中地上，2009 年 7 月，申进文等（HMAS 220819）。湖北十堰神农架，林中地上，1984 年 8 月 8 日，孙述霄、张小青 220（HMAS 50969）。广东肇庆鼎湖山旅行社附近，混交林地上，1980 年 5 月 20 日，郑国杨（HMIGD 4187）；肇庆鼎湖山树木园，阔叶林地上，1981 年 8 月 3 日，李崇、李泰辉、梁建庆等（HMIGD 4845）；肇庆鼎湖山树木园至车站，混交林地上，1982 年 6 月 3 日，毕志树等（HMIGD 7900）。四川米易，林中地上，2009 年 8 月 1 日，文华安、王波、李赛飞、钱茜（HMAS 220543）；西昌，林中地上，1971 年 7 月 6 日，宗毓臣等 141（HMAS 35780）。贵州凯里荔波，林中地上，1988 年 8 月 2 日，应建浙等 596（HMAS 58251）；铜仁市江口县梵净山，林中地上，1982 年 8 月 27 日，宗毓臣、文华安 222（HMAS 44037）；遵义道真，林中地上，1988 年 7 月 19 日，应建浙、宗毓臣、李宇 418（HMAS 72087）、421（HMAS 53839），1988 年 7 月 21 日，应建浙等 532（HMAS 54042）。云南楚雄，林中地上，1999 年 8 月 25 日，文华安、孙述霄、卯晓岚 457（HMAS 82007）；楚雄紫溪山，海拔 2500 m 林中地上，1999 年 8 月，文华安、孙述霄、卯晓岚 440b（HMAS 221606）；大理宾川鸡足山，林中地上，1999 年 8 月，卯晓岚、文华安、孙述霄（HMAS 156220）；洱源苍山，海拔 2673 m 林中地上，2009 年 7 月 23 日，李国杰、赵勇 420-1（HMAS 196554）；昆明黑龙潭，混交林地上，1999 年 8 月 16 日，文华安、孙述霄、卯晓岚 273（HMAS 76707）；昆明，林中地上，1973 年 6 月 30 日，徐连旺等 293（HMAS 37969）；龙陵县雪山村大雪山，林中地上，2002 年 8 月 29 日，杨祝良 3349（HKAS 41418）。海南五指山，海拔 900 m 林中地上，2000 年 5 月 20 日，文华安 2164（HMAS 145875）。

讨论：密褶红菇容易与亚稀褶黑红菇等菌褶较稀疏的种混淆。该种与黑白红菇外观形态相似，区别是黑白红菇的菌褶分叉较多，菌肉老后和伤后变黑的过程中不变红色，菌盖上表皮有较多的膨大细胞。

经济价值：该种有毒，可药用。

亚稀褶黑红菇 图 24

别名：亚黑红菇、亚稀褶毒黑菇、亚稀褶黑菇

Russula subnigricans Hongo, J. Jap. Bot. 30: 79, 1955.

子实体中型。菌盖直径 6~12 cm，初扁半球形，后平展中部下凹呈漏斗状，浅灰色至煤灰黑色，表面干燥，无光泽，但湿时稍黏，有微细绒毛，边缘色浅而内卷，无条棱。菌肉近柄处厚 0.5~1.2 cm，白色，较厚，受伤处变红色而不变黑色，无气味，个别有霉味和橡木桶气味，味道初温和，后略有辛辣味道。菌褶直生至近延生，稍稀疏，不等长，厚而脆，不分叉，褶间具横脉，褶缘处 5~7 片/cm，浅黄白色至浅奶油色，受伤后变红色而不变黑色，干燥后变黑褐色至黑色，小菌褶多。菌柄长 3~6 cm，粗 1~2.5 cm，偏生，圆柱形，近顶端处变粗，污白色、浅灰白色至灰黑色，较盖色浅，干燥后变黑色至黑褐色，内部实心或松软。孢子印白色。

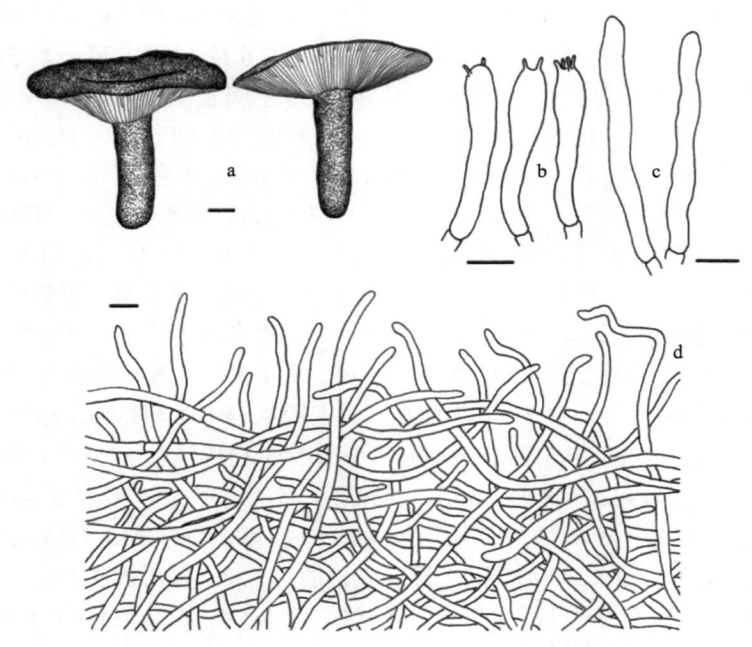

图 24 亚稀褶黑红菇 *Russula subnigricans* Hongo（HMAS 44046）
a. 子实体；b. 担子；c. 侧生囊状体；d. 菌盖表皮菌丝。a. 标尺=1 cm；b~d. 标尺=10 μm

担子 35~37 × 6~10 μm，棒状，具 2~4 个孢子梗，无色透明。担孢子（40/2/2）（6.5）6.8~8.5（9.3）×（5.8）6.1~7.9（8.4）μm [Q = 1.02~1.26（1.39），Q = 1.12 ± 0.07]，球形、近球形至宽椭球形，部分椭球形，无色，表面疣刺圆柱形，高 0.7~1.5 μm，疣刺间分散而无连线，脐上区淀粉质点不显著。侧生囊状体 41~64 × 6~9 μm，较少，棒状，顶端钝圆，无色透明，表面光滑而无纹饰。菌盖表皮菌丝栅栏状排列，末端钝圆，多数褐

色至红褐色，少数无色，菌丝细胞间有大量红褐色至黑褐色色素颗粒，宽 1.7~5.8 μm，盖生囊状体未见。菌柄表皮菌丝宽 1.7~5.0 μm，无色，有隔，柄生囊状体未见。

生境：夏秋季散生或群生于阔叶林或混交林地上。

模式产地：日本。

世界分布：亚洲（中国、日本）；北美洲（美国）。

研究标本：江西赣州大余，林中地上，1982 年 9 月 18 日，（HMAS 44964）。湖南麻阳县尧市公社堆子丘大队，林中地上，1982 年 8 月 24 日，湖南卫生防疫站 4（HMAS 44046）。海南五指山，阔叶林地上，2000 年 5 月 20 日，文华安 2143（HMAS 145887）。贵州绥阳宽阔水茶场，林中地上，1988 年 6 月 23 日，李宇、宗毓臣、应建浙 83（HMAS 57818）。云南西双版纳勐仑，混交林地上，1999 年 8 月 12 日，卯晓岚、文华安、孙述霄 145（HMAS 151283）。甘肃陇南康县，林中地上，1991 年 7 月，杨 7013（HMAS 66015）。

经济价值：该种剧毒。引起横纹肌溶解型中毒，误食中毒死亡率很高。

哭泣组 sect. *Plorantinae* Bataille

菌盖白色、黄色、灰色至浅褐色色调，边缘光滑而无条纹，极尖。菌肉较坚实，不易变形。菌褶窄，菌褶较密，受伤后不变色，或变浅黄色或粉红色，不变黑色。孢子印常为苍白色。菌盖表皮菌丝一般无色透明。

模式种：*Russula delica* Fr.（Bataille，1908）。

中国哭泣组分种检索表

```
1. 孢子印深奶油色、浅赭黄色，菌褶初白色，后变乳黄色至赭黄色 ································ 2
1. 孢子印黄色、奶油色，菌褶黄白色至黄色 ························································· 3
1. 孢子印白色至浅奶油色，菌褶白色至淡黄色，有时带青绿色 ····································· 4
  2. 菌肉有强烈的水果气味 ··························································· 假美味红菇 R. pseudodelica
  2. 菌肉无气味至稍有刺鼻气味 ···························································· 淡孢红菇 R. pallidospora
3. 孢子疣间有连线，形成近于完整的网纹至完整网纹 ················· 硫孢红菇 R. flavispora
3. 孢子疣间有连线，但不形成网纹或形成不完整的网纹 ······················ 日本红菇 R. japonica
  4. 菌柄白色至淡黄色，有凹陷 ······································· 黄绿红菇 R. chloroides
  4. 菌柄非上述颜色，无陷窝 ···························································· 5
5. 菌褶弯生至近离生 ···························································· 密集红菇 R. compacta
5. 菌褶非上述着生 ···························································· 6
  6. 菌肉白色或近白色，伤不变色 ···························································· 美味红菇 R. delica
  6. 菌肉白色至奶油色，伤后缓慢变淡黄色至褐色 ···························· 短柄红菇 R. brevipes
```

短柄红菇　图 25，图版 I 5、X 3

Russula brevipes Peck, Ann. Rep. Reg. N.Y. St. Mus. 43: 66, 1890.

Russula brevipes var. *acrior* Shaffer, Mycologia 56(2): 223, 1964.

Russula brevipes var. *megaspora* Shaffer, Mycologia 56(2): 226, 1964.

子实体中型至较大型，罕见较小型。菌盖直径（3）7~14 cm，初扁半球形，中央脐凹，伸展后中央下凹至浅漏斗状至漏斗状，边缘略呈波浪状，不开裂，内卷至近尖锐，白色、污白色，后变米黄色、蛋壳色，或淡污黄褐色，有时具锈褐色斑点，不黏至湿时稍黏，光滑或有细绒毛，但常附有污泥及腐叶等植物碎片因而常带有泥土的色泽，盖缘无条纹，表皮不易剥离。菌肉近柄处可达 0.9~2.0 cm，稍脆，白色至奶油色，有时略带浅黄色，伤后缓慢的变淡黄色至褐色，无味道或具有不明显的胡椒辣味，无气味或稍有蘑菇气味和水果气味，老时偶带臭鱼味。菌褶直生至近延生，宽 0.3~0.4 cm，密集，盖缘处 17~21 片/cm，不等长，部分于中部分叉，幼嫩时或天气湿润时边缘有水滴，白色至带青白色，褶缘平滑，小菌褶多，常常带微绿色调。菌柄长 4~6 cm，近柄处粗 1.0~3.5 cm，中生至略偏生，白色，表面光滑至略有皱纹，被白色微细绒毛，粗筒形，有时近基部略细，中实，老后内部中空，变褐色。孢子印白色。

担子 17~46 × 5~12 μm，棒状，个别中部至近顶处略有膨大，呈近梭形，具 2~4 个小梗，无色透明。担孢子（100/2/2）（8.3）8.5~10.4（12.0）×（6.8）7.0~8.8（9.0）μm [Q =（1.05）1.08~1.39（1.41），**Q** = 1.24 ± 0.10]，近球形至宽椭球形，个别球形和椭球形，表面小疣刺高 0.7~1.2 μm，半球形至近圆柱形，疣间有连线形成近于完整的网纹，无色，淀粉质。侧生囊状体 29~64 × 5~12 μm，棒状至近梭形，顶端钝圆，无色至微黄色，表面有较强烈的纹饰。菌盖表皮菌丝栅栏状，菌丝宽 1.7~4.1 μm，有隔，末端多数近尖锐，少见钝圆，无色透明，盖生囊状体未见。菌柄表皮菌丝宽 2.5~5.8 μm，无色，有隔，柄生囊状体未见。

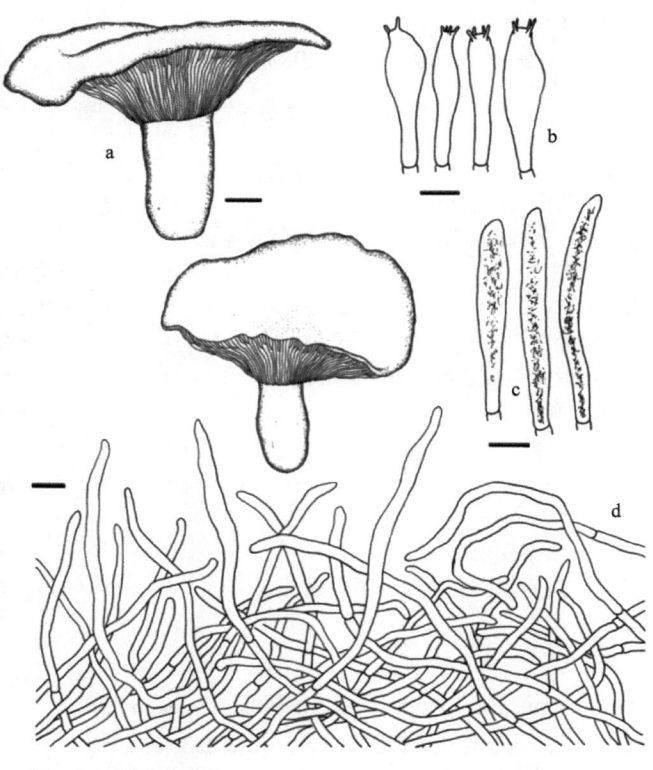

图 25　短柄红菇 *Russula brevipes* Peck（HMAS 252609）
a. 子实体；b. 担子；c. 侧生囊状体；d. 菌盖表皮菌丝。a. 标尺=1 cm；b~d. 标尺=10 μm

生境：夏秋季单生或散生于针叶林地上。

模式产地：美国。

世界分布：亚洲（中国）；北美洲（美国、加拿大）。

研究标本：四川红原洛托村，针叶林地上，2013 年 8 月 7 日，卢维来、蒋岚、李国杰 13245（HMAS 267814）；小金四姑娘山，针叶林地上，2013 年 8 月 15 日，卢维来、蒋岚、李国杰 13298（HMAS 252609）；雅江剪子弯山，冷杉林地上，1983 年 8 月 7 日，文华安、苏京军 571（HMAS 50666）。青海班玛多柯河林场，针叶林地上，2013 年 8 月 9 日，卢维来、蒋岚、李国杰 1146（HMAS 252579）、13253（HMAS 252793）。新疆克拉玛依奇台，林中地上，1985 年 8 月 5 日，李玉梅 51（HMAS 86253）；乌鲁木齐，林中地上，1985 年 8 月 10 日，陶恺等 079（HMAS 86152）。

讨论：短柄红菇极易与北美的喀斯喀特红菇 *R. cascadensis* Shaffer 混淆，区别是喀斯喀特红菇菌肉有刺激味道和较小的担孢子。短柄红菇形态变化较大，在不同地点采集的标本担孢子大小和担孢子表面纹饰高低变化有时很大，如部分北美洲的标本担孢子长 8~14 μm，表面纹饰高 0.3~1.5 μm（Woo，1989；Schaffer，1964）。

经济价值：该种可食用。

黄绿红菇 图 26，图版 X 4

Russula chloroides (Krombh.) Bres., Fung. Trident. 2(14): 89, 1900.

Agaricus chloroides Krombh., Naturgetr. Abbild. Beschr. Schwämme (Prague) 7: 7, tab. 56, 1843.

Galorrheus chloroides (Krombh.) P. Kumm., Führ. Pilzk. (Zerbst): 128, 1871.

Lactarius chloroides (Krombh.) Kawam., Icones of Japanese fungi 3: 352, 1954.

Russula chloroides var. *glutinosa* Bon, Cryptog. Mycol. 7(4): 300, 1986.

Russula chloroides var. *godavariensis* Adhikari, in Adhikari & Durrieu, Bull. trimest. Soc. mycol. Fr. 115(2): 187, 1999.

Russula chloroides var. *parvispora* Romagn., Bull. mens. Soc. linn. Lyon 31(6): 173, 1962.

Russula chloroides var. *trachyspora* (Romagn.) Sarnari, Monografia Illustrata del Genere Russula in Europa 1: 199, 1998.

Russula delica f. *chloroides* (Krombh.) S. Imai, J. Fac. agric., Hokkaido Imp. Univ., Sapporo 43(2): 353, 1938.

Russula delica var. *chloroides* (Krombh.) Killerm., Denkschr. Bayer. Botan. Ges. in Regensb. 20: 7, 1939.

Russula delica var. *trachyspora* Romagn., Russules d'Europe Afr. Nord: 224, 1967.

子实体较小型至中型。菌盖直径 5~11 cm，初半球形至扁半球形，后平展中部下凹至杯状，盖缘内卷，有时开裂，菌盖幼嫩时白色，后变污白色、淡黄色至黄褐色，中央颜色较深，有时可呈现赭黄色至深黄褐色色调，干燥后微带青黄色，边缘无条纹，肉质，干，光滑，菌盖表皮不易剥离。菌肉白色，受伤后不变色或变淡黄色，菌肉厚 0.4~1.3 cm，无味道或有辛辣味道，有烂蘑菇气味或具腥臭气味。菌褶白色、奶油色至淡黄色，密或稍稀，盖缘处 30~33 片/cm 或 16~17 片/cm，小菌褶多，不等长，分叉，褶缘平滑，略呈波状起伏。菌柄长 2~5 cm，粗 1.2~3.4 cm，中生，圆柱形，白色至淡黄色，光滑，上有凹陷，肉质，内实，较少中空。孢子印白色至浅奶油色。

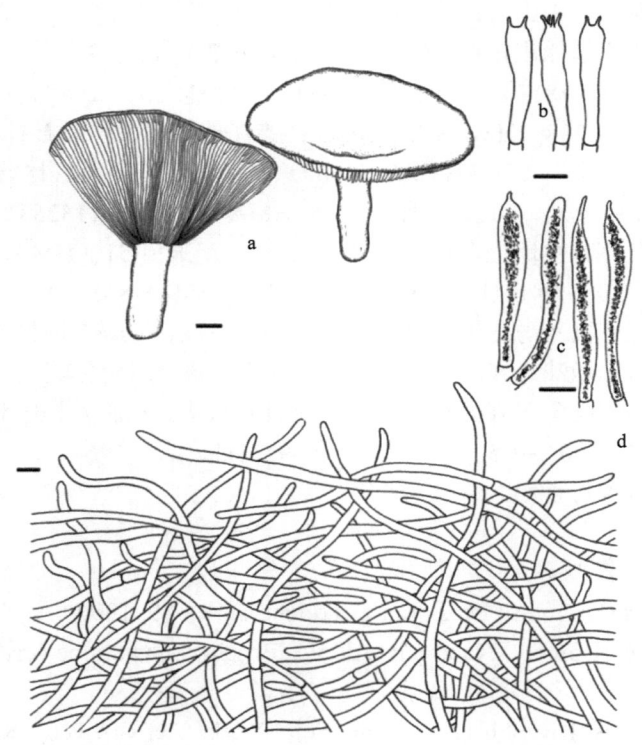

图 26　黄绿红菇 *Russula chloroides* (Krombh.) Bres.（HMIGD 8953）
a. 子实体；b. 担子；c. 侧生囊状体；d. 菌盖表皮菌丝。a. 标尺=1 cm；b~d. 标尺=10 μm

担子 28~43 × 5~10 μm，棒状，个别近顶端处略膨大，呈近梭形，具 4 个小梗，少数 2 个小梗，无色至浅黄色。担孢子（40/2/2）（6.9）7.5~8.9（10.0）× 5.0~6.7 μm [Q = 1.01~1.21（1.24），**Q** = 1.08 ± 0.07]，近球形至宽椭球形，少数球形，无色，表面小疣半球形至近圆锥形，高 0.5~0.7 μm，疣间部分相连，形成极不完整的网纹。侧生囊状体 34~67 × 5.8~8.3 μm，较多，长梭形至近圆柱形，顶近尖锐至尖锐，有时有披针状凸起，表面有纹饰，微黄色。菌盖表皮菌丝栅栏状，菌丝宽 5.8~7.7 μm，丝状，有隔，顶端钝圆至近尖锐，淡黄色，盖生囊状体未见。菌柄表皮菌丝宽 1.7~4.2 μm，有隔，无色，柄生囊状体未见。

生境：夏秋季散生或单生于阔叶林地上。

模式产地：法国。

世界分布：亚洲（中国）；欧洲（法国）。

研究标本：广东韶关始兴樟栋水单竹坑，阔叶林地上，1985 年 7 月 2 日，李石周（HMIGD 8953）；韶关始兴樟栋水三角塘，阔叶林地上，1985 年 9 月 2 日，李石周（HMIGD 9775）。

经济价值：该种可食用。

密集红菇　图 27，图版 X 5
别名：赤黄红菇、致密红菇
Russula compacta Frost, in Peck, Ann. Rep. Reg. N.Y. St. Mus. 32: 32, 1879.

子实体中型，少数大型。菌盖直径 4~11 cm，初期近球形，后半球形至扁平，中部稍下凹至明显下凹，成熟后至老后有时近漏斗形，边缘稍内卷至平展，钝圆至近尖锐，亮黄色至土黄色，无光泽，湿时稍黏，平滑，边缘无条棱，有时菌盖表面至边缘表皮开裂，菌盖表皮易剥离，可从边缘剥离至距菌盖中心 1/2 处。菌肉白色，受伤后在空气中迅速变褐色，幼嫩时味道柔和，成熟后有较明显的辛辣味道，有死鱼般令人不愉快的臭味。菌褶弯生至近离生，密集，近缘处变宽，较钝圆，近柄处有分叉，较宽，不等长，小菌褶多，菌褶幼嫩时奶白色、污白色至浅黄色，老后或受伤后带污黄色、红棕色至深赭黄色色调。菌柄长 4~10 cm，粗 1~2 cm，圆柱形，白色，表面光滑，初内实，后中空。孢子印白色。

担子 28~46 × 5.8~8.3 μm，棒状，近顶端处膨大，具 2~4 个小梗，无色透明。担孢子（100/4/4）（6.3）6.9~8.5（8.9）×（6.1）6.3~7.1（7.8）μm [Q =（1.01）1.03~1.25（1.33），Q = 1.08 ± 0.05]，无色，球形、近球形至宽椭球形，少数椭球形，表面疣刺高 1.0~1.5 μm，圆柱形至近圆锥形，疣刺间有连线，形成近于完整的网纹，脐上区淀粉质点明显。侧生囊状体 22~73 × 5~10 μm，较多，棒状至近梭形，顶端钝圆，部分顶端有乳头状突起，表面略有纹饰。菌盖表皮菌丝栅栏状，菌丝宽 3.3~6.6 μm，无色，多分隔，末端顶端稍膨大，钝圆，盖生囊状体未见。菌柄表皮菌丝宽 2.5~5.0 μm，柄生囊状体未见。

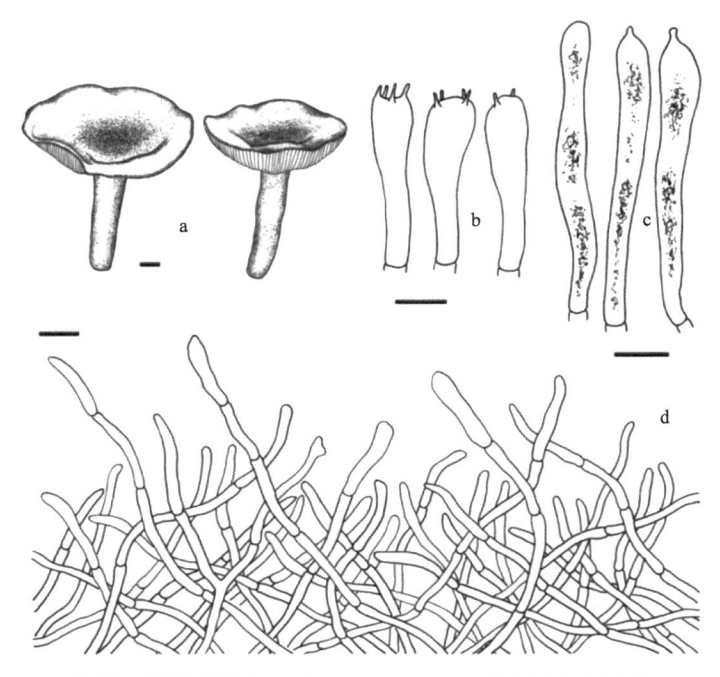

图 27　密集红菇 *Russula compacta* Frost（HMAS 61144）
a. 子实体；b. 担子；c. 侧生囊状体；d. 菌盖表皮菌丝. a. 标尺 = 1 cm；b~d. 标尺 = 10 μm

生境：夏秋季散生或群生于混交林地上。

模式产地：美国。

世界分布：亚洲（中国、日本、印度）；北美洲（美国、哥斯达黎加）。

研究标本：四川冕宁彝海乡，海拔 2294 m 林中地上，2009 年 7 月 27 日，文华安、李赛飞、王波、钱茜 19（HMAS 220764）。贵州道真县大沙河林场，林中地上，1988 年 7 月 19 日，李宇、宗毓臣、应建浙 415（HMAS 61144）；贵阳花溪，针叶林中地上，1988 年 7 月 8 日，应建浙、宗毓臣、李宇 341 （HMAS 59714）。云南大理苍山，海拔 2546 m 林中地上，2009 年 7 月 17 日，李国杰、杨晓莉 09234-1（HMAS 220704）；洱源苍山，海拔 2604 m 林中地上，2009 年 7 月 24 日，李国杰、赵勇 09541（HMAS 220465）；昆明黑龙潭，林中地上，2003 年 8 月 23 日，卯晓岚（HMAS 85302）。青海互助北山林场，海拔 2800 m 林中地上，2004 年 8 月 5 日，文华安、周茂新 04080（HMAS 99712）。台湾南投莲华池，林中地上，1995 年 7 月 21 日，周文能 CWN00974（HKAS 50005）。

讨论：密集红菇外观形态与多褶红菇 R. polyphylla 都具有密集的菌褶，后者菌褶米白色，且菌褶边缘尖锐，而该种菌褶浅黄色，而菌褶边缘钝圆（Singer，1943）。

经济价值：该种可食用。

美味红菇　　图 28，图版 I 6、X 6

别名：大白菇

Russula delica Fr., Epicr. syst. mycol. (Upsaliae): 350, 1838.

Agaricus exsuccus (Pers.) Sacc., Syll. fung. (Abellini) 5: 437, 1887.

Agaricus piperatus var. *exsuccus* (Pers.) Pers., Syn. meth. fung. (Göttingen) 2: 429, 1801.

Agaricus vellereus var. *exsuccus* (Pers.) Fr., Syst. mycol. (Lundae) 1: 77, 1821.

Lactarius exsuccus W.G. Sm., J. Bot., Lond. 11: 336, 1873.

Lactarius piperatus ß *exsuccus* Pers., Observ. mycol. (Lipsiae) 2: 41, 1800.

Lactarius vellereus ß *exsuccus* (Pers.) Fr., Syst. mycol. (Lundae) 1: 77, 1821.

Lactarius vellereus var. *exsuccus* (Pers.) Cooke, Handb. Brit. Fungi 1: 212, 1871.

Lactifluus exsuccus (Pers.) Kuntze, Revis. gen. pl. (Leipzig) 2: 856, 1891.

Russula delica var. *bresadolae* Singer, Bull. trimest. Soc. mycol. Fr. 54: 132, 1938.

Russula delica var. *centroamericana* Singer, Fieldiana, Bot. 21: 128, 1989.

Russula delica var. *dobremezii* Adhikari, in Adhikari & Durrieu, Bull. trimest. Soc. mycol. Fr. 115: 189, 1999.

Russula delica var. *glaucophylla* Quél., C. r. Assoc. Franc. Avancem. Sci. 30(2): 495, 1902.

Russula delica var. *porolamellata* Melzer, Čas. česk. houb. 18: 83, 1938.

Russula delica var. *puta* Romagn., Russules d'Europe Afr. Nord: 226, 1967.

Russula porolamellata Melzer ex Pilát, Česká Mykol. 12(4): 199, 1958.

子实体中型至大型。菌盖直径 3~14 cm，初扁半球形，中部脐状，伸展后下凹近漏斗形，纯白色、污白色，变为米黄色或蛋壳色，或具锈色斑点，老后或干燥后带灰褐色、污褐色、红棕色至污赭色色调，不黏，有或无细绒毛，盖缘初内卷后伸展，个别边缘波浪状至略开裂，无条纹。菌肉白色或近白色，厚，伤不变色，有水果气味，味道柔和或稍辛辣，无味道或有时微苦。菌褶近直生至短延生，不等长，中部密至稍稀，中部分叉，边缘处 15~16 片/cm，有时可达 30 片/cm，近菌盖边缘部分凸起，近白色或白色，老后变奶黄色。菌柄长 1~6 cm，粗 1~4 cm，中生，圆柱形或向下渐细，白色，伤后不变色，老后变污白色至浅黄色，表面光滑或上部具细绒毛，初内实，后部分中空。孢子印白色。

担子 22~44 × 6~10 μm，棒状，近顶端处略膨大，具 2~4 个小梗，无色透明。担孢子（80/4/2）（7.8）8.0~11.0 ×（7.5）7.9~9.6（10.0）μm [Q = 1.02~1.22（1.27），**Q** = 1.13 ± 0.08]，无色，球形至近球形，少数宽椭球形，表面小疣刺高 0.7~1.2 μm，近圆锥形至圆锥形，部分分散，其间有连线，形成不完整至近于完整的网纹，脐上区淀粉质点不显著。侧生囊状体 25~50 × 6~9 μm，梭形，棍棒状至纺锤状，较少，顶端钝圆至近尖锐，散生，无色，表面稍有纹饰。菌褶菌髓异型，泡囊状，无色。菌盖表皮菌丝栅栏状排列，菌丝宽 1.6~5.8 μm，菌盖外皮层菌丝稀疏，丝状，排列不规则，下皮层菌丝分枝，有分隔，有的膨大呈球状，菌肉菌丝无色，盖生囊状体未见。菌柄表皮菌丝宽 2.5~4.2 μm，柄生囊状体未见。

生境：夏秋季单生、散生或群生于阔叶林、针叶林或混交林地上。

模式产地：瑞典。

世界分布：亚洲（中国、日本、印度、以色列）；欧洲（法国、英国、德国、瑞士、意大利、瑞典、丹麦、冰岛、挪威、芬兰、保加利亚、克罗地亚）；北美洲（格陵兰、美国、加拿大）；大洋洲。

研究标本：北京门头沟百花山黄安坨，林中地上，1957 年 8 月 28 日，马启明 1593（HMAS 22746）；门头沟潭柘寺，林中地上，1958 年 7 月 25 日，邓叔群 6039（HMAS 22747）。内蒙古牙克石南木林业局，混交林地上，2013 年 7 月 30 日，李赛飞、赵东、李国杰 13180（HMAS 252629）。吉林安图，林中地上，1960 年 8 月 6 日，杨玉泉 605（HMAS 32200），1960 年 8 月 10 日，杨玉泉 680（HMAS 30145）；安图二道白河镇和平林场，海拔 1014 m 混交林地上，郭良栋、孙翔、李国杰、谢立璟 20100199（HMAS 250959）、（HMAS 250960）；长白山，林中地上，1960 年 8 月 2 日，杨玉泉、袁俊荣 546（HMAS 30144），长白山池北区北山门，混交林地上，2013 年 7 月 22 日，范宇光、李国杰（HMAS 252596）、13033（HMAS 252611）；长白山池北区二道白河镇北，混交林地上，2013 年 7 月 21 日，文华安、李赛飞、赵东、范宇光、李国杰 13014（HMAS 267805）；长白山池北区二道白河镇西，混交林地上，2013 年 7 月 25 日，李赛飞、赵东、范宇光、李国杰 13103（HMAS 252627）。黑龙江呼玛，林中地上，2008 年 7 月 28 日，文华安 89（HMAS 145801）。江苏苏州，林中地上，1965 年 6 月 25 日，邓叔群 6830（HMAS 35599）。浙江杭州天目山，林中地上，1957 年 9 月 9 日，邓叔群 5403（HMAS 20455）。安徽黄山，阔叶林地上，1957 年 8 月 27 日，邓叔群 5124（HMAS 21413），1957 年 8 月 30 日，邓叔群 5142（HMAS 20445）。湖北十堰神农架，林中地上，1984 年 7 月 15 日，张小青、孙述霄 53（HMAS 53817），1984 年 8 月 16 日，张小青、孙述霄 277（HMAS 53887）。湖南郴州莽山，林中地上，1981 年 10 月 6 日，宗毓臣、卯晓岚 88（HMAS 42362）。广东肇庆封开，林中地上，1998 年 10 月 28 日，文华安、孙述霄、卯晓岚 98596（HMAS 75297）。重庆巫溪，林中地上，1994

年8月10日，文华安35（HMAS 66302）。四川阿坝理县米亚罗，林中地上，1958年8月1日，邓叔群6171（HMAS 23022），1958年8月3日，胡琼玲（HMAS 24224）；甘孜贡嘎山东坡，林中地上，1984年7月4日，文华安、苏京军997（HMAS 49977）；甘孜贡嘎山西坡，林中地上，1984年7月18日，文华安、苏京军1253（HMAS 48274）、1255（HMAS 48275）；凉山州美姑洪溪，林中地上，1984年7月9日，文华安、苏京军（HMAS 50708）；雅江剪子弯山，林中地上，1983年8月6日，文华安、苏京军447（HMAS 50706）、452（HMAS 50818），1984年7月22日，文华安、苏京军1327（HMAS 50709），1984年7月24日，文华安、苏京军1293（HMAS 49978）；西昌，林中地上，1971年7月4日，宗毓臣、卯晓岚131（HMAS 36778）。贵州道真，林中地上，1988年7月19日，应建浙等443（HMAS 57754）；贵阳，林中地上，1988年7月5日，应建浙等204（HMAS 57721）；铜仁市江口县梵净山，林中地上，1982年8月27日，文华安、宗毓臣224（HMAS 50707）；兴义则戎乡纳具村，海拔1200 m混交林地上，2010年8月4日，李国杰、李哲敏、龚光禄10022（HMAS 250919）。云南楚雄，林中地上，1998年8月25日，孙述霄、文华安、卯晓岚449（HMAS 76692）；大理宾川鸡足山，林中地上，1989年8月4日，李宇、宗毓臣81（HMAS 59932）；大理漾濞，林中地上1959年8月16日，王庆之1032（HMAS 26326），1973年6月，马启明等188（HMAS 36845）；昆明，林中地上，1973年6月11日，徐连旺、马启明60（HMAS 36777），1973年6月22日，宗毓臣等（HMAS 36821）；西双版纳勐海，林中地上，1999年8月15日，卯晓岚、文华安、孙述霄205（HMAS 156276）。西藏波密，林中地上，1976年7月18日，宗毓臣298（HMAS 39134），1976年7月28日，宗毓臣341（HMAS 37947），1995年7月18日，文华安、孙述霄120（HMAS 63445）、（HMAS 69018）；波密米堆冰川，混交林地上，2012年8月20日，赵东、李国杰、李伟、蒋先芝12051（HMAS 251850）、12273（HMAS 264982）、12017（HMAS 251863）；工布江达县江达乡，混交林地上，2012年8月27日，赵东、李国杰、李伟12350（HMAS 251791）；吉隆，林中地上，1975年6月27日，宗毓臣25（HMAS 38014）；林芝，林中地上，1995年7月20日，文华安、孙述霄210（HMAS 69037），1995年7月22日，文华安、孙述霄253（HMAS 62482）、（HMAS 69006）；林芝鲁朗林海，混交林地上，2012年8月25日，赵东、李国杰、齐莎12091（HMAS 251862）；林芝松宗集镇，海拔3100 m林中地上，2004年7月16日，郭良栋、高清明60（HMAS 99158）；林芝易贡，林中地上，1982年10月7日，卯晓岚825（HMAS 46117）；墨竹工卡格桑村，混交林地上，2012年8月16日，赵东、李国杰12001（HMAS 251837）；墨竹工卡日多乡，灌丛地上，2012年8月28日，赵东、李国杰、齐莎12355（HMAS 264940）；亚东，林中地上，1975年8月12日，宗毓臣83（HMAS 37949）。甘肃甘南迭部，林中地上，1992年9月12日，卯晓岚6217（HMAS 66047）；陇南文县，林中地上，1992年，卯晓岚（HMAS 71740），1992年9月22日，田茂林7242（HMAS 130795）、7242－1（HMAS 130796）、7242－2（HMAS 130797）；陇南武都，林中地上，1991年9月，田茂林7031（HMAS 66011）；天水，林中地上，1958年7月23日，于积厚407（HMAS 22748）。青海大通，林中地上，1996年8月13日，文华安、孙述霄、卯晓岚9238（HMAS 63214）。新疆阿克苏托木尔峰，林中地上，1977年7月24日，卯晓岚、文华安 157（HMAS 38013）；托木尔峰北木扎尔特河，针叶林地上，1978 年 7 月 15 日，卯晓岚、文华安、孙述霄 603（HMAS 39135），1978 年 7 月 17 日，文华安、孙述霄、卯晓岚 589（HMAS 39266），1978 年 7 月 30 日，卯晓岚、文华安、孙述霄 707（HMAS 39132），1978 年 8 月 9 日，卯晓岚、文华安、孙述霄 730（HMAS 39131）；察布查尔，海拔 2000 m 林中地上，2003 年 8 月 13 日，文华安、栾洋 189（HMAS 145782）；库尔勒，海拔 2100 m 林中地上，2003 年 8 月 16 日，文华安、栾洋 211（HMAS 145788）；乌鲁木齐南山，林中地上，2007 年 9 月 7 日，图力古尔（HMJAU 5601）。台湾南投莲华池，林中地上，1995 年 7 月 21 日，周文能 CWN00978（HKAS 50004）。

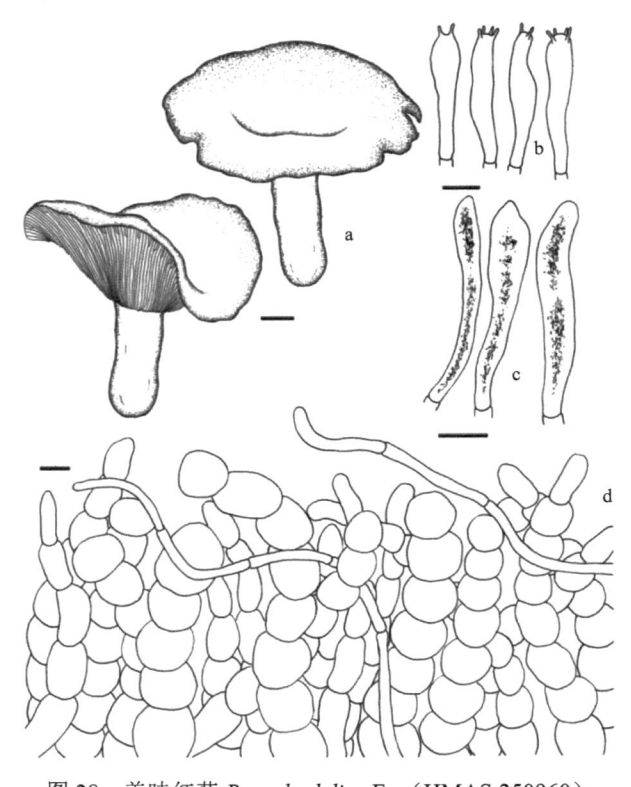

图 28　美味红菇 *Russula delica* Fr.（HMAS 250960）
a. 子实体；b. 担子；c. 侧生囊状体；d. 菌盖表皮细胞。a. 标尺=1 cm；b~d. 标尺=10 μm

讨论：美味红菇形态变化很大（Romagnesi，1967；Hesler，1961；Fries，1874）。美味红菇主要通过光滑而有光泽的菌盖和不十分密集的菌褶与相似的假美味红菇、短柄红菇和日本红菇区分。日本红菇菌褶密集，误食引起胃肠炎型中毒。

经济价值：该种可食用和药用。与云杉属、铁杉属 *Tsuga*、黄杉属 *Pseudotsuga*、水青冈属 *Fagus*、栎属 *Quercus* 和杨属 *Populus* 等的一些树种形成外生菌根。

硫孢红菇　图 29，图版 XI 1
别名：黄孢红菇
Russula flavispora Romagn., Russules d'Europe Afr. Nord (Bordas): 235, 1967.
Russula flavispora var. *blumiana* Horniček, Česká Mykol. 33(1): 47, 1979.

子实体较小型至中型。菌盖直径 4.5~9.2 cm，初纽扣状至扁半球形，后平展中部下凹至漏斗形，盖缘初内卷，后内卷至延伸，近尖锐至钝圆，平展至略有波浪状，罕见开裂，菌盖表面白色、污白色、灰白色至奶油色，老后赭黄色、土黄色至黄褐色或浅褐色，湿时不黏，光滑，菌盖表皮不易剥离。菌肉近柄处厚 0.6~0.8 cm，白色，受伤后不变色或稍水渍状，易碎，遇硫酸亚铁溶液呈红褐色，后变青灰褐色，遇硫酸香草醛溶液呈鲜红色，无味道或微辣，或强烈辛辣，无气味或有不显著的水果气味。菌褶直生至短延生，宽 0.3~0.4 cm，不等长，边缘平滑至微锯齿状，盖缘处 10~12 片/cm，黄白色至黄色，有小菌褶。菌柄长 2~3cm，近顶处粗 0.9~1.5 cm，中生至略偏生，粗圆柱形，白色，后略带褐色，光滑，初内实，后中空。孢子印黄色。

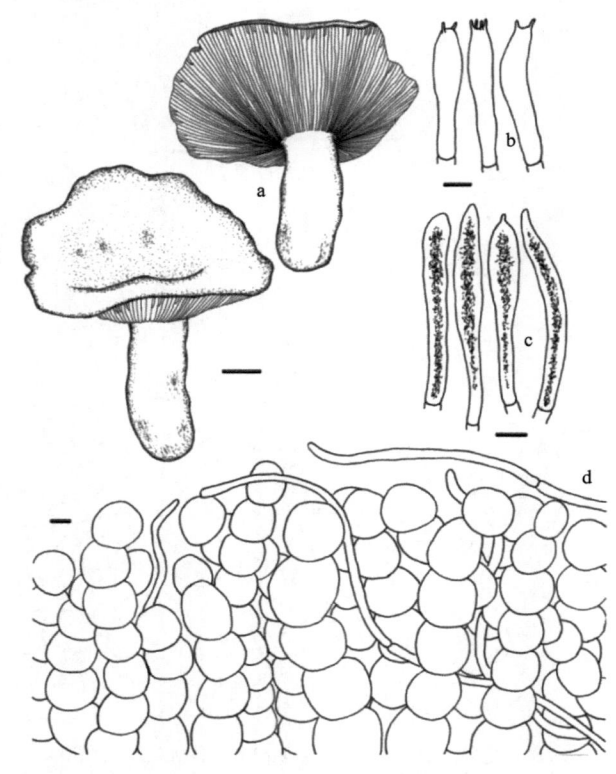

图 29　硫孢红菇 *Russula flavispora* Romagn.（HMIGD 7099）
a. 子实体；b. 担子；c. 侧生囊状体；d. 菌盖表皮细胞。a. 标尺=1 cm；b~d. 标尺=10 μm

担子 35~62 × 11~14 μm，棒状，无色至微黄色，具 2~4 个小梗，小梗长 3.5~6 μm。担孢子（40/2/2）7.5~9.5 × 6.4~8.3（9.3）μm [Q = 1.03~1.21（1.25），**Q** = 1.12 ± 0.06]，球形、近球形至宽椭球形，黄色，表面小疣半球形至近圆锥形，疣间有连线，高 0.5~1.0 μm，形成近于完整至完整网纹，脐上区淀粉质点显著。侧生囊状体 51~88 × 7~11 μm，棒状，较细长，顶端近尖锐，少数钝圆，表面光滑而无纹饰，无色透明，菌褶菌髓异型。菌盖表皮菌丝栅栏状排列，菌丝细长，宽 1.6~5.8 μm，微黄色，有大量直径可达 30~40 μm 的膨大菌丝细胞，盖生囊状体未见。菌柄表皮菌丝宽 1.6~5.8 μm，有隔，无色，柄生囊状体未见。

生境：夏秋季散生或群生于阔叶林地上。

模式产地：法国。

世界分布：亚洲（中国）；欧洲（法国、西班牙、克罗地亚）。

研究标本：广东韶关南雄茶头背山，林中地上，1984 年 6 月 21 日，郑国杨、李泰辉（HMIGD 7100）；韶关南雄平田至蓝田，阔叶林地上，1984 年 6 月 17 日，郑国杨、李泰辉（HMIGD 7099）。

讨论：硫孢红菇与哭泣组其他种的最显著区别特征是有直生至短延生的黄色菌褶，且孢子印黄色。硫孢红菇迄今仅有毕志树等（1994）基于产自广东标本的报道。欧洲模式标本的描述中，该种的菌盖表皮有变黑色的囊状体（Romagnesi, 1967），而产自我国广东的标本菌盖表皮有大量的膨大球状细胞。

日本红菇　图 30，图版 XI 2

Russula japonica Hongo, Acta Phytotax. Geobot., Kyoto 15 (4): 102, 1954.

子实体中型至较大型。菌盖直径 7~12 cm，初扁半球形，后平展，后中部下凹，有时呈漏斗状，边缘内卷，钝圆，有时伸展至近尖锐状，个别子实体菌盖边缘波浪状至开裂，表面亮白色、污白色至污黄色，中央颜色较深，黄褐色、赭黄色至污褐色，有时带淡粉色色调，平滑，多少有些粉状物，个别有开裂现象，盖缘全缘，无条纹。菌肉厚而坚实，白色，略变奶油色，受伤后不变色，无味道或多少有些苦味，无明显气味，或略有水果香味。菌褶直生至离生，密集，有较多小菌褶，褶缘全缘，乳白色，边缘稍变浅赭色，干燥后变黄褐色，褶间略有横脉。菌柄长 3~6 cm，粗 1.5~3.0 cm，中生，圆柱形，近基部处略有些膨大，较粗短，白色，受伤后变污黄色，表面光滑，略有皱纹，初中实，后海绵质，但较少中空。孢子印奶油色。

担子 35~50 × 9~13 μm，棒状，部分近顶端处略膨大呈近梭形，具 2~4 个小梗，无色透明至微黄色。担孢子（60/2/1）6.3~7.8（8.1）×（5.6）5.9~6.6（7.1）μm [Q = 1.02~1.24（1.29），**Q** = 1.13 ± 0.07]，球形、近球形至宽椭球形，透明，淡黄色，表面有微细的小疣，疣刺半球形，高 0.3~0.5 μm，疣间有连线，不形成网纹或形成不完整的网纹，脐上区淀粉质点不显著，有淀粉质反应。侧生囊状体 35~60 × 7~12 μm，长纺锤形至棒状，个别顶端有小凸起，表面光滑而无纹饰，无色透明至略带微黄色。菌盖表皮菌丝栅栏状排列，宽 1.7~5.8 μm，无色，部分有隔，盖生囊状体未见。菌柄表皮菌丝宽 1.7~4.1 μm，无色，柄生囊状体未见。

生境：春夏秋季散生或群生于阔叶林地上。

模式产地：日本。

世界分布：亚洲（中国、日本）。

研究标本：四川甘孜白玉县麻绒乡，林中地上，2006 年 8 月 20 日，葛再伟 1337（HKAS 50924）。云南楚雄紫溪山，林中地上，1999 年 7 月 25 日，卯晓岚、文华安、孙述霄 453（HMAS 81952）。西藏林芝贡错湖公园，林中地上，2006 年 9 月 7 日，梁俊峰 565（HKAS 51276）。

讨论：日本红菇与美味红菇、假美味红菇和短柄红菇等形态特征相近。该种菌肉厚，白色，伤后稍变奶油色，菌褶密集，小菌褶较多，容易与相近种区分。

经济价值：该种有毒，误食后常引起胃肠炎型中毒。

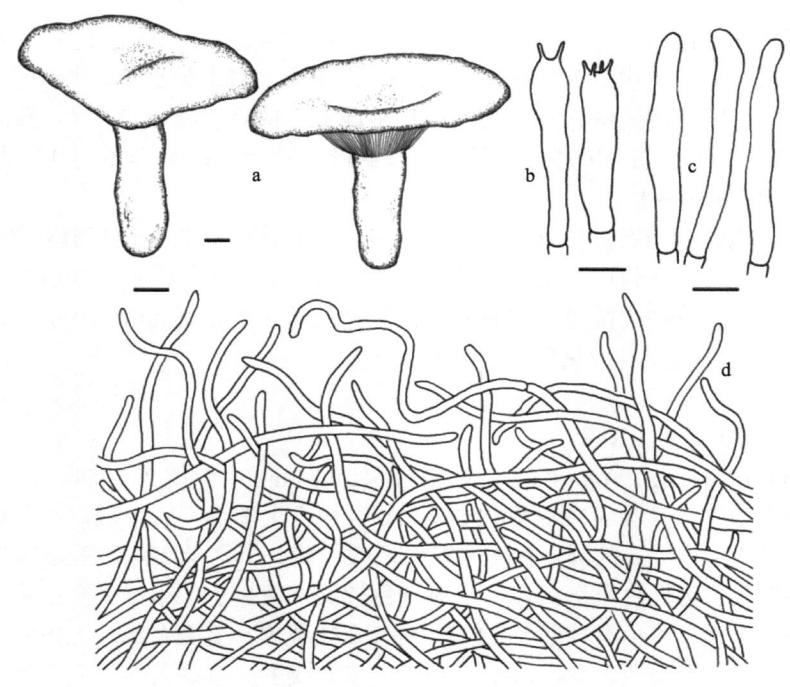

图30　日本红菇 *Russula japonica* Hongo（HMAS 81952）
a. 子实体；b. 担子；c. 侧生囊状体；d. 菌盖表皮菌丝。a. 标尺=1 cm；b~d. 标尺=10 μm

淡孢红菇　图31，图版 XI 3

Russula pallidospora J. Blum ex Romagn., Russules d'Europe Afr. Nord: 233, 1967.

　　子实体中型至较大型，个别较小。菌盖直径（3）6~20 cm，半球形至火山锥形，初扁半球形，后近平展中部下凹，老后有时近杯状，边缘通常内卷至稍内卷，少见完全平展呈近尖锐，有时开裂，菌盖表面黄白色、污白色、稻黄色至灰黄色，有时带微红色色调和锈色斑点，老后或干燥后呈现浅赭色至污橙色，被明显的微细短绒毛，有丝绸状触感，有时表皮龟裂，边缘无条纹。菌肉近柄处厚可达 1.8 cm，白色带黄色，受伤后不变色，有时带褐色、红褐色至赭褐色色调，无味道至味道微苦辣，无气味至稍具刺鼻气味。菌褶延生，宽 0.5~0.8 cm，盖缘处 3~6 片/cm，较稀疏，不等长，褶间具横脉，白色至淡黄色，有时柠檬黄色，老后呈现浅赭色，带橙褐色斑点，较厚而脆，小菌褶较多。菌柄长 3~6 cm，粗 1.5~3.0 cm，近顶处变粗至 2~4 cm，近中生至偏生，圆柱形，与菌盖颜色基本相同，初白色，后带浅黄色、浅粉色、浅赭色至浅褐色色调，被微细绒毛，幼嫩时光滑，老后稍粗糙较坚实至较硬，内实，少见中空。孢子印深奶油色。

　　担子 31~65 × 5~10 μm，棒状，近顶端处稍膨大，具 2~4 个小梗，无色透明。担孢子（40/2/2）5.4~7.0（7.3）×（4.7）5.1~6.3（6.8）μm [Q = 1.04~1.28, **Q** = 1.16 ± 0.07]，球形、近球形至宽椭球形，无色至微黄色，表面小疣高 0.3~0.7 μm，半球形，多分散，部分疣间有连线，不形成网纹至形成不完整的网纹，脐上区淀粉质点不显著。侧生囊状体 37~114 × 5~10 μm，狭梭形至披针形，浅黄色，表面光滑而无纹饰，顶端钝圆至近尖锐。菌盖表皮菌丝直立排列，毛发状，宽 2.5~5.8 μm，无色透明，有时略带微黄色，菌丝末端细胞顶端钝圆，盖生囊状体未见。菌柄表皮菌丝宽 1.7~5.0 μm，无色，柄生囊状体未见。

生境：夏秋季散生于混交林地上。

模式产地：法国。

世界分布：亚洲（中国）；欧洲（法国、丹麦、德国）。

研究标本：广东梅州大埔丰溪，阔叶林地上，1986 年 8 月 18 日，郑国杨（HMIGD 10712）、（HMIGD 10714）。

讨论：淡孢红菇外观形态和假美味红菇十分相似。假美味红菇子实体具有较为强烈的气味，在欧洲的模式标本描述中，有强烈的令人愉快的水果气味（Romagnesi，1967），但我国的标本具有刺激性气味。

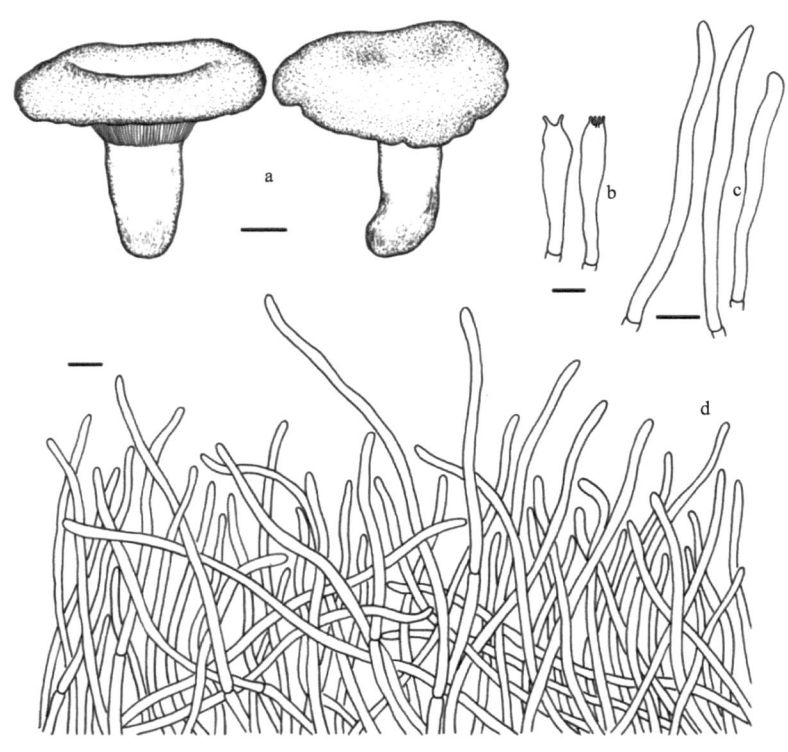

图 31　淡孢红菇 *Russula pallidospora* J. Blum ex Romagn.（HMIGD 10712）
a. 子实体；b. 担子；c. 侧生囊状体；d. 菌盖表皮菌丝。a. 标尺=1 cm；b~d. 标尺=10 μm

假美味红菇　图 32，图版 II 1

别名：假大白菇

Russula pseudodelica J.E. Lange, Dansk bot. Ark. 4(no. 12): 27, 1926.

Russula pseudodelica var. *flavispora* J. Blum, Les Russules. Flore Monographique des Russules de le France et des Pays Voisins: 208, 1962.

子实体中型或较大型。菌盖直径 6.5~14 cm，初半球形至扁半球形，后平展中部下凹，有时呈漏斗形，边缘幼时内卷，成熟后平展或上翘，略有破浪状，钝圆至近尖锐，菌盖表面幼嫩时白色，成熟后污白色，老后浅赭黄色或污黄色，有时变淡褐色，表面不黏，较光滑，稍具果霜或有龟裂状纹，无光泽，表皮可从菌盖边缘向中央方向剥离 1/3

左右。菌肉白色，厚，致密，有时较脆，味道稍甜至稍辛辣，有强烈的水果气味。菌褶近延生至离生，宽 0.6~0.7 cm，稠密，有时稍扭曲，薄，近柄处分叉，小菌褶较多，幼时白色，后变乳黄色至赭黄色，略有微粉色色调。菌柄长 5.0~6.5 cm，粗 1.5~3.0 cm，圆柱形至棒状，近基部处渐细，白色至污白色，略带浅黄色，表面光滑至有微细皱纹，基部皱纹较明显，内实，中空时较少。孢子印浅赭黄色。

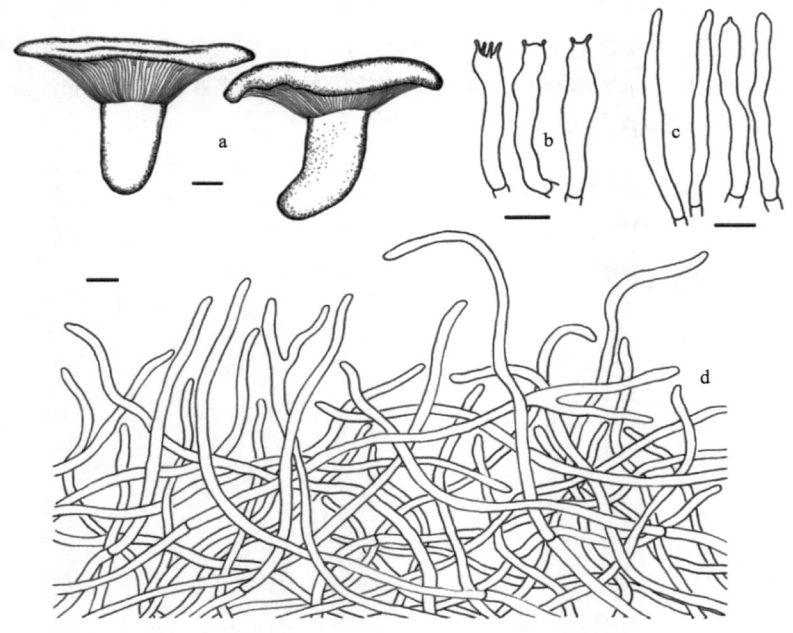

图 32　假美味红菇 *Russula pseudodelica* J.E. Lange（HMAS 37951）
a. 子实体；b. 担子；c. 侧生囊状体；d. 菌盖表皮菌丝。a. 标尺=1 cm；b~d. 标尺=10 μm

担子 34~48 × 7~11 μm，棒状，有时中部或近顶端处略膨大，呈近梭形，具 2~4 个小梗，无色透明。担孢子（40/2/2）6.1~7.8 × 5.4~7.3（7.6）μm [Q =（1.02）1.04~1.17（1.19），Q = 1.11 ± 0.04]，球形至近球形，少数宽椭球形，无色至略有淡黄色，表面小疣刺高 0.7~1.2 μm，圆锥形至近圆柱形，疣刺间多有连线，形成不完整至近于完整的网纹，脐上区淀粉质点显著。侧生囊状体 39~53 × 7~11 μm，棒状，较细长，个别顶端乳头状，表面光滑而无纹饰，无色。菌盖表皮菌丝栅栏状，菌丝较细长，顶端钝圆至近尖锐，宽 1.7~5.8 μm，有隔，无色，盖生囊状体未见。菌柄表皮菌丝宽 1.7~5.0 μm，柄生囊状体未见。

生境：夏秋季散生或群生于针阔叶混交林地上。
模式产地：丹麦。
世界分布：亚洲（中国、日本）；欧洲（法国、德国、丹麦、冰岛、挪威、芬兰）。
研究标本：福建三明洋山，林中地上，1974 年 7 月 12 日，姜朝瑞、卯晓岚、马启明 196（HMAS 37951）。四川米易，海拔 1836 m 林中地上，2009 年 8 月 1 日，文华安、王波、李赛飞、钱茜 1836（HMAS 220674）；攀枝花格萨拉山，海拔 2950 m 混交林地上，2009 年 8 月 3 日，文华安、王波、李赛飞、钱茜（HMAS 196615）；西昌，林中地上，2009 年 7 月 29 日，文华安、王波、李赛飞、钱茜（HMAS 196538）。西藏工布江达错高湖,海拔 3500 m 林中地上,2004 年 7 月 25 日,郭良栋、高清明 319(HMAS 99159)。

讨论:假美味红菇与哭泣组其他种最显著的区别特征是菌褶呈乳黄色至赭黄色。在野外采集中常因其大型的子实体和白色-浅黄色的菌盖而易被认定为本亚组内的美味红菇。假美味红菇的孢子印为浅赭黄色,美味红菇的孢子印为白色。欧洲和北美洲的假美味红菇担孢子表面的纹饰有差异,如 Schaeffer（1952）的报道中,担孢子表面疣刺间有连线,而 Schaffer（1964）描述中担孢子表面的疣刺分散而无连线。

经济价值：该种可食用和药用。

异褶亚属 subgen. *Heterophyllidia* Romagn.

菌盖表面多呈蓝色、绿色、灰色等色调,较少呈紫色色调,极少呈红色色调。除某些种外,多数种的菌肉味道温和。担孢子白色至奶油色,个别暗赭色。菌盖表皮菌丝多细长分隔,多含颗粒状色素。

模式种：*Russula grisea* Fr.（Sarnari,1998）。

中国异褶亚属分组检索表

1. 菌盖外皮层缺典型囊状体,由基部为球状细胞上生长有直立的菌丝或较粗大的拟薄壁菌丝组成 ⋯ ⋯⋯⋯⋯⋯⋯⋯⋯⋯⋯⋯⋯⋯⋯⋯⋯⋯⋯⋯⋯⋯⋯⋯⋯⋯⋯⋯⋯⋯ 变绿组 sect. *Virescentinae*
1. 菌盖外皮层不具上述综合特征 ⋯⋯⋯⋯⋯⋯⋯⋯⋯⋯⋯⋯⋯⋯⋯⋯⋯⋯⋯⋯⋯⋯⋯⋯⋯⋯ 2
    2. 菌肉长时间暴露于空气中变灰色 ⋯⋯⋯⋯⋯⋯⋯⋯⋯⋯⋯⋯⋯⋯ 靛青组 sect. *Indolentinae*
    2. 菌肉长时间暴露于空气中变为其他颜色 ⋯⋯⋯⋯⋯⋯⋯⋯⋯⋯⋯⋯⋯⋯⋯⋯⋯⋯⋯⋯⋯ 3
3. 菌肉和菌柄表面遇硫酸亚铁溶液呈橙绿色至橙褐色 ⋯⋯⋯⋯⋯⋯⋯⋯ 异褶组 sect. *Heterophyllinae*
3. 菌肉和菌柄表面遇硫酸亚铁溶液呈灰绿色至灰黑色 ⋯⋯⋯⋯⋯⋯⋯⋯⋯⋯ 灰色组 sect. *Griseinae*

灰色组 sect. *Griseinae* Jul. Schäff.

菌盖表面主要为绿色和灰色色调,有时可杂有其他颜色。菌肉味道柔和,菌肉和菌柄表面遇硫酸亚铁溶液呈灰绿色至灰黑色。孢子印白色至奶油色。

模式种：*Russula grisea* Fr.（Sarnari,1998）。

中国灰色组分种检索表

1. 担孢子微黄色至黄色 ⋯⋯⋯⋯⋯⋯⋯⋯⋯⋯⋯⋯⋯⋯⋯⋯⋯⋯⋯⋯⋯⋯ 髓质红菇 *R. medullata*
1. 担孢子非上述特征 ⋯⋯⋯⋯⋯⋯⋯⋯⋯⋯⋯⋯⋯⋯⋯⋯⋯⋯⋯⋯⋯⋯⋯⋯⋯⋯⋯⋯⋯⋯⋯ 2
    2. 菌盖有灰色、深灰色或紫色色调 ⋯⋯⋯⋯⋯⋯⋯⋯⋯⋯⋯⋯⋯⋯⋯⋯⋯⋯⋯⋯⋯⋯⋯⋯ 3
    2. 菌盖暗绿色、暗铜绿色,不含紫色、灰色、深灰色色调,有时呈淡褐色 ⋯⋯⋯⋯⋯⋯⋯⋯⋯ 5
3. 孢子印浅乳黄色、浅赭色 ⋯⋯⋯⋯⋯⋯⋯⋯⋯⋯⋯⋯⋯⋯⋯⋯⋯⋯⋯⋯⋯⋯⋯⋯⋯⋯⋯⋯ 4
3. 孢子印非上述颜色 ⋯⋯⋯⋯⋯⋯⋯⋯⋯⋯⋯⋯⋯⋯⋯⋯⋯⋯⋯⋯ 假铜绿红菇 *R. pseudoaeruginea*
    4. 菌盖浅灰色、橄榄灰色或深蓝绿色,孢子表面疣刺间形成较完整网纹 ⋯⋯ 似天蓝红菇 *R. parazurea*
    4. 菌盖浅紫色至青色,孢子表面疣刺间分隔 ⋯⋯⋯⋯⋯⋯⋯⋯⋯⋯⋯ 紫绿红菇 *R. ionochlora*
5. 菌盖浅灰绿色、暗灰绿色,菌肉白色,伤变浅褐色 ⋯⋯⋯⋯⋯⋯⋯⋯⋯⋯⋯⋯⋯ 灰红菇 *R. grisea*
5. 菌盖草绿色、灰绿色至橄榄绿色 ⋯⋯⋯⋯⋯⋯⋯⋯⋯⋯⋯⋯⋯⋯⋯⋯⋯⋯⋯⋯⋯⋯⋯⋯⋯ 6

6. 菌盖表面中央无金黄色调 ··· 铜绿红菇 *R. aeruginea*
6. 菌盖表面中央常有金黄色放射状条纹 ······································· 暗绿红菇 *R. atroaeruginea*

铜绿红菇 图 33

别名：青脸菌、铜绿菇、紫菌

Russula aeruginea Lindblad ex Fr., Monogr. Hymenomyc. Suec. (Upsaliae) 2(2): 198, 1863.

Russula aeruginea f. *rickenii* Singer, Revue Mycol., Paris 1(2): 81, 1936.

Russula aeruginea var. *cremeo-ochracea* R. Socha, in Socha, Hálek, Baier & Hálek, Holubinky (Russula) (Praha): 505, 2011.

Russula aeruginea var. *rufa* P. Karst., Bidr. Känn. Finl. Nat. Folk 48: 463, 1889.

　　子实体一般中型。菌盖直径 4~9 cm，幼时扁半球形，成熟后平展，有时中部稍下凹，呈碟状，边缘钝圆至近尖锐，有时开裂，暗铜绿色、深葡萄绿至暗灰绿色，无紫色色调，幼嫩标本烘干后褪成黄褐色，中部色较深，被绒毛或光滑，湿时黏，边缘有弱条纹或无条纹，整齐，幼时微内卷，表皮易剥离，可剥离至 1/3~1/2 处。菌肉白色，近柄处厚 0.4~1.0 cm，伤不变色，味道柔和，有甜味，近菌褶处略有辣味，无特殊气味。菌褶直生至近延生，宽 0.3~0.8 cm，盖缘处 10~20 片/cm，中等密，等长或具少量小菌褶，基部稍有分叉，具横脉，褶缘整齐或呈锯齿状，初白色，后淡黄白色（象牙色），老后变浅污黄色。菌柄长 3~8 cm，粗 0.8~2.0 cm，棒状，近菌盖处稍粗，中生或略偏生，等粗或向下稍细或稍粗，弯曲，白色，老后近基部处浅黄色至锈褐色，被绒毛或光滑，有光泽，老后带微细皱纹，肉质，实心，内部松软，后变中空，中间海绵质。孢子印奶油色。

　　担子 22~43 × 6~10 μm，短棒状，中部或近顶端处膨大，具 2~4 个小梗，无色透明。担孢子（100/4/4）6.1~7.9 ×（5.2）5.4~6.6（6.8）μm [Q =（1.01）1.04~1.24（1.27），**Q** = 1.14 ± 0.06]，球形、近球形至宽椭球形，无色，表面有小疣，高 0.3~0.7 μm，半球形至扁半球形，少见疣间相连，脐上区淀粉质点不显著。侧生囊状体 43~66 × 10~14 μm，梭形，近倒棒状，顶端尖锐至近尖锐，有时末端膨大为一个小圆球，或呈串珠状，无色透明。菌盖表皮菌丝直立状，菌丝宽 2~7 μm，无色透明，有隔，末端渐细，盖生囊状体未见。菌柄表皮菌丝宽 2~5 μm，有隔，菌丝分枝，无色透明，菌肉菌丝有隔，无色透明，柄生囊状体未见。

　　生境：夏秋季单生或群生至丛生于阔叶林或混交林地上。

　　模式产地：瑞典。

　　世界分布：亚洲（中国、日本）；欧洲（法国、瑞士、英国、瑞典、丹麦、冰岛、挪威、芬兰、保加利亚、克罗地亚）；北美洲（美国、加拿大）。

　　研究标本：河北张家口蔚县小五台山，林中地上，1990 年 8 月 27 日，文华安、李滨 134（HMAS 61954）。内蒙古鄂温克旗红花尔基樟子松国家森林公园，针叶林地上，2013 年 7 月 31 日，文华安、李赛飞、赵东、李国杰 13207（HMAS 267819）、13374（HMAS 252574）；牙克石南木林业局，针叶林地上，2013 年 7 月 30 日，李赛飞、赵东、李国杰 13178（HMAS 267733）；扎兰屯，混交林地上，2013 年 7 月 27 日，李赛飞、赵东、李国杰 13135（HMAS 267795）。吉林安图长白山，林中地上，2008 年 8

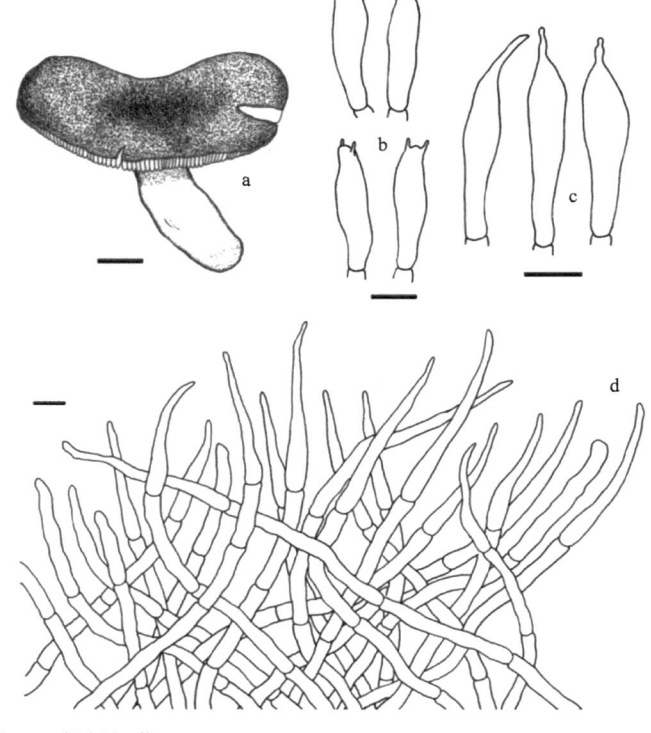

图 33 铜绿红菇 *Russula aeruginea* Lindblad ex Fr.（HMAS 36927）
a. 子实体；b. 担子；c. 侧生囊状体；d. 菌盖表皮菌丝。a. 标尺=1 cm；b~d. 标尺=10 μm

月 2 日，周茂新、Yusufjon Gafforov 08018（HMAS 194237）；安图长白山，海拔 1561 m 混交林中地上，2002 年 8 月 30 日，姚一建等 221（HMAS 99071）；长春市净月潭，林中地上，2003 年 7 月 10 日，王建瑞（HMJAU 3556）。黑龙江呼玛县，林中地上，2000 年 7 月 28 日，文华安 93（HMAS 145804）。湖北十堰神农架，林中地上，1984 年 7 月 17 日，张小青、孙述霄 83a（HMAS 53608），1984 年 8 月 10 日，张小青、孙述霄 520（HMAS 53664），1985 年 8 月 27 日，赵春贵 1071（HMAS 85900），2002 年 8 月，陈志刚（HMAS 83632）。广东惠州惠东，林中地上，1998 年 10 月 17 日，孙述霄、文华安、卯晓岚 98554（HMAS 75291）；肇庆鼎湖山，阔叶林地上，1980 年 7 月 17 日，毕志树、郑国杨、李崇、梁建庆、李泰辉等（HMIGD 4373）；肇庆鼎湖山草塘，林中地上，1981 年 6 月 11 日，毕志树、郑国杨、李崇、李泰辉、梁建庆等（HMIGD 4375）。四川甘孜贡嘎山，林中地上，1984 年 7 月 15 日，文华安、苏京军 1162（HMAS 75495）；甘孜雅江剪子弯山，林中地上，1984 年 7 月 24 日，文华安、苏京军 1359（HMAS 49959）；汶川卧龙，林中地上，1984 年 8 月 5 日，文华安、苏京军 1448（HMAS 49960）；西昌，林中地上，1971 年 7 月 1 日，宗毓臣、卯晓岚 118（HMAS 36927）；小金县四姑娘山，针叶林地上，2013 年 8 月 15 日，卢维来、蒋岚、李国杰 13295（HMAS 267905）、13296（HMAS 267838）。贵州铜仁梵净山，林中地上，1982 年 8 月 27 日，文华安、宗毓臣 221（HMAS 75475）。西藏波密通麦迫龙沟，阔叶林地上，2012 年 8 月 19 日，赵东、李国杰、齐莎 12012（HMAS 264943）；工布江达错高湖，海拔 3500 m 混交林地上，2004年7月25日，郭良栋、高清明320（HMAS 99156）；工布江达江达乡，阔叶林地上，2012年8月27日，赵东、李国杰12144（HMAS 264949）；吉隆贡当宁村，桦林地上，1990年9月20日，庄剑云3843（HMAS 60403）；林芝，海拔3100 m林中地上，2004年7月16日，郭良栋、高清明72（HMAS 183228）；林芝鲁朗镇中科院藏东南高山站，混交林地上，2012年8月26日，赵东、李国杰、齐莎、韩俊杰12119（HMAS 251798）、12128（HMAS 251838）；林芝洛扎，林中地上，1975年9月1日，宗毓臣118（HMAS 38069）； 墨竹工卡县日多乡，阔叶林地上，2012年8月28日，赵东、李国杰、李伟12163（HMAS 251843）、12399（HMAS 264794）。陕西汉中，林中地上，1991年9月，卯晓岚3982（HMAS 61728）、4011（HMAS 61526）。青海班玛多柯河林场，针叶林地上，2013年8月9日，卢维来、蒋岚、李国杰13249（HMAS 252592）。新疆喀纳斯，林中地上，2003年8月7日，文华安、栾洋132（HMAS 187134）。

经济价值：该种可食用。与桦木属和山核桃属 *Carya* 等的一些树种形成外生菌根。

暗绿红菇 图34，图版 II 2、XI 4

Russula atroaeruginea G.J. Li, Q. Zhao & H.A. Wen, Mycotaxon 124: 175, 2013.

子实体较小型至中型。菌盖直径3~7 cm，初半球形，后平展至中央处稍凸起，有时下凹，菌盖中央黑绿色至暗绿色，有金黄色至黄绿色的放射状条纹，湿时不黏，边缘颜色稍浅，黄绿色，无条纹。菌肉厚0.3~0.5 cm，较坚实，白色，受伤后不变色，老后略变淡黄色，无明显气味和味道。菌褶直生至近离生，宽0.7 cm，部分近柄处有分叉，个别褶缘处分叉，边缘整齐，褶间不具横脉，较脆，褶缘处10~15片/cm，奶油色至浅黄色，偶见小菌褶。菌柄长4~6 cm，粗1~2 cm，中生至近中生，表面光滑而无绒毛，圆柱形，近基部处略膨大，白色，个别带淡绿色色调，老后变淡黄色，有时有锈色小斑点。孢子印浅奶油色。

担子 40~48 × 9~11 μm，棒状，近顶端略膨大，高出子实层7~13 μm，多数具4个小梗，少数2个小梗，小梗长3~5 μm。担孢子（80/4/3）（6.3）6.8~8.1（9.0）×（5.9）6.1~7.4（7.8）μm [Q =（1.01）1.04~1.23（1.32），**Q** = 1.15 ± 0.07]，近球形至宽椭球形，个别椭球形和球形，无色，表面疣刺最高1.0 μm，半球形，疣刺间部分有连线，形成不完整的网纹，脐上区淀粉质点不显著。侧生囊状体72~115 × 9~13 μm，数量较多，高出子实层面30~50 μm，近顶端处略膨大，近纺锤形，顶端近尖锐至尖锐，有时有乳头状小凸起，褶缘不育，缘生囊状体未见。菌盖表皮菌丝栅栏状，厚200~300 μm，菌丝宽4~6 μm，细长而透明，未见细胞间色素颗粒，盖生囊状体40~70 × 7~10 μm，较多，无隔，有纹饰，在硫酸香草醛溶液中变黑。菌柄表皮菌丝宽4~6 μm，有隔，无色，柄生囊状体未见。

生境：夏秋季散生至单生于针叶林地上。

模式产地：中国。

世界分布：亚洲（中国）。

研究标本：四川道孚，林中地上，2007年7月25日，葛再伟1532（HKAS 53618）、1540（HKAS 53626）。云南玉龙县老君山，林中地上，2008年8月9日，赵琪8238

（HKAS 55220）。西藏昌都朱格村，海拔 4200 m 云杉林地上，2003 年 7 月 8 日，杨祝良 4305（HKAS 45684）。

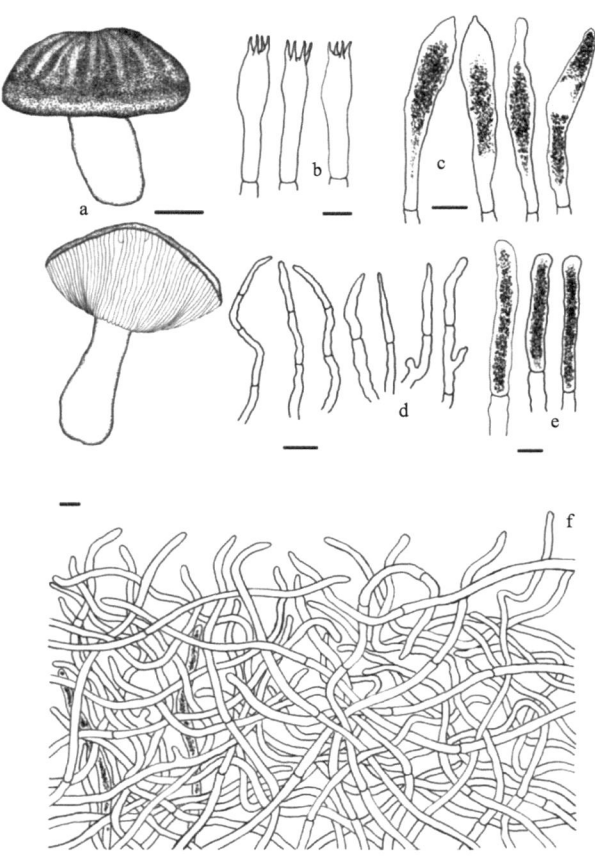

图 34　暗绿红菇 *Russula atroaeruginea* G.J. Li, Q. Zhao & H.A. Wen（HKAS 53618）
a. 子实体；b. 担子；c. 侧生囊状体；d. 菌盖表皮顶端菌丝；e. 盖生囊状体；f.菌盖表皮菌丝。a. 标尺=1 cm；b~f. 标尺=10 μm

灰红菇　图 35，图版 XI 5
别名：暗灰色红菇
Russula grisea Fr., Epicr. syst. mycol. (Upsaliae): 361, 1838.
Agaricus griseus Batsch, Elench. fung.(Halle): 87, 1786.
Agaricus griseus Pers., Syn. meth. fung. (Göttingen) 2: 445, 1801.
Russula furcata var. *pictipes* Cooke, Handb. Brit. Fungi 2nd Edn: 321, 1884.
Russula glauca Burl., N. Amer. Fl. (New York) 9(4):222,1915.
Russula grisea f. *viridicolor* R. Socha, in Socha, Hálek, Baier & Hálek, Holubinky (Russula) (Praha):508, 2011.
Russula grisea var. *ambigua* R. Socha, in Socha, Hálek, Baier & Hálek, Holubinky (Russula) (Praha):508, 2011.
Russula grisea var. *iodes* Romagn., Bull. mens. Soc. linn. Lyon 31(1):176, 1962.

Russula grisea var. *leucospora* J. Blum, Bull. trimest. Soc. mycol. Fr. 68(2): 257, 1952.

Russula grisea var. *olivascens* Fr., Epicr. syst. mycol. (Upsaliae): 361, 1838.

Russula grisea var. *parazuroides* Romagn., Russules d'Europe Afr. Nords: 297, 1967.

Russula grisea var. *pictipes* (Cooke) Romagn., Russules d'Europe Afr. Nord (Bordas): 294, 1967.

Russula grisea var. *pictipes* (Cooke) Romagn. ex M. Bon, Docums Mycol. 12(no. 46): 32, 1982.

Russula leucospora J. Blum ex Romagn., Russules d'Europe Afr. Nord (Bordas): 277, 1952.

Russula palumbina Paulet ex Quél., C. r. Assoc. Franç. Avancem. Sci.11: 396, 1883.

Russula palumbina f. *pictipes* (Cooke) Sarnari, Micol. Veg. Medit. 8(1): 24, 1993.

Russula palumbina var. *pictipes* (Cooke) Bon, Docums Mycol. 13(no. 50): 27, 1983.

子实体较小型至中型。菌盖初扁半球形，后渐平展，中部多少有些下凹，边缘钝圆，有时开裂，浅灰绿色、暗紫灰色或青灰色，有时颜色较深，中部常褪色至稻黄色和淡粉灰色，湿时黏，干燥后光滑，无光泽，表皮易剥离，盖缘无条纹，有时老后有短条纹。菌肉白色，长时间暴露于空气中带浅褐色，味道柔和，有甜味，菌褶味道颇为辛辣，气味不显著。菌褶直生至弯生，宽 0.5~0.8 cm，密，有小菌褶混生，具分叉，褶间具横脉，淡乳黄色或深乳黄色，老后浅赭色，有时杂有锈色斑点。菌柄长 4~9 cm，粗 1~3 cm，白色，有时杂有粉红色或淡紫色，向基部变黄或变褐，圆柱形或近菌褶处膨大或向基部膨大，初内实，后松软，表面有微细的皱纹。孢子印乳黄色至淡赭色。

担子 35~51 × 10~12 μm，棒状，近顶端处稍膨大，具 2~4 个小梗，无色透明。担孢子（40/2/2）（6.8）7.0~8.1（9.1）×6.4~7.1（7.8）μm [Q =（1.03）1.05~1.22（1.24），**Q** = 1.14 ± 0.05]，球形、近球形至卵圆形，无色，表面小疣刺高 0.7~1.2 μm，近圆锥形至近圆柱形，疣刺分散，不形成网纹，脐上区淀粉质点显著。侧生囊状体 45~65 × 10~13 μm，梭形至近梭形，顶端钝圆至近尖锐，有时顶端有乳头状小突起，表面略有纹饰。菌盖表皮菌丝栅栏状，菌丝宽 1.7~5.0 μm，有分隔，顶端圆至近尖锐，无色透明，盖生**囊**状体较少，54~105 × 8~10 μm，棒状，顶端钝圆，表面有纹饰。菌柄表皮菌丝宽 1.7~4.1 μm，无色，有隔，柄生囊状体未见。

生境：夏秋季单生至散生于阔叶林地上。

模式产地：瑞典。

世界分布：亚洲（中国、以色列）；欧洲（法国、英国、意大利、瑞典、丹麦、冰岛、挪威、克罗地亚）。

研究标本：河北兴隆雾灵山，海拔 1476 m 林中地上，2009 年 8 月 29 日，真菌地衣室集体 09914（HMAS 220715）。吉林安图长白山，林中地上，2008 年 8 月 4 日，周茂新、Yusufjon Gafforov 08053（HMAS 194250）。四川雅江剪子弯山，林中地上，1983 年 8 月 6 日，文华安、苏京军 435（HMAS 49982），1984 年 7 月 25 日，文华安、苏京军 1392（HMAS 49983）。西藏墨脱加热萨乡，林中地上，2012 年 8 月 24 日，赵东、李国杰、杨珂 12080（HMAS 251831）。甘肃武都，林中地上，1992 年 9 月，卯晓岚、田茂林 7034（HMAS 66023）。

经济价值：该种可食用。与松属、水青冈属、椴树属 *Tilia* 及鹅耳枥属等树种形成外生菌根。

图 35　灰红菇 *Russula grisea* (Batsch) Fr.（HMAS 49982）
a. 子实体；b. 担子；c. 侧生囊状体；d. 菌盖表皮菌丝。a. 标尺=1 cm；b~d. 标尺=10 μm

紫绿红菇　图 36，图版 XI 6
Russula ionochlora Romagn., Contribution a l'Etude de Quelques Aspergilles 21: 110, 1952.
Russula grisea var. *ionochlora* (Romagn.) Romagn., in Kühner &Romagnesi, Fl. Analyt. Champ. Supér. (Paris): 444, 1953.

子实体中型。菌盖直径 4.5~7.0 cm，初半球形至有脐状凸起，后平展，边缘钝圆至近尖锐，略有起伏，有时开裂，表面通常有较低的凸起和不规则的条纹，通常呈现浅紫色、灰紫色、紫绿色、微黄色至暗淡的赭黄绿色的混合，有时边缘紫罗兰色至暗淡的酒色，表面光滑，有光泽，湿时稍黏，菌盖表皮自边缘向菌盖中央方向可剥离 1/2，菌盖边缘无条纹。菌肉白色，近柄处略有黄色，受伤后略变粉色，老后变黄色，较坚实，较厚，菌肉味道柔和，幼嫩时具明显辛辣味道，成熟后味道温和，菌柄处略有辛辣味，气味不显著。菌褶直生，宽 0.5~0.9 cm，密集，较少分叉，小菌褶较少，褶间横脉较少，暗淡奶油色至象牙黄色，老后浅赭黄色。菌柄长 3~7 cm，粗 1.2~2.0 cm，圆柱形，近基部处略有膨大，白色或带淡紫色，后变浅黄色，表面有微细皱纹，有时具微细果霜，初内实，后中空。孢子印暗奶油色至浅赭色。

担子 21~51 × 7~11 μm，棒状，近顶端处膨大，具 4 个小梗，少数 2 个小梗。担孢子（80/2/2）(6.1) 6.3~8.5 × 5.3~7.5 μm [Q = 1.02~1.29 (1.31)，**Q** = 1.16 ± 0.07]，近球形至宽椭球形，少数球形，个别椭球形，无色至微黄色，表面具 0.5~1.0 μm 高的小

· 75 ·

疣，近圆锥形，疣间分隔，有时连接，极少时呈嵴状，脐上区淀粉质点不显著。侧生囊状体 37~47 × 8~12 μm，棒状至近梭形，个别梭形，顶端钝圆至近尖锐，无色透明，表面光滑而无纹饰。菌盖表皮菌丝栅栏状排列，菌丝宽 2.5~5.0 μm，圆柱形，顶端近尖锐至钝圆，有分隔，无色透明，盖生囊状体未见。菌柄表皮菌丝宽 2.5~5.8 μm，有隔，无色透明，柄生囊状体未见。

生境：夏秋季生于灌木丛或林中地上。

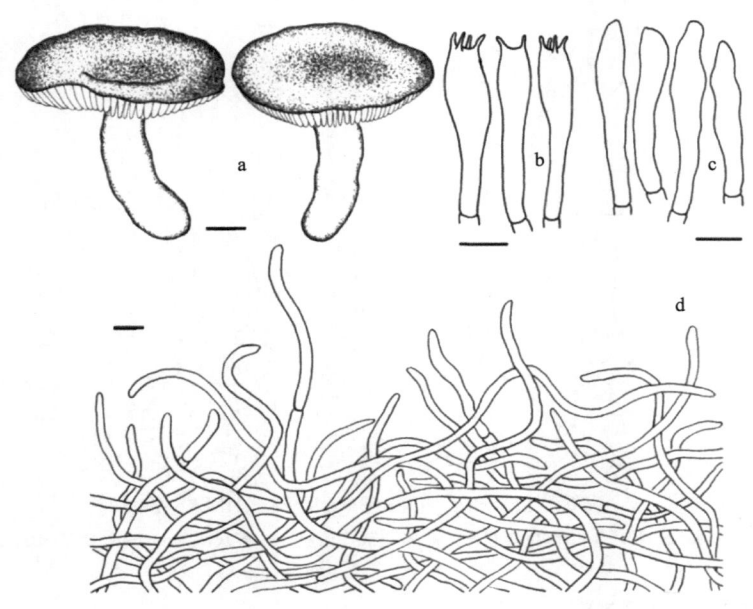

图 36　紫绿红菇 *Russula ionochlora* Romagn.（HMAS 61650）
a. 子实体；b. 担子；c. 侧生囊状体；d. 菌盖表皮。a. 标尺=1 cm；b~d. 标尺=10 μm

模式产地：法国。

世界分布：亚洲（中国）；欧洲（法国、英国、意大利、德国）；北美洲（美国）。

研究标本：云南大理宾川鸡足山，林中地上，1989 年 8 月 8 日，李宇、宗毓臣 174（HMAS 59748）。陕西汉中秦岭，林中地上，1991 年 9 月 21 日，卯晓岚 3891（HMAS 61650）。宁夏六盘山，林中地上，1997 年 8 月 24 日，文华安、孙述霄 78（HMAS 72668）。

经济价值：该种可食用。

髓质红菇　图 37，图版 XII 1

Russula medullata Romagn., Docums Mycol. 27(no. 106): 53, 1997.

Russula medullata Romagn., Bull.mens. Soc. linn. Lyon 31(1): 176, 1962.

子实体中型至较大型。菌盖直径 4~12 cm，初扁半球形，中央有脐状凸起，后平展，中部平展至下凹，盖缘内卷后平直或有时呈波状，平滑或具短条纹，杏绿色、青灰色、灰橄榄色、浅灰色或榛色，有时褪色至黄绿色至浅黄褐色，中部颜色较深，常深黄褐色至黑褐色，有时带紫罗兰色至菱红色色调，湿时黏，干后光滑而有光泽，老后稍有皱纹，表皮可从边缘向中央方向剥离 1/2，边缘无条纹。菌肉奶油色至浅赭色，老后变赭黄色，受伤后不变色，初期厚实，后易碎，味道柔和，有甜味，菌褶处稍辛辣，气味不显著。

菌褶直生至近延生，宽 0.4~1.2 cm，近柄处多分叉，变窄，顶端钝圆，褶间多具横脉，小菌褶极少，初密集，后略稀疏，奶油色至深奶油色，老后浅赭色。菌柄长 3.0~9.5 cm，粗 1.2~3.2 cm，圆柱形，等粗或顶部增粗，初内实，后松软，白色，有时带污褐色和黄褐色色调，少见变烟灰色，基部有锈褐色斑点，表面微具果霜和微细网纹。孢子印奶油色至浅赭色。

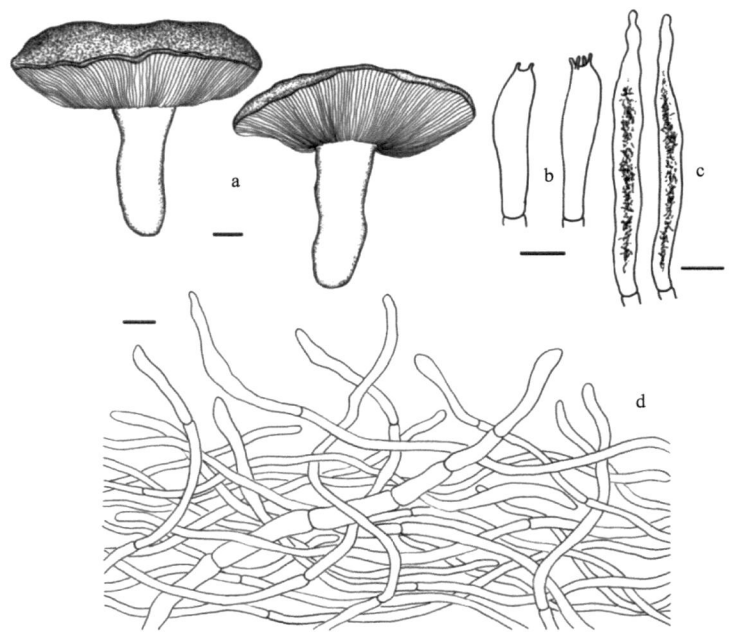

图 37 髓质红菇 *Russula medullata* Romagn.（HMAS 57903）
a. 子实体；b. 担子；c. 侧生囊状体；d. 菌盖表皮菌丝。a. 标尺=1 cm；b~d. 标尺=10 μm

担子 33~42 × 9~11 μm，棒状，具 2~4 个小梗，无色透明。担孢子（40/2/2）（6.0）6.4~7.6（8.1）× 5.3~7.0 μm [Q =（1.02）1.04~1.24（1.26），**Q** = 1.16 ± 0.06]，球形、近球形至宽椭球形，微黄色至黄色，表面小疣刺高 0.7~1.2 μm，近圆锥形至近圆柱形，疣刺分散，无连线，或个别疣刺间有连线，脐上区淀粉质点不明显。侧生囊状体 50~85 × 10~13 μm，细长棒状，略呈近梭形，顶端近尖锐，有时披针状至略呈串珠状，表面有较明显的纹饰。菌盖表皮菌丝栅栏状，菌丝宽 2.5~5.8 μm，无色透明，多分隔，末端钝圆，盖生囊状体未见。菌柄表皮菌丝宽 1.7~5.0 μm，有隔，无色透明，柄生囊状体未见。

生境：夏秋季单生于混交林地上。

模式产地：法国。

世界分布：亚洲（中国）；欧洲（法国、丹麦、瑞典、挪威、芬兰、克罗地亚）；北美洲（格陵兰、加拿大）。

研究标本：贵州道真大沙河自然保护区，林中地上，1988 年 7 月 20 日，李宇、宗毓臣、应建浙 484（HMAS 57903）。西藏聂拉木樟木口岸，林中地上，1975 年 7 月 10 日，宗毓臣 44（HMAS 38012）。

经济价值：该种可食用。

似天蓝红菇 图 38，图版 II 3、XII 2
别名：淡蓝色红菇、青灰红菇

Russula parazurea Jul. Schäff., Z. Pilzk. 10 (4): 105, 1931.

Russula ochrospora (Nicolaj ex Quadr. & W. Rossi) Quadr., Docums Mycol. 14 (no. 56): 32, 1985.

Russula palumbina subsp. *parazurea* (Jul. Schäff.) Konrad & Maubl., Icones Selectae Fungorum Fasc. 9: 418, 1935.

Russula parazurea f. *dibapha* Romagn., Bull. mens. Soc. linn. Lyon 31(1): 175, 1962.

Russula parazurea f. *dibapha* Romagn., Russules d'Europe Afr. Nord: 286, 1967.

Russula parazurea f. *purpurea* Singer, Annls mycol. 33(5/6): 321, 1935.

Russula parazurea var. *ochrospora* Nicolaj ex Quadr. & W. Rossi, Boll. Gruppo Micol. 'G. Bresadola' (Trento) 27(3-4): 22, 1984.

子实体较小型至中型。菌盖直径 3~8 cm，初球形至扁半球形，中央凸起，呈脐状，后平展中部下凹，边缘内卷，波纹状起伏，有时开裂，蓝灰色、蓝紫色、浅灰色、紫灰色、橄榄灰色、灰褐色或深蓝绿色，中央颜色较深，有时酒红色或紫红色，干后似被白粉，盖缘无条纹，老后具短条纹，表面光滑而无光泽，老后略粗糙，表皮易剥离达菌盖的 1/4~1/2。菌肉坚实，幼时稍硬，老后变海绵质，白色，受伤后不变色，味道柔和或稍辛辣，气味不显著。菌褶弯生至离生，宽 0.4~1.0 cm，密集至稍稀疏，常有分叉，奶油色至象牙黄色，褶间具横脉。菌柄长 3~7 cm，粗 0.7~2.0 cm，圆柱形，等粗或有时基部变粗或近菌柄处增粗，白色，带橄榄灰色、灰紫色和灰色色调，有微细皱纹，初内实，后松软，变中空。孢子印浅乳黄色。

担子 43~48 ×11~13 μm，棒状，近顶端处膨大，多数具 4 个小梗，小梗长 3~10 μm，无色透明。担孢子（80/4/4）(6.4) 6.6~8.9 (9.1) × (5.6) 6.0~7.8 (8.1) μm [Q = (1.01) 1.03~1.28（1.30），Q = 1.16 ± 0.07]，球形、近球形至宽椭球形，少数椭球形，无色，表面疣刺高 0.7~1.2 μm，圆柱形至近圆锥形，疣刺间分散，部分之间有连线，脐上区淀粉质点不显著。侧生囊状体 54~109 × 9~12 μm，棒状至近梭形，顶端近尖锐，有披针状或细棒状凸起，表面稍有纹饰。菌盖表皮菌丝栅栏状，菌丝宽 1.7~5.8 μm，有分隔，无色透明，末端钝圆，盖生囊状体 69~156 × 6~10 μm，棒状，顶端钝圆，表面稍有纹饰。柄生菌丝宽 1.7~5.8 μm，有隔，无色透明，柄生囊状体未见。

生境：夏秋季单生于针叶林地上。

模式产地：德国。

世界分布：亚洲（中国、以色列）；欧洲（英国、法国、德国、丹麦、冰岛、挪威、瑞典）；北美洲（加拿大）。

研究标本：四川雅江剪子弯山，林中地上，1984 年 7 月 22 日，文华安、苏京军 1269（HMAS 51018）。云南洱源苍山，海拔 2351 m 林中地上，2009 年 7 月 23 日，李国杰、赵勇 09389（HMAS 220825）。西藏林芝波密，林中地上，王英华 43（HMAS 96972），1995 年 7 月 20 日，文华安、孙述霄（HMAS 68991）；林芝，林中地上，1995 年 7 月

22 日，文华安、孙述霄 207（HMAS 69024）。甘肃陇南文县，林中地上，1992 年 9 月，卯晓岚 7048（HMAS 63625）。青海门源仙米林场，林中地上，2004 年 8 月 19 日，文华安、周茂新 04245（HMAS 99650）。宁夏六盘山，林中地上，1997 年 8 月 23 日，文华安、孙述霄 30（HMAS 72692）。

经济价值：该种可食用。与椴树属和水青冈属等的一些树种形成外生菌根。

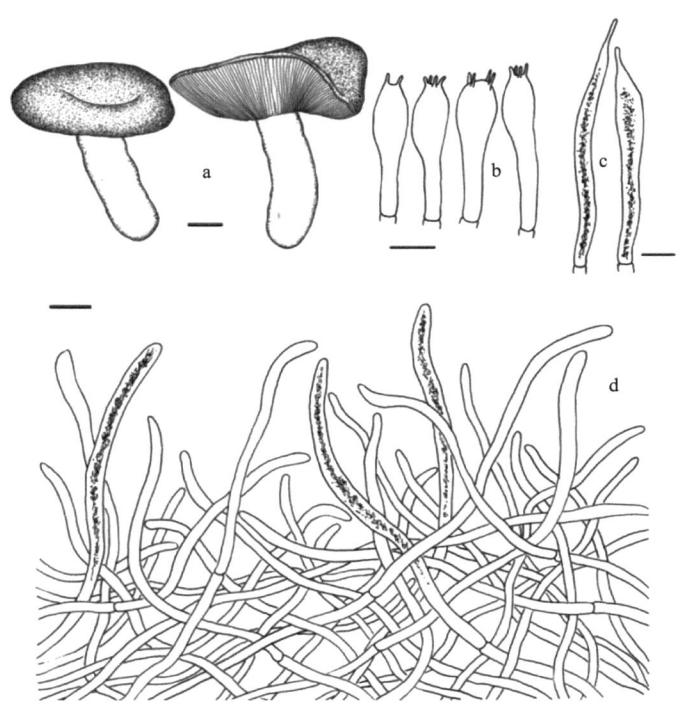

图 38 似天蓝红菇 *Russula parazurea* Jul. Schäff.（HMAS 63625）
a. 子实体；b. 担子；c. 侧生囊状体；d. 菌盖表皮菌丝。a. 标尺=1 cm；b~d. 标尺=10 μm

假铜绿红菇 图 39

Russula pseudoaeruginea (Romagn.) Kuyper & Vuure, Persoonia 12 (4): 451, 1985.
Russula aeruginea var. *pseudoaeruginea* Romagn., Bull. mens. Soc. linn. Soc. Bot. Lyon 21: 111, 1952.
Russula pseudoaeruginea (Romagn.) Romagn., Russules d'Europe Arf. Nord: 313, 1967.
Russula pseudoaeruginea f. *galochroa* Sarnari, Micol. Veg. Medit. 8 (1): 64, 1993.

子实体中型，个别大型。菌盖直径 6~8（10）cm，初中央凸起，后渐平展，或中央有明显下凹，边缘幼时内卷，成熟后近平展，钝圆，略有棱纹，草绿色，灰绿色至橄榄绿色，有时褪色至浅绿色，黄绿色至奶油色，有时中央具明显的环状条纹，菌盖表皮从边缘到中央方向可剥离 1/3。菌肉较厚，坚实，初白色，后变浅黄色至暗灰色，味道温和，有甜味，近菌褶处有辛辣味道，无明显气味。菌褶近弯生至直生，宽 0.5~1.1 cm，初较密，后渐稀疏，个别菌褶分叉，边缘钝圆，初白色，后变深奶油色，有浅粉色光泽，较脆，褶间具微细横脉。菌柄长 4~6 cm，粗 1~2 cm，圆柱形，等粗或近菌盖处稍细，表面光滑，内实，后中空，初白色，老后略有黄褐色，后有赭色至浅红色斑点，表面光滑，老后有网状的皱纹。孢子印奶油色。

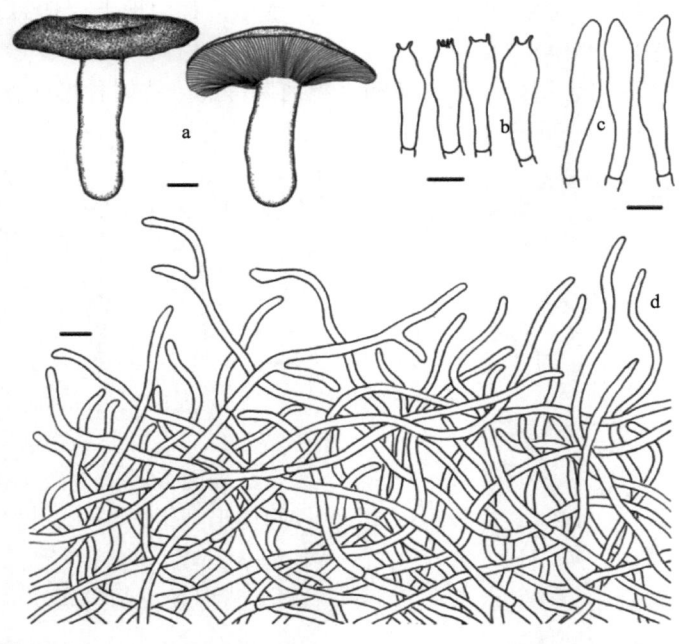

图 39 假铜绿红菇 *Russula pseudoaeruginea* (Romagn.) Kuyper & Vuure（HMAS 57892）
a. 子实体；b. 担子；c. 侧生囊状体；d. 菌盖表皮菌丝。a. 标尺=1 cm；b~d. 标尺=10 μm

担子 32~41 × 9~13 μm，棒状，近顶端处膨大，多数具 2 个小梗，少数 4 个小梗，无色透明。担孢子（40/4/2）（6.4）7.0~8.1 × 6.0~6.8（7.0）μm [Q =（1.02）1.07~1.23（1.25），**Q** = 1.17 ± 0.05]，近球形至宽椭球形，无色，表面有疣刺，高 0.5~1.0 μm，疣刺半球形至近圆锥形，个别疣刺间有连线，但不形成网纹，脐上区淀粉质点不显著。侧生囊状体 34~61 × 9~11 μm，较常见，顶端钝圆至近尖锐，无色透明，表面光滑而无纹饰。菌盖表皮菌丝宽 1.7~4.2 μm，多分隔，无色透明，有分叉，末端近尖锐，盖生囊状体未见。菌柄表皮菌丝宽 2.5~5.2 μm，有隔，无色透明，柄生囊状体未见。

生境：夏秋季生于林中地上。
模式产地：法国。
世界分布：亚洲（中国）；欧洲（法国）。
研究标本：贵州道真大沙河自然保护区，林中地上，1988 年 7 月 20 日，李宇、宗毓臣、应建浙 519（HMAS 57892），1988 年 7 月 21 日，李宇、宗毓臣、应建浙 533（HMAS 57894）。

异褶组 sect. *Heterophyllinae* Maire

菌盖表面色调较复杂，可呈现绿色、紫色、黄褐色、白色和黄色等单独或混合的色调，表面光滑。菌肉味道柔和，无辛辣味和苦味。菌肉及菌柄表面遇硫酸亚铁溶液呈橙绿色至橙褐色。孢子印白色至奶油色。

模式种：*Russula heterophylla* (Fr.) Fr.（Fries，1863）。

中国异褶组分种检索表

1. 孢子印赭色 ·· 草绿红菇 *R. prasina*
1. 孢子印乳黄色至奶油色，或白色和其他色 ·································· 2
   2. 菌褶直生至弯生，褶间具横脉，具小菌褶 ·················· 厚皮红菇 *R. mustelina*
   2. 菌褶非上述特征 ·· 3
3. 菌盖蓝绿色、淡黄绿色或灰绿色，老后中部带橄榄褐色 ············ 异褶红菇 *R. heterophylla*
3. 菌盖非上述颜色 ·· 4
   4. 菌盖表皮有囊状体 ··· 拟菱红菇 *R. pseudovesca*
   4. 菌盖表皮无囊状体 ··· 菱红菇 *R. vesca*

异褶红菇　图 40，图版 XII 3

别名：叶绿菇、叶绿红菇

Russula heterophylla (Fr.) Fr., Epicr. syst. mycol. (Upsaliae): 352, 1838.

Agaricus furcatus ß *heterophyllus* Fr., Syst. mycol. (Lundae) 1: 59, 1821.

Agaricus galochrous Fr., Observ. mycol. (Havniae) 1: 65, 1815.

Agaricus heterophyllus (Fr.) Mussat, in Saccardo, Syll. fung. (Abellini) 15: 23, 1901.

Agaricus lividus Pers., Syn. meth. fung. (Göttingen) 2: 446, 1801.

Agaricus vescus Vent., in Bulliard, Hist. Champ. Fr. (Paris): tab. 63, fig. 104, 1809.

Omphalomyces galochrous (Fr.) Earle, Bull. New York Bot. Gard. 5:410, 1909.

Russula furcata var. *heterophylla* (Fr.) P. Kumm., Führ. Pilzk. (Zerbst): 102, 1871.

Russula galochroa (Fr.) Fr., Hymenomyc. eur. (Upsaliae): 447, 1874.

Russula heterophylla f. *adusta* J.E. Lange, Fl. Agaric. Danic. 5: 71, 1940.

Russula heterophylla f. *galochroa* (Fr.) Singer, Z. Pilzk. 2(1): 5, 1923.

Russula heterophylla f. *laeticolor* Donelli, Mostr. Regg. Fung.: 28, 1995.

Russula heterophylla f. *pseudo-ochroleuca* Romagn. ex Carteret & Reumaux, Bull. Soc. mycol. Fr. 120(1-4): 201, 2005.

Russula heterophylla f. *pseudo-ochroleuca* Romagn., Bull. mens. Soc. linn. Lyon 31: 175, 1962.

Russula heterophylla var. *avellanae* Zvára, Mykologia (Prague) 8: 72, 1927.

Russula heterophylla var. *chloridicolor* Carteret & Reumaux, Bull. Soc. mycol. Fr. 120(1-4): 203, 2005.

Russula heterophylla var. *galochroa* (Fr.) Fr., Epicr. syst. mycol. (Upsaliae): 352, 1838.

Russula heterophylla var. *livida* Gillet, Hyménomycètes (Alençon): 241, 1876.

Russula heterophylla var. *virginea* (Cooke & Massee) A. Pearson & Dennis, Trans. Br. mycol. Soc. 31:(3-4):166, 1948.

Russula livida (Gillet) J. Schröt., in Cohn. Krypt.-Fl. Schlesien (Breslau) 3.1(33-40): 546, 1889.

Russula livida var. *galochroa* (Fr.) J. Schröt., in Cohn. Krypt.-Fl. Schlesien (Breslau)

3.1(33-40): 546, 1889.

Russula livida var. *virginea* (Cooke & Massee) Melzer & Zvára, Arch. Přírod. Výzk. Čech. 17(4): 70, 1928.

Russula virginea Cooke & Massee, Grevillea 19(no. 90): 41, 1890.

  子实体中型至大型。菌盖直径 5~12 cm，扁半球形，平展后中部下凹，有时呈漏斗状，边缘幼时内卷，成熟后尖锐至近尖锐，草绿色至蓝绿色，微蓝绿色，淡黄绿色或灰绿色，老时中部淡黄色或橄榄褐色，有时带赭褐色，褐色至黄绿色和柠檬黄色，湿时黏，干燥后光滑，天鹅绒般质地，盖缘平滑，无条纹，表皮近缘处可剥离。菌肉白色，老后变柠檬黄色至黄褐色，味道柔和或有甜味，无特殊气味或有微弱的水果香味。菌褶近延生，密，等长，褶缘有时具小菌褶，近柄处分叉，褶间有时具横脉，白色至奶油色，有时略有浅绿色色调。菌柄长 3~6 cm，粗 1~3 cm，圆柱形，向下略细，或等粗，白色，有时带棕黄色至锈褐色色调，幼时具果霜，无光泽，表面有一定程度皱纹。孢子印白色。

  担子 31~41 × 8~11 μm，棒状，近顶端处略膨大，无色透明，多数具 4 个小梗，少数 2 个小梗。担孢子（40/4/4）（5.1）5.4~8.8（9.0）×（4.6）5.0~7.7（8.1）μm [Q =（1.02）1.04~1.38（1.34），**Q** =1.19 ± 0.10 μm]，近球形至宽椭球形，少数球形和椭球形，无色，表面有小疣，高 0.3~0.5 μm，半球形至扁半球形，分散，极少数间有连线，不形成网纹，脐上区淀粉质点不显著。侧生囊状体 27~66 × 6~7 μm，棒状，顶端钝圆，无色透明。菌盖表皮菌丝平伏状，菌丝宽 1.7~3.3 μm，无隔，顶端钝圆，盖生囊状体 69~83 × 5~8 μm，较少，棒状，顶端钝圆，表面稍有纹饰。菌柄表皮菌丝宽 1.7~3.3 μm，有隔，无色，柄生囊状体 35~100 × 6~10 μm。

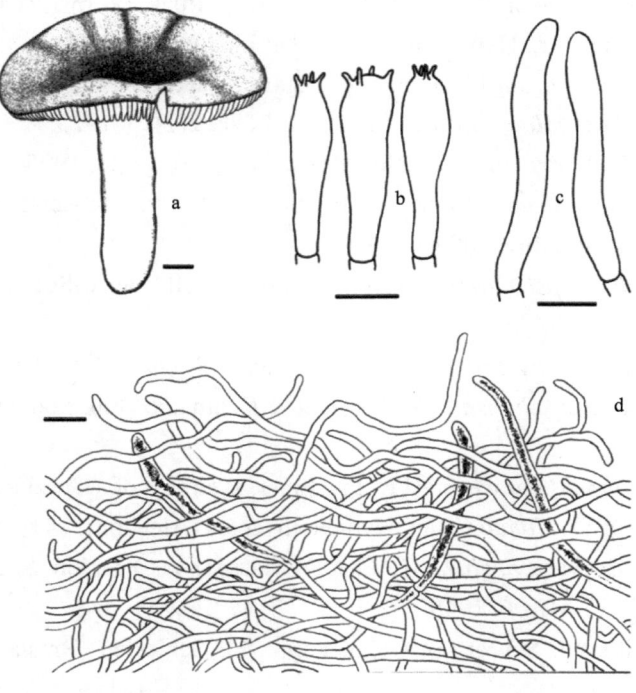

图 40 异褶红菇 *Russula heterophylla* (Fr.) Fr.（HMAS 35600）
a. 子实体；b. 担子；c. 侧生囊状体；d. 菌盖表皮菌丝。a. 标尺=1 cm；b~d. 标尺=10 μm

生境：夏秋季单生或群生于杂木林地上。

模式产地：瑞典。

世界分布：亚洲（中国、日本、泰国、印度）；欧洲（法国、英国、德国、意大利、瑞典、丹麦、挪威、芬兰、克罗地亚）。

研究标本：吉林安图长白山，海拔 882 m 林中地上，2010 年 7 月 21 日，郭良栋、孙翔、谢立璟、李国杰（HMAS 262348）。黑龙江林口，林中地上，1972 年 9 月，卯晓岚、徐连旺 224（HMAS 36822）。江苏南京，林中地上，1974 年 8 月 29 日，卯晓岚等（HMAS 36920）；苏州，林中地上，1965 年 6 月 27 日，邓叔群 6823（HMAS 35600）。福建三明，林中地上，1974 年 7 月 5 日，卯晓岚等 57（HMAS 36940）。河南三门峡卢氏，林中地上，1968 年 8 月 27 日，卯晓岚、李惠中、应建浙 168（HMAS 36939）。海南尖峰岭七场，阔叶林地上，1960 年 2 月 8 日，于积厚、刘英 1341（HMAS 32623）。四川广元羊模公社白云大队，林中地上，1971 年 8 月 3 日，宗毓臣、卯晓岚 216（HMAS 36818）；攀枝花格萨拉山，海拔 2950 m 混交林地上，2009 年 8 月 3 日，文华安、王波、李赛飞、钱茜 206（HMAS 220638）。云南大理中和寺，林中地上，1938 年 8 月 28 日，周宗璜、姚荷生 7978（HMAS 03978）；洱源苍山，海拔 2642 m 林中地上，2009 年 7 月 24 日，李国杰、赵勇 09560（HMAS 221269）；澜沧，林中地上，1999 年 8 月 16 日，卯晓岚、文华安、孙述霄 267（HMAS 151275）。西藏波密米堆冰川，混交林地上，2012 年 8 月 20 日，赵东、李国杰、林斌 12018（HMAS 264936）；波密桃花沟，阔叶林地上，2012 年 7 月 23 日，赵东、李国杰 12062（HMAS 264958）；林芝波密，林中地上，1976 年 7 月 23 日，宗毓臣 324（HMAS 37950）；林芝，林中地上，1995 年 7 月，文华安、孙述霄（HMAS 69034），1995 年 7 月 16 日，文华安、孙述霄 276（HMAS 71521）。陕西宁陕秦岭火地塘林场，林中地上，2005 年 7 月 29 日，文华安、周茂新、李赛飞 05146（HMAS 138914）。甘肃陇南文县，林中地上，1991 年 7 月，田茂林 6500（HMAS 63022）；陇南武都，林中地上，1991 年 7 月，田茂林 6461（HMAS 61729），1992 年 9 月，6415b（HMAS 63036）。

经济价值：该种可食用。与水青冈属、栎属和云杉属等的一些菌种形成外生菌根。

厚皮红菇 图 41，图版 II 4、XII 4

别名：赭菇、星鲨红菇

Russula mustelina Fr., Epicr. syst. mycol. (Upsaliae): 351, 1838.

Russula mustelina var. *fulva* Bon, Cryptog. Mycol. 7(4): 299, 1986.

Russula mustelina var. *iodiolens* Bon & H. Robert, Docums Mycol. 15(no. 59): 35, 1985.

子实体中型至大型。菌盖直径 5~14 cm，初扁半球形，后平展中部下凹，边缘幼时内卷，老后伸展至近尖锐，黏或不黏，无毛，谷黄色，深肉桂色至深棠梨色，灰褐色至红褐色，中央颜色较深，赭黄色、紫褐色至赭褐色，罕见橄榄绿色色调，盖缘平滑而无条纹，或老后有不明显短条纹，光滑，有时有密生细绒毛和绒毛状鳞片。菌肉近柄处厚 0.4~0.95 cm，较坚实而厚，白色，趋于变黄，有时呈柠檬色，最终变褐色，味道柔和，略有甜味，气味不显著，有奶酪气味。菌褶直生至弯生，等长，分叉，密至稍稀，12~15 片/cm，褶间具横脉，初白色，后米黄色，褶缘微锯齿状，有小菌褶。菌柄长 3~9 cm，粗 1.2~3.0 cm，中生，圆柱形，白色，略带黄色，后变淡褐色或与菌盖颜色相近，有时微有粉色色调，表面幼时光滑，微具果霜，老后略微粗糙，处内实，后内部菌肉有小孔洞，中空。孢子印乳黄色至奶油色。

担子 35~46 × 7~12 μm，棒状，近顶端处至中央略有膨大，表面光滑，无纹饰，无色至微黄，遇 KOH 溶液无色至微黄色。担孢子（40/2/2）6.0~9.5（9.8）×（4.8）5.3~7.8（8.3）μm [Q = 1.02~1.31（1.33），**Q** =1.16 ± 0.09]，近球形至宽椭球形，少数椭球形和球形，无色，表面有小疣，高 0.3~0.5 μm，半球形至扁半球形，疣刺间分散，无连线，部分疣间有连线，形成不完整的网纹，脐上区淀粉质点不显著。侧生**囊**状体 34~66 × 9~11 μm，棒状，顶端钝圆，较少。菌盖表皮菌丝直立，毛发状，菌丝宽 2.5~5.8 μm，有隔，无色透明，顶端钝圆至近尖锐，盖生囊状体未见。菌柄表皮菌丝宽 1.7~5.0 μm，无色，有隔，柄生囊状体未见。

生境：夏秋季散生至群生于针叶林或混交林地上。

模式产地：瑞典。

世界分布：亚洲（中国）；欧洲（法国、瑞士、德国、瑞典、丹麦、挪威、波兰、斯洛伐克、保加利亚、克罗地亚）；非洲；北美洲（加拿大）。

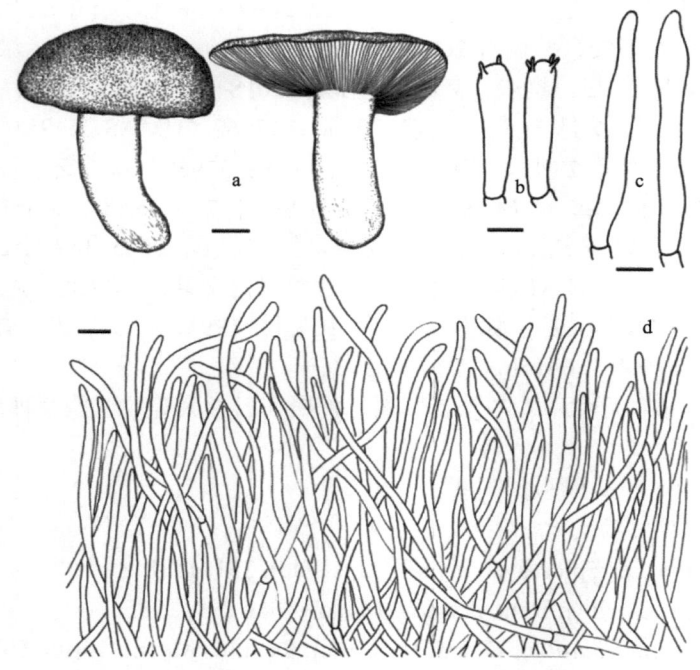

图 41　厚皮红菇 *Russula mustelina* Fr.（HMAS 220308）
子实体；b. 担子；c. 侧生**囊**状体；d. 菌盖表皮菌丝。a. 标尺=1 cm；b~d. 标尺=10 μm

研究标本：吉林安图二道白河镇生态定位站，混交林地上，2010 年 7 月 25 日，李国杰、孙翔 20100483（HMAS 262356）。四川巴塘，林中地上，1983 年 7 月 29 日，文华安、苏京军 276（HMAS 49997）；甘孜雅江剪子弯山，林中地上，1983 年 8 月 6 日，文华安、苏京军 490（HMAS 48277）、497（HMAS 49998），1983 年 8 月 7 日，文华安、苏京军 569a（HMAS 48276）、577（HMAS 49999）、579（HMAS 50822）、

587（HMAS 51007）；攀枝花格萨拉山，海拔 2950 m 混交林地上，2009 年 8 月 3 日，文华安、王波、李赛飞、钱茜 191（HMAS 220740）。云南保山百花岭，海拔 1400 m 林中地上，2008 年 9 月 4 日，郭林、何双辉、朱一凡（HMAS 187084）；洱源苍山，海拔 2352 m 林中地上，2009 年 7 月 24 日，李国杰、赵勇 09475（HMAS 220391）；昆明西山，林中地上，1942 年 8 月 13 日，裘维蕃 7969（HMAS 03969）；瑞丽弄岛镇，林中地上，2003 年 7 月 31 日，罗宏 97（HKAS 43636）；思茅，林中地上，1990 年 8 月 11 日，李宇 484（HMAS 69546）；漾濞苍山，海拔 2008 m 林中地上，2009 年 7 月 15 日，李国杰、杨晓莉 09143（HMAS 220735）。西藏林芝鲁朗林海，混交林地上，2012 年 8 月 25 日，赵东、李国杰、齐莎 12088（HMAS 251866）；林芝鲁朗中科院藏东南高山站，混交林地上，2012 年 8 月 26 日，赵东、李国杰、齐莎 12137（HMAS 251789）。青海祁连，海拔 3000 m 林中地上，2004 年 8 月 21 日，文华安、周茂新 04323-1（HMAS 220308）。

经济价值：该种可食用。与松属和云杉属等的一些树种形成外生菌根。

草绿红菇　图 42，图版 XII 5

Russula prasina G.J. Li & R.L. Zhao, Fungal Diversity 96: 215, 2019.

子实体小型至大型。菌盖直径 4.3~13.0 cm，初半球形，后平展至中心下凹，成熟后自菌盖中心向边缘略具 2.5~3.0 cm 长条纹，不开裂，湿时略黏，菌盖表皮自边缘向中心裂开 1/5~1/4，中部草绿色至翠绿色，中部至边缘浅黄绿色至油黄色，爪哇绿至卡利斯特绿色。菌肉厚 0.3~0.5 cm，初白色，伤后不变色，易碎，无特殊气味，味道温和。菌褶直生，宽 0.3~0.5 cm，褶缘处 8~13 片/cm，近菌柄处鲜见分叉，常具横脉，浅赭色，伤后不变色，无小菌褶。菌柄长 4.1~7.7 cm，粗 2.4~3.6 cm，中生至近中生，近圆柱状至圆柱状，表面干燥，具沟状纵皱纹，向基部略变细，上部白色，向基部赭黄色至鲑红色，初内实，后中空。孢子印赭色。

担子 35~53 × 8~11 μm，突出子实下层 10~20 μm，具 4 个小梗，小梗长 4~6 μm，透明，在 KOH 溶液中不变色，近棒状至棒状，鲜见圆柱状。担孢子（300/3/3）（5.9）6.2~7.3（7.6）×（5）5.4~6.5（7）μm [Q = 1.01~1.21（1.25），**Q** = 1.12 ± 0.07]，透明，球形至近球形，鲜见宽椭球形，具冠状及钝圆疣状纹饰，高 0.3~0.6 μm，疣间有连线形成完整网纹，脐上区点非淀粉质至弱淀粉质。侧生囊状体及缘生囊状体未见。子实下层层状，厚 15~30 μm，由直径 10~20 μm 的膨大细胞构成，透明，在 KOH 溶液中鲜变浅黄色。菌髓由直径 15~40 μm 的球状细胞和分散的丝状囊状菌丝构成。菌盖表皮由上表皮和下表皮构成，上表皮拟薄壁组织状，厚 100~250 μm，由宽 10~20 μm 的不分枝膨大细胞构成，向末端细胞处缩小至 5~7 μm，盖生囊状体未见，下表皮胶质层状，厚 150~250 μm，由宽 2~4 μm 的透明平行至交织菌丝构成，鲜见具隔分枝。菌柄表皮层状，由直径 3~6 μm 的平行纤维状菌丝和交织其中的直径 15~25 μm 的膨大细胞构成，透明，在 KOH 溶液中部分变浅黄色，柄生囊状体未见。

生境：散生或单生于以松属和栎属为主的针阔混交林地上。

模式产地：中国。

世界分布：亚洲（中国）。

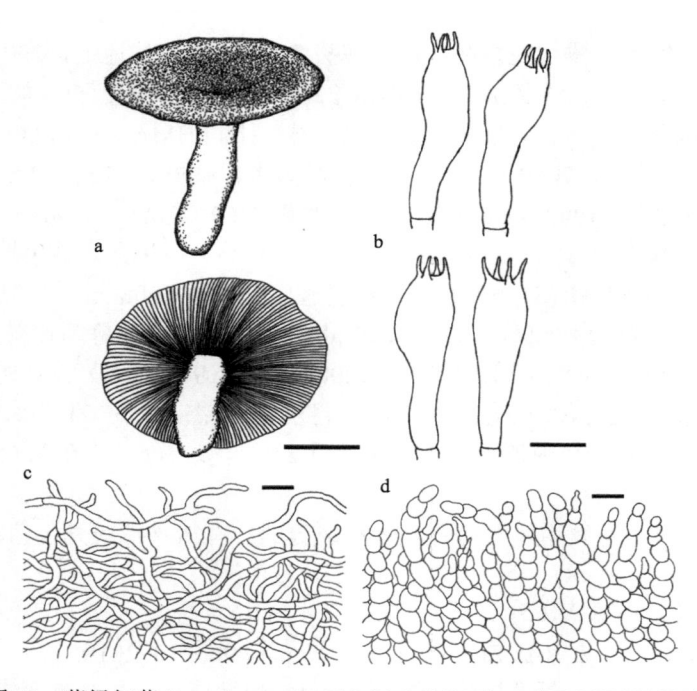

图42 草绿红菇 *Russula prasina* G.J. Li & R.L. Zhao（HMAS 281232）
a. 子实体；b. 担子；c. 菌盖表皮菌丝；d. 子实层下层细胞。a. 标尺=1 cm；b~d. 标尺=10 μm

研究标本：广西百色乐业县黄猄洞国家森林公园，针阔混交林地上，2017年8月6日，王慧君 GX20170580（HMAS 281232）、GX20170846（HMAS 279805）、GX20170937（HMAS 279806）。

拟菱红菇 图43，图版 XII 6
Russula pseudovesca J.Z. Ying, Acta Mycol. Sin. 8(3): 205, 1989.

子实体较小型至中型。菌盖直径 5 cm，初扁半球形，后中央凸起，成熟后平展，有时中部稍下凹，盖缘内卷，钝圆，赭色至茶色，边缘桃色至肉桂色，湿时稍黏，干燥后光滑，有微细果霜，褶缘无条纹至有微细的短条纹。菌肉白色，老后略变浅奶油色，受伤后不变色，近柄处厚，味道柔和，无气味至略有水果气味。菌褶直生至近延生，等长，顶端钝圆，有时近柄处有分叉，褶间具有横脉，无小菌褶或小菌褶极少，苍白色。菌柄长 3 cm，粗 1.3 cm，圆柱形，白色，初内实，后中空，顶端有果霜，表面光滑，老后有微细的皱纹。孢子印白色。

担子 38~55 × 8~11 μm，棒状，具 2~4 个小梗，无色透明。担孢子（40/2/1）5.8~8.4（8.8）×（5.0）5.3~7.3（7.5）μm [Q= 1.03~1.27（1.27），**Q** = 1.15 ± 0.06]，近球形至宽椭球形，少数球形，无色，表面有疣，多数高 0.7~1.2 μm，少数可达 1.4 μm，半球形至近圆锥形，分散，疣间少见相连，脐上区淀粉质点不显著。侧生囊状体 71~87 × 8~11 μm，极多，无色，纺锤形，个别顶端乳头状突起，高出子实层达 34 μm，表面有较为显著的纹饰。菌盖表皮菌丝宽 1.7~4.2 μm，菌盖表皮具很多丝状囊状体和表皮囊状体，丝状囊状体壁厚 0.9~1.8 μm，长 90~252 μm，基部宽 5.0~7.2 μm，发状，顶端较尖，或钝，表面有颗粒状纹饰，遇硫酸香草醛溶液不变蓝色，顶端宽 1.2~1.8 μm，盖生囊状体

45~63×9~10 μm，纺锤状，具钝圆末端，有颗粒状内含物。菌柄表皮菌丝宽 1.7~4.1 μm，柄生囊状体 39~100×5.4~7.2 μm 棒状，有隔，具钝圆末端，有颗粒状内含物。

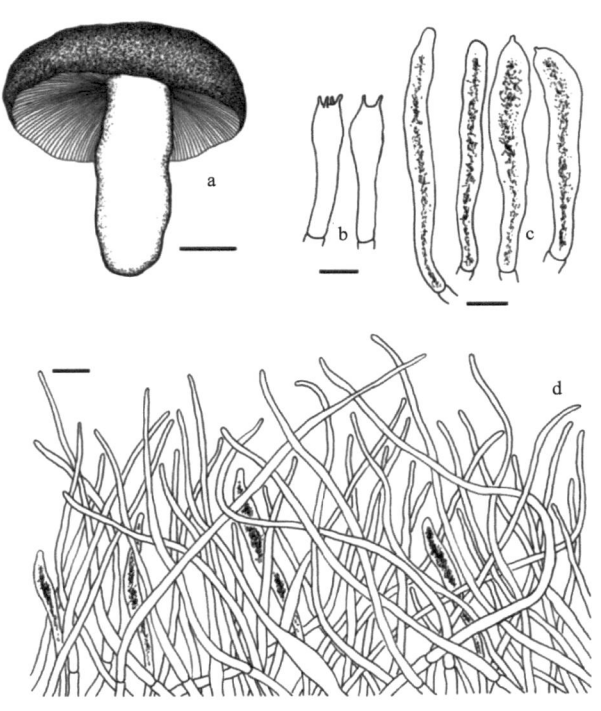

图 43　拟菱红菇 *Russula pseudovesca* J.Z. Ying（HMAS 49915）
a. 子实体；b. 担子；c. 侧生囊状体；d. 菌盖表皮菌丝。a. 标尺=1 cm；b~d. 标尺=10 μm

生境：夏秋季生于冷杉、桦树等混交林地上。

模式产地：中国。

世界分布：亚洲（中国）。

研究标本：四川贡嘎山西坡，海拔 4300 m 混交林地上，文华安、苏京军 1156（HMAS 49915）。

菱红菇　图 44，图版 II 5
别名：细弱红菇

Russula vesca Fr., Anteckn. Sver. Ätl. Svamp.: 51, 1836.

Russula heterophylla var. *vesca* (Fr.) Bohus & Babos, Annls hist.-nat. Mus. nath. hung. 52: 132, 1960.

Russula mitis Rea, Brit. basidiomyc. (Cambridge): 463, 1922.

Russula vesca f. *major* (Bon) Bon, Docums Mycol. 18(nos 70-71): 51, 1988.

Russula vesca f. *montana* J. Blum, Bull. trimest. Soc. mycol. Fr. 76: 253, 1960.

Russula vesca f. *pectinata* Britzelm., Hymenomyc. Südbayern: 352, tab. 521, 1896.

Russula vesca f. *tenuis* Jul. Schäff., Annls mycol. 31(5/6): 326, 1933.

Russula vesca f. *viridata* Singer, Beih. bot. Zbl., Abt. 2 49: 361, 1932.

Russula vesca var. *major* Bon, Bull. trimest. Féd. Mycol. Dauphiné-Savoie 25(no. 100): 35, 1986.

Russula vesca var. *neglecta* Singer, Annls mycol. 33(5/6): 321, 1935.

Russula vesca var. *romellii* Singer, Z. Pilzk. 15, t. 521(1): 122, 1923.

子实体中型至大型，部分较小型。菌盖直径 3.5~11 cm，初半球形至扁半球形，后中央凸起，平展中部下凹，边缘钝圆，有时开裂，颜色多变，酒褐色、浅红褐色、浅褐色、浅酒红色或菱色，中央有时颜色较深，有时褪色较明显，呈现灰色、灰紫色、浅榛色和灰黄色色调，菌盖表皮短，不达菌盖边缘，可从边缘向菌盖中央方向剥离 1/2，边缘老后具短条纹。菌肉白色，变污淡黄色至浅褐色，有时部分变灰白色，较坚实，味道柔和，有甜味至坚果般的味道，气味不显著。菌褶直生，宽 0.7~1.0（1.3）cm，初密集，后稍稀疏，近柄处略变窄，顶端钝圆，基部常分叉，褶间具横脉，白色或稍带奶油色至乳黄色，褶缘常带锈褐色斑点，具少数小菌褶。菌柄长 2.0~6.6 cm，粗 1.0~2.8 cm，近圆柱形，近基部处略细，初内实，后松软，白色，基部常略变奶油色、黄色或褐色，表面初光滑并微有果霜，老后略有粗糙。孢子印白色。

担子 33~43 × 10~12 μm，棒状，部分近顶端处略有膨大，具 4 个小梗，少数 2 个小梗，无色透明。担孢子（80/4/4）6.5~9.5（10.1）×（5.3）5.6~8.1（9.0）μm [Q = 1.02~1.35（1.38），$Q = 1.15 \pm 0.10$]，多数近球形至宽椭球形，少数球形和椭球形，无色，表面小疣刺高 0.5~1.0 μm，半球形至近圆锥形，疣刺间多有连线，形成不完整的网纹，脐上区淀粉质点不显著。侧生囊状体 52~82 × 7~12 μm，棒状，梭形至近梭形，顶端钝圆至近尖锐，表面有微细的纹饰。菌盖表皮菌丝直立状至栅栏状，菌丝宽 2.5~5.0 μm，少数菌丝末端渐细，略呈刺刀状，有分叉和分隔，无色透明，盖生囊状体未见。菌柄表皮菌丝宽 2.5~4.1 μm，有隔，无色透明，柄生囊状体未见。

生境：夏秋季群生或散生于阔叶林及混交林地上。

模式产地：德国。

世界分布：亚洲（中国、日本）；欧洲（德国、法国、英国、意大利、瑞士、瑞典、丹麦、挪威、芬兰、波兰、克罗地亚）；北美洲（美国、加拿大）。

研究标本：山西沁水，林中地上，1985 年 8 月 23 日，赵春贵 1069（HMAS 88517）。黑龙江佳木斯抚远，林中地上，2000 年 8 月 10 日，孙述霄、卯晓岚、文华安 188（HMAS 79445）。福建浦城县观前，林中地上，1960 年 8 月 29 日，王庆之、袁文亮、何贵 779（HMAS 32639）。河南内乡宝天曼，海拔 1200 m 阔叶林地上，2009 年 7 月，申进文等（HMAS 196541）；三门峡卢氏，林中地上，1968 年 7 月，李惠中、卯晓岚、应建浙、徐联旺 76（HMAS 36853）、109（HMAS 36921）、213（HMAS 36942），1970 年 6 月 6 日，卯晓岚、徐联旺、宗毓臣 86（HMAS 36914）。广东肇庆鼎湖山车站至地震台，混交林地上，1981 年 7 月 27 日，李泰辉、梁建庆、毕志树等（HMIGD 5096）；肇庆鼎湖山地震站后山，混交林地上，1981 年 7 月 22 日，梁建庆等（HMIGD 5039）。四川攀枝花格萨拉山，海拔 2950 m 混交林地上，2009 年 8 月 3 日，文华安、王波、李赛飞、钱茜 196（HMAS 220563），2009 年 8 月 13 日，文华安、王波、李赛飞、钱茜 33（HMAS 196503）。贵州铜仁市江口县梵净山，林中地上，1982 年 8 月 28 日，宗毓臣、文华安 256（HMAS 44039）。云南洱源苍山，海拔 2436 m 混交林地上，2009 年 7

月 23 日，李国杰 09395（HMAS 220736）。西藏工布江达县江达乡，灌丛地上，2012年 8 月 27 日，赵东、李国杰、齐莎 12140（HMAS 265229）；林芝嘎瓦龙，林中地上，2004 年 7 月 21 日，郭良栋、高清明 211（HMAS 97976）；亚东，林中地上，1999 年 8 月 9 日，图力古尔（HMJAU 214）。新疆托木尔峰，林中地上，1978 年 8 月 11 日，卯晓岚、文华安、孙述霄 740（HMAS 39133）。台湾屏东出风山，林中地上，1998 年 5 月 27 日，温昭诚 CWN03372（HKAS 50001）。

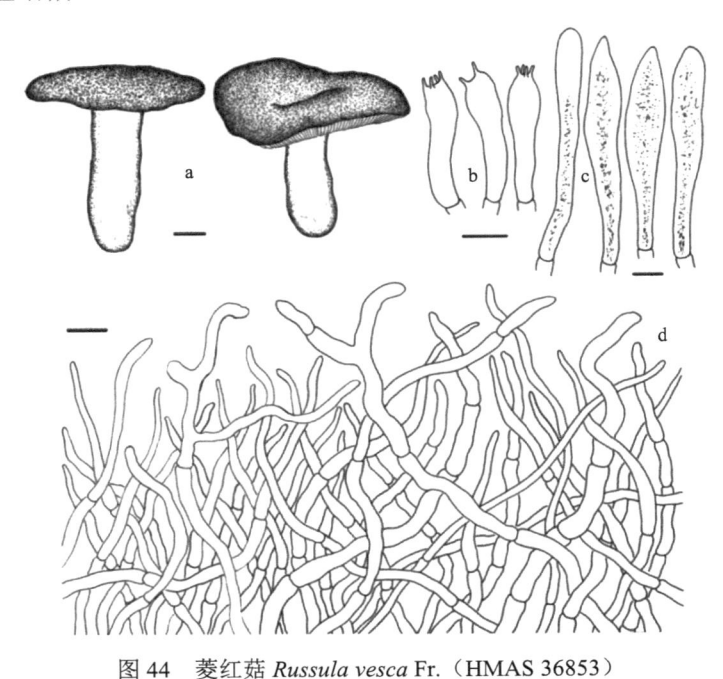

图 44 菱红菇 *Russula vesca* Fr.（HMAS 36853）
a. 子实体；b. 担子；c. 侧生囊状体；d. 菌盖表皮菌丝。a. 标尺=1 cm；b~d. 标尺=10 μm

讨论：最初 Fries 绘制的菱红菇图菌盖主要是红色色调，与现在世界各地菱红菇菌盖颜色多变的报道有些差异（Burlingham，1936）。美国的菱红菇标本菌盖上表皮中含有较多的膨大细胞，而欧洲和亚洲的标本这一特征不显著（Schaffer，1970b）。

经济价值：该种可食用和药用。与松属、栎属、栗属 *Castanea*、桦木属和水青冈属等的一些树种形成外生菌根。

靛青组 sect. *Indolentinae* Melzer & Zvára

菌盖表面颜色较为复杂，可呈多种颜色的混合色调，表面无龟裂。菌肉味道柔和，长时间暴露于空气中缓慢地略变灰色。孢子印白色至奶油色。

模式种：*Russula cyanoxantha* (Schaeff.) Fr.（Melzer and Zvára，1927）。

中国靛青组分种检索表

1. 菌褶直生至近弯生，孢子印白色至浅奶油色 ·················· 多褶红菇 *R. polyphylla*
1. 菌褶近直生，不等长，小菌褶较少 ························· 蓝黄红菇 *R. cyanoxantha*

蓝黄红菇　图 45，图版 II 6、XIII 1
别名：花盖菇、花盖红菇
Russula cyanoxantha (Schaeff.) Fr., Monogr. Hymenomyc. Suec. (Upsaliae) 2(2): 194, 1863.
Agaricus cyanoxanthus Schaeff., Fung. bavar. palat. nasc. (Ratisbonae) 4: 40, 1774.
Russula cutefracta Cooke, Grevillea 10(no. 54): 46, 1881.
Russula cyanoxantha f. *atroviolacea* J.E. Lange, Dansk bot. Ark. 9(no. 6): 99, 1938.
Russula cyanoxantha f. *cutefracta* (Cooke) Sarnari, Boll.Assoc. Micol. Ecol. Romana 10(no. 28): 35, 1993.
Russula cyanoxantha f. *pallida* Singer, Z. Pilzk. 2(1): 4, 1923.
Russula cyanoxantha f. *peltereaui* Singer, Z. Pilzk. 5(1): 15, 1925.
Russula cyanoxantha var. *cutefracta* (Cooke) Sarnari, Boll. Assoc. Micol. Ecol. Romana 9(no. 27): 38, 1992.
Russula cyanoxantha var. *flavoviridis* (Romagn.) Sarnari, Boll. Assoc. Micol. Ecol. Romana 9(no. 27): 41, 1922.
Russula cyanoxantha var. *subacerba* Reumaux, in Reumaux, Bidaud & Moënne-Loccoz, Russules Rares ou Méconnues (Marlioz): 284, 1996.
Russula flavoviridis Romagn., Bull. Mens. Soc. linn. Lyon 31(6): 175, 1962.
Russula peltereaui (Singer) Moreau, Bull. trimest. Féd. Mycol. Dauphiné-Savoie 140: 7, 1996.
Russula variata Banning, Bot. Gaz. 6(1): 166, 1881.

　　子实体中型至大型。菌盖直径 5~15 cm，幼时半球形至扁半球形，后中央凸起，伸展后中部下凹，略呈碟状，边缘稍内卷至伸展，近尖锐至尖锐，偶尔开裂，颜色变化较大，暗紫灰色、紫褐色、橄榄绿色或紫灰色带绿色，老后常呈现淡青褐色、灰红色、绿灰色，或有时褪色至黄色色调，往往各色混杂，湿时黏，干燥后光滑，有时菌盖中央微具果霜，表皮自盖缘向菌盖中央可剥离 1/3，盖缘平滑，无条纹，或具不明显棱纹。菌肉白色，近表皮处淡红色或淡紫色，老后和受伤后变灰白色，较坚实，味道柔和，略有甜味，近菌褶处稍有苦味，无特殊气味。菌褶近直生，宽 0.5~1.0 cm，顶端尖锐，较密，不等长，近柄处多有分叉，小菌褶较少，褶间有横脉，白色至奶油色，老后往往有锈色斑。菌柄长 4~10 cm，粗 1~3 cm，圆柱形，有时近基部处稍变粗，白色，老后变灰白色，偶尔带黄色和黄褐色的小斑点，表面幼时光滑，略有果霜，老后有皱纹，初内实，后内部松软。孢子印白色。

　　担子 24~38 × 7~11 μm，棒状，近顶端处膨大，具 2~4 个小梗，无色透明。担孢子（120/6/5）（5.9）6.3~9.3（9.6）×（5.0）5.3~7.6（8.8）μm [Q =（1.01）1.03~1.46（1.49），Q = 1.22 ± 0.12]，多数近球形、宽椭球形至椭球形，少数球形，无色，有分散小疣高 0.3~0.7 μm，半球形至近圆锥形，疣间有少数连线，但不形成网纹，脐上区淀粉质点不显著。侧生囊状体 31~66 × 4~12 μm，梭形至近棒状，顶端钝圆至近尖锐，无色透明，表面光滑而无纹饰。菌盖表皮菌丝栅栏状，菌丝宽 1.8~4.1 μm，较细长，无隔或较少分隔，末端近尖锐，无色透明，盖生囊状体未见。菌柄表皮菌丝宽 1.7~4.1 μm，有隔，无色透明，柄生囊状体未见。

生境：夏秋季单生于混交林或阔叶林地上。

模式产地：瑞典。

世界分布：亚洲（中国、日本、泰国）；欧洲（德国、法国、英国、瑞士、意大利、瑞典、丹麦、挪威、芬兰、捷克、斯洛伐克、波兰、保加利亚、克罗地亚）；北美洲（美国、加拿大）；大洋洲（澳大利亚）。

研究标本：北京市门头沟区东灵山，林中地上，1998 年 8 月 9 日，文华安、孙述霄 98272（HMAS 75224）。河北兴隆雾灵山，海拔 1476 m 林中地上，2009 年 8 月 29 日，真菌地衣室集体 09904（HMAS 196611）。内蒙古鄂温克旗红花尔基樟子松国家森林公园，林中地上，2013 年 7 月 31 日，文华安、李赛飞、赵东、李国杰 13209（HMAS 267835）。辽宁铁岭开原，林中地上，1977 年 8 月 20 日，马启明 87（HMAS 38026）。吉林安图长白山，林中地上，1960 年 8 月 2 日，杨玉川 527 （HMAS 32263）；安图长白山，混交林地上，2008 年 8 月 2 日，周茂新 08024（HMAS 187081），2008 年 8 月 4 日，周茂新 08051（HMAS 194228）；安图二道白河镇和平林场，海拔 1014 m 混交林地上，2009 年 7 月 22 日，郭良栋、孙翔、李国杰、谢立璟 20100403（HMAS 250931）；长白山池北区二道白河镇北，混交林地上，2013 年 7 月 21 日，文华安、李赛飞、赵东、范宇光、李国杰 13005-1（HMAS 252583）、13005-2（HMAS 252633）、13014（HMAS 252608）、13016（HMAS 252607）、13024（HMAS 267890）、13389（HMAS 267810），2013 年 7 月 22 日，李国杰、范宇光 13357（HMAS 252631）；长白山池北区二道白河镇生态站，混交林地上，2013 年 7 月 24 日，李赛飞、赵东、范宇光、李国杰 13111（HMAS 267746）；长白山池北区二道白河镇西，混交林地上，2013 年 7 月 25 日，李赛飞、赵东、范宇光、李国杰 13094（HMAS 252625）；延边州和龙市八家子林业局仙峰国家森林公园雪岭（老爷岭），混交林地上，2013 年 7 月 23 日，文华安、王柏、李赛飞、赵东、李国杰 13071（HMAS 252580）、13073（HMAS 267807）、13074（HMAS 267820）、13076（HMAS 267811）。黑龙江漠河，林中地上，2000 年 7 月 25 日，文华安、卯晓岚、孙述霄 51（HMAS 79442），2000 年 7 月 26 日，文华安、卯晓岚、孙述霄 74（HMAS 145814）。江苏南京灵谷寺，林中地上，1936 年 6 月 16 日，李 123（HMAS 07667），1936 年 6 月 28 日，沈 357（HMAS 09219），1974 年 8 月 29 日，卯晓岚、姜朝瑞 273（HMAS 36770）、284（HMAS 36824）。安徽黄山，阔叶林中地上，1957 年 8 月 27 日，邓叔群 5085（HMAS 20451）。福建南靖南坑，林中地上，1958 年 6 月 10 日，邓叔群 5704 （HMAS 23021）；南平浦城，林中地上，1960 年 8 月 26，王庆之 735（HMAS 32769）。山东青岛崂山，林中地上，1982 年 8 月 17 日，赵继鼎、徐连旺 127（HMAS 44034）。河南南阳西峡，林中地上，1968 年 9 月 7 日，李惠中、卯晓岚、应建浙 34（HMAS 36772），1968 年 9 月 11 日，李惠中、卯晓岚、应建浙 4（HMAS 36827），1968 年 9 月 14 日，李惠中、卯晓岚、应建浙 34（HMAS 37966）；三门峡卢氏，林中地上，1968 年 8 月 30 日，李惠中、卯晓岚、应建浙 251（HMAS 36771）。湖北十堰神农架，林中地上，1984 年 7 月 15 日，张小青、孙述霄 38（HMAS 53631），1984 年 7 月 17 日，张小青、孙述霄 74（HMAS 51820），1984 年 8 月 5 日，彭银斌、张小青 203（HMAS 51812）。广东梅州大埔丰溪林场，海拔 450~500 m 混交林地上，1987 年

6月22日，郑国杨（HMIGD 11226）。广西壮族自治区河池市东兰县，林中地上，1970年6月6日，宗毓臣、卯晓岚、徐连旺78（HMAS 36933）；百色隆林，林中地上，1957年10月20日，徐连旺151（HMAS 23207）。四川阿坝马尔康，林中地上，1983年7月4日，文华安、苏京军212（HMAS 49968）；甘孜贡嘎山西坡，林中地上，1984年7月14日，文华安、苏京军1058（HMAS 49969）；冕宁彝海乡，海拔2269 m林中地上，2009年7月27日，文华安、李赛飞、王波、钱茜55（HMAS 220754）；攀枝花格萨拉山，海拔2950 m林中地上，2009年8月3日，文华安、王波、李赛飞、钱茜207（HMAS 220833）；青城山天师洞，林中地上，1960年8月19日，马启明741（HMAS 32768）；汶川卧龙三圣沟，林中地上，1984年8月5日，文华安、苏京军1422（HMAS 49970）；雅江剪子弯山，林中地上，1983年8月7日，文华安、苏京军591（HMAS 50815）。贵州道真大沙河自然保护区，林中地上，1988年7月19日，李宇、宗毓臣、应建浙428（HMAS 57889），1988年7月20日，李宇、宗毓臣、应建浙495（HMAS 57886）；贵阳花溪，林中地上，1988年7月8日，李宇、宗毓臣、应建浙349（HMAS 57901）；铜仁市江口县梵净山，林中地上，1982年8月，宗毓臣、文华安（HMAS 44035）；遵义绥阳宽阔水林场，林中地上，1988年6月23日，李宇、宗毓臣、应建浙74（HMAS 58265）、84（HMAS 57877），1988年6月29日，李宇、宗毓臣、应建浙44（HMAS 57885）。云南大理宾川鸡足山，林中地上，1989年，李宇164（HMAS 88637），1989年8月13日，李宇、宗毓臣326（HMAS 58272）；洱源邓川镇旧州村，林中地上，2009年7月22日，李国杰、赵勇09352（HMAS 220766）；昆明，林中地上，1973年8月4日，徐连旺、宗毓臣320（HMAS 58303），2003年8月23日，卯晓岚（HMAS 85300）；龙陵县镇安箐簸垭口，林中地上，2002年9月1日，杨祝良3408（HKAS 41477）；禄丰五台山，林中地上，2006年8月9日，文华安、周茂新、李国杰06159（HMAS 139824）；普洱市思茅区，林中地上，1990年8月5日，李宇420（HMAS 68639）；香格里拉千湖山，海拔3500 m林中地上，2007年9月27日，何双辉、郭林、李振英1466（HMAS 187662）；漾濞桃树坪镇大花园，林中地上，2009年7月15日，李国杰、杨晓莉09124（HMAS 220774）。西藏达兴，混交林苔藓上，1983年8月28日，卯晓岚1455（HMAS 46154）；波密通麦迫龙沟，阔叶林地上，2012年8月19日，赵东、李国杰、齐莎、杨顼12013（HMAS 263662）、12240（HMAS 264797）；林芝波密扎木，混交林地上，1975年7月23日，宗毓臣325（HMAS 38067），1983年8月27日，卯晓岚1371（HMAS 46116）；林芝鲁朗林海，混交林地上，2012年8月25日，赵东、李国杰、齐莎12092（HMAS 251854）；聂拉木，林中地上，1975年7月10日，宗毓臣46（HMAS 38068），1975年7月15日，宗毓臣68（HMAS 38025）；日喀则市吉隆县吉隆镇萨勒乡卡帮村，林中地上，1975年6月27日，宗毓臣26（HMAS 38173）。陕西宝鸡太白山中山寺，阔叶林地上，1958年6月23日，于积厚72（HMAS 23206）。甘肃武都，林中地上，1992年9月3日，卯晓岚6015（HMAS 73308）、6017（HMAS 66022），1992年9月，田茂林6415a（HMAS 66044）。青海西宁民和，林中地上，1959年9月23日，马启明1853（HMAS 32770）。新疆新源，林中地上，2004年8月30日，图力古尔（HMJAU 2429）。

讨论：早期研究者认为蓝黄红菇菌盖呈简单的蓝紫色至紫灰色的混合色调，后来发现蓝黄红菇菌盖颜色是多变的，有些菌盖表面呈黄绿色至草绿色，如蓝黄红菇彼得卢变型 *R. cyanoxantha* f. *peltereaui* Singer，该类型的其他宏观和微观形态与蓝黄红菇原变型均无差异，或差异极小。这些形态学上有差异的变型和变种目前均被视为蓝黄红菇原变型和原变种的同物异名（Sarnari，1998）。由于蓝黄红菇的菌盖颜色多样，很容易将该种的部分子实体与髓质红菇、暗绿红菇和铜绿红菇等种的子实体混淆。蓝黄红菇在欧洲和亚洲较多见，在北美洲较少见（Singer，1957）。自邓叔群（1964）报导蓝黄红菇分布于江苏、安徽、福建、陕西和青海等省后，我国多数省市区均有报道。

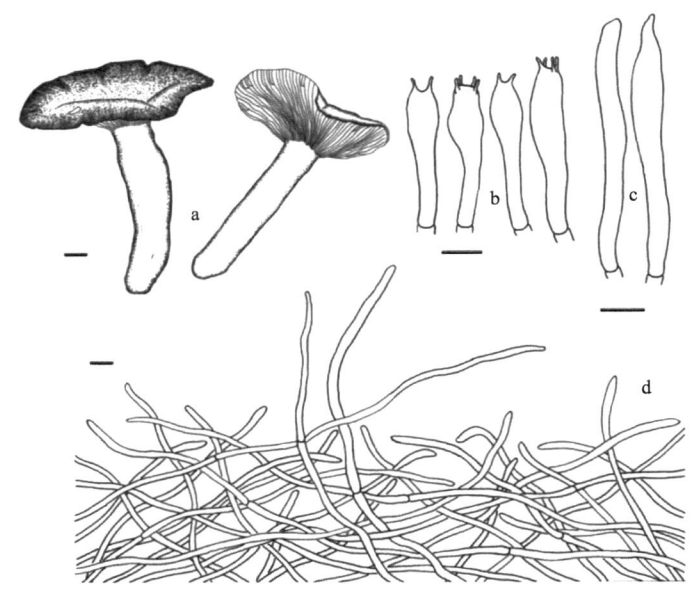

图 45 蓝黄红菇 *Russula cyanoxantha* (Schaeff.) Fr. （HMAS 20451）
a. 子实体；b. 担子；c. 侧生囊状体；d. 菌盖表皮菌丝。a. 标尺=1 cm；b~d. 标尺=10 μm

经济价值：该种可食用和药用。与松属、鹅耳枥属、栗属、水青冈属和栎属等一些树种形成外生菌根。

多褶红菇 图 46，图版 XIII 2
Russula polyphylla Peck, Bull. Torrey Bot. Club 25: 370, 1898.
Russula polyphylla subsp. *guanacastae* Buyck, in Buyck, Halling & Mueller, Boll. Gruppo Micol. 'G. Bresadola' (Trento) 46(3): 72, 2005.

子实体中型至较大型。菌盖直径 8~13 cm，初扁半球形，后中央凸起，成熟后平展至中部下凹，老后往往呈漏斗状，边缘幼时稍内卷，略有波纹状起伏，老后伸展，近尖锐至尖锐，有时开裂，菌盖表面白色至污白色，有时略带黄褐色至浅褐色色调，光滑无毛，有时龟裂，边缘无条纹。菌肉苍白色，受伤后和老后变黄褐色至肉色，味道柔和，气味强烈。菌褶直生至近弯生，较窄，边缘近尖锐至尖锐，多且极为密集，等长，有分叉，初白色，变浅褐色至浅红褐色，最后变暗黑肉色，小菌褶较少。菌柄长 5~8 cm，粗 1~3 cm，初内实，后中空，初白色，变污白色，后带黄褐色至红褐色色调，有时与菌盖颜色相同，表面光滑，幼时微具果霜，老后略有皱纹。孢子印白色至浅奶油色。

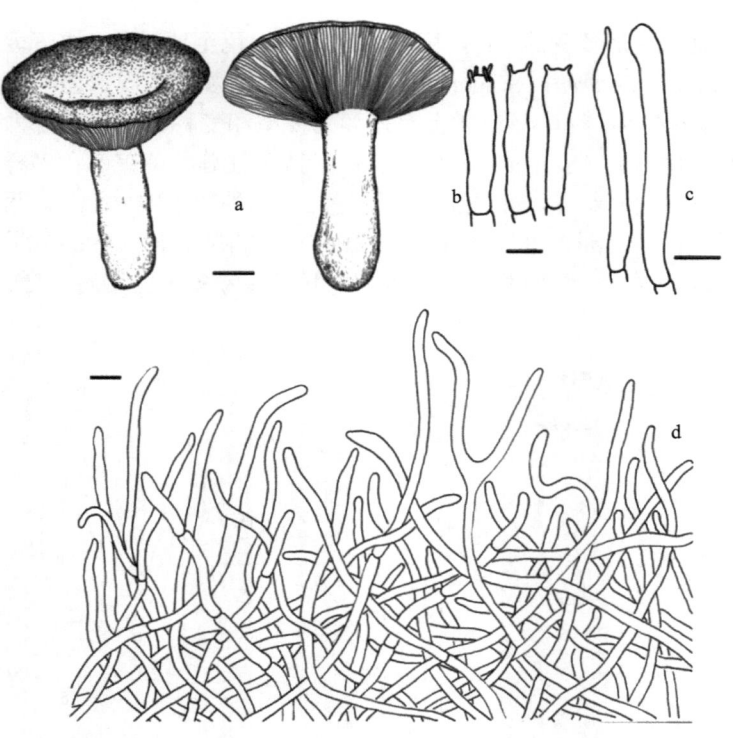

图 46　多褶红菇 *Russula polyphylla* Peck（HMAS 35825）
a. 子实体；b. 担子；c. 侧生囊状体；d. 菌盖表皮菌丝。a. 标尺=1 cm；b~d. 标尺=10 μm

担子 28~36 × 7~10 μm，棒状，具 2 个小梗，少数 4 个小梗，无色透明。担孢子（80/2/2）（6.0）6.3~9.0（9.4）×（5.3）5.5~7.6（7.8）μm [Q=（1.04）1.06~1.26（1.32），**Q**=1.17±0.05]，球形、近球形至宽椭球形，少数椭球形，无色，表面有疣刺，高 0.5~1.0 μm，疣间部分有连线，不形成完整的网纹，脐上区淀粉质点不显著。侧生**囊**状体 39~53 × 7~11 μm，棒状，顶端钝圆至有披针状凸起，无色透明，表面光滑而无纹饰。菌盖表皮菌丝栅栏状，菌丝宽 1.7~5.8 μm，较细长，末端钝圆至近尖锐，多分叉和分隔，无色透明，盖生**囊**状体未见。菌柄表皮菌丝宽 1.7~4.1 μm，有隔，无色透明，柄生囊状体未见。

生境：夏秋季生于林中地上。

模式产地：美国。

世界分布：亚洲（中国）；北美洲（美国）。

研究标本：广东鼎湖山，林中地上，1965 年 7 月 15 日，邓叔群 6905（HMAS 35825）。西藏林芝，林中地上，1964 年，（HMAS 33995）。

讨论：多褶红菇形态与密集红菇和密褶红菇相近，区别是后二种菌盖边缘均有较多的小菌褶。

变绿组 sect. *Virescentinae* Singer

菌盖表面色调较复杂，可呈现绿色、紫色、黄褐色、白色和黄色等单独或混合的色调。菌肉无辛辣味和苦味。菌盖表皮常龟裂呈许多斑块，具细鳞片或细微的糠麸状附属物，菌盖外皮层无典型囊状体，由基部为球状细胞上生长有直立的菌丝或较粗大的拟薄壁菌丝组成。

模式种：*Russula virescens* (Schaeff.) Fr.（Singer，1932）。

中国变绿组分种检索表

1. 菌盖黏 ·· 2
1. 菌盖不黏 ·· 3
　　2. 菌盖浅绿色，或浅土黄色至浅黄褐色 ·· 壳状红菇 *R. crustosa*
　　2. 菌盖表面白色至污白色，且有微细粉粒 ·· 粉粒白红菇 *R. alboareolata*
3. 菌柄表皮有柄生囊状体 ··· 怡红菇 *R. amoena*
3. 菌柄表皮无柄生囊状体 ··· 4
　　4. 菌肉受伤后不变色 ··· 5
　　4. 菌肉非上述特征 ·· 7
5. 菌褶离生，稍密，浅黄色 ··· 紫柄红菇 *R. violeipes*
5. 菌褶非上述特征 ·· 6
　　6. 担孢子疣间有连线，形成不完整的网纹 ·· 变绿红菇 *R. virescens*
　　6. 担孢子疣间分散无连线 ··· 叉褶红菇 *R. furcata*
7. 菌肉味道辛辣，有胡椒味 ··· 云南红菇 *R. yunnanensis*
7. 菌肉味道柔和，带甜味 ·· 鸭绿红菇 *R. anatina*

粉粒白红菇　图 47，图版 XIII 3

别名：白青纲纹红菇、白纹红菇

Russula alboareolata Hongo, Memoirs of Shiga University, 29: 102, 1979.

子实体中型。菌盖直径 5~8 cm，初半球形至扁半球形，后平展，中部下凹，有时漏斗状，边缘内卷至平展，钝圆、近尖锐至尖锐，有时波浪状，偶见开裂，纯白色至污白色，个别有很小的锈褐色斑点，干燥时可见有微细粉粒，光滑，湿时黏，边缘有长度可达菌盖半径 1/2 的细长条棱。菌肉白色，受伤后不变色，较薄，近边缘处半透明，无明显气味，味道柔和。菌褶离生，稀，部分中部分叉，较脆，褶间无横脉，无小菌褶，白色至近奶油色，受伤后不变色。菌柄长 2~6 cm，粗 1~2 cm，白色至污白色，有时带浅奶油色色调和赭黄色至锈褐色的小斑点，初内实，后中空，较脆。孢子印白色至稍奶油色。

担子 31~38 × 6~9 μm，棒状，个别近顶端处至顶端处膨大，呈近梭形，具 2 个小梗，个别 4 个小梗，无色透明。担孢子（40/2/1）6.3~10.0 × 3.8~7.5 μm [Q =（1.04）1.08~1.28（1.32），**Q** = 1.19 ± 0.08]，近球形至宽椭球形，少数球形和椭球形，表面小疣刺高 0.3~0.7 μm，半球形至近圆锥形，部分疣间有连线，形成不完整的网纹，脐上区淀粉质点不显著。侧生囊状体和缘生囊状体 23~40 × 6~12 μm，纺锤体状至近梭形，无色透明，表面光滑而无纹饰，顶端尖有时有较小的乳头状突起。菌盖表皮菌丝直立，毛发状，菌丝宽 5.0~2.5 μm，有隔，无色透明，末端常近刺刀状，顶端近尖锐至尖锐，盖生囊状体未见。菌柄表皮菌丝宽 2.5~7.5 μm，有隔，无色透明，柄生囊状体 28~49 × 5~10 μm，极少，棒状，末端钝圆，有晶状至颗粒状内含物。

生境：单生或群生于阔叶混交林地上。

模式产地：日本。

世界分布：亚洲（中国、日本、泰国、尼泊尔）。

研究标本：广东肇庆封开，林中地上，1998年10月28日，文华安、孙述霄、卯晓岚98595（HMAS 75330）。云南云县后箐乡勤山，林中地上，2003年8月30日，杨祝良3934（HKAS 42598）。台湾屏东出风山，林中地上，1997年5月7日，周文能CWN02250（HKAS 50013）。

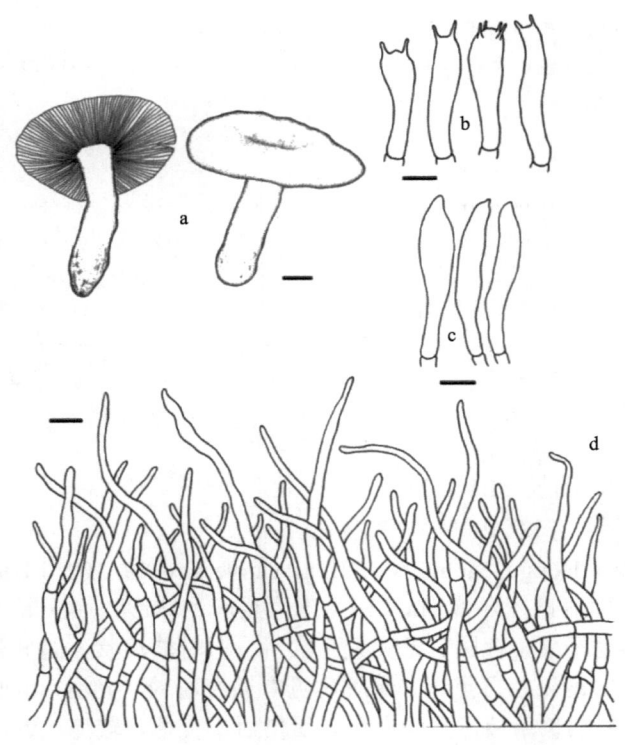

图47 粉粒白红菇 *Russula alboareolata* Hongo（HMAS 75330）
a. 子实体；b. 担子；c. 侧生囊状体；d. 菌盖表皮菌丝。a. 标尺=1 cm；b~d. 标尺=10 μm

讨论：粉粒白红菇与白红菇和小白红菇易于混淆，主要区别是白红菇和小白红菇的菌盖表面无微细粉粒，菌盖表皮具有原菌丝，菌丝细胞末端钝圆。

经济价值：该种可食用。

怡红菇　图48，图版 XIII 4

Russula amoena Quél., C. r. Assoc. Franç. Avancem. Sci., 9: 668, 1881.
Russula amoena f. *acystidiata* Romagn., Bull. trimest. Soc. mycol. Fr. 101(3): Atlas 2, 1985.
Russula amoena f. *viridis* Bon, Docums Mycol. 17(no. 65): 54, 1986.
Russula amoena var. *intermedia* J. Blum, Bull. trimest. Soc. mycol. Fr. 68(2): 255, 1952.
Russula gaminii (Dupain) Singer, Collect. Botan. 13(2): 673, 1982.
Russula seperina var. *gaminii* Dupain, Bull. trimest. Soc. mycol. Fr. 44: 115, 1928.
Russula seperina var. *luteovirens* Bertault & Malençon, in Bertault, Bull. trimest. Soc. mycol.

Fr. 94(1): 26, 1978.
Russula punctata Gillet, Hyménomycètes (Alençon): 245, 1876.
Russula punctata f. *olivacea* Maire, Bull. Soc. mycol. Fr. 26: 118, 1910.
Russula punctata var. *gaminii* (Dupain) Melzer & Zvára, Arch. Přírod. Výzk. Čech. 17(4): 62, 1928.
Russula punctata var. *leucopus* Cooke, Ill. Brit. Fung. (London) 7: pl. 1032, 1888.

子实体一般中型，少数较大型。菌盖直径 4~9 cm，初半球形，后扁平，成熟后中部稍下凹，边缘幼嫩时稍内卷，钝圆，成熟后伸展至略有波浪状起伏，紫红色、酒红色、灰紫色、肝紫色至浅酱紫红色，有时褪色至黄褐色，中部色深，近黑紫色，中央颜色较深，有时常有紫绿色，边缘无条纹至有不明显的条纹。菌肉白色，近表皮下带紫色色调，较脆弱，味道柔和，略甜，无特殊气味。菌褶直生，稍密或稍稀，可见分叉，薄，等长，白色，后乳黄色，褶缘有时带紫色至红色色调。菌柄长 4~8 cm，粗 0.8~2.0 cm，圆柱形，有时近基部处稍细，近顶处略变粗，白色或带紫红色，初内实，后内部松软至中空。孢子印白色。

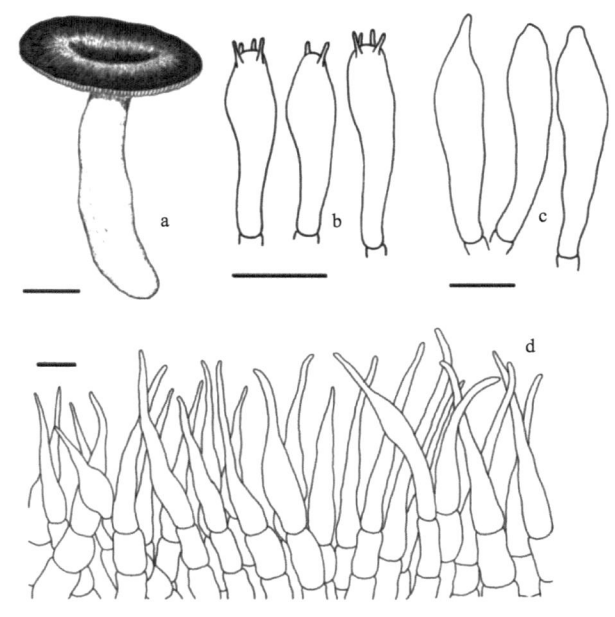

图 48　怡红菇 *Russula amoena* Quél.（HMAS 53633）
a. 子实体；b. 担子；c. 侧生囊状体；d. 菌盖表皮菌丝。a. 标尺=1 cm；b~d. 标尺=10 μm

担子 12~26 × 6~8 μm，棒状，略呈近梭形，多数具 4 个小梗，少数 2 个小梗，无色透明。担孢子（80/4/4）（6.3）6.8~8.1（8.4）×（6.1）6.3~7.1（7.6）μm [Q =（1.03）1.05~1.28（1.30），**Q** = 1.17 ± 0.08]，多数近球形至宽椭球形，个别椭球形和球形，无色，表面有细小疣刺，半球形至近圆锥形，高 0.5~1.2 μm，部分疣刺间有连线，形成近于完整的网纹，脐上区淀粉质点不显著。侧生囊状体和缘生囊状体 18~62 × 5~11 μm，近梭形至梭形，无色透明，表面光滑而无纹饰，顶端钝圆至近尖锐。菌盖表皮菌丝毛发状，多直立，菌丝宽 2.5~5.0 μm，有隔，末端尖锐，呈刺刀状，无色透明，盖生囊状体未见。菌柄表皮菌丝宽度 3.3~5.0 μm，有隔，无色至微黄色，柄生囊状体 28~50 × 5~6 μm，棒状，顶端钝圆，微黄色。

生境：夏秋季群生或散生于针叶林或混交林地上。

模式产地：法国。

世界分布：亚洲（中国、日本）；欧洲（法国）；北美洲。

研究标本：福建武夷山，海拔 1000 m 林中地上，2009 年 7 月，魏铁铮、吕鸿梅等 325（HMAS 220847）、383（HMAS 220842）、448（HMAS 220848）、454（HMAS 220843）、540（HMAS 220849）、579（HMAS 220844）、（HMAS 220846）。湖北十堰神农架，阔叶林地上，2002 年 8 月，陈志刚（HMAS 83627）；十堰神农架板仓，阔叶林地上，1984 年 8 月 16 日，张小青、孙述霄 275b（HMAS 53633）。广东肇庆鼎湖山，阔叶林地上，1980 年 8 月 16 日，毕志树等（HMIGD 4444）；肇庆鼎湖山旅行社坡地，混交林地上，1980 年 5 月 23 日，毕志树、郑国杨（HMIGD 4195）。云南省保山市龙陵县龙新乡绕廊村金星山，林中地上，2002 年 8 月 31 日，杨祝良 3385（HKAS 41454）；大理宾川鸡足山，阔叶林地上，1989 年 8 月 13 日，李宇、宗毓臣 342（HMAS 72093）。陕西汉中，林中地上，1991 年 9 月 20 日，卯晓岚 3845（HMAS 61632）。

经济价值：该种可食用。

鸭绿红菇　图 49，图版 XIII 5

Russula anatina Romagn., Russules d'Europe Afr. Nord: 306, 1967.

Russula anatina Romagn., Russules d'Europe Afr. Nord, Essai sur la Valeur Taxinomique et Spécifique des Charactères des Spores et des Revêtements: 306, 1946.

Russula anatina var. *sejuncta* Sarnari, Micol. Veg. Medit. 8(1): 63, 1993.

Russula anatina var. *subvesca* Sarnari, Micol. Veg. Medit. 8(1): 63, 1993.

Russula anatina var. *xanthochlora* (J.E. Lange) Bon, Docums Mycol. 15(no. 59): 51, 1985.

Russula anatina var. *xanthochlora* (J.E. Lange) Bon, Docums Mycol. 12(no. 48): 44, 1983.

Russula grisea var. *xanthochlora* J.E. Lange, Fl. Agaric. Danic. 5 (Taxon. Consp.): VIII, 1940.

Russula monspeliensis var. *sejuncta* (Sarnari) Sarnari, Monografia Illustrata del Genere Russula in Europa 1: 310, 1998.

子实体中型至大型，个别较小型。菌盖直径 4~14 cm，初呈近球形至半球形，后中央脐状凸起，至扁半球形或垫状，最终平展，中部脐状至深下凹，盖缘钝圆，平滑，有时开裂，无条纹或老后有不明显的短条纹，中部暗橄榄紫色、橄榄紫色、黄棕灰色，盖缘橄榄灰色，有时杂有粉色和褐色色调，或褪色至奶油色至灰黄色，表皮易撕离，被绒毛，有糠麸状龟裂，无光泽。菌肉白色，初坚实，后较脆，味道柔和，有时带甜味，菌褶处稍辛辣，气味不显著。菌褶近延生，初期密，后较稀，可见分叉，尤以近柄处居多，少见小菌褶，褶间具较明显的横脉，乳白色带赭色。菌柄长 3~7 cm，粗 1~3 cm，圆柱形，向上渐变粗或向下渐细，白色，基部染有黄褐色，光滑，老后略有微细的纵向皱纹。孢子印乳黄色。

担子 27~37 × 6~10 μm，棒状，近顶端处略有膨大，具 2~4 个小梗，无色透明。

担孢子（40/2/1）6.3~7.8（8.4）× 5.4~6.8（7.0）μm [Q =（1.03）1.06~1.22（1.24），**Q** = 1.14 ± 0.05]，近球形至宽椭球形，少数球形，无色，表面有疣刺，高 0.7~1.2 μm，疣间有连线，形成近于完整的网纹，脐上区淀粉质点不显著。侧生囊状体 46~71 × 7~9 μm，较少，梭形至近梭形，顶端尖锐至近尖锐，无色透明。菌盖表皮菌丝栅栏状，菌丝宽 2.5~5.8 μm，多分隔，菌丝末端顶端钝圆至近尖锐，部分近末端处渐细，盖生囊状体未见。菌柄表皮菌丝宽 2.5~6.6 μm，有隔，无色透明，柄生囊状体未见。

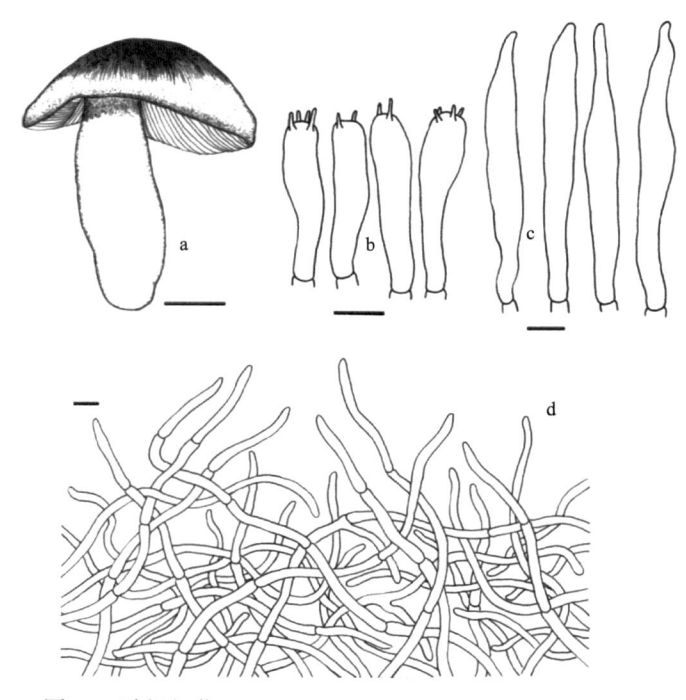

图 49 鸭绿红菇 *Russula anatina* Romagn.（HMAS 54090）
a. 子实体；b. 担子；c. 侧生囊状体；d. 菌盖表皮菌丝。a. 标尺=1 cm；b~d. 标尺=10 μm

生境：生于阔叶林地上。
模式产地：法国。
世界分布：亚洲（中国、印度）；欧洲（法国）；非洲。
研究标本：贵州贵阳花溪，林中地上，1988 年 7 月 6 日，应建浙、宗毓臣、李宇 212（HMAS 54090）。
经济价值：该种可食用。

壳状红菇 图 50，图版 XIII 6
别名：淡绿菇、黄斑红菇、黄斑绿菇、壳皮状红菇、裂皮红菇
Russula crustosa Peck, Rep. (Annual) Trustees State Mus. Nat. Hist., New York 39: 41, 1887.

子实体中型至大型。菌盖直径 5~10 cm，扁半球形，伸展后中下凹，边缘内卷，少见完全伸展，钝圆至近尖锐，波纹状起伏，有时开裂，老后盖缘有条纹，除中部外，有

斑块状龟裂，初光滑，成熟后粗糙，湿时稍黏，浅土黄色或浅黄褐色，有时带浅红褐色色调，边缘有时带绿色和灰绿色色调，中部色较深，表皮较易剥离，从菌盖边缘至中央最多可剥离 1/2。菌肉近柄处较厚，初坚实，后较脆，白色，受伤后不变色，味道柔和，无特殊气味。菌褶直生或弯生，白色，老后变赭乳黄色，少数分叉，菌褶近边缘处宽，近柄处窄。菌柄长 3.0~6.0 cm，粗 1.5~2.5 cm，近柱形或中部膨大，白色，表面光滑，初内实，后内部松软至中空。孢子印白色至奶油色。

担子 24~28 × 5~7 μm，棒状，近顶端处稍膨大，具 2~4 个小梗，无色透明。担孢子 (100/4/4)（6.3）6.5~8.0（8.4）×（5.4）5.6~6.7（7.3）μm [Q =（1.03）1.07~1.27（1.30），Q = 1.18 ± 0.06]，近球形至宽椭球形，少数球形，无色，表面有小疣，高 0.5~1.0 μm，半球形至近圆锥形，疣间有较少的连线，不形成网纹，脐上区淀粉质点不显著。侧生囊状体 27~37 × 7~11 μm，近梭形至梭形，无色透明，顶端近尖锐至有细棒状近尖锐的突起。菌盖表皮菌丝栅栏状，菌丝宽 1.6~3.3 μm，无色透明，末端钝圆至近尖锐，部分尖锐，盖生囊状体未见。菌柄表皮菌丝宽 1.6~4.1 μm，有隔，无色透明，柄生囊状体未见。

生境：夏秋季单生至散生于阔叶林或混交林地上。

模式产地：美国。

世界分布：亚洲（中国、日本）；欧洲；北美洲（美国）。

研究标本：河北承德雾灵山，阔叶林地上，1958 年 9 月 11 日，季克恭 227（HMAS 32601）。安徽黄山，阔叶林地上，1957 年 8 月 27 日，邓叔群 5081（HMAS 20241）。福建省三明洋山，林中地上，1974 年 7 月 11 日，卯晓岚、姜朝瑞 183（HMAS 36931）；漳州市南靖县南坑镇大岭村，林中地上，1958 年 6 月 13 日，邓叔群 5871（HMAS 23019）。江西赣州大余，林中地上，1982 年 9 月 18 日，4（HMAS 44962）。河南内乡宝天曼，海拔 1200 m 混交林地上，2009 年 7 月，申进文等（HMAS 220742）。广东始兴龙斗峰林场，针叶林地上，1984 年 9 月 7 日，毕志树、李泰辉（HMIGD 8037）。广西河池东兰，林中地上，1970 年 6 月 7 日，徐连旺、宗毓臣、卯晓岚 99（HMAS 36851）；南宁宾阳，林中地上，1970 年 6 月 27 日，宗毓臣、徐连旺、卯晓岚 30（HMAS 36935）。海南陵水吊罗山，林中地上，2000 年 5 月 7 日，文华安 2090（HMAS 145880）；五指山，海拔 800 m 阔叶林地上，2000 年 5 月 20 日，文华安 2148（HMAS 145882）。四川阿坝理县米亚罗，林中地上，1958 年 8 月 1 日，邓叔群 6172（HMAS 23020）。贵州贵阳，林中地上，1988 年 6 月 30 日，应建浙等 105（HMAS 53867），1988 年 7 月 3 日，应建浙等 196（HMAS 57741），1988 年 7 月 6 日，应建浙等 213（HMAS 57716），1988 年 8 月 7 日，应建浙等 259（HMAS 57747）；铜仁市江口县梵净山，林中地上，1982 年 8 月 18 日，文华安、宗毓臣 60（HMAS 75478）。云南楚雄，林中地上，1999 年 8 月 25 日，文华安、孙述霄、卯晓岚 483（HMAS 82018）；大理漾濞，海拔 1800 m 林中地上，1959 年 8 月 16 日，王庆之 1014（HMAS 26324）；广南，林中地上，1959 年 6 月 29 日，王庆之 724（HMAS 26325）；昆明禄劝，林中地上，1989 年 7 月 18 日，李宇、宗毓臣 4（HMAS 58271）；屏边大围山水围城，林中地上，2005 年 7 月 17 日，魏铁铮、王向华、于富强、郑焕娣、H. Kndsun711（HMAS 99516）；普洱市思茅区，林中地上，1990 年 8 月 4 日，李宇 392（HMAS 69544）；文山丘北，林中地上，1959 年 7 月 16 日，王庆之 827（HMAS 32767）。西藏林芝，林中地上，1999 年 8 月 25 日，图力古尔（HMJAU 221）、（HMJAU 263）。陕西宝鸡太白山，林中地上，1958 年 6 月 24 日，于积厚 98（HMAS 32600）。

经济价值：该种可食用和药用。

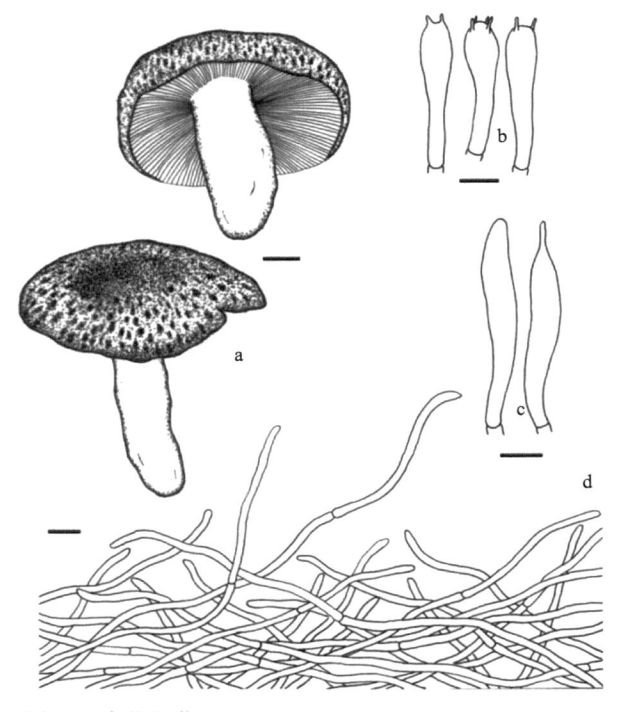

图 50　壳状红菇 *Russula crustosa* Peck（HMAS 75478）
a. 子实体；b. 担子；c. 侧生囊状体；d. 菌盖表皮菌丝。a. 标尺=1 cm；b~d. 标尺=10 μm

叉褶红菇　图 51
别名：黏绿菇

Russula furcata Pers., Observ. mycol.(Lipsiae) 1: 101, 1796.
Agaricus furcatus Pers. Syn. meth. fung. (Göttingen) 2: 446, 1801.
Dixophyllum furcatum (Pers.) Earle, Bull. New York Bot. Gard. 5: 410, 1909.
Russula aeruginosa (Pers.) Pers., Traité champ. Comest. (Paris): 226, 1818.
Russula brunneomarginata Čern. & H. Raab, Sydowia 9(1-6): 282, 1955.
Russula furcata f. *brunneomarginata* (Čern. & H. Raab) H. Raab, Sydowia 10(1-6): 191, 1957.
Russula furcata f. *subtomentosa* (Čern. & H. Raab) H. Raab, Sydowia 10(1-6): 191, 1957.
Russula furcata var. *aeruginosa* Pers., Observ. mycol. (Lipsiae) 1: 103, 1796.
Russula subtomentosa Čern. & H. Raab, Sydowia 9(1-6): 283, 1955.

　　子实体中型至大型。菌盖直径 5~12 cm，初半球形至扁半球形，后渐伸展至中部下凹，有时呈碟状至漏斗状，边缘幼时稍内卷，成熟后尖锐至近尖锐，乳黄绿色、浅草绿色、褐绿至橄榄绿色，光滑，湿时黏至稍黏，干后菌盖上表皮稍有龟裂，边缘薄，平滑，无条纹至有不明显的条棱，老后有时可见同心环状皱纹。菌肉白色，受伤后不变色，近

· 101 ·

表皮处色近于菌盖，略微染有浅绿色色调，味道柔和，无明显气味。菌褶直生至凹生，密集，少数有分叉，等长，褶间微具横脉，无小菌褶或小菌褶极少，白色至奶油色，有时边缘略变褐色。菌柄长 3.5~8.0 cm，粗 0.8~2.3 cm，圆柱形，近基部处稍粗，白色，有时染有浅绿色色调，受伤后不变色，表面光滑，老后有微细的纵向皱纹，初内实，后内部海绵质，松软中空。孢子印白色至近奶油色。

担子 26~45 × 7~11 μm，多数具 2 个小梗，少数 4 个小梗，棒状，近顶端处稍膨大，无色透明。担孢子（50/5/2）（6.8）7.3~8.6（8.8）×（5.8）6.3~7.6（7.9）μm [Q = 1.03~1.23，**Q** = 1.12 ± 0.05]，近球形至宽椭球形，少数球形，无色，表面有小疣，高 0.3~0.7 μm，疣间分散而无连线，脐上区淀粉质点不显著。侧生囊状体 39~75 × 7~13 μm，棒状至近棱形，部分梭形，顶端钝圆至近尖锐，表面无纹饰至略有纹饰。菌盖表层菌丝交织栅栏状至近栅栏状，菌丝宽 1.7~3.3 μm，无色透明，有分隔和分叉，末端近尖锐，盖生**囊状**体未见。菌柄表皮菌丝宽 1.7~4.1 μm，无色透明，有隔，柄生**囊状**体未见。

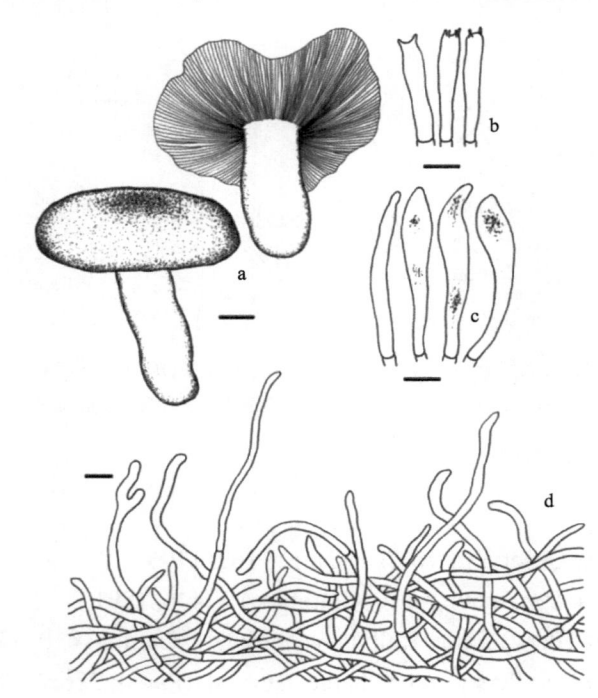

图 51　叉褶红菇 *Russula furcata* Pers.（HMAS 31924）
a. 子实体；b. 担子；c. 侧生囊状体；d. 菌盖表皮菌丝。a. 标尺=1 cm；b~d. 标尺=10 μm

生境：夏秋季群生至散生于阔叶树或针叶树地上。
模式产地：瑞典。
世界分布：亚洲（中国、日本）；欧洲（瑞典、俄罗斯）；北美洲。
研究标本：四川米亚罗夹壁沟，海拔 2700 m 混交林地上，1960 年 9 月 24 日，王春明、韩玉龙、马启明 1486（HMAS 31924）。
讨论：叉褶红菇与异褶红菇外观形态相近，主要区别是异褶红菇的担孢子表面疣刺间有少量连线，菌盖表皮具有少量的**囊状**体。

经济价值：该种可食用。

紫柄红菇 图 52

别名：微紫柄红菇

Russula violeipes Quél., C. r. Assoc. Franç. Avancem. Sci. 26(2): 450, 1898.

Russula amoena var. *violeipes* (Quél.) Singer, Beih. bot. Zbl., Abt. 2 49: 354, 1932.

Russula chlora (Gillet) Traverso, in Saccardo & Traverso, Syll. fung. (Abellini) 20: 709, 1911.

Russula heterophylla var. *chlora* Gillet, Hyménomycètes (Alençon): 241, 1876.

Russula olivascens var. *citrinus* Quél., Enchir. fung. (Paris): 132, 1886.

Russula punctata f. *citrina* (Quél.) Maire, Bull. Soc. mycol. Fr. 26: 118, 1910.

Russula punctata f. *violeipes* (Quél.) Maire, Bull. Soc. mycol. Fr. 26: 118, 1910.

Russula violeipes f. *citrina* (Quél.) Maire, Bull. Soc. mycol. Fr. 26: 118, 1910.

子实体较小型至中型。菌盖直径 3.7~8.0 cm，初近球形至扁半球形，后中央脐状凸起，成熟后平展至扁平，中部下凹，似有粉末，黄绿色、灰黄色、葡萄绿色、柠檬黄色、橄榄色或部分红色至紫红色，甚至酒红色斑纹，偶见奶油色，老后有时褪色，光滑，湿时稍黏，边缘平整，无条纹至有不明显的条纹，尖锐至近尖锐，略有波纹状，有时开裂。菌肉白色至奶油色，受伤后和老后不变色，幼时坚实，老后变海绵状，无气味至略有香味，味道柔和。菌褶离生，稍密，等长，浅黄色，近柄处多分叉，褶间具横脉，无小菌褶。菌柄长 5~10 cm，粗 1~3 cm，圆柱形，有时近顶部和近基部处略变细，粗壮而坚实，表面光滑，似有粉末，有微细的纵向皱纹，污黄色、洋红色、紫红色至紫罗兰色，少见白色，受伤后不变色，初内实，后海绵质至中空。孢子印浅奶油色。

担子 37~60 × 10~13 μm，棒状，近顶端处膨大，具 2~4 个小梗，无色透明。担孢子（40/2/1）（6.3）6.5~6.9（7.3）×（5.8）6.0~7.5（7.8）μm [Q =（1.02）1.04~1.22（1.24），Q = 1.12 ± 0.06]，近球形至宽椭球形，少数球形，无色，表面疣高 0.3~1.0 μm，疣间有连线，形成不完整的网纹，脐上区淀粉质点不显著。侧生囊状体 52~78 × 10~17 μm，梭形至近梭形，顶端近尖锐，无色透明。菌盖表皮菌丝直立状，菌丝宽 1.7~5.0 μm，无色透明，末端近尖锐至尖锐，呈刺刀状，盖生囊状体未见。菌柄表皮菌丝宽 2.5~5.8 μm，有隔，无色透明，柄生囊状体未见。

生境：夏秋季生于林中地上。

模式产地：法国。

世界分布：亚洲（中国、日本）；欧洲（法国、英国、比利时、德国、捷克、斯洛伐克）；北美洲。

研究标本：辽宁沈阳棋盘山，阔叶林地上，2013 年 8 月 19 日，杨涛 13301（HMAS 267742）。山东青岛崂山，林中地上，1982 年 8 月 17 日，赵继鼎、徐连旺 99（HMAS 44040）。广东肇庆鼎湖山地震台，阔叶林地上，1982 年 8 月 11 日，郑婉玲、梁建庆（HMIGD 5638）、（HMIGD 5639）。

讨论：紫柄红菇形态与怡红菇相似，最显著的区别是怡红菇的担孢子表面疣刺间有连线，形成近于完整的网纹。

经济价值：该种可食用。

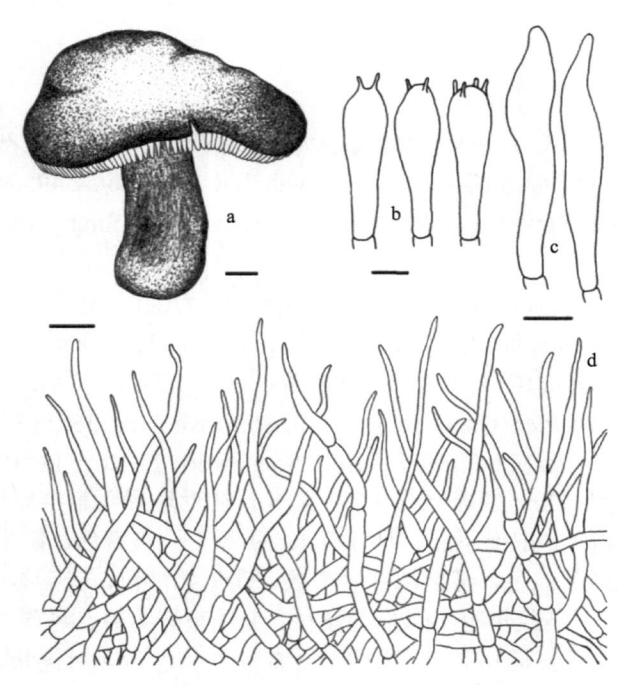

图 52 紫柄红菇 *Russula violeipes* Quél.（HMAS 44040）
a. 子实体；b. 担子；c. 侧生囊状体；d. 菌盖表皮菌丝。a. 标尺=1 cm；b~d. 标尺=10 μm

变绿红菇 图 53，图版 III 1
别名：绿菇、青头菌
Russula virescens (Schaeff.) Fr., Anteckn. Sver. Ätl. Svamp.: 50, 1836.
Agaricus virescens Schaeff., Fung. bavar. palat. nasc. (Ratisbonae) 4: 40, 1774.
Russula erythrocephala Hongo, Nihon Kingakkai Nyusu 8: 8, 1987.
Russula virescens f. *erythrocephala* Hongo, Mem. Fac. lib. Arts Educ. Shiga Univ., Nat. Sci. 16: 60, 1966.
Russula virescens var. *albidocitrina* Gillet, Hyménomycètes (Alençon): 234, 1876.
Russula viridirubrolimbata J.Z. Ying, Acta Mycol. Sin 2 (1): 34, 1983.

子实体中型至大型。菌盖直径 5.0~9.5（15）cm，菌盖初扁半球形，至中央凸起呈脐状，后平展中部略微有下凹，边缘初内卷，钝圆，成熟后平展至尖锐，有时开裂，浅绿色、草绿色至绿色，中央颜色较深，深绿色、墨绿色至黑绿色，边缘颜色较浅，有时可褪色至黄绿色或奶油色，有时老后带赭黄色至赭褐色色调，不黏，上表皮往往斑状龟裂，盖缘幼时无条纹，老后有弱条纹。菌肉白色至浅奶油色，有时略微带浅粉色色调，受伤后不变色，老后和受伤后无特殊气味，味道柔和。菌褶近直生或离生，宽 0.5~1.1 cm，较密，等长，近柄处多分叉，褶间具横脉，小菌褶较少，白色至浅奶油色，有时带微粉色色调。菌柄长 2~10 cm，粗 1~3 cm，圆柱形，等粗或向下稍细，白色，有时有锈褐色小斑点，光滑，老后或干燥后有微细的纵向皱纹，初内实，后海绵质而松软。孢子印白色至浅奶油色。

担子 35~42 × 8~11 μm，棒状，具 2~4 个小梗，无色透明。担孢子（80/4/2）(6.3) 6.5~9.1 (9.4) × 5.8~7.6 (7.8) μm [Q = (1.01) 1.03~1.32 (1.34)，**Q** = 1.18 ± 0.09]，近球形至宽椭球形，少数球形和椭球形，无色，表面小疣高 0.3~0.5 μm，半球形，疣间有连线，形成微细不完整的网纹，脐上区淀粉质点不显著。侧生囊状体 56~68 × 9~12 μm，梭形至近柱形，表面略有纹饰，个别顶端有乳头状突起。菌盖表皮菌丝栅栏状，菌丝宽 1.6~4.2 μm，末端近尖锐至尖锐，刺刀状，无色透明，盖生囊状体未见。菌柄表皮菌丝宽 1.6~5.0 μm，有隔，无色透明，柄生囊状体未见。

生境：夏秋季单生至散生或群生于阔叶林或混交林地上。

模式产地：德国。

世界分布：亚洲（中国、日本、泰国）；欧洲（德国、法国、英国、意大利、丹麦、挪威、瑞典、芬兰、克罗地亚）；北美洲（美国）。

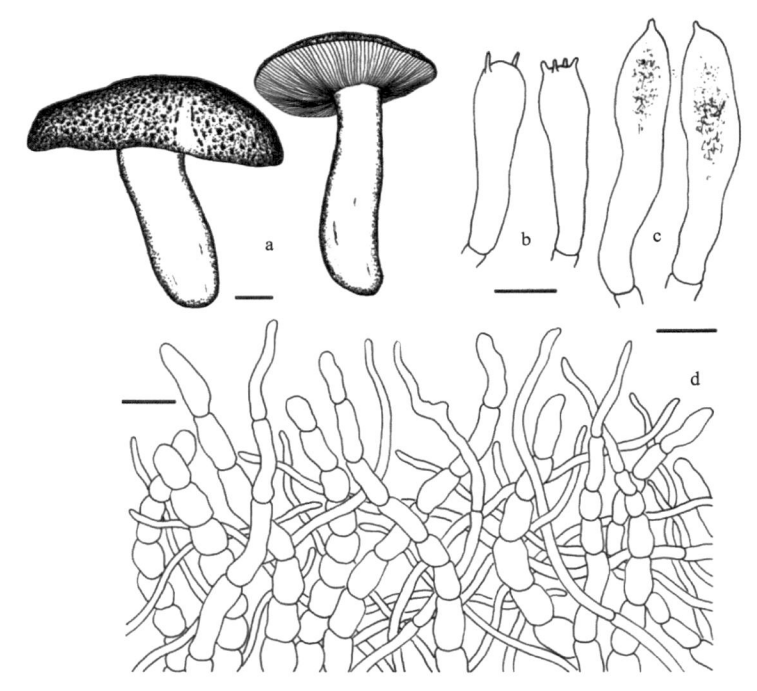

图 53 变绿红菇 *Russula virescens* (Schaeff.) Fr.（HMAS 36938）
a. 子实体；b. 担子；c. 侧生囊状体；d. 菌盖表皮菌丝。a. 标尺=1 cm；b~d. 标尺=10 μm

研究标本：北京密云云蒙山国家森林公园，阔叶林地上，2013 年 7 月 29 日，卢维来、姚一建、黄静 855（HMAS 269882）。黑龙江牡丹江林口，林中地上，1972 年 8 月 19 日，徐联旺、卯晓岚 194（HMAS 38070）。福建南平浦城，林中地上，1960 年 8 月 24 日，王庆之 680（HMAS 29787），1960 年 8 月 26 日，王庆之 737（HMAS 32641）。山东青岛崂山，林中地上，1982 年 8 月 17 日，赵继鼎、徐联旺 98（HMAS 44041）。河南三门峡卢氏，林中地上，1968 年 8 月，李惠中、卯晓岚、应建浙 30（HMAS 36938）、128（HMAS 36854），1968 年 8 月 29 日，李惠中、卯晓岚 216（HMAS 36781）；三门峡西峡，林中地上，1968 年 8 月，李惠中、卯晓岚、应建浙 24（HMAS 36830）。湖北十堰神农架，林中地上，1984 年 8 月 9 日，孙述霄 244（HMAS 72825），1984 年

8月10日，孙述霄246（HMAS 53893），1984年8月16日，孙述霄、张小青273（HMAS 53645）。广东肇庆鼎湖山地震台后山坡，阔叶林地上，1982年8月11日，王又昭等（HMIGD 5664）；肇庆鼎湖山旅社附近，混交林地上，1980年8月15日，毕志树、钟恒（HMIGD 4437）；肇庆鼎湖山树木园至汽车站公路旁，混交林地上，1981年7月30日，梁建庆、李泰辉（HMIGD 4853）。广西壮族自治区东兰，林中地上，1969年8月15日，徐联旺、卯晓岚、宗毓臣、李惠中15（HMAS 36857）；东兰隘洞，杉木林地上，1970年6月8日，卯晓岚、徐连旺99号分出（HMAS 36843）、99（HMAS 40376）；南宁市宾阳县，林中地上，1970年5月6日，徐联旺、卯晓岚43（HMAS 36926）。海南通什五指山，林中地上，1993年3月，文华安（HMAS 83420）。四川甘孜贡嘎山东坡，林中地上，1984年7月1日，文华安、苏京军914（HMAS 48279）；广元林中地上，1971年8月3日，宗毓臣、卯晓岚215（HMAS 36912）；西昌，林中地上，1971年7月16日，宗毓臣、卯晓岚28（HMAS 36828）。贵州贵阳，林中地上，1988年6月30日，应建浙等106（HMAS 57746）、108（HMAS 57745）、209（HMAS 57738），1988年7月3日，应建浙等198（HMAS 57739）、192（HMAS 57748），1988年7月7日，应建浙等249（HMAS 53778）、258（HMAS 57729），1988年7月8日，应建浙等333（HMAS 57737）、335（HMAS 57725）。云南大理宾川鸡足山，林中地上，1989年8月6日，李宇、宗毓臣144（HMAS 57822），1989年8月13日，李宇、宗毓臣348（HMAS 58273）；大理，林中地上，1989年，李宇314（HMAS 88684），2009年7月8日，苏鸿雁等90708001（HMAS 196596），2009年7月14日，苏鸿雁等09171404（HMAS 196533），2009年7月，苏鸿雁等（HMAS 196535）；洱源邓川镇旧州村，混交林地上，2009年7月24日，李国杰、赵勇09511（HMAS 220637）；洱源凤羽镇上寺村，混交林地上，2009年7月25日，李国杰、赵勇09605（HMAS 220797）；广南，林中地上，1959年6月27日，王庆之714（HMAS 32642）；昆明，林中地上，1938年8月，5593（HMAS 01593），1942年7月16日，裘维蕃8509（HMAS 04509），1942年8月2日，裘维蕃7966（HMAS 03966），1973年6月16日，徐联旺、宗毓臣128（HMAS 59699），1973年6月17日，徐联旺、马启明158（HMAS 59819），1973年6月19日，马启明等183（HMAS 37973）、徐联旺、宗毓臣381（HMAS 59763），1973年6月20日，徐联旺、宗毓臣206（HMAS 58300），1973年6月23日，徐联旺、宗毓臣、马启明234（HMAS 37972），1973年6月29日，徐联旺、宗毓臣269（HMAS 59700），1973年7月3日，徐联旺、马启明、宗毓臣319（HMAS 36838），1973年7月13日，徐联旺、马启明85（HMAS 36783），1973年7月23日，马启明、宗毓臣、徐联旺233（HMAS 40508），1973年8月20日，纪大干1（HMAS 40427），2001年8月，丁明仁200106（HMAS 63549）；昆明官渡区木水花，食用菌市场，2010年9月7日，李国杰、李哲敏（HMAS 262500）；昆明禄劝，林中地上，1989年7月18日，李宇、宗毓臣11（HMAS 57837）；昆明楸木园，林中地上，1973年6月13日，徐连旺、宗毓臣、马启明94（HMAS 40433）；昆明西山，林中地上，1942年7月22日，裘维蕃7965（HMAS 03965）；西双版纳勐海，林中地上，1999年8月15日，卯晓岚、文华安、孙述霄197（HMAS 151291）。西藏林芝色季拉山，林中地上，1995年7月18日，文华安、孙述霄141（HMAS 69026）；林芝墨脱，林中地上，1982年9月3日，

卯晓岚 317（HMAS 47077）。甘肃陇南康县，林中地上，1986 年 7 月 15 日，文华安、宗毓臣 17（HMAS 53647）。

讨论：变绿红菇分布广，产量大，容易与其他种区分。变绿红菇在欧洲和北美洲被视为一种常见食用菌（Beardslee，1918）。变绿红菇和美国的近绿红菇 *R. parvovirescens* Buyck, D. Mitch. & Parrent 形态近似，主要区别是近绿红菇有膨大的菌丝末端细胞（Buyck et al.，2006）。

经济价值：该种可食用和药用。与水青冈属、杨属、栎属和桦木属等的一些树种形成外生菌根。

云南红菇 图 54
别名：云南浅绿红菇
Russula yunnanensis (Singer) Singer, Mycologia 34(1): 72, 1942.
Russula viridella var. *yunnanensis* Singer, Annls. mycol. 33（5-6）: 317, 1935.
Russula yunnanensis var. *pseudoviridella* Singer, Mycologia 34(1): 72, 1942.

子实体中型至较大型。菌盖直径 4~7 cm，菌盖初扁半球形，后平展中部下凹，绿色、灰绿色、蓝绿色至黄绿色，有时带紫色色调，表皮由褶缘至菌盖中央可剥离 1/3~3/4，菌盖边缘光滑，无条纹，稍有或几乎没有条纹，不黏，有时表面上表皮略有开裂。菌肉坚实，白色，伤不变色，肉味道辛辣，有胡椒味道。菌褶白色至暗奶油色，薄，等长，末端较钝圆，褶间具横脉。菌柄圆柱形，白色，近基部处略变粗，初内实，后中空。孢子印奶油色。

担子 37~50 × 8~11 μm，棒状，顶端膨大，具 2~4 个小梗，无色透明。担孢子（40/2/2）（5.8）6.2~8.8（9.1）×（5.2）5.5~8.6（9.1）μm [Q =（1.03）1.04~1.24（1.31），**Q** = 1.19 ± 0.09]，球形、近球形至宽椭球形，部分椭球形，微黄色，表面有疣刺，多数高 0.5 μm 左右，少数可达 0.8 μm，多数扁半球形、半球形，疣刺间相连，不形成网纹，脐上区淀粉质点不显著。侧生囊状体 44~76 × 7~13 μm，近梭形至棒状，近顶端处稍变窄，钝圆至近尖锐，表面光滑，部分有轻微的纹饰。菌盖表皮菌丝栅栏状，菌丝宽 1.7~4.1 μm，无色，有隔，顶端近尖锐，盖生囊状体未见。菌柄表皮菌丝宽 1.7~3.6 μm，有隔，无色，柄生囊状体未见。

生境：夏秋季生于林中地上。
模式产地：中国。
世界分布：亚洲（中国）。
研究标本：江苏苏州灵岩山，林中地上，1965 年 6 月 25 日，邓叔群 6804（HMAS 35831）。

讨论：Singer（1935a）发表云南浅绿红菇变种 *Russula viridella* var. *yunnanensis* Singer 时认为，该变种与浅绿红菇原变种 *R. viridella* var. *viridella* Peck 的主要区别是子实体较小，菌盖表面有时带有紫色色调。笔者认为云南浅绿红菇变种的特点是菌盖同时有绿色和紫色色调，菌肉味道较辛辣，容易与其他菌盖表面有绿色色调的种区分。因报道云南浅绿红菇变种的原始文献仅用了简短的德文，且发表时仅依据一份藏于奥地利维也纳大学植物标本馆（WU）的标本，Singer（1942）提出使用云南红菇代替该变种。

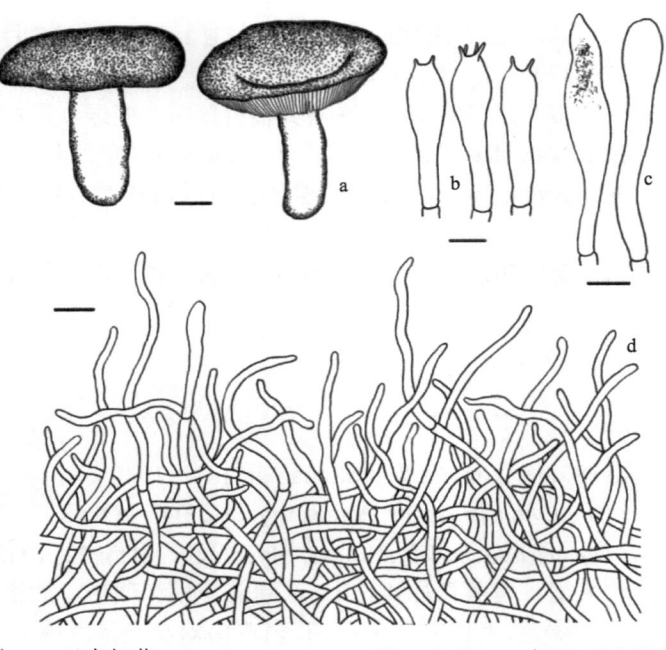

图 54 云南红菇 *Russula yunnanensis* (Singer) Singer (HMAS 35831)
a. 子实体；b. 担子；c. 侧生囊状体；d. 菌盖表皮菌丝。a. 标尺=1 cm；b~d. 标尺=10 μm

硬壳亚属 subgen. *Incrustatula* Romagn.

菌肉味道温和。菌柄无乳管。孢子印白色、奶油色或黄色，少见赭色。菌盖表皮有原菌丝，末端细胞膨大。

模式种：*Russula lilacea* Quél. (Sarnari, 1998)。

中国硬壳亚属分组检索表

1. 孢子印白色至奶油色 ··· 2
1. 孢子印赭黄色至黄色 ··· 浅蓝色组 sect. *Amethystinae*
   2. 菌盖表面主要为红色色调 ··· 玫瑰色组 sect. *Roseinae*
   2. 菌盖表面主要为紫色色调 ··· 丁香紫色组 sect. *Lilacinae*

浅蓝色组 sect. *Amethystinae* Romagn.

菌盖表面紫色至红色色调。孢子印黄色。菌盖表皮有原菌丝。

模式种：*Russula amethystina* Quél. (Sarnari, 1998)。

中国浅蓝色组分种检索表

1. 菌盖紫红色至淡紫色，或紫色至紫红色，菌柄白色，后变黄色至浅黄褐色 ····························· 2
1. 菌盖红色、玫瑰红色、橙色，老后颜色不变或变深 ·· 3
   2. 担孢子表面疣间连线较多，形成完整网纹 ·· 4
   2. 担孢子表面疣刺多分散，少有连线，不形成网纹 ······················· 紫晶红菇 *R. amethystina*

· 108 ·

3. 孢子印近黄色 ·· 大理红菇 **R. taliensis**
3. 孢子印非上述颜色 ·· 5
    4. 菌盖表皮有盖生囊状体 ··· 黄孢紫红菇 **R. turci**
    4. 菌盖表皮无盖生囊状体 ························· 紫晶红菇邓氏亚种 **R.amethystina** subsp. **tengii**
5. 菌褶延生，初白色，后稍变黄色 ··· 刻点红菇 **R. punctata**
5. 菌褶直生，白色，后变浅赭色 ·· 玫瑰柄红菇 **R.roseipes**

紫晶红菇　图 55，图版 III 2、XIV 1

Russula amethystina Quél., C. r. Assoc. Franç. Avancem. Sci. 26(2): 450 , tab. 4, fig. 13, 1898.

Russula amethystina f. *multiodorata* R. Socha, in Socha, Hálek, Baier & Hálek, Holubinky (Russula)(Praha): 505, 2011.

Russula amethystina var. *multiodorata* R. Socha, in Socha, Hálek, Baier & Hálek, Holubinky (Russula)(Praha): 505, 2011.

子实体中型。菌盖直径 3.3~6.4 cm，初扁半球形，后中央凸起，成熟后近平展至平展，中央常下凹，个别呈浅碟状至浅漏斗状，褶缘略有起伏至明显上翘，边缘无条纹至有微弱的短条纹，湿时很黏，干燥后稍光滑，有时小块开裂和剥落，表皮自边缘至菌盖中央方向可剥离 1/3~3/5，主要为紫色、紫罗兰色和紫红色色调，边缘常有粉紫色色调，中央常褪色至黄褐色、浅黄褐色和赭黄色，表皮下菌肉白色，有时略有浅紫红色至粉红色色调。菌肉厚 0.4~0.9 cm，初坚实，后较脆，幼时白色至奶油色，老后微黄色，味道柔和，无显著气味至略有三碘甲烷气味。菌褶稍弯生，宽 0.5~1.0 cm，褶缘处 8~13 片/cm，奶油色，部分中部有分叉，褶间略有横脉，近缘处钝圆至近钝圆，伤变深黄色至浅赭色。菌柄长 3.7~5.3 cm，粗 1.3~2.2 cm，圆柱形，近菌盖处略粗，白色，伤后略有浅黄褐色，初内实，后中空，表面光滑，老后有微细的纵向皱纹。孢子印赭黄色至微黄色。

担子 33~44 × 9~12 μm，棒状，部分近顶端处稍膨大，具 4 个小梗，小梗长 3~5 μm，无色透明。担孢子（100/5/5）（5.9）6.6~8.6（9.0）×（5.3）5.6~7.2（7.5）μm [Q =（1.02）10.6~1.32（1.35），**Q** = 1.19 ± 0.08]，近球形至宽椭球形，少数球形和椭球形，微黄色，表面疣刺高 0.7~1.2 μm，多数分散，少数间有连线，不形成网纹，脐上区淀粉质点不显著。侧生囊状体 54~69 × 8~10 μm，梭形至近梭形，顶端钝圆至近尖锐，透明或部分含有颗粒状内含物。菌盖表皮菌丝栅栏状排列，菌丝细胞细长，宽 2.1~4.8 μm，无隔或较少分隔，部分分叉，末端细胞钝圆至近尖锐，部分稍膨大，无色透明，盖生囊状体未见。菌柄表皮菌丝平伏，菌丝宽 1.7~3.6 μm，无隔或较少分隔，末端细胞近尖锐，无色透明，柄生囊状体未见。

生境：夏秋季单生至散生于针叶林和混交林地上。

模式产地：法国。

世界分布：亚洲（中国）；欧洲（法国、意大利）。

研究标本：吉林安图长白山二道白河镇北山门，混交林地上，2013 年 7 月 22 日，范宇光、李国杰 13035（HMAS 267802）、13034（HMAS 252603）、13355（HMAS 252586）；安图黄松浦林场，针叶林地上，2010 年 7 月 22 日，郭良东、孙翔、李国杰、谢立璟（HMAS

262370）。

讨论：紫晶红菇形态与黄孢紫红菇十分近似，区别在于前者的担孢子表面的疣刺稍高，疣刺间连线较少，黄孢紫红菇多与松属树种共生，而紫晶红菇多与云杉属和冷杉属树种共生。Sarnari（2005）还列出了用于区分以上两种的其他两个形态特征，菌盖颜色和菌肉气味，但笔者在采集和鉴定中发现，这两个特征被用于以上两个种的形态比较时并不稳定，在子实体不同生长阶段和不同环境中往往变化较大。

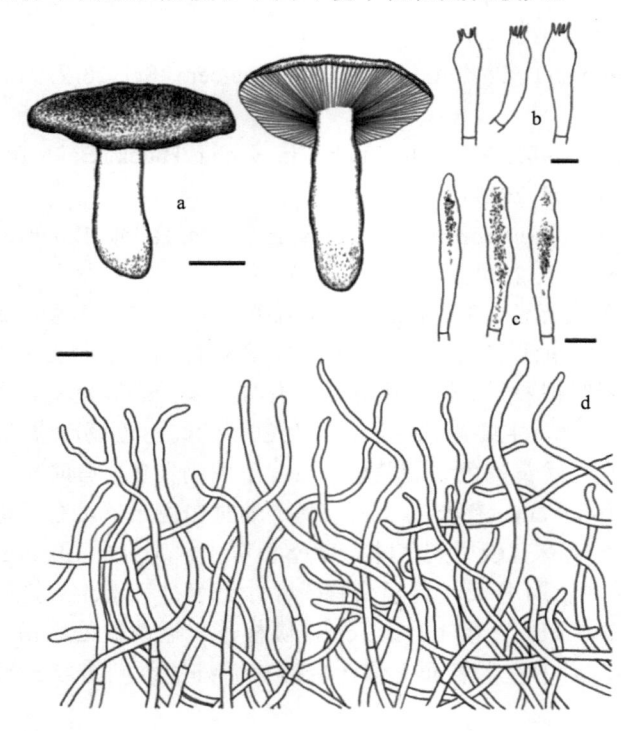

图 55　紫晶红菇 *Russula amethystina* Quél.（HMAS 252603）
a. 子实体；b. 担子；c. 侧生囊状体；d. 菌盖表皮菌丝。a. 标尺=1 cm；b~d. 标尺=10 μm

紫晶红菇邓氏亚种　　图 56，图版 III 3、XIV 2

Russula amethystina subsp. **tengii** G.J. Li, H.A. Wen & R.L. Zhao, Fungal Diversity 78: 182. 2016.

子实体小型至中型。菌盖直径 4.3~5.2 cm，初半球形至中央凸起，成熟后平展，老后偶尔中央下凹，边缘有时具微弱的条纹，个别开裂，表面湿时黏，表皮自边缘向中央可剥离 1/4~1/3，淡紫色、紫红色并混有紫褐色调。菌肉厚 0.1~0.2 cm，白色，脆弱，有碘仿气味，味道柔和。菌褶直生至稍离生，宽 0.2~0.5 cm，边缘处 13~16 片/cm，有时近菌柄处和中段分叉，褶间具横脉，浅赭黄色至赭黄色色调，小菌褶未见。菌柄长 5.5~6.8 cm，粗 0.9~1.5 cm，近圆柱形，表面有微细的纵条纹，湿时不黏，无光泽，近菌盖处略细，白色，干燥和受伤后变浅橙黄色，初内实，成熟后中空。孢子印赭黄色。

担子 30~40 × 7~10 μm，具 4 个小梗，小梗长 3~6 μm，顶端稍膨大或显著膨大，偶尔圆柱形，无色透明，在 KOH 溶液中有时呈略微变黄。担孢子（100/10/8）7.4~8.7

· 110 ·

（9.2）× 6.2~7.5（8）μm [Q =（1.06）1.10~1.28 （1.34），**Q** = 1.20 ± 0.06]，透明至略呈微黄色，多数宽椭球形，少数近球形和椭球形，表面纹饰淀粉质，由嵴状突起构成，形成近于完整至完整的网纹，偶见分散的疣刺状突起，高 0.5~0.8 μm，脐上区淀粉质点显著。侧生囊状体分散，55~100 × 8~13 μm，突越子实层 20~60 μm，近梭形至近圆柱形，有时顶端膨大至显著膨大，末端钝圆，内含物稀少，颗粒状至晶体状，在硫酸香草醛溶液中呈现浅灰色。菌盖表皮菌丝栅栏状，菌丝宽 3~6 μm，末端钝圆，原菌丝宽 4~7 μm，圆柱形至近圆柱形，多分隔，末端钝圆，表面具有壳状纹饰。菌柄表皮菌丝宽 3~6 μm，无色，多分隔，柄生囊状体未见。

生境：夏秋季单生至群生于针叶林（松属和云杉属）地上。

模式产地：中国。

世界分布：亚洲（中国）。

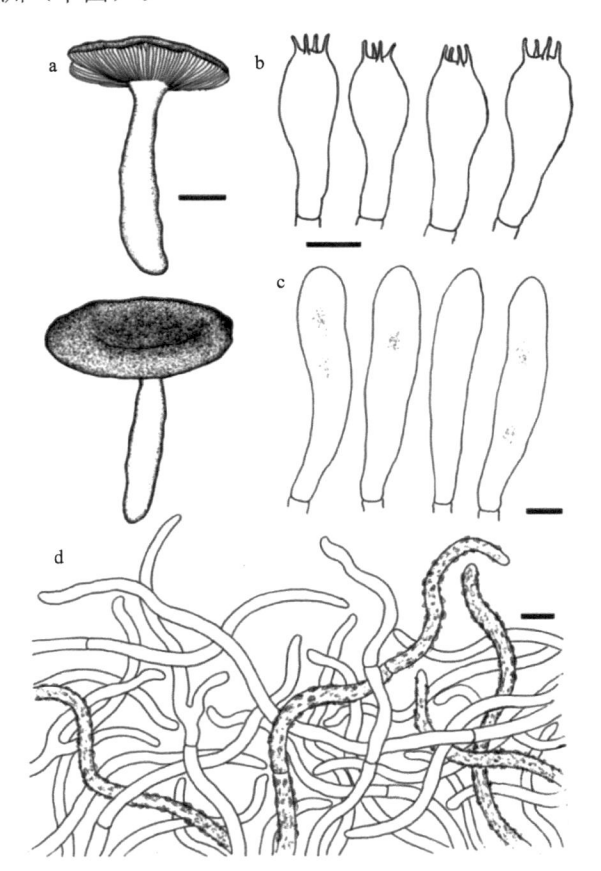

图 56 紫晶红菇邓氏亚种 *Russula amethystina* subsp. *tengii* G.J. Li , H.A. Wen & R.L Zhao（MHAS 253336）

a. 子实体；b. 担子；c. 侧生囊状体；d. 菌盖表皮菌丝。a. 标尺=1 cm；b~d. 标尺=10 μm

研究标本：云南楚雄市南华县紫溪山森林公园，林中地上，2013 年 8 月 20 日，卢维来、魏铁铮、杨振萍 354（HMAS 252864）；丽江玉龙县高山植物园，针叶林地上，2014 年 6 月 17 日，李国杰、余芸、蒋淑华、王亚宁 14075（HMAS 271033）、14088

（HMAS 271161）、14187（HMAS 271048）、14252（HMAS 253336）。西藏林芝米林县至朗县 318 国道，林中地上，2013 年 8 月 12 日，魏铁铮、李天舟、刘小勇、庄剑云 3701（HMAS 253241）。

讨论：紫晶红菇邓氏亚种外观形态与紫晶红菇近似，区别是紫晶红菇邓氏亚种的担孢子表面纹饰高 0.5~0.8 μm，相比于紫晶红菇的担孢子表面纹饰高度 0.7~1.2 μm 明显低矮（Li et al., 2016；Kränzlin, 2005；Sarnari, 2005；Romagnesi, 1967）。

刻点红菇　图 57

Russula punctata Krombh., Naturgetr. Abbild. Beschr. Schwämme (Prague) 9: 13, 1845.

子实体较小型至中型。菌盖直径 5~6 cm，初扁平，后中部稍下凹，湿时黏，边缘有沟槽状条纹，亮玫瑰红色，老后变黑红色，中央颜色较暗，菌盖表面有数目较多的颗粒状突起。菌肉较厚，边缘较薄，白色，菌盖表皮下菌肉略带浅红色，老后略变黄色，味道柔和，无显著气味。菌褶延生，数量多而密，初白色，后稍变黄色，褶间无横脉，无小菌褶。菌柄长 3~4 cm，粗 1 cm，表面光滑，与菌盖颜色相同，基部带白色。孢子印浅黄色至浅赭黄色。

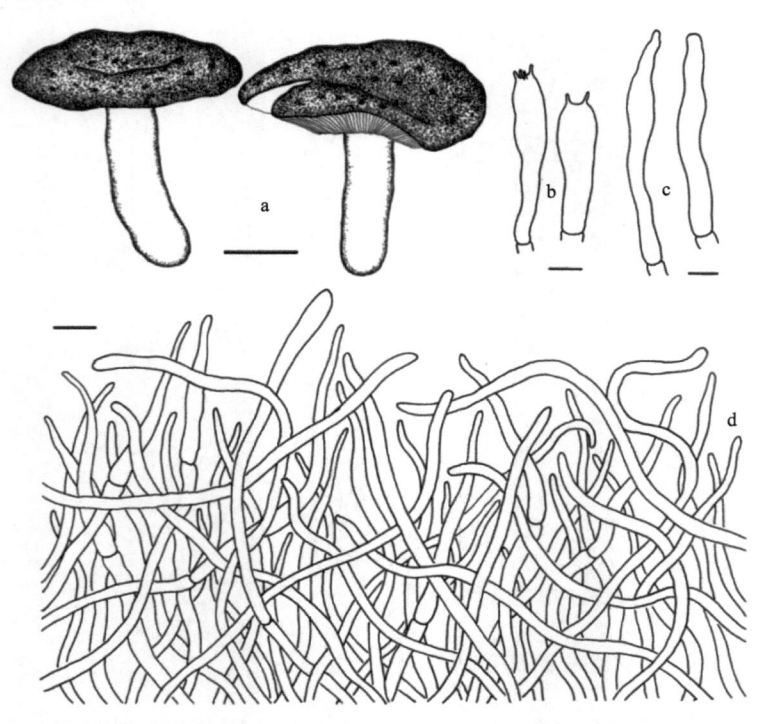

图 57　刻点红菇 *Russula punctata* Krombh.（HMAS 35829）
a. 子实体；b. 担子；c. 侧生囊状体；d. 菌盖表皮菌丝。a. 标尺=1 cm；b~d. 标尺=10 μm

担子 27~33 × 8~11 μm，棒状，近顶端处略有膨大，具 2~4 个小梗，无色透明。担孢子（40/2/2）(5.8) 6.1~7.8×(5.6) 6.0~6.6 (7.0) μm [Q = (1.02) 1.04~1.22 (1.24)，Q = 1.11 ± 0.05]，近球形至宽椭球形，少数球形，浅黄色，表面小疣刺高 0.3~0.7 μm，半球形至扁半球形，疣刺间分散而无连线，脐上区淀粉质点不显著。侧生囊状体 27~

66×7~12 μm，细长棒状，顶端近尖锐，无色至略有微黄色，光滑而无纹饰。菌盖表皮菌丝近直立状，菌丝宽 1.7~4.1 μm，无色透明，多有分隔，末端渐细，近尖锐至钝圆，盖生囊状体未见。菌柄表皮菌丝宽 2.5~5.0 μm，有隔，无色，柄生囊状体未见。

生境：夏秋季生于林中草地上。

模式产地：法国。

世界分布：亚洲（中国）；欧洲（英国、法国）。

研究标本：吉林抚松露水河国家森林公园，林中地上，2005 年 7 月 23 日，图力古尔（HMJAU 4916）。江苏苏州天平山，林中地上，1965 年 6 月 28 日，邓叔群 6847（HMAS 35829）。

玫瑰柄红菇　图 58，图版 III 4、XIV 3

Russula roseipes Secr. ex Bres., Fung. trident. 1: 37, 1883.

Russula alutacea var. *roseipes* Gillet, Hyménomycétes (Alençcon): 250, 1876.

Russula lutea subsp. *roseipes* (Secr. ex Bres.) Bohus & Babos, Annls hist.-nat. Mus. natn hung. 52: 132, 1960.

Russula lutea var. *roseipes* (Secr. ex Bres.) Jul. Schäff., Annls mycol. 31(5-6): 422, 1933.

Russula puellaris var. *roseipes* (Gillet) Cooke, Handb. Brit. Fungi, 2nd Edn: 337, 1889.

Russula risigallina f. *roseipes* (Gillet) Bon, Docums Mycol. 17(no. 65): 56, 1986.

子实体中型至大型。菌盖直径 7~11 cm，初扁半球形至中央凸起，后平展中部下凹，边缘钝圆，略有起伏，个别开裂，红色色调，常呈粉红色至亮红色，湿时黏，有时被白色粉末，偶有表皮开裂，肉质，边缘整齐，延伸。菌肉厚 0.4~0.5 cm 或更厚，白色，老后轻微变黄色，受伤后不变色，遇硫酸亚铁变浅灰绿色，遇硫酸香草醛溶液变紫褐色，初坚实，后较脆，无味道或有面粉味，有时有甜味，气味无或有怡人气味。菌褶直生，宽 0.6~1.0 cm，近盖缘处 7~12 片/cm，等长，具横脉，褶缘平滑，小菌褶未见，白色、淡黄色至黄色，老后浅赭色，部分边缘略有粉红色色调。菌柄长 4~6 cm，上部粗 1.2~2.5 cm，中生，圆柱形，白色，带苋菜红色，光滑，无附属物，海绵质，实心至空心。孢子印黄色至浅赭黄色。

担子 18~42×10~14 μm，棒状，具 2~4 个小梗，小梗长 2~4 μm，淡黄色。担孢子（40/2/2）6.3~7.8（8.1）×（5.3）5.6~6.8（7.1）μm [Q =（1.04）1.06~1.27（1.31），Q = 1.15±0.07]，近球形至宽椭球形，部分球形，个别椭球形，表面小疣刺高 0.7~1.2 μm，近圆锥形，疣刺间有连线，形成近于完整的网纹，脐上区淀粉质点不显著。侧生囊状体 48~70×6~15 μm，棒状，部分近梭形至披针形，顶端钝圆，散生，近无色至黄色，表面稍有纹饰。菌盖表皮菌丝直立状，近栅栏状至丛毛状排列，菌丝宽 1.7~5.8 μm，末端钝圆至近尖锐，有隔，部分深黄褐色，被结晶，具硬壳，盖生囊状体未见。菌柄表皮菌丝宽 1.7~5.0 μm，有隔，无色，柄生囊状体未见。

生境：夏秋季散生至群生于针叶林地上。

模式产地：英国。

世界分布：亚洲（中国）；欧洲（英国、法国、德国、瑞士、奥地利、意大利、挪威、瑞典、芬兰、捷克、斯洛伐克、俄罗斯、高加索地区）；北美洲（美国）。

研究标本：内蒙古鄂温克旗红花尔基樟子松国家森林公园，针叶林地上，2013年7月31日，文华安、李赛飞、赵东、李国杰13206（HMAS 252602）、13211（HMAS 252601）、13374（HMAS 252575）、13375（HMAS 252590）、13377（HMAS 252588）；海拉尔国家森林公园，针叶林地上，2013年8月1日，李国杰、赵东13227（HMAS 267848）。广东南雄县油山区寨下村，林中地上，1984年8月25日，毕志树、李泰辉（HMIGD 7733）；清远连山禾洞鸡公山，林中地上，1984年9月6日，李崇、郑国杨（HMIGD 7477）；韶关市曲江区小坑镇空洞子村，阔叶林地上，1984年9月10日，毕志树、李泰辉（HMIGD 8144）。西藏当雄加拉寺，高山灌丛草甸地上，2012年8月30日，赵东、李国杰、李伟12180（HMAS 265239）。

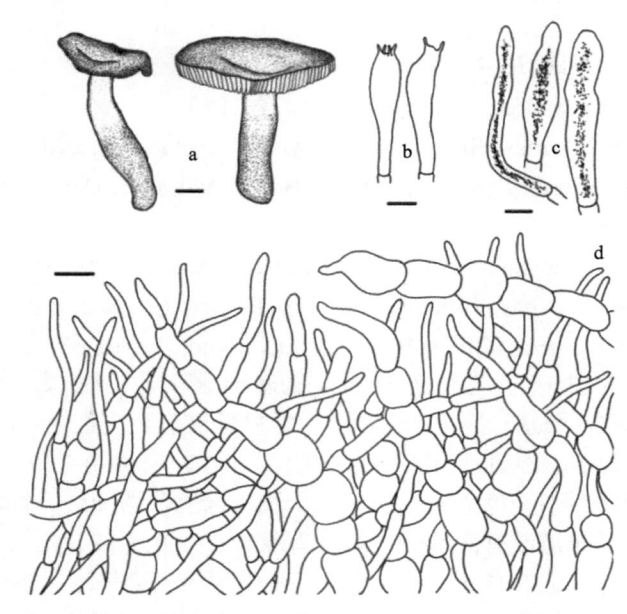

图58 玫瑰柄红菇 *Russula roseipes* Secr. ex Bres.（HMIGD 7733）
a. 子实体；b. 担子；c. 侧生囊状体；d. 菌盖表皮菌丝。a. 标尺=1 cm；b~d. 标尺=10 μm

讨论：Ronikier和Adamčík（2009）观察欧洲的玫瑰柄红菇标本发现了一些与文献记录不一致的地方，如Sarnari（2005）和Romagnesi（1967）记载玫瑰柄红菇担孢子表面的纹饰高至少0.6 μm，而Ronikier和Adamčík的报道中该种担孢子表面的疣刺高不超过0.6 μm，疣刺间无连线。

经济价值：该种可食用。

大理红菇 图59，图版 XIV 4
Russula taliensis W.F. Chiu, Lloydia 8: 46, 1945.

子实体小型至中型。菌盖直径5 cm，初扁半球形，后平展中部下凹，玫瑰红色，老后颜色略变暗，有极短的绒毛，湿时不黏，边缘钝圆至近尖锐，光滑而无条棱。菌肉初坚实，后较脆，较薄，白色，老后略带灰色，味道柔和，无显著气味。菌褶离生，宽约0.6 cm，近稠密，近缘处略钝，褶间无横脉，小菌褶未见，白色，干后赭黄色。菌柄长6 cm，粗1~2 cm，中生，圆柱形，上下近等粗，上部白色，下部粉红色，表面幼时光滑，老后有极为微细的皱纹，初内实，后中空。孢子印微黄色。

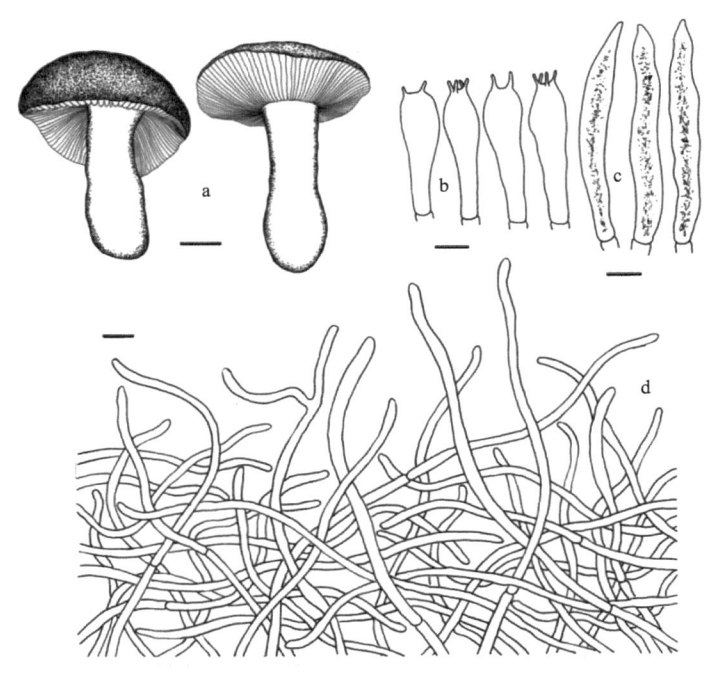

图 59 大理红菇 *Russula taliensis* W.F. Chiu （HMAS 03995）
a. 子实体；b. 担子；c. 侧生囊状体；d. 菌盖表皮菌丝。a. 标尺=1 cm；b~d. 标尺=10 μm

担子 27~42 × 8~11 μm，棒状，近顶端处略有膨大，具 2~4 个小梗，无色透明。担孢子（40/2/1）（6.1）6.3~8.1（8.8）×5.8~7.5（7.8）μm [Q =（1.02）1.04~1.22（1.24），**Q** = 1.12 ± 0.06]，球形、近球形至宽椭球形，微黄色，表面有稀疏的疣刺，高 0.5~1.0 μm，半球形至近圆锥形，疣间无连线至有极少连线，不形成网纹，脐上区淀粉质点不显著。侧生囊状体 40~68 × 8~13 μm，一般棒状，较少腹形至喙状，近顶端处渐细，顶端尖锐至近尖锐，表面略有纹饰。菌盖表皮菌丝栅栏状，菌丝宽 3.3~5.8 μm，无色透明，有分隔和分叉，末端钝圆至近尖锐，盖生囊状体未见。菌柄表皮菌丝宽 1.7~4.2 μm，无色，有隔，柄生囊状体未见。

生境：夏秋季生于林中地上。

模式产地：中国。

世界分布：亚洲（中国）。

研究标本：云南大理，林中地上，1938 年 9 月 17 日，周家炽 7995（HMAS 03995）；宁蒗泸沽湖山门，林中地上，2004 年 7 月 28 日，刘吉开 4066（HKAS 47401）。

讨论：大理红菇菌盖颜色与欧洲的刻点红菇较为相似，二者均有红色、老后颜色变暗的菌盖，区别在于刻点红菇的菌盖表面有数目较多的颗粒状突起。

黄孢紫红菇　图 60，图版 XIV 5
Russula turci Bres., Fung. trident. 1(2): 24, 1882.
Russula turci var. *gilva* Einhell., Hoppea 43: 182, 1985.

子实体较小型至中型，部分大型。菌盖直径 2.5~7.0（10）cm，初扁半球形，后中央凸起，成熟后渐扁平，或平展后中部多少有些下凹，边缘钝圆，个别略微开裂，呈多样的紫色色调，灰紫色、蓝紫色、橄榄紫色、紫红色至淡紫色，中部色较深，紫褐色、近深紫色至紫黑色，后期变淡，有时变黄色或浅黄色，湿时黏，干后稍光滑且无光泽，盖表有时形成微颗粒或小龟裂，边缘平滑，老后略有条纹。菌肉坚实，老后稍脆，白色，成熟过程中变黄色，表皮下方常有紫色色调，味道柔和而不显著，常有碘仿气味。菌褶直生至近离生，宽 0.5~0.7 cm，等长，密，厚而脆，不分叉，褶间具横脉，盖缘处宽而圆，近柄处菌褶窄，无小菌褶，浅黄白至乳黄色，后土黄色。菌柄长 3~5 cm，粗 1~2 cm，中生，圆柱形或棒状，白色，老后变黄色至黄褐色，幼嫩时内实，成熟后变松软或空心。孢子印黄色至土黄色。

担子 26~32 × 6~10 μm，棒状，具 2~4 小梗，近顶端处略微有膨大，无色透明。担孢子（40/2/2）（6.5）6.8~8.5（8.9）×（5.6）5.8~6.9 μm [Q =（1.05）1.08~1.34（1.37），Q = 1.22 ± 0.08]，近球形至宽椭球形，少数球形和椭球形，淡黄色至无色，表面小疣高 0.5~1.0 μm，半球形，个别近圆锥形，疣间相连呈完整的网纹，脐上区淀粉质点不显著。侧生囊状体 35~55 × 6~8 μm，棒状至略呈近梭形，个别顶端具短尖，表面有微弱的纹饰。菌盖表皮菌丝栅栏状排列，菌丝宽 1.7~5.8 μm，有隔，末端钝圆，无色透明，盖生囊状体 43~90 × 6~8 μm，较少，棒状，顶端近尖锐，表面有纹饰。菌柄表皮菌丝宽 1.7~4.2 μm，有隔，无色，柄生囊状体未见。

生境：夏秋季群生于针叶林中地上。

模式产地：意大利。

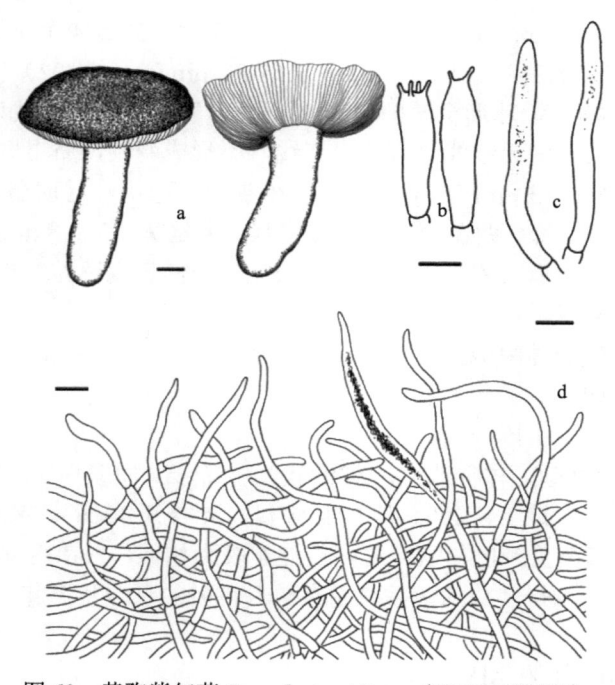

图 60　黄孢紫红菇 *Russula turci* Bres.（HMAS 32636）
a. 子实体；b. 担子；c. 侧生囊状体；d. 菌盖表皮菌丝。a. 标尺=1 cm；b~d. 标尺=10 μm

世界分布：亚洲（中国）；欧洲（英国、法国、德国、意大利、瑞士、丹麦、挪威、瑞典、芬兰、斯洛伐克、保加利亚）；北美洲（美国）。

研究标本：吉林安图二道白河和平林场，海拔 1014 m 混交林地上，2010 年 7 月 22 日，郭良栋、孙翔、李国杰、谢立璟 20100409（HMAS 250954）；安图二道白河生态定位站，海拔 811 m 混交林地上，2010 年 7 月 25 日，孙翔、李国杰（HMAS 262387）；长春郊区，林中地上，1987 年，宗毓臣（HMAS 151370）。广东肇庆鼎湖山，林中地上，1965 年 7 月 15 日，邓叔群 6923（HMAS 35833）。贵州贵阳农学院小山，林中地上，1958 年 8 月 15 日，王庆之 110（HMAS 32637）。云南大理宾川鸡足山，混交林地上，1989 年 8 月，李宇、宗毓臣 317（HMAS 88639）；大理漾濞，林中地上，1959 年 7 月 27 日，王庆之 683(HNAS 32638)；广南县猫街韭菜坪，林中地上，1959 年 7 月 27 日，王庆之 683（HMAS 32636）；昆明，林中地上，1942 年 7 月 14 日，裘维蕃（HMAS 06944），1943 年 7 月 8 日，裘维蕃（HMAS 04214）。西藏自治区那曲市嘉黎县阿扎镇，海拔 4040 m 林中地上，1990 年 8 月 25 日，蒋长坪、欧珠次旺 27（HMAS 57862）。

讨论：Bresadola（1881）发表黄孢紫红菇未指定模式标本，Singer 在整理纽约植物园的标本时根据 Bresadola 的标本之一指定了该种的模式标本（Singer，1942）。该种与欧洲的紫晶红菇的外观形态近似，二者的区别是紫晶红菇的菌盖除了紫色色调外，有少量的红色色调，担孢子表面疣刺间相连，形成较为完整的网纹。

经济价值：该种可食用。与松属的一些树种形成外生菌根。

丁香紫色组 sect. *Lilacinae* Melzer & Zvára

菌盖紫红色至紫色色调。孢子印白色至奶油色。菌盖表皮有原菌丝。

模式种：*Russula lilacea* Quél.（Romagnesi，1987）。

中国丁香紫色组分种检索表

1. 菌盖为典型的红色 ·· 呕吐色红菇 R. emeticicolor
1. 菌盖淡紫色、紫色、紫褐色至粉紫褐色 ·· 2
  2. 菌肉初白色，后变污黄色，味道温柔至稍辛辣，或有水果香味 ··· 3
  2. 菌肉受伤后不变色 ·· 4
3. 菌褶直生或稍下延，稍密 ·· 绒紫红菇 R. mariae
3. 菌褶离生，较稀蔬 ·· 褐紫红菇 R. brunneoviolacea
  4. 孢子印白色至浅奶油色 ·· 5
  4. 孢子印白色至近白色 ··· 6
5. 担孢子表面小疣间极少有连线，不形成网纹 ················· 淡紫红菇原亚种 R. lilacea subsp. lilacea
5. 担孢子表面小疣间多有连线，形成完整网纹 ················· 淡紫红菇网孢亚种 R. lilacea subsp. retispora
  6. 菌肉略有辛辣味 ·· 天蓝红菇 R. azurea
  6. 菌肉有明显辛辣味 ·· 近江红菇 R. omiensis

天蓝红菇　图 61，图版 III 5、XIV 6
别名：葡紫红菇、天青红菇
Russula azurea Bres., Fung. trident. 1(2): 20, 1882.

子实体较小型至中型。菌盖直径 2.5~6.0 cm，扁半球形至中央凸起，后平展，中部稍下凹，边缘较钝圆，紫红色、蓝紫色、丁香紫色、浅葡萄紫色、紫褐色至紫黑色，有时杂有绿色色调，常褪色至近白色，有粉或微细颗粒，边缘无条纹至有微细的条纹，有时有波浪状起伏或开裂，表皮不易剥离，湿时稍黏。菌肉白色，受伤后不变色，味道柔和或略辛辣，无气味或有轻微的淀粉气味。菌褶直生或稍延生，宽 0.5~0.9 cm，白色，近柄处明显分叉，褶间具横脉，等长至近等长，顶端钝圆。菌柄长 3~6 cm，粗 0.5~1.2 cm，圆柱形，近柄处至中部略膨大或向下渐细，表面白色，光滑，有时有微细果霜，初内实，后内部海绵质松软。孢子印白色至近白色。

担子 21~46 × 5~12 μm，短棒状，有个别近顶端处膨大，具 2~4 个小梗，无色透明。担孢子（40/2/2）6.4~11.1（11.5）×（5.8）6.0~10.1（11.3）μm [Q =（1.01）1.03~1.31（1.35），**Q** = 1.18 ± 0.12]，宽椭球形至近球形，少数球形和椭球形，无色，表面有小疣，高 0.5~1.0 μm，疣大多分散，半球形至近圆锥形，疣间无连线，极少相连成短脊，脐上区淀粉质点不显著。侧生囊状体 20~63 × 5~9 μm，近梭形至棒状形，顶端钝圆至近尖锐，部分顶端有乳头状的小突起，无色透明，表面光滑而无纹饰。菌盖表皮菌丝栅栏状，有原菌丝，菌丝宽 1.7~5.8 μm，无隔，透明，末端钝圆至近尖锐，盖生囊状体较少，宽 5.1~7.8 μm，棒状，末端钝圆，有结晶状至颗粒状内含物。菌柄表皮菌丝宽 1.7~5.0 μm，有隔，无色透明，柄生囊状体未见。

图 61　天蓝红菇 *Russula azurea* Bres.（HMAS 36941）
a. 子实体；b. 担子；c. 侧生囊状体；d. 菌盖表皮菌丝。a. 标尺=1 cm；b~d. 标尺=10 μm

生境：夏秋季群生或单生于桦等阔叶林或针栎林地上。

模式产地：意大利。

世界分布：亚洲（中国）；欧洲（意大利、英国、法国、瑞士、挪威、瑞典、芬兰、保加利亚）。

研究标本：吉林安图长白山，林中地上，2008年8月4日，周茂新等（HMAS 187107）、08055（HMAS 187108）；长白山池北区北山门，混交林地上，2013年7月22日，范宇光、李国杰13030（HMAS 267888）、13040（HMAS 267804）；长白山池北区二道白河镇北，混交林地上，2013年7月21日，文华安、李赛飞、赵东、范宇光、李国杰13009（HMAS 267896）；长白山池北区二道白河镇西，混交林地上，2013年7月25日，李赛飞、赵东、范宇光、李国杰13104（HMAS 267750）。云南大理金顶寺，林中地上，1938年9月15日，姚荷生7979（HMAS 03979）；昆明，林中地上，1973年6月23日，徐连旺、卯晓岚、宗毓臣（HMAS 36941）。西藏波密桃花沟，混交林地上，2012年8月23日，赵东、李国杰12064（HMAS 265216）；工布江达县江达乡，混交林地上，2012年8月27日，赵东、李国杰、李伟、王亚宁12145（HMAS 264838）、12143（HMAS 264831）；林芝嘎定沟，阔叶林地上，2012年8月17日，赵东、李国杰12005（HMAS 264844）。

讨论：天蓝红菇与紫晶红菇外观形态近似，主要区别是紫晶红菇有赭黄色至微黄色的孢子印，菌肉有三碘甲烷气味，无盖生囊状体。

经济价值：该种可食用。与冷杉属和云杉属等的一些树种形成外生菌根。

褐紫红菇 图62，图版XV 1

Russula brunneoviolacea Crawshay, The Spore Ornamentation of Russulas: 90, 1930.

Russula brunneoviolacea var. *cristatispora* J. Blum ex Bon, Cryptog. Mycol. 7(4): 297, 1986.

Russula brunneoviolacea var. *diverticolata* Moron, Bull. Soc. mycol. Fr. 124(3 & 4): 264, 2010.

Russula brunneoviolacea var. *macrospora* M.Kaur, Atri, Sam. Sharma & Yadw. Singh, Journal of Mycology and Plant Pathology 41(4): 526, 2011.

Russula pseudoviolacea Joachim, Bull. trimest. Soc. mycol. Fr. 47: 256, 1931.

子实体较小型至中型。菌盖直径3~7 cm，初近球形至扁半球形，后中央凸起，成熟后近平展，中部多少有些下凹至略微呈漏斗状，表面堇紫褐色至暗酒红色，偶见褪色至赭黄色，无光泽，湿时稍黏，边缘钝圆而平滑，有时略有波浪状起伏，无条纹，有时开裂或有弱条纹，表皮可略微剥离。菌肉较厚，白色，老后略变浅黄色，味道柔和，气味温和，有时有微弱的水果香味。菌褶离生，宽0.6~0.7 cm，较稀疏，近柄处有分叉，褶间微具横脉，白色、浅奶油色至乳白色。菌柄长3~7 cm，粗1~2 cm，柱形或近棒状，有时中部稍膨大，基部略弯曲，白色，湿时稍变灰色，但常混有灰褐色、红色、稻黄色和赭黄色色调，初内实，后内部海绵质，松软，表面略带纵向微细皱纹。孢子印奶油色。

担子24~35 × 7~9 μm，棒状，近顶端略有膨大，多数具2个小梗，少数4个小梗，无色透明。担孢子（60/3/2）6.1~8.3（8.5）× 5.3~6.5（6.9）μm [Q =（1.02）1.04~1.29

（1.32）, $Q = 1.19 \pm 0.06$]，宽椭球形至近球形，少数球形和椭球形，表面有小疣，高 0.5~1.0 μm，疣间部分有连线，半球形，疣间多连线，形成近于完整的网纹，脐上区淀粉质点不显著。侧生囊状体 19~51 × 6~11 μm，棒状、梭形至近梭形，顶端尖锐至近尖锐，表面略有纹饰。菌盖表皮菌丝栅栏状，有原菌丝，菌丝宽 2.5~4.2 μm，无色透明，末端钝圆，盖生囊状体 59~87 × 8~13 μm，较多，棒状，末端钝圆而略膨大，表面有较明显的纹饰。菌柄表皮菌丝宽 1.6~3.3 μm，有隔，无色透明，柄生囊状体未见。

生境：夏秋季散生于针叶林或阔叶林地上。

模式产地：英国。

世界分布：亚洲（中国）；欧洲（英国、法国、丹麦、挪威、瑞典、克罗地亚）；北美洲（美国、加拿大）。

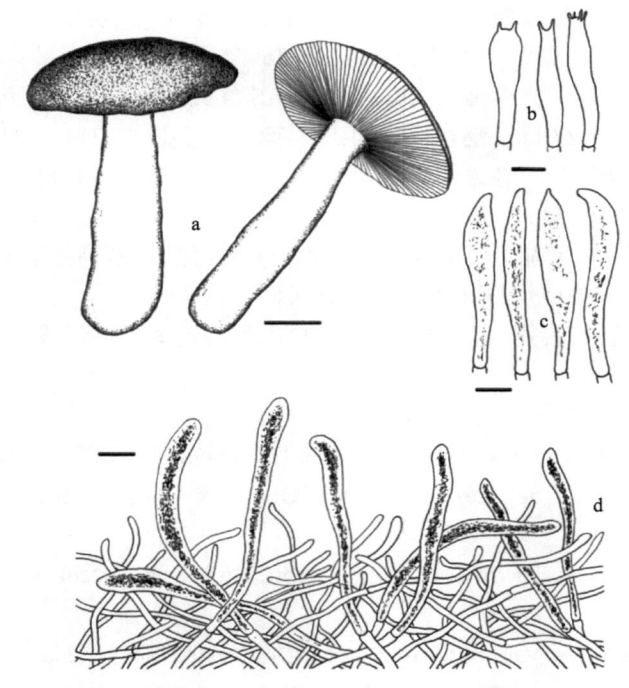

图 62 褐紫红菇 *Russula brunneoviolacea* Crawshay（HMAS 220752）
a. 子实体；b. 担子；c. 侧生囊状体；d. 菌盖表皮菌丝。a. 标尺=1 cm；b~d. 标尺=10 μm

研究标本：河北承德雾灵山山顶，高山云杉林地上，1998 年 8 月 14 日，卯晓岚（HMAS 78205）。云南大理下关苍山大理学院后山中和峰，海拔 2600 m 林中地上，2009 年 7 月，苏鸿雁等（HNAS 220750），2009 年 7 月 16 日，苏鸿雁等 90716019（HMAS 220806）；洱源苍山，海拔 2298 m 林中地上，2009 年 7 月 23 日，李国杰、赵勇（HMAS 220752）；洱源邓川镇旧州村苍山，海拔 2623 m 针叶林地上，2009 年 7 月 23 日，李国杰、赵勇 09408（HMAS 220832）。西藏林芝吉隆，林中地上，1990 年 8 月 15 日，庄剑云 2914（HMAS 58788），1990 年 8 月 30 日，庄剑云 3671（HMAS 60448）。甘肃迭部，林中地上，1992 年 9 月 4 日，卯晓岚 6101（HMAS 66226）。

讨论：褐紫红菇形态变化较大，欧洲和美洲的标本在菌盖表面特征和担孢子大小等方面均存在一定差异（Schaffer，1970b）。我国 Chiu（1945）根据云南昆明西山的标

本以假堇紫红菇 *R. pseudoviolacea* Joachim 报道，欧洲学者 Blum（1962）通过对假堇紫红菇和褐紫红菇的模式标本进行研究发现，二者的宏观形态和显微形态特征相同，鉴定为同一个种，较早发表的褐紫红菇种名有优先权，而假堇紫红菇则是褐紫红菇的同物异名。

经济价值：该种可食用。

呕吐色红菇　图 63，图版 XV 2
别名：毒红菇色红菇
Russula emeticicolor Jul. Schäff., Annls mycol. 35(2): 112, 1937.
Russula emeticicolor f. *purpureoatra* (Romagn.) Bon, Docums Mycol. 17(no. 65): 55, 1986.
Russula lilacea f. *purpureoatra* Romagn., Bull. mens. Soc. linn. Lyon 31(1): 174, 1962.

子实体较小型至中型。菌盖直径 3~6 cm，初半球形至扁半球形，成熟后近平展，中部稍下凹，边缘幼时稍内卷，后近平展至平展，钝圆，菌盖表面红色或玫瑰红色，中央颜色较深，呈现深红色、暗红色至黑红色，边缘稍浅，有时褐色至浅粉色，个别可褪色出现白色斑点，湿时不黏，干，表面光滑，幼嫩时有极为微细的短绒毛，边缘有不明显的条棱，有时开裂，表皮可稍剥离。菌肉白色，受伤后不变色，菌盖表皮下方略带粉红色色调，有辛辣味道，气味不显著，幼时坚实，后海绵质，较脆。菌褶直生，褶间具横脉，等长，无分叉或较少分叉，小菌褶未见，白色或稍带奶油色。菌柄长 4~7 cm，圆柱形，白色，表面光滑至有微细的纵向皱纹，初内实，后海绵质，松软。孢子印白色。

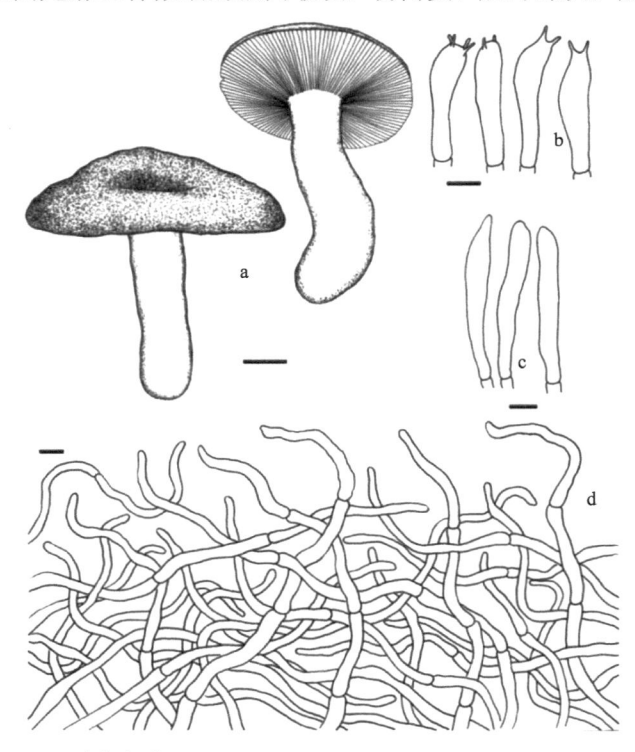

图 63　呕吐色红菇 *Russula emeticicolor* Jul. Schäff.（HMAS 78192）
a. 子实体；b. 担子；c. 侧生囊状体；d. 菌盖表皮菌丝。a. 标尺=1 cm；b~d. 标尺=10 μm

担子 31~46 × 9~13 μm，棒状，近顶端处略有膨大，多数具 4 个小梗，少数 2 个小梗，无色透明。担孢子（60/3/2）（6.3）6.5~8.0（9.5）×（5.4）5.6~6.8（7.1）μm [Q =（1.02）1.04~1.30（1.33），**Q** = 1.17 ± 0.07]，球形、近球形至宽椭球形，少数椭球形，无色，表面有小疣，高 0.5~1.0 μm，半球形至近圆锥形，疣间个别有连线，但不形成网纹，脐上区淀粉质点显著。侧生囊状体 46~77 × 6~10 μm，梭形至棒状，散生，略有浅黄色。菌盖表皮菌丝栅栏状，有原菌丝，菌丝粗 4.6~7.1 μm，无色透明，多分隔，末端钝圆，盖生囊状体未见。菌柄表皮菌丝宽 1.7~5.0 μm，无色，有隔，柄生囊状体未见。

生境：夏秋季单生或散生于阔叶林地上。

模式产地：德国。

世界分布：亚洲（中国）；欧洲（德国、法国、丹麦、瑞典）。

研究标本：广东省韶关市南雄市油山镇，林中地上，1984 年 8 月 26 日，毕志树、李泰辉（HMIGD 5094）。云南昆明市植物所后山，林中地上，1999 年 9 月，卯晓岚（HMAS 78192）。

讨论：呕吐色红菇形态特征与毒红菇很相似，二者均有鲜红色易褪色的菌盖、辛辣的菌肉和白色的孢子印，主要区别是毒红菇菌盖表皮有盖生囊状体，无原菌丝，而呕吐色红菇无盖生囊状体。

淡紫红菇原亚种　　图 64，图版 XV 3

Russula lilacea subsp. **lilacea** Quél., Bull. Soc. bot. Fr. 23: 330, 1877.

子实体较小型至中型。菌盖直径 3~6 cm，初扁半球形，后平展，中部略微下凹，边缘较钝圆，具模糊的条纹，灰紫色、紫罗兰色、粉酒红色、粉紫色或紫丁香色，中部色较深，少见黄绿色色调，具明显果霜，菌盖表面湿时黏，干燥后光滑，在放大镜下可观察到表皮较明显的刻点和开裂。菌肉白色，受伤后不变色，老后略微变黄色，味道柔和，气味稍微似水果味。菌褶直生，宽 0.3~0.8 cm，较密，有分叉，褶间具横脉，无小菌褶或小菌褶极少，白色至奶油色。菌柄长 3~6 cm，粗 0.4~1.0 cm，圆柱形，近基部处稍膨大，白色，基部稍带粉色至紫色色调，有时带赭黄色至赭褐色的小斑点，表面具果霜，光滑至有微细的皱纹，初坚实，后内部松软或中空，较脆。孢子印白色至浅奶油色。

担子 26~42 × 7~11 μm，棒状，具 4 个小梗，少数 2 个小梗，无色透明。担孢子（40/2/1）（6.5）6.8~8.4（8.9）×（5.8）6.1~7.8（8.0）μm [Q =（1.04）1.09~1.24（1.27），**Q** = 1.14 ± 0.05]，近球形至宽椭球形，少数球形，无色，表面疣刺高 0.7~1.5 μm，密集，近圆锥形至近圆柱形，多数分散，仅极个别刺间相连，不形成网纹，脐上区淀粉质点显著。侧生囊状体 29~44 × 8~11 μm，梭形或近梭形，顶端近尖锐至尖锐，无色透明。菌盖表皮菌丝栅栏状，有原菌丝，菌丝宽 1.7~5.8 μm，无色透明，有分叉和分隔，末端钝圆至近尖锐，盖生囊状体未见。菌柄表皮菌丝宽 1.7~5.6 μm，有隔，无色，柄生囊状体未见。

生境：夏秋季单生、散生至群生于混交林地上。

模式产地：法国。

世界分布：亚洲（中国、日本）；欧洲（法国、丹麦、挪威、瑞典、芬兰、克罗地亚）。

研究标本：福建三明，林中地上，1974 年 7 月 5 日，姜朝瑞、卯晓岚、马启明、李惠中 73（HMAS 36919）。广东梅州大埔丰溪松树山，阔叶林地上，1987 年 6 月 21 日，郑国杨（HMIGD 11211）；肇庆鼎湖山树木园至旅行社，混交林地上，1980 年 5 月 10 日，毕志树、郑国杨（HMIGD 4104）。广西桂林龙胜，林中地上，1968 年 7 月 18 日，宗毓臣、徐连旺、李惠中、应建浙、卯晓岚 11（HMAS 36934）。云南昆明西山，林中地上，1958 年 10 月 9 日，蒋伯宁、杨锡瑞 117（HMAS 32627）；澜沧县付本村，林中地上，2007 年 7 月 13 日，X. F. Shi20（HKAS 52131）；西双版纳景洪，林中地上，1990 年 8 月 8 日，李宇 448（HMA S 69541）。

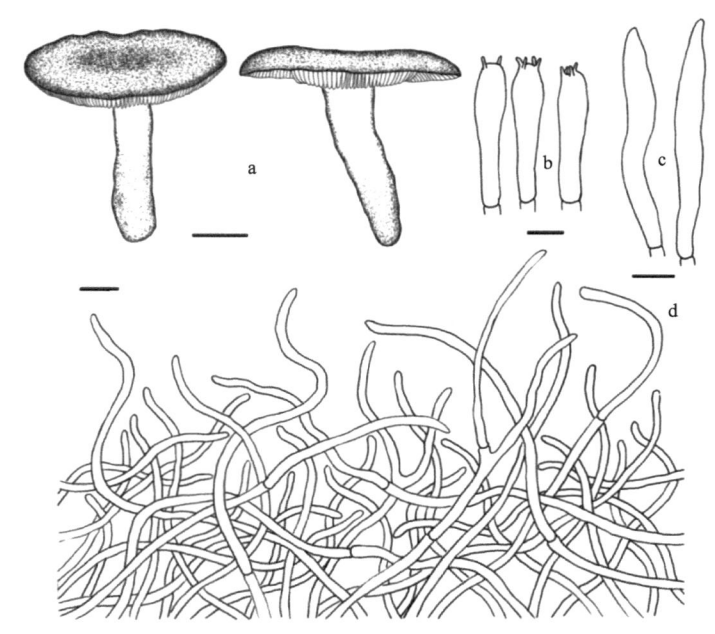

图 64　淡紫红菇原亚种 *Russula lilacea* subsp. *lilacea* Quél（HMAS 36919）
a. 子实体；b. 担子；c. 侧生囊状体；d. 菌盖表皮菌丝. a. 标尺=1 cm；b~d. 标尺=10 μm

讨论：淡紫红菇原亚种和绒紫红菇的特征相似，区别是绒紫红菇的子实体较大，菌盖具有极为微细的短绒毛，具有稍辛辣的菌肉。

经济价值：该种可食用和药用。与鹅耳枥属等树种形成外生菌根。

淡紫红菇网孢亚种　　图 65，图版 XV 4
别名：淡紫红菇、网孢红菇
Russula lilacea subsp. **retispora** Singer, Annls. mycol. 32 (5-6): 459, 1934.
Russula retispora (Singer) Bon, Docums. Mycol. 17 (65): 56, 1986.

子实体较小型。菌盖略有起伏，直径 3~4 cm，初扁半球形，后渐平展，有时中部稍下凹，边缘钝圆，有时开裂，灰褐色、灰紫色、肉褐色至淡灰紫色，有时褪至灰白色，光滑，无附属物，菌盖表面光滑，湿时黏，盖缘光滑，无条纹，或有模糊的短条纹，表皮可剥离。菌肉较薄，近柄处厚 0.1~0.2 cm，白色，受伤后不变色，老后略变浅褐色至褐色，无明显的味道和气味。菌褶直生，宽 0.2~0.3 cm，密集，盖缘处 13~17 片/cm，基本等长，褶间具横脉，较薄，边缘钝圆，白色至淡奶油色。菌柄长 2.5~3.0 cm，近顶处柄粗 0.6~0.8 cm，中生，圆柱形，近白色，后浅灰色至肉褐色，海绵质，初内实，后海绵质至中空，脆，表面光滑，有较为明显的皱纹。孢子印白色至浅奶油色。

担子 29~49 × 7~12 μm，棒状，中部至近顶端稍膨大，近无色，具 2~4 个小梗。担孢子（40/1/1）6.3~7.5 × 5.4~6.5（7.1）μm [Q = 1.04~1.18（1.27），**Q** = 1.11 ± 0.05]，近球形至椭球形，球形，近无色，表面有疣状突起高 0.7~1.5 μm，疣刺间多有连线，形成完整的网纹，脐上区淀粉质点不显著。侧生**囊**状体 54~95 × 9~21 μm，较少，细长棒状至近梭形，顶端钝圆，近无色，表面光滑而无纹饰。菌盖表皮菌丝栅栏状，有原菌丝，菌丝宽 1.7~5.8 μm，末端钝圆至近尖锐，有分隔，无色透明，盖生囊状体未见。菌柄表皮菌丝宽 1.7~4.2 μm，无色，有隔，柄生囊状体未见。

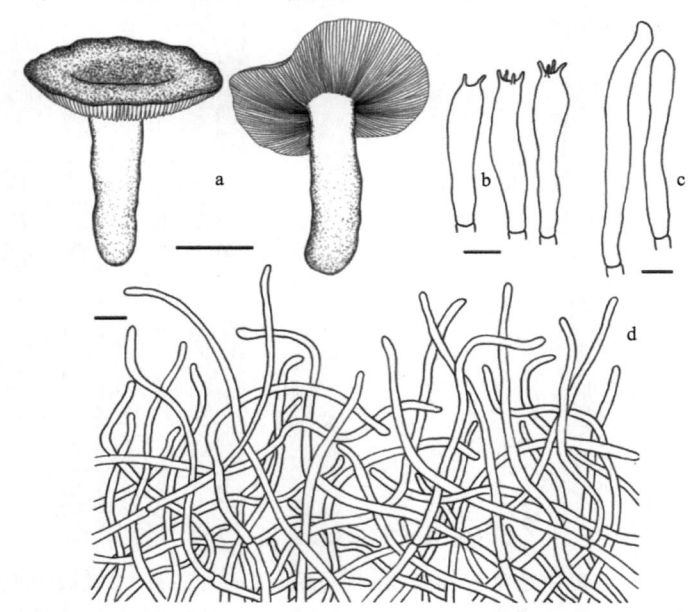

图 65　淡紫红菇网孢亚种 *Russula lilacea* subsp. *retispora* Singer（HMIGD 15391）
a. 子实体；b. 担子；c. 侧生囊状体；d. 菌盖表皮菌丝。a. 标尺=1 cm；b~d. 标尺=10 μm

生境：夏秋季散生于混交林中地上。
模式产地：欧洲。
世界分布：亚洲（中国）；欧洲。
研究标本：海南乐东尖峰岭天池，混交林地上，1988 年 7 月 6 日，陈焕强（HMIGD 15391）。

讨论：淡紫红菇网孢亚种与淡紫红菇原亚种的区别是淡紫红菇网孢亚种担孢子表面疣刺间多有连线，形成完整的网纹。

绒紫红菇　图 66，图版 XV 5
Russula mariae Peck, Ann. Rep. N. Y. St. Mus. 24: 74, 1872.
Russula mariae var. *subflavida* Singer, Bull. trimest. Soc. mycol. Fr. 55: 244, 1940.

子实体中型至较大型。菌盖直径 4~9 cm，初扁半球形，后逐渐平展至中央凸起呈脐状，最后中部下凹，不黏，深粉红色、玫瑰紫红色，中部色较深，老后紫橄榄色或褪色至近黄色，表面有微细粉末、绒毛和皮屑状附属物，湿时稍黏，表皮较容易剥离，从菌盖边缘向菌盖中央可剥离 1/2，幼时边缘内卷，钝圆至近尖锐，无条纹或老后有不明显的短条纹。菌肉白色，有时在表皮下为淡红色，中部厚，边缘薄，味道柔和至稍辛辣，无特殊气味。菌褶直生或稍下延，宽 0.25~0.5 cm，白色，后污奶油色至污乳黄色，有时边缘带粉色至紫色色调，稍密，等长，近柄处变窄，有分叉，褶间具横脉，小菌褶极少或不可见。菌柄长 3~5 cm，粗 1~2 cm，近圆柱形或向下渐细，粉红色至淡紫红色，有的基部白色，光滑，老后有微细的皱纹，初内实，后松软至中空。孢子印淡乳黄色。

担子 22~33 × 7~9 μm，短棒状，具 2~4 个小梗，无色透明。担孢子（40/2/2）（7.1）7.5~9.0（9.3）×（6.1）6.3~7.8（8.1）μm [Q =（1.06）1.09~1.30（1.33），**Q** = 1.18 ± 0.06]，近球形至宽椭球形，少数椭球形，无色，表面有小疣刺，高 0.7~1.2 μm，疣刺间相连形成完整网纹。侧生囊状体 37~73 × 6~12 μm，较多，棒状至近梭形，部分梭形，顶端钝圆至近尖锐，表面有较强烈的纹饰。菌盖表皮菌丝栅栏状，菌丝宽 2.5~5.8 μm，无隔，末端钝圆，盖生囊状体未见，有时可见结晶的原菌丝。菌柄表皮菌丝宽 1.7~5.0 μm，柄生囊状体未见。

生境：夏秋季单生或群生于阔叶林地上。

模式产地：美国。

世界分布：亚洲（中国、日本）；北美洲（美国、加拿大）；大洋洲。

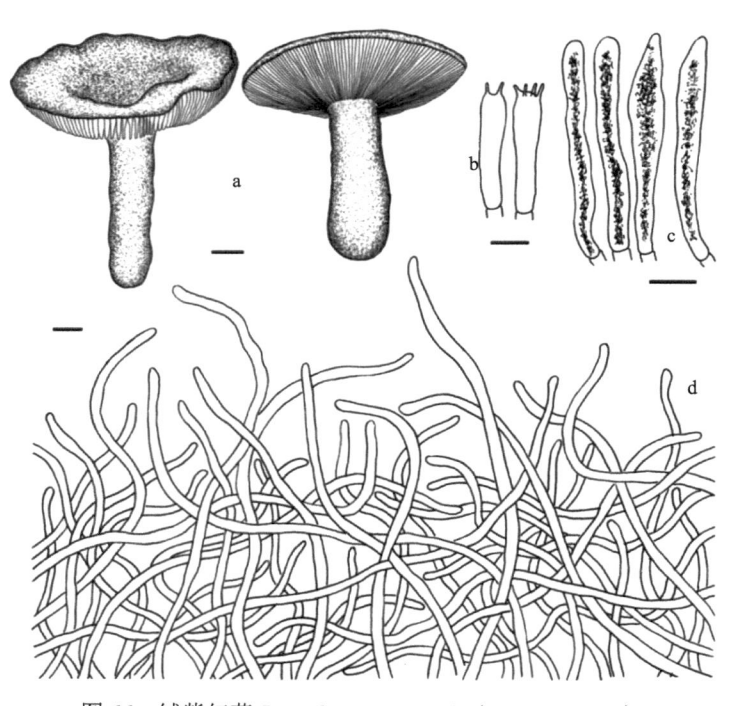

图 66 绒紫红菇 *Russula mariae* Peck（HMAS 36786）
a. 子实体；b. 担子；c. 侧生囊状体；d. 菌盖表皮菌丝。a. 标尺=1 cm；b~d. 标尺=10 μm

研究标本：吉林长春市净月潭，林中地上，2004 年 7 月 8 日，王建瑞（HMJAU 3648）。河南三门峡卢氏，林中地上，1968 年 8 月 22 日，应建浙、李惠中、卯晓岚 93（HMAS 36932）。广东肇庆鼎湖山，林中地上，1999 年 10 月 10 日，文华安、孙述霄 98512（HMAS

75338）。广西壮族自治区河池市东兰县隘洞镇纳乐村，林中地上，1969 年 6 月，徐连旺、宗毓臣、李惠中、卯晓岚 4（HMAS 36786）。贵州道真大沙河，林中地上，1988 年 7 月 19 日，应建浙、宗毓臣 439（HMAS 72655）；贵阳花溪，林中地上，1988 年 7 月 7 日，李宇、宗毓臣 235（HMAS 59933）；遵义农贸市场，1988 年 7 月 15 日，李宇、宗毓臣 389（HMAS 59691）。陕西汉中秦岭，林中地上，1991 年 9 月，卯晓岚 3980（HMAS 61664）；汉中岳坝，林中地上，1991 年 9 月，卯晓岚 6371（HMAS 61625）。台湾屏东出风山，林中地上，1998 年 5 月 27 日，温昭诚 CWN03369（HKAS 50012）。

讨论：欧洲和美国学者 Burlingham（1936）和 Schaeffer（1952）等认为绒紫红菇是欧洲的怡红菇的同物异名，两种的菌盖颜色和菌盖表皮形态均十分相近，怡红菇菌盖表面可见刺刀状菌丝末端，与绒紫红菇区别较大，该观点未获得广泛认同。Singer（1957）和 Romagnesi（1967）等认为这两个种可以从孢子印，子实体大小，以及菌盖表皮结构区分。

经济价值：该种可食用。

近江红菇 图 67，图版 XV 6

别名：红赤紫菇、紫绒红菇

Russula omiensis Hongo, Memoirs of Shiga University, 17: 93, 1967.

子实体较小型至中型。菌盖直径 3~5 cm，初扁半球形，后平展中部下凹，边缘钝圆，表面光滑，湿时较黏，放大镜下可见干后有时有极微细的果霜，成熟后暗紫红色至带黑紫色，局部褪色为红色，中央颜色较深，有时带绿色色调至近黑色，老后或干燥后变紫灰色，成熟后边缘有明显的放射状条纹，表皮易剥离。菌肉白色，受伤后不变色，有辛辣味道，无显著气味。菌褶直生至近离生，近柄处宽 0.4 cm，稍密集，等长，有分叉，褶间具横脉，没有或极少小菌褶，白色至浅奶油色。菌柄长 4~6 cm，粗 0.7~1.0 cm，圆柱形，白色，表面光滑至有微细的条纹，初内实，后松软中空，近基部渐粗，有时略弯曲。孢子印白色。

担子 27~36 × 8~12 μm，短棒状，具 2~4 个小梗，无色透明。担孢子（40/2/2）（6.6）6.8~9.8（10.0）×（6.0）6.3~7.5（7.8）μm [Q =（1.02）1.04~1.36（1.39），**Q** = 1.27 ± 0.12]，近球形、宽椭球形至椭球形，少数球形，无色透明，表面疣刺高 0.5~1.0 μm，半球形至近圆柱形，疣刺间多有连线，形成完整的网纹，脐上区淀粉质点显著。侧生囊状体 42~76 × 9~13 μm，棒状至近纺锤形，顶端近尖锐，有时有尖锐的突起，表面光滑而无纹饰。菌盖表皮菌丝直立，有少量原菌丝，毛发状，菌丝宽 1.7~4.2 μm，部分菌丝末端渐细，近刺刀状，无色透明，盖生囊状体未见。菌柄表皮菌丝宽 2.5~5.0 μm，无柄生囊状体。

生境：春季至秋季单生于阔叶林和混交林地上。

模式产地：日本。

世界分布：亚洲（中国、日本、韩国）。

研究标本：内蒙古科尔沁左后旗大青沟，林中地上，1997 年 9 月，图力古尔（HMJAU 1401）。吉林安图长白山，混交林地上，2008 年 8 月 4 日，周茂新、Yusufjon Gafforov（HMAS 187095）。河南南阳西峡汪坟，林中地上，1967 年 9 月，卯晓岚、应建浙等 41（HMAS 151350）。西藏林芝鲁朗镇中科院藏东南高山站，混交林地上，2012 年 8

月 26 日，赵东、李国杰、齐莎 12090（HMAS 265051）；米林南伊沟，阔叶林地上，2012 年 8 月 18 日，赵东、李国杰、杨顼 12212（HMAS 264835）。

讨论：近江红菇与绒紫红菇的形态特征近似，主要区别是绒紫红菇的菌盖表面具有微细的极短绒毛，孢子印为淡乳黄色，以及菌盖表皮菌丝末端细胞顶端钝圆，而近江红菇的菌盖表面光滑，湿时较黏，孢子印白色。

经济价值：该种有毒。

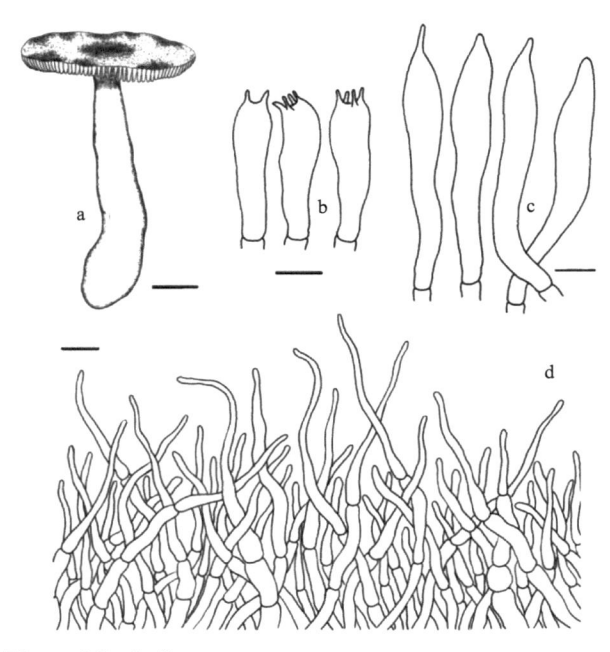

图 67　近江红菇 *Russula omiensis* Hongo（HMAS 187095）
a. 子实体；b. 担子；c. 侧生囊状体；d. 菌盖表皮菌丝。a. 标尺=1 cm；b~d. 标尺=10 μm

玫瑰色组 sect. *Roseinae* Singer

菌盖表面主要为鲜艳的红色色调，孢子印白色至奶油色，菌盖表皮有原菌丝。

模式种：*Russula velutipes* Velen.（Sarnari，1998）。

中国玫瑰色组分种检索表

1. 菌盖无红色色调 ·· 2
1. 菌盖有红色色调 ·· 3
　2. 孢子印白色 ·· 白红菇 *R. albida*
　2. 孢子印奶油色至淡黄色 ··· 小白红菇 *R. albidula*
3. 菌肉伤后带稻黄色，或伤后变浅赭褐色 ·· 4
3. 菌肉伤后不变色，或不明显 ··· 5
　4. 菌褶弯生，较密 ·· 假全缘红菇 *R. pseudointegra*
　4. 菌褶近直生或离生，密集至稍稀 ··· 玫瑰红菇 *R. rosea*
　4. 菌褶贴生，褶间具横脉 ··· 客家红菇 *R. hakkae*
5. 菌褶弯生，白色至浅奶油色，伤不变色 ··· 皮氏红菇 *R. peckii*

5. 菌褶非上述特征 ··· 6
   6. 孢子印白色至奶油色 ··· 小红菇原变种 *R. minutula* var. *minutula*
   6. 孢子印白色 ··· 7
7. 担孢子疣刺间少有连线，不形成网纹 ······················· 小红菇较小变种 *R. minutula* var. *minor*
7. 担孢子疣间有连线，形成短嵴，或不完整的网纹 ··· 8
   8. 菌盖表皮不易剥离 ··· 鳞盖色红菇 *R. lepidicolor*
   8. 菌盖表皮容易剥离 ··· 9
9. 菌柄初白色，后变淡红色 ·· 矮红菇 *R. uncialis*
9. 菌柄白色，伤后变奶油色至浅赭褐色 ·································· 广西红菇 *R.guangxiensis*
9. 菌柄白色，基部微弱浅粉色至浅红色，伤后不变色 ············ 珊瑚藻色红菇 *R. corallina*

白红菇　图 68，图版 III 6、XVI 1
别名：白菇、小白菇

Russula albida Peck, Bull. N. Y. St. Mus. nat. Hist. 1(no. 2): 10, 1887.

    子实体一般较小型。菌盖直径 2.5~6.0 cm，初扁平，后中央凸起，成熟后中部稍下凹，微黏，白色，边缘平滑或有条纹，幼嫩时边缘内卷，成熟后边缘不规则上翘，中部略带褐色，被微细绒毛，或无毛，表皮黏而易撕开，光滑而无光泽，边缘平滑或有不明显的短条棱，有时内卷并开裂。菌肉白色，老后略微变黄色，脆，味道柔和，无明显气味。菌褶直生或凹生，白色，等长，有分叉，褶间有横脉，钝圆至近尖锐长短一致，稍密，盖缘处 18~20 片/cm 或稍稀。菌柄长 2.2~6.0 cm，粗 0.5~1.5 cm，中生，圆柱形，白色，老后污白色，被微细的短绒毛，表面光滑至有微细的皱纹，初内实，后中空而松软。孢子印白色。

    担子 19~27 × 5~9 μm，棒状，无色透明，多数具 2 个小梗，少数 4 个小梗，小梗长 2~3 μm。担孢子（100/2/2）6.5~8.9（9.3）×（5.4）5.9~7.6（8.0）μm [Q =（1.03）1.06~1.31（1.38），Q = 1.19 ± 0.07]，近球形至宽椭球形，少数球形和椭球形，无色或微黄色，表面小疣高 0.3~0.7 μm，半球形至扁半球形，疣间相连，形成完整的网纹，脐上区淀粉质点不显著。侧生囊状体 28~40 × 8~11 μm，梭形至近梭形，部分形状不规则棒状，顶端钝圆至略呈近尖锐，微黄色，表面光滑而无纹饰。菌盖表皮菌丝平伏，较紧密，菌丝宽 2.5~5.0 μm，无色，有隔，具较短的原菌丝，盖生囊状体未见。菌柄表皮菌丝宽 1.7~5.0 μm，柄生囊状体未见。

    生境：夏秋季散生或群生于林中地上。

    模式产地：美国。

    世界分布：亚洲（中国）；北美洲（美国、加拿大）。

    研究标本：江苏苏州穹窿山，林中地上，1965 年 6 月 27 日，邓叔群 6833（HMAS 35826）。安徽黄山，阔叶林地上，1957 年 8 月 27 日，邓叔群 5086（HMAS 20240）；休宁齐云山，阔叶林中地上，魏鑫丽、陈凯、李国杰 13000（HMAS 269874）。福建南平浦城观前，林中地上，1958 年 6 月 10 日，邓叔群 5703（HMAS 23018），1960 年 7 月 25 日，王庆之 703（HMAS 32766），1960 年 8 月 24 日，王庆之、袁文亮、何贵 667（HMAS 32593）、682（HMAS 28969）、751（HMAS 32591），1960 年 8 月 25 日，王庆之、袁文亮、何贵 679（HMAS 30143）、700（HMAS 30142），1960 年 8 月 26 日，王庆之 726（HMAS 32594）、740（HMAS 28968）。河南三门峡卢氏，林中地上，

1968年8月28日，卯晓岚、李惠中、应建浙208（HMAS 36918）。湖北十堰神农架温水，海拔175 m林中地上，2003年9月14日，王有智10（HMAS 187568）。广西河池东兰，林中地上，1970年6月8日，宗毓臣、卯晓岚154（HMAS 36785）。海南乐东尖峰岭，海拔800 m林中地上，2007年7月26日，陆春霞1599（HMAS 180317）。四川阿坝汶川卧龙三圣沟，林中地上，1984年8月15日，文华安、苏京军1460（HMAS 49961）；都江堰青城山，林中地上，1960年8月23日，马启明805（HMAS 32592）。云南西双版纳景洪，林中地上，1973年10月15日，臧穆337（HMAS 40426）；香格里拉千湖山，海拔3500 m林中地上，2007年9月27日，何双辉、郭林、李振英1465（HMAS 187653）。西藏林芝墨脱，林中地上，1983年8月17日，卯晓岚1267（HMAS 52814）。

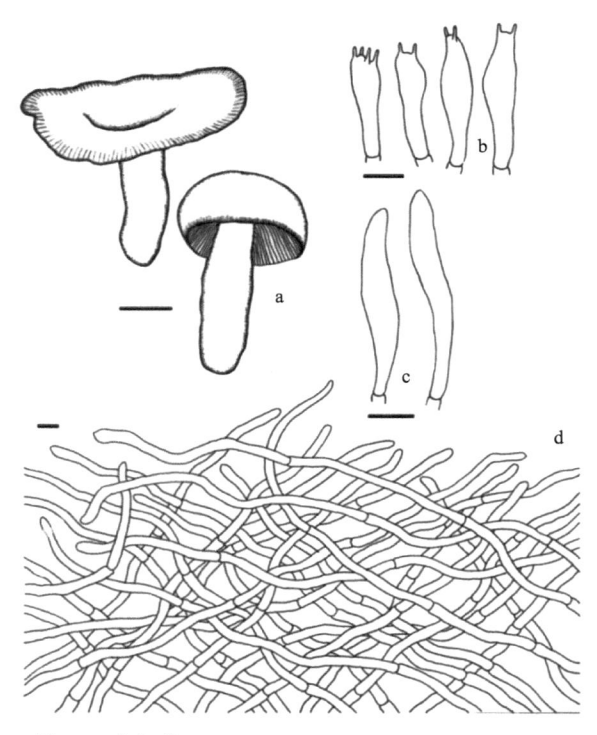

图68 白红菇 *Russula albida* Peck（HMAS 36918）
a. 子实体；b. 担子；c. 侧生囊状体；d. 菌盖表皮菌丝。a. 标尺=1 cm；b~d. 标尺=10 μm

讨论：白红菇与小白红菇形态极为相似，均具有近于纯白色的菌盖颜色，区别是小白红菇的菌肉有苦味，孢子印奶油色，担孢子较小。Singer（1947）的研究认为白红菇和玫瑰红菇有近似的地方，Adamčík和Buyck（2012）在对白红菇的模式标本进行了研究后确定该种应归入玫瑰色组，他们同时确认Kauffman（1918，1909）认为白红菇是*R. albella* Peck 同物异名的论述是错误的。

经济价值：该种可食用。

小白红菇 图69，图版XVI 2
Russula albidula Peck, Bull. Torrey bot. Club 25: 370, 1898.

子实体较小型至中型。菌盖直径 1.0~3.9 cm，初半球形至中央凸起，后近平展，边缘稍内卷至平展，钝圆至近尖锐，有时轻微波纹状，完整，不开裂，白色至污白色，中央略带奶油色至浅黄色色调，干燥后不变色或稍变黄色，湿时黏，干燥后光滑，表皮易剥离，从菌盖边缘至中央可剥离 1/2，边缘无条纹。菌肉白色，较薄，脆弱，味道极苦，受伤后不变色，无明显气味至有微弱的水果香味。菌褶直生至近延生，较密集，等长，近柄处有时分叉，褶间微具横脉，有个别小菌褶，白色，有时略变浅黄色，受伤后不变色。菌柄长 1.0~2.4 cm，粗 0.3~0.8 cm，中生至近偏生，圆柱形，白色，老后近基部处略带浅黄色，表面光滑，老后略有皱纹，初内实，后中空。孢子印奶油色至淡黄色。

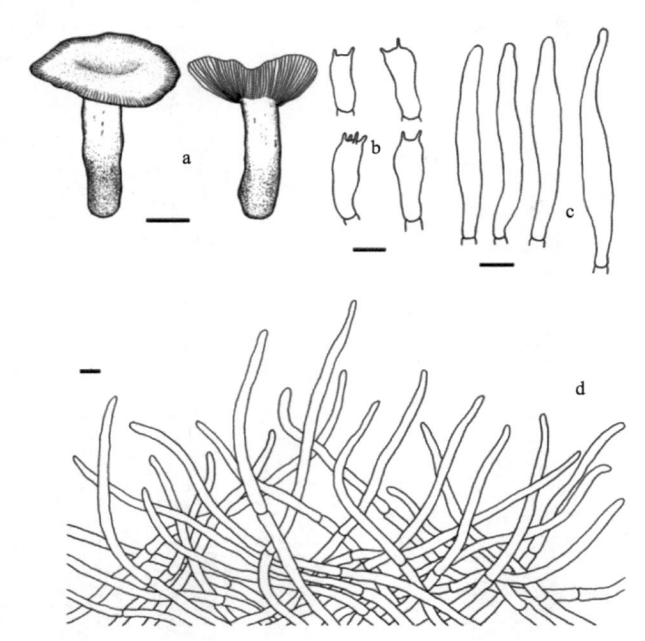

图 69 小白红菇 *Russula albidula* Peck（HMAS 36917）
a. 子实体；b. 担子；c. 侧生囊状体；d. 菌盖表皮菌丝。a. 标尺=1 cm；b~d. 标尺=10 μm

担子 28~32 × 8~9 μm，短棒状，具 2~4 个小梗，无色透明，有时带微黄色。担孢子（50/1/1）(5.1) 5.3~6.5 (6.6) × (4.3) 4.8~5.6 (6.3) μm [Q = (1.04) 1.05~1.26 (1.28)，Q = 1.14 ± 0.07]，近球形至宽椭球形，少数球形，无色，表面小疣刺高 0.7~1.2 μm，半球形、圆柱形至近圆锥形，疣间无连线，脐上区淀粉质点不显著。侧生囊状体 37~65 × 6~8 μm，较少，梭形至近梭形，表面无纹饰，顶端钝圆至近尖锐，有隔，无色透明。菌盖表皮菌丝栅栏状，顶端钝圆至近尖锐，菌丝宽 2.5~5.8 μm，无色透明，具较短的原菌丝，盖生囊状体未见。菌柄表皮菌丝宽 2.5~4.2 μm，有隔，无色透明，柄生囊状体未见。

生境：夏秋季单生至群生于针叶林和混交林地上。
模式产地：美国。
世界分布：亚洲（中国）；北美洲（美国）。
研究标本：云南昆明，林中地上，1973 年 6 月 29 日，马启明、徐连旺、宗毓臣 271（HMAS 36917）；盈江县格夯，林中地上，2003 年 7 月 18 日，杨祝良 3735（HKAS 42917）。

珊瑚藻色红菇 图 70

Russula corallina Burl., N. Amer. Fl.,(New York) 9(4): 213, 1915.

子实体较小型至中型。菌盖直径 2~6 cm，初半球形至扁半球形，后变平展或中央轻微凹陷，粉红色、浅红色色调，随成熟而变桃红色，有时衰老时中央变赭色，或部分褪色至奶油色和浅粉黄色，湿时黏，中央有较明显的果霜，干燥后有细纹，边缘光滑，不开裂，无条纹，成熟时有微细的条纹，长 0.3 cm 左右，表皮从菌盖边缘到中央方向可剥离 1/4~1/2。菌肉厚 0.2 cm，白色至奶油色，脆，味道柔和至稍苦和辛辣，气味不显著，伤不变色，遇硫酸香草醛溶液变浅褐色，遇硫酸亚铁溶液呈鲑鱼肉色至浅褐色。菌褶直生至短延生，中部宽 0.4 cm，近等长，前部或多或少有些钝，后部变窄，密，多数近边缘处分叉，少见较长的小菌褶，白色，干燥时赭色。菌柄长 2~4 cm，粗 0.3~1.0 cm，圆柱形，等粗或近基部处渐细或渐粗，表面光滑而干燥，白色，近基部处常带微弱的浅粉色至浅红色色调，初内实，成熟后中空或海绵质，受伤后不变色。孢子印白色。

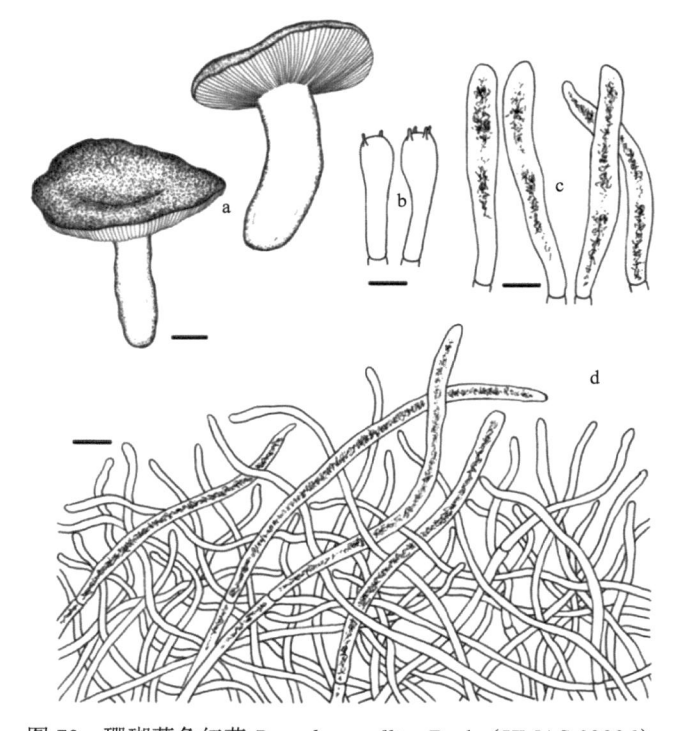

图 70 珊瑚藻色红菇 *Russula corallina* Burl.（HMAS 03996）
a. 子实体；b. 担子；c. 侧生囊状体；d. 菌盖表皮菌丝。a. 标尺=1 cm；b~d. 标尺=10 μm

担子 26~47 × 5~12 μm，棒状，近顶端处稍膨大，具 2~4 个小梗，无色透明。担孢子（80/4/1）7.5~9.9（10.8）×（4.9）5.4~6.9（7.4）μm [Q =（1.17）1.19~1.27（1.31），**Q** = 1.21 ± 0.06]，近球形至宽椭球形，个别椭球形，无色，表面有低矮的小疣，高度不超过 0.5 μm，半球形至扁半球形，疣间多分散，个别有连线，但不形成网纹，脐上区淀粉质点较小，不显著。侧生**囊状体** 47~78 × 9~14 μm，较少见，高出子实层约 20 μm，棒状至近纺锤形，顶端钝圆至近尖锐，表面无纹饰或有轻微的纹饰，遇硫酸香草醛溶液变灰色。菌盖表皮菌丝栅栏状，菌丝宽 3.3~5.8 μm，有隔，末端钝圆或略渐细，有结晶的原菌丝，盖生囊状体稀少，宽 4.1~6.7 μm，表面有轻微的纹饰，遇硫酸香草醛溶液变灰色。菌柄表皮菌丝宽 2.5~5.0 μm，有隔，无色透明，柄生囊状体未见。

生境：单生至散生于阔叶林和混交林地上。

模式产地：美国。

世界分布：亚洲（中国）；北美洲（美国）。

研究标本：云南昆明西山，混交林地上，1942 年 8 月 11 日，裘维蕃 7996（HMAS 03996）。

讨论：Burlingham（1915）报道珊瑚藻色红菇之前，研究者们已经注意到了珊瑚藻色红菇的担孢子大小变化范围较大（Fatto，1998）。Singer（1986）根据菌盖颜色和菌盖表皮有原菌丝等特征认为珊瑚藻色红菇与欧洲的玫瑰红菇很相似。玫瑰红菇的子实体较大，担孢子较大，表面疣刺较高。

广西红菇　图 71，图版 XVI 3

Russula guangxiensis G.J. Li, H.A. Wen & R.L. Zhao, Fungal Diversity 75: 234. 2015.

子实体小型至中型。菌盖直径 3.0~6.5 cm，初半球形至中央凸起，后平展，最终中央略下凹，表面光滑，湿时稍黏，幼嫩时有光泽，表皮自边缘向中央可剥离 1/3~1/2，有时小块剥落，边缘波浪状起伏，无条纹，偶尔开裂，浅红色至粉红色色调，边缘褪色至浅粉红色至近白色。菌肉厚 0.2~0.4 cm，白色，脆，无明显味道和气味。菌褶直生，高 0.2~0.4 cm，菌盖边缘处 15~21 片/cm，近菌柄和菌盖边缘处偶见分叉，褶间常有横脉，白色，伤后变浅赭黄色，无小菌褶。菌柄长 6~9 cm，粗 0.8~1.5 cm，中生，近圆柱形，有时近基部略细，表面干燥，光滑，有时有纵向的细纹，白色，伤后略变奶油色至浅赭黄色。孢子印白色。

担子 38~47 × 7~10 μm，近顶端处略膨大至膨大，有时近圆柱形，无色透明，有时在 KOH 溶液中变黄色，具 4 个小梗，小梗长 3~5 μm。担孢子（200/10/10）5.9~6.9（7.2）× 4.9~6.1 μm [Q =（1.05）1.08~1.23（1.26），$Q = 1.16 \pm 0.05$]，无色，近球形至宽椭球形，表面纹饰淀粉质，由分散的疣刺组成，连线较少，不形成网纹，高 0.7~1 μm，脐上区淀粉质点显著。侧生囊状体分散，55~63 × 7~12 μm，突出子实层面 10~20 μm，近梭形至近圆柱形，有时近顶端一侧膨大至略膨大，顶端近尖锐至钝圆，内含物颗粒状至结晶状，硫酸香草醛溶液中变灰色。缘生囊状体形态与侧生囊状体相同。菌盖表皮菌丝近子实层状排列，薄壁，宽 3~6 μm，圆柱状，多分隔，末端钝圆，可膨大至 10 μm，原菌丝圆柱状，多分隔，宽 3~6 μm，末端钝圆，表面有纹饰，盖生囊状体未见。菌柄表皮菌丝宽 3~6 μm，部分膨大至 10~15 μm，无色，在 KOH 溶液中变浅黄色至浅赭色，多分隔，柄生囊状体未见。

生境：夏秋季单生至散生于阔叶林（石栎 *Lithocarpus*）地上。

模式产地：中国。

世界分布：亚洲（中国）。

研究标本：广西梧州市藤县象棋镇象棋村，海拔 117 m 林中地上，2013 年 8 月 21 日，陈新华 7（HMAS 267866）、14（HMAS 267836）、19（HMAS 267869）、24（HMAS 267829）、28（HMAS 267832）、29（HMAS 267831）、35（HMAS 267867）、47（HMAS

267833)、57(HMAS 267863)。

讨论：广西红菇的形态特征与客家红菇相近，区别是客家红菇的菌柄有显著的粉红色，菌肉味道辛辣，担孢子表面有密集的疣刺状纹饰。广西红菇还容易和欧洲的鳞盖色红菇、小红菇和毛柄红菇 R. velutipes Velen.混淆，这些种均有红色至粉红色的菌盖，白色的菌柄，本种和以上种类的主要区别是担孢子表面低矮的网纹状纹饰，最高仅 0.4 μm，小红菇的子实体很小，菌盖直径最大仅有 3.0 cm，表面具果霜，菌肉有迷迭香气味，毛柄红菇的红色的菌盖表面中混有铜褐色和杏黄色，担孢子表面有疣刺状的突起，较为低矮（最高 0.4 μm），疣刺之间常有连线。

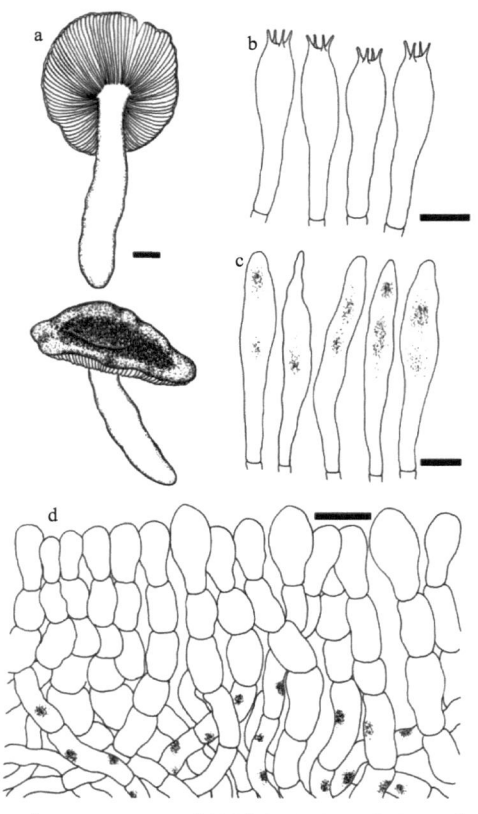

图 71 广西红菇 *Russula guangxiensis* G.J. Li, H.A. Wen & R.L. Zhao（HMAS 267867）
a. 子实体；b. 担子；c. 侧生囊状体；d. 菌盖表皮菌丝。a. 标尺=1 cm；b~d. 标尺=10 μm

客家红菇 图 72，图版 IV 1、XVI 4
Russula hakkae G.J. Li, H.A. Wen & R.L. Zhao, Fungal Diversity 75: 237. 2015.

子实体小型至大型。菌盖直径 4.0~10.0 cm，初半球形，后逐渐变为扁半球形至近平展，成熟平展至中央略有凸起，表面光滑，湿时稍黏，幼嫩时有光泽，边缘无条纹，不开裂，表皮自边缘向中央可剥离 1/4~1/2，有时小块剥落，亮红色，边缘颜色略浅，呈鲜艳的粉红色。菌肉在菌柄上方处厚 0.2~0.5 cm，老后不变色，伤后变浅赭褐色，无明显气味，味道辛辣。菌褶直生，宽 0.2~0.6 cm，菌盖边缘处 17~22 片/cm，近菌柄和菌盖边缘处偶见分叉，褶间常具横脉，白色，小菌褶无。菌柄长 5~7 cm，粗 0.8~2 cm，中生至近中生，近圆柱形，近基部和菌盖处略细，表面光滑，有微细的纵纹，浅粉红色，部分成熟后变白色，伤后变浅橙黄色，初内实，成熟后中空。孢子印白色。

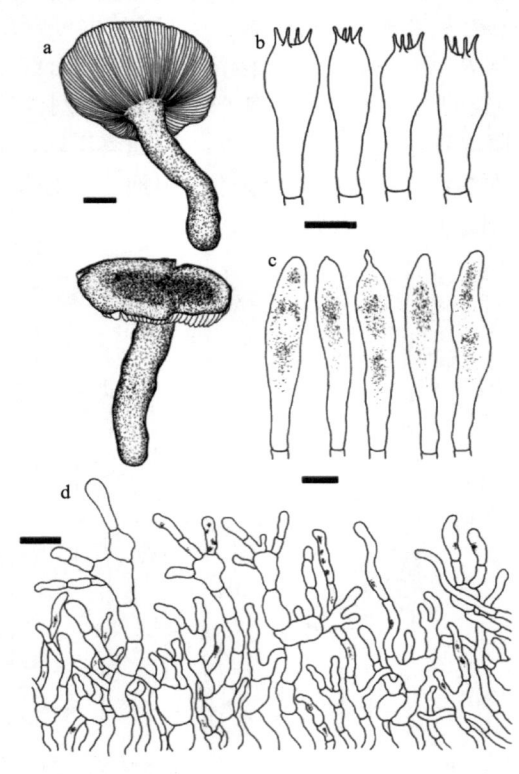

图 72　客家红菇 *Russula hakkae* G.J. Li, H.A. Wen & R.L. Zhao（HMAS 267765）
a. 子实体；b. 担子；c. 侧生囊状体；d. 菌盖表皮菌丝。a. 标尺=1 cm；b~d. 标尺=10 μm

担子 40~50 × 10~15 μm，无色，在 KOH 溶液中有时变浅黄色，近顶端一侧稍膨大至膨大，个别近圆柱形至圆柱形，具 4 个小梗，小梗长 3~7 μm。担孢子（200/10/10）（6）6.7~8.1（8.8）×（5.5）5.8~6.9（7.5）μm [Q =（1.06）1.13~1.27（1.31），**Q** = 1.17 ± 0.06]，无色，近球形至宽椭球形，偶见椭球形，表面纹饰淀粉质，有密集的疣刺组成的纹饰，高 0.9~1.2 μm，脐上区淀粉质点显著。侧生囊状体 55~77 × 8~12 μm，近梭形至近圆柱形，有时近顶端一侧稍膨大至膨大，顶端近尖锐至钝圆，有时具棘状至乳头状凸起，突越子实层 10~20 μm，内含物颗粒状至结晶状，硫酸香草醛溶液中变浅灰色。缘生囊状体与褶侧囊状体形态相同。菌盖表皮菌丝近栅栏状，无色透明，多分隔，有分叉，宽 3~7 μm，圆柱状，末端细胞宽 6~10 μm，原菌丝圆柱状，多分隔，宽 3~6 μm，末端钝圆，表面有纹饰，盖生囊状体未见。菌柄表皮菌丝宽 3~7 μm，部分膨大至 10~25 μm，无色，在 KOH 溶液中变浅黄色至浅赭色，多分隔，柄生囊状体未见。

生境：夏秋季单生至散生于阔叶林（石栎属）地上。

模式产地：中国。

世界分布：亚洲（中国）。

研究标本：广东梅州市梅县隆文镇，海拔 135 m 阔叶林地上，2013 年 8 月 9 日，陈新华 2（HMAS 267865）、4（HMAS 267870）、6（HMAS 267861）、9（HMAS 267862）、

15（HMAS 267864）、25（HMAS 267769）、34（HMAS 267765）；37（HMAS 267768）、45（HMAS 267767）。

讨论：客家红菇最显著的特点呈粉红色的菌柄，辛辣的菌肉，以及担孢子表面密集的疣刺状纹饰，容易与其他有粉红色菌柄的种区分，如北美洲的皮氏红菇菌肉味道柔和，菌盖表皮菌丝有黏液层；假皮氏红菇 *R. pseudopeckii* Fatto 菌肉有水果香味，担孢子表面纹饰低矮（0.4~0.6 μm）；淡红柄红菇 *R. rubellipes* Fatto 菌肉味道柔和，孢子印奶油色，担孢子表面有网纹状纹饰（Fatto，1998）。

鳞盖色红菇 图 73，图版 XVI 5
别名：细绒盖红菇、怡人色红菇
Russula lepidicolor Romagn., Bull. mens. Soc. linn. Lyon 31 (1): 174, 1962.

子实体较小型至中型。菌盖直径 2.5~7.0 cm，半球形至扁半球形，中部稍下凹，边缘较钝圆，有时略有波纹状，有时开裂，暗红色，部分褪色，呈现浅红色、粉红色、黄色至奶油色，中央颜色较深，呈深红色至黑红色，表皮具微细绒毛，不黏或湿时稍黏，光滑，有微细的皱纹，无光泽，表皮不易剥离，边缘平整，无条纹。菌肉白色，伤处不变色至略变棕灰色，菌盖表皮下方略带红色色调，初坚实，后较脆，味道微甜。菌褶直生，宽 0.4~1.0 cm，白色、黄白色至淡黄色，等长至不等长，顶端钝圆，近柄处有分叉，褶间多少有些横脉。菌柄长 3~5 cm，粗 0.8~1.5 cm，圆柱形，近基部膨大，白色至带红色，有时带污灰色至污褐色色调，初内实，后松软，幼嫩时光滑，微具果霜，成熟后有明显的皱纹。孢子印白色。

担子 32~42 × 9~12 μm，棒状，个别近顶端处稍有膨大，无色透明，多数具 2 个小梗，少数 4 个小梗。担孢子（80/4/2）（6.5）7.0~9.0 ×（5.8）6.0~7.1（7.5）μm [Q = 1.04~1.36（1.41），**Q** = 1.21 ± 0.07]，近球形、宽椭球形至椭球形，少数球形，无色至带黄色，表面有半球形小疣，高 0.3~0.7 μm，部分疣间相连，形成短嵴和不完整的网纹，脐上区淀粉质点不显著。侧生**囊**状体 39~89 × 8~9 μm，棒状，近梭形至梭形，带黄色，表面略有纹饰，末端钝圆至近尖锐。菌盖表皮菌丝平伏状至栅栏状，菌丝宽 1.7~4.2 μm，无色透明，有分隔，末端钝圆至近尖锐，盖生**囊**状体未见。菌柄表皮菌丝宽 2.5~5.0 μm，无色，有隔，柄生**囊**状体 36~81 × 3~10 μm。

生境：单生或群生于混交林地上。
模式产地：法国。
世界分布：亚洲（中国）；欧洲（法国）。
研究标本：广东省韶关市南雄市油山镇林中地上，1984 年 8 月 24 日，毕志树、李泰辉（HMIGD 7731）；韶关市曲江区小坑镇空洞子村，林中地上，1984 年 9 月 10 日，毕志树、李泰辉（HMIGD 8123）；韶关始兴樟栋水凉桥坑，阔叶林地上，1985 年 9 月 8 日，李石周（HMIGD 9821）。海南昌江霸王岭，阔叶林地上，1987 年 5 月 7 日，陈庆（HMIGD13909）。云南昆明植物园后山，林中地上，1999 年 9 月，卯晓岚（HMAS 78199）。

讨论：鳞盖色红菇与欧洲的浅紫红菇容易混淆，区别是浅紫红菇的菌肉在成熟和干燥过程中会显著变黄。

经济价值：该种可食用。

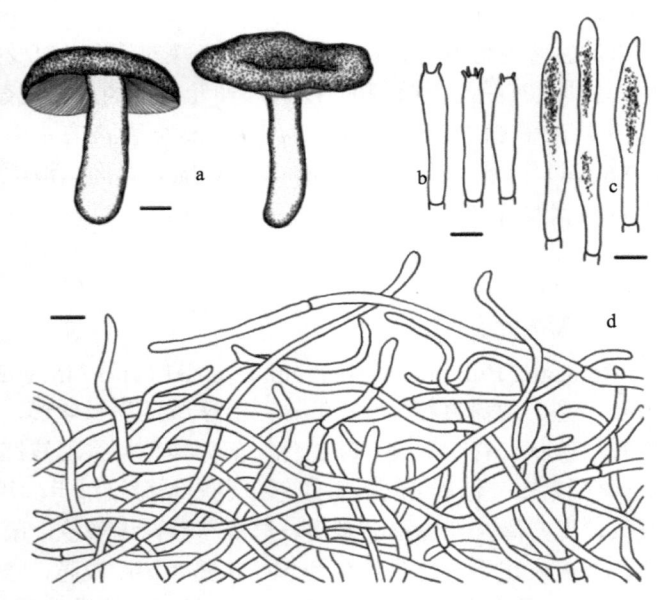

图 73 鳞盖色红菇 *Russula lepidicolor* Romagn.（HMAS 78199）
a. 子实体；b. 担子；c. 侧生囊状体；d. 菌盖表皮菌丝。a. 标尺=1 cm；b~d. 标尺=10 μm

小红菇
Russula minutula Velen., České Houby 1: 133, 1920.
Russula rosea var. *minutula* (Velen.) Singer, Mycologia 39: 176, 1947.

小红菇较小变种 图 74，图版 XVI 6
别名：小小红菇
Russula minutula var. **minor** Z. S. Bi, Guihaia, 6(3): 195, 1986.

子实体极小型。菌盖直径 0.8~2.0 cm，初扁半球形，后平展中部下凹，粉红色至红色，有时带紫红色，盖缘白色至黄白色，湿时黏，延伸，有时有条纹或撕裂，近光滑至表面有不明显绒毛。菌肉厚 0.1~0.2 cm，白色，遇硫酸亚铁溶液不变色至微青灰白色，遇硫酸香草醛溶液呈鲜红色，无明显味道和气味，边缘处消失，脆。菌褶直生至短延生，宽 0.1~0.3 cm，盖缘处 12~16 片/cm，等长或小部分不等长，褶间具横脉，褶缘平滑或稍具果霜，白色至黄白色。菌柄长 0.5~1.5 cm，粗 0.2~0.35 cm，中生，棒状或圆柱状，近柄下部杵状膨大，白色，被绒毛或无绒毛，肉质，初内实，后中空。孢子印白色。

担子 22~43 × 7~12 μm，棒状，无色透明，多数具 4 个小梗，少见 2 个小梗。担孢子（40/2/2）6.3~8.1（8.6）×（5.1）5.3~7.1（7.4）μm [Q =（1.05）1.07~1.30（1.35），Q = 1.16 ± 0.08]，近球形至宽椭球形，少数椭球形，个别球形，无色至近无色；表面小疣刺高 0.7~1.5 μm，疣刺间有较少连线，不形成网纹，脐上区淀粉质点显著。侧生囊状体 36~59 × 7~10 μm，棒状或梭形，顶端钝圆至近尖锐，无色，成堆时淡黄色，菌褶菌髓异型，淡球状胞少而壁薄，呈近平行状菌髓。菌盖表皮菌丝直立至稍交错，近栅状排列，宽 3.6~7.1 μm，有部分被结晶的原菌丝，盖生囊状体未见。菌柄表皮菌丝宽 3.8~5.7 μm，有隔，无色透明，柄生囊状体未见。

生境：夏秋季单生至散生于阔叶林或混交林地上。

模式产地：中国。

世界分布：亚洲（中国）。

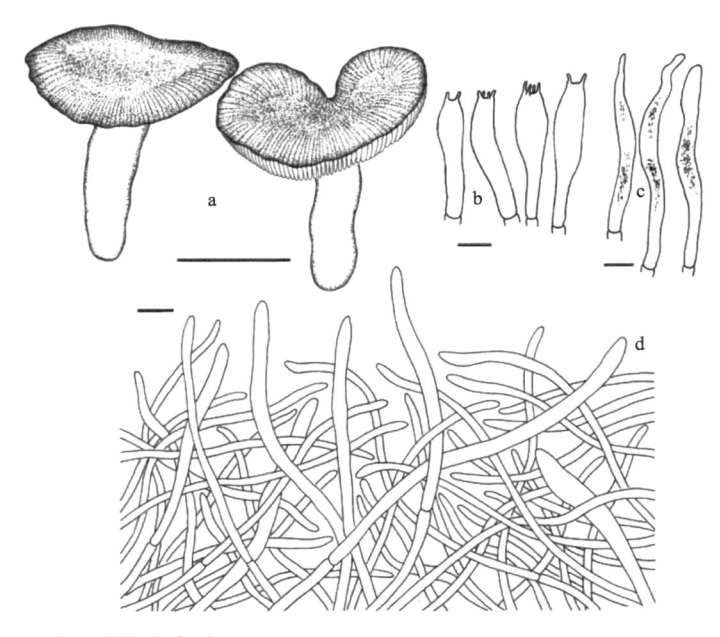

图 74 小红菇较小变种 *Russula minutula* var. *minor* Z. S. Bi（HMIGD 7900）
a. 子实体；b. 担子；c. 侧生囊状体；d. 菌盖表皮菌丝。a. 标尺=1 cm；b~d. 标尺=10 μm

研究标本：广东韶关曲江小坑林场,阔叶林地上,1985 年 7 月 28 日,李泰辉（HMIGD 8680）；韶关始兴龙斗峰林场,针叶林地上,1984 年 9 月 5 日,毕志树、李泰辉（HMIGD 7996）；韶关始兴樟栋水核心区,阔叶林地上,1984 年 9 月 1 日,毕志树、李泰辉（HMIGD 7900）；肇庆鼎湖山疗养院后,针叶林地上,1981 年 4 月 11 日,梁建庆、李泰辉（HMIGD 4372）。

讨论：小红菇较小变种与小红菇原变种相比，特点为子实体更小，该变种的子实体菌盖直径不超过 2 cm。

小红菇原变种　图 75，图版 XVII 1

Russula minutula var. **minutula** Velen., České Houby 1: 133, 1920.

子实体小型至中型，多数较小。菌盖直径 3~6 cm，初扁半球形后中部下凹，边缘钝圆，有时黏，红色、玫瑰红色至粉红色，有时鲑鱼肉色，罕见紫色色调，被细绒毛，表皮易剥离，湿时较黏，干后光滑至有微细的皱纹，菌盖表皮较易剥离，边缘无条纹至有模糊的条纹。菌肉白色或黄白色，受伤后不变色，近柄处厚 0.4~0.5 cm，无明显气味，有令人不愉快的味道。菌褶直生至近延生，宽 0.25~0.4 cm，盖缘处 12~14 片/cm，有时可达 19 片/cm，等长，褶间具横脉，白色至乳黄色。菌柄长 2~4 cm，近柄处粗 0.4~

0.8 cm，中生，白色，有时带浅粉色色调，中实，较脆，海绵质，或中空，表面被细绒毛或光滑，有时有皱纹。孢子印白色至奶油色。

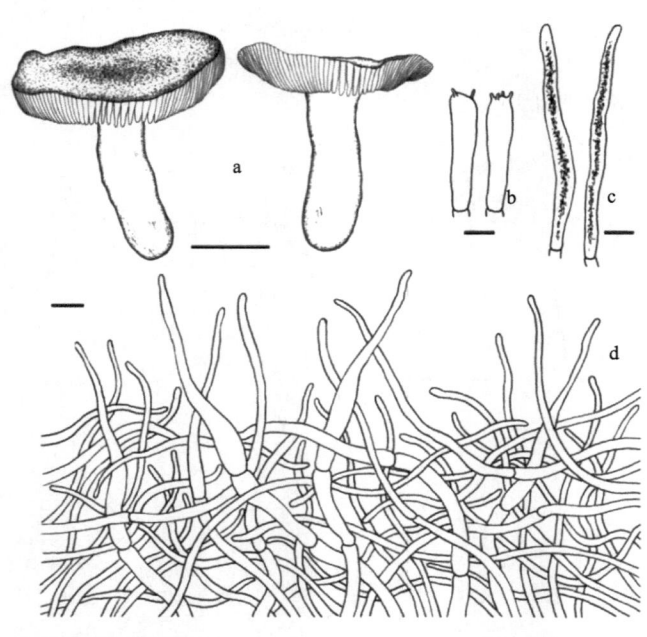

图 75　小红菇原变种 *Russula minutula* var. *minutula* Velen.（HMIGD 4347）
a. 子实体；b. 担子；c. 侧生囊状体；d. 菌盖表皮菌丝。a. 标尺=1 cm；b~d. 标尺=10 μm

担子 26~29 × 7~9 μm，棒状，具 2~4 个小梗，小梗长 3~4 μm，无色透明。担孢子（40/2/1）（6.4）6.6~9.0（9.2）×（5.5）5.7~7.5（8.4）μm [Q =（1.02）1.04~1.27（1.30），Q = 1.14 ± 0.07]，近球形至宽椭球形，少数球形，个别椭球形，无色，表面有疣刺，高 1.0~1.5 μm，疣刺间有连线，形成不完整至近于完整的网纹，脐上区淀粉质点较显著。侧生囊状体 51~109 × 9~13 μm，棒状至近梭形，顶端钝圆至近尖锐，表面有纹饰，遇 KOH 溶液无色，遇梅氏试剂淡黄色至淡黄褐色。菌褶菌髓同型，非平行。菌盖表皮菌丝栅栏状，排列紧密，菌丝宽 1.7~5.1 μm，有部分被结晶的原菌丝，外皮层菌丝膨大，末端钝圆，下皮层菌丝交错排列，有分枝，粗 2~3 μm，菌肉菌丝无色至浅黄色，盖生囊状体未见。菌柄表皮菌丝宽 1.7~5.8 μm，有隔，无色透明，柄生囊状体未见。

生境：夏秋季单生至散生于混交林地上。

模式产地：捷克。

世界分布：亚洲（中国）；欧洲（捷克、丹麦、挪威、瑞典）。

研究标本：广东肇庆鼎湖山疗养院，针叶林地上，1980 年 6 月 12 日，郑国杨、梁建庆（HMIGD 4041）；肇庆鼎湖山微波站，混交林地上，1981 年 4 月 9 日，李崇（HMIGD 4347）。贵州贵阳花溪，马尾松、栎等混交林地上，1988 年 7 月 7 日，李宇、宗毓臣、应建浙 257（HMAS 72805）。西藏林芝嘎定沟，混交林地上，2012 年 8 月 17 日，赵东、李国杰 12006（HMAS 264847）；林芝鲁朗镇中科院藏东南高山站，混交林地上，2012 年 8 月 26 日，赵东、李国杰、齐莎 12128（HMAS 264914）、（HMAS 264944）。

讨论：小红菇原变种与浙江红菇的形态较近似，二者均有较小的子实体和菌盖鲜红色，生长在我国南方的阔叶林中地上，区别是浙江红菇孢子印深奶油色至赭色，担孢子略小，表面疣刺间无连线，菌盖表皮不具有原菌丝，盖生囊状体较多。

皮氏红菇 图 76，图版 IV 2、XVII 2
Russula peckii Singer, Mycologia 35(2): 147, 1943.

子实体中型。菌盖直径 3.7~8.6 cm，初半球形，成熟后半球形、扁半球形、中央凸起至近平展，极少数边缘上翘呈浅碟状，边缘无条纹，老后个别有不明显的短条纹，极少开裂和剥落，湿时稍黏，干燥后光滑，略有光泽，表皮自边缘向菌盖中央方向可剥离 1/3~3/4，鲜红色色调，可呈现鲜红色、血红色、鲑鱼红色和紫红色，边缘常呈浅红色至粉红色，中央多数颜色较深，呈深红色至黑红色，个别有时褪色至浅红色和橙红色。菌肉厚 0.4~1.3 cm，白色，表皮下菌肉白色至略有粉红色色调，伤不变色，味道柔和至略苦，无明显气味。菌褶弯生，宽 0.3~0.8 cm，盖缘处 13~18 片/cm，中部和近缘处个别分叉，边缘钝圆，褶间具微弱的横脉，白色至浅奶油色，伤不变色。菌柄长 4.0~10.3 cm，粗 0.7~1.4 cm，棒状，近基部处稍渐粗，表面多浅红色至粉红色，极少数白色，伤不变色，光滑，老后有微细的纵向皱纹，初内实，后中空。孢子印白色至浅奶油色。

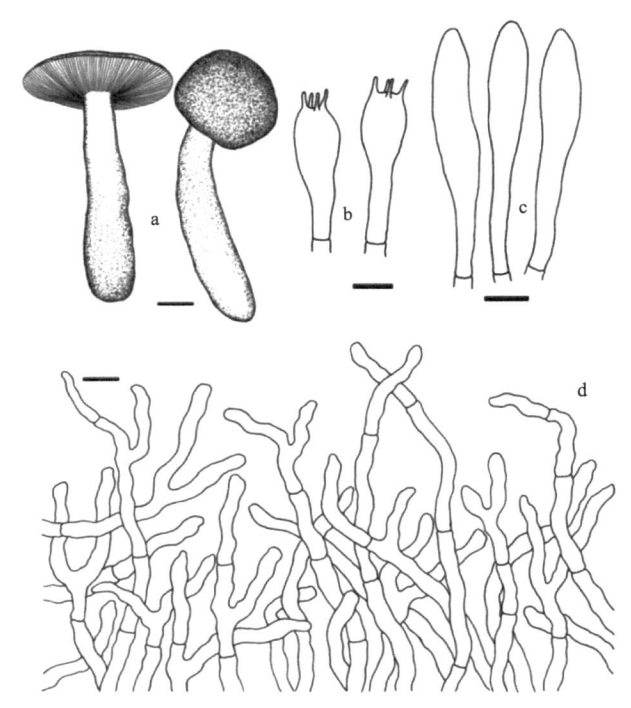

图 76 皮氏红菇 *Russula peckii* Singer（HMAS 196528）
a. 子实体；b. 担子；c. 侧生囊状体；d. 菌盖表皮菌丝。a. 标尺=1 cm；b~d. 标尺=10 μm

担子 32~40 × 9~11 μm，棒状，近顶端处显著膨大，4 个小梗，小梗长 3~5 μm，无色透明。担孢子（100/5/4）（5.4）5.7~7.0（7.3）×（5.4）5.7~6.1（6.6）μm [Q =（1.03）1.09~1.23，**Q** = 1.16 ± 0.05]，球形、近球形至宽椭球形，无色，表面疣刺高 0.5~0.7 μm，疣刺间有连线，形成不完整的网纹，脐上区淀粉质点显著。侧生囊状体 52~60 × 9~11 μm，

• 139 •

较少，梭形至近梭形，顶端钝圆，无色透明。菌盖表皮菌丝栅栏状，菌丝多膨大，宽 4.3~8.7 μm，多分隔和分叉，末端钝圆，无色透明，盖生囊状体未见。菌柄表皮菌丝宽 2.4~3.8 μm，有隔，无色透明，末端近尖锐，柄生囊状体未见。

生境：夏秋季散生于针叶林和阔叶林地上。

模式产地：美国。

世界分布：亚洲（中国）；北美洲（美国、加拿大）。

研究标本：海南乐东尖峰岭，阔叶林地上，2008年6月1日，何双辉（HMAS 187065）。云南洱源邓川镇旧州村苍山，海拔 2958 m 针叶林地上，2009年7月24日，李国杰、赵勇 09536（HMAS 196528）。西藏林芝鲁朗镇，混交林地上，2004年7月19日，郭良栋、高清明 114（HMAS 97989）。

讨论：我国的皮氏红菇形态与北美洲报道的皮氏红菇基本一致，但担孢子大小差异较大，北美洲的担孢子可达 6.5~9.5 × 5.6~8.4 μm，北美洲的皮氏红菇仅生于针叶林中地上（Singer，1943），而我国的部分标本可生于阔叶林和混交林地上。

经济价值：该种有毒。

假全缘红菇　图77，图版 XVII 3

别名：拟变色红菇、皱盖红菇

Russula pseudointegra Arnould & Goris, Bull. Soc. mycol. Fr. 23: 177, 1907.

Russula pseudointegra f. *persicolor* Reumaux, in Reumaux, Bidaud & Moënne-Loccoz, Russules Rares ou Méconnues (Marlioz): 287, 1996.

Russula pseudointegra var. *subdecolorans* Reumaux, in Reumaux, Bidaud & Moënne-Loccoz, Russules Rares ou Méconnues (Marlioz): 287, 1996.

子实体中型，个别较大型。菌盖直径 4~7（10）cm，初球形，后扁半球形，最后平展中部下凹，盖缘内卷，钝圆，常略呈波状，平滑，老后有短条纹，猩红色至珊瑚红色，有时局部褪色呈粉红色、浅红色、乳黄色或带白色，幼时湿时稍黏，后光滑而干燥，略具果霜，表皮易剥离，从菌盖边缘至中央方向可剥离 2/3。菌肉白色，长时间暴露于空气中略带稻黄色，老后变灰白色，近表皮处红色，味道先柔和后苦或稍带辛辣，气味不明显，有水果香味。菌褶弯生，较密，边缘钝圆，近柄处较窄，有分叉，褶间具横脉，白色或乳黄色，渐变为鲜赭色。菌柄长 2~7 cm，粗 2~3 cm，等粗或向下渐细，白色，有时基部略带粉色色调，老后稍变灰，幼时表面有微细的极短绒毛，老后有皱纹，初内实，后松软，不中空。孢子印黄色。

担子 49~68 × 12~13 μm，棒状，近顶端处略有膨大，具 2~4 个小梗，无色透明。担孢子（40/1/1）（6.5）6.8~9.3（9.7）× 6.0~7.8 μm [$Q = 1.02~1.31（1.35）$，$Q = 1.18 \pm 0.10$]，近球形至宽椭球形，少数球形和椭球形，浅黄色，表面疣刺高 0.5~0.7 μm，半球形、近圆锥形至近圆柱形，疣间少有连线，形成不完整至近于完整的网纹，脐上区淀粉质点较显著。侧生囊状体 40~95 × 8~12 μm，棒状、梭形至近梭形，突越子实层可达 38 μm，顶端钝圆至近尖锐，表面有极为明显的纹饰。菌盖表皮菌丝栅栏状，菌丝宽 1.7~4.5 μm，有部分被结晶的原菌丝，有分叉和分隔，末端细胞顶端钝圆至近尖锐，无色透明，盖生囊状体未见。菌柄表皮菌丝宽 1.7~5.8 μm，有隔，无色透明，柄生囊状体未见。

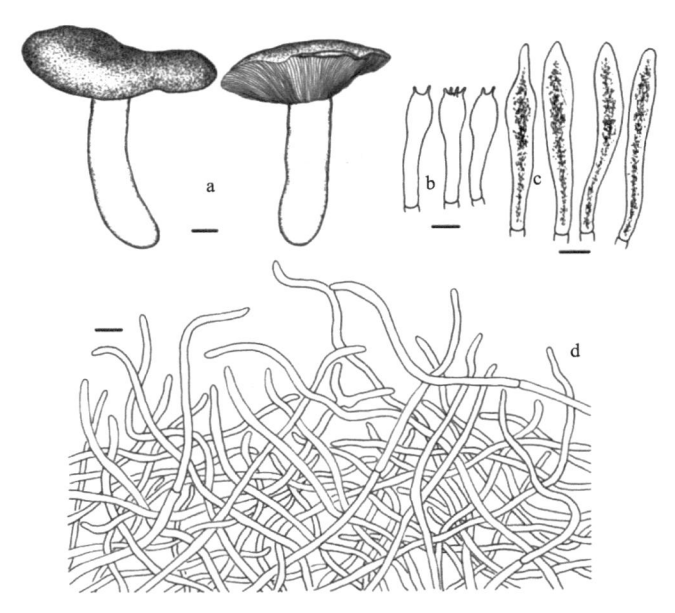

图 77　假全缘红菇 *Russula pseudointegra* Arnould & Goris（HMAS 59666）
a. 子实体；b. 担子；c. 侧生囊状体；d. 菌盖表皮菌丝。a. 标尺=1 cm；b~d. 标尺=10 μm

生境：夏秋季生于阔叶林地上。

模式产地：法国。

世界分布：亚洲（中国、日本）；欧洲（法国、英国、比利时、英国、丹麦、挪威、瑞典、芬兰、德国、捷克、斯洛伐克）。

研究标本：黑龙江漠河，林中地上，2000 年 7 月 25 日，卯晓岚、文华安、孙述霄 058（HMAS 156231）。云南大理宾川鸡足山，混交林地上，1989 年 8 月 5 日，李宇、宗毓臣 111（HMAS 59666）；禄丰五台山，混交林地上，2006 年 8 月 9 日，文华安、周茂新、李国杰 06152（HMAS 139809）；嵩明平顶山，混交林地上，2006 年 8 月 11 日，文华安、周茂新、李国杰 06229-2（HMAS 187068）；西双版纳勐海，林中地上，1999 年 8 月 15 日，文华安、卯晓岚、孙述霄（HMAS 156228）。甘肃甘南迭部，林中地上，1992 年 9 月 16 日，卯晓岚 6268（HMAS 61721）。

讨论：假全缘红菇与全缘红菇均有颜色较深的菌褶和孢子印，二者最显著的区别是全缘红菇的菌盖有极为明显的紫色色调，菌盖表皮无原菌丝。假全缘红菇的菌肉老后会显著的变为灰白色，这一特征可以和其他种类区分。

经济价值：该种可食用。

玫瑰红菇　图 78，图版 IV 3、XVII 4

别名：薄红菇、红菇、鳞盖红菇、美丽红菇

Russula rosea Pers., Observ. mycol. (Lipsiae) 1: 100, 1796.

Agaricus lacteus Pers., Syn. meth. fung. (Göttingen) 2: 439, 1801.

Agaricus linnaei Fr., Icon. Desc. Fung. Min. Cognit. (Leipzig) 1: 67, 1815.

Russula cypriani Gillet, Champ. Fr.: tab. 606, 1871.

Russula incarnata Morgan, J. Cincinnati Soc. Nat. Hist. 6: 187, 1883.

Russula incarnata Quél., C. r. Assoc. Franç. Avancem. Sci. 11: 396, 1883.

Russula incarnata var. *livida* Bres., in Schulzer, Hedwigia 24(4): 140, 1885.

Russula lactea Fr., Epicr. syst. mycol. (Upsaliae): 355, 1838.

Russula lactea var. *australis* Cleland, Cat. Austral. Fungi: 242, 1940.

Russula lactea var. *incarnata* (Quél.) Cooke, Handb. Brit. Fungi, 2nd Edn: 324,1889.

Russula lepida Fr., Anteckn. Sver. Ätl. Svamp.: 50, 1836.

Russula lepida subsp. *flavescens* J. Blum, Bull. trimest. Soc. mycol. Fr. 69: 435, 1953.

Russula lepida var. *albolutescens* Reumaux & Frund, in Frund & Reumaux, Cahiers de la FMBDS 1: 32, 2011.

Russula lepida var. *alba* Rea, Assoc. Franç. Avancem Sci., Congr. Blois 13: 280, 1885.

Russula lepida var. *britannica* Reumaux & Frund, in Frund & Reumaux, Cahiers de la FMBDS 1: 30, 2011.

Russula lepida var. *cypriani* Reumaux & Frund, in Frund & Reumaux, Cahiers de la FMBDS 1: 33, 2011.

Russula lepida var. *flavescens* J. Blum ex Reumaux & Frund, in Frund & Reumaux, Cahiers de la FMBDS 1: 18, 2011.

Russula lepida var. *giacomoi* Reumaux & Frund, in Frund & Reumaux, Cahiers de la FMBDS 1: 36, 2011.

Russula lepida var. *lactea* (Fr.) F.H. Møller & Jul. Schäff., Russula-Monographie (Eching): 102, 1952.

Russula lepida var. *laetissima* Reumaux & Frund, in Frund & Reumaux, Cahiers de la FMBDS 1: 18, 2011.

Russula lepida var. *linnaei* (Fr.) Reumaux & Frund, in Frund & Reumaux, Cahiers de la FMBDS 1: 23, 2011.

Russula lepida var. *salmonea* Zvára, in Melzer & Zvára, Arch. Přirod. Výzk. Čech. 17(4): 64, 1928.

Russula lepida var. *sapinea* Zvára, in Melzer & Zvára, Arch. Přirod. Výzk. Čech. 17(4): 64, 1928.

Russula lepida var. *speciosa* Zvára, in Melzer & Zvára, Arch. Přirod. Výzk. Čech. 17(4): 64, 1928.

Russula linnaei (Fr.) Fr., Hymenomyc. eur. (Upsaliae): 444, 1874.

Russula morganii Sacc., Syll. fung. (Abellini) 5: 468, 1887.

Russula rosea f. *pulposa* Romagn., Russules d'Europe Afr. Nord, Essai sur la Valeur Taxinomiaue et Spécifique des Charactéres des Spores et des Revêtements: 515, 1967.

子实体一般中型。菌盖直径 5~9 cm，扁半球形，逐渐伸展后下凹，有时呈碟状，边缘较钝圆，粉红色、洋红色、鲜红色至灰紫红色，有时褪色至樱桃红色、鲑鱼肉色、奶油色至近白色，但少见完全变白色，中部往往色深，呈赭红色至红铜色，被绒毛，有时略带淡革色，不黏或湿时黏，无绒毛或被绒毛，干燥时有白色粉末，光滑而无光泽，有天鹅绒般的质地，常有破损，露出白色菌肉，老后有皱纹，盖缘平滑无条纹，或老后有条纹，边缘可以部分剥离。菌肉白色，受伤后和老后略变稻黄色，味道柔和，无特殊气味或有轻微的果香气味。菌褶近直生或离生，等长，密集至稍稀，宽而厚，近褶缘处多有分叉和少量小菌褶混生，褶间具横脉，边缘较钝圆，白色至奶油色。菌柄长 4~9 cm，粗 1~3 cm，圆柱形或近棒状，白色，有时略带微粉色和浅褐色，有时微具果霜，成熟后光滑或稍粗糙，初内实，后内部松软而较脆。孢子印白色。

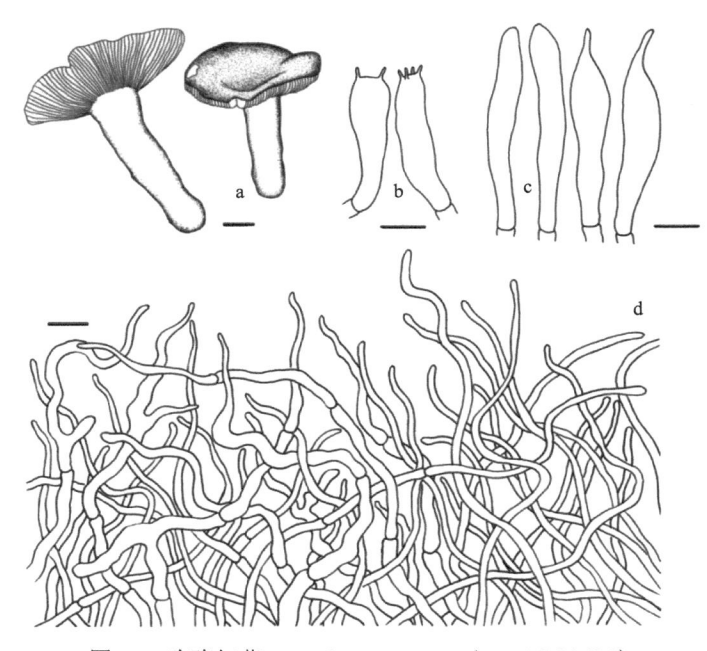

图 78　玫瑰红菇 *Russula rosea* Pers.（HMAS 32626）
a. 子实体；b. 担子；c. 侧生囊状体；d. 菌盖表皮菌丝。a. 标尺=1 cm；b~d. 标尺=10 μm

担子 23~32 × 7~10 μm，短棒状，近顶端处膨大至略有膨大，具 2~4 个小梗，无色透明。担孢子（80/4/2）(6.5) 6.8~9.0 (9.4) × 5.9~8.0 (8.7) μm [Q = 1.02~1.27 (1.29)，Q = 1.13 ± 0.08]，近球形，部分球形和宽椭球形，无色，表面小疣刺高 0.7~1.2 μm，近圆锥形，疣刺间无连线或极少网纹，脐上区淀粉质点显著。侧生囊状体 32~63 × 6~9 μm，棒状至梭形，顶端钝圆，有披针状凸起，尖锐至近尖锐，无色透明。菌盖表皮菌丝栅栏状，菌丝宽 1.6~5.0 μm，无色透明，有分隔，末端膨大或渐细，盖生囊状体未见。菌柄表皮菌丝宽 1.7~5.1 μm，有隔，无色透明，柄生囊状体未见。

　　生境：夏秋季单生或群生于混交林地上。
　　模式产地：瑞典。
　　世界分布：亚洲（中国）；欧洲（德国、法国、英国、瑞典、丹麦、挪威、芬兰、克罗地亚）；北美洲。
　　研究标本：北京门头沟潭柘寺，林中地上，1960 年 8 月，（HMAS 32626）。河北张家口蔚县小五台山，林中地上，1990 年 8 月 24 日，文华安、李滨 99（HMAS 66134）、101（HMAS 61956）。辽宁铁岭开原，林中地上，1977 年 8 月 28 日，马启明 35（HMAS 38071）。吉林安图长白山，林中地上，2008 年 8 月 4 日，周茂新 08057（HMAS 187109）；

吉林市左家镇，林中地上，2000年7月25~26日，图力古尔（HMJAU 1047）。江苏南京，林中地上，1936年7月16日，沈367（HMAS 07663），1958年9月11日，林桂坚（HMAS 22750），1974年8月29日，卯晓岚等260（HMAS 36825）。福建，林中地上，1958年6月13日，邓叔群5832（HMAS 23028）。江西赣州大余，林中地上，1982年9月18日，（HMAS 44963）。湖北十堰神农架，林中地上，1984年7月19日，张小青、孙述霄290（HMAS 50810）、2002年8月，陈志刚（HMAS 83428）。广东肇庆鼎湖山庆云寺保护林西，阔叶林地上，1981年7月30日，梁建庆、李泰辉（HMIGD 4813）；肇庆鼎湖山树木园，阔叶林地上，1981年8月6日，梁建庆、李泰辉（HMIGD 4843）。广西壮族自治区百色市田林县岑王老山国家级自然保护区，林中地上，1957年7月13日，徐连旺1185（HMAS 23027）。四川甘孜贡嘎山，林中地上，1984年7月4日，文华安、苏京军962（HMAS 49996）。贵州贵阳，林中地上，1988年7月7日，李宇、宗毓臣、应建浙242（HMAS 59758）、243（HMAS 59756）、254（HMAS 72092）、363（HMAS 59694）、1988年7月8日，李宇、宗毓臣368（HMAS 59693）；遵义，林中地上，1988年7月19日，李宇、宗毓臣、应建浙410（HMAS 72083）。云南大理宾川鸡足山，林中地上，1989年8月5日，李宇、宗毓臣107（HMAS 57835）；大理苍山，海拔2549 m林中地上，2009年7月17日，李国杰、杨晓莉09232（HMAS 220382）；洱源苍山，海拔2633 m混交林地上，2009年7月24日，李国杰、赵勇09554（HMAS 196542）；昆明，林中地上，1942年7月8日，裘维蕃8005（HMAS 04005）；思茅广南，林中地上，1959年6月27日，王庆之695（HMAS 27508）；西双版纳勐腊，林中地上，2003年8月7日，王庆彬、魏铁铮176（HMAS 79721）；漾濞苍山，海拔1990 m混交林地上，2009年7月15日，李国杰、杨晓莉09165（HMAS 220381）。西藏林芝鲁朗镇中科院藏东南高山站，混交林地上，2012年8月26日，赵东、李国杰、李伟12117（HMAS 264917）。陕西汉中秦岭，林中地上，1991年9月20日，卯晓岚3836（HMAS 66012）。甘肃迭部，林中地上，1992年9月，卯晓岚7248（HMAS 131024）。

讨论：玫瑰红菇在我国很长的时期内使用鳞盖红菇 *R. lepida* Fr.的名称。Singer（1962）研究以上两个种的模式标本后，认为两份标本形态上极为相似，认为鳞盖红菇是玫瑰红菇的同物异名，这一观点逐渐得到了各国同行的认可（Kuyper and Vuure, 1985）。

经济价值：该种可食用和药用。与鹅耳枥属、水青冈属、栎属和松属的一些树种形成外生菌根。

矮红菇　图79，图版XVII 5

Russula uncialis Peck, Bull. New York State Mus. nat. Hist. 1 (2): 10, 1887.

子实体小型至中型。菌盖直径4~8 cm，较薄，初扁半球形，后平展中部下凹，边缘钝圆至近尖锐，光滑，湿时黏，表面有时具微细的颗粒和棱纹，幼嫩时粉红色、大红色至玫瑰红色，老后暗玫瑰红色或有时苍灰色，边缘轻微蜡质，有不明显的条纹，菌盖表皮容易剥离，从菌盖边缘到菌盖中央可以剥离1/2。菌肉苍白色，受伤后不变色，菌盖表皮下方略有粉红色色调，味道柔和，有微弱的果香味至无明显气味，非常易碎。菌褶离生至近延生，宽0.5 cm，稍密，近柄处变窄，近缘处变钝，一侧稍膨大，近柄处有少数分叉，褶间具横脉，苍白色，干燥后变赭色。菌柄长 2~6 cm，粗 0.5~2.0 cm，圆柱形，中生至近偏生，近等粗，光滑，初内实，后海绵质，初白色，后变淡红色。孢子印白色。

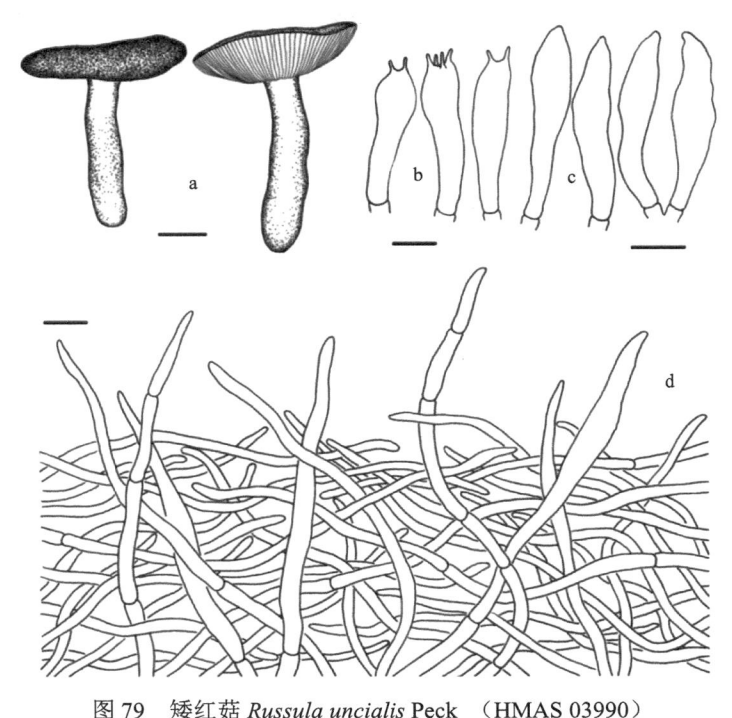

图 79　矮红菇 *Russula uncialis* Peck　（HMAS 03990）
a. 子实体；b. 担子；c. 侧生囊状体；d. 菌盖表皮菌丝。a. 标尺=1 cm；b~d. 标尺=10 μm

担子 28~38 × 10~12 μm，棒状，近顶端处膨大，多数具 2 个小梗，少数 4 个小梗，无色透明。担孢子（80/4/2）6.3~7.9（8.2）× 5.8~7.0（7.3）μm [Q =（1.03）1.04~1.26（1.28），**Q** = 1.14 ± 0.03]，近球形至宽椭球形，偶见球形，苍白色，表面粗糙有疣，高 0.3~0.7 μm，半球形至扁半球形，疣间多有连线，形成不完整的网纹，脐上区淀粉质点不显著。侧生囊状体 36~48 × 6~12 μm，较多，通常近顶端处近尖锐，有时膨大或呈披针形，无色透明。菌盖表皮菌丝栅栏状，具原菌丝，菌丝宽 1.7~4.2 μm，多分隔，末端细胞有时稍膨大，顶端钝圆至近尖锐，盖生囊状体未见。菌柄表皮菌丝宽 1.7~3.3 μm，有隔，无色透明，个别菌丝较粗，有时膨胀后在某处突然变细，形成类似囊状体的形状，柄生囊状体未见。

生境：夏秋季生于栎树等林地上。
模式产地：美国。
世界分布：亚洲（中国）；北美洲（美国）。
研究标本：云南昆明普吉，林中地上，1942 年 7 月 20 日，裘维蕃 7990（HMAS 03990）。
讨论：矮红菇与欧洲的脆红菇外观形态特征相似，均有鲜艳的红色菌盖和脆的菌肉，区别是脆红菇菌盖表皮无原菌丝、菌肉味道辛辣（Beardslee, 1918）。

劣味亚属 subgen. *Ingratula* Romagn.

子实体通常有令人不愉快的气味或极为显著的香味。菌盖湿时黏，多数情况下赭黄色，边缘通常有条纹，边缘有时内卷。菌肉味道通常辛辣或有令人不愉快的味道，少见温和的味道。菌柄内部多孔至中空。孢子印白色至奶油色。盖生囊状体不易观察到。

模式种：*Russula foetens* (Pers.) Pers.（Sarnari，1998）。

中国劣味亚属分组检索表

1. 菌褶边缘顶端尖锐，或近尖锐 ·· 腐臭组 sect. *Foetentinae*
1. 菌褶边缘顶端钝圆，或稍钝圆 ·· 苦味组 sect. *Felleinae*

苦味组 sect. *Felleinae* Melzer & Zvára

菌盖多为灰黄色调，少见其他色调，边缘有显著条纹。菌肉多数辛辣或苦，通常有令人不愉快的气味或香味。菌褶顶端通常钝圆。

模式种：*Russula fellea* (Fr.) Fr.（Melzer and Zvára，1927）。

中国苦味组分种检索表

1. 菌盖表皮有囊状体 ··· 非凡红菇 *R. insignis*
1. 菌盖表皮无囊状体 ·· 2
  2. 菌褶离生，污白色至浅黄色，老后浅赭色 ·············· 亮黄红菇 *R. claroflava*
  2. 菌褶非上述特征 ·· 3
3. 孢子印白色 ··· 黄白红菇 *R. ochroleuca*
3. 孢子印非上述特征 ·· 4
  4. 菌肉白色，后变乳黄色至麦黄色 ·························· 苦红菇 *R. fellea*
  4. 菌肉白色至带黄白色，后变灰白色 ················ 解毒红菇 *R. consobrina*

亮黄红菇　图 80，图版 XVII 6

Russula claroflava Grove, Midland Naturalist: 265, 1888.
Russula claroflava var. *viridis* Knudsen & T. Borgen, Persoonia 14(4): 514, 1992.
Russula constans Britzelm., Ber. naturhist. Augsburg 28: 141, 1885.
Russula decolorans var. *constans* (Britzelm.) Singer, Hedwigia 66: 234, 1926.
Russula flava Romell, in Lönnegren, Nordisk Svampbok, edn 2: 27, 1895.
Russula flava var. *pacifica* Kauffman, Pap. Mich. Acad. Sci. 11: 205, 1930.
Russula ochroleuca var. *claroflava* (Grove) Cooke, Handb. Brit. Fungi, 2nd Edn: 380, 1890.

子实体中型至大型。菌盖直径 4~11 cm，初期近球形，后渐半球形至中央凸起，平展至扁平，中部多少有些下凹，边缘幼时内卷，后平展，有时开裂，近尖锐至尖锐，通常亮黄色，偶尔有时带赭黄色至黄绿色色调，湿时稍黏，干燥后平滑，表面有光泽，边缘无条棱，或有极为微细的短条纹，表皮从菌盖边缘到中央可剥离 1/2~2/3。菌肉幼时坚实，后较脆弱，白色，后变灰白色，老后有时变灰黑色，有花香味和蜂蜜香味，味道柔和。菌褶近离生，近柄处渐窄，近柄处有分叉，不等长，顶端近尖锐至钝圆，小菌褶较少，污白色至浅黄色，老后浅赭色，边缘有时变灰黑色。菌柄长 4~10 cm，粗 1~2 cm，圆柱形，近基部处渐细，白色，后带柠檬黄色，有时受伤后和老后变灰色，表面幼时光滑，后有较明显的皱纹，初内实，后中空。孢子印赭色至浅赭色。

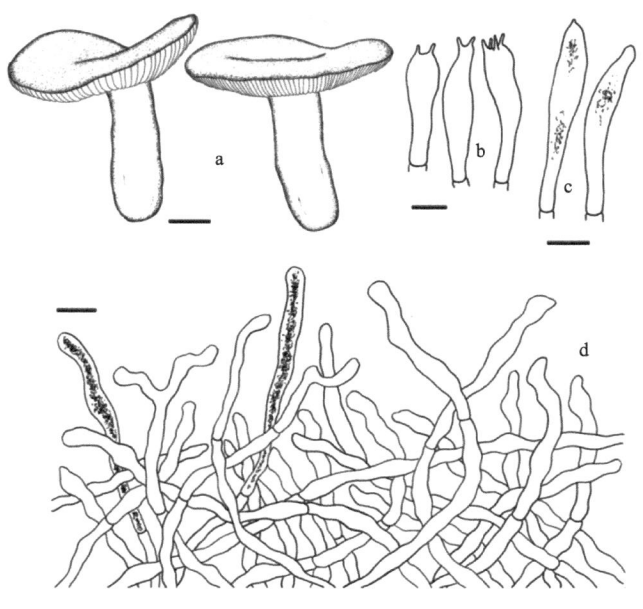

图 80　亮黄红菇 *Russula claroflava* Grove（HMAS 35785）
a. 子实体；b. 担子；c. 侧生囊状体；d. 菌盖表皮菌丝。a. 标尺=1 cm；b~d. 标尺=10 μm

　　担子 29~43 × 7~14 μm，棒状，中部至近顶端处有膨大，具 2~4 个小梗。担孢子（40/1/1）6.6~9.0（9.3）× 5.8~7.8（8.3）μm [Q = 1.01~1.21（1.24），**Q** = 1.08 ± 0.07]，多数球形，少数近球形至宽椭球形，无色透明至微黄色，表面疣刺高 0.7~1.2 μm，半球形、近圆柱形至近圆锥形，疣间有连线，多形成不完整的网纹，脐上区淀粉质点显著。侧生囊状体 21~47 × 8~10 μm，棒状至近梭形，顶端钝圆或有小乳头状突起，表面略有纹饰，个别表面光滑，无色透明。菌盖表皮菌丝栅栏状，菌丝宽 2.5~3.1 μm，有隔，可见分叉，无色透明，末端细胞顶端钝圆，有时膨大，盖生囊状体 58~87 × 5~7 μm，棒状，末端钝圆，有颗粒状内含物。菌柄表皮菌丝 2.5~5.8 μm，有隔，无色，柄生囊状体未见。

　　生境：夏秋季生于针叶林、阔叶林地上。

　　模式产地：英国。

　　世界分布：亚洲（中国）；欧洲（英国、法国、丹麦、冰岛、挪威、瑞典、芬兰）；北美洲（格陵兰、美国、加拿大）。

　　研究标本：广东肇庆鼎湖山，混交林地上，1965 年 7 月 15 日，邓叔群 6920（HMAS 35785）。西藏林芝嘎定沟，混交林地上，2012 年 8 月 17 日，赵东、李国杰、蒋先芝 12014（HMAS 264840）。

　　经济价值：该种可食用。

解毒红菇　图 81

Russula consobrina (Fr.) Fr., Epicr. syst. mycol. (Upsaliae): 359, 1838.

Agaricus consobrinus Fr., Observ. mycol. (Havniae) 2: 195 , 1818.
Agaricus consobrinus var. *grisea* Fr., Observ. mycol. (Havniae) 2: 196, 1818.
Agaricus consobrinus var. *livescens* Fr., Observ. mycol. (Havniae) 2: 196, 1818.
Agaricus consobrinus var. *umbrinus* Fr., Observ. mycol. (Havniae) 2: 196, 1818.
Agaricus pallescens Schaeff., Fung. bavar. palat. nasc. (Ratisbonae) 4: 48, 1774.
Pilosace pallescens (Schaeff.) Kuntze, Revis. gen. pl. (Leipzig) 3(3): 503, 1898.
Russula consobrina var. *rufescens* Niolle & Jul. Schäff., Annls. mycol. 36(1): 39, 1938.

子实体大型。菌盖直径 12 cm，初半球形，中央凸起呈脐状，后渐平展至中部下凹，有时呈漏斗状，边缘尖锐至近钝圆，菌盖表面深灰色、灰紫色、灰褐色至黄褐色，边缘颜色较浅，呈浅灰色，表皮常有不规则的斑纹和龟裂，有时露出白色菌肉，湿时微黏，干燥后光滑，无附属物，边缘整齐，无条纹，有时有不显著的微弱条纹，菌盖表皮从菌盖边缘到中央可以剥离 4/5。菌肉厚 1.5 cm，白色至带黄白色，老后变灰白色，遇硫酸亚铁溶液变微灰绿色，味道极为辛辣，无气味，或有苹果香味。菌褶直生，最宽处 0.8 cm，菌盖边缘处 12~14 片/cm，近柄处变窄，分叉，顶端钝圆，褶间具横脉，白色至浅奶油色。菌柄长 11 cm，近顶端处粗 2.0~3.8 cm，中生，粗圆柱形，表面白色，老后变灰白色，被微细短绒毛，光滑，初内实，老后中空。孢子印白色至浅奶油色。

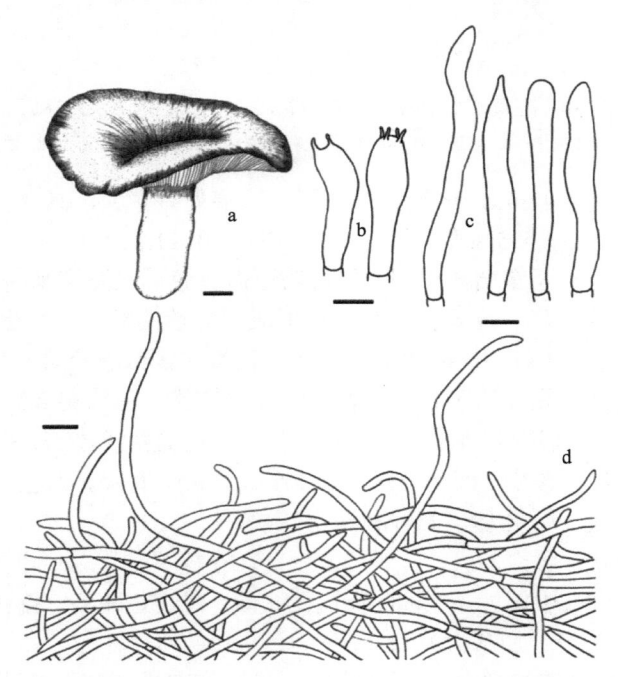

图 81 解毒红菇 *Russula consobrina* (Fr.) Fr.（HMAS 32217）
a. 子实体；b. 担子；c. 侧生囊状体；d. 菌盖表皮菌丝。a. 标尺=1 cm；b~d. 标尺=10 μm

担子 23~34 × 6~11 μm，棒状，近顶端处稍有膨大，具 2~4 个小梗，无色透明。担孢子（80/2/2）（7.3）7.5~9.9（10.1）× 7.5~8.0（9.3）μm [Q =（1.01）1.03~1.27（1.30），Q = 1.17 ± 0.06]，球形、近球形至宽椭球形，个别椭球形，淡黄色，表面小疣刺高 0.7~1.2 μm，疣刺间多有连线，形成近于完整至完整的网纹，脐上区淀粉质点较显著。侧生囊状体 21~76 × 7~11 μm，棒状至近棒状，个别近梭形，顶端钝圆至有近披针状凸起，表面光滑而无纹饰。菌盖外皮层菌丝近栅栏状排列，菌丝宽 2.5~5.8 μm，有分隔，菌丝末端细胞顶端近尖锐至钝圆，部分菌肉组织具有产乳菌丝，盖生囊状体未见。菌柄表皮菌丝宽 2.5~5.8 μm，有隔，无色，柄生囊状体未见。

生境：夏秋季生于针叶林地上。

模式产地：瑞典。

世界分布：亚洲（中国）；欧洲（瑞士、法国、德国、芬兰、丹麦、瑞典、克罗地亚、俄罗斯）。

研究标本：吉林省安图县长白山冰场，林中地上，1960 年 8 月 6 日，杨玉川、章俊莱、袁福生 612（HMAS 32217）。广东韶关乐昌九峰区横坑乡十二渡水，阔叶林地上，1986 年 9 月 16 日，李崇、郑国杨（HMIGD 7550）。

苦红菇　图 82，图版 XVIII 1

别名：土黄褐红菇

Russula fellea (Fr.) Fr., Epicr. syst. mycol. (Upsaliae): 354, 1838.

Agaricus felleus Fr., Syst. mycol. (Lundae) 1: 57, 1821.

子实体较小型或中型。菌盖直径 4.0~9.5 cm，初半球形至扁半球形，后中央凸起至近平展，中部平或稍下凹，或有时平凹，边缘钝圆至近平展，赭黄色、蜜黄色、草黄色、浅赭色或皮革色，中央颜色较深，深赭黄色至黄褐色，湿时稍黏，干燥后有光泽，光滑，边缘平整或后期稍有条棱或开裂，表皮可从菌盖边缘向中央剥离 1/3。菌肉较厚，白色，后变乳黄色至麦黄色，部分呈赭色，初坚实，老后较脆，具有强烈刺激性味道，有强烈的水果香气。菌褶近直生，宽 0.4~1.0 cm，初较密，后较稀疏，少见分叉，小菌褶极少，顶端钝圆，褶间具横脉，白色、乳白色，老后浅赭色。菌柄长 2.0~6.5 cm，粗 0.9~2 cm，圆柱形，近菌褶处稍粗，较盖色浅，基部色较深，白色，有时带浅赭色、皮革色和蜜黄色色调，表面较光滑，老后有微细皱纹，初内实，后中空。孢子印白色至奶油色。

担子 24~31 × 6~12 μm，棒状，具 2~4 个小梗，无色透明。担孢子（50/5/2）6.6~8.1（8.4）× 5.8~6.8（7.1）μm [Q =（1.02）1.04~1.26（1.28），**Q** = 1.17 ± 0.07]，球形、近球形至宽椭球形，无色透明，表面疣刺高 0.7~1.2 μm，近圆锥形，疣刺间多有连线，形成近于完整的网纹，脐上区淀粉质点较显著。侧生囊状体 21~32 × 9~11 μm，棒状，个别略呈近梭形，表面略有纹饰，顶端钝圆。菌盖表皮菌丝栅栏状，菌丝宽 1.6~5.0 μm，无色透明，末端细胞顶端略膨大，钝圆，盖生囊状体未见。菌柄表皮菌丝宽 1.6~4.2 μm，有隔，无色，柄生囊状体未见。

生境：夏秋季生于林中地上。

模式产地：瑞典。

世界分布：亚洲（中国）；欧洲（法国、英国、意大利、德国、瑞典、丹麦、挪威、波兰、克罗地亚）；北美洲（美国）。

研究标本：北京东灵山，林中地上，1993 年 7 月 28 日，卯晓岚、王永志（HMAS 131457）。黑龙江牡丹江林口，林中地上，1972 年 8 月 4 日，卯晓岚、徐连旺 64（HMAS 36911），1972 年 8 月 7 日，卯晓岚、徐连旺 108（HMAS 36850），1972 年 8 月 19 日，徐连旺、卯晓岚 179（HMAS 36855）。安徽金寨银山畈，海拔 500 m 林中地上，2008 年 7 月 30 日，文华安、李国杰、杨晓莉 08264（HMAS 187074）。海南昌江霸王岭，阔叶林地上，1987 年 9 月 28 日，毕志树（HMIGD 16914）；乐东尖峰岭天池，阔叶林地上，1988 年 5 月 17 日，郑国杨（HMIGD 14454）。四川米易，海拔 1836 m 林中地上，2009 年 8 月 1 日，文华安、王波、李赛飞、钱茜 120（HMAS 220756）。云南保山百花岭，林中地上，2003 年 7 月 25 日，王岚 295（HKAS 43389）；昆明卧云山，林中地上，2006 年 8 月 10 日，周茂新、李国杰 6207（HMAS 139829）；牟定化佛山，林中地上，2006 年 8 月 8 日，文华安、周茂新、李国杰 06116（HMAS 139833）；盈江县昔马乡勒新，林中地上，2003 年 7 月 15 日，王岚 125（HKAS 43221）。甘肃武都，林中地上，1991 年 7 月，杨 6462（HMAS 66078）。青海祁连山，林中地上，1996 年 8 月 1 日，卯晓岚、文华安、孙述霄 9028（HMAS 78624）。

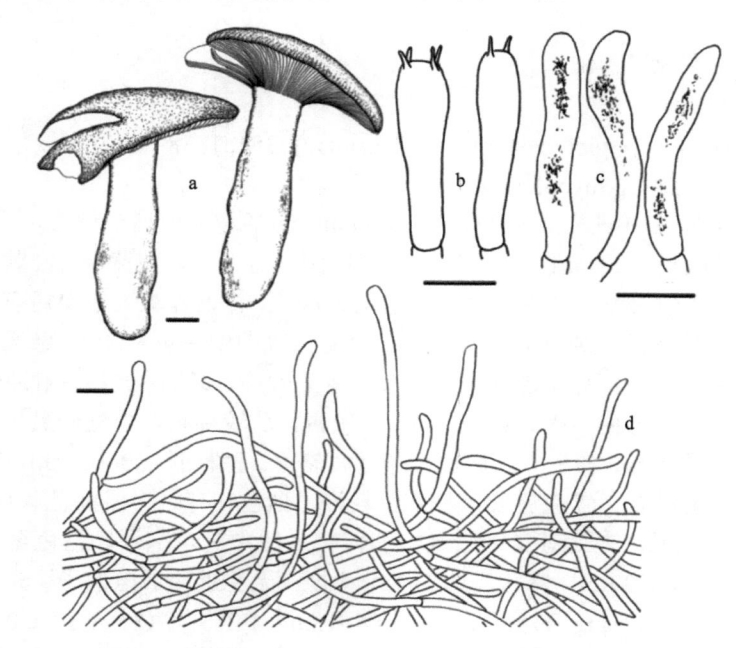

图 82　苦红菇 *Russula fellea* (Fr.) Fr.（HMAS 36850）
a. 子实体；b. 担子；c. 侧生囊状体；d. 菌盖表皮菌丝。a. 标尺=1 cm；b~d. 标尺=10 μm

讨论：苦红菇与欧洲的柠檬黄红菇 *R. citrina* Gillet 形态相似，二者的主要区别是柠檬黄红菇的菌盖有时带有黄绿色，菌肉老后略变灰色，味道柔和，少见辛辣，无明显气味。

非凡红菇　图 83，图版 XVIII 2

Russula insignis Quél., C. r. Assoc. Franç. Avancem. Sci. 16(2): 588, 1888.
Russula livescens var. *depauperata* J.E. Lange, Dansk bot. Ark. 4(no. 12): 35, 1926.
Russula pectinata var. *insignis* (Quél.) Maire, Fl. mycol. France (Paris): 346, 1933.

子实体中型。菌盖直径 3.3~6.8 cm，初扁半球形至中央凸起，成熟后近平展，少数边缘上翘至呈浅碟状，有时开裂，湿时稍黏，干燥后不光滑，无光泽，边缘有较明显的条纹，表皮自边缘至中央方向可剥离 2/3~4/5，污褐色色调，常呈现黑褐色、灰褐色、黄褐色，有时有锈褐色至黄褐色的斑点，中央近黑灰色，边缘颜色较浅，呈污白色至污灰色，下雨或湿润时中央易褪色至浅黄褐色至污白色，菌盖表皮下方有微弱的灰褐色调。菌肉厚 0.3~0.5 cm，白色，老后微带浅奶油色，伤后变黄褐色至灰褐色，味道柔和，有水果香味。菌褶直生，部分中部至盖缘处分叉，近盖缘处钝圆，褶间具微弱横脉，9~14 片/cm，奶油色，伤后不变色或缓慢的变浅赭色至深黄褐色。菌柄长 3.6~7.3 cm，粗 1.2~2.4 cm，圆柱形，近基部处稍粗或稍细，近菌盖处稍粗，表面污白色，基部浅黄色至浅黄褐色，伤后变浅黄色，遇 KOH 溶液迅速变红色，光滑，初内实，后中空。孢子印奶油色至深奶油色。

担子 30~41 × 8~12 μm，棒状，具 4 个小梗，小梗长 3~7 μm，无色透明。担孢子（100/5/4）（6.3）6.9~8.5（8.9）×（4.9）5.4~7.0（7.4）μm [Q =（1.04）1.10~1.37（1.42），Q = 1.25 ± 0.09]，近球形至宽椭球形，少数球形和椭球形，无色至微黄色，表面疣刺高 0.7~1.0 μm，近圆柱形，疣刺间无连线，或少有连线，不形成网纹，脐上区淀粉质点不明显。侧生囊状体 42~70 × 6~10 μm，梭形至近梭形，末端近尖锐，有少数颗粒状至晶状内含物。菌盖表皮菌丝栅栏状，菌丝宽 1.8~4.9 μm，少数有隔，部分分叉，末端多数钝圆，少数近尖锐，无色透明，盖生囊状体宽 5.1~8.6 μm，较少，棒状，末端钝圆，无隔，有颗粒状或晶状内含物，遇硫酸香草醛溶液变灰黑色。菌柄表皮菌丝平伏，菌丝宽 1.6~3.4 μm，少数分隔，末端近尖锐，无色透明，柄生囊状体未见。

生境：夏秋季单生至散生于阔叶林和混交林（栎属和柞木属 *Xylosma*）地上。

模式产地：法国。

世界分布：亚洲（中国）；欧洲（法国和意大利）。

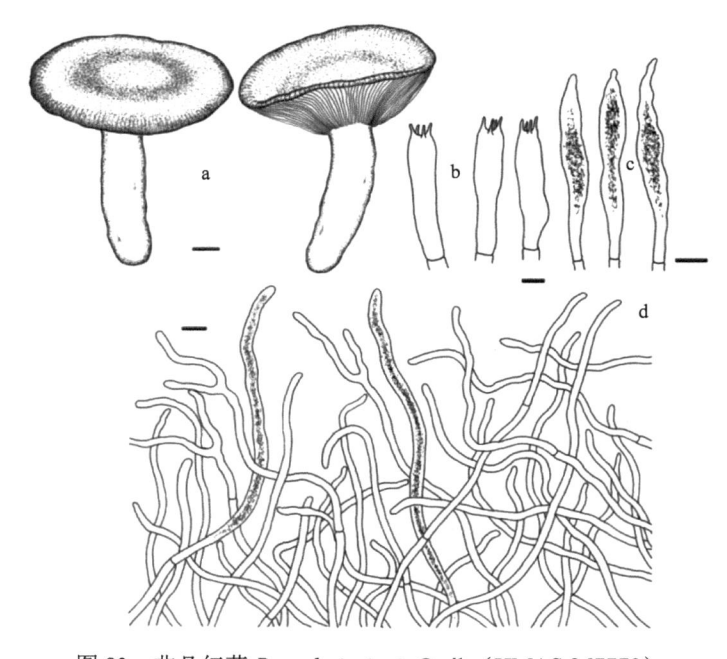

图 83　非凡红菇 *Russula insignis* Quél.（HMAS 267770）
a. 子实体；b. 担子；c. 侧生囊状体；d. 菌盖表皮菌丝。a. 标尺=1 cm；b~d. 标尺=10 μm

研究标本：内蒙古牙克石南木林业局，针叶林地上，2013 年 7 月 29 日，李赛飞、赵东、李国杰 13181（HMAS 269881）；扎兰屯秀水景区，混交林地上，2013 年 7 月 25 日，李赛飞、赵东、李国杰 13054（HMAS 267732），2013 年 7 月 27 日，李赛飞、赵东、李国杰 13128（HMAS 267740）、13131（HMAS 267751），2013 年 7 月 28 日，李赛飞、赵东、李国杰 13150（HMAS 267770）。

黄白红菇　图 84，图版 XVIII 3
别名：蜜黄菇、蜜黄红菇
Russula ochroleuca Fr., Epicr. syst. mycol. (Upsaliae): 358, 1838.
Agaricus ochroleucus Pers., Syn. meth. fung. (Göttingen) 2: 443, 1801.
Russula citrina Gillet, Revue mycol. Toulouse 3(no. 11): 5, 1881.
Russula citrina f. *separata* Singer, Bull. trimest. Soc. mycol. Fr. 54: 136, 1938.
Russula citrina f. *umbonata* Britzelm., Botan. Centralbl. 54(4): 100, 1893.
Russula citrina var. *rufescens* Mornand & Bon, Bulletin de la Société d'Études Scientifiques de l'Anjou 12: 40, 1986.
Russula fingibilis Britzelm., Ber. naturhist. Augsburg 28: 140, 1885.
Russula granulosa Cooke, Grevillea 17(no. 82): 40, 1888.
Russula ochroleuca var. *fingibilis* (Britzelm.) Singer, Z. Pilzk. 2(1): 6, 1923.
Russula ochroleuca var. *frondosaria* Horniček, C.C.H. 53(1): 8, 1976.
Russula ochroleuca var. *granulosa* (Cooke) Rea, Brit. basidiomyc. (Cambridge): 466, 1922.

子实体中型至大型。菌盖直径 4~10 cm，初扁半球形，后渐平展至中部多少有些下凹，有时呈碟状，边缘钝圆，有时略有开裂，蜜黄色、橙色、赭红色，有时变橄榄灰色，中央颜色较深，常带红色色调，湿时黏，有时有光泽，干后光滑至略粗糙，表面略有皱纹，盖缘平滑，无条纹或老后有不明显的短条纹，表皮可从菌盖边缘至中央剥离 1/3~2/3。菌肉白色，变浅黄色至赭黄色，在湿润条件下往往变灰色，呈水浸状色调，初坚实，后变软或较脆，味道多变，无明显味道至稍辛辣，无明显气味至略有水果香味。菌褶直生至凹生，宽 0.4~1.2 cm，等长，稍密，褶间具横脉，顶端钝圆，白色、浅奶油色至奶油色，有时受伤后有浅褐色、赭褐色至近红色色调。菌柄长 3.5~8.0 cm，粗 1.0~2.5 cm，圆柱形，有时近基部处稍粗，白色，干时变灰，湿润时有水浸状色调，有时带赭黄色和黄褐色色调的小斑点，近顶处有时具果霜，表面光滑至有皱纹，初内实，后松软。孢子印白色。

担子 34~44 × 7~10 μm，棒状，有时中央略有膨大，具 2~4 个小梗，无色透明。担孢子（80/4/2）6.4~8.1（9.1）× 5.8~6.9（7.8）μm [Q = 1.02~1.26（1.36），**Q** = 1.15 ± 0.07]，近球形至椭球形，少数球形，无色，表面有小疣刺，高 0.5~1.0 μm，近圆柱形，疣刺间相连近网状，脐上区淀粉质点不显著。侧生囊状体 34~67 × 8~14 μm，梭形，顶端近尖锐，无色透明，表面光滑而无纹饰。菌盖表皮菌丝栅栏状，菌丝宽 1.7~5.0 μm，有分叉和分隔，无色透明，末端近尖锐至钝圆，盖生囊状体未见。菌柄表皮菌丝宽 2.5~5.0 μm，有隔，无色，柄生囊状体未见。

生境：夏秋季群生于阔叶林地上。

模式产地：瑞典。

世界分布：亚洲（中国、日本）；欧洲（法国、英国、德国、意大利、瑞士、瑞典、丹麦、挪威、芬兰、波兰、斯洛伐克、克罗地亚、保加利亚）；北美洲。

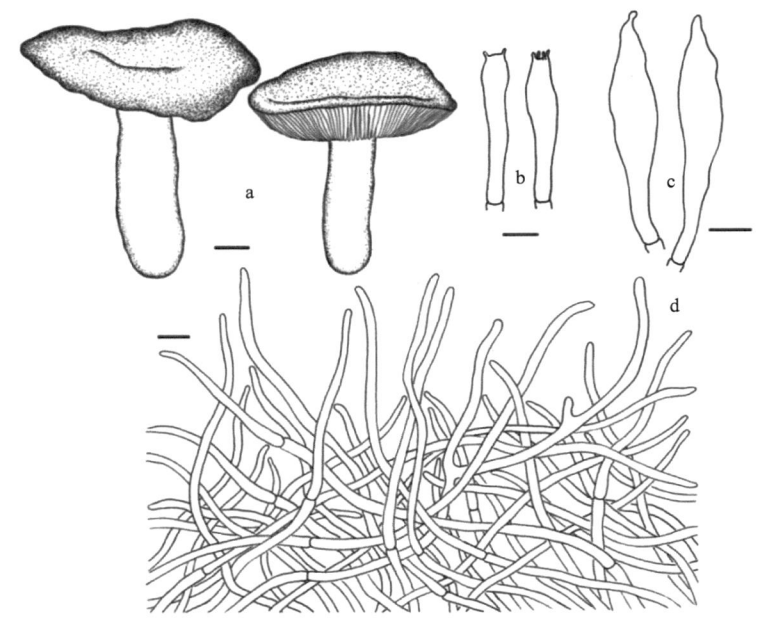

图 84 黄白红菇 *Russula ochroleuca* Fr.（HMAS 66187）
a. 子实体；b. 担子；c. 侧生囊状体；d. 菌盖表皮菌丝。a. 标尺=1 cm；b~d. 标尺=10 μm

研究标本：北京门头沟妙峰山，林中地上，1996 年 9 月 18 日，卯晓岚、文华安、孙述霄 96037（HMAS 63340）。河北张家口小五台山大梁背，林中地上，1990 年 8 月 2 日，文华安、李滨 7（HMAS 61957）。吉林安图二道白河和平林场，海拔 1014 m 混交林地上，2010 年 7 月 22 日，郭良栋、孙翔、李国杰、谢立璟 20100240（HMAS 250932）；安图二道白河镇和平营子林场，海拔 882 m 混交林地上，2010 年 7 月 21 日，郭良栋、孙翔、李国杰（HMAS 262412）；安图二道白河生态定位站，海拔 811 m 混交林地上，2010 年 7 月 25 日，孙翔、李国杰 20100206（HMAS 250950）；长白山三道镇老爷岭，海拔 1349 m 混交林地上，2013 年 7 月 23 日，文华安、王柏、李赛飞、赵东、李国杰 13074（HMAS 267898）。黑龙江抚远，林中地上，2000 年 8 月 9 日，文华安、孙述霄、卯晓岚 172 （HMAS 145811）；呼玛，林中地上，2000 年 7 月 28 日，文华安、孙述霄、卯晓岚 82（HMAS 145810）；漠河，林中地上，2000 年 7 月 25 日，孙述霄、文华安、卯晓岚 32（HMAS 78442）。安徽黄山，林中地上，1957 年 8 月 30 日，邓叔群 5244（HMAS 20243）。福建南平浦城，林中地上，1960 年 8 月 26 日，王庆之 721（HMAS 32698）。四川阿坝汶川卧龙自然保护区，林中地上，1984 年 8 月 7 日，文华安、苏京军 1485（HMAS 51026）；都江堰青城山，林中地上，1960 年 8 月 17 日，马启明 746（HMAS 32699）。贵州贵阳花溪，林中地上，1988 年 7 月 7 日，李宇、宗毓臣、应建浙 246（HMAS 59934），1988 年 7 月 8 日，应建浙、宗毓臣 359（HMAS 59761），1988 年 8 月 7 日，李宇、宗毓臣、应建浙 245（HMAS 59690），1988 年 8 月 8 日，李宇、应建浙、宗毓臣 358（HMAS 59686）。云南省普洱市思茅区梅子湖公园（红旗水库），林中地上，1990年8月4日，李宇 403（HMAS 66187）。西藏林芝八一镇农牧学院后山，林中地上，1995年7月16日，文华安、孙述霄 057（HMAS 69001）；那曲市嘉黎县阿扎镇，海拔 4150 m 林中地上，1990年8月26日，蒋长坪、欧珠次旺 46（HMAS 60430）。甘肃天水，林中地上，1958年7月17日，于积厚 377（HMAS 32697）。新疆阿克苏托木尔峰，林中地上，1977年7月6日，文华安、卯晓岚 85（HMAS 38075），1977年7月30日，文华安、卯晓岚 213（HMAS 38074）；昭苏夏塔，林中地上，1978年7月15日，孙述霄、文华安、卯晓岚 604（HMAS 39268）。

讨论：黄白红菇形态与亮黄红菇很相似，尤其是菌盖表皮的颜色几乎一致，二者的主要区别是亮黄红菇的菌肉和菌褶老后显著的变灰黑色，孢子印浅赭色至赭色，菌盖表皮有盖生囊状体。

经济价值：该种可食用。与云杉属、水青冈属及桦木属等的一些树种形成外生菌根。

腐臭组 sect. *Foetentinae* Melzer & Zvára

子实体通常有令人不愉快的气味。菌盖表面多为黄色和褐色色调，少见其他色调，湿时黏。菌肉味道通常苦或辛辣。菌褶顶端近尖锐至尖锐。

模式种：*Russula foetens* Pers.（Romagnesi，1987）。

中国腐臭组分种检索表

1. 菌盖边缘有小疣组成的棱纹 ·· 2
1. 菌盖非上述特征 ·· 3
   2. 无气味或气味不明显 ·· 10
   2. 有怡人的香味 ··· 广东红菇 *R. guangdongensis*
3. 菌盖灰色，菌肉黄白色，渐变灰色 ··································· 变蓝红菇 *R. livescens*
3. 菌盖、菌肉非上述特征 ·· 4
   4. 孢子印白色 ·· 5
   4. 孢子印奶油色，或其他颜色 ·· 6
5. 菌褶白色至污奶油色，弯生 ··· 粉柄红菇 *R. farinipes*
5. 菌褶无白色，离生、直生或稍延生 ··· 点柄黄红菇 *R. senecis*
   6. 菌柄有小黑腺点 ·· 斑柄红菇 *R. punctipes*
   6. 菌柄无小腺点，或有斑点 ·· 7
7. 菌盖表面无小颗粒状附属物 ·· 8
7. 菌盖表面有众多小颗粒状附属物 ·· 绵粒红菇 *R. granulata*
   8. 侧生囊状体较多 ·· 异白粉红菇 *R. poichilochroa*
   8. 侧生囊状体较少 ·· 9
9. 菌褶初白色，后变污红色、紫褐色至棕色 ·· 污红菇 *R. illota*
9. 菌褶白色至淡奶油色 ·· 可爱红菇 *R. grata*
   10. 菌肉臭味强烈 ·· 11
   10. 菌肉气味较温和 ·· 12
11. 担孢子表面疣刺高达 1.0-1.5 μm，刺间有连线，形成不完整至近于完整的网纹 ···· 臭红菇 *R. foetens*
11. 担孢子表面疣刺高 0.7-1.0 μm，刺间有连线，不形成网纹 ·················· 亚臭红菇 *R. subfoetens*

12. 菌盖表皮有囊状体 ··· 13
12. 菌盖表皮无囊状体 ··· 14
13. 盖生囊状体较大 78-125 × 8-12 μm ····································· 拟篦形红菇 *R. pectinatoides*
13. 盖生囊状体较小 29-55 × 3-6 μm ······························· 假拟篦形红菇 *R. pseudopectinatoides*
14. 孢子印白色至奶油色 ·· 篦形红菇 *R. pectinata*
14. 孢子印奶油色至乳黄色 ··· 黄茶红菇 *R. sororia*

粉柄红菇　图 85，图版 IV 4，图版 XVIII 4
别名：臭辣菇、粉柄黄红菇、鸡屎菇、土黄菇
Russula farinipes Romell, in Britzelmayr, Botan. Centralbl. 54(4): 100, 1893.

　　子实体较小型至中型。菌盖直径 5~10 cm，半球形至扁半球形至平展，中部稍下凹，有时可见脐状凹陷，或菌盖呈漏斗形，边缘有时波浪状至开裂，个别内卷，暗黄或土黄，或带褐色，中部色深，表面有细小鳞片，边缘有颗粒状的长条棱。菌肉较薄，坚实，白色，有时稍变浅褐色至浅黄色，味辣或苦，气味不难闻，有令人愉快的水果香味。菌褶幼时弯生，成熟后近延生，宽 0.2~0.6 cm，稍具横脉，较窄，较稀疏，多分叉，边缘近尖锐，白色至污奶油色。菌柄长 5~7 cm，粗 1.0~1.8 cm，圆柱形，有时稍弯曲，近基部处稍细，渐变白色至污黄色，有时基部带绿色色调，并渐变为褐色至赭色，表面光滑，近顶部处略有微细绒毛，有时表面有红棕色的小斑点或凹陷，初内实，成熟后松软至空心。孢子印白色。

　　担子 28~42 × 8~12 μm，棒状，具 2~4 个小梗，无色透明。担孢子（80/4/4）（5.8）6.0~7.8（8.4）× 5.0~7.5（8.9）μm [Q =（1.04）1.06~1.27（1.30），**Q** = 1.16 ± 0.06]，球形、近球形至宽椭球形，个别椭球形，无色，表面高 0.7 μm，近圆锥形，顶端近尖锐至钝圆，部分疣刺间有连线，形成不完整至近于完整的网纹，脐上区淀粉质点明显。侧生囊状体 21~33 × 6~10 μm，梭形至纺锤状，顶端乳头状，硫酸香草醛溶液中变灰黑色。菌盖表皮菌丝栅栏状，菌丝宽 3.0~5.0 μm，无色透明，顶端钝圆，盖生囊状体 57~89 × 7~12 μm，较多，棒状至纺锤状，末端钝圆。菌柄表皮菌丝宽 2.6~4.1 μm，无色，有隔，柄生囊状体未见。

　　生境：夏秋季散生于阔叶林或混交林地上。
　　模式产地：法国。
　　世界分布：亚洲（中国）；欧洲（英国、法国）；北美洲（美国、加拿大）。
　　研究标本：安徽金寨银山畈乡，海拔 500 m 林中地上，2008 年 7 月 30 日，文华安、李国杰、杨晓莉 08243（HMAS 187064）。福建南平武夷山，海拔 1000 m 混交林中地上，2009 年 7 月，魏铁铮、吕鸿梅等 562（HMAS 220811）。广东肇庆鼎湖山草塘，混交林地上，1980 年 9 月 8 日，毕志树、梁建庆等（HMIGD 4739）；肇庆鼎湖山老鼎，混交林地上，1981 年 10 月 10 日，李泰辉、梁建庆（HMIGD 5057）；肇庆鼎湖山树木园至车站，林中地上，1981 年 4 月 16 日，李泰辉等（HMIGD 5141）。四川攀枝花格萨拉山地质公园，混交林中地上，2009 年 8 月 3 日，文华安、王波、李赛飞、钱茜（HMAS 220820）。云南宾川鸡足山，混交林地上，1989 年 8 月 4 日，宗毓臣、李宇 83（HMAS 59682）；大理苍山大理学院后山中和峰，林中地上，2009 年 7 月，苏鸿雁等（HMAS 196581）；昆明，林中地上，1938 年 9 月 15 日，周宗璜、姚荷生 7972（HMAS 03972）、

7973（HMAS 03973）。甘肃武都，林中地上，1992 年 9 月，卯晓岚 7033（HMAS 61652）。

经济价值：该种可食用和药用。

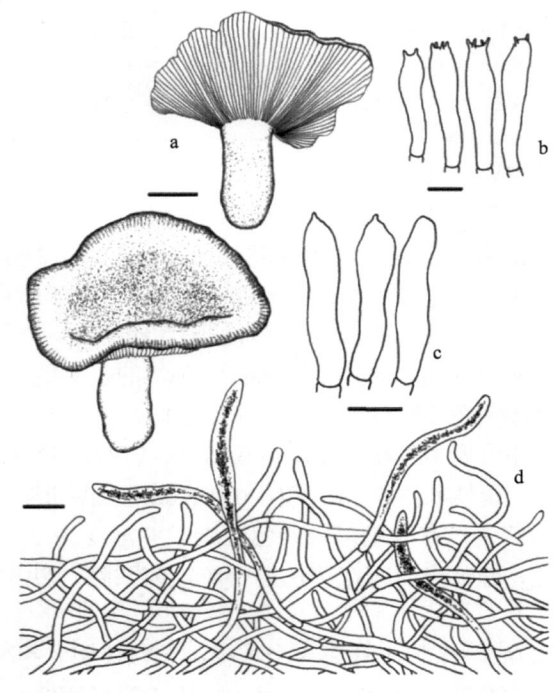

图 85　粉柄红菇 *Russula farinipes* Romell（HMAS 220820）
a. 子实体；b. 担子；c. 侧生囊状体；d. 菌盖表皮菌丝。a. 标尺=1 cm；b~d. 标尺=10 μm

臭红菇　图 86，图版 XVIII 5

别名：臭黄菇、牛犊菇、猩红菇、油辣菇

Russula foetens Pers., Observ. mycol. (Lipsiae) 1: 102, 1796.

Agaricus foetens (Pers.) Pers., Observ. mycol. (Lipsiae) 2: 102, 1800.

Agaricus foetens var. *lactifluus* Corda, Icon. fung. (Prague) 4: 49, tab. 10: 139, 1840.

Agaricus incrassatus Sowerby, Col. fig. Engl. Fung. Mushr., Suppl. (London) (no. 30[no. 3 of suppl.]): tab. 415, 1814.

Russula foetens var. *minor* Singer, Bull. trimest. Soc. mycol. Fr. 54: 135, 1938.

　　子实体中型至大型。菌盖直径 4~15 cm，初球形，后扁半球形，最终扁平，中部稍下凹或稍凸起，土黄色、蜜色，中部色深呈黄褐色，幼时很黏滑，成熟后光滑，老后有放射状皱纹，盖缘由小疣组成明显的条纹，常有不规则的开裂，表皮半透明，自边缘向菌盖中央可剥离 1/2。菌肉较厚而坚实，边缘变薄，白色，受伤后变黄褐色至棕褐色，有油脂或腐臭等令人不愉快的气味，近菌柄处味道柔和，菌褶和菌盖处味道十分辛辣。菌褶凹生，稀至较稀，顶端近尖锐至尖锐，褶间具横脉，初带白色，后乳黄色，常有褐色斑点。菌柄长 3~12 cm，粗 1~4 cm，圆柱形或中部稍粗，初内实，老后内部松软至中空，白色至米黄色，老后或受伤后带灰色、红褐色和污褐色色调。孢子印乳黄色。

　　担子 34~45 ×9~12 μm，棒状，具 2~4 个小梗，无色透明。担孢子（80/4/4）（8.3

8.5~9.8（10.0）×（6.5）6.7~7.8 μm [Q =（1.13）1.15~1.32（1.34），**Q** = 1.23 ± 0.07]，近球形至宽椭球形，少数椭球形，无色，表面小疣刺高 1.0~1.5 μm，密集，近圆柱形，刺间偶有连线，形成不完整至近于完整的网纹，脐上区淀粉质点显著。侧生囊状体 26~44 × 11~13 μm，近梭形、近圆柱形或披针形，表面光滑，略有纹饰，末端多数近尖锐，少数钝圆，无色，有少量内含物。菌盖表皮菌丝栅栏状，菌丝细胞宽 2.5~5.0 μm，末端钝圆，无色透明，盖生囊状体未见。菌柄表皮菌丝宽 1.7~4.1 μm，无色，有隔，柄生囊状体未见。

生境：夏秋季散生于针叶林或混交林地上。

模式产地：德国。

世界分布：亚洲（中国、日本、印度）；欧洲（德国、英国、法国、意大利、保加利亚、克罗地亚）；北美洲（加拿大、美国）。

研究标本：北京昌平阳坊，林中地上，1987 年 7 月 31 日，温俊芳（HMAS 53982），1992 年 7 月 28 日，应建浙（HMAS 61256）；怀柔红螺寺，林中地上，2000 年 8 月 25 日，图力古尔（HMJAU 1177）；门头沟潭柘寺，林中地上，1958 年 7 月 25 日，邓叔群 6108（HMAS 22749）、6147（HMAS 23024）；密云，林中地上，1998 年 7 月 4 日，文华安、卯晓岚 3144（HMAS 76463）；西山，林中地上，1944 年 8 月 10 日，236（HMAS 23025）。天津盘山，林中地上，1959 年 7 月 21 日，（HMAS 30149）。河北承德雾灵山花园村，林中地上，1957 年 8 月 21 日，王云章（HMAS 23208）。山西，林中地上，1935 年 9 月 3 日，E. Licent 2005（HMAS 29119）。吉林安图长白山，林中地上，2008 年 8 月 4 日，周茂新、Yusufjon Gafforov 08052（HMAS 194245）；长白山，林中地上，1960 年 8 月 11 日，杨玉川 695（HMAS 30927）；长春市净月潭，林中地上，2003 年 8 月 14 日，王建瑞（HMJAU 3590）。江苏南京灵谷寺，林中地上，1958 年 9 月，林桂坚、王维新 118（HMAS 23856）、（HMAS 24182），1961 年 9 月 14 日，刘锡琎（HMAS 32780）。浙江杭州，林中地上，1957 年 9 月 12 日，邓叔群 5503（HMAS 20242）。安徽黄山，林中地上，1957 年 8 月 30 日，邓叔群 5140（HMAS 20456）。福建南靖南坑大岭，阔叶林地上，1958 年 6 月 13 日，邓叔群 5810（HMAS 23026）；南平浦城，海拔 500 m 林中地上，1960 年 8 月 24 日，王庆之 660（HMAS 30146）、663（HMAS 30147），1960 年 8 月 25 日，王庆之 702（HMAS 32203）、707（HMAS 32204），1960 年 8 月 26 日，王庆之 739（HMAS 32617）。河南南阳，林中地上，1979 年 2 月 19 日，北京干菜公司（HMAS 39368）；南阳西峡，林中地上，1968 年 9 月 14 日，应建浙、卯晓岚、李惠中 39（HMAS 35781）。湖北十堰神农架，林中地上，1981 年 10 月 14 日，（HMAS 42551），1984 年 8 月 4 日，孙述霄（HMAS 53609），2002 年 8 月，陈志刚（HMAS 83421）；十堰神农架，混交林地上，2003 年 9 月 10 日，陈志刚（HMAS 86172）。广东肇庆鼎湖山地震台，混交林地上，1981 年 8 月 1 日，梁建庆、李泰辉（HMIGD 5055）；肇庆鼎湖山教工疗养院，阔叶林地上，1981 年 4 月 7 日，李泰辉、梁建庆（HMIGD 4802）；肇庆鼎湖山教工疗养院，混交林地上，1981 年 10 月 20 日，李泰辉、毕志树等（HMIGD 5060）；肇庆鼎湖山树木园，林中地上，1981 年 9 月 3 日，李泰辉（HMIGD 5058）。广西百色平野，林中地上，1969 年 7 月 12 日，应建浙等 12（HMAS 75494）；南宁宾阳，林中地上，1970 年 4 月 27 日，宗毓臣 28（HMAS 35530）。海南乐东尖峰

岭七林场，林中地上，1960年5月5日，于积厚、刘1278（HMAS 28609）；通什五指山，林中地上，1960年9月30日，于积厚2231（HMAS 32618）。重庆巫溪，林中地上，1994年8月10日，文华安36（HMAS 66304）。四川阿坝米亚罗，林中地上，1958年7月21日，胡琼玲（HMAS 24181）；甘孜雅江，林中地上，1983年8月7日，文华安、苏京军557（HMAS 50711）、596（HMAS 50712）、602（HMAS 50819）；泸定海螺沟，混交林地上，2013年8月13日，卢维来、蒋岚、李国杰13289（HMAS 268804）、13290（HMAS 268803）；攀枝花米易，海拔1836 m林中地上，2009年8月1日，文华安、王波、李赛飞、钱茜121（HMAS 220622）；汶川卧龙三圣沟，林中地上，1984年8月5日，文华安、苏京军1465（HMAS 50713）；西昌，林中地上，1971年7月10日，宗毓臣、吴世宣、卯晓岚169（HMAS 35734），1971年7月14日，宗毓臣、卯晓岚、吴世宣186（HMAS 35552）；小金四姑娘山，混交林地上，2013年8月15日，卢维来、蒋岚、李国杰13300（HMAS 267815）、131905（HMAS 267816）、13382（HMAS 267910）；雅江，针叶林地上，1984年7月25日，文华安、苏京军1407（HMAS 72883）。贵州贵阳，林中地上，1988年7月1日，应建浙、宗毓臣、李宇142（HMAS 57816）；遵义道真大沙河林场，海拔1350 m林中地上，1988年7月19日，应建浙等426（HMAS 57819）、435（HMAS 53873）。云南楚雄紫溪山，林中地上，2006年8月7日，文华安、周茂新、李国杰、李树红06067（HMAS 139811）；大理宾川鸡足山，混交林地上，1989年8月7日，李宇、宗毓臣194（HMAS 60473）、153（HMAS 60474），1989年8月，李宇111（HMAS 88689）；大理漾濞，林中地上，1959年8月16日，王庆之1022（HMAS 26328）、1030（HMAS 26724）；洱源苍山，海拔2621 m林中地上，2009年7月25日，李国杰、赵勇09606（HMAS 220395）；昆明西山，林中地上，1939年8月13日，裘维蕃7994（HMAS 06945），1942年7月14日，裘维蕃8004（HMAS 04004），1943年8月12日，裘维蕃8213（HMAS 04213）；宁蒗泸沽湖山门，林中地上，2004年7月28日，刘吉开4079（HKAS 47405）；文山广南，林中地上，1959年6月29日，王庆之730（HMAS 26725）；西双版纳勐仑，林中地上，2003年8月5日，王庆彬、魏铁铮156（HMAS 85283）。西藏昌都尼西，林中地上，1964年，（HMAS 33994）；工布江达巴松错，海拔3487 m林中地上，2004年7月25日，王英华（HMAS 99041）；林芝八一镇老虎山，林中地上，1995年7月20日，文华安、孙述霄200（HMAS 71513），1995年7月22日，文华安、孙述霄41（HMAS 69036）、文华安、孙述霄（HMAS 66140）；林芝鲁朗镇中科院藏东南高山站，混交林地上，2012年8月26日，赵东、李国杰、齐莎12125（HMAS 251819）；米林南伊沟，阔叶林中地上，2012年8月17日，赵东、李国杰、齐莎12204（HMAS 264871）。甘肃武都白龙江林场，林中地上，1992年9月3日，卯晓岚6088（HMAS 131006），1992年9月4日，卯晓岚6119（HMAS 69795）。

讨论：臭红菇是广泛分布的种，子实体较大。菌盖表面幼嫩时很黏，菌肉有强烈的油脂和腐臭气味，味道极为辛辣较容易与其他种区分。但干标本不进行仔细的显微观察容易将该种与形态近似的可爱红菇、亚臭红菇和黄茶红菇等种混淆。可爱红菇的担孢子具有嵴状的纹饰；亚臭红菇的子实体较为细弱，腐臭的气味和辛辣的味道没有臭红菇强烈；黄茶红菇菌肉无腐臭气味，担孢子表面疣刺较臭红菇明显低矮。

经济价值：该种可食用和药用。与云杉属、黄杉属、桦木属、栗属、榛属 *Corylus* 和栎属等的一些树种形成外生菌根。

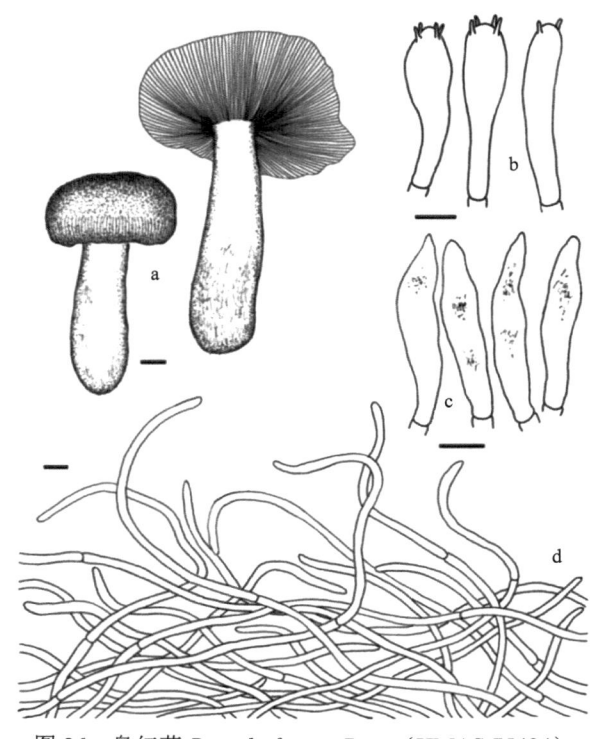

图 86 臭红菇 *Russula foetens* Pers.（HMAS 75494）
a. 子实体；b. 担子；c. 侧生囊状体；d. 菌盖表皮菌丝。a. 标尺=1 cm；b~d. 标尺=10 μm

绵粒红菇 图 87，图版 XVIII 6
别名：绵粒黄菇、绵粒黄红菇
Russula granulata Peck, Ann. Rep. Reg. N.Y. St. Mus. 53: 843, 1901.
Russula granulata var. *lepiotoides* G.F. Atk., in Peck, Ann. Rep. Reg. N.Y. St. Mus. 54: 37(sep.), 1902.

　　子实体较小型至中型。菌盖直径 3.0~7.5 cm，初扁半球形，平展后中部下凹至脐状，较薄，很黏，岩羚黄色、蜜黄色，有时变深至黄褐色至橄榄色，带白色或米黄色，中部土黄色至深褐色，边缘初内卷，老后波纹状，有皱纹，或开裂，并具长而粗的条纹，有淡黄色糠麸状至棉绒状颗粒或颜色统一的刻点，部分颗粒与菌盖连接紧密，部分颗粒易剥离，与中部较密集而色较深，菌盖表面遇 KOH 溶液迅速变褐色。菌肉白色，较薄，味较苦，或令人不愉快的辛辣味道，气味变化较大，有时具令人不愉快的味道，有时有水果香味。菌褶直生，宽 0.4~0.6 cm，密，近柄处分叉，具横脉，顶端钝圆，边缘变薄，并可见个别小菌褶，白色，后奶油色至乳黄色，经常受伤后变褐色，有时老后有红色斑点。菌柄长 3.0~5.5 cm，粗 0.8~1.5 cm，中生，近圆柱形，白色，基部有浅褐色、暗褐色至黄褐色色调，干燥后，并具微细鳞片，上部被微绒毛，内部松软，后中空。孢子印奶油色至乳黄色。

· 159 ·

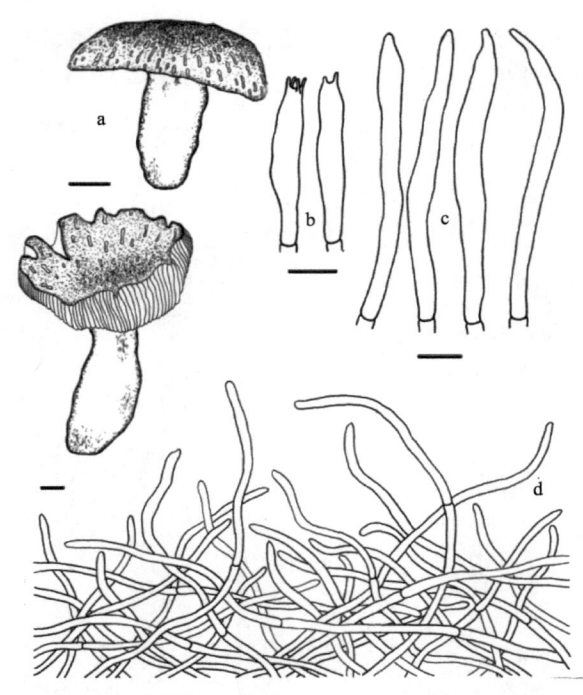

图 87　绵粒红菇 *Russula granulata* Peck（HMAS 36922）
a. 子实体；b. 担子；c. 侧生囊状体；d. 菌盖表皮菌丝。a. 标尺=1 cm；b~d. 标尺=10 μm

担子 28~50 × 6~8 μm，棒状，个别宽度可达近 10 μm，具 2~4 个小梗，小梗长达 6 μm。担孢子（40/2/2）（6.5）6.7~8.8 × 5.9~6.9（7.5）μm [Q =（1.04）1.07~1.36 (1.40)，Q = 1.22 ± 0.09]，宽椭球形或近球形，个别球形，无色，表面疣刺高 0.7~1.2 μm，近圆锥形至圆柱形的，部分疣刺间有连线，但不形成网纹，脐上区淀粉质点不显著。侧生囊状体 44~70 × 7~12 μm，较多，有褐色内含物，棒状至近梭形，个别顶端有小突起。菌盖表皮菌丝宽 1.7~5.0 μm，菌盖表皮层菌丝平伏，略呈胶黏状；菌盖表面的小疣和小颗粒由透明、赭色至褐色，末端钝圆至尖锐的菌丝组成；菌丝细胞宽 3~4 μm，有隔，表面略有纹饰，盖生囊状体未见。菌柄表皮菌丝宽 2.5~4.1 μm，无色，有隔，柄生囊状体未见。

生境：夏秋季单生至群生于混交林地上。

模式产地：美国。

世界分布：亚洲（中国）；北美洲（美国、加拿大）。

研究标本：北京怀柔喇叭沟门原始森林，林中地上，2000 年 8 月 24 日，图力古尔（HMJAU 1211）。吉林省长白山二道白河镇北山门，混交林地上，2013 年 7 月 22 日，范宇光、李国杰 13066（HMAS 267891）；延边州和龙市八家子林业局仙峰国家森林公园雪岭（老爷岭），混交林地上，2013 年 7 月 23 日，文华安、王柏、李赛飞、赵东、李国杰 13069（HMAS 252604）、13070（HMAS 267803）。广东肇庆鼎湖山，阔叶林地上，1980 年 9 月 5 日，毕志树等（HMIGD 4579）。四川西昌，阔叶林草地上，1971 年 7 月 10 日，宗毓臣、卯晓岚 170（HMAS 36922）。

讨论：绵粒红菇与臭红菇和拟篦形红菇的菌盖颜色相似，较难与以上两种区分

（Singer，1957）。绵粒红菇菌盖表面有众多明显的疣突状小颗粒，菌盖表面遇 KOH 溶液迅速变褐色。对于菌盖表面棉绒状颗粒和刻点的来源，Singer（1962）认为是子实体发育过程中菌盖上表皮的一层膜未彻底凋亡消解的残余细胞，而 Schaffer（1972）则认为是由于菌盖上表皮的一些细胞在生长发育过程中生长缓慢，不能与其他细胞同步生长而形成的。

经济价值：该种可食用。

可爱红菇 图 88，图版 XIX 1
别名：拟臭黄菇、拟臭黄红菇
Russula grata Britzelm., Botan. Centralbl. 54(4): 100, 1893.
Russula foetens subsp. *laurocerasi* (Melzer) Jul. Schäeff. Z. Pilzk. 17 (2): 51, 1933.
Russula foetens var. *grata* (Britzelm.) Singer, Beih. bot. Zbl., Abt. 2 49: 320, 1932.
Russula foetens var. *laurocerasi* (Melzer) Singer. Annls mycol. 40 (1/2): 73, 1942.
Russula grata var. *laurocerasi* (Melzer) Rauschert. Česká Mykol. 43 (4): 198, 1989.
Russula laurocerasi Melzer, Čas. česk. houb. 2: 243. 1920.
Russula laurocerasi var. *amarescens* R. Socha, in Socha, Hálek, Baier & Hálek, Holubinky (Russula) (Praha): 509, 2011.
Russula laurocerasi var. *microcarpa* J.Z. Ying & H.A. Wen, Mycosystema 20(2): 154, 2001.
Russula subfoetens var. *grata* (Britzelm.) Romagn., Russules d'Europe Afr. Nord (Bordas): 340, 1967.

子实体中型至较大型。菌盖直径 4~10 cm，初球形、扁半球形，平展后中部稍下凹，个别中部脐状至凹陷，米黄色至谷黄色，淡褐色至淡赭色，中央污赭褐色，黏，不久即干燥，光滑而表面有光泽，无颗粒状附属物，盖缘条纹显著，由小疣组成，较长至较短，表皮可稍微剥离，菌盖遇 KOH 溶液变褐色。菌肉白色，老后带黄色，味道常辛辣，有时有较强烈的苦味，气味较难闻，有苦杏仁混杂着水果香味的气味，或有醉樱桃气味。菌褶弯生，白色至淡奶油色，有时表面有褐色的斑点，幼嫩时边缘有水滴，等长，波曲状，有时基部分叉，顶端近尖锐，褶间具横脉。菌柄长 4~8 cm，粗 1.3~2.5 cm，等粗或向下稍细，近白色，有时带浅褐色色调，表面光滑，初内实，后中空。孢子印乳黄色。

担子 37~71 × 10~15 μm，棒状，具 2~4 个小梗，无色透明。担孢子（40/2/2）6.8~10.4（10.8）×（6.1）6.4~8.8（9.1）μm [Q = 1.02~1.38（1.41），**Q** = 1.17 ± 1.10]，近球形、宽椭球形至椭球形，少数球形，无色至微黄色，表面有小刺板状嵴，高 1.5~2.0 μm，形成近于完整至完整的网纹，脐上区淀粉质点明显。侧生囊状体 42~93 × 10~19 μm，较少至较多，形态较多样，较宽，常棒状，末端近尖锐至钝圆，无纹饰至略有纹饰，遇硫酸香草醛溶液略变蓝色、灰色至灰黑色。菌盖表皮菌丝栅栏状，无色透明，宽 1.7~5.8 μm，末端钝圆，盖生囊状体未见。菌柄表皮菌丝宽 1.7~5.0 μm，无色，有隔，柄生囊状体未见。

生境：夏秋季群生于阔叶林或混交林地上。
模式产地：德国。
世界分布：亚洲（中国、日本）；欧洲（法国、英国、德国、英国、意大利、波兰、克罗地亚）；北美洲（美国、加拿大）。

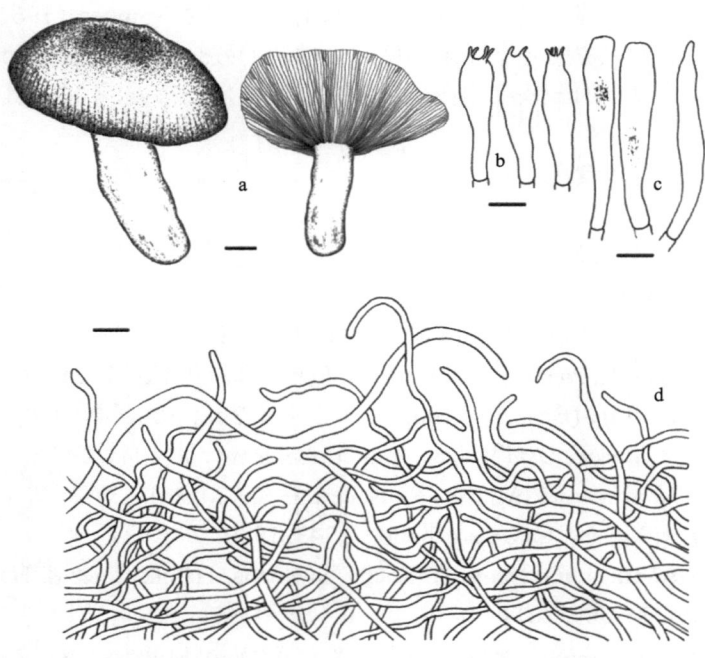

图 88 可爱红菇 *Russula grata* Britzelm.（HMAS 196524）
a. 子实体；b. 担子；c. 侧生囊状体；d. 菌盖表皮菌丝。a. 标尺=1 cm；b~d. 标尺=10 μm

研究标本：辽宁铁岭开原黄旗寨公社畜牧场，林中地上，1977 年 8 月 18 日，马启明 40（HMAS 53625）。吉林安图长白山，林中地上，2008 年 8 月 1 日，周茂新 08007（HMAS 194235）；长白山池北区北山门，混交林地上，2013 年 7 月 22 日，范宇光、李国杰 13026（HMAS 252598）；长白山池北区二道白河镇北，混交林地上，2013 年 7 月 21 日，文华安、李赛飞、赵东、范宇光、李国杰 13001（HMAS 252624）；长白山池北区二道白河镇西，混交林地上，2013 年 7 月 25 日，李赛飞、赵东、范宇光、李国杰 13097（HMAS 252636）；长春市净月潭，林中地上，2003 年 7 月 17 日，王建瑞（HMJAU 3544）；抚松露水河，林中地上，2003 年 9 月 15 日，付建国（HMJAU 2297）。江西赣州大余，林中地上，1982 年 9 月 18 日，3（HMAS 49990）。河南内乡宝天曼，海拔 1200 m 林中地上，2009 年 7 月，申进文等（HMAS 196545）；三门峡卢氏，林中地上，1968 年 8 月 19 日，卯晓岚、李惠中、应建浙（HMAS 36856）。湖北神农架大九湖，阔叶林地上，1984 年 7 月 5 日，孙述霄、张小青 36（HMAS 53634），1984 年 7 月 15 日，张小青、孙述霄 38b（HMAS 53886），1984 年 7 月 17 日，孙述霄、张小青 78（HMAS 53904）；十堰神农架，阔叶林地上，1984 年 8 月 5 日，彭银斌 202（HMAS 50807），2002 年 8 月，陈志刚（HMAS 76712）、（HMAS 84534）、（HMAS 73161）、（HMAS 83621）。四川阿坝汶川卧龙三圣沟，林中地上，1984 年 8 月 5 日，文华安、苏京军 1444（HMAS 49995）；甘孜贡嘎山东坡，林中地上，1984 年 7 月 4 日，文华安、苏京军 964（HMAS 49991）、968（HMAS 75482）、982（HMAS 50821）、991（HMAS 49992）；甘孜雅江剪子弯山，林中地上，1984 年 7 月 22 日，文华安、苏京军 1281（HMAS 49993）、

1283（HMAS 49994）。贵州贵阳花溪，混交林地上，1988年7月1日，应建浙、宗毓臣、李宇116（HMAS 57809）、（HMAS 57810），1988年7月7日，应建浙、宗毓臣、李宇287（HMAS 70074）、289（HMAS 57814），1988年7月8日，应建浙、宗毓臣、李宇354（HMAS 59696）、367（HMAS 53876）；铜仁市江口县梵净山，林中地上，1982年8月27日，宗毓臣、文华安219（HMAS 43767）；遵义道真，林中地上，1988年7月19日，应建浙、宗毓臣、李宇407（HMAS 53877）、409（HMAS 53878）、411（HMAS 57812）、413（HMAS 54078）、416（HMAS 54081）、426（HMAS 57815）；遵义道真大沙河林场，林中地上，1988年7月20日，应建浙、宗毓臣、李宇505（HMAS 54082）。云南楚雄紫溪山，林中地上，2006年8月6日，文华安、周茂新、李树红、李国杰06072（HMAS 145862）；大理喜洲镇至花甸坝，海拔2380 m林中地上，2009年7月16日，李国杰、杨晓莉09182（HMAS 220002）；洱源邓川镇旧州村，海拔2619 m林中地上，2009年7月24日，李国杰、赵勇09546（HMAS 196501），2009年7月22日，李国杰、赵勇（HMAS 196524）；武定狮子山，林中地上，2005年8月13日，魏铁铮1294（HMAS 99525）；漾濞桃树坪镇大花园，海拔1995 m林中地上，2009年7月15日，李国杰、杨晓莉09158（HMAS 220468）。西藏波密扎木，林中地上，1983年8月28日，卯晓岚2900（HMAS 47076）；工布江达巴松错，海拔3500 m林中地上，2004年7月25日，郭良栋、高清明295（HMAS 99160）；林芝吉隆，林中地上，1990年9月11日，庄剑云3792（HMAS 60495），1990年9月13日，庄剑云3823（HMAS 59881）；林芝朗县，林中地上，1975年9月22日，宗毓臣146（HMAS 36820）；林芝鲁朗林海，混交林地上，2012年8月25日，赵东、李国杰、齐莎12094（HMAS 251868）；林芝鲁朗镇中科院藏东南高山站，混交林地上，2012年8月26日，赵东、李国杰、王亚宁12130（HMAS 251832）；米林南伊沟，阔叶林地上，2012年8月18日，赵东、李国杰、齐莎12007（HMAS 251809）；聂拉木樟木立新乡，海拔2700 m林中地上，1975年7月14日，宗毓臣60（HMAS 36861）。陕西汉中秦岭，林中地上，1991年9月，卯晓岚（HMAS 63629）。

讨论：可爱红菇早期使用的名称是桂樱红菇 *R. laurocerasi* Melzer，20世纪末红菇分类学者在重新研究了比桂樱红菇发表更早，而不为各国红菇分类学者所知的可爱红菇的模式标本后，发现这两个种的形态特征基本相同，建议使用可爱红菇取代已经使用多年的桂樱红菇（Sarnari, 1998），近年来逐渐被国内外红菇分类学者接受。

经济价值：该种可食用和药用。

广东红菇　图89，图版 XIX 2

Russula guangdongensis Z. S. Bi & T. H. Li, Guihaia, 6(3): 193, 1986.

子实体较小型至中型。菌盖直径4~7 cm，初扁半球形，后平展中部下凹，肉质，幼时橙色，后变橙褐色，带水渍状灰紫褐色，干，湿时黏，有明显的颗粒状棱纹。菌肉白色，伤后不变色，遇硫酸亚铁溶液变灰绿色，遇硫酸香草醛溶液变紫褐色，无味，烘干时有浓郁的鸡蛋花香味。菌褶直生至稍延生，宽0.6 cm，乳白色至奶黄色，盖缘处约8片/cm，顶端尖锐，褶缘平滑至微颗粒状。菌柄长5~11 cm，近顶处柄粗0.8~1.2 cm，中生，圆柱形，表面颜色较鲜艳，橙黄色至橙褐色，被细绒毛，肉质，初内实，后中空。

孢子印浅黄色。

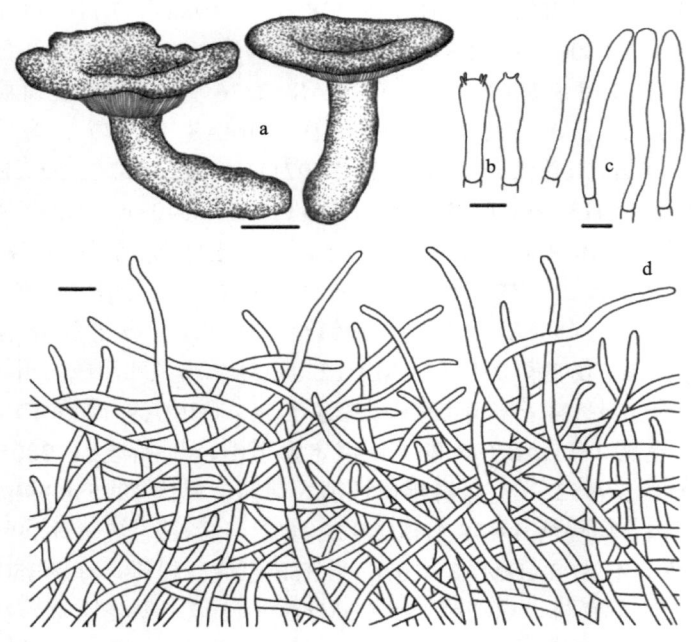

图 89　广东红菇 *Russula guangdongensis* Z. S. Bi & T. H. Li（HMIGD 13911）
a. 子实体；b. 担子；c. 侧生囊状体；d. 菌盖表皮菌丝。a. 标尺=1 cm；b~d. 标尺=10 μm

担子 23~47 × 8~19 μm，棒状，无色，具 2~4 个小梗。担孢子（40/2/2）7.5~8.9（9.5）×（6.4）6.6~8.1（8.5）μm [Q = 1.03~1.18（1.21），**Q** = 1.10 ± 0.05]，球形至近球形，少数宽椭球形，微黄色，表面疣刺高 1.5~2.0 μm，板状，相连形成完整的网纹。侧生囊状体 51~93 × 9~11 μm，棒状，散生，无色透明至略带黄色，表面光滑而无纹饰，壁稍厚，末端钝圆。菌褶菌髓异型。菌盖表皮菌丝近栅状排列，菌盖表皮菌丝宽 1.7~4.2 μm，有少量分隔，顶端钝圆至近尖锐，个别菌丝在硫酸香草醛溶液中呈现黄褐色，盖生囊状体未见。菌柄表皮菌丝宽 2.5~5.0 μm，有隔，无色至微黄色，柄生囊状体未见。

生境：夏秋季散生至群生于阔叶林地上。

模式产地：中国（广东）。

世界分布：亚洲（中国）。

研究标本：广东韶关曲江雷打石电站，阔叶林地上，1984 年 9 月 9 日，毕志树、李泰辉（HMIGD 8095）。海南昌江霸王岭，阔叶林地上，1987 年 5 月 19 日，陈庆（HMIGD 13911）。

讨论：广东红菇较为少见，子实体有浓香味这一特征使它易与腐臭组和该亚属的其他种区分。担孢子表面的纹饰与可爱红菇担孢子嵴状纹饰很相似。

污红菇　图 90，图版 XIX 3
Russula illota Romagn., Bull. mens. Soc. linn. Soc. Bot. Lyon 23: 175, 1954.
Russula laurocerasi var. *illota* (Romagn.) R. Heim, Champignons d'Europe (Paris): 186, 1957.

子实体中型至大型，个别较小。菌盖直径（2.5）5.0~16 cm，光滑，初球形至中央凸起，后平展，菌盖中央不常凹陷，边缘尖锐而薄，梳状，常不开裂，幼嫩时淡棕色，带污灰色斑点，成熟后淡黄褐色至棕黄色，受伤后变污褐色，湿时黏，有辐射状细毛，表皮可稍剥离。菌肉白色，有时常渐变柠檬黄色，最后可变黄褐色，气味复合，有苦杏仁气味和水果气味，味道辛辣或令人不愉快。菌褶离生，宽 0.7~1.2 cm，密集至不密集，褶缘有小菌褶，微白色，不久变污红色、紫褐色至棕色，具暗色斑点，顶端通常尖锐，褶间具横脉。菌柄长 3~10 cm，粗 1~4 cm，圆柱形，有时较细，近基部处渐细，表面初白色，后稍带淡棕色斑点，不光滑，初内实，后中空。孢子印奶油色。

担子 23~47 × 6~14 μm，棒状，无色透明，具 2~4 个小梗，小梗长 3~5 μm。担孢子（80/4/2）（6.8）7.0~8.4 ×（6.0）6.3~7.6（7.8）μm [Q = 1.02~1.27（1.30），**Q** = 1.14 ± 0.08]，球形、近球形至宽椭球形，个别椭球形，无色至微黄色，表面纹饰高 1.2~1.7 μm，呈板状的嵴状连线，形成近于完整的网纹，脐上区淀粉质点不显著。侧生囊状体 33~69 × 8~12 μm，较少，棒状、梭形至近梭形，顶端一般钝圆，部分有明显的乳头状凸起，表面有较强烈的纹饰，在硫酸香草醛溶液中变灰黑色。菌盖表皮菌丝栅栏状排列，菌丝宽 1.7~5.8 μm，无色透明，末端钝圆，个别近尖锐，盖生囊状体未见。菌柄表皮菌丝宽 1.7~5.0 μm，无色，有隔，柄生囊状体未见。

生境：夏秋季生于阔叶林和混交林地上。

模式产地：法国。

世界分布：亚洲（中国）；欧洲（法国）。

研究标本：贵州贵阳花溪省委党校内，杂木林地上，1988 年 7 月 8 日，应建浙、宗毓臣、李宇 343（HMAS 54079）。

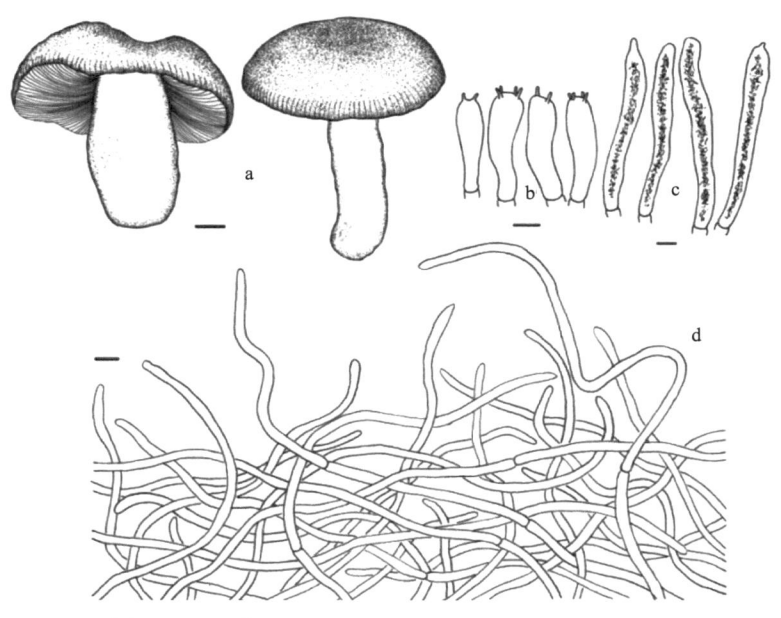

图 90　污红菇 *Russula illota* Romagn.（HMAS 54079）
a. 子实体；b. 担子；c. 侧生囊状体；d. 菌盖表皮菌丝。a. 标尺=1 cm；b~d. 标尺=10 μm

讨论：污红菇的形态与斑柄红菇和点柄黄红菇都很相似，区别是后二种的菌柄有很明显的斑点。污红菇的显著特征是菌褶初白色，老后变污红色至红褐色，且菌肉有苦杏仁味道。

变蓝红菇　图91，图版 XIX 4

Russula livescens (Batsch) Bataille, Fl. Monogr. Astérosporales: 76, 1908.

Agaricus livescens Batsch, Elench. fung., (Halle): 53, 1786.

子实体较小型至中型。菌盖直径 4~7 cm，初扁半球形，后平展中部略有下凹，边缘有时开裂，灰色，边缘灰白色，边缘膜质，湿时黏，表皮可从菌盖边缘向中心剥离 1/3，个别甚至可全部剥离，被粉末质颗粒疣，具颗粒状条纹。菌肉黄白色，渐变灰色，较坚实，受伤后变色不显著，老后和幼嫩时均具有令人不愉快的气味和味道，遇硫酸亚铁灰绿色，遇硫酸香草醛溶液紫褐色，薄，干标本有令人不愉快的气味。菌褶直生，宽 0.4~0.9 cm，盖缘处 7~8 片/cm，基本等长，有时不等长，褶间稍具横脉，近柄处时有分叉，白色至奶油色，老后淡黄色，褶缘幼嫩时尖锐至近尖锐，老后平滑，较钝。菌柄长 6 cm，近顶处柄粗 1.2 cm，粗壮，圆柱形，近基部处和近顶部处略膨大，白色至污白色，淡黄色带灰色，有时染有红棕色色调，近顶部处较明显，被暗灰色小柔毛及颗粒，肉质，空心。孢子印浅奶油色至奶油色。

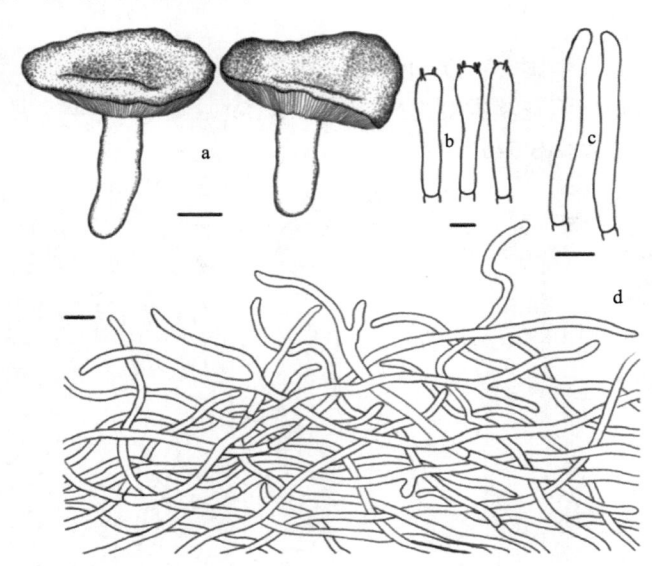

图 91　变蓝红菇 *Russula livescens* (Batsch) Bataille（HMIGD 13448）
a. 子实体；b. 担子；c. 侧生囊状体；d. 菌盖表皮菌丝。a. 标尺=1 cm；b~d. 标尺=10 μm

担子 30~43 × 8~10 μm，棒状至近梭形，无色透明，具 4 个小梗，小梗长达 4~8 μm。担孢子（40/2/2）(6.3) 6.6~8.4 (8.8) × (5.8) 6.0~7.3 (7.6) μm [Q = (1.06) 1.08~1.24 (1.28)，**Q** = 1.17 ± 0.06]，球形、近球形至宽椭球形，微黄色，部分近无色，表面小疣刺高 0.7~1.2 μm，疣刺圆锥形至近圆柱形，多分散，部分疣刺间有连线，不形成网纹。侧生囊状体 47~65 × 8~12 μm，较多，梭形至近圆柱形，末端钝圆，黄色，表面光滑而无纹饰，遇硫酸香草醛溶液内含物变黑色。菌盖表皮菌丝平伏状至栅栏状，菌丝圆柱形，末端钝圆，个别常变尖，菌丝宽 1.7~3.3 μm，无色透明，部分细胞略带浅黄色，在硫酸香草醛溶液中部分菌丝细胞变灰黑色，盖生囊状体未见。菌柄表皮菌丝宽 1.7~3.3 μm，无色，有隔，柄生囊状体未见。

生境：夏秋季单生于阔叶林和混交林地上。

模式产地：法国。

世界分布：亚洲（中国）；欧洲（法国、意大利）；非洲。

研究标本：广东惠州南昆山石河奇观，林中地上，1987 年 7 月 29 日，李刚（HMIGD 13448）。云南楚雄紫溪山，林中地上，2006 年 8 月，文华安、周茂新、李国杰 06042（HMAS 145861）。

讨论：变蓝红菇与篦形红菇形态十分近似，区别是变蓝红菇的菌肉有浓烈的令人不愉快的气味和味道，篦形红菇的菌肉则稍有或具有强烈的辛辣味道，有熏鱼和奶酪气味。Romagnesi（1967）认为变蓝红菇的分布范围较狭窄，仅在欧洲和非洲有分布。

篦形红菇　图 92，图版 IV 5、XIX 5
别名：篱边红菇、米黄菇

Russula pectinata Fr., Epicr. syst. mycol. (Upsaliae): 358, 1838.
Agaricus ochroleucus Schumach., Enum. pl. (Kjbenhavn) 2: 245, 1803.
Agaricus pectinaceus Bull., Herb. Fr. (Paris) 11: pl. 509, fig. N 1791.
Russula consobrina var. *pectinata* (Fr.) Singer, Hedwigia 66: 206, 1926.
Russula pectinata var. *brevispinosa* Romagn., Bull. mens Soc. Linn. Lyon 31(1): 174, 1962.
Russula pectinata var. *subgrisea* Horniček, Mykologický, Sborník 63(1): 18, 1986.

子实体较小型至中型。菌盖直径 3~9 cm，初扁半球形至中央凸起，后平展中部下凹，榛色、稻黄色、米黄色或黄褐色，老后似栗褐色，中部色深，有锈色斑点，边缘颜色较淡，多带红褐色色调的斑点，有时老后颜色变淡，表面湿时黏，干燥较快，平滑或有微细鳞片，有时有微细的皱纹，边缘薄而较尖锐，有疣状小点组成的长而显著的棱纹，条纹长是菌盖半径的 1/3~1/2，表皮可以从菌盖边缘剥离 1/2。菌肉白色，薄，稍致密，老后较脆，表皮下带黄色，近菌柄处带浅褐色至浅灰色，稍有或具有强烈的辛辣味道，有熏鱼和奶酪气味。菌褶直生、弯生至近离生，宽 0.6~0.8 cm，稍密，稍宽，基本等长，近柄处变窄，稍分叉，有横脉，白色至污白色，淡奶油色至灰奶油色，老后和受伤后常有深褐色斑点，有小菌褶。菌柄白色至污白色，圆柱形，有时顶部有蓝绿色环状条带，基部常有红褐色斑点，光滑，幼嫩时有绒毛，初内实，后中空。孢子印白色至奶油色。

担子 27~32 × 7~11 μm，无色透明，具 2~4 个小梗。担孢子（80/4/4）(5.8) 6.1~7.8 (8.4) × 5.0~6.5 (6.8) μm [Q =（1.02）1.06~1.34（1.40），**Q** = 1.20 ± 0.07]，近球形至宽椭球形，少数球形和椭球形，无色，表面小疣刺高 0.7~1.5 μm，近圆柱形至近圆锥形，表面疣刺间无连线或少见连线，脐上区淀粉质点较显著。侧生囊状体 44~54 × 7~11 μm，梭形，表面略有纹饰，末端近尖锐，个别披针状，在硫酸香草醛溶液中略变蓝黑色。菌盖表皮菌丝栅栏状，菌丝宽 1.7~4.1 μm，盖生囊状体未见。菌柄表皮菌丝宽 2.5~5.0 μm，柄生囊状体未见。

生境：夏秋季散生至群生于针叶林或阔叶林地上。

模式产地：瑞典。

世界分布：亚洲（中国、日本）；欧洲（奥地利、法国、瑞典、克罗地亚）；北美洲（美国、加拿大）。

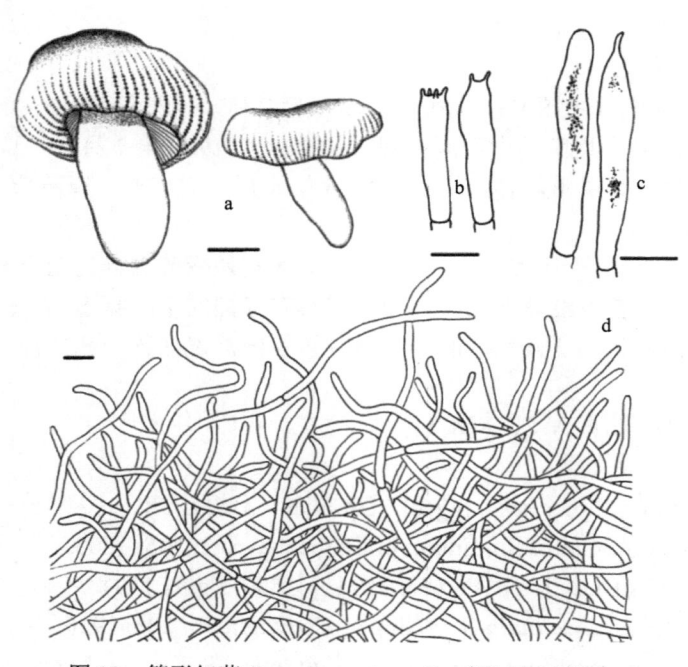

图 92　篦形红菇 *Russula pectinata* Fr.（HMAS 3976）
a. 子实体；b. 担子；c. 侧生囊状体；d. 菌盖表皮菌丝。a. 标尺=1 cm；b~d. 标尺=10 μm

研究标本：吉林安图二道白河镇和平营子，海拔 882 m 混交林地上，2010 年 7 月 21 日，郭良栋、孙翔、李国杰、谢立璟 20100245（HMAS 262392）；长春市吉林农业大学，林中地上，2000 年 9 月 16 日，图力古尔（HMJAU 1629）；延吉安图长白山，海拔 1700 m 林中地上，1960 年 8 月 8 日，杨玉川 629（HMAS 32629）。江苏南京灵谷寺，林中地上，1956 年 7 月，复旦大学 229（HMAS 47109）、258（HMAS 47440）。福建南平蒲城观前，海拔 500 m 林中地上，1960 年 8 月 24 日，王庆之、袁文亮、何贵 672（HMAS 32630），1960 年 8 月 25 日，王庆之、袁文亮、何贵 699（HMAS 28971）、709（HMAS 28970），1960 年 8 月 26 日，王庆之、袁文亮、何贵 729（HMAS 28972）；漳州南靖南坑，林中地上，1958 年 6 月 10 日，邓叔群 5705（HMAS 23030）。河南三门峡卢氏，林中地上，1968 年 8 月 24 日，卯晓岚、李惠中、应建浙 110（HMAS 36944）；三门峡西峡，林中地上，1968 年 9 月 11 日，卯晓岚、李惠中、应建浙 20（HMAS 36849），1968 年 9 月 12 日，卯晓岚、李惠中、应建浙 26（HMAS 36839）。湖南郴州宜章莽山，林中地上，1981 年 10 月 6 日，宗毓臣、卯晓岚 91（HMAS 47335）。贵州贵阳花溪，混交林地上，1988 年 7 月 8 日，应建浙、李宇 360（HMAS 59741）。云南大普吉，林中地上，1942 年 7 月 27 日，裘维番(HMAS 3976)；思茅广南，林中地上，1959 年 6 月 27 日，王庆之 693（HMAS 27509）。

讨论：篦形红菇与拟篦形红菇形态十分相似，易混淆。篦形红菇的菌肉有浓的奶酪和熏鱼气味，味辛辣，担孢子表面疣刺间无连线。

经济价值：与栎属、栗属和松属等的一些树种形成外生菌根。

拟篦形红菇　图 93，图版 IV 6，XIX 6
别名：拟篦边红菇、拟米黄菇
Russula pectinatoides Peck, Bull. N.Y. St. Mus. 116: 43, 1907.
Russula consobrina var. *pectinatoides* (Peck) Singer Hedwigia 66: 206, 1926.
Russula pectinata subsp. *pectinatoides* (Peck) Bohus & Babos, Annls hist.-nat. Mus. natn. hung. 52: 140, 1960.
Russula pectinatoides f. *alba* R. Socha, in Socha, Hálek, Baier & Hálek, Holubinky (Russula) (Praha): 511, 2011.
Russula pectinatoides f. *amarescens* Romagn., Bull. mens. Soc. linn. Lyon 31(1): 174, 1962.
Russula pectinatoides f. *dimorphocystis* Romagn., Russules d'Europe Afr. Nord: 372, 1967.
Russula pectinatoides var. *pseudoamoenolens* Romagn., Bull. mens. Soc. linn. Lyon 31(1): 174, 1962.
Russula pectinatoides var. *pseudoconsobrina* Romagn., Bull. mens. Soc. linn. Lyon 31(1): 173, 1962.

子实体较小型至中型。菌盖直径 3.5~7.0 cm，初扁半球形，后平展中部下凹，部分中央凹陷或呈脐状，最终盖缘上翘，有时撕裂，表面光滑，茶褐色，或米黄色带土黄色斑，通常中部色深，盖缘色浅，湿时黏，表皮在潮湿时易剥离，从菌盖边缘向菌盖中央方向可以剥离 1.0~1.5 cm，但在干燥时极难剥离，边缘有由小疣组成的棱纹。菌肉较薄，白色，表皮下老后变污黄色或污淡褐色，最终全部变浅灰色，味道柔和但令人不愉快，有时微苦或后味辛辣，气味较多变，似鱼肝油或不显著。菌褶直生至弯生，稍密至稍稀，窄至稍宽，顶端近尖锐至尖锐，多有分叉和小菌褶，淡乳黄色带浅灰色调，有时染有淡褐色或老后在褶缘处转变为浅褐色至锈褐色。菌柄长 2.0~7.5 cm，粗 0.5~2.2 cm，等粗，白色，有时稍带浅灰色或浅褐色，基部经常带锈色至紫罗兰色斑点，幼时有微细的绒毛，光滑至略有皱纹，初内实，后中空。孢子印乳黄色。

担子 28~37 × 6~15 μm，棒状，无色。担孢子（40/2/2）6.5~8.1（8.4）×（6.0）6.3~7.0（7.4）μm [Q =（1.03）1.05~1.25（1.27），**Q** = 1.18 ± 0.06]，球形、近球形至宽椭球形，浅黄色，表面疣高 0.7~1.0 μm，半球形至近圆锥形，分散或相连形成不完整网纹，脐上区淀粉质点不显著。侧生囊状体较少，梭形，37~51 × 6~10 μm，顶端近尖锐至钝圆，表面有一定程度的纹饰。菌盖表皮菌丝栅栏状，菌丝宽 1.7~4.2 μm，盖生囊状体 78~125 × 8~12 μm，较多，棒状，个别近梭形，末端钝圆，个别近尖锐，在硫酸香草醛溶液中变蓝黑色。菌柄表皮菌丝宽 2.5~5.8 μm，无色，有隔，柄生囊状体未见。

生境：夏秋季单生或群生于针叶林或阔叶林地上。

模式产地：美国。

世界分布：亚洲（中国、日本）；欧洲（法国、德国、瑞士、奥地利、瑞典、丹麦、挪威、芬兰、克罗地亚）；北美洲（美国、加拿大）。

研究标本：北京密云区云蒙山森林公园，林中地上，2000 年 8 月 26 日，图力古尔（HMJAU 705）。内蒙古鄂温克旗红花尔基樟子松国家森林公园，针叶林地上，2013

年7月31日，文华安、李赛飞、赵东、李国杰13212（HMAS 252571）；海拉尔国家森林公园，针叶林地上，2013年8月1日，赵东、李国杰226（HMAS 252593）。吉林长白山池北区二道白河镇生态站，混交林地上，2013年7月24日，文华安、李赛飞、赵东、李国杰13084（HMAS 252622）。浙江开化古田山，林中地上，2008年7月17日，李国杰、杨晓莉08093（HMAS 187067）。四川峨眉山，林中地上，1971年8月31日，宗毓臣、马启明338（HMAS 79992）。贵州黔西南兴义，林中地上，1975年5月30日，75003（HMAS 36841）。西藏林芝嘎定沟，混交林地上，2012年8月17日，赵东、李国杰12004（HMAS 265001）。陕西汉中秦岭，林中地上，1991年9月23日，卯晓岚3941（HMAS 61506）。台湾南投莲华池，林中地上，2002年9月17日，周文能CWN（HKAS 49998）。

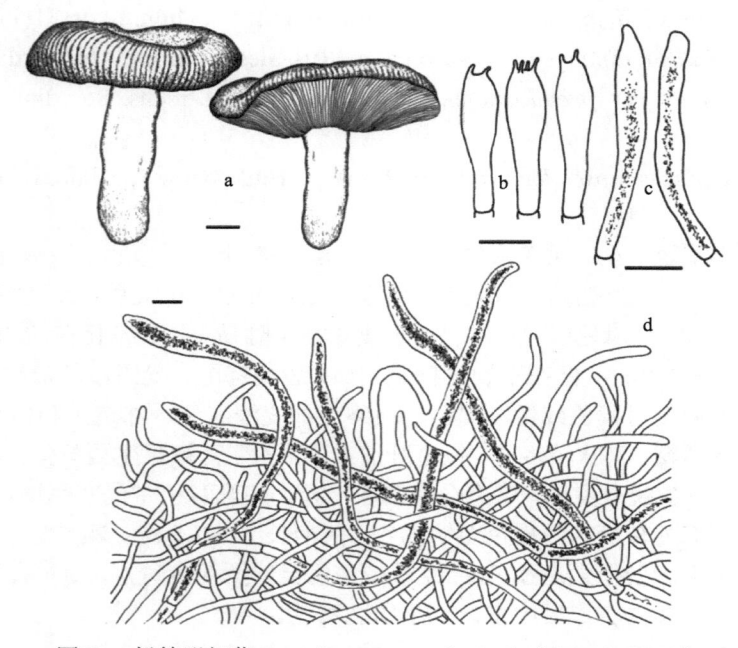

图93　拟篦形红菇 *Russula pectinatoides* Peck（HMAS 79992）
a. 子实体；b. 担子；c. 侧生囊状体；d. 菌盖表皮菌丝。a. 标尺=1 cm；b~d. 标尺=10 μm

讨论：拟篦形红菇与篦形红菇宏观形态很相似，极易混淆。拟篦形红菇的菌肉气味不明显，或有鱼肝油的气味，担孢子表面疣刺间有连线，篦形红菇的菌肉则有较强烈的奶酪和熏鱼的气味，担孢子表面的疣刺间没有连线。Schaffer（1972）在重新显微观察研究了Peck发表的拟篦形红菇标本后发现，Peck虽然指定了一份模式标本，但这份标本还混有宏观形态和拟篦形红菇描述明显不同的红菇属其他种类的子实体。Schaffer对模式标本宏观形态基本相同的子实体进行显微观察后，又发现了部分子实体的担孢子大小可达 10.9 × 7.7 μm，远大于原始描述的记录，在Peck同一时期鉴定多份的拟篦形红菇标本中，甚至还包括了一些非腐臭组成员的子实体。

经济价值：该种可食用。

异白粉红菇　图 94，图版 XX 1

Russula poichilochroa Sarnari, Riv. Micol. 33(2): 164, 1990.
Russula metachroa Hongo, J. Jap. Bot. 30: 219, 1955.
Russula metachroa Sarnari, Riv. Micol. 33(1): 43, 1990.
Russula metachroa f. *eliochroma* Sarnari, Riv. Micol. 33(1): 43, 1990.
Russula poichilochroa f. *eliochroma* Sarnari, Riv. Micol. 33(2): 168, 1990.
Russula poichilochroa f. *pseudoatropurpurea* Farcy, Bull. Soc. mycol. Fr. 120(1-4): 173, 2005.

　　子实体较小型至中型。菌盖直径 3~8 cm，初扁平，成熟后至近平展，中部下凹，表面土黄褐色、污黄白色、污黄色至污土黄色，表面有似白粉状物，或湿时黏，边缘平滑，幼嫩时无条纹，成熟后至老后有不明显至较明显的条棱，幼嫩时边缘有小水滴。菌肉白色，伤处变浅黄褐色，气味恶臭，味道辛辣。菌褶近离生，顶端近尖锐，褶间微具横脉，白色至淡黄色。菌柄长 2~6 cm，粗 1~2 cm，与菌盖颜色相同，近顶部颜色稍浅，初内实，后内部松软至中空。孢子印奶油色。

　　担子 27~32 × 9~12 μm，棒状，略呈纺锤形，无色透明，具 2~4 个小梗。担孢子（80/4/2）（7.5）7.8~9.8（10.3）× 6.8~8.4（8.8）μm [Q = 1.03~1.25（1.30），**Q** = 1.15 ± 0.06]，多数近球形，少数宽椭球形，无色，表面疣刺高 0.7~1.0 μm，近圆柱形至近圆锥形，疣刺间无连线，脐上区淀粉质点明显。侧生囊状体及缘生囊状体 52~71 × 9~11 μm，较少，近柱形，表面稍有纹饰，顶端近尖锐。菌盖表皮菌丝栅栏状，菌丝宽 3.3~5.8 μm，无色透明，有隔，末端钝圆，盖生囊状体未见。菌柄表皮菌丝宽 2.5~5.8 μm，无色，有隔，柄生囊状体未见。

　　生境：夏秋季群生于林中地上。

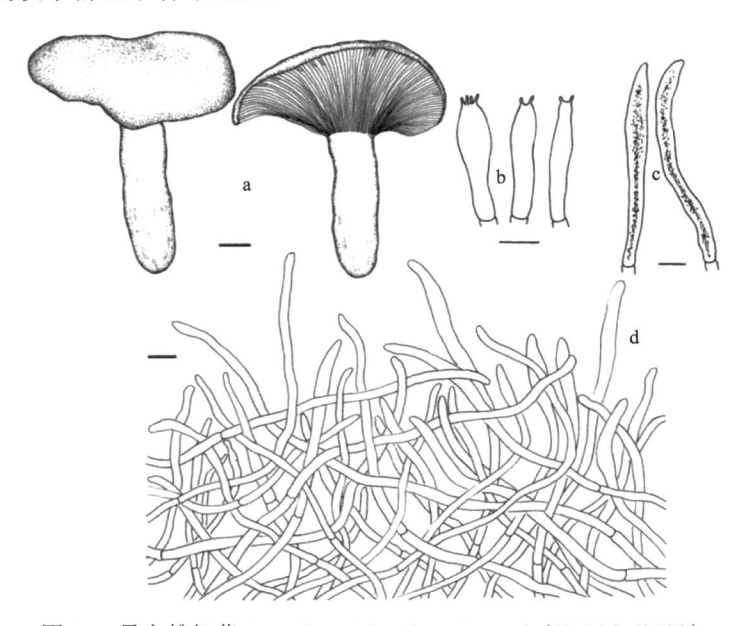

图 94　异白粉红菇 *Russula poichiochroa* Sarnari（HMAS 63528）
a. 子实体；b. 担子；c. 侧生囊状体；d. 菌盖表皮菌丝。a. 标尺=1 cm；b~d. 标尺=10 μm

模式产地：日本。

世界分布：亚洲（中国、日本、朝鲜、韩国）。

研究标本：黑龙江呼玛金山林场，林中地上，2000 年 7 月 28 日，文华安、孙述霄、卯晓岚 081（HMAS 63528）。西藏林芝嘎定沟，阔叶林地上，2012 年 8 月 17 日，赵东、李国杰、杨琐 12044（HMAS 264814）；林芝鲁朗镇中科院藏东南高山站，混交林地上，2012 年 8 月 26 日，赵东、李国杰、王亚宁 12122（HMAS 251846）；米林南伊沟，阔叶林地上，2012 年 8 月 18 日，赵东、李国杰、齐莎、李伟 12008（HMAS 251806）、12175（HMAS 264865）、12202（HMAS 263663）、12207（HMAS 264815）。

讨论：异白粉红菇与粉柄红菇形态十分相似，显著区别是异白粉红菇的担孢子比粉柄红菇的担孢子大（Hongo, 1955）。报道于意大利的杂色红菇 *R. metachroa* Sarnari 是杂色红菇 *R. metachroa* Hongo 的晚出同名，Sarnari 在发表杂色红菇的同年就发现了这个问题，并使用异白粉红菇来代替杂色红菇 *R. metachroa* Sarnari。Sarnari（2005）明确注明这两种是不同的。

假拟篦形红菇　图 95，图版 XX 2

Russula pseudopectinatoides G.J. Li & H.A. Wen, Mycol. Progr. 14: 33. 2015.

子实体小型至中型。菌盖直径 2.4~5.8 cm，初半球形，后中央凸起至近平展，老后中部凹陷，表面稍黏，灰黄色至黄褐色，混有深黄色色调，中央颜色较深，边缘近尖锐至尖锐，初内卷，成熟后平展，常上翘、波浪状起伏和开裂，边缘至中央处有 0.5~1.3 cm 的颗粒状条纹，表皮自边缘向中央可剥离 1/4~2/5。菌肉厚 0.2~0.4 cm，白色至浅奶油色，伤后变浅黄褐色，老后变黄色，味道柔和至略辛辣，无明显气味。菌褶直至近离生，白色至浅奶油色，有褐色至黄褐色斑点，伤后变浅黄褐色，边缘处 8~17 片/cm，味道柔和至略辛辣，小菌褶极少。菌柄长 3~5 cm，粗 1~1.5 cm，中生至近中生，圆柱形，近菌盖和基部处略细，有微细的纵纹，有时光滑，无果霜，白色，老后部分变浅灰黄色和浅灰色，初内实，后中空。孢子印奶油色。

担子 45~60×9~11 μm，近顶端膨大，无色透明，突越子实层 10~15 μm，具 4 个小梗，小梗长 3~6 μm。担孢子（200/10/10）（6）6.5~9（9.5）× 5~7.5（8）μm [Q =（1.06）1.13~1.27（1.31），**Q** = 1.20 ± 0.09]，无色透明至浅奶油色，近球形至宽椭球形，少数球形和椭球形，表面纹饰淀粉质，形成或短或长的嵴状连线，少数分散疣刺状，部分形成网纹，表面纹饰高 0.2~0.5（0.7）μm，脐上区淀粉质点明显而显著。侧生囊状体 40~94×8~10 μm，突出子实层 15~45 μm，近顶端处膨大至略膨大，有时近纺锤形，末端近尖锐至尖锐，有时缢缩，呈串珠状至乳头状凸起，内含物颗粒状，硫酸香草醛溶液中变浅灰色。菌盖表皮菌丝栅栏状，菌丝无色透明，偶见分隔，少见分叉，宽 2~4 μm，圆柱状，盖生囊状体 29~55×3~6 μm，圆柱状，末端钝圆或者稍缢缩，内含物稀疏，硫酸香草醛溶液中变浅灰色。菌柄表皮菌丝宽 3~7 μm，无色，在 KOH 溶液中变浅黄色至浅赭色，偶见分隔，柄生囊状体宽 5~7 μm，少见，圆柱状，硫酸香草醛溶液中变灰色。

生境：夏秋季单生至散生于针叶林（冷杉属、落叶松属和云杉属）地上。

模式产地：中国。

世界分布：亚洲（中国）。

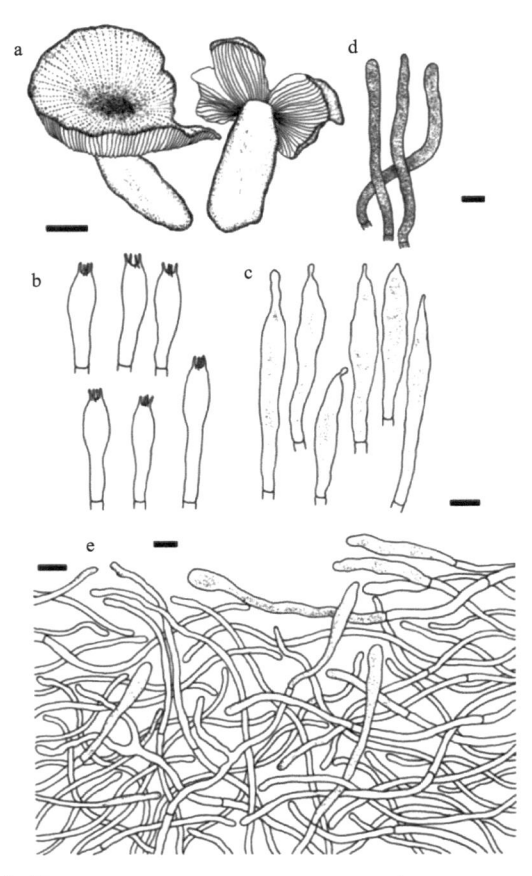

图 95 假拟篦形红菇 *Russula pseudopectinatoides* G.J. Li & H.A. Wen (HMAS 270704)
a. 子实体；b. 担子；c. 侧生囊状体；d. 盖生囊状体；e. 菌盖表皮菌丝。a. 标尺=1 cm；b~e. 标尺=10 μm

研究标本：西藏林芝八一镇嘎定沟，林中地上，2012 年 8 月 17 日，赵东、李国杰、蒋仙芝 12219（HMAS 264895）；日喀则市亚东县下司马镇，海拔 2920 m 林中地上，2011 年 8 月 20 日，魏铁铮、庄剑云 2247（HMAS 270704）、2255（HMAS 270712）、2259（HMAS 270707）、2263（HMAS 251552）、2265（HMAS 270701）、2273（HMAS 270709）、2270（HMAS 270710）、(HMAS 251523）。

讨论：假拟篦形红菇容易与拟篦形红菇和土黄红菇 *R. praetervisa* Sarnari 混淆。基于 ITS 的分子系统学研究发现三者关系较近，它们都具有黄褐色的菌盖表面，奶油色或乳黄色的孢子印，味道柔和至略辛辣的菌肉和菌褶区别是拟篦形红菇菌肉有腥味，担孢子表面纹饰最高可达 1.4 μm，侧生囊状体末端钝圆，土黄红菇菌肉有苦味，菌柄基部有紫红色斑点，担孢子表面纹饰最高可达 0.7~1 μm（Li et al., 2015）。

斑柄红菇 图 96，图版 XX 3
别名：点柄红菇
Russula punctipes Singer, Annls mycol. 33(5/6): 312, 1935.

子实体小型至中型。菌盖直径 4 cm，初扁半球形，后平展中部下凹，黄褐色，边缘有钝瘤状至沟状条纹。菌肉淡黄色，结实，不易变形。菌褶近直生，密，黄色。菌柄长 4~7 cm，粗 1~2 cm，近盖处有明显黑点，内实。孢子印略带奶油色。

担子 26~48 × 11~16 μm，棒状，具 2~4 个小梗，棒状至近梭形，无色透明。担孢子（40/2/1）（8.0）8.2~9.4（10.2）×（7.0）7.4~8.3（8.5）μm [Q =（1.01）1.03~1.16（1.22），Q = 1.10 ± 0.05]，近球形至宽椭球形，少数球形，无色至微黄色，表面疣刺和纹饰高 1.5~2.0 μm，有分散的疣刺和板状的嵴状纹饰，脐上区淀粉质点不显著。侧生囊状体 50~73 × 8~12 μm，梭形至近梭形，部分棒状，无色透明，表面无纹饰，顶端近尖锐，KOH 溶液中不变色至略变黄色，硫酸香草醛溶液中略带灰色。菌盖表皮菌丝栅栏状，菌丝宽 2.5~5.8 μm，末端近尖锐，部分钝圆，盖生囊状体未见。菌柄表皮菌丝宽 2.5~5 μm，无色，有隔，柄生囊状体未见。

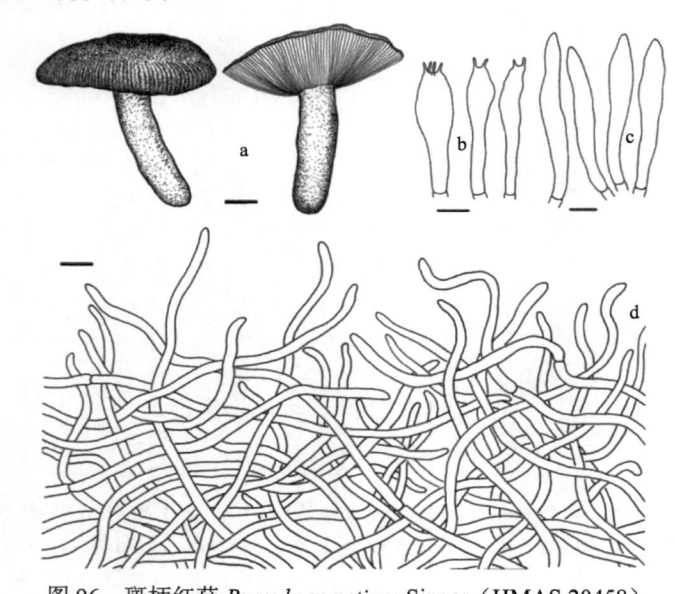

图 96　斑柄红菇 *Russula punctipes* Singer（HMAS 20458）
a. 子实体；b. 担子；c. 侧生囊状体；d. 菌盖表皮菌丝。a. 标尺=1 cm；b~d. 标尺=10 μm

生境：夏秋季生于林中地上。

模式产地：中国。

世界分布：亚洲（中国）。

研究标本：安徽黄山，阔叶林地上，1957 年 8 月 27 日，邓叔群 5127（HMAS 20458）。

讨论：斑柄红菇主要特点是菌盖边缘有钝瘤状至沟状条纹，菌柄近菌盖处有明显黑点。Singer 认为点柄黄红菇是斑柄红菇的同物异名，斑柄红菇的描述极为简单，因标本不是 Singer 采集的，发表时仅是依据标本采集记录中极为简短的描述和简要的显微特征，讨论缺乏和相近种的比较。斑柄红菇的模式标本存放于奥地利维也纳大学植物标本馆（WU）。

点柄黄红菇　图 97，图版 XX 4
别名：点柄臭红菇、鱼鳃菇
Russula senecis S. Imai, J. Fac. agric. Hokkaido Imp. Univ. Sapporo 43(2): 344, 1938.

子实体中型至较大型。菌盖直径 5~10 cm，初扁半球形，后平展中部稍下凹，污黄色至土黄褐色，近盖缘处表皮断裂成小片，具小疣组成的棱纹，湿时黏，粗糙，褐色至暗褐色。菌肉白色，味道辛辣，幼嫩时气味不明显，老后气味恶臭。菌褶离生、直生或稍延生，污白色，不等长，边缘较尖锐。菌柄长 3~10 cm，粗 0.6~2.5 cm，圆柱形，等粗或基部稍细，污黄色，有褐色至黑褐色斑点，初内实，后中空。孢子印白色。

担子 36~56 × 11~14 µm，棒状，具 2~4 个小梗，个别近顶端处略膨大，无色透明。担孢子（40/2/2）（7.6）8.0~9.5（10.1）×（6.5）7.3~8.8（9.3）µm [Q = 1.02~1.22（1.25），Q = 1.10 ± 0.06]，球形、近球形至宽椭球形，无色，表面疣刺高 1.0~1.5 µm，疣间相连形成嵴状棱纹，脐上区淀粉质点不明显。侧生囊状体 34~72 × 11~20 µm，梭形至近梭形，顶端近尖锐至钝圆，个别顶端有乳头状突起，在硫酸香草醛溶液中变蓝色，在氨水中变黄色。菌盖表皮菌丝栅栏状，菌丝宽 1.7~4.1 µm，盖生囊状体 58~69 × 9~13 µm，较少，棒状至梭形，淡黄色，表面略有纹饰。菌柄表皮菌丝宽 3.6~5.1 µm，无色，有隔，柄生囊状体未见。

生境：夏秋季散生或群生于针叶林、阔叶林和混交林地上。

模式产地：日本。

世界分布：亚洲（中国、日本）；北美洲（美国）；大洋洲（新西兰）。

研究标本：福建南平武夷山，海拔 1000 m 混交林地上，2009 年 7 月，魏铁铮、吕鸿梅 310（HMAS 196580）。河南，林中地上，1972 年 1 月 10 日，刘淑珍（HMAS 35733）；内乡宝天曼，海拔 1200 m 林中地上，2009 年 7 月，申进文等（HMAS 196598）；三门峡西峡，林中地上，1968 年 9 月 11 日，李惠中、卯晓岚、应建浙 10（HMAS 35779）；南阳，林中地上，1979 年 2 月 19 日，北京干菜公司（HMAS 39271）。湖北十堰神农架，阔叶林地上，1984 年 8 月，张小青、孙述霄（HMAS 53604）、514（HMAS 53980），神农架木鱼镇，阔叶林地上，1984 年 8 月 8 日，彭因斌 238（HMAS 53855），1984 年 8 月 26 日，张小青、孙述霄 339（HMAS 51814）。广西壮族自治区河池市东兰县，林中地上，1970 年 6 月 7 日，卯晓岚、徐连旺、宗毓臣 108（HMAS 35778）；龙胜，林中地上，1969 年 7 月 18 日，卯晓岚、徐连旺、李惠中、宗毓臣 6（HMAS 36776）。重庆万州巫溪白果林场，林中地上，1994 年 8 月 10 日，文华安 37（HMAS 66301）。四川巴塘至理塘，林中地上，2006 年 7 月 30 日，葛再伟 1115（HKAS 50686）；甘孜丹巴县东马村山，林中地上，2007 年 7 月 24 日，葛再伟 1509（HKAS 53595）；攀枝花格萨拉山，海拔 2950 m 林中地上，2009 年 8 月 3 日，文华安、王波、李赛飞、钱茜 165（HMAS 220741）；西昌，林中地上，1971 年 7 月 7 日，宗毓臣、卯晓岚、吴世宣 147（HMAS 35570）。贵州贵阳花溪省委党校，林中地上，1988 年 7 月 7 日，李宇、宗毓臣、应建浙 237（HMAS 57811），1988 年 7 月 8 日，应建浙、宗毓臣、李宇 321（HMAS 57820）、322（HMAS 57813）；遵义道真大沙河林场，林中地上，1988 年 7 月 20 日，应建浙、宗毓臣、李宇 472（HMAS 54080）。云南大理宾川鸡足山，林中地上，1989 年 8 月 4 日，宗毓臣、李宇 82（HMAS 59818），1989 年 8 月 5 日，李宇、宗毓臣 112（HMAS 59931）；大理苍山，海拔 2600 m 林中地上，2009 年 7 月，苏鸿雁等（HMAS 196614）；龙陵小黑山自然保护区，林中地上，2002 年 8 月 26 日，杨祝良 3261（HKAS 41573）；西双版纳勐仑，阔叶林地上，1999 年 8 月 8 日，卯晓岚、文华安、孙述霄 30（HMAS 73013）。西藏林芝波密，林中地上，1983 年 8 月 17 日，卯晓岚 1257（HMAS 53509）；林芝墨脱，海拔 1500 m 林中地上，1982 年 7 月 18 日，卯晓岚 1107（HMAS 46629）、73（HMAS 46628），1982 年 8 月 19 日，卯晓岚 1266（HMAS 46513）；亚东，林中地上，1999 年 8 月 7 日，图力古尔（HMJAU 210）。甘肃陇南迭部，林中地上，1992 年 9 月 17 日，田茂林 6472（HMAS 63623）。陕西秦岭，林中地上，1991 年，卯晓岚 4033（HMAS 69709）。台湾屏东出风山，林中地上，1998 年 5 月 24 日，温昭诚、陈秀珍 CWN03320（HKAS 50015）。

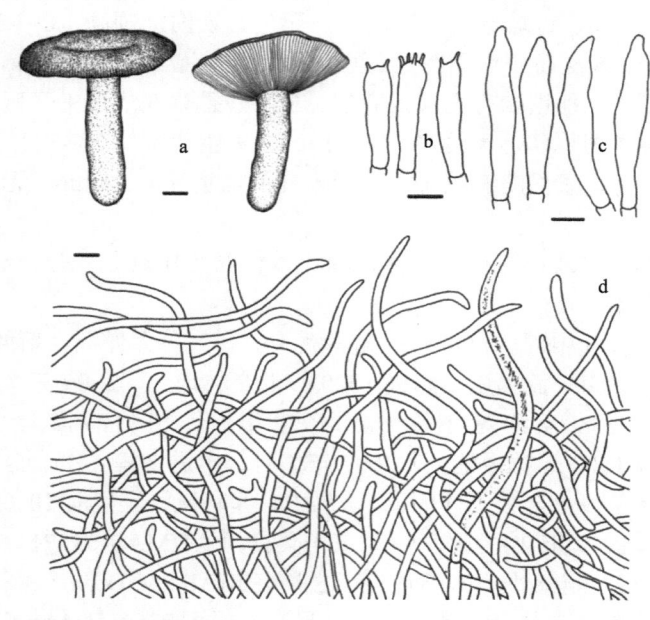

图 97　点柄黄红菇 *Russula senecis* S. Imai（HMAS 39271）
a. 子实体；b. 担子；c. 侧生囊状体；d. 菌盖表皮菌丝。a. 标尺=1 cm；b~d. 标尺=10 μm

讨论：Romagnesi（1967）认为点柄黄红菇的描述过于简单和粗糙，特征并不明显。Singer 认为点柄黄红菇是斑柄红菇的同物异名。笔者通过显微观察发现点柄黄红菇的菌盖表皮有少量盖生囊状体，菌肉白色，而斑柄红菇菌肉淡黄色，盖生囊状体未见。

经济价值：该种有毒，可药用。

黄茶红菇　图 98，图版 XX 5
别名：茶褐红菇、茶黄菇、成堆解毒红菇、同型红菇
Russula sororia (Fr.) Romell, Öfvers. K. Förh. Kongl. Svenska Ventensk.-Akad. 48(no. 3): 177, 1891.
Russula consobrina var. *sororia* Fr., Epicr. syst. mycol. (Upsaliae): 359, 1838.
Russula consobrina var. *intermedia* Cooke, Handb. Brit. Fungi, 2nd Edn.: 329, 1889.
Russula pectinata var. *sororia* (Fr.) Maire, Mém. Soc. Sci. Nat. Maroc. 45: 54, 1937.
Russula consobrina subsp. *sororia* (Fr.) Sacc., Syll. fung. (Abellini) 5: 466, 1887.
Russula livescens var. *sororia* (Fr.) Quél., Fl. mycol. France (Paris): 345, 1888.

　　子实体中型至较大型。菌盖直径 5~12 cm，初扁半球形，后平展中部略有下凹，有时下凹呈杯状，土黄色或土茶褐色，中部色稍深至深棕褐色和褐黑色，湿时黏，盖缘较

薄，有小疣组成的棱纹，盖缘表皮易剥离，从菌盖边缘至菌盖中央可剥离 1/2，表面粗糙程度近于皮革，有时有辐射状细纹。菌肉白色，变淡灰色至奶油色，坚实至较脆，味道极为辛辣，气味不显著，有腥味至水果香味。菌褶弯生至离生，密，中部宽，近缘处尖锐至近尖锐，较稀疏，有分叉，可见小菌褶混生，褶间具横脉，初白色至浅奶油色，后变淡灰色，有时有锈褐色色调，边缘有时变褐色。菌柄长 2~8 cm，粗 1~3 cm，圆柱形，近等粗或向下渐细，有时弯曲，初白色，变浅灰色，有时带锈褐色和暗褐色色调，稍被绒毛，内部松软或中空。孢子印奶油色至乳黄色。

担子 36~44 × 8~11 μm，棒状至近梭形，具 2~4 个小梗，无色透明。担孢子无色，(80/4/4)（6.3）6.6~9.0（9.4）×（5.3）5.8~7.1（7.8）μm [Q = 1.04~1.42（1.44），Q = 1.23 ± 0.09]，近球形至宽椭球形，少数椭球形和球形，表面有疣或小刺，高 0.7~1.0 μm，近球形至近圆柱形，疣刺间分离而极少连线。侧生囊状体近梭形或披针形，顶端近尖锐，41~51 × 8~10 μm，无色透明，表面无纹饰。菌盖表皮菌丝栅栏状，菌丝宽 1.7~5.8 μm，无色透明，末端钝圆，盖生囊状体未见。菌柄表皮菌丝宽 1.7~4.1 μm，柄生囊状体未见。

生境：夏秋季单生、散生至群生于针叶林、阔叶林或混交林中地上。

模式产地：瑞典。

世界分布：亚洲（中国、日本）；欧洲（瑞典、法国、英国、意大利、克罗地亚）；北美洲。

研究标本：北京昌平阳坊，林中地上，1982 年 8 月 7 日，温俊芳（HMAS 51021），1983 年 8 月 6 日，温晓东（HMAS 51022）、（HMAS 51023），1987 年 7 月 4 日，温俊芳（HMAS 50970），1988 年 9 月 9 日，温俊芳（HMAS 53872），1989 年 7 月 28 日，应建浙 8902（HMAS 57910），1990 年 7 月 20 日，应建浙（HMAS 59997），1992 年 7 月 28 日，应建浙（HMAS 59988），1993 年 8 月 9 日，应建浙 9301（HMAS 66256）；密云，林中地上，1998 年 8 月 4 日，卯晓岚、文华安（HMAS 75225）。吉林安图长白山，混交林地上，2008 年 8 月，周茂新（HMAS 194227）；蛟河，林中地上，2000 年 8 月，文华安 42（HMAS 145819）。黑龙江佳木斯，林中地上，2000 年 8 月 2 日，文华安、卯晓岚、孙述霄 139（HMAS 145798）。浙江杭州九溪十八涧，林中地上，1958 年 6 月 21 日，邓叔群 5911（HMAS 32635）。广西壮族自治区桂林市平乐县，林中地上，1970 年 5 月 23 日，宗毓臣、徐联旺、卯晓岚 49（HMAS 36788）。四川甘孜贡嘎山，林中地上，1984 年 8 月 4 日，文华安、苏京军 981（HMAS 51024）；甘孜雅江，林中地上，1984 年 7 月 25 日，文华安、苏京军 1374（HMAS 50983）。云南保山百花岭，林中地上，2003 年 7 月 24 日，王岚 273（HKAS 43368）；大理宾川鸡足山，林中地上，1989 年 8 月 10 日，李宇、宗毓臣 226（HMAS 59749）；洱源苍山邓川镇，海拔 2545 m 混交林地上，2009 年 7 月 24 日，李国杰、赵勇 09541-1（HMAS 220800）；昆明黑龙潭昆明植物所后山，林中地上，1999 年 9 月，卯晓岚（HMAS 78193）、(HMAS 78202)，2003 年 8 月 23 日，卯晓岚（HMAS 85306）；昆明西山，林中地上，1958 年 10 月 9 日，蒋伯宁 39（HMAS 32634）。

讨论：黄茶红菇与拟篦形红菇子实体形态十分相似。黄茶红菇的菌肉有浓烈的辛辣味，拟篦形红菇的菌肉辛辣味道不显著，需要很长时间才能感觉到（Singer, 1957）。Chiu（1945）将黄茶红菇标本鉴定为解毒红菇成堆变种 *R. consobrina* var. *sororia* (Fr.)

Gillet.。Sarnari（1998）通过对二者的模式标本和有关文献的观察研究认为解毒红菇成堆变种是黄茶红菇的同物异名。

经济价值：该种可药用。与水青冈属、椴树属和栎属等的一些树种形成外生菌根。

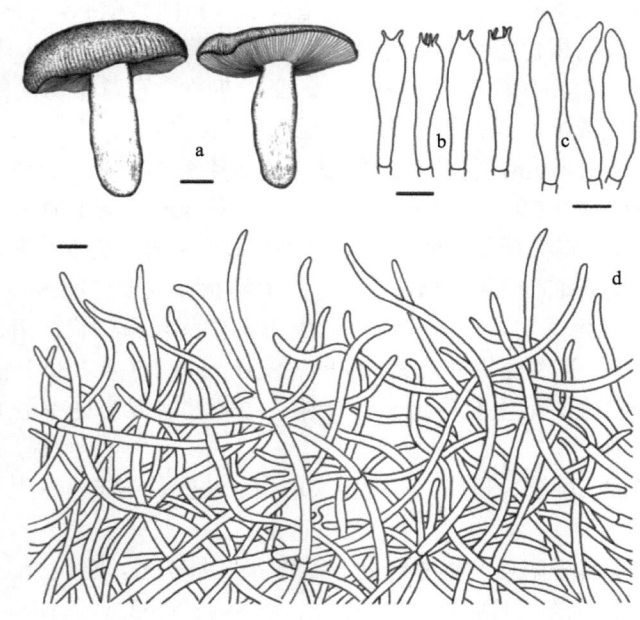

图 98　黄茶红菇 *Russula sororia* (Fr.) Romell（HMAS 32634）
a. 子实体；b. 担子；c. 侧生囊状体；d. 菌盖表皮菌丝。a. 标尺=1 cm；b~d. 标尺=10 μm

亚臭红菇　图 99，图版 XX 6

Russula subfoetens W.G. Sm., J. Bot., Lond. 11: 337, 1873.
Russula foetens var. *subfoetens* (W.G. Sm.) Massee, Brit. Fung.- Fl.(London) 3: 70, 1893.
Russula subfoetens var. *johannis* Moënne-Locc., in Reumaux, Bidaud & Moënne-Loccoz, Russules Rares ou Méconnues (Marlioz): 290, 1996.

　　子实体中型至较大型。菌盖直径 4~9（14）cm，初扁半球形，后平展中部下凹，至中央有脐状凹陷，湿时稍黏，干燥迅速，土黄色、蜜色、赭红色至中部色深呈现土褐色，有光泽，盖缘近膜状，常开裂，有强烈的条纹，菌盖表皮从边缘到菌盖中央可剥离 1/2。菌肉白色至奶油色，受伤后迅速变柠檬黄色至褐色，较薄，菌盖中央较厚，较坚实，有令人不愉快的腐臭气味，味道轻微辛辣。菌褶弯生，厚，宽，分叉，初带白色至苍白色，后乳黄色，常有褐色斑点，边缘常有紫褐色至红褐色色调，顶端近尖锐至尖锐，褶间具横脉，菌盖边处 10~11 片/cm。菌柄长 4.0~7.5 cm，粗 1.0~2.5 cm，等粗至近等粗，菌柄基部稍变细，很少膨大，初内实，后中空，白色，老后变褐色至黑褐色，表面光滑，有微细的皱纹。孢子印乳黄色。

　　担子 26~36 × 9~11 μm，棒状，具 2~4 个小梗，无色透明。担孢子（80/4/2）6.3~8.9（9.5）×（5.3）5.6~7.8 μm [Q = 1.02~1.37（1.40），**Q** = 1.16 ± 0.10]，近球形至宽椭球形，少数球形和椭球形，无色，表面疣刺高 0.7~1.0 μm，疣间偶有连线，不形成网纹，脐上区淀粉质点较显著。侧生囊状体 37~56 × 7~10 μm，近圆柱形，棒状至近梭形，末端钝圆，表面有一定程度的纹饰。菌盖表皮菌丝栅栏状，菌丝宽 1.7~5.8 μm，有隔，末端钝圆，盖生囊状体较少，42~57×4~7 μm，棒状，末端钝圆，表面有纹饰。菌柄表皮菌丝宽 1.7~4.2 μm，有隔，无色，柄生囊状体未见。

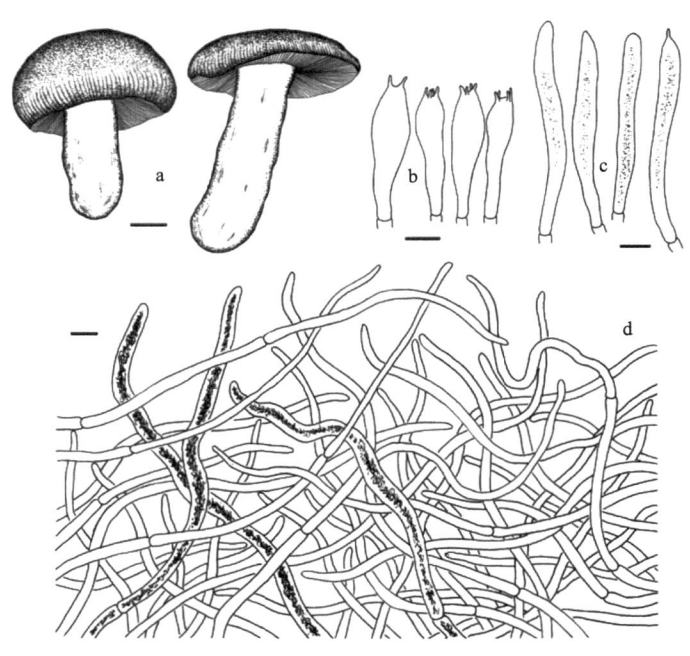

图 99 亚臭红菇 *Russula subfoetens* W.G. Sm.（HMAS 53852）
a. 子实体；b. 担子；c. 侧生囊状体；d. 菌盖表皮菌丝。a. 标尺=1 cm；b~d. 标尺=10 μm

生境：夏秋季散生于阔叶林中地上。

模式产地：英国。

世界分布：亚洲（中国）；欧洲（英国、法国）；北美洲（美国、加拿大）。

研究标本：湖北十堰神农架千家坪，林中地上，1984 年 8 月 8 日，张小青、孙述霄 223（HMAS 53852）。四川甘孜雅江，林中地上，1984 年 7 月 22 日，文华安、苏京军 1280（HMAS 51025）。贵州贵阳花溪，林中地上，1988 年 7 月 8 日，应建浙、宗毓臣、李惠中 342（HMAS 57817）、348（HMAS 53875）；遵义道真大沙河林场，林中地上，1988 年 7 月 19 日，应建浙等 427（HMAS 58263）。云南昆明，林中地上，宗毓臣、徐联旺、卯晓岚 121（HMAS 76486）；嵩明阿子营乡，海拔 2000 m 林中地上，2005 年 8 月 8 日，魏铁铮、王向华、于富强、郑焕娣 1121（HMAS 99533）。西藏工布江达错高湖，海拔 3500 m 林中地上，2004 年 7 月 25 日，郭良栋、高清明 318-1（HMAS 97992）。

讨论：亚臭红菇与臭红菇的形态特征极为相似，主要区别是亚臭红菇子实体较为细弱，气味和味道没有臭红菇那么强烈。北美洲的部分标本菌盖和菌柄略微带浅红色（Schaffer，1972）。

内向亚属 subgen. *Insidiosula* Romagn.

多数种子实体较大。菌肉味道辛辣至极辛辣。菌褶褶缘处较钝。菌柄白色或带红色。孢子印浅黄色至黄色。担子和囊状体较为短小，不明显。菌盖表皮盖生囊状体对硫酸香草醛敏感。

模式种：*Russula veternosa* Fr.（Romagnesi，1987）。

斑点组 sect. *Maculatinae* Konard & Joss.

菌盖表面颜色较复杂，呈现红色、紫色、黄色和灰色等多种色调。菌肉干燥后变黄色，味道一般极辛辣。菌柄白色或带红色。孢子印奶油色至黄色。

模式种：*Russula maculata* Quél.（Romagnesi，1987）。

中国斑点组分种检索表

1. 菌盖粉灰色、浅粉紫色、浅锈红色或近黄红色 ·· 老红菇 *R. veternosa*
1. 菌盖非上述色调 ··· 2
   2. 孢子印黄色至赭色 ·· 拟土黄红菇 *R. decipiens*
   2. 孢子印非上述色调 ·· 3
3. 盖生囊状体棒状，无分隔 ·· 4
3. 盖生囊状体有分隔，或分隔少 ·· 5
   4. 孢子印黄色 ·· 黑龙江红菇 *R. heilongjiangensis*
   4. 孢子印浅黄色至浅赭色 ··· 切氏红菇 *R. cernohorskyi*
5. 担孢子较小 ··· 6
5. 担孢子较大，8.9~10.5 × 7.5~8.9 μm ·· 邓氏红菇 *R. tengii*
   6. 菌褶直生，少有分叉 ··· 铜色红菇 *R. cuprea*
   6. 菌褶离生，不分叉 ·· 王氏红菇 *R. wangii*

切氏红菇 图100，图版XXI 1

别名：白柄红菇

Russula cernohorskyi Singer, Annls. mycol. 33(5/6): 300. 1935.

    子实体较小至中型。菌盖直径 5 cm，初扁半球形，后中央凸起，成熟后平展，有时中部下凹，菌盖边缘略有起伏，有时开裂，菌盖表面紫橄榄色，中部深紫色，表皮光滑，边缘钝圆，有棱纹。菌肉白色，较薄，近柄处略厚，有辛辣味道，无明显气味。菌褶宽 0.5 cm，稠密，部分分叉，褶间无横脉至略有微细横脉，无小菌褶或小菌褶极少，幼时深奶油色至浅黄色，老后和干燥后浅赭黄色。菌柄长 4 cm，粗 0.7~1.2 cm，圆柱形，近基部略变粗，白色至污白色，老后有灰黄色和灰褐色色调，表面幼时光滑，老后和干燥后有明显的皱纹，初内实，后海绵质，中空。孢子印浅黄色至浅赭色。

    担子 35~53 × 10~15 μm，棒状，近顶端处膨大，具 2~4 个小梗，无色透明。担孢子（100/2/1）（8.1）8.5~10.3（10.6）×（6.8）7.3~8.4（8.9）μm [Q =（1.04）1.07~1.30（1.34），Q = 1.19 ± 0.07]，多数近球形至宽椭球形，少数球形和椭球形，微黄色，表面有疣刺，高 0.7~1.2 μm，近圆锥形至近圆柱形，疣刺间分散，个别有连线，不形成网纹，脐上区淀粉质点不显著。侧生囊状体 66~102 × 10~15 μm，极多，梭形至近梭形，顶端近尖锐至尖锐，无色至微黄色，表面有较强烈的纹饰。菌盖表皮菌丝无色透明，有隔，菌丝宽 2.5~5.5 μm，末端近尖锐，盖生囊状体 64~100 × 5~9 μm，棒状，末端钝圆，无隔，表面有较强烈的纹饰。菌柄表皮菌丝宽 2.5~5.0 μm，有隔，无色透明，柄生囊状体未见。

生境：夏秋季生于林中地上。

模式产地：中国。

世界分布：亚洲（中国）。

研究标本：云南丽江玉湖雪嵩村（Nguluke 村），阔叶林地上，1914 年 9 月~10 月，Heinrich Handel-Mazzetti（WU 0045595）。

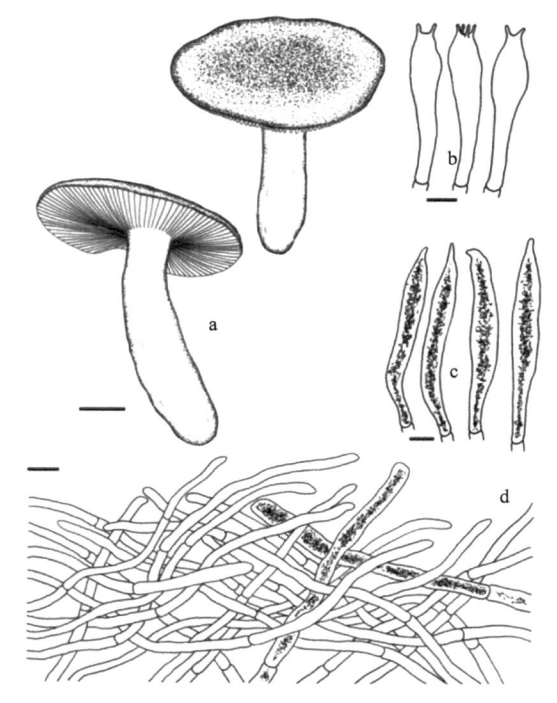

图 100 切氏红菇 *Russula cernohorskyi* Singer（WU 0045595）
a. 子实体；b. 担子；c. 侧生囊状体；d. 菌盖表皮菌丝。a. 标尺=1 cm；b~d. 标尺=10 μm

铜色红菇　图 101

Russula cuprea Krombh., Naturgetr. Abbild. Beschr. Schwämme (Prague) 9: 11, 1845.

Agaricus cupreus Krombh. ex Sacc., Syll. fung. (Abellini) 5: 477, 1887.

Russula badia var. *cinnamomicolor* (Krombh.) Singer, Hedwigia 66: 242, 1926.

Russula barlae subsp. *cuprea* (Krombh.) Cooke, Ill. Brit. Fung. (London) 7: pl. 1044, 1889.

Russula barlae var. *cuprea* (Krombh.) Cooke, Handb. Brit. Fung. 2nd Edn: 335, 1889.

Russula cinnamomicolor Krombh., Naturgetr. Abbild. Beschr. Schämme (Prague) 9: 28, 1845.

Russula cuprea f. *aurantiopurpurea* (Ubaldi) Bon & Sarnari, in Bon, Docums Mycol. 17(no.

65): 55, 1986.

Russula cuprea f. *griseinoides* Romagn., Bull. mens. Soc. linn. Lyon 31(1): 177, 1962.

Russula cuprea f. *griseinoides* Romagn., Russules d'Europe Afr. Nord: 855, 1967.

Russula cuprea f. *ocellata* Romagn., Bull. mens. Soc. linn. Lyon 31(1): 177, 1962.

Russula cuprea f. *pseudofirmula* Romagn., Bull. mens. Soc. linn. Lyon 31(1): 177, 1962.

Russula cuprea f. *pseudomaculata* (Ubaldi) Bon & Sarnari, in Bon, Docums Mycol. 17(no. 65): 65, 1986.

Russula cuprea f. *rubro-olivascens* Romagn., Bull. mens. Soc. linn. Lyon 31(1): 177, 1962.

Russula cuprea f. *rubro-olivascens* Romagn., Russules d'Europe Afr. Nord: 853, 1967.

Russula cuprea var. *cinnamomicolor* (Krombh.) Bon, Docums Mycol. 15(no. 60): 42, 1985.

Russula cuprea var. *dichroa* Reumaux, in Reumaux, Bidaud & Moënne-Loccoz, Russules Rares ou Méconnues (Marlioz): 283, 1996.

Russula cuprea var. *juniperina* (Ubaldi) Bon & Sarnari, in Bon, Docums Mycol. 17(no. 65): 55, 1986.

Russula juniperina Ubaldi, Micol. Ital.14(3): 25, 1985.

Russula juniperina f. *aurantiopurpurea* (Ubaldi) Sarnari, Micol. Ital.17(1): 19, 1988.

Russula juniperina f. *pseudomaculata* (Ubaldi) Sarnari, Micol. Ital.17(1): 19, 1988.

Russula juniperina var. *aurantiopurpurea* Ubaldi, Micol. Ital.14(3): 27, 1985.

Russula juniperina var. *pseudomaculata* Ubaldi, Micol. Ital.14(3): 28, 1985.

Russula nitida var. *cuprea* Cooke, Handb. Brit. Fungi, 2nd End: 381, 1890.

Russula urens Romell ex Singer, Hedwigia 66: 197, 1926.

子实体中型。菌盖直径 3.2~6.8 cm, 初扁半球形, 后渐平展至中部凸起, 成熟后平展至中部下凹, 部分子实体边缘上翘呈浅碟状, 菌盖边缘无棱纹, 成熟后有不明显的短棱纹, 个别开裂, 菌盖上表皮有时部分剥落, 色调多样, 部分菌盖红棕色至砖红色色调, 中央褪色至赭黄色至浅黄褐色, 部分表面呈深黄褐色至近黑褐色色调, 中央颜色较深, 边缘黄褐色至浅黄褐色, 中央部分老后常褪色至浅黄褐色, 湿时黏, 干燥后光滑, 表皮自菌盖边缘至中央可剥离 2/5~4/5, 表皮下菌肉白色至略有浅红色或浅褐色色调。菌肉厚 0.3~1.4 cm, 初白色, 后深奶油色, 伤不变色至缓慢地变浅黄色, 初坚实, 老后较脆或较软, 有辛辣味道, 无显著气味或有不明显的水果香味。菌褶直生, 宽 0.3~0.6 cm, 近盖缘处 10~15 片/cm, 钝圆, 个别分叉, 部分稍弯生, 深奶油色至微黄色, 褶间具横脉。菌柄长 3.4~7.3 cm, 粗 0.8~1.7 cm, 圆柱形, 近基部渐粗或稍细, 近柄处稍粗, 白色, 伤后变浅黄色, 光滑, 老后有纵向微细皱纹, 初内实, 后中空。孢子印浅黄色。

担子 29~34 × 9~11 μm, 短棒状, 近顶端处稍膨大, 无色透明, 具 4 个小梗, 小梗长 4~7 μm。担孢子（100/5/5）(5.8) 6.2~7.2 (7.7) × (4.8) 5.0~6.1 (6.3) μm [Q = (1.03) 1.08~1.37 (1.39), **Q** = 1.24 ± 0.09], 宽椭球形至椭球形, 少数球形至近球形, 微黄色, 孢子表面疣刺高 5~7 μm, 近圆柱形, 多数之间有连线, 形成近于完整至完整的网纹, 脐上区淀粉质点明显。侧生囊状体 47~58 × 8~9 μm, 近纺锤状至近梭形, 顶端钝圆至近尖锐, 部分呈乳头状凸起, 有颗粒状内含物。菌盖表皮菌丝栅栏状, 菌丝宽 1.6~3.9 μm, 有隔, 多分叉和钝圆凸起, 末端钝圆, 少数稍膨大, 无色透明, 盖生囊状体宽 5.1~

10.2 μm，较多，棒状，末端钝圆，部分有分隔，有颗粒状内含物，在硫酸香草醛溶液中变黑灰色。菌柄表皮菌丝宽 1.4~3.3 μm，有隔，无色，柄生囊状体未见。

生境：夏秋季散生或单生于针叶林或混交林地上。

模式产地：德国。

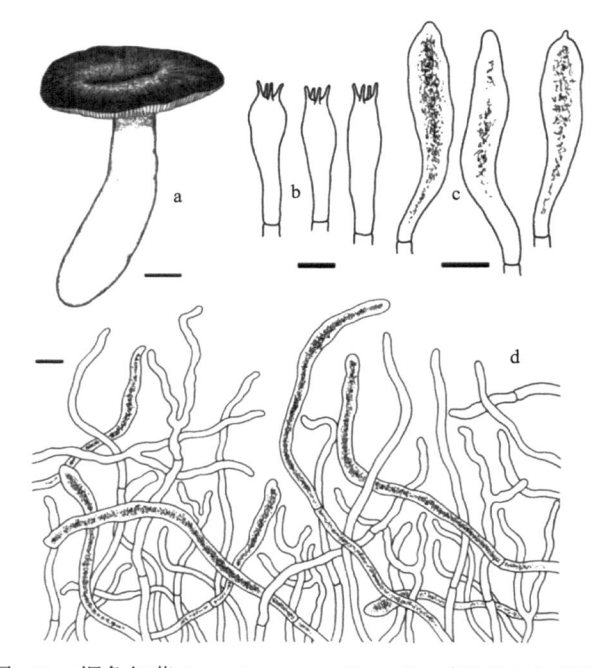

图 101 铜色红菇 *Russula cuprea* Krombh.（HMAS 268813）
a. 子实体；b. 担子；c. 侧生囊状体；d. 菌盖表皮菌丝。a. 标尺=1 cm；b~d. 标尺=10 μm

世界分布：亚洲（中国）；欧洲（德国、法国、意大利、瑞士和捷克）。

研究标本： 河南内乡宝天曼，阔叶交林地上，2009 年 7 月，申进文等（HMAS 196510）。四川道孚各卡村，针叶林地上，2013 年 8 月 12 日，卢维来、蒋岚、李国杰 13283（HMAS 268813）。陕西秦岭火地塘林场，林中地上，2005 年 7 月 29 日，文华安、周茂新、李赛飞 05138（HMAS 138155）。青海班玛县多柯河林场，海拔 3615 m 针叶林地上，2013 年 8 月 9 日，卢维来、蒋岚、李国杰 13247（HMAS 267876）、13248（HMAS 267879）、13251（HMAS 267880）、13252（HMAS 267871）、13254（HMAS 267873）；班玛县多柯河林场，海拔 3308 m 针叶林地上，2013 年 8 月 10 日，13257（HMAS 267877）、13258（HMAS 267878）。

拟土黄红菇　图 102

Russula decipiens (Singer) Kühner & Romagn., Fl. Analyt. Champ. Supér. (Paris): 465, 1953.

Russula maculata var. *decipiens* Singer, Bull. trimest. Soc. mycol. Fr. 46: 212, 1931.

子实体中型至稍大型。菌盖直径 6~11 cm，幼时扁半球形或近扁平，中央凸起，成熟后中部稍下凹至明显下凹，有时呈漏斗状，边缘幼时下垂而内卷，后平展，钝圆至近尖锐，平展至略有轻微的起伏，不开裂，血红色、粉红色、亮红色、酒红色、红铜色，中央常褪色，呈浅赭黄色、深奶油色、柠檬黄色、黄褐色或淡污黄色，少有红色色调，表面近平滑，湿时稍黏，中央有时具微细的果霜，有光泽，干燥后无光泽，边缘无条纹或仅有不明显的棱纹，菌盖表皮从边缘到中央可剥离 1/4~3/4。菌肉较厚而坚实，老后较松软，新鲜时污白色至奶油色，老后黄褐色至烟灰色，气味不明显，略有苦味和辛辣味。菌褶直生，宽 0.4~1.2 cm，幼嫩时稍密，后略稀疏，多见分叉，褶间具微细的横脉，小菌褶未见或极少，污白色至带黄色，成熟后浅赭黄色。菌柄长 4~9 cm，粗 1~2 cm，圆柱形，等粗或近基部处渐细，表面污白，颜色较菌褶浅，干燥后变浅褐色至灰褐色，近平滑，内部松软至变空。孢子印黄色至赭色。

担子 41~46 × 12~13 μm，棒状，近顶端处膨大至有明显膨大，无色透明。担孢子（40/2/2）（6.5）6.7~8.4 ×（5.4）5.6~6.8 μm [Q =（1.04）1.08~1.27（1.29），Q = 1.18 ± 0.05]，近球形至宽椭球形，个别球形，近无色，表面有小疣，高 0.2~0.5 μm，半球形至扁半球形，表面疣刺分散而无连线，脐上区淀粉质点不显著。侧生囊状体 31~84 × 9~13 μm，细长棒状至略呈近梭形，顶端钝圆至近尖锐，表面略有纹饰至有纹饰。菌盖表皮菌丝栅栏状，菌丝宽 1.7~5.8 μm，末端钝圆至近尖锐无色透明，无分隔至少见分隔，盖生囊状体 81~164 × 8~11 μm，极多，长棒状，表面有较为显著的纹饰，末端钝圆。菌柄表皮菌丝宽 1.7~5.1 μm，有隔，无色透明，柄生囊状体未见。

生境：单生或散生于阔叶林地上。

模式产地：捷克。

世界分布：亚洲（中国）；欧洲（捷克）。

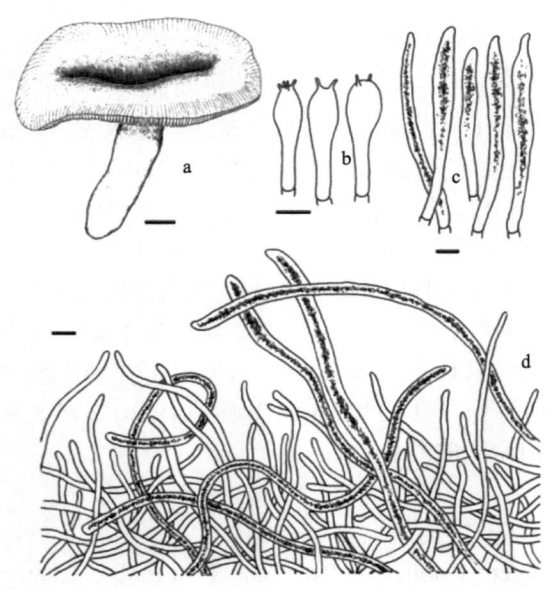

图 102 拟土黄红菇 *Russula decipiens* (Singer) Kühner & Romagn.（HMAS 59753）
a. 子实体；b. 担子；c. 侧生囊状体；d. 菌盖表皮菌丝。a. 标尺=1 cm；b~d. 标尺=10 μm

研究标本：四川雅江剪子弯，山林中地上，1983 年 8 月 6 日，文华安、苏京军 436（HMAS 75480）。云南宾川县鸡足山祝圣寺，阔叶林地上，1989 年 9 月 8 日，李宇、宗毓臣 201 （HMAS 59753）。

讨论：拟土黄红菇形态特征与老红菇很相似，区别是拟土黄红菇的盖生囊状体很多。拟土黄红菇与欧洲的葡酒紫红菇 *R. vinosopurpurea* Jul. Schäff.的菌盖颜色近似，主要区别是葡酒紫红菇的担孢子表面疣刺较高。

黑龙江红菇 图 103，图版 XXI 2

Russula heilongjiangensis G.J. Li & R.L. Zhao, Mycosphere 9(3): 434. 2018.

子实体小型至中型。菌盖直径 2.8~5.2 cm，初半球形，后中央凸起至近平展，成熟后平展，有时中央略有下凹，边缘有 0.3 cm 的微弱条纹，个别开裂，菌盖表面湿时稍黏，表皮自边缘向中央可剥离 1/4~1/3，初鲜艳的红色色调，并混有部分颜色较深的深红色至酒红色色调，成熟后中央褪色至橙黄色、浅黄褐色和黄色。菌肉厚 0.2~0.3 cm，白色，伤后变赭黄色，脆，无明显气味，味道辛辣。菌褶直生，宽 0.3~0.5 cm，菌盖边缘处 13~18 片/cm，个别近菌柄处有分叉，浅黄色，伤后变橙黄色至浅褐色，小菌褶未见。菌柄长 4.2~6.5 cm，粗 0.9~1.6 cm，中生至近中生，圆柱形至近圆柱形，近菌盖初略细，表面干燥，有微细的纵条纹，白色，伤后变黄褐色，初内实，成熟后中空。孢子印黄色。

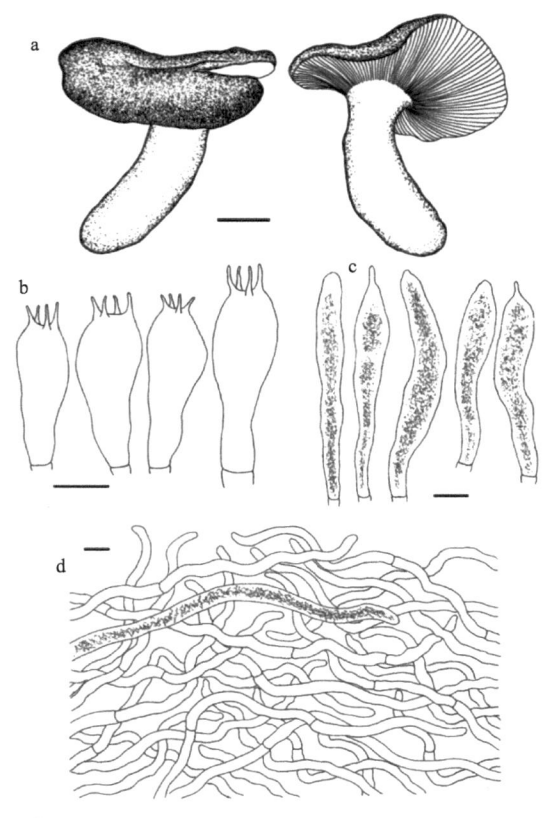

图 103 黑龙江红菇 *Russula heilongjiangensis* G.J. Li & R.L. Zhao（HMAS 255142）
a. 子实体；b. 担子；c. 侧生囊状体；d. 菌盖表皮菌丝。a. 标尺=1 cm；b~d. 标尺=10 μm

担子 34~46 × 9~13 μm，无色透明，在 KOH 溶液中变浅黄色，末端略膨大至膨大，圆柱形，具 4 个小梗，小梗长 3~6 μm。担孢子（100/2/2）（6.8）7.4~9.4（10）×（5.6）5.9~8.3 μm [Q =（1.06）1.12~1.33，**Q** = 1.21 ± 0.07]，透明，近球形至宽椭球形，偶尔椭球形，表面纹饰淀粉质，多为分散的疣刺状，少数突起间有连线，形成短嵴，不形成网纹，高 0.7~1 μm，脐上区淀粉质点显著。侧生囊状体 68~101 × 9~12 μm，突出子实层面 30~50 μm，近顶端一侧略膨大至膨大，有时梭形，末端钝圆，有时具棘状突起，内含物纤维状至结晶状，硫酸香草醛溶液中变黑灰色。菌盖表皮菌丝栅栏状排列，圆柱状，薄壁，无色透明，不分叉，菌丝宽 3~6 μm，盖生囊状体稀少，棒状，无分隔，内含物晶体状，硫酸香草醛溶液中变黑灰色。菌柄表皮菌丝宽 3~6 μm，无色，在 KOH 溶液中变浅黄色，多分隔，柄生囊状体未见。

生境：夏秋季单生至散生于针阔混交林（桦木属、松属和柞木属）地上。
模式产地：中国。
世界分布：亚洲（中国）。
研究标本：黑龙江牡丹江市穆棱市六峰山国家森林公园，混交林地上，2016 年 7 月 21 日，白旭明、代荣春、张明哲、李国杰 ZRL20160516（HMAS 255142）、ZRL20164231（HMAS 279587）。

邓氏红菇　图 104，图版 XXI 3
Russula tengii G.J. Li & H.A. Wen, IMA Fungus 1(no.5): 8. 2019.

子实体小型至中型。菌盖直径 2.8~7.8 cm，初半球形，后凸起至平展，常见中心略下凹，边缘初略外卷，后稍外翻，偶见波浪状，条纹不明显，菌盖表皮湿时略黏，菌盖中心亮棕酒红色至亮褐红色，老后砖红色，干燥后茜红色，近菌盖中心处干燥后呈暗黄色至苯胺黄色，具暗黑红色和暗黄色斑点。菌肉厚 0.3~0.7 cm，紧密，易碎，白色，伤后或衰老后稍变成淡奶油色或淡黄色，无明显气味，味道温和。菌褶直生，较密，10~16 片/cm，顶端略凹，宽 0.4~0.6 cm，菌盖边缘处偶见分叉，近菌柄处少见分叉，略具横脉，无小菌褶，初奶油色至发黄，后重晶石黄至浅黄色，干燥后浅黄橙色，全缘，与菌盖同色。菌柄长 3.5~4.7 cm，粗 1.2~1.5 cm，中生或略偏，圆柱状，向基部略膨大，内实至中空，光滑，白色，在基部带有浅黄色。孢子印黄色。

担子（51）54~62（66）× 13~16.5 μm，棒状，具 4 个小梗。担孢子（8.1）8.9~10.5（11）×（6.9）7.5~8.9（9.5）μm [Q =（1.14）1.15~1.21（1.24）]，宽椭球形，具疣状纹饰，圆柱状，少见连接成短线，多数独立，脐上区淀粉质点大。侧生囊状体纺锤状至棒状，分散，（73）80~98（112）× 9~13（15）μm，顶端常具小分枝，渐尖至钝圆，长 1~8（13）μm，壁厚（0.5 μm）的附属物，具条状多晶状内容物，在硫酸香草醛溶液中缓慢变红棕色。缘生囊状体丰富，（39）44.5~65（81）×（5）6.5~8.5（9.5）μm，棒状，偶见纺锤状，顶端钝圆，偶具 2~6 μm 的较短附属物，内容物常分散，具黄色色素。菌盖表皮在甲苯酚蓝溶液中染色，与菌肉中球状细胞分隔明显，呈明显胶质，厚 160~200 μm，菌盖上表皮厚 55~80 μm，菌丝直立，方向常不规则，近表皮菌丝排列松散，渐稠密，菌盖下表皮相互交织，不规则，近菌髓部横向排列，菌丝宽（2）2.5~5（6.5）μm。盖生囊状体在品红溶液中变红，菌丝末端在菌盖边缘附近变细，呈明显念珠状，壁薄，末端细胞（15）21~33（39）× 2.5~3.5（4）μm，多数圆柱形，偶见锥形，少见披针形，顶部通常钝圆，缢缩不常见，末端细胞具分枝或不具分枝，常等宽等长，偶见侧结节，少见侧分枝。柄生囊状体由 1~4（5）个细胞构成，壁薄，末端细胞（18）25~61（79）× 4.5~6（7）μm，圆柱状，顶端钝圆或稍狭，具多晶状、颗粒状或条状内容物，常具黄色色素，在硫酸香草醛溶液中缓慢变灰棕色，近菌柄上部表皮末端细胞宽，（15）18~54（71）×（4）5~8（9）μm，常棒状，顶端钝圆至圆形。

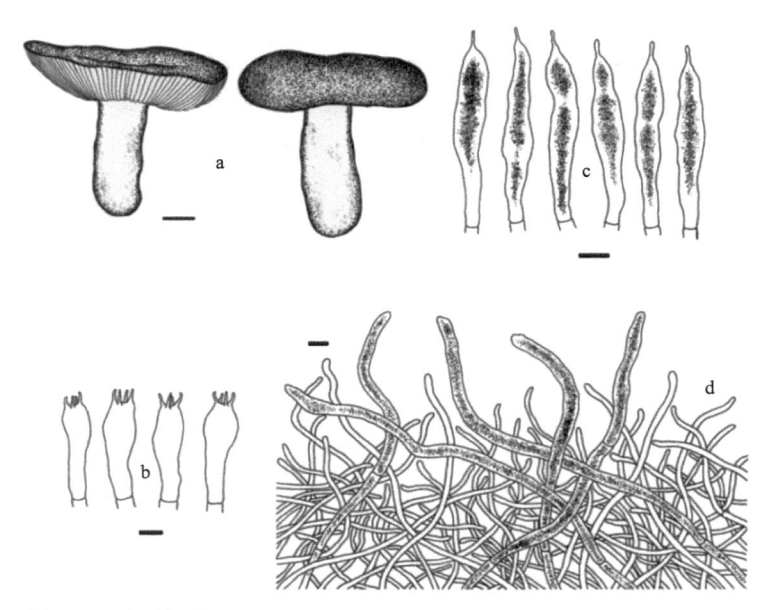

图 104 邓氏红菇 *Russula tengii* G.J. Li & H.A. Wen（HMAS 262728）
a. 子实体；b. 担子；c. 侧生囊状体；d. 菌盖表皮菌丝。a. 标尺=1 cm；b~d. 标尺=10 μm

生境：生于阔叶林（桦树）地上。
模式产地：中国。
世界分布：亚洲（中国）。
研究标本：西藏自治区类乌齐县，海拔 3741 m 林中地上，2010 年 7 月 24 日，魏铁铮 1491（HMAS 262728），2012 年 8 月 16 日，李国杰、赵东、李伟、齐莎 12163（HMAS 251829），2012 年 8 月 28 日，12358（HMAS 264837）。

老红菇 图 105，图版 XXI 4
别名：凹黄红菇、多隔皮囊体红菇
Russula veternosa Fr., Epicr. syst. mycol. (Upsaliae): 354, 1838.
Hypophyllum integrum Paulet, Traité champ. (Paris): 1793.
Russula schiffneri Singer, Beih. bot. Zbl., Abt. 2 46(2): 88, 1929.
Russula schiffneri f. *duriuscula* Romagn. & Le Gal, Bull. trimest. Soc. mycol. Fr. 58: 167, 1944.
Russula veternosa f. *insipida* J.E. Lange, Dansk bot. Ark. 4(no. 12): 45, 1926.
Russula veternosa f. *subdulcis* J.E. Lange ex Bon, Docums Mycol. 18(nos 70-71): 77, 1988.

Russula veternosa var. *britzelmayrii* (Romell) Singer, Z. Pilzk. 3(6): 113, 1924.

Russula veternosa var. *duriuscula* Romagn. & Le Gal. ex Bon, Docums Mycol.17(no. 65): 56, 1986.

　　子实体小型至中型，个别大型。菌盖直径 3~10 cm，初扁半球形，后平展中部明显下凹，有时呈碟状，边缘幼时稍下垂或内卷，成熟后渐平展，略有起伏和开裂，表面粉灰色、浅粉紫色、浅锈红色或近黄红色，中央常褪色至浅暗粉色至浅粉黄色，边缘平整，无条纹或有不明显的短条纹。菌肉白色，老后变黄色，干燥后变浅赭色，近表皮有时微带粉红色，较薄而脆，味道辛辣，无明显气味，或略有水果香味，有时老后有蜂蜜香味。菌褶近离生，宽 0.4~1.2 cm，无分叉或个别分叉，近缘处渐窄，近尖锐至尖锐，褶间无横脉或略具横脉，无小菌褶或小菌褶极少，幼时奶油色至深奶油色，成熟后浅黄色，老后或干燥后赭黄色，质脆。菌柄长 2.0~7.5 cm，粗 0.4~1.3 cm，圆柱形，白色，部分有极轻微的粉色色调，老后变黄色至灰黄色，表面光滑，老后有皱纹，初内实后中空。孢子印浅黄色至浅赭色。

　　担子 26~39 × 10~12 μm，棒状，近顶端处膨大，多数具 4 个小梗，少数 2 个小梗，无色透明。担孢子（40/2/1）6.4~7.6（7.8）× 5.8~6.6（6.9）μm [Q =（1.02）1.04~1.18（1.22），**Q** = 1.11 ± 0.05]，球形、近球形至宽椭球形，表面有疣刺，高 0.7~1.2 μm，近圆锥形，疣刺间部分有连线，不形成网纹，脐上区淀粉质点稍显著至显著。侧生囊状体 42~65 × 8~12 μm，数量较多，梭形至近梭形或纺锤形，表面略有纹饰，个别顶端有乳头状至短棒状凸起，近尖锐。菌盖表皮菌丝栅栏状，菌丝宽 2.5~5.0 μm，末端近尖锐，无色透明，有分隔，盖生囊状体未见。菌柄表皮菌丝宽 1.7~5.0 μm，柄生囊状体未见。

　　生境：夏秋季群生或单生于混交林地上。

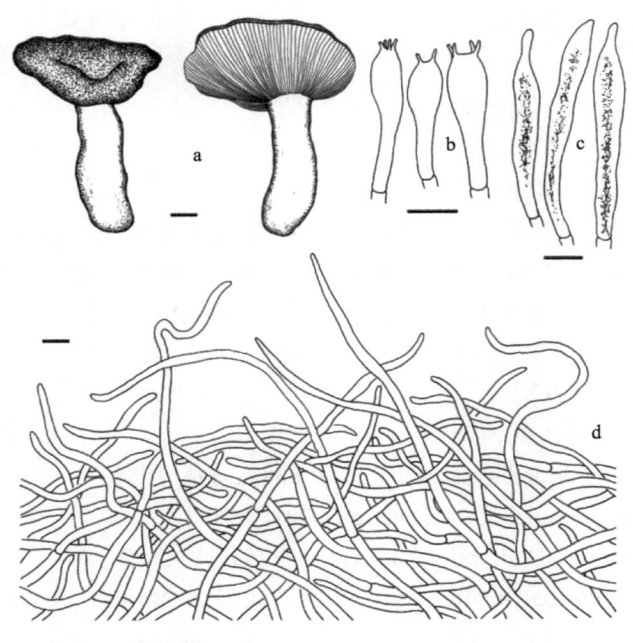

图 105　老红菇 *Russula veternosa* Fr.（HMAS 32640）
a. 子实体；b. 担子；c. 侧生囊状体；d. 菌盖表皮菌丝。a. 标尺=1 cm；b~d. 标尺=10 μm

模式产地：瑞典。

世界分布：亚洲（中国）；欧洲（法国、瑞士、意大利、瑞典、丹麦、挪威、波兰、克罗地亚）；北美洲（加拿大）。

研究标本：福建南平浦城县观前，林中地上，1960年8月25日，王庆之、袁文亮、何贵 704（HMAS 32640）。海南乐东尖峰岭，海拔 300 m 林中地上，2007年7月25日，李增平等 0569（HMAS 187642）。西藏工布江达错高湖，海拔 3500 m 林中地上，2004年7月25日，郭良栋、高清明 294（HMAS 99155）。

王氏红菇　图 106，图版 V 1，XXI 5

Russula wangii G.J. Li, H.A.Wen & R.L. Zhao, Fungal Diversity 78:185, 2016.

子实体小型至中型。菌盖直径 3.8~5.6 cm，初半球形，成熟后平展至中央稍凸起，老后偶尔中央稍下凹，边缘无条纹，有时开裂，湿时黏，表皮自边缘至中央可剥离 1/4~1/3，红褐色、紫红色至紫色色调，中央深紫红色至暗紫色色调，边缘处颜色较浅。菌肉厚 0.3 cm，白色，无明显气味，味道辛辣。菌褶近离生，宽 0.2~0.5 cm，边缘处 13~17 片/cm，不分叉，褶间具横脉，赭黄色，无小菌褶。菌柄长 4.4~6.5 cm，粗 0.8~1.7 cm，近圆柱形，近菌盖处略细，表面干燥，有微细的纵条纹，白色，伤后变浅橙黄色，初内实，后中空。孢子印黄色。

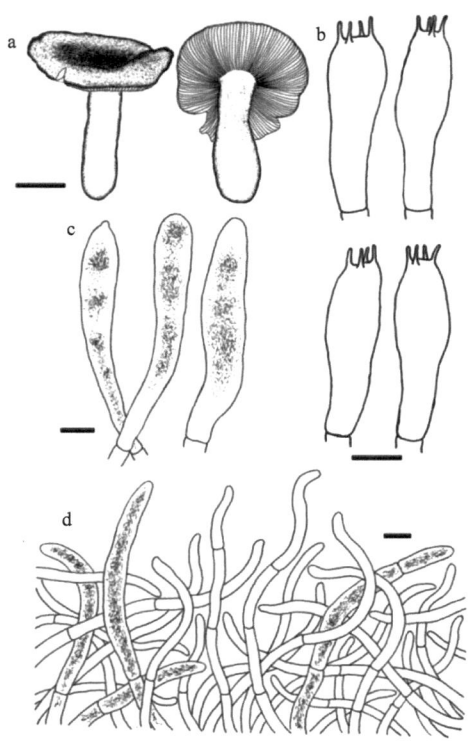

图 106　王氏红菇 *Russula wangii* G.J. Li, H.A. Wen & R.L. Zhao (HMAS 268809)
a. 子实体；b. 担子；c. 侧生囊状体；d. 菌盖表皮菌丝。a. 标尺=1 cm；b~d. 标尺=10 μm

担子 30~40 × 8~10 μm，顶端稍膨大至膨大，偶尔圆柱形，无色透明，在 KOH 溶液中略微变黄，具 4 个小梗，小梗长 4~7 μm。担孢子（100/10/7）（6.3）6.8~8.2 × 7~8（8.5）μm [Q =（1.06）1.13~1.30（1.34），**Q** = 1.38 ± 0.06]，宽椭球形至椭球形，少数近球形，无色透明，表面纹饰淀粉质，嵴状至近嵴状，疣刺状，之间多有连线，形成近于完整的网纹，偶尔分散，高 0.5~1 μm，脐上区淀粉质点显著。侧生囊状体 60~80 × 8~13 μm，分散，突出子实层面 20~55 μm，近梭形至近圆柱形，有时近顶端一侧略膨大或膨大，末端钝圆，常有乳头状凸起，薄壁，内含物颗粒状至晶状，硫酸香草醛溶液中变黑。缘生囊状体未见。菌盖表皮菌丝栅栏状排列，菌丝多分隔，表面有小凸起，圆柱形，末端钝圆，宽 3~5 μm，盖生囊状体多，多分隔，表面有小凸起，宽 6~8 μm，末端钝圆，有时稍膨大，内含物颗粒状至结晶状，硫酸香草醛溶液中变黑。菌柄表皮菌丝宽 3~6 μm，无色，多分隔，柄生囊状体未见。

生境：夏秋季单生至散生于针叶林（松属和云杉属）地上。

模式产地：中国。

世界分布：亚洲（中国）。

研究标本：四川阿坝藏族羌族自治州，针叶林地上，2013 年 7 月 24 日，李斌斌、李潇英、杨瑞恒 48（HMAS 269308）；甘孜道孚各卡镇各卡村，针叶林地上，2013 年 8 月 12 日，卢维来、蒋岚、李国杰 13278（HMAS 268808）、13279（HMAS 268809）；甘孜壤塘县，针叶林地上，2013 年 7 月 28 日，李斌斌、李潇英、杨瑞恒 180（HMAS 269580）。青海果洛班玛红军沟，针叶林地上，2013 年 7 月 26 日，李斌斌、李潇英、杨瑞恒 197-1（HMAS 269106）、243（HMAS 269398）、383（HMAS 269143）。

多色亚属 subgen. *Polychromidia* Romagn.

菌盖少见红色或橙色，多数紫色、绿色、褐色至赭黄色。菌肉味道温和，较坚实，老后或受伤时不变黑而变黄色或褐色。菌褶幼嫩时轻微辛辣。担子较粗短。囊状体长而粗。菌盖表皮菌丝组成多样，盖生囊状体或原菌丝有或无。

模式种：*Russula integra* (L.) Fr.（Romagnesi，1987）。

中国多色亚属分组检索表

1. 菌肉干燥后有蜂蜜或罂粟花气味 ·· 蜜味组 sect. *Melliolentinae*
1. 菌肉非上述特征 ··· 2
   2. 菌肉老后有龙虾和三甲胺的腥味 ·· 浅绿组 sect. *Viridantinae*
   2. 菌肉非上述特征 ·· 3
3. 菌肉干燥过程中呈现水浸状的灰白色色调 ································· 类全缘组 sect. *Integroidinae*
3. 菌肉非上述特征 ··· 4
   4. 菌肉遇苯酚迅速呈亮紫色 ·· 紫橄榄色组 sect. *Olivaceinae*
   4. 菌肉味道柔和至略辛辣 ··· 全缘组 sect. *Integrinae*

全缘组 sect. *Integrinae* Maire

菌盖表面色调主要为红色、紫色和褐色。菌肉味道柔和至略辛辣，老后变黄色至褐色。孢子印黄色。

模式种：*Russula integra* (L.) Fr.（Maire，1910）。

中国全缘组分种检索表

1. 菌柄表皮有柄生囊状体 ·· 全缘红菇 *R. integra*
1. 菌柄表皮无柄生囊状体 ··· 2
　　2. 菌盖表皮无盖生囊状体 ·· 罗梅尔红菇 *R. romellii*
　　2. 菌盖表皮有盖生囊状体 ·· 3
3. 菌盖表面红棕色、红铜色、赭红色 ··· 全缘形红菇 *R. integriformis*
3. 菌盖表面鲜红色、暗红色至酒红色 ·· 假罗梅尔红菇 *R. pseudoromellii*

全缘红菇　图 107，图版 XXI 6
别名：变色红菇

Russula integra (L.) Fr., Epicr. syst. mycol. (Upsaliae): 360, 1838.
Agaricus alutaceus var. *substypticus* Pers., Syn. meth. fung. (Göttingen) 2: 441, 1801.
Agaricus integer L., Sp. pl. 2: 1171, 1753.
Amanita rubra var. *integer* (L.) Lam., Encycl. Méth. Bot. (Paris) 1(1): 105, 1783.
Russula adulterina (Fr.) Peck, Rep. (Annual) Trustees State Mus. Nat. Hist., New York 41: 75, 1888.
Russula adulterina f. *frondosae* J. Blum, Bull. trimest. Soc. mycol. Fr. 69(1): 71, 1953.
Russula alutacea f. *grisella* Singer, Beih. bot. Zbl., Abt. 2 49: 255, 1932.
Russula alutacea f. *pseudo-olivascens* Singer, Beih. bot. Zbl., Abt. 2 49: 255, 1932.
Russula alutacea f. *purpurella* Singer, Beih. bot. Zbl., Abt. 2 49: 255, 1932.
Russula alutacea subsp. *integra* (L.) Singer, Beih. bot. Zbl., Abt. 2 49: 254, 1932.
Russula fusca f. *pseudo-olivascens* (Singer) Bidaud, Moënne-Locc. & Reumaux, in Reumaux, Bidaud & Moënne-Loccoz, Russules Rares ou Méconnues (Marlioz): 284, 1996.
Russula fusca f. *purpurella* (Singer) Bidaud, Moënne-Locc. & Reumaux, in Reumaux, Bidaud & Moënne-Loccoz, Russules Rares ou Méconnues (Marlioz): 284, 1996.
Russula gilva var. *lutea* (P. Karst.) J.E. Lange, Fl. Agaric. Danic 5: 78, 1940.
Russula integra f. *fulvidula* J. Blum, Bull. trimest. Soc. mycol. Fr. 70(4): 394, 1955.
Russula integra f. *gigas* Romagn., Russules d'Europe Afr. Nord, Réimpression supplémentée, With an English translation of the keys by R.W.G. Dennis (Vaduz): 1020, 1985.
Russula integra f. *grisella* (Singer) Bon, Docums Mycol. 17(no. 65): 55, 1986.
Russula integra f. *phlyctidospora* Romagn., Bull. mens. Soc. linn. Lyon 31(1): 177, 1962.
Russula integra f. *pluricolor* Chiari & Restelli, Boll. Circolo Micologico 'Giovanni Carini' 63: 28, 2012.
Russula integra f. *pseudo-olivascens* (Singer) P.-A. Moreau, Carteret & Francini, Bull. trimest. Féd. Mycol. Dauphine-Savoie 39(no. 155): 42, 1999.
Russula integra f. *purpurella* (Singer) Romagn. ex Bon, Docums Mycol. 17(no. 65): 55, 1986.

Russula integra subsp. *adulterina* (Fr.) Secr. ex Sacc., Syll. fung. (Abellini) 5: 476, 1887.

Russula integra subsp. *substiptica* (Pers.) Sacc., Syll. Fung. (Abellini) 5: 475, 1887.

Russula integra var. *adulterina* Fr., Epicr. syst. mycol. (Upsaliae): 360, 1838.

Russula integra var. *brunneorosea* R. Socha, in Socha, Hálek, Baier & Hálek, Holubinky (*Russula*) (Praha): 508, 2011.

Russula integra var. *lutea* P. Karst., Bidr. Känn. Finl. Nat. Folk 48: 464, 1889.

Russula integra var. *oreas* Romagn., Bull. mens. Soc. linn. Lyon 31(1): 177, 1962.

Russula integra var. *phlyctidospora* (Romagn.,) Romagn., Russules d'Europe Afr. Nord (Bordas): 770, 1967.

Russula integra var. *pseudo-olivascens* (Singer) Bon, Bull. trimest. Féd. Mycol. Dauphiné-Savoie 25(no. 100): 35, 1986.

Russula integra var. *purpurella* (Singer) R. Socha, in Socha, Hálek, Baier & Hálek, Holubinky (*Russula*) (Praha): 508, 2011.

Russula integra var. *rubrotincta* Peck, Ann. Rep. Reg. N.Y. St. Mus. 54: 164, 1902.

Russula integra var. *substyptica* (Pers.) Fr., Epicr. syst. mycol. (Upsaliae): 360, 1838.

Russula phlyctidospora (Romagn.) Bon, Docums Mycol.17(no. 65): 56, 1986.

Russula rubrotincta (Peck) Burl., N. Amer. Fl. (New York) 9(4): 229, 1915.

Russula substiptica (Pers.) Mussat, in Saccardo, Syll. fung. (Abellini) 15: 324, 1901.

Russula trimbachii f. *gigas* (Romagn.) P.-A. Moreau, Carteret & Francini, Bull. trimest. Féd. Mycol. Dauphiné-Savoie 39(no. 155): 38, 1999.

子实体中型至大型。菌盖直径5~12 cm，初近球形至扁半球形，平展后中部下凹，有时呈碟状，边缘钝圆，下垂，不开裂，色泽变化较大，红褐色或皮褐色、紫褐色、栗褐色、橄榄紫色、淡紫色至紫红色，有时部分褪色为深蛋壳色，表面光滑，湿时稍黏，干燥后有光泽，老后部分表皮剥落，有微细皱纹，盖缘平滑无条纹，有时后有棱纹，表皮可从菌盖边缘到中央剥离1/4~1/2。菌肉白色，表皮下葡萄酒色，有时带黄色，黄褐色至浅褐色色调，味道柔和，有甜味，气味不显著，有时有果仁气味。菌褶直生至近离生，宽0.7~1.3 cm，稍密，常在基部分叉，近边缘处较宽，钝圆，褶间有横脉，白色，渐变奶油色、淡黄色至谷黄色。菌柄长3~9 cm，粗1.2~3.0 cm，圆柱形至近圆柱形，基部稍粗，白色，灰白色，有时老后变黄色至黄褐色，表面光滑，成熟后有皱纹，内部松软，后中空。孢子印黄色。

担子33~42 × 7~11 μm，棒状，具2~4个小梗，无色透明。担孢子（40/2/2）6.4~7.9 × 5.4~6.5（6.8）μm [Q = 1.02~1.24（1.29）, **Q** = 1.17 ± 0.07]，近球形至宽椭球形，少数球形，淡黄色，表面有小疣刺，高0.7~1.2 μm，近圆锥形至近圆柱形，疣刺间有连线，形成近于完整的网纹，脐上区淀粉质点显著。侧生囊状体47~71 × 9~13 μm，近梭形，顶端近尖锐至钝圆，表面略有纹饰。菌盖表皮菌丝栅栏状，菌丝宽1.6~4.3 μm，无色透明，有分叉和分隔，近末端处渐细，盖生囊状体未见。菌柄表皮菌丝宽1.7~5.0 μm，有隔，无色透明，柄生囊状体32~63 × 4~6 μm，板状，末端钝圆，有少量分隔，内有部分颗粒状至晶状内含物。

生境：夏秋季单生至群生于针叶林地上。

模式产地：瑞典。

世界分布：亚洲（中国、日本）；欧洲（法国、英国、德国、瑞士、意大利、瑞典、挪威、芬兰、克罗地亚、波兰、斯洛伐克、保加利亚）；非洲；北美洲（美国、加拿大）。

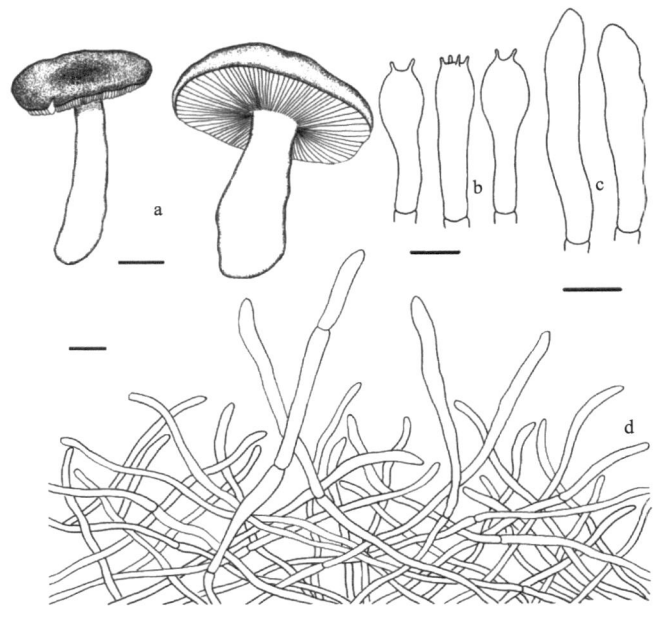

图 107　全缘红菇 *Russula integra* (L.) Fr.（HMAS 32624）
a. 子实体；b. 担子；c. 侧生囊状体；d. 菌盖表皮菌丝。a. 标尺=1 cm；b~d. 标尺=10 μm

研究标本：北京怀柔红螺寺，橡树林中地上，2000 年 8 月 24 日，图力古尔（HMJAU 1317）。河北省张家口市涿鹿县小五台山国家级自然保护区杨家坪管理区，林中地上，1990 年 9 月 1 日，文华安、李滨 389（HMAS 66133）。江苏南京中山陵，林中地上，1958 年 9 月 6 日，林桂坚（HMA 32775）。福建南平浦城观前，林中地上，1960 年 8 月 25 日，王庆之 692（HMAS 32625），1960 年 8 月 26 日，王庆之、袁文亮、何贵 725（HMAS 32624）。四川甘孜米亚罗夹壁沟，林中地上，1960 年 9 月 26 日，马启明 1454（HMAS 32211）；西昌，林中地上，1971 年 7 月，宗毓臣、卯晓岚 102（HMAS 36775）；雅江剪子弯山，林中地上，1983 年 7 月 22 日，文华安、苏京军 1326（HMAS 49989）；雅江，林中地上，1983 年 8 月 6 日，文华安、苏京军 426（HMAS 49987）、473（HMAS 49988）。云南昆明西山，林中地上，1940 年 7 月 8 日，周家炽 8002（HMAS 04002），1942 年 7 月 8 日，裘维蕃 7999（HMAS 03999），1944 年 7 月 8 日，裘维蕃 8359（HMAS 04359），1945 年 7 月 4 日，姜广正、相望年 8544（HMAS 04544）；保山百花岭，海拔 1400 m 林中地上，何双辉、郭林、朱一凡 2326（HMAS 194085）。西藏扎洛拉康区，林中地上，1975 年 9 月 1 日，宗毓臣 121（HMAS 38015）。陕西省宝鸡市眉县太白山国家级自然保护区蒿坪寺管理站，海拔 1300 m 林中地上，1958 年 6 月 24 日，于积厚 92（HMAS 32776）。新疆阿克苏昭苏夏塔托木尔峰，林中地上，1978 年 7 月 17 日，孙述霄、文华安、卯晓岚 641（HMAS 39369）。

经济价值：该种可食用。与松属和栎属等的一些树种形成外生菌根。

全缘形红菇　图 108，图版 V 2
Russula integriformis Sarnari, Boll. Assoc. Micol. Ecol. Romana 12 (no. 33): 21, 1994.
Russula integriformis Sarnari, Riv. Micol. 34(3): 226, 1992.

子实体中型。菌盖直径 4.2~8.3 cm，初扁半球形至半球形，后平展至中部稍下凹，边缘平展，略有起伏，不上翘，个别有短开裂，幼时无条纹，成熟后有时有不明显的短条纹，表面主要为红棕色、粉棕色、红铜色和赭红色色调，中央小部分常褪色为赭黄色、黄褐色或浅黄色色调，有时略有橄榄绿至赭绿色色调，老后和成熟后变灰暗，湿时稍黏，干燥后稍光滑，无光泽，菌盖表皮自菌盖边缘至菌盖中央方向可剥离 1/2，近表皮下菌肉白色至略有浅红色色调。菌肉近柄处厚 0.7~1.5 cm，初白色，后奶油色，伤后变浅黄色至赭黄色，幼嫩时坚实，老后较脆，味道柔和，近菌褶处略辛辣，无显著气味。菌褶稍弯生，宽 0.3~0.7 cm，近缘处 9~14 片/cm，部分中部和近缘处有分叉，边缘近钝圆至近尖锐，褶间具横脉，幼时奶油色至深奶油色，老后浅黄色，伤不变色至略变浅褐色。菌柄长 5.6~8.6 cm，粗 1.4~1.9 cm，圆柱形，近基部处和近菌盖处稍细，白色，伤不变色至略变浅黄色，表面有微细的纵向皱纹，较光滑，初内实，后中空。孢子印浅黄色至黄色。

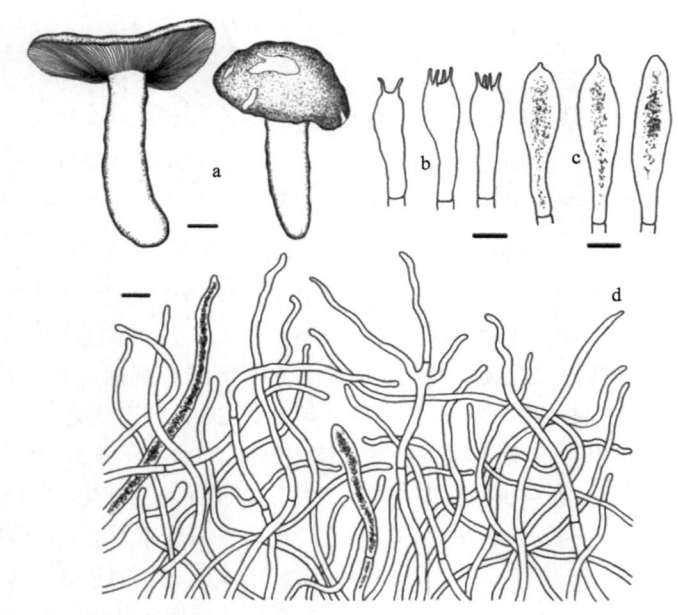

图 108　全缘形红菇 *Russula integriformis* Sarnari（HMAS 252623）
a. 子实体；b. 担子；c. 侧生囊状体；d. 菌盖表皮菌丝。a. 标尺=1 cm；b~d. 标尺=10 μm

担子 25~32 × 8~11 μm，棒状，近顶端处稍膨大，具 2~4 个小梗，小梗长 3~6 μm，无色透明。担孢子（100/5/5）（6.4）6.9~8.8（9.3）×（5.5）5.9~7.5（8.0）μm [Q =（1.07）1.09~1.30（1.36），**Q** = 1.20 ± 0.07]，宽椭球形至椭球形，少数近球形，无色至微黄色，表面疣刺高 0.7~1.0 μm，圆锥形至近圆锥形，疣刺间连线极少，个别形成短嵴，脐上区淀粉质点显著。侧生囊状体 47~70 × 9~12 μm，较少，梭形至近梭形，末端钝圆至近尖锐，常有乳头状的小凸起，多数有少量颗粒状内含物，少数无色透明。菌盖表皮栅栏状，菌丝宽 1.7~4.8 μm，无隔，个别有隔，部分分叉，末端，无色透明，盖生囊状体较少，棒状，宽 5.3~8.7 μm，无隔至有较少分隔，末端稍膨大至近尖锐，有颗粒状内含物，遇硫酸香草醛溶液变灰色至灰黑色。菌柄表皮菌丝宽 1.6~3.4 μm，末端细胞近尖锐，有隔，无色透明，柄生囊状体未见。

生境：夏秋季散生于针叶林或针阔混交林地上。

模式产地：意大利。

世界分布：亚洲（中国）；欧洲（意大利、芬兰、瑞典）。

研究标本：内蒙古扎兰屯秀水景区，混交林地上，2013 年 7 月 27 日，李赛飞、赵东、李国杰 13126（HMAS 252623）。吉林安图长白山生态站，混交林地上，2010 年 7 月 25 日，孙翔、李国杰 CBS20100085（HMAS 250952）；安图和平营子，针叶林地上，2010 年 7 月 22 日，郭良栋、孙翔、李国杰、谢立璟 CBS20100383（HMAS 262384）、CBS20100229（HMAS 262403）；安图黄松浦林场，混交林地上，2010 年 7 月 21 日，郭良栋、孙翔、李国杰、谢立璟 CBS20100171（HMAS 262393）。

假罗梅尔红菇　图 109，图版 XXII 1

Russula pseudoromellii J. Blum ex Bon, Cryptog. Mycol. 7(4): 305, 1986.

子实体中型至大型。菌盖直径 7~12 cm，初半球形至扁半球形，后平展，中部下凹，盖缘初内卷，后平直，老时有棱纹，表面鲜红色、暗红色至酒红色，罕见橄榄色，中央颜色较深，呈深红色至黑红色，湿时不黏，表皮易剥离。菌肉幼嫩时结实，白色，老后变奶油色至微黄色，老后浅赭黄色，味道柔和，有甜味，气味不显著。菌褶密，后稍稀，等长，近柄处多有分叉，褶间具横脉，具钝圆的菌褶边缘，初乳白色，后深黄色。菌柄长 5~10 cm，粗 1~3 cm，圆柱形，等粗或向下全长 1/3 处增粗，个别基部稍细，白色，老后变黄色至浅黄褐色，基部有污褐斑，初内实，后松软至中空，表面光滑，老后有明显的皱纹，略粗糙。孢子印黄色。

担子 35~46 × 8~13 μm，棒状，无色透明，具 2~4 个小梗。担孢子（40/1/1）（7.0）7.5~8.8（9.0）× 6.4~7.0（7.5）μm [Q =（1.08）1.10~1.29（1.34），**Q** = 1.21 ± 0.07]，宽椭球形至椭球形，少数近球形，淡黄色，表面小疣刺高 0.7~1.2 μm，近圆柱形，疣间相连形成短脊和近于完整的网纹，脐上区淀粉质点显著。侧生囊状体 61~72 × 9~14 μm，较多，梭形至近梭形，顶端钝圆至有披针状凸起，表面有纹饰，无色至略有微黄色。菌盖表皮菌丝直立，毛发状，无色透明，部分有隔，菌丝宽 1.7~3.3 μm，盖生囊状体 32~56 × 6~10 μm，棒状，有隔，末端钝圆，表面有明显的纹饰。菌柄表皮菌丝宽 2.5~4.1 μm，有隔，无色透明，柄生囊状体未见。

生境：夏秋季单生于阔叶林地上。

模式产地：法国。

世界分布：亚洲（中国）；欧洲（法国）。

研究标本：云南宾川鸡足山，阔叶林地上，1989 年 8 月 7 日，李宇、宗毓臣 159（HMAS 59765）。

经济价值：该种可食用。

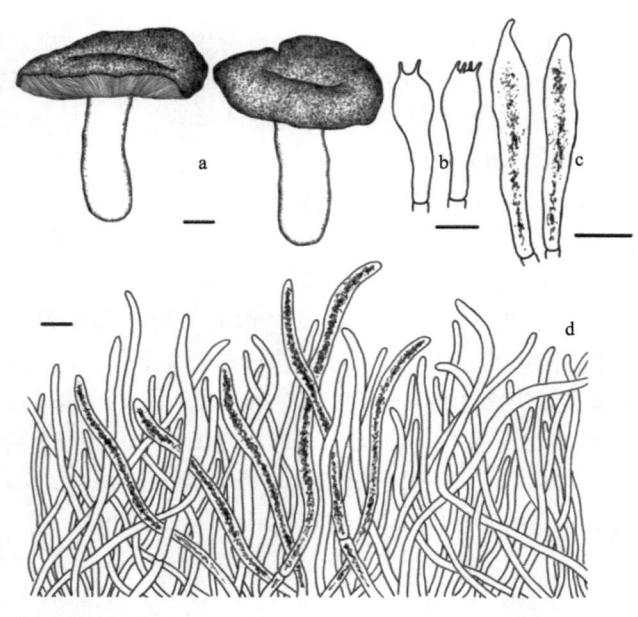

图 109　假罗梅尔红菇 *Russula pseudoromellii* J. Blum ex Bon（HMAS 59765）
a. 子实体；b. 担子；c. 侧生囊状体；d. 菌盖表皮菌丝。a. 标尺=1 cm；b~d. 标尺=10 μm

罗梅尔红菇　图 110
Russula romellii Maire, Bull. Soc. mycol. Fr. 26: 105, 1910.
Russula alutacea (Melzer & Zvára) J. Blum ex Bon, Docums Mycol. 13(no. 50): 27, 1983.
Russula alutacea (Melzer & Zvára) J. Blum, Bull. trimest. Soc. mycol. Fr. 70(4): 398, 1955.
Russula alutacea subsp. *romellii* (Maire) Singer, Beih. bot. Zbl., Abt. 2, 49: 254, 1932.
Russula europae J. Blum ex Romagn., Russules d'Europe Afr. Nord: 834, 1967.
Russula romellii f. *alba* A. Marchand ex Bon, Docums Mycol. 17(no. 65): 56, 1986.
Russula romellii f. *europae* (J. Blum ex Romagn.) Dagron & Romagn., in Dagron, Bull. trimest. Soc. mycol. Fr. 113(4): 334, 1997.
Russula romellii var. *alternata* Melzer & Zvára, Arch. Přírod. Výzk. Čech. 17(4): 78, 1928.

　　子实体中型至大型。菌盖直径 6~15 cm，初扁半球形，后中央凸起，成熟后平展中部微下凹，呈碟状，边缘常内卷或下垂，表面浅红色、酒红色、紫红色、橄榄紫色、褐紫色或青紫色，有时中部褪色，带赭黄色、浅黄绿色、奶油色至黄褐色，湿时黏，干燥后有光泽，表皮从菌盖边缘到中央方向可剥离 1/2，盖缘常有条纹。菌肉初坚实，后较脆，白色，老后变柠檬黄色，气味不显著，有甜味或略有辛辣味道。菌褶直生至近离生，宽 0.6~1.6 cm，密集至稍稀疏，等长，褶间具明显横脉，罕见分叉，顶端钝圆，无小菌褶或小菌褶较少，初白色，后浅黄色至浅橙黄色。菌柄长 3~9 cm，粗 2~4 cm，圆柱形至近圆柱形，近基部处略粗，白色，老后渐变奶油色至浅黄色，初内实，后松软，表面光滑，老后有皱纹。孢子印深黄色。

　　担子 36~44 × 11~14 μm，棒状，中部至近顶端处略有膨大，具 2~4 个小梗，无色透明。担孢子（40/2/2）（8.0）8.4~11.3（11.5）×（7.1）7.5~9.4（10.3）μm [Q = 1.03~1.34，Q = 1.18 ± 0.09]，宽椭球形至椭球形，少数近球形至球形，微黄色至黄色，表面纹饰高

0.5~1.0 μm，呈现连线状，形成鸡冠状突起至不完整网纹，脐上区淀粉质点不显著。侧生囊状体 41~56 × 8~12 μm，近圆柱形至近梭形，较少，顶端尖锐或钝圆，黄色，表面有轻微的纹饰。菌盖表皮菌丝栅栏状，菌丝宽 2.5~5.8 μm，无色至微黄色，透明，有分隔，末端近尖锐至钝圆，盖生囊状体未见。菌柄表皮菌丝宽 1.7~5.8 μm，有隔，无色透明，柄生囊状体未见。

生境：夏秋季生于阔叶林地上。

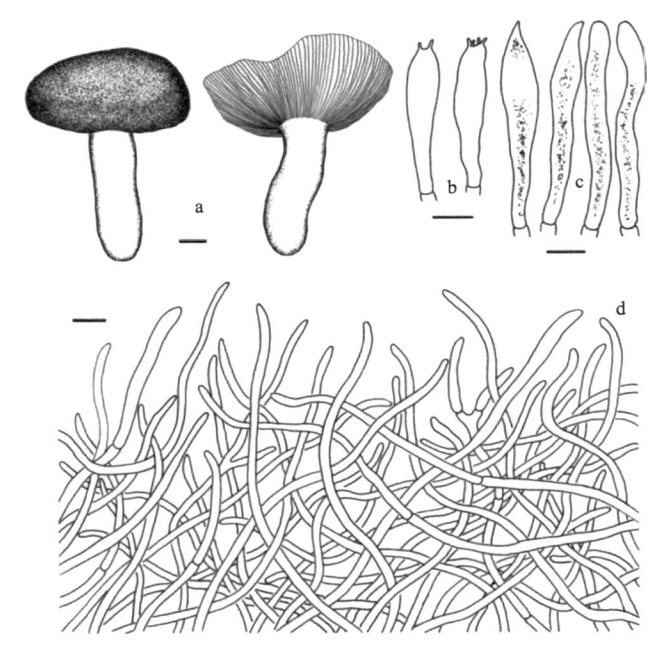

图 110　罗梅尔红菇 *Russula romellii* Maire（HMAS 37940）
a. 子实体；b. 担子；c. 侧生囊状体；d. 菌盖表皮菌丝。a. 标尺=1 cm；b~d. 标尺=10 μm

模式产地：瑞士。

世界分布：亚洲（中国）；欧洲（德国、法国、瑞士、瑞典、丹麦、挪威、芬兰、波兰、克罗地亚）；北美洲（美国）。

研究标本：西藏波密县扎木林场，林中地上，1976 年 7 月 20 日，宗毓臣 309（HMAS 37940）；林芝八一镇农牧学院后山，林中地上，1995 年 7 月 15 日，文华安、孙述霄 025（HMAS 69044）。

讨论：罗梅尔红菇与假罗梅尔红菇和全缘红菇的形态特征很相似，区别之处是罗梅尔红菇与假罗梅尔红菇生于阔叶林中，而全缘红菇生于针叶林中。罗梅尔红菇还分布于北美洲，担孢子较小（7.5~8.75 × 8~10 μm）（Burlingham，1936；Beardslee，1918）。

经济价值：该种可食用。

类全缘组 sect. *Integroidinae* Romagn.

菌盖表面色调较复杂，可呈红色、黄色、灰色和紫色等多种色调。菌肉老后变灰褐色至黄褐色，干燥过程中呈现明显的水浸状的灰白色色调。

模式种：*Russula mollis* Quél.（Romagnesi，1987）。

中国类全缘组分种检索表

1. 菌肉白色，老后呈浅灰色，味道柔和，无特殊气味 ································· 灰肉红菇 *R. griseocarnosa*
1. 菌肉非上述特征 ··· 2
　　2. 菌褶离生至延生，或近凹生 ··· 3
　　2. 菌褶直生，或直生至延生 ··· 4
3. 菌褶近离生至延生 ··· 粉红菇 *R. subdepallens*
3. 菌褶近凹生 ··· 苋菜红菇 *R. depallens*
　　4. 孢子印深奶油色至浅赭黄色 ··· 软红菇 *R. mollis*
　　4. 孢子印奶油色至赭黄色 ··· 青色红菇 *R. caerulea*

青色红菇　图 111，图版 XXII 2

别名：暗酒色红菇、蓝紫红菇

Russula caerulea Fr., Epicr. syst. mycol. (Upsaliae): 353, 1838.

Agaricus caerulea Pers., Syn. meth. fung., Göttingen. 2: 445, 1801.

Russula amara Kučera, De Schimmelgeslachten Monilia, Oidium, Oospora en Torula, Scheveningen 7(3-4): 50, 1927.

Russula caerulea var. *umbonata* Gillet, Champ. Fr. : 602, tab. 662, 1892.

　　子实体小型或中型，个别大型。菌盖直径 3~8(12)cm，初半球形至扁半球形，往往中部稍凹至明显下凹，边缘钝圆至近尖锐，表面蓝紫色或暗紫色，中央颜色较深，呈黑紫色，有时边缘褪色至红铜色、酒红色和暗红色，表面光滑，幼时边缘有微细果霜，成熟后略有皱纹，无条纹或有不明显的短条纹，表皮易剥离，从边缘至中央方向可剥离 1/2~2/3。菌肉坚实，后稍脆，白色，后变灰褐色，近表皮下带棕褐色，有水果气味，味道甜。菌褶直生，较密，顶端钝圆，近柄处渐窄，不等长，多有分叉，小菌褶较少，白色或带黄色，有时带柠檬黄色至近浅赭色。菌柄长 5~9 cm，粗 1~2 cm，细长棒状，近基部处变粗，白色或带粉红色，后变棕灰色，表面光滑，干燥后有皱纹，初内实，后内部松软。孢子印奶油色至赭黄色。

　　担子 27~47 × 8~12 μm，棒状，近顶端处稍膨大，具 2 个小梗，少数 4 个小梗，无色透明。担孢子（100/5/2）(7.1) 7.7~10.1 (10.7) × 6.4~8.0 (8.7) μm [Q = (1.05) 1.11~1.37 (1.40)，**Q** = 1.25 ± 0.07]，宽椭球形至椭球形，少数近球形至球形，无色，表面小疣高 0.3~0.7 μm，半球形至扁半球形，疣间极少连线，脐上区淀粉质点显著。侧生囊状体 42~72 × 6~11 μm，细长棒状至近梭形，顶端钝圆，无色透明，表面光滑无纹饰。菌盖表皮菌丝直立至近栅栏状，菌丝宽 1.7~5.0 μm，有隔，无色透明，末端细胞顶端钝圆，盖生囊状体未见。菌柄表皮菌丝宽 2.5~5.8 μm，有隔，无色透明，柄生囊状体 26~58 × 3~6 μm，棒状，少有分隔，内有颗粒状内含物。

　　生境：夏秋季生于针叶林（松属）等地上。

　　模式产地：瑞典。

　　世界分布：亚洲（中国）；欧洲（英国、法国、瑞典）。

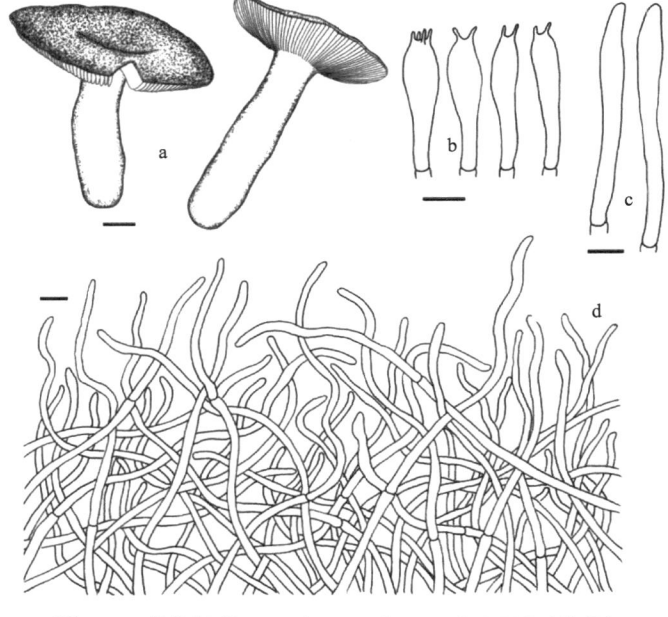

图 111 青色红菇 *Russula caerulea* Fr.（HMAS 66160）
a. 子实体；b. 担子；c. 侧生囊状体；d. 菌盖表皮菌丝。a. 标尺=1 cm；b~d. 标尺=10 μm

研究标本：吉林安图长白山，海拔 2691 m 林中地上，2008 年 8 月 4 日，周茂新 08056（HMAS 194251）。陕西汉中，林中地上，1991 年 9 月，卯晓岚 M6412（HMAS 61618），1991 年 9 月 23 日，卯晓岚（HMAS 66160）。新疆喀纳斯，海拔 1300 m 林中地上，2003 年 8 月 7 日，文华安、栾洋 121（HMAS 145781）。

经济价值：该种可食用。

苋菜红菇 图 112

别名：紫红菇

Russula depallens Fr., Epicr. syst. mycol. (Uppsaliae): 353, 1838.

Agaricus depallens Pers., Syn. meth. fung.: 440, 1801.

Agaricus linnaei var. *depallens* (Pers.) Fr. Observ. mycol.1: 69, 1815.

Russula depallens Fr., Epicr. syst. mycol. (Upsaliae): 353, 1838.

子实体中型至大型。菌盖直径 6~12 cm，初半球形至扁半球形，渐平展，后中部多少有些下凹，有时呈浅漏斗状，边缘平整，略有开裂，菌盖表面浅苋菜红色，中央枣红色，有时褪色至浅赭黄色、橙红色、粉红色、浅红色或浅黄绿色，干时变暗或变青黄色，边缘平滑，无条纹或有短条棱，边缘表皮稍可剥离。菌肉白色，老后变污白色至灰白色，干燥后略变灰色，薄而脆，无明显气味，味道不显著，略有甜味。菌褶近凹生，稍密，顶端钝圆至近尖锐，褶间有横脉，长短一致，无小菌褶或小菌褶极少，白色，成熟后变污白色至灰白色，老后变灰色。菌柄长 4~10 cm，粗 1.0~2.5 cm，近圆柱形，近基部处稍粗，白色，变灰色，幼时坚实，后内部松软，表面光滑，老后有明显皱纹。孢子印奶油色至黄色。

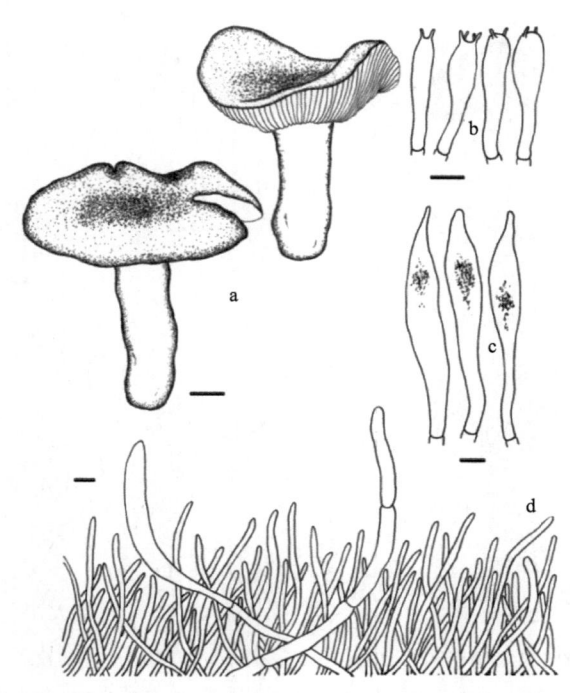

图 112 苋菜红菇 *Russula depallens* Fr.（HMAS 32604）
a. 子实体；b. 担子；c. 侧生囊状体；d. 菌盖表皮菌丝。a. 标尺=1 cm；b~d. 标尺=10 μm

担子 26~36 × 7~12 μm，棒状，部分近顶端处稍膨大，无色透明，多数具 2 个小梗，少数 4 个小梗。担孢子（50/5/2）(7.1) 8.1~10.0 (11.1) × 6.4~8.0 (8.4) μm [Q =（1.01）1.08~1.36（1.43），Q = 1.23 ± 0.08]，宽椭球形至椭球形，少数近球形至球形，无色至浅黄色，表面小疣刺高 0.7~1.2 μm，近圆锥形，疣刺间无连线，脐上区淀粉质点不显著至稍显著。侧生囊状体 37~124 × 9~20 μm，较多，近梭形至梭形，顶端近尖锐至尖锐，无色透明，中部略有纹饰。菌盖表皮菌丝直立状，菌丝宽 1.6~4.1 μm，部分膨大，末端钝圆，宽达 10 μm，无色透明，盖生囊状体未见。菌柄表皮菌丝宽 3.3~6.6 μm，有隔，无色透明，柄生囊状体未见。

生境：夏秋季单生、散生至群生于阔叶林或混交林地上。

模式产地：瑞典。

世界分布：亚洲（中国）；欧洲（丹麦、挪威、瑞典、芬兰、冰岛）。

研究标本：吉林延吉安图，林中地上，1960 年 8 月 21 日，杨玉川 914（HMAS 32771）。江苏南京中山陵，林中地上，1958 年 6 月 24 日，邓叔群 5927（HMAS 32606）。河南三门峡卢氏，林中地上，1968 年 8 月 26 日，李惠中、卯晓岚、应建浙 156（HMAS 131450）。云南省文山州广南县旧莫乡，林中地上，1959 年 6 月 26 日，王庆芝 656（HMAS 32604）。西藏自治区那曲市嘉黎县阿扎镇，海拔 4150 m 林中地上，1990 年 8 月 26 日，蒋长坪等 39（HMAS 58322）；林芝鲁朗镇中科院藏东南高山站，海拔 3104 m 混交林地上，2012 年 8 月 26 日，赵东、李国杰、齐莎 12123（HMAS 264911）；林芝扎绕乡，海拔 3000 m 林地上，2004 年 7 月 22 日，郭良栋、高清明 229（HMAS 99163）；亚东林中地上，1999 年 8 月 9 日，图力古尔（HMJAU 197）。新疆阿克苏昭苏夏塔北木扎尔特河，林中地上，1978年7月15日，孙述霄、文华安、卯晓岚605（HMAS 39267）。

经济价值：该种可食用。

灰肉红菇　图113，图版V 3

别名：真红菰、朱菰、正红菇、酒色红菇

Russula griseocarnosa X.H. Wang, Z.L. Yang & Knudsen, Nova Hedwigia 88(1-2): 274, 2009.

子实体中型至大型。菌盖直径5~12 cm，初扁半球形，后中央凸起，成熟后渐平展，成熟后至老后中部下凹，大红色带紫色，中部深红色，暗紫色至紫褐色，边缘颜色稍浅，呈灰红色，幼时具果霜，干燥后光滑，湿时不黏，老后可见同心环状皱纹，边缘平滑，老后具明显的短条纹，表皮较容易剥离，可剥离至近菌盖中央处。菌肉厚0.4~0.7 cm，白色，近表皮处淡红色或浅紫红色，成熟过程中变污白色、灰白色，老后呈浅灰色，味道柔和，无特殊气味。菌褶直生，宽0.5~1.2 cm，密集，不等长，褶间具横脉，无小菌褶或小菌褶极少，白色至乳黄色，干后变灰色，菌褶前缘浅紫红色。菌柄长4.5~10 cm，粗1.5~2.5 cm，圆柱形，近顶端处略膨大，白色至微黄色，成熟过程中变灰白色，有时近基部处杂有红色斑点或全部为淡粉红色至粉红色，幼时内实，成熟后内部松软。孢子印淡乳黄色至浅赭黄色。

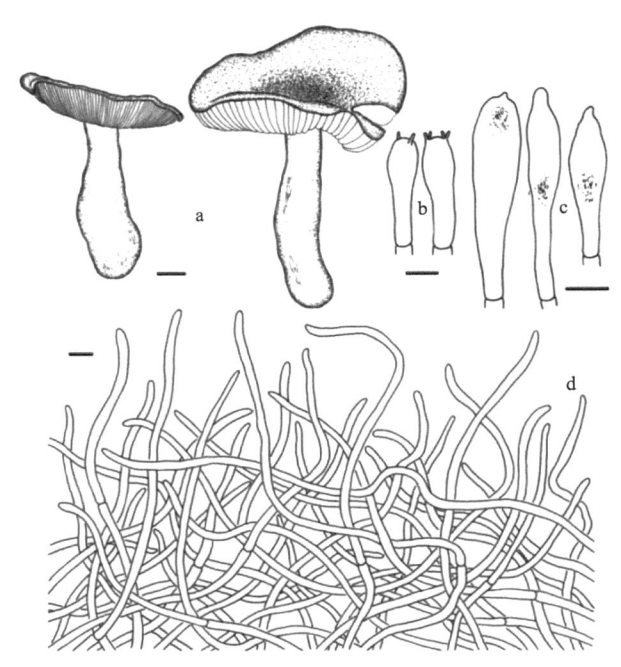

图113　灰肉红菇 *Russula griseocarnosa* X.H. Wang, Z.L. Yang & Knudsen（HMAS 39744）
a. 子实体；b. 担子；c. 侧生囊状体；d. 菌盖表皮菌丝。a. 标尺=1 cm；b~d. 标尺=10 μm

担子28~51 × 10~13 μm，棒状，近顶端处略膨大，具2~4个小梗，无色透明。担孢子（80/4/2）（7.1）7.5~9.0（9.8）× 6.3~7.8（8.4）μm [Q =（1.03）1.05~1.24, **Q** = 1.14 ± 0.06]，球形、近球形至宽椭球形，无色至浅黄色，表面有小疣刺，高0.7~1.2 μm，疣

刺间有连线，不形成完整的网纹。侧生囊状体 63~93 × 9~16 μm，较多，梭形至近梭形，顶端钝圆，部分顶端有小乳头状突起，无色透明，表面略有纹饰。菌盖表皮菌丝栅栏状，菌丝宽 1.7~5.0 μm，有隔，无色透明至略有微黄色，末端钝圆至近尖锐，盖生囊状体未见。菌柄表皮菌丝宽 2.5~5.8 μm，有隔，无色透明，柄生囊状体未见。

生境：夏秋季群生于阔叶林地上。

模式产地：中国。

世界分布：亚洲（中国、印度）。

研究标本：山西沁水县福音沟，林中地上，1985 年 8 月 23 日，赵春贵 1073（HMAS 86021）。福建南平浦城，林中地上，1960 年 8 月 24 日，王庆之 657（HMAS 32700）；三明洋山，林中地上，1974 年 7 月 3 日，卯晓岚、马启明 40（HMAS 39744），1974 年 7 月 5 日，卯晓岚、马启明 94（HMAS 39564）。广东梅州，海拔 89 m 阔叶林地上，2013 年 8 月 8 日，陈新华 36（HMAS 252589）、39（HMAS 252567）；肇庆鼎湖山，阔叶林地上，1965 年 7 月 15 日，邓叔群 6902（HMAS 35830）。云南洱源邓川镇旧州村苍山，海拔 2635 m 针叶林地上，2009 年 7 月 24 日，李国杰、赵勇（HMAS 196525）；景东哀牢山徐家坝水库旁，林中地上，2007 年 7 月 19 日，李艳春 903（HKAS 52588）。西藏亚东，林中地上，1999 年 8 月 11 日，图力古尔（HMJAU 199）。

讨论：我国过去将灰肉红菇认为是欧洲的葡萄酒红菇 *R. vinosa* Lindblad，Wang 等（2009）在详细研究了标本后发现，以前定名的葡萄酒红菇与欧洲葡萄酒红菇的描述差异很大，如欧洲的葡萄酒红菇主要分布于温带至寒带的针叶林中，菌肉老后不变灰白色，担孢子表面疣刺最高 0.4 μm。我国的标本则采集于热带至亚热带的阔叶林中，菌肉老后呈水浸状的灰白色至浅灰色，担孢子表面疣刺最高可达 2.5 μm，而且二者的 ITS 和 LSU 序列有着较大的差异。灰肉红菇的分布范围不仅局限于东亚的中国，在喜马拉雅山南麓的印度锡金邦也有报道，采自当地的灰肉红菇菌盖表面的颜色变化范围要比 Wang 等（2009）的描述要宽些，有时可能呈现近于橄榄绿红菇的紫红色（Das et al., 2010）。

经济价值：该种可食用和药用。

软红菇 图 114

Russula mollis Quél., C. r. Assoc. Franç. Avancem, Sci. 11: 397, 1883.

子实体中型。菌盖直径 5~7 cm，初扁半球形，后中央凸起，成熟后平展，中部下凹，呈碟状，边缘钝圆至近尖锐，表面黄绿色，带黄褐色并有蓝绿色光泽，受伤后变灰色，湿时黏，表面光滑，有光泽，老后部分剥落，盖缘初内卷，后平展延伸，无条纹，表皮可从菌盖边缘至中央方向剥离 1/2 或以上。菌肉初坚实，后较脆，白色，受伤后不变色，老后变污白色至灰白色，湿时显著变灰色色调，遇硫酸亚铁溶液变青灰色，遇硫酸香草醛溶液变紫褐色，有水果香味，老后有蜂蜜气味，味道较甜或微苦。菌褶直生至延生，宽 0.4~0.6 cm，盖缘处约 20 片/cm，白色至奶油色，老后近金黄色，等长，顶端钝圆，褶间具横脉。菌柄长 3~5 cm，粗 1.2~2.0 cm，中生，圆柱形至粗圆柱形，向上渐细，白色或带青灰色，黄褐色至灰褐色色调，表面有微细皱纹，内部初坚实，后中空而较脆。孢子印深奶油色至浅赭黄色。

担子 37~45 × 7~11 μm，棒状，部分近顶端处轻微膨大。担孢子（40/2/2）（5.4）5.6~6.6（7.0）× 5.0~6.0（6.5）μm [Q =（1.02）1.04~1.23（1.25），**Q** = 1.11 ± 0.07]，近球形至宽椭球形，少数球形，黄色，表面有小疣刺，半球形至近圆锥形，高 0.5~1.0 μm，脐上区淀粉质点稍显著至不显著。侧生囊状体 35~63 × 8~11 μm，数量较多，棒状至近梭形，顶端钝圆，浅黄色，部分缘生囊状体呈圆柱形。菌盖表皮菌丝宽 1.7~4.2 μm，栅栏状排列，无色透明，部分微黄色，盖生囊状体未见。菌柄表皮菌丝宽 3.3~6.6 μm，有隔，无色透明，柄生囊状体未见。

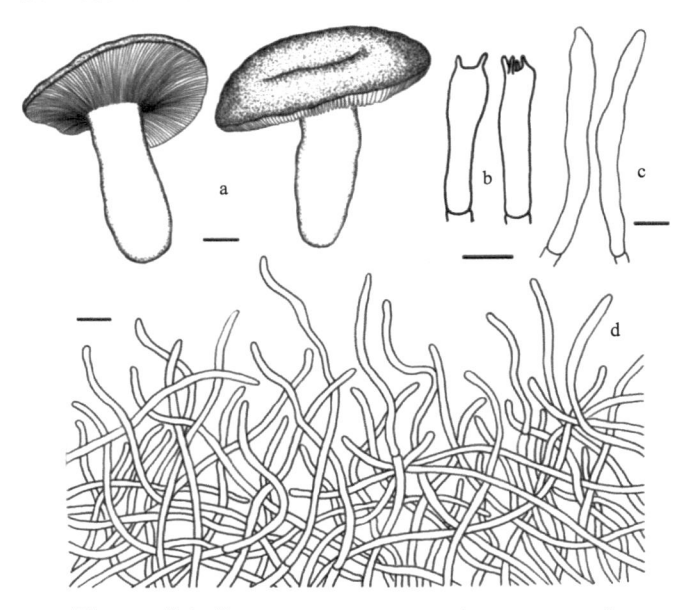

图 114 软红菇 *Russula mollis* Quél.（HMIGD 8141）
a. 子实体；b. 担子；c. 侧生囊状体；d. 菌盖表皮菌丝。a. 标尺=1 cm；b~d. 标尺=10 μm

生境：夏秋季散生至群生于阔叶林地上。
模式产地：法国。
世界分布：亚洲（中国）；欧洲（法国）。
研究标本：广东韶关曲江空洞寺，阔叶林地上，1984 年 9 月 10 日，毕志树、李泰辉（HMIGD 8141）。云南保山，海拔 1400 m 林中地上，2008 年 9 月 4 日，郭良栋、何双辉、朱一凡（HMAS 187085）。西藏察隅县古玉乡博学村，灌丛草甸地上，2012 年 8 月 22 日，赵东、李国杰 12025（HMAS 265213）。
经济价值：该种可食用。

粉红菇 图 115，图版 XXII 3
Russula subdepallens Peck, Bull. Torrey bot. Club 23(10): 412, 1896.
子实体中型至较大。菌盖直径 5~11 cm，初扁半球形，后中央凸起，平展中部下凹，个别呈浅漏斗状，盖缘有凸起的条纹，幼时内卷，老后上翘，部分开裂，幼时中部紫色至血红色，有分散的淡黄色或米黄色斑点，老后淡白色至微白色，湿时黏，边缘无条纹至有不明显的棱纹。菌肉苍白色至灰色，后变红色，近角质，无特殊气味，味道柔和，质脆。菌褶近离生至延生，等长，较稀，褶间具横脉，小菌褶未见，顶端钝圆，淡白色至微白色。菌柄长 4~8 cm，粗 1~3 cm，近圆柱形，坚实，初内实，后海绵质而中空，白色，后变灰白色，表面幼时光滑，后有微细的纵向皱纹。孢子印白色。

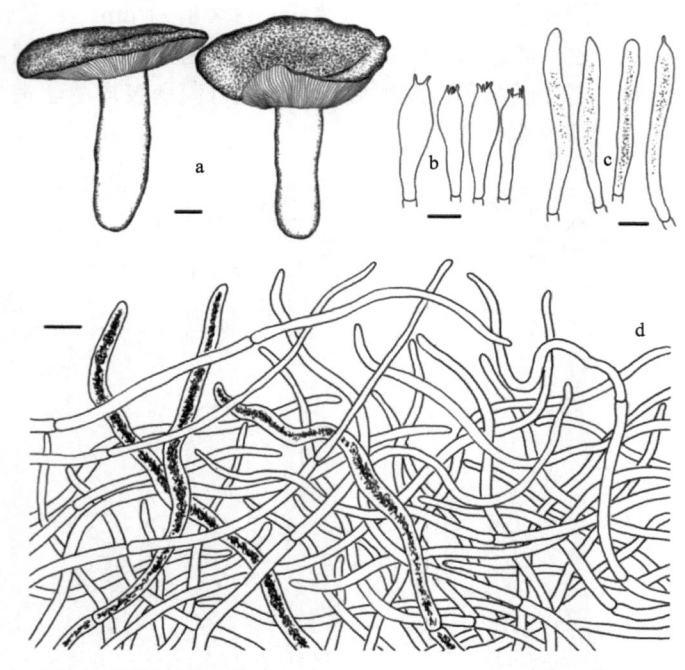

图 115 粉红菇 *Russula subdepallens* Peck（HMAS 57836）
a. 子实体；b. 担子；c. 侧生囊状体；d. 菌盖表皮菌丝。a. 标尺=1 cm；b~d. 标尺=10 μm

担子 28~37 × 9~13 μm，棒状，近顶端处略有膨大，无色透明，多数具 4 个小梗，少数 2 个小梗。担孢子（40/2/1）（6.3）6.5~8.3（8.6）×（5.4）6.0~7.6 μm [Q =（1.02）1.04~1.23（1.25），**Q** = 1.15 ± 0.07]，近球形至宽椭球形，少数球形，无色至微白色，表面疣刺高 0.7~1.2 μm，近圆柱形至近圆锥形，疣刺间无连线或有较少的连线，不形成网纹，脐上区淀粉质点稍显著。侧生囊状体 46~68 × 8~11 μm，梭形，近顶端渐尖，部分有短棒状的凸起，表面有微弱的纹饰。菌盖表皮菌丝栅栏状，菌丝宽 2.5~5.8 μm，有分隔，无色至微黄色，盖生囊状体 32~54 × 4~7 μm，棒状，顶端钝圆，表面有纹饰。菌柄表皮菌丝宽 1.7~4.6 μm，柄生囊状体未见。

生境：夏秋季群生于混交林地上。

模式产地：美国。

世界分布：亚洲（中国）；欧洲；北美洲（美国）。

研究标本：北京门头沟妙峰山，混交林地上，1996 年 9 月 18 日，卯晓岚、文华安 96029（HMAS 79273）。福建南平浦城观前，林中地上，1960 年 8 月 28 日，王庆之 760（HMAS 32701）。云南大理宾川鸡足山，阔叶林地上，1989 年 8 月 10 日，李宇、宗毓臣 208（HMAS 57836）；思茅宁洱，林中地上，2008 年 8 月 1 日，黄韵婷 14（HKAS 55525）。甘肃陇南文县，林中地上，1992 年 9 月，田茂林 7098（HMAS 61490）。

经济价值：该种可食用。

蜜味组 sect. *Melliolentinae* Singer

　　菌盖表面主要为紫色至红色色调，老后和干燥后有较多其他色调。菌肉干燥后有蜂蜜或罂粟花气味。孢子印奶油色。

　　模式种：*Russula melliolens* Quél.（Singer，1932）。

中国蜜味组分种检索表

1. 菌肉白色，老后变黄色至褐色，有蜂蜜气味 ·· **蜜味红菇 *R. melliolens***
1. 菌肉白色，老后变赭黄色，稍有罂粟花的气味 ·· **黏质红菇 *R. viscida***

蜜味红菇　图 116

Russula melliolens Quél., C.r. Assoc. Franç. Avancem. Sci. 26(2): 449, 1889.

Russula rubra var. *sapida* Cooke, Handb. Brit. Fungi, 2nd Edn.: 326, 1889.

Russula atropurpurea var. *sapida* (Cooke) Reumaux, in Reumaux, Bidaud & Moënne-Loccoz, Russules Rares ou Méconnues (Marlioz): 281, 1996.

Russula melliolens f. *subkrombholzii* R. Socha, in Socha, Hálek, Baier & Hálek, Holubinky (Russula) (Praha): 509, 2011.

Russula melliolens f. *viridescens* Moënne-Locc. & Reumaux, in Reumaux, Bidaud & Moënne-Loccoz, Russules Rares ou Méconnues (Marlioz): 285, 1996.

Russula melliolens var. *cerasinirubra* R. Socha, in Socha, Hálek, Baier & Hálek, Holubinky (Russula) (Praha): 509, 2011.

　　子实体中型至较大型。菌盖直径 4~10 cm，初近球形至扁半球形，后中央凸起至近平展，老后中央多少有些凹陷，有时呈浅杯状，盖缘内卷，后平直，偶见微细果霜，钝圆，有时开裂，盖表皮易剥离，深红色、鲜橙红色、深粉色，有时略带紫红色或洋红色、朱砂红色，老后变赭色至黄铜色，受伤处有鲜赭色或褐色斑，平滑无毛，光滑而有光泽，湿时稍黏，老后稍皱，表皮可从菌盖边缘向中央剥离 1/2，边缘无棱纹，老后有微弱棱纹。菌肉厚，白色，老后变黄色至褐色，近表皮处淡红色，味道柔和，稍甜，有蜂蜜味及姜味饼干和橡木桶的气味。菌褶宽达 1.0 cm，初密集，后稍稀疏，近柄处有分叉，边缘较钝圆，白色至浅奶油色，稍辛辣，有时染有赭色至锈褐色色调，褶间具横脉。菌柄长 3.0~9.5 cm，粗 1.2~3.2 cm，等粗或近顶端处变粗，白色，常染有粉色、红色、黄色和褐色色调，基部常有锈褐色斑点，表面光滑，有微细皱纹，初内实，后松软。孢子印浅奶油色。

　　担子 29~44 × 7~12 μm，棒状，具 2~4 个小梗，无色透明。担孢子（40/2/2）（8.4）8.6~10.1（11.0）× 7.5~9.3（10.0）μm [Q =（1.01）1.04~1.19（1.30），**Q** = 1.12 ± 0.05]，近球形至宽椭球形，少数球形，个别椭球形，无色至微黄色，表面有小疣，扁半球形，小疣高 0.3~0.5 μm，分散，部分疣间有连线，形成不完整的网纹，脐上区淀粉质点稍显著。侧生囊状体 45~69 × 7~12 μm，细长棒状，顶端近尖锐至尖锐，有时有披针状凸起，表面有较强烈的纹饰。菌盖表皮菌丝毛发状，菌丝宽 1.7~3.3 μm，直立而细长，多数无隔，末端近尖锐，盖生囊状体未见。菌柄表皮菌丝宽 1.7~2.5 μm，有隔，无色透明，柄生囊状体未见。

生境：夏秋季生于阔叶林地上。

模式产地：法国。

世界分布：亚洲（中国）；欧洲（法国、丹麦、挪威、瑞典、克罗地亚）。

研究标本：四川西昌，林中地上，1971年7月14日，宗毓臣、卯晓岚 191 （HMAS 36848）。

经济价值：该种可食用。

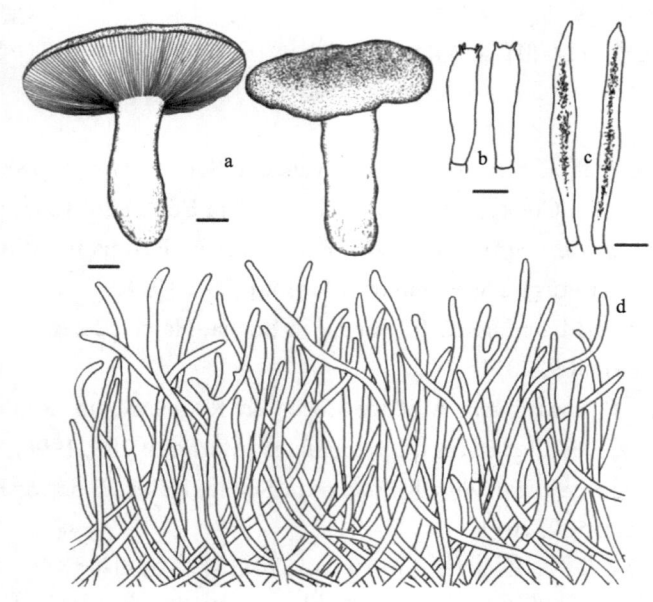

图116 蜜味红菇 *Russula melliolens* Quél.（HMAS 36848）
a. 子实体；b. 担子；c. 侧生囊状体；d. 菌盖表皮菌丝。a. 标尺=1 cm；b~d. 标尺=10 μm

黏质红菇　图117

Russula viscida Kudřna, Mikologia, Prag 5: 56, 1928.

Russula artesiana Bon, Docums Mycol. 14(no. 53): 6, 1984.

Russula melliolens var. *chrismantiae* Maire, Bull. Soc. mycol. Fr. 26: 110, 1910.

Russula occidentalis Singer, Lilloa 22: 705, 1951.

Russula vinosa subsp. *occidentalis* Singer, Pap. Mich. Acad. Sci. 32: 114, 1948.

Russula occidentalis Bon, Docums Mycol. 12(no. 46): 32, 1982.

Russula viscida f. *occidentalis* Bon, Revue Mycol., Paris 35(4): 245, 1970.

Russula viscida var. *alutipes* Jul. Schäff., Z. Pilzk. 17: 51, 1933.

Russula viscida var. *artesiana* (Bon) R. Socha, in Socha, Hálek, Baier & Hálek, Holubinky (Russula) (Praha): 513, 2011.

Russula viscida var. *chlorantha* Bon, Docums Mycol. 17(no. 65): 56, 1986.

子实体中型至大型。菌盖直径6~13 cm，初球形至扁半球形，后平展中部下凹呈碟状，湿时很黏，表皮较易剥离，初葡萄酒色、紫红色、棕色至黑灰色，有时呈现绿色、橄榄色、深橄榄色、黄绿色、灰黄色和赭黄色色调，老后可以褪色至黄色和奶油色，边缘无棱纹，或有微弱的短棱纹，略有起伏，有时开裂，钝圆至近尖锐，有时老后有同心环状皱纹。菌肉初白色，有时带柠檬黄色或带淡绿色色调，老后变赭黄色，味道甜或苦，或两种味道并存，气味不显著或有微弱的罂粟花香味，遇硫酸亚铁溶液变粉色、橙粉色和棕灰色。菌褶离生至近延生，宽 0.4~1.0 cm，边缘光滑，密至稍稀，小菌褶较少，近柄处多具分叉，末端尖锐，褶间多有横脉，白色至近奶油色，有时略带微绿色色调。菌柄长 4~9 cm，粗 2~3 cm，棒状，有时近顶处稍膨大，白色、奶油色至近赭褐色，初内实，后内部棉絮状中空，表面光滑，有时具果霜，有时有细微的纵向皱纹。孢子印奶油色。

担子 34~77 × 10~13 μm，短棒状，具 2~4 个小梗，无色透明。担孢子（40/1/1）6.5~9.0 ×（6.1）6.3~7.5（8.1）μm [Q =（1.04）1.06~1.26（1.30）， **Q** = 1.16 ± 0.07]，近球形至宽椭球形，少数球形，无色至微黄色，表面疣刺高 0.5~1.0 μm，半球形至圆锥形，疣间多有连线，形成近完整的网纹，脐上区淀粉质点不明显。侧生囊状体 38~77 × 10~17 μm，梭形至近梭形，顶端钝圆至近尖锐，表面光滑，无色透明。菌盖表皮菌丝栅栏状，菌丝宽 4.2~6.6 μm，末端钝圆至近尖锐，无色透明，盖生囊状体未见。菌柄表皮菌丝宽 2.5~5.8 μm，有隔，无色透明，柄生囊状体未见。

生境：夏秋季生于针叶林地上。
模式产地：捷克。
世界分布：亚洲（中国）；欧洲（法国、捷克、丹麦、挪威、克罗地亚）；北美洲（加拿大）。
研究标本：河南卢氏县，林中地上，1968 年 8 月 29 日，李惠中、应建浙、卯晓岚 230（HMAS 36823）。

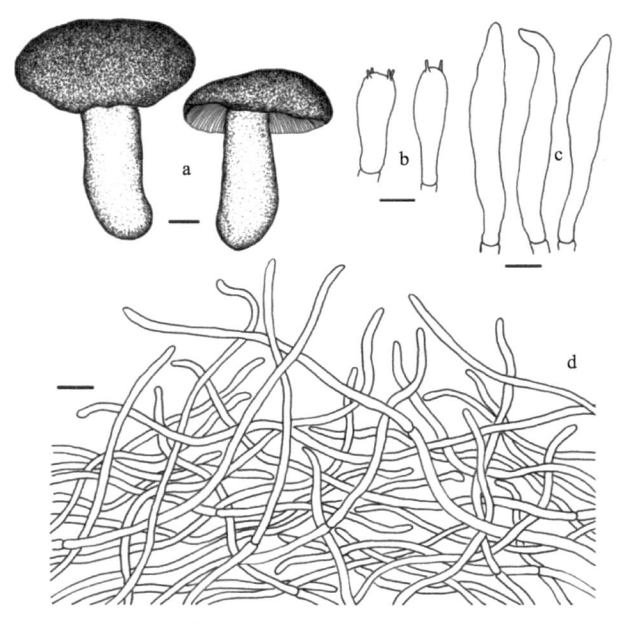

图 117 黏质红菇 *Russula viscida* Kudřna（HMAS 36823）
a. 子实体；b. 担子；c. 侧生囊状体；d. 菌盖表皮菌丝。a. 标尺=1 cm；b~d. 标尺=10 μm

讨论：黏质红菇与厚皮红菇子实体的菌盖颜色接近（Romagnesi，1967），主要区别是黏质红菇菌盖有微弱的短棱纹，钝圆至近尖锐，有时老后有同心环状皱纹。

紫橄榄色组 sect. *Olivaceinae* Singer

菌盖颜色较复杂，主要呈红色和紫色色调。菌肉味道柔和，老后变黄色，遇苯酚迅速呈现亮紫色。

模式种：*Russula olivacea* (Schaeff.) Fr.（Singer，1932）。

中国紫橄榄色组分种检索表

1. 菌柄表皮有柄生囊状体 ··· 革质红菇 *R. alutacea*
1. 菌柄表皮无柄生囊状体 ··· 2
   2. 孢子印深黄色 ·· 橄榄绿红菇 *R. olivacea*
   2. 孢子印非上述颜色 ··· 3
3. 菌肉白色，老后明显变黄色 ··· 鸡冠红菇 *R. risigallina*
3. 菌肉白色至浅奶油色，老后深污白色 ·· 波氏红菇 *R. postiana*

革质红菇　图 118，图版 XXII 4

别名：大红菇

Russula alutacea (Pers.) Fr., Epicr. syst. mycol. (Upsaliae): 362, 1838.

Agaricus alutaceus Fr., Syst. mycol., (Lundae) 1:55, 1821.

Agaricus alutaceus ß *xanthopus* Fr., Observ. mycol. (Havniae) 1: 71, 1815.

Russula alutacea f. *flavella* Singer, Beih. bot. Zbl. Abt. 2 49: 255, 1932.

Russula alutacea f. *integrella* Singer, Beih. bot. Zbl. Abt. 2 49: 254, 1932.

Russula alutacea f. *olivacea* J.E. Lange, Fl. Agaric. Danic. 5: 77, 1940.

Russula alutacea f. *pavonina* Bres., Iconogr. Mycol.10: 461, 1929.

Russula alutacea f. *purpurea* Killerm., Denkschr. Bayer. Botan. Ges. in Regensb. 20: 36, 1939.

Russula alutacea f. *roseola* J.E. Lange, Fl. Agaric. Danic. 5: 77, 1940.

Russula alutacea f. *rufoalba* Singer, Beih. bot. Zbl. Abt. 2 49: 254, 1932.

Russula alutacea f. *vinosobrunnea* Bres., Iconogr. Mycol. 10: 460, 1929.

Russula alutacea subsp. *ambigua* Singer, Bull. trimest. Soc. mycol. Fr. 55: 247, 1940.

Russula alutacea subsp. *eualutacea* Singer, Beih. bot. Zbl. Abt. 2 49: 253, 1932.

Russula alutacea var. *brunneola* Bertault, Bull. trimest. Soc. mycol. Fr. 94(1): 8, 1978.

Russula alutacea var. *citrinicolor* R. Socha, in Socha, Hálek, Baier & Hálek, Holubinky (Russula) (Praha): 505, 2011.

Russula alutacea var. *olivascens* (Fr.) Rea, Brit. basidiomyc. (Cambridge): 475, 1922.

Russula alutacea var. *xanthopus* (Fr.) Sacc., Syll. fung. (Abellini) 5: 480. 1887.

Russula integra f. *flavella* (Singer) Einhell., Denkschr. Regensb. bot. Ges. 39: 102, 1985.

Russula olivacea var. *pavonina* (Bres.) Reumaux, Docums Mycol. 27(no. 106): 53, 1997.

Russula olivascens Fr., Monogr. Hymenomyc. Suec. (Upsaliae) 2(1): 187, 1863.
Russula roseipes subsp. *dictyospora* Singer, Bull. trimest. Soc. mycol. Fr. 54: 155, 1938.
Russula roseipes subsp. *thermophila* Singer, Sydowia 11(1-6): 257, 1958.
Russula xerampelina var. *olivascens* (Fr.) Quél., Fl. mycol. France (Paris): 342, 1888.

子实体一般中型至大型。菌盖直径 6~16 cm，扁半球形，后平展而中部下凹，有时呈碟状，深苋菜红色、鲜紫红或暗紫红色，中央色较深，湿时黏，后变干，光滑但无光泽，边缘平滑或有不明显条纹，盖缘整齐或者偶开裂，稍内卷，钝至近延伸，表皮不易剥离，最多可从边缘至中央剥离 1/4。菌肉近柄处厚 0.7~1.5 cm，质脆，白色、黄白色，伤不变色，近菌盖表皮处略有红色色调，遇硫酸香草醛溶液变黄褐色至紫红褐色，味道柔和，无气味至有微弱水果般的香味。菌褶直生或近延生，基本等长，少数在基部分叉，褶间有横脉，等长或几乎等长，盖缘处 7~12 片/cm，乳白色后淡赭黄色，褶缘常带红色。菌柄长 4~13 cm，粗 2~4 cm，中生，个别稍弯曲，近圆柱形，近菌褶处稍粗，近基部稍细，白色，常于上部或一侧带粉红色，有纵条纹和云母状光泽，或全部粉红色而下部渐淡，老后明显变黄色，初光滑，后有皱纹，幼时实心，成熟后中部海绵质。孢子印黄色。

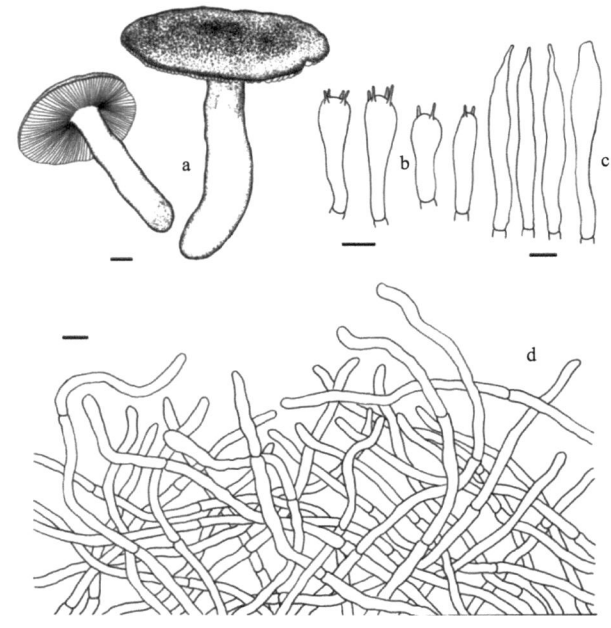

图 118　革质红菇 *Russula alutacea* (Fr.) Fr. （HMAS 04360）
a. 子实体；b. 担子；c. 侧生囊状体；d. 菌盖表皮菌丝。a. 标尺=1 cm；b~d. 标尺=10 μm

担子 17~40 × 5~10 μm，棒状，部分近顶端处略有膨大，具 2~4 个小梗，无色透明。担孢子（100/4/4）8.4~10.4（12.6）×（6.3）6.5~8.1（9.0）μm [Q=（1.07）1.09~1.37（1.41），**Q**= 1.24 ± 0.09]，宽椭球形至椭球形，少数近球形，无色至微黄，中间有油滴，表面有疣刺，高 0.7~1.2 μm，部分可达 1.5 μm，近圆锥形，疣刺间无连线，脐上区淀粉质点不显著。侧生囊状体 44~83 × 6~10 μm，近梭形、锥形至倒棒状，较多，近顶端处渐细，顶端近尖锐至尖锐，部分钝圆，无色至略有微黄色。菌褶菌髓同型，菌丝宽 3.2~5.1 μm。

菌盖表皮菌丝宽 2.6~5.1 μm，菌盖表皮菌丝分化，平行排列，下皮层菌丝交错排列，分枝，有分隔，盖生囊状体未见。菌柄表皮菌丝宽 3.2~5.7 μm，有隔，无色透明，柄生囊状体 23~31 × 4~5 μm，极少，棒状，顶端钝圆，有少量内含物。

生境：夏秋季单生、散生或群生于阔叶和混交林地上。

模式产地：法国。

世界分布：亚洲（中国）；欧洲（法国、英国、瑞典、丹麦、克罗地亚）；北美洲（美国、加拿大）。

研究标本：北京怀柔喇叭沟门，林中地上，2000 年 8 月 24 日，图力古尔（HMJAU 1155）；门头沟东灵山小龙门，林中地上，1998 年 8 月 19 日，文华安、孙述霄 98262（HMAS 72878）；门头沟潭柘寺，林中地上，1958 年 7 月 25 日，邓叔群 6078（HMAS 22745），1958 年 7 月 28 日，王维新、孔显良 69（HMAS 25029），1959 年 7 月 15 日，菌根组（HMAS 27503），1960 年 8 月，邓叔群（HMAS 32258）。安徽黄山，林中地上，1957 年 8 月 30 日，邓叔群 5145（HMAS 20048）。福建南平市场，1955 年 11 月，林桂坚（HMAS 18697）；南平浦城，林中地上，1960 年 8 月 24 日，王庆之 661（HMAS 32596），1960 年 8 月 25 日，王庆之 706（HMAS 32598），1960 年 8 月 28 日，王庆之 756（HMAS 32595）；浦城九牧，林中地上，1960 年 8 月 28 日，王庆之 770（HMAS 32198）。河南三门峡卢氏，林中地上，1968 年 8 月，李惠中、卯晓岚、应建浙 152（HMAS 36826），1968 年 9 月 11 日，李惠中、卯晓岚、应建浙 17（HMAS 164163）、247（HMAS 36858）。湖北十堰神农架红坪陵园，林中地上，1984 年 8 月 19 日，张小青、孙述霄 291（HMAS 50808）。海南通什五指山，海拔 1500 m 阔叶林地上，1988 年 5 月 18 日，李泰辉（HMIGD 13825）。四川甘孜贡嘎山西坡，林中地上，1984 年 7 月 15 日，文华安、苏京军 1164（HMAS 49962）；雅江剪子弯山，林中地上，1984 年 7 月 25 日，文华安、苏京军 1380（HMAS 49963）。贵州道真小沙河，杂木林地上，1988 年 7 月 21 日，宗毓臣、李宇、应建浙 534（HMAS 72948）。云南楚雄紫溪山，林中地上，1999 年 8 月 25 日，文华安、孙述霄、卯晓岚 455（HMAS 81980）；大理宾川鸡足山，混交林地上，1989 年 8 月 4 日，李宇、宗毓臣 93（HMAS 59692），1999 年 8 月 23 日，文华安、孙述霄、卯晓岚 363（HMAS 73017）、398（HMAS 151278）；大理漾濞，海拔 1800 m 林中地上，1959 年 8 月 17 日，王庆之 1035（HMAS 26330）；昆明西山，林中地上，1944 年 7 月 8 日，裘维蕃 8360（HMAS 04360），1945 年 7 月 4 日，姜广正、相望年 8547（HMAS 04547），1958 年 10 月 9 日，蒋伯宁、牛锡瑞 110（HMAS 31922）；文山广南猫街乡，林中地上，1959 年 6 月 25 日，王庆之 519（HMAS 32597），1959 年 6 月 27 日，王庆之 691（HMAS 26323），1959 年 6 月 29 日，王庆之 744（HMAS 26322）；西双版纳勐腊，混交林地上，1999 年 8 月 12 日，文华安、孙述霄、卯晓岚 34（HMAS 151270）；香格里拉维西，林中地上，1958 年 11 月 19 日，韩树金 5223（HMAS 32199）。西藏察隅古玉乡，高山灌丛草甸地上，2012 年 8 月 22 日，赵东、李国杰、韩俊杰 12024（HMAS 264976）；工布江达县江达乡，海拔 3923 m 灌丛林中地上，2012 年 8 月 27 日，赵东、李国杰、齐莎 12148（HMAS 251833）；林芝八一镇老虎山，林中地上，1995 年 7 月 22 日，文华安、孙述霄 274（HMAS 69020）；林芝波密扎木，林中地上，1983 年 8 月 27 日，卯晓岚 1368（HMAS 47045）；林芝嘎定沟，海拔 3049 m 混交林地上，

2012 年 8 月 17 日，赵东、李国杰、齐莎 12221（HMAS 251864）；林芝色季拉山，林中地上，1995 年 7 月 18 日，文华安、孙述霄（HMAS 69041）。甘肃甘南迭部，林中地上，1992 年 9 月 11 日，田茂林 6487（HMAS 61702）；天水东金乡，海拔 1100 m 林中地上，1958 年 7 月 23 日，于积厚（HMAS 22595）。青海互助南门峡林场，海拔 3000 m 林中地上，2004 年 8 月 13 日，郭良栋、张英 402（HMAS 130092）。

经济价值：该种可食用和药用。与水青冈属、栎属和鹅耳枥属等的一些树种形成外生菌根。

橄榄绿红菇　图 119，图版 V 4
别名：黄褐红菇、青黄红菇

Russula olivacea (Schaeff.) Fr., Epicr. syst. mycol. (Upsaliae): 356, 1838.
Agaricus alutaceus Pers., Observ. mycol. (Lipsiae) 1: 101, 1796.
Agaricus alutaceus var. *olivaceus* (Schaeff.) Krombh., Naturgetr. Abbild. Beschr. Schwämme (Prague) 8: 25, tab. 69:10, 1843.
Agaricus olivaceus Schaeff., Fung. bavar. palat. nasc. (Ratisbonae) 4: 45, 1774.
Russula alutacea var. *olivacea* (Schaeff.) J.E. Lange, Dansk bot. Ark. 4(no. 12): 44, 1926.
Russula alutacea var. *roseola* J.E. Lange, Dansk bot. Ark. 4(no. 12): 44, 1926.
Russula olivacea (Schaeff.) Fr., Epicr. syst. mycol. (Upsaliae): 356, 1838.
Russula olivacea var. *roseola* R. Socha, in Socha, Hálek, Baier & Hálek, Holubinky (Russula) (Praha): 510, 2011.
Russula xerampelina var. *alutacea* Quél., Fl. mycol. France (Paris): 341, 1888.

子实体中型至大型。菌盖直径 6~18 cm，初近球形至扁半球形，后中央凸起，成熟后渐平展，中部下凹，边缘钝圆，略有起伏，有时开裂，表面颜色变化较大，橄榄色、橄榄绿色、灰绿色、黄绿色、深紫色、灰紫色、紫褐色、酒红色、红褐色，有时中部和边缘带浅紫色或单一的紫红色、紫色或红褐色，湿时不黏，干燥后无光泽，幼时具果霜，老后有同心环状的皱纹，边缘无条纹，表皮可从边缘向中央方向剥离 1/3。菌肉初坚实，后较脆，幼嫩时白色，成熟过程中明显变黄色，老后变浅黄褐色，近表皮下略有暗酒红色色调，味道柔和，气味不显著至略有水果气味。菌褶直生至近离生，宽 0.7~1.5 cm，初期较密后较稀，顶端钝圆，近菌褶处有分叉，褶间具横脉，米黄色，老后渐变赭黄色。菌柄长 3~11 cm，粗 1~4 cm，近圆柱形至圆柱形，白色带粉红色或上部粉红色，罕见全部粉红色，老后和干燥后明显变黄色，表面具微细皱纹，初内实，后松软。孢子印深黄色。

担子 27~43 × 10~14 μm，棒状，近顶端处膨大，多数具 2 个小梗，少数 4 个小梗，无色透明。担孢子（100/4/4）（6.1）6.6~12.7（13.6）×（5.8）6.3~10.3（11.4）μm [Q =（1.02）1.04~1.34（1.36），**Q** = 1.17 ± 0.07]，近球形至宽椭球形，部分椭球形，少数球形，浅黄色至黄色，表面有分散小疣刺，高 0.7~1.2 μm，有时刺间相连，但不形成网纹，脐上区淀粉质点不显著。侧生**囊状体** 50~103 × 8~18 μm，梭形至近梭形，顶端钝圆，无色透明。菌盖表皮菌丝直立状至近栅栏状排列，菌丝宽 1.7~4.2 μm，末端近尖锐至钝圆，盖生囊状体未见。菌柄表皮菌丝宽 1.7~4.2 μm，有隔，无色透明，柄生**囊状体**未见。

生境：夏秋季散生于阔叶林或针叶林地上。

模式产地：德国。

世界分布：亚洲（中国、日本）；欧洲（法国、英国、德国、瑞士、意大利、丹麦、挪威、瑞典、芬兰、克罗地亚）；非洲；北美洲（加拿大）。

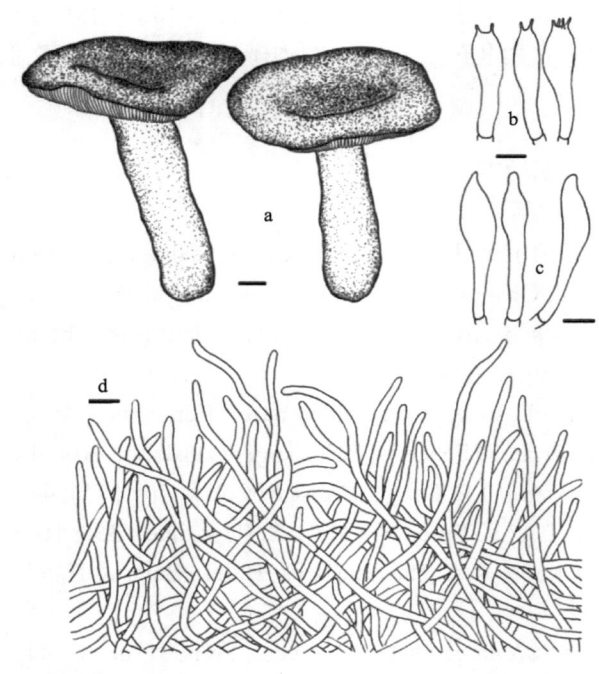

图 119　橄榄绿红菇 *Russula olivacea* (Schaeff.) Fr.（HMAS 68960）
a. 子实体；b. 担子；c. 侧生囊状体；d. 菌盖表皮菌丝。a. 标尺=1 cm；b~d. 标尺=10 μm

研究标本：辽宁铁岭开原黄旗公社畜牧场，林中地上，1977 年 7 月 19 日，马启明等（HMAS 39136），1977 年 8 月 18 日，马启明等 35（HMAS 37975）。吉林长白山池北区北山门，海拔 1152 m 针叶林地上，2013 年 7 月 22 日，范宇光、李国杰 13036（HMAS 267851）、13356（HMAS 252597）、13386（HMAS 252632）；长白山池北区二道白河镇生态站，混交林地上，2013 年 7 月 25 日，李赛飞、赵东、范宇光、李国杰 13098（HMAS 267731）。黑龙江林口，林中地上，1972 年 8 月 19 日，卯晓岚、徐联旺 169（HMAS 36779）。江苏南京，林中地上，1974 年 8 月 29 日，姜朝瑞、卯晓岚 287（HMAS 36780）。湖北十堰神农架板仓，阔叶林地上，1984 年 8 月 16 日，张小青、孙述霄 275（HMAS 53891），神农架大九湖，林中地上，1984 年 7 月 17 日，张小青、孙述霄 83c（HMAS 53889），神农架红坪陵园，林中地上，1984 年，张小青、孙述霄 289b（HMAS 53976）。广西南宁林中地上，1988 年 5 月，李海英（HMAS 54040）。四川甘孜巴塘，林中地上，1983 年 7 月 29 日，文华安、苏京军 294（HMAS 51012）；甘孜贡嘎山东坡，林中地上，1984 年 7 月 13 日，文华安、苏京军 1021（HMAS 51014），贡嘎山西坡，林中地上，1984 年 7 月 15 日，文华安、苏京军 1182（HMAS 51015），1984 年 7 月 16 日，文华安、苏京军 1230（HMAS 51016），雅江剪子弯山，林中地上，1983 年 8 月 6 日，文华安、苏京军 440（HMAS 51013），1984 年 7 月 22 日，文华安、苏京军 1263（HMAS 51017）、1270（HMAS 50982），1984 年 8 月 25 日，文华安、苏京军 1414（HMAS 50714）；汶川卧龙，林中地上，1999 年 9 月 5 日，图力古尔（HMJAU 277）。贵州贵阳花溪，混交林地上，1988 年 7 月 7 日，李宇、宗毓臣 240（HMAS 72091），1988 年 7 月 8 日，李宇、宗毓臣、应建浙 352（HMAS 57913）。云南大理宾川鸡足山祝圣寺，阔叶林地上，1989 年 8 月 9 日，李宇、宗毓臣 200（HMAS 60477），1989 年 8 月 13 日，李宇、宗毓臣（HMAS 57842）；洱源凤羽镇上寺村，海拔 2600 m 林中地上，2009 年 7 月 25 日，李国杰、赵勇（HMAS 220732）；思茅模奶山，林中地上，1990 年 8 月 5 日，李宇 427（HMAS 68960）；漾濞桃树坪镇大花园，海拔 1990 m 林中地上，2009 年 7 月 15 日，李国杰、杨晓莉 09162（HMAS 220608）。西藏波密通麦迫龙沟，阔叶林地上，2012 年 8 月 19 日，赵东、李国杰、王亚宁 12015（HMAS 264928）；林芝八一镇老虎山，林中地上，1995 年 7 月 22 日，文华安、孙述霄 273（HMAS 68539）；林芝波密扎木林场，林中地上，1976 年 7 月 20 日，宗毓臣 307（HMAS 39137）。青海班玛多柯河林场，针叶林地上，2013 年 8 月 9 日，卢维来、蒋岚、李国杰 13250（HMAS 267911）。新疆阿克苏昭苏北木扎提河，林中地上，1978 年 7 月 16 日，孙述霄、文华安、卯晓岚 636（HMAS 39269），1978 年 7 月 17 日，孙述霄、卯晓岚、文华安 650（HMAS 39138）。台湾台中鞍马山庄，林中地上，2001 年 9 月 12 日，周文能 CWN05207（HKAS 50010）。

经济价值：该种可食用。与云杉属和水青冈属等的一些树种形成外生菌根。

波氏红菇 图 120

Russula postiana Romell, Ark. Bot. 11(no. 3): 5, 1911.

子实体中型。菌盖直径 4.5~7.8 cm，初扁半球形至中央稍凸起，后平展至中部稍下凹，边缘常显著上翘至菌盖呈浅碟状，个别甚至呈浅漏斗状，表面湿时稍黏，干燥后光滑，略有光泽至无光泽，边缘无条纹至有微弱的短条纹，表皮自菌盖边缘方向至中央方向可剥离 1/2~4/5，部分甚至可全部剥离，污白色至浅污黄色色调，常污白色、浅黄色、微黄色、浅黄褐色、浅赭褐色和浅污黄色，中央常带微黄绿色，个别子实体表皮可呈灰绿色调，近表皮下菌肉白色。菌肉厚 0.5~1.5 cm，白色至浅奶油色，伤不变色至变污白色和浅污灰色，老后深污白色，遇苯酚迅速呈现亮紫色，味道柔和，无显著气味。菌褶直生至略弯生，宽 0.4~0.9 cm，褶缘处 9~14 片/cm，中部至近缘处个别分叉，边缘钝圆，褶间具横脉，幼时白色，成熟后奶油色至深奶油色，老后微黄色，伤不变色。菌柄长 5.2~8.4 cm，粗 1.3~2.2 cm，棒状，污白色，常带有微黄色色调，表面幼时光滑，老后有微细的纵向皱纹，初内实，后中空。孢子印浅赭色至浅黄色。

担子 31~39 × 7~11 µm，棒状，部分近顶端处稍膨大，具 2~4 个小梗，小梗长 3~5 µm，无色透明。担孢子（100/2/1）（5.6）6.2~8.1（8.5）×（5.0）5.3~6.8（7.1）µm [Q =（1.01）1.03~1.36（1.40），**Q** = 1.18 ± 0.10]，近球形、宽椭球形至椭球形，少数球形，表面疣刺高 0.7~1.2 µm，近圆柱状至近圆锥状，部分疣刺间有连线，形成短嵴至不完整的网纹，脐上区淀粉质点较显著。侧生囊状体 45~78 × 9~12 µm，梭形至近梭形，部分棒状，近顶端部分稍膨大，顶端钝圆，无色透明，少数有微量内含物。菌盖表皮菌丝栅栏状，菌丝宽 2.0~4.9 µm，有较多分隔，少数分叉，末端钝圆至近尖锐，部分膨大，盖生囊状体未见。菌柄表皮菌丝平伏，宽 1.7~3.5 μm，末端细胞顶端近尖锐，有隔，无色透明，柄生囊状体未见。

生境：生于针叶林和混交林（冷杉属和松属）地上。

模式产地：法国。

世界分布：亚洲（中国、印度）；欧洲（法国）。

研究标本：内蒙古扎兰屯秀水景区，海拔 373 m 混交林地上，2013 年 7 月 28 日，李赛飞、赵东、李国杰 13175（HMAS 267748）。

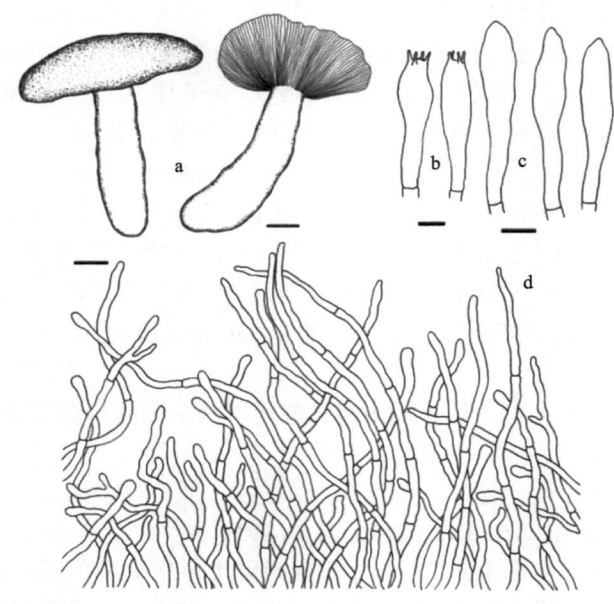

图 120　波氏红菇 *Russula postiana* Romell（HMAS 267748）
a. 子实体；b. 担子；c. 侧生囊状体；d. 菌盖表皮菌丝。a. 标尺=1 cm；b~d. 标尺=10 μm

鸡冠红菇　图 121，图版 XXII 5

Russula risigallina (Batsch) Sacc., Fl. ital. crypt., Hymeniales (Genoa) 1: 430, 1915.

Agaricus chamaeleontinus Lasch, Linnaea 3: 389, 1828.

Agaricus luteus Huds., Fl. Angl., Edn 2: 611, 1778.

Agaricus risigallinus Batsch, Elench. fung. (Halle): 67, tab. 15, fig. 72, 1786.

Agaricus vitellinus Pers., Syn. meth. fung. (Göttingen) 2: 442 , 1801.

Russula acetolens Rauschert, Česká Mycol. 43(4): 195, 1989.

Russula armeniaca Cooke, Ill. Brit. Fung. (London) 7: pl. 1045-1064, 1888.

Russula chamaeleontina (Lasch) Fr., Epicr. syst. mycol. (Upsaliae): 363, 1838.

Russula chamaeleontina var. *bicolor* Melzer & Zvára, Arch. Přírod. Výzk. Čech. 17(4): 98, 1928.

Russula chamaeleontina var. *fusca* J.E. Lange, Dansk bot. Ark. 4(no. 12): 46, 1926.

Russula chamaeleontina var. *latelamellata* Britzelm., Botan. Centralbl. 54(4): 100, 1893.

Russula chamaeleontina var. *lutea* (Huds.) Melzer & Zvára, Arch. Přírod. Výzk. Čech. 17(4):

89, 1928.

Russula chamaeleontina var. *maxima* (Singer) Romagn., Russules d'Europe Afr. Nord, Essai sur la Valeur Taxinomique et Spécifique des Charatéres des Spores et des Revêtements: 580, 1967.

Russula chamaeleontina var. *ochracea* Fr., Epicr. syst. mycol. (Upsaliae): 363, 1838.

Russula chamaeleontina var. *ochrorosea* Maire, Publ. Inst. Bot. Barcelona 3(no. 4): 56, 1937.

Russula lutea (Huds.) Gray, Nat. Arr. Brit. pl. (London) 1: 618, 1821.

Russula lutea f. *batschiana* Singer, Annls mycol. 33(5/6): 298, 1935.

Russula lutea f. *gilletii* Singer, Annls mycol. 33(5/6): 298, 1935.

Russula lutea f. *luteorosella* (Britzelm.) Britzelm., Botan. Centralbl. 68(5): 138, 1896.

Russula lutea f. *maxima* Singer, Beih. bot. Zbl. Abt. 2 49: 251, 1932.

Russula lutea f. *montana* Singer, Z. Pilzk. 2(1): 10, 1923.

Russula lutea var. *armeniaca* (Cooke) Rea, Brit. basidiomyc. (Cambridge): 478, 1922.

Russula lutea var. *chamaeleontina* (Lasch) Singer, Annls mycol. 33(5/6): 297, 1935.

Russula lutea var. *maxima* (Singer) Singer, Collnea bot., Barcinone Bot. Instit. 13(2): 693, 1982.

Russula lutea var. *ochracea* Singer, Annls mycol. 33(5/6): 298, 1935.

Russula lutea var. *postiana* Romell, Öfvers. K. Förh. kongl. Svenska Vetensk.-Akad. 48(no. 3): 182, 1891.

Russula lutea var. *subcristulata* Singer, Bull. trimest. Soc. mycol. Fr. 54: 156, 1938.

Russula luteorosella Britzelm., Ber. naturhist. Augsburg 25: tab. 525: 132, 1879.

Russula risigallina f. *bicolor* (Melzer & Zvára) Bon, Docums Mycol. 17(no. 65): 56, 1986.

Russula risigallina f. *chamaeleontina* (Lasch) Bon, Docums Mycol. 18(nos 70-71): 108, 1988.

Russula risigallina f. *luteorosella* (Britzelm.) Bon, Docums Mycol. 17(no. 65): 56, 1986.

Russula risigallina f. *montana* (Singer) Bon, Docums Mycol. 17(no. 65): 56, 1986.

Russula risigallina var. *acetolens* (Rauschert) Krieglst., in Gerault, Florule Evolutive Des Basidiomycotina Du Finistere, Homobasidiomycetes : Russulales : 61, 2005.

Russula risigallina var. *subcristulata* (Singer) Bon, Docums Mycol. 17(no. 65): 56, 1986.

Russula risigallina var. *superba* Bidaud, in Reumaux, Bidaud & Moënne-Loccoz, Russules Rares ou Méconnues (Marlioz): 289, 1996.

Russula singeriana Bon, Docums Mycol. 17(no. 65): 56, 1986.

Russula vitellina Gray, Nat. Arr. Brit. Pl. (London) 1: 618, 1821.

子实体小型至中型。菌盖直径 2.5~4.0（7.5）cm，初扁平半球形至中央凸起，后中部下凹，边缘钝圆，樱桃红色、橙红色、深粉红色至近珊瑚红色，表面平滑，边缘平整，后期稍有条棱，中央污白黄色，成熟后边缘粉红色、淡紫红色或浅红色，中部常褪色至黄色、黄白色，湿时黏，后干燥后不黏，无光泽，初期边缘平滑，老后有不明显条纹，表皮可从菌盖边缘剥离至近菌盖中央处。菌肉厚 0.3~0.4 cm，初坚实，后较脆弱，白色，老后明显变黄色，气味不显著，味道不显著至有甜味。菌褶直生或近离生，宽 0.5~0.6 cm，盖缘处 10~12 片/cm，稍稀或稍密，顶端钝圆，基本等长，乳黄至浅土黄色。菌柄长 3.5~6.5 cm，粗 0.5~0.9 cm，中生，圆柱形，等粗，近菌盖处稍变细，白色或污白色，后变浅黄色、黄褐色，表面丝绸状光滑至有皱纹，内部松软而中空。孢子印浅黄色至浅赭色。

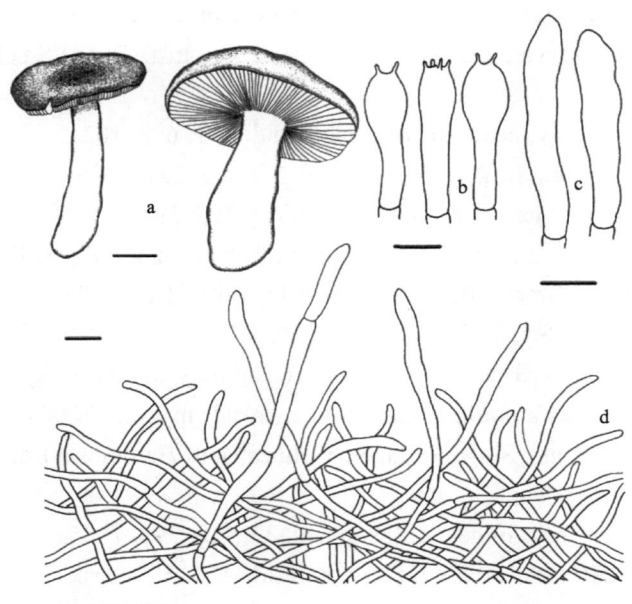

图 121 鸡冠红菇 *Russula risigallina* (Batsch) Sacc.（HMAS 72082）
a. 子实体；b. 担子；c. 侧生囊状体；d. 菌盖表皮菌丝。a. 标尺=1 cm；b~d. 标尺=10 μm

担子 20~54 × 7~12 μm，棒形，近顶端处膨大，具 2~4 个小梗，无色透明。担孢子（100/4/4）6.3~7.8（9.2）×（5.3）5.5~7.0（7.5）μm [Q = 1.02~1.21（1.24），**Q** = 1.11 ± 0.06]，球形、近球形至宽椭球形，微黄色至黄色，表面疣刺高 0.5~1.0 μm，近圆柱形至近圆锥形，疣刺间部分有连线，不形成网纹，脐上区淀粉质点稍显著至不显著。侧生囊状体 21~58 × 7~12 μm，近棒形至近梭形，顶端钝圆，淡黄色，透明。菌盖表皮菌丝栅栏状，菌丝宽 1.7~4.2 μm，末端钝圆，有隔，无色透明，盖生囊状体未见。菌柄表皮菌丝宽 1.7~5.0 μm，有隔，无色透明，柄生囊状体未见。

生境：夏秋季单生或散生于松林或阔叶林地上。

模式产地：意大利。

世界分布：亚洲（中国）；欧洲（法国、英国、德国、瑞士、瑞典、丹麦、挪威、芬兰、波兰、保加利亚、克罗地亚）；非洲（摩洛哥）；北美洲（美国、加拿大）。

研究标本：内蒙古鄂温克旗红花尔基国家森林公园，针叶林地上，2013 年 7 月 31 日，文华安、李赛飞、赵东、李国杰 13213（HMAS 252565）；牙克石南木林业局，针叶林地上，2013 年 7 月 30 日，李赛飞、赵东、李国杰 13174（HMAS 267787）；扎兰屯秀水景区，混交林地上，2013 年 7 月 27 日，李赛飞、赵东、李国杰 13129（HMAS 267743），2013 年 7 月 28 日，李赛飞、赵东、李国杰 13141（HMAS 267771）。河南西峡，林中地上，1968 年 7 月，卯晓岚等 21（HMAS 36860）。海南乐东尖峰岭天池，林中地上，1987 年 9 月 28 日，李泰辉（HMIGD 12514）；海南省万宁市南桥镇南林农场襄阳队，阔叶林地上，1987年4月16日，李泰辉（HMIGD 12977）。贵州道真大沙河，杂木林中地上，1988年7月21日，李宇、宗毓臣、应建浙530（HMAS 72082）。云南昆明，林中地上，2003年8月，卯晓岚（HMAS 85307）。青海海东乐都县，林中地上，1959年9月10日，马启明1581（HMAS 32599）。

讨论：鸡冠红菇在我国长时间以矮狮红菇 R. chamaeleontina (Lasch) Fr.名称报道，其种加词"*chamaeleontina*"已被淡黄褐红菇 R. ochracea Fr.的异名所用，Kuyper 和 Vuure（1985）提出使用鸡冠红菇的名称。矮狮红菇是鸡冠红菇的同物异名。

经济价值：该种可食用。

浅绿组 sect. *Viridantinae* Melzer & Zvára

菌盖表面紫色至红色色调。菌肉老后变黄色，有龙虾和三甲胺的腥味。

模式种：*Russula viridis* Velen.（Melzer and Zvára，1927）。

中国浅绿组分种检索表

1. 菌肉受伤后变深奶油色，老后有三甲胺气味 ·················· 牧场红菇 **R. pascua**
1. 菌肉非上述特征 ·· 2
  2. 菌盖紫红色至暗紫红色，中央紫黑色至黑红色 ········ 黄孢花盖红菇 **R. xerampelina**
  2. 菌盖非上述颜色 ·· 3
3. 担孢子疣刺间有较多连线，形成较完整网纹 ············ 假鳞盖红菇 **R. pseudolepida**
3. 担孢子疣刺间少有连线，不形成网纹 ·· 4
  4. 菌褶延生 ·· 紫褐红菇 **R. badia**
  4. 菌褶直生 ·· 山毛榉红菇 **R. faginea**

紫褐红菇   图122，图版XXII 6

别名：酱色红菇、污红菇

Russula badia Quél., C. r. Assoc. Franç. Avancem. Sci. 9: 668, 1881.

Russula friesii Bres., Iconogr. Mycol.: tab. 448, 1929.

子实体中型至大型。菌盖直径 7~11 cm，初半球形至中央凸起，后平展，呈碟状，中部凹陷，边缘钝圆至近尖锐，有时不规则起伏或开裂，表面酱褐色、赭褐色、暗红色、紫褐色，有时褪色至黄褐色和浅赭褐色，湿时稍黏，干燥后光滑，略有光泽至无光泽，表皮仅边缘处可稍剥离，个别可剥离至菌盖半径的 1/2。菌肉坚实，后松软，白色，菌盖表面下方有时带紫色至褐色色调，气味不显著，有鱼肝油的气味，味道幼时柔和，老后有极为强烈的辛辣味道。菌褶延生，密集至稍稀疏，褶间具微细的横脉，小菌褶未见，近柄处多分叉，深奶油色、黄色至深黄色，干燥后浅黄褐色至浅赭黄色，边缘有时带有微弱的红色色调。菌柄长 5~11 cm，粗 1.7~2.6 cm，圆柱形，初内实，后易碎，海绵状，中空，表面有皱纹，长而无毛，白色，常在基部呈现玫瑰色或暗褐色色调，表面光滑，幼时有果霜，老后有较为明显的皱纹。孢子印深黄色至浅赭色。

担子 35~43 × 10~15 μm，棒状，近顶端处膨大，多数具 4 个小梗，少数 2 个小梗，无色透明。担孢子（100/2/2）（8.4）8.6~10.5（11.5）×（6.8）7.5~8.9（9.4）μm [Q =

（1.03）1.10~1.33（1.39），$Q = 1.21 \pm 0.07$]，宽椭球形至椭球形，少数球形至近球形，浅柠檬色，表面疣刺高 0.6~1.4 μm，半球形至近圆锥形，疣刺间个别有连线，不形成完整的网纹，脐上区淀粉质点较显著。侧生囊状体 80~115 × 8.8~15 μm，梭形至近梭形，顶端尖锐至近尖锐，部分呈披针状，无色透明，表面光滑而无纹饰。菌盖表皮菌丝栅栏状，菌丝宽 3~5 μm，有隔，末端近尖锐至钝圆，盖生囊状体未见。菌柄表皮菌丝宽 3~4 μm，有隔，无色透明，柄生囊状体未见。

生境：夏秋季生于针叶林地上。

模式产地：法国。

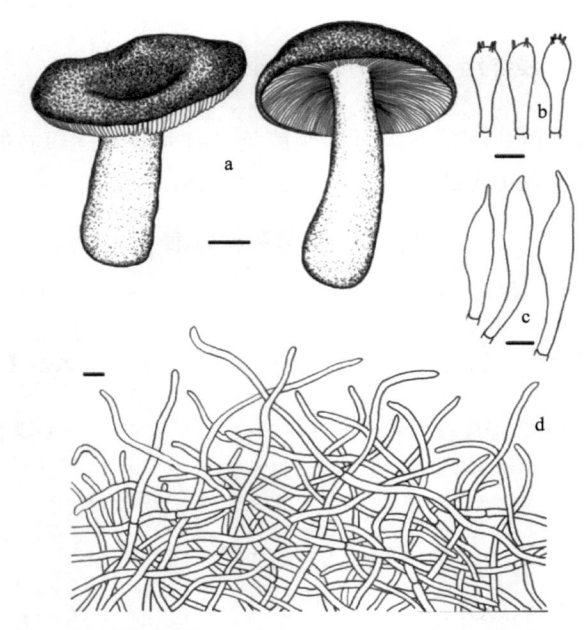

图 122　紫褐红菇 *Russula badia* Quél.（HMAS 36790）
a. 子实体；b. 担子；c. 侧生囊状体；d. 菌盖表皮菌丝。a. 标尺=1 cm；b~d. 标尺=10 μm

世界分布：亚洲（中国）；欧洲（法国、德国、波兰、丹麦、挪威、瑞典、芬兰、克罗地亚、俄罗斯高加索地区）。

研究标本：河南南阳西峡，林中地上，1968 年 9 月 14 日，李惠中、卯晓岚、应建浙 45（HMAS 36937）；南阳西峡县蛇尾区，林中地上，1968 年 6 月，应建浙、卯晓岚、李惠中 12（HMAS 36790）；三门峡卢氏，林中地上，1968 年 8 月 26 日，卯晓岚、李惠中、应建浙 158（HMAS 36928），1968 年 8 月 29 日，卯晓岚、李惠中、应建浙 222（HMAS 36792）。贵州贵阳花溪区当武乡思雅山，海拔 1300 m 林中地上，1958 年 8 月 19 日，王庆之 143（HMAS 27502）。

讨论：邓叔群（1964）将紫褐红菇以其同物异名黄孢紫红菇 *R. friesii* Bres. 名称报道。Romagnesi（1967）研究了黄孢紫红菇和紫褐红菇的标本，认为这两种形态上高度相似，应归为一个种，发表更早的紫褐红菇具有优先权。

山毛榉红菇　图 123，图版 XXIII 1

Russula faginea Romagn., Russules d'Europe Afr. Nord, Essai sur la Valeur Taxinomique et Spécifique des Charatéres des Spores et des Revêtements: 681, 1967.

Russula faginea Romagn., Bull. mens. Soc. linn. Lyon 31(1): 176, 1962.

Russula faginea var. *gelatinata* Kärcher, Bull. Soc. mycol. Fr. 120(1-4): 366, 2005.

　　子实体中型至大型。菌盖直径 6~14（20）cm，初扁半球形至中央凸起，后平展，中部下凹，边缘钝圆，有时上翘和开裂，表面污红色、酒红色、粉褐色，中央颜色较浅，有时呈浅黄褐色、浅紫色和黄绿色色调，湿时黏，干燥后表面光滑，老后多少有些皱纹，有光泽，无毛，边缘无条纹至有微弱的短条纹，部分菌盖表皮剥落，不易从边缘剥离。菌肉白色，坚实而较厚，受伤后不变色，老后变赭黄色，遇硫酸亚铁变灰绿色，遇硫酸香草醛溶液变紫褐色至黑褐色，有甜味，气味柔和。菌褶直生，宽约 1.0 cm，盖缘处 4~5 片/cm，密集至稍稀疏，等长，褶间具横脉，褶缘顶端钝圆，幼时深奶油色，老后浅赭色至部分浅褐色。菌柄长 9~11 cm，粗 2.5~4.0 cm，圆柱形至粗圆柱形，近基部处略有膨大，白色，基部略有微弱的淡红色，老后变黄色，表面幼时有微细的果霜，老后有明显的皱纹，初内实，后中空。孢子印浅黄色至浅赭色。

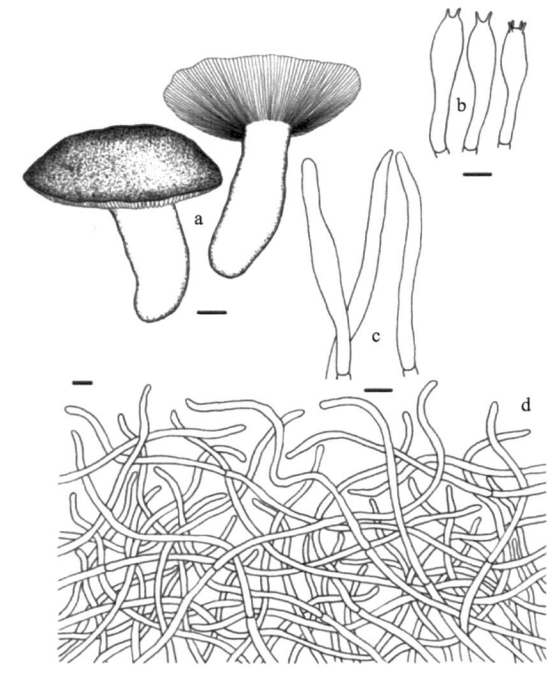

图 123　山毛榉红菇 *Russula faginea* Romagn.（HMIGD 9595）
a. 子实体；b. 担子；c. 侧生囊状体；d. 菌盖表皮菌丝。a. 标尺=1 cm；b~d. 标尺=10 μm

　　担子 34~52 × 7~14 μm，棒状，近顶端处略有膨大，多数 4 个小梗，少数 2 个小梗，小梗长 3~4 μm。担孢子（40/2/2）6.9~8.9（9.5）×（6.1）6.3~7.8（8.1）μm [Q = 1.02~1.22（1.24），**Q**= 1.13 ± 0.05]，近球形至宽椭球形，少数球形，浅黄色，表面有较长的小刺，近圆锥形，高 1.2~1.7 μm，部分可达 2.5 μm，疣刺间无连线，或极少连线，不形成

· 219 ·

网纹，脐上区淀粉质点不显著。侧生囊状体 51~94 × 12~15 μm，较多，棒状，近梭形至梭形，顶端钝圆至近尖锐，透明，无色至淡黄色，表面光滑而无纹饰。菌盖表皮菌丝栅栏状排列，菌丝宽 1.7~5.8 μm，有隔，末端钝圆至近尖锐，无色透明，个别略有黄色，遇硫酸香草醛溶液变红褐色，盖生囊状体未见。菌柄表皮菌丝宽 1.6~4.2 μm，有隔，无色透明至微黄色，柄生囊状体未见。

生境：夏秋季生于阔叶林地上。

模式产地：法国。

世界分布：亚洲（中国）；欧洲（法国、丹麦、挪威、瑞典、芬兰）。

研究标本：广东韶关樟栋水单竹坑尾，海拔 485 m 阔叶林地上，1985 年 8 月 19 日，李泰辉（HMIGD 9595）；始兴樟栋水良桥坑，阔叶林地上，1984 年 8 月 31 日，毕志树、李泰辉（HMIGD 7769）。

牧场红菇　图 124，图版 V 5、XXIII 2

Russula pascua (F.H. Møller & Jul. Schäff.) Kühner, Bull. trimest. Soc. mycol. Fr. 91(3): 331, 1975.

Russula xerampelina var. *pascua* F.H. Møller & Jul. Schäff., Annls mycol. 38(2/4): 332, 1940.

子实体小型至中型。菌盖直径 2.3~4.2 cm，初半球形，后扁半球形至中央凸起，老后近平展，边缘平展，无起伏或仅有微弱的起伏，个别开裂，菌盖边缘幼时无条纹，成熟后有不明显的短条纹，表面紫红色、红褐色、暗红褐色、酒红色、暗紫红色、红铜色、浅红色、粉红色、赭红色和暗紫罗兰色色调，中央有时褪色至赭黄色、浅黄褐色和烟黄色，干燥后颜色变灰暗，湿时黏，无光泽，菌盖表皮自边缘至菌盖中央可剥离 1/3~2/5。菌肉厚 0.2~0.4 cm，初白色，成熟后奶油色，老后和受伤后变深奶油色，较脆，无味道，幼嫩时个别有明显的水果香味，老后有三甲胺气味。菌褶直生至稍弯生，宽 0.2~0.5 cm，7~12 片/cm，褶缘处近尖锐至近钝圆，奶油色，伤后不变色至略变浅黄色。菌柄长 2.2~4.3 cm，粗 0.6~1.5 cm，圆柱形，近基部渐粗，白色，伤不变色至略变浅黄褐色，表面光滑，老后有微细的纵向皱纹，初内实，后中空。孢子印深奶油色至浅赭色。

担子 33~56 × 8~12 μm，棒状，部分近顶端处膨大，具 4 个小梗，小梗长 3~5 μm，无色透明。担孢子（100/5/5）（5.7）6.1~8.0（8.5）×（4.9）5.3~6.9（7.6）μm [Q =（1.02）1.04~1.30（1.32），$Q = 1.17 \pm 0.07$]，近球形至宽椭球形，少数球形和椭球形，表面疣刺高 0.5~0.7 μm，圆锥形至近圆锥形，疣刺间无连线，部分疣刺间形成短嵴，脐上区淀粉质点显著。侧生囊状体 51~74 × 9~11 μm，棒状，梭形至近梭形，顶端近尖锐，部分顶端有乳头状凸起，有颗粒状内含物。菌盖表皮菌丝栅栏状，菌丝宽 2.3~4.7 μm，多分隔和分叉，无色透明，末端钝圆至近尖锐，盖生囊状体未见。菌柄表皮菌丝宽 1.7~2.8 μm，有隔，末端近尖锐，无色透明，柄生囊状体未见。

生境：夏秋季单生至散生于针叶林或灌丛和草甸地上。

模式产地：意大利。

世界分布：亚洲（中国）；欧洲（意大利、瑞士、德国、法国和瑞典）。

研究标本：吉林长白山池北区二道白河镇北，混交林地上，2013 年 7 月 21 日，文华安、李赛飞、赵东、范宇光、李国杰 13003（HMAS 252594）、13028（HMAS 267889）、13011（HMAS 252605）；长白山池北区二道白河镇生态站，混交林地上，2010 年 7 月 25 日，郭良栋、孙翔、李国杰、谢立璟（HMAS 262382）；延边州和龙市八家子林业局仙峰国家森林公园雪岭（老爷岭），针叶林地上，2013 年 7 月 23 日，文华安、王柏、李赛飞、赵东、范宇光、李国杰 13072（HMAS 267759）。

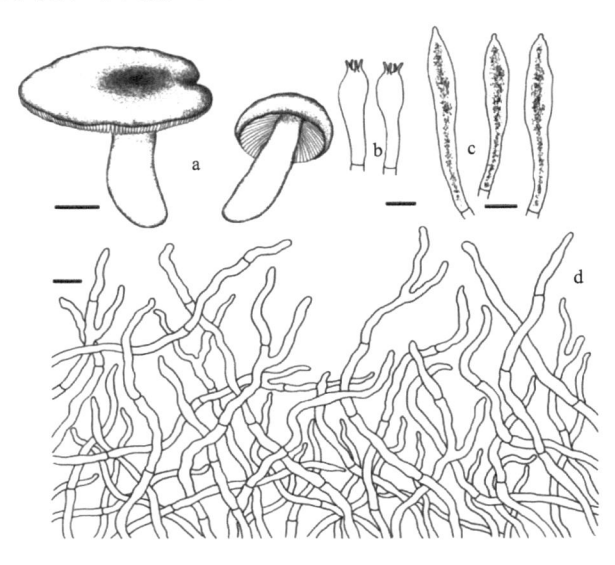

图 124　牧场红菇 *Russula pascua* (F.H. Møller & Jul. Schäff.) Kühner（HMAS 252605）
a. 子实体；b. 担子；c. 侧生囊状体；d. 菌盖表皮菌丝。a. 标尺=1 cm；b~d. 标尺=10 μm

讨论：牧场红菇菌盖表面具多变的红色，子实体较小，菌柄粗短，菌褶稀疏，低矮而分散的担孢子表面疣刺，以及特殊的生长环境是牧场红菇的最显著特征（Sarnari，2005）。欧洲的牧场红菇仅生于高海拔林线以上的灌丛和草甸地带，我国的牧场红菇多生于针叶林地上。

假鳞盖红菇　图 125，图版 XXIII 3
Russula pseudolepida Singer, Bull. trimest. Soc. mycol. Fr. 55: 251, 1940.

子实体中型。菌盖直径 4~8 cm，初半球形至扁半球形，成熟后渐平展，边缘钝圆至近尖锐，中部下凹至强烈下凹，垫状，幼嫩时深胭脂色、亮红色、洋红色至仙人掌红色，干燥后略带紫色，呈紫红色或深红色，有时中央褪色至粉红色、橙红色至赭黄色，有小片状的短绒毛，部分菌盖表皮有时剥落，表面光滑而无绒毛，湿时稍黏至不黏，边缘光滑，无条纹。菌肉白色，老后或受伤后变黄色至浅赭色，结实，不易变形，味道初温和，后轻微辛辣。菌褶弯生至离生，宽 0.6 cm，近缘处较尖锐，近缘处分叉，褶间无横脉至微具横脉，幼时白色至奶油色，成熟后浅黄色至浅赭色，干燥后变赭色。菌柄长 3~7 cm，粗 1~2 cm，圆柱形，中生至略偏生，等粗或近基部处渐细，白色，有时基部偶带微粉色，光滑，无毛。孢子印深奶油色、黄色至浅赭色。

担子 27~43 × 10~12 μm，棒状，近顶端处略有膨大，无色透明，具 2~4 个小梗。担孢子（80/4/4）（6.4）6.6~8.6（9.0）×（5.9）6.1~7.6（7.8）μm [Q =（1.02）1.04~1.30

（1.36），**Q** = 1.17 ± 0.07]，近球形至宽椭球形，少数球形和椭球形，微黄色至黄色，表面疣刺高 0.3~0.7 μm，密集，近圆锥形，疣刺间少有连线，形成不完整的网纹，脐上区淀粉质点较明显。侧生囊状体 52~68 × 8~13 μm，数量较多，棒状，个别略呈近梭形，近基部处渐细，顶端钝圆，极少尖锐，表面稍有纹饰。菌盖表皮菌丝栅栏状，菌丝宽 1.7~3.3 μm，无色透明，有隔，分叉，末端钝圆至近尖锐，盖生囊状体，92~147 × 9~12 μm，长棒状，较多，顶端钝圆，表面有纹饰。菌柄表皮菌丝宽 1.7~4.2 μm，有隔，无色透明，柄生囊状体未见。

生境：夏秋季生于橡树林地上。

模式产地：美国。

世界分布：亚洲（中国）；欧洲；北美洲（美国）。

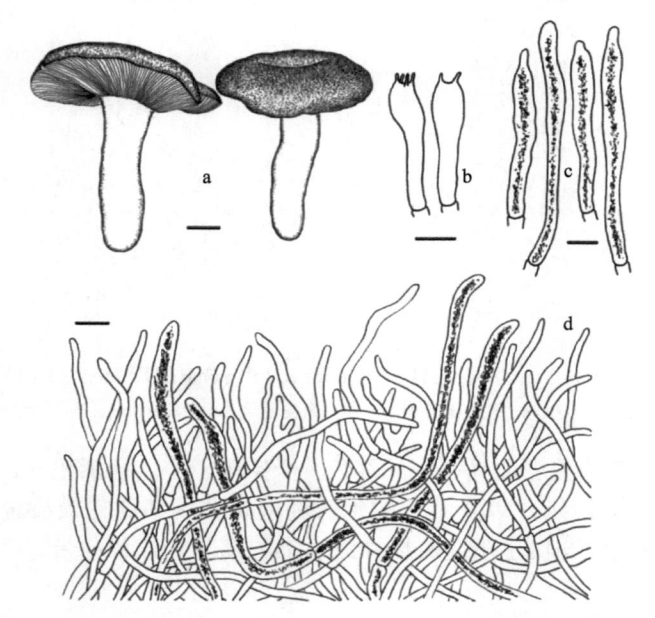

图 125　假鳞盖红菇 *Russula pseudolepida* Singer（HMAS 04008）
a. 子实体；b. 担子；c. 侧生囊状体；d. 菌盖表皮菌丝。a. 标尺=1 cm；b~d. 标尺=10 μm

研究标本：云南大理宾川鸡足山，林中地上，1989 年 8 月 4 日，宗毓臣、李宇 89（HMAS 59680）；昆明，林中地上，1942 年 7 月 20 日，裘维蕃 8008（HMAS 04008）。

黄孢花盖红菇　图 126，图版 XXIII 4

别名：黄孢花盖菇、黄孢红菇、黄色红菇

Russula xerampelina (Schaeff.) Fr., Epicr. syst. mycol. (Upsaliae): 356, 1838.

Agaricus esculentus var. *xerampelinus* (Schaeff.) Pers., Syn. meth. fung. (Göttingen) 2: 441, 1801.

Agaricus xerampelinus Schaeff., Fung. bavar. palat. nasc. (Ratisbonae) 4: 49, 1774.

Russula alutacea var. *erythropus* Fr., Hymenomyc. eur. (Upsaliae): 453, 1874.

Russula atrosanguinea Velen., České Houby 1: 143, 1920.

Russula barlae Quel., Assoc. Franç. Avancem. Sci., Congr. Rouen 12: 504, 1884.
Russula barlae var. *marthae* Singer, Collea bot., Barcinone Bot. Instit. 13(2): 679, 1982.
Russula barlae var. *pseudomelliolens* Singer ex Bon, Docums Mycol. 18(no. 72): 64, 1988.
Russula erythropus Fr. ex Pelt., Bull. Soc. mycol. Fr. 24: 118, 1908.
Russula erythropus var. *ochracea* J. Blum, Bull. trimest. Soc. mycol. Fr. 77: 162, 1961.
Russula erythropus var. *atrosanguinea* (Velen.) Reumaux, Bull. Mycol. Bot. Dauphiné-Savoie 52(nos 204-205): 35, 2012.
Russula xerampelina var. *marthae* Singer, Annls mycol. 33(5/6): 316, 1935.
Russula xerampelina var. *murina* Romagn., in Kühner & Romagnesi, Fl. Analyt, Champ. Supér. (Paris): 449, 1953.
Russula xerampelina var. *pseudomelliolens* Singer, Annls mycol. 34(6): 424, 1936.
Russula xerampelina var. *putorina* Melzer, Holubinky (Praha):155, 1944.
Russula xerampelina var. *quercetorum* Singer, Annls mycol. 40(1/2): 86, 1942.
Russula xerampelina var. *semirubra* Singer, Sydowia 11(1-6): 218, 1958.
Russula xerampelina var. *tenuicarnosa* Adamčík, Mycotaxon 82: 263, 2002.

子实体中型至大型。菌盖直径 4~15 cm，初扁半球形，后中央明显凸起，平展至中部下凹呈碟状，边缘近钝圆至钝圆，有时下垂，紫红色、酒红色、暗红色、深紫褐色或暗紫红色，中部色往往深，呈现紫黑色至黑红色，有时呈现暗赭色、赭红色至赭褐色色调，湿时稍黏，干燥后无光泽，盖缘平滑，无皱纹至有微细的皱纹，一般无条纹，个别老后有极为不明显条纹，表皮不易剥离。菌肉较坚实，老后渐松软，白色，近菌盖表皮下常有紫红色色调，老后变淡黄色或黄色，有较强烈的蟹肉气味，味道柔和，有甜味。菌褶直生，宽 0.7~13 cm，稍密至稍稀，等长，少见分叉，褶间具横脉，小菌褶未见，初淡乳黄色，后淡黄褐色，老后浅赭黄色。菌柄长 5~8 cm，粗 2~3 cm，圆柱形，等粗或向上稍细，近基部处略粗，白色，部分白色或基部略有浅粉红色色调，受伤后变黄褐色，老后变浅赭褐色，尤以基部变色明显，初内实，后松软。孢子印深乳黄色至赭黄色。

担子 32~43 × 11~14 μm，棒状，近顶端处略有膨大，无色透明，具 2~4 个小梗。担孢子（80/4/2）（6.5）6.8~8.6（8.9）× 6.3~7.8（8.1）μm [Q = 1.02~1.22（1.30），**Q** = 1.11 ± 0.05]，近球形至宽椭球形，部分球形，个别椭球形，淡黄色，表面有小疣，高 0.5~1.2 μm，圆柱状，分散，罕见相连，脐上区淀粉质点不显著至稍显著。侧生囊状体 24~78 × 7~14 μm，梭形至近梭形，无色透明，表面略有微细的纹饰，顶端有乳头状至披针状的小突起。菌盖表皮菌丝栅栏状，菌丝宽 1.7~5.0 μm，无色透明，有时略有微黄色，有隔，末端近尖锐至钝圆，盖生囊状体未见。菌柄表皮菌丝宽 2.5~5.8 μm，有隔，无色透明，柄生囊状体未见。

生境：散生至群生于阔叶林或混交林地上。

模式产地：德国。

世界分布：亚洲（中国、日本）；欧洲（德国、法国、英国、瑞士、意大利、丹麦、挪威、瑞典、芬兰、捷克、斯洛伐克、保加利亚、克罗地亚）；北美洲（格陵兰、加拿大、美国）。

研究标本：内蒙古牙克石南木林业局，针叶林地上，2013 年 7 月 30 日，李赛飞、赵东、李国杰 13172（HMAS 267786）。河南三门峡卢氏，林中地上，1968 年 8 月 22 日，李惠中、卯晓岚、应建浙 88（HMAS 36930）。湖北十堰神农架，林中地上，1981 年 10 月 13 日，无采集人 16（HMAS 42764）。广东肇庆鼎湖山望天萝，阔叶林地上，1982 年 8 月 12 日，郑婉玲（HMIGD 5650）。重庆万州巫溪白果林场，林中地上，1994 年 8 月 9 日，文华安 26（HMAS 69656）。四川甘孜贡嘎山，林中地上，1984 年 7 月 3 日，文华安、苏京军 1023（HMAS 51027）；贡嘎山东坡，林中地上，1984 年 7 月 15 日，文华安、苏京军 1163（HMAS 51028）、1396（HMAS 51029）；雅江剪子弯山，林中地上，1983 年 8 月 7 日，文华安、苏京军 536（HMAS 49980）。云南昆明，林中地上，1973 年 6 月 20 日，徐联旺、宗毓臣、马启明 200（HMAS 36774），1973 年 6 月 30 日，徐联旺、宗毓臣、马启明 284（HMAS 36840）；西双版纳勐龙，林中地上，1958 年 11 月 11 日，韩树金、陈洛阳 5382（HMAS 26331）。西藏自治区墨竹工卡县日多乡，混交林灌丛地上，2012 年 8 月 28 日，赵东、李国杰、王亚宁 12175（HMAS 251793）；那曲市嘉黎县，林中地上，1990 年 8 月 26 日，蒋长坪、欧珠次旺 54（HMAS 59941）。新疆阿克苏托木尔峰，林中地上，1978 年 7 月 11 日，孙述霄、文华安、卯晓岚 592（HMAS 39270）；布尔津，林中地上，2003 年 8 月 6 日，文华安、栾洋 101（HMAS 139879）；喀纳斯，海拔 1300 m 林中地上，2003 年 8 月 7 日，文华安、栾洋 133（HMAS 130106）。甘肃陇南，林中地上，1991 年 8 月，田茂林 6486（HMAS 66167）。

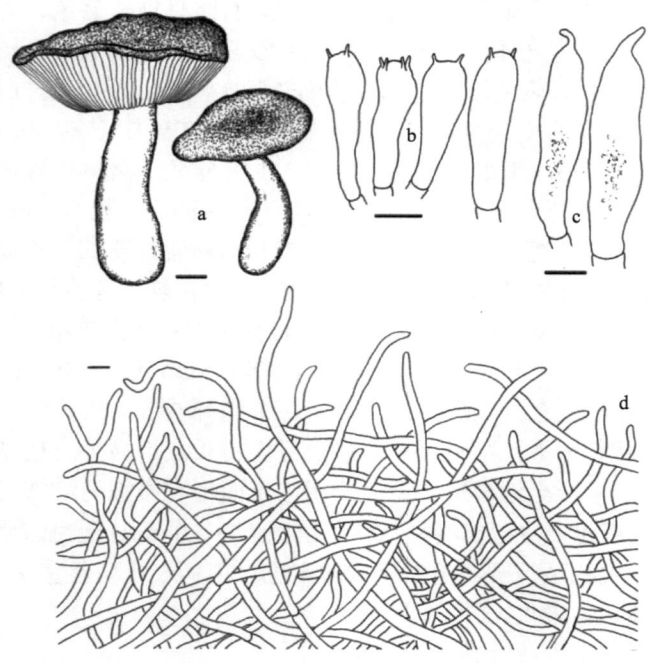

图 126　黄孢花盖红菇 *Russula xerampelina* (Schaeff.) Fr.（HMAS 139879）
a. 子实体；b. 担子；c. 侧生囊状体；d. 菌盖表皮菌丝。a. 标尺=1 cm；b~d. 标尺=10 μm

讨论：黄孢花盖红菇的菌盖表面深浅明暗多变的红色和紫色会让研究者难以做出准确的鉴定。Adamčík 和 Knudsen（2004）及 Adamčík（2002）对欧洲的黄孢花盖红菇和文献进行深入研究后发现，不同的研究者对黄孢花盖红菇的形态学范围的描述不一样。

黄孢花盖红菇种内形态变化较大，可分为多个亚种，历史上被定名为黄孢花盖红菇的标本包括了许多与其形态近似的红菇属其他种类，如我国报导的红柄红菇 R. erythropus Fr. ex Pelt.（Ying，1989），因为形态和黄孢花盖红菇很接近，被作为同物异名（Romagnesi，1967；Adamčík，2002）。

经济价值：该种可食用和药用。与松属、云杉属、铁杉属、栎属和水青冈属等的树种形成外生菌根。

红菇亚属 subgen. *Russula* Romagn.

菌盖多为红色、紫色，较少见绿色或黄色，边缘一般伸展。菌肉味道较辛辣，或有薄荷味或苦味，少见味道柔和。孢子印白色、奶油色，少见赭色。菌盖表皮具盖生囊状体或无，有分隔或无分隔，遇硫酸香草醛有较强烈反应或多少有抗酸反应。

模式种：*Russula emetica* (Schaeff.) Pers.（Burlingham，1915）。

中国红菇亚属分组检索表

1. 菌盖呈鲜艳的红色至黄色色调，菌柄通常为白色 ·· 2
1. 菌盖通常不呈鲜艳的红色和黄色色调 ·· 3
   2. 菌肉有显著的苦味或辣味 ·· 4
   2. 菌肉味道柔和，红色 ··· 红色组 sect. *Rubrinae*
3. 菌肉受伤或干后变黄色 ·· 5
3. 菌肉受伤后或干后不变黄色，或仅略变黄色 ························· 黑紫色组 sect. *Atropurpurinae*
   4. 菌肉受伤或干后变黄色 ··· 桃红色组 sect. *Persicinae*
   4. 菌肉受伤后或干后不变黄色，或仅略变黄色 ·························· 诱吐组 sect. *Emeticinae*
5. 菌柄红色、玫瑰红色、紫色 ··· 辣味组 sect. *Sardoninae*
5. 菌柄白色 ·· 紫罗兰色组 sect. *Violaceinae*

黑紫色组 sect. *Atropurpurinae* Romagn.

菌盖表面色调复杂，呈现紫色、紫红色、灰绿色和紫褐色等多种混合的色调。菌肉受伤后不变色或变色不显著，有苦味和辛辣味。孢子印白色至奶油色。

模式种：*Russula atropurpurea* (Krombh.) Britzelm.（Britzelmayr，1897）。

中国黑紫色组分种检索表

1. 菌盖淡黄色，带些青灰色至橄榄色，边缘变浅至近微绿色、灰白色 ············ 无害红菇 *R. innocua*
1. 菌盖红色、紫色、紫红色或暗紫色，有时带紫绿色色调 ·· 2
   2. 子实体较大，菌盖直径可达 6 cm 以上，菌肉无特殊气味或仅有微弱的水果香味 ············ 3
   2. 子实体较小，菌盖直径通常 6 cm 以下，菌肉通常有水果香味 ······································ 4
3. 菌盖紫红色、暗紫色和紫褐色 ·· 黑紫红菇 *R. atropurpurea*
3. 菌盖绿色至污灰绿色，多见绿色色调 ·· 黑绿红菇 *R. atroviridis*
   4. 菌盖表面光滑至粗糙，无光泽，菌褶弯生 ·· 脆红菇 *R. fragilis*
   4. 菌盖表面光滑，有光泽，菌褶直生 ·· 漆亮红菇 *R. laccata*

黑紫红菇　图 127，图版 XXIII 5

Russula atropurpurea (Krombh.) Britzelm., Botan. Zbl. 54: 99, 1893.

Agaricus atropurpureus Krombh., Naturgetr. Abbild. Beschr. Schwämme (Prague) 9: 6, 1845.

Russula atropurpurea var. *atropurpurea* Peck, Rep. (Annual) Trustees State Mus. Nat. Hist., New York 41: 75, 1888.

Russula atropurpurea var. *dissidens* Zvára, Bull. trimest. Soc. mycol. Fr. 47(1): 49, 1931.

Russula atropurpurea var. *fuscovinacea* (J.E. lange) Reumaux, in Reumaux, Bidaud & Moënne-Loccoz, Russules Rares ou Méconnues (Marlioz): 281, 1996.

Russula atropurpurea var. *krombholzii* Singer, Beih. bot. Zbl., Abt. 2 49: 301, 1932.

Russula atropurpurea var. *undulata* (Velen.) Reumaux, Bull. Mycol. Bot. Dauphiné-Savoie 50(no. 198): 27, 2010.

Russula depallens var. *atropurpurea* (Krombh.) Melzer & Zvára, Arch. Přírod. Výzk. Čech. 17(4): 10, 1927.

Russula fuscovinacea J.E. Lange, Fl. Agaric. Danic. 5: 64, 1940.

Russula krombholzii Shaffer, Lloydia 33(1): 82, 1970.

Russula krombholzii f. *violaceomarginata* R. Socha, in Socha, Hálek, Baier & Hálek, Holubinky (Russula) (Praha): 508, 2011.

Russula krombholzii var. *dissiidens* (Zvára) R. Socha, in Socha, Hálek, Baier & Hálek, Holubinky (Russula) (Praha): 508, 2011.

Russula krombholzii var. *flavo-ochracea* R. Socha, in Socha, Hálek, Baier & Hálek, Holubinky (Russula) (Praha): 508, 2011.

Russula krombholzii var. *fusovinacea* (J.E. Lange) R. Socha, in Socha, Hálek, Baier & Hálek, Holubinky (Russula) (Praha): 509, 2011.

Russula krombholzii var. *luteoviridis* R. Socha & Hálek, in Socha, Hálek, Baier & Hálek, Holubinky (Russula) (Praha): 509, 2011.

Russula undulata Velen., České Houby 1: 131, 1920.

Russula viscida var. *dissidens* (Zvára) Moënne-Locc. & Reumaux, in Reumaux, Bidaud & Moënne-Loccoz, Russules Rares ou Méconnues (Marlioz): 290, 1996.

子实体中型至较大型。菌盖直径 4~10 cm，初近球形至半球形，后中央凸起，平展中部略有下凹，紫红色、红紫色、暗紫色和紫褐色，中部颜色较深，边缘色浅，老后褪色至紫灰色和淡紫色，有时变灰色，边缘近尖锐至钝圆，薄，有时开裂，平滑无条纹，老后略有皱纹，湿时很黏，干后光滑，具极不明显的微细皱纹，表皮可从菌盖边缘至中央方向剥离 1/3。菌肉白色，近表皮处淡紫红色，老后变浅褐色、褐色至灰褐色，味道柔和，后稍辛辣，无显著气味，有时稍带水果气味。菌褶直生，宽 0.3~0.8 cm，白色，后略带乳黄色，较密，等长，前端宽，基部变窄。菌柄长 2~8 cm，粗 0.8~3.0 cm，近圆柱形至近梭形，有时近顶端膨大，白色，有时中部粉红色，基部稍带赭石色，在潮湿情况下老后变灰，初内实，后内海绵质中空，较软而脆弱。孢子印白色。

担子 25~33 × 8.3~11 μm，棒状，近顶端处膨大，具 2~4 个小梗，无色透明。担孢子（100/4/4）6.8~8.6×6.4~6.9（7.5）μm [Q =（1.01）1.08~1.29（1.32），**Q** = 1.20 ± 0.06]，宽椭球形至近球形，少数球形和椭球形，无色，表面有小疣刺，高 0.7~1.2 μm，部分疣刺间有连线，不形成完整网纹，脐上区淀粉质点不显著。侧生囊状体 51~68 × 7.5~11 μm，梭形至近梭形，无色透明，顶端钝圆。菌盖表皮菌丝直立状至栅栏状，菌丝宽 1.7~4.1 μm，无色透明，有隔，末端钝圆至近尖锐，盖生囊状体未见。菌柄表皮菌丝宽 1.7~4.1 μm，有隔，无色透明，柄生囊状体未见。

生境：夏秋季单生或群生于阔叶林或针叶林地上。

模式产地：德国。

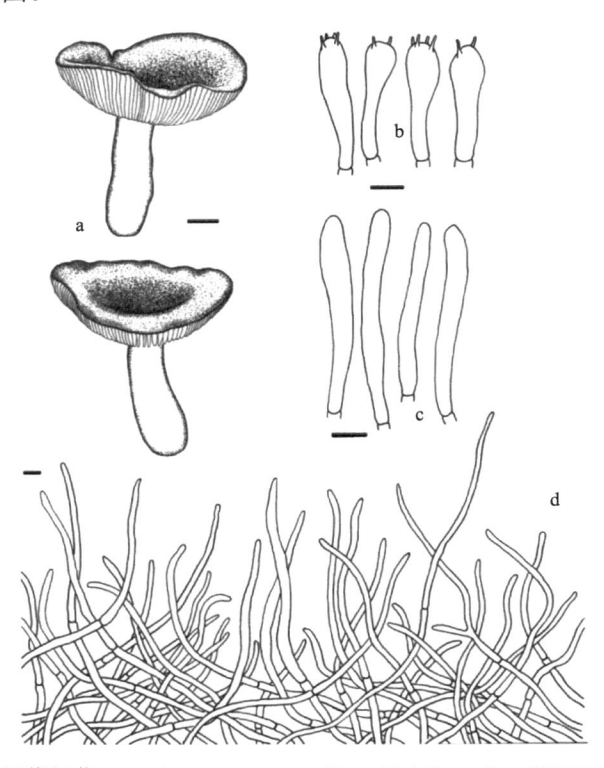

图 127 黑紫红菇 *Russula atropurpurea* (Krombh.) Britzelm.（HMAS 36784）
a. 子实体；b. 担子；c. 侧生囊状体；d. 菌盖表皮菌丝。a. 标尺=1 cm；b~d. 标尺=10 μm

世界分布：亚洲（中国、日本）；欧洲（法国、英国、德国、捷克）；非洲；北美洲；大洋洲。

研究标本：河北，林中地上，1973 年 10 月，北京干菜公司（HMAS 36784）；张家口小五台山大梁背，林中地上，1990 年 8 月 22 日，文华安、李滨 33（HMAS 61955）；小五台山西台，林中地上，1990 年 8 月 29 日，文华安、李滨 160（HMAS 63695）。黑龙江伊春带岭，针叶林地上，1974 年 8 月 20 日，东北林学院 220－2（HMAS 38042）。河南南阳，林中地上，1979 年 2 月 19 日，北京干菜公司（HMAS 39264）。四川甘孜贡嘎山西坡，林中地上，1984 年 7 月 14 日，文华安、苏京军 1125（HMAS 49964）；米易，海拔 1836 m 林中地上，2009 年 8 月 1 日，文华安、李赛飞、王波、钱茜 118（HMAS 220738）；冕宁复兴镇北土山，海拔 2294 m 林中地上，2009 年 7 月 27 日，文华安、李赛飞、王波、钱茜 28（HMAS 220610）。贵州道真大沙河自然保护区，林中地上，1988 年 7 月 21 日，李宇、宗毓臣、应建浙 531（HMAS 58269）。云南大理苍山，海拔 2600 m 林中地上，2009 年 7 月 16 日，苏鸿雁等 90716018（HMAS 196540）；洱源邓川镇旧州村苍山，海拔 2579 m 针叶林地上，2009 年 7 月 24 日，李国杰、赵勇 09528（HMAS 220624）；昆明黑龙潭，混交林地上，2001 年 8 月，丁明仁 200114（HMAS 81881）；昆明楸木园，针叶林地上，1973 年 6 月，徐连旺、宗毓臣、卯晓岚 235（HMAS 36916）；昆明西山，林中地上，1942 年 7 月 22 日，裘维蕃 7994（HMAS 03974）；嵩明五台山，林中地上，2006 年 8 月 11 日，文华安、周茂新、李国杰 06229（HMAS 145866）。西藏林芝波密扎木林场，林中地上，1976 年 7 月 23 日，宗毓臣 330（HMAS 38043）；西藏自治区那曲市嘉黎县阿扎镇，海拔 4400 m 林中地上，1990 年 8 月 23 日，蒋长坪、欧珠次旺 7（HMAS 57859）；林芝吉隆托丹，海拔 3700 m 林中地上，1990 年 9 月 23 日，庄剑云 3809（HMAS 60373）；林芝米林，林中地上，1974 年 9 月 23 日，宗毓臣 69（HMAS 36929）；扎洛，林中地上，1975 年 7 月 10 日，宗毓臣 45（HMAS 38064）。陕西宝鸡太白山花王池，林中地上，1963 年 8 月 3 日，马启明、宗毓臣 2822（HMAS 33734）；汉中秦岭，林中地上，1991 年 9 月，卯晓岚 6365（HMAS 61543）。

讨论：Schaffer（1970b）认为黑紫红菇是 *R. atropurpurea* Peck 不合法的同物异名，他提出的克罗姆氏红菇 *R. krombholzii* Shaffer 一直被欧洲的菌物学者们所忽视（Kuyper and Vuure，1985）。

经济价值：该种可食用。与松属、水青冈属及栎属等的一些树种形成外生菌根。

黑绿红菇　图 128，图版 XXIII 6
Russula atroviridis Buyck, Bull. Jard. Bot. Natn. Belg. 60(1-2): 202, 1990.
Russula atrovinosa Buyck, Mycotaxon 35: 59, 1989.
Russula atrovirens McNabb, N.Z. JI Bot. 11(4): 703, 1973.

子实体中型。菌盖直径 4~7 cm，幼时半球形至中央凸起，成熟后中央略有凹陷，表面灰蓝色带品红色到污红色至品红色带绿色，有时还混有灰褐色、污灰绿色和污灰色色调，中央有时带黄色色调，湿时黏或稍黏，无毛，表面有极为微细的果霜，无菌幕的痕迹，菌盖边缘光滑，无条纹。菌肉白色至奶油色，伤不变色，味道柔和，无特殊气味。菌褶直生，少数近延生，宽 0.5 cm，密集，无小菌褶或极为少见，白色至暗奶油色，老后不变色。菌柄长 2~4 cm，粗 1~2 cm，圆柱状，等粗至近等粗，表面干燥而光滑，有时表面呈现极为微细的鳞屑状，内实，白色、污白色，经常带浅灰红色、浅玫瑰红色和浅污灰色色调。孢子印白色至浅奶油色。

担子 30~37 × 10~13 μm，棒状至近梭形，有时近顶端处膨大，无色透明，小梗长 4~6 μm，有时可达 8 μm。担孢子（40/2/1）（6.4）6.6~8.0（8.4）×（5.6）5.8~6.6（6.9）μm [Q =（1.03）1.05~1.25，Q = 1.16 ± 0.06]，近球形至宽椭球形，少数球形，无色，表面有疣刺，高 0.7~1.2 μm，表面疣刺间多有连线，不形成完整的网纹，脐上区淀粉质点不显著。侧生囊状体 43~61 × 7~11 μm，较多，长棒状至近梭形，有时顶端有披针状凸起，无色透明。菌盖表皮菌丝栅栏状至直立，菌丝宽 1.7~4.6 μm，无色透明，有分隔，部分菌丝末端膨大，盖生囊状体未见。菌柄表皮菌丝宽 1.7~5.0 μm，有隔，无色透明，柄生囊状体未见。

生境：夏秋季单生至群生于阔叶林地上。

模式产地：新西兰。

世界分布：亚洲（中国）；大洋洲（新西兰）。

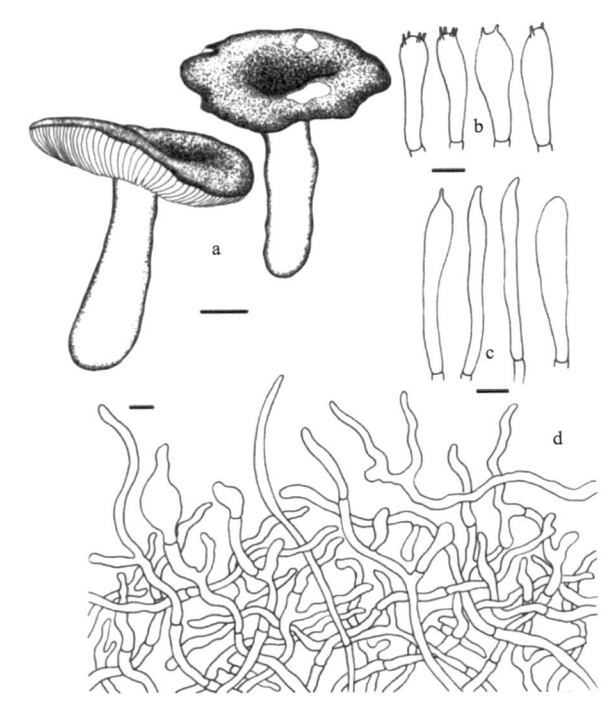

图 128 黑绿红菇 *Russula atroviridis* Buyck（HMAS 57895）
a. 子实体；b. 担子；c. 侧生囊状体；d. 菌盖表皮菌丝。a. 标尺=1 cm；b~d. 标尺=10 μm

研究标本：贵州道真县大沙河自然保护区，林中地上，1988 年 7 月 19 日，李宇、宗毓臣、应建浙 408（HMAS 57895）。

脆红菇　图 129，图版 XXIV 1
别名：小毒红菇

Russula fragilis Fr., Epicr. syst. mycol. (Upsaliae): 359, 1838.
Agaricus fallax Schaeff., Fung. bavar. palat. nasc.(Ratisbonae) 1: tab. 16, 1762.
Agaricus fragilis Pers., Syn. meth. fung. (Göttingen) 2: 440, 1801.
Agaricus linnaei var. *fragilis* (Pers.) Fr., Observ. mycol. (Havniae) 1: 68, 1815.
Agaricus niveus Pers., Syn. meth. fung. (Göttingen) 2: 438, 1801.
Russula autumnalis f. *fumosa* (Gillet) Remaux, in Reumaux, Bidaud & Moënne-Loccoz, Russules Rares ou Méconnues (Marlioz): 281, 1996.
Russula bataillei Bidaud & Reumaux, in Reumaux, Bidaud & Moënne-Loccoz, Russules Rares ou Méconnues (Marlioz): 281, 1996.
Russula emetica f. *knauthii* Singer, Hedwigia 66: 216, 1926.

Russula emetica subsp. *fragilis* (Pers.) Singer, Beih. bot. Zbl., Abt. 2 49: 307, 1932.
Russula emetica var. *fallax* (Schaeff.) P. Karst., Bidr. Känn. Finl. Nat. Folk 32: 209, 1879.
Russula emetica var. *fragilis* (Pers.) Quél. Fl. mycol. France (Paris): 343, 1888.
Russula fallax (Schaeff.) Fr., Hyménomyc. eur. (Upsaliae): 449, 1874.
Russula fragilis f. *atroviolacea* R. Socha, in Socha, Hálek, Baier & Hálek, Holubinky (Russula) (Praha): 507, 2011.
Russula fragilis f. *fennica* P. Karst., Bidr. Känn. Finl. Nat. Folk 48: 462, 1889.
Russula fragilis f. *fumosa* Lucand, Figures des Champignons (Autun): tab. 66, 1893.
Russula fragilis f. *griseoviolacea* Britzelm., Botan. Centralbl. 68(5): 138, 1896.
Russula fragilis f. *pseudoraoultii* García Mon., Belarra (Bilbao) 12: 73, 1995.
Russula fragilis f. *violascens* (Secr. ex Gillet) Sacc., Syll. fung. (Abellini) 5: 473, 1887.
Russula fragilis f. *viridilutea* Bon, Bull. trimest. Féd. Mycol. Dauphiné-Savoie 27(no. 108): 12, 1988.
Russula fragilis var. *chionea* Gillet, Hyménomycétes (Alençon): 245, 1876.
Russula fragilis var. *fallax* (Schaeff.) Massee, Brit. Fung.-Fl. (London) 3: 76, 1893.
Russula fragilis var. *gilva* Krauch & U. Krauch, Z. Mykol. 63(1): 76, 1997.
Russula fragilis var. *gilva* Einhell., Hoppea 43(1): 56, 1985.
Russula fragilis var. *knauthii* (Singer) Kuyper & Vuure, Persoonia 12(4): 451, 1985.
Russula fragilis var. *mitis* Krombh., Naturgetr. Abbild. Beschr. Schwämme (Prague) 9: 8, tab. 64: 12-18, 1845.
Russula fragilis var. *nivea* Gillet, Hyménomycètes (Alençon): 245, 1876.
Russula fragilis var. *rufa* P. Karst., Bidr. Känn. Finl. Nat. Folk 48: 463, 1889.
Russula fragilis var. *salicina* Melzer, Holubinky (Praha): 40, 1944.
Russula fragilis var. *violascens* Secr. ex Gillet, Hyménomycètes (Alençon): 245, 1876.
Russula knauthii (Singer) Hora, Trans. Br. mycol. Soc. 43(2): 457, 1960.
Russula nivea Pers., Syn. meth. fung. (Göttingen) 2: 438, 1801.
Russula subfragilis Burl., N. Amer. Fl. (New York) 9(4): 233, 1915.

　　子实体较小型至中型。菌盖直径 0.7~6.0 cm，幼时扁半球形，平展后中部多少有些下凹，最终碟状，边缘初钝圆，后变直而薄，颜色多变，通常暗红色、紫色、堇紫色、紫红色、紫罗兰色、暗紫红色，有时呈现青褐色、淡绿色和赭色色调，中部深紫色，向盖缘变浅，有时呈现多种色调的混合，或整个菌盖呈现绿色色调，表面湿时较黏，干燥时光滑，中央略有果霜，边缘略粗糙至有极微细的皱纹，盖缘有弱条纹，表皮多少可以剥离。菌肉白色，较脆，有时极缓慢地变黄色，味道极为苦而辛辣，稍带水果气味。菌褶弯生，等长，稍密至稍稀，少数近柄处分叉，边缘稍膨大而较钝，表面白色至浅乳黄色，褶间微具横脉。菌柄长 4~8 cm，粗 0.4~1.5 cm，圆柱形至近棒状，近基部处较粗，白色，有赭色斑点至后变赭色，初内实，后内部海绵质，松软至较脆。孢子印白色。

　　担子 22~37 × 7~10 μm，棒状，部分近顶端处膨大，具 2~4 个小梗，无色透明。担孢子（100/4/4）（6.0）6.3~8.8（9.2）×（5.3）5.5~7.6（7.8）μm [Q =（1.02）1.04~1.24（1.28），Q = 1.13 ± 0.07]，多数近球形至宽椭球形，少数球形，无色，表面有小疣刺，

疣刺高 0.7~1.2 μm，近圆锥形至近圆柱形，疣刺间无连线至较少连线，脐上区淀粉质点较显著。侧生囊状体 37~76 × 7~9 μm，梭形至近梭形，较细长，表面略有纹饰，顶端近尖锐至钝圆。菌盖表皮菌丝平伏状，菌丝宽 2.5~5.0 μm，有隔，末端近尖锐至钝圆，无色透明，盖生囊状体未见。菌柄表皮菌丝宽 2.5~5.8 μm，有隔，无色透明，柄生囊状体未见。

生境：夏秋季散生于针叶林或阔叶林地上。

模式产地：瑞典。

世界分布：亚洲（中国）；欧洲（英国、法国、德国、意大利、瑞典、丹麦、挪威、芬兰、冰岛、克罗地亚）；北美洲（美国、加拿大）；大洋洲。

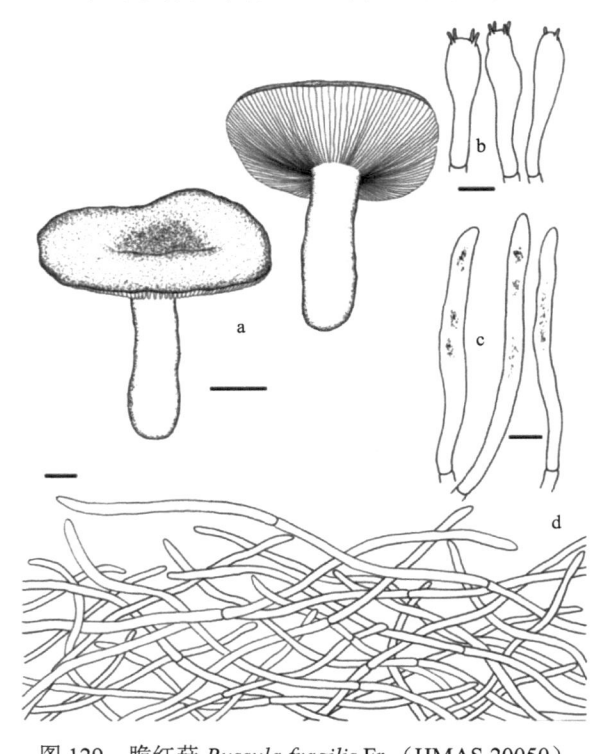

图 129　脆红菇 *Russula fragilis* Fr.（HMAS 20050）
a. 子实体；b. 担子；c. 侧生囊状体；d. 菌盖表皮菌丝。a. 标尺=1 cm；b~d. 标尺=10 μm

研究标本：山西晋城沁水，林中地上，1987 年 8 月 25 日，泰孟龙 1072（HMAS 85511）。辽宁铁岭开源，阔叶林地上，1977 年 8 月 19 日，马启明（HMAS 38059）。吉林延吉安图长白山，林中地上，1960 年 7 月 31 日，杨玉川 483（HMAS 32622）。黑龙江牡丹江林口，林中地上，1972 年 8 月 5 日，徐连旺、卯晓岚 84（HMAS 36835）；伊春带岭，林中地上，1974 年 8 月 22 日，东北林学院 263（HMAS 38060）。江苏南京灵谷寺，林中地上，1977 年 10 月 10 日，应建浙（HMAS 37477）；苏州天平山，林中地上，1965 年 6 月 28 日，邓叔群 6852（HMAS 35828）。安徽黄山，阔叶林地上，1957 年 8 月 27 日，邓叔群 5083（HMAS 20050）。福建浦城县观前，海拔 500 m 林中地上，1960 年 8 月 24 日，王庆之、袁文亮、何贵 32785（HMAS 32781）。河南三门峡卢氏狮子坪，林中地上，1968 年 8 月，李惠中、徐连旺、卯晓岚 211（HMAS 35928），1968

年8月17日，李惠中、卯晓岚、应建浙9（HMAS 35827）。湖南郴州莽山，林中地上，1981年10月6日，宗毓臣、卯晓岚90（HMAS 47334）。四川阿坝卧龙自然保护区，林中地上，1984年8月14日，文华安、苏京军1486（HMAS 49986）；甘孜贡嘎山东坡，林中地上，1984年7月1日，文华安、苏京军906（HMAS 49984）；贡嘎山西坡，林中地上，1984年7月14日，文华安、苏京军1103（HMAS 49985）。云南大理宾川鸡足山，林中地上，1989年8月10日，李宇、宗毓臣210（HMAS 57824）；昆明普吉，林中地上，1942年6月11日，裘维蕃等7992（HMAS 03992），1942年7月20日，裘维蕃7997（HMAS 03997）；牟定化佛山，林中地上，2006年8月8日，文华安、周茂新、李国杰、李树红06107（HMAS 145920）。西藏山南洛扎，林中地上，1975年9月1日，宗毓臣122（HMAS 38061）。新疆乌鲁木齐南山，林中地上，2007年9月7日，图力古尔（HMJAU 5596）。

讨论：脆红菇与欧洲和美洲的脆红菇菌盖颜色有差异，欧美的脆红菇多为边缘红色而中央带灰色、灰紫色或灰褐色的菌盖（Romagnesi，1967）。松红菇 *R. fallax* 与脆红菇在显微特征上无明显差异。Romagnesi（1967）和Sarnari（2005）将松红菇作为脆红菇的同物异名。

经济价值：该种有毒。与铁杉属、桤木属、栎属和水青冈属等的一些树种形成外生菌根。

无害红菇　图130，图板XXIV 2

Russula innocua (Singer) Romagn. ex Bon, Docums Mycol. 12(no. 46): 32, 1982.
Russula innocua (Singer) Romagn., Revue Mycol., Paris 35(4): 255 and 256, 1970.
Russula smaragdina var. *innocua* Singer, Annls mycol. 33(5/6): 304, 1935.

子实体较小型至中型。菌盖直径4~5 cm，初扁半球形，后平展中部下凹，有时边缘上翘至浅碟状，淡黄色，干标本中央带青灰色至橄榄色，边缘变浅至近微绿色、灰白色，有时淡紫色，菌盖表面光滑，湿时黏，被短绒毛，肉质至膜质，干后较脆，菌盖边缘无条纹，表皮容易剥离。菌肉厚0.5~0.6 cm，白色，有时略有微灰色，受伤后不变色，遇硫酸亚铁溶液后不变色至呈现黄褐色，遇硫酸香草醛溶液后变紫褐色，味道微辛辣，无气味或具面包气味和水果香味。菌褶近延生，宽0.5~0.8 cm，盖缘处10~14片/cm，基本等长，近柄处多有分叉，褶间具横脉，褶缘平滑，有极少量小菌褶，乳白色。菌柄长3~3.5 cm，近顶处粗0.7~1.0 cm，中生，圆柱形，近基部处略膨大，有条纹，无附属物，肉质，柔软，中空，白色，有时略带灰色，表面光滑而略有皱纹。孢子印白色至乳白色。

担子30~38 × 7~9 μm，棒状，淡黄色，具4个小梗，个别2个小梗。担孢子（40/2/2）6.4~8.4 ×（6.0）6.3~6.9（7.5）μm [Q =（1.02）1.04~1.22（1.24），**Q** = 1.15 ± 0.07]，近球形至宽椭球形，少数球形，无色至微黄色，表面有小疣刺，近圆柱形，高0.5~0.7 μm，疣刺间极少有连线至无连线，脐上区淀粉质点不显著。侧生囊状体37~84 × 7~10 μm，数量较多，近梭形至棒状，有时顶端具尖锐突起，无色透明，个别顶端有附属物。菌盖表皮菌丝栅栏状，菌丝宽1.7~5.8 μm，末端渐细，部分菌丝稍膨大，可达10 μm，盖生囊状体未见。菌柄表皮菌丝宽1.7~5.0 μm，有隔，无色，柄生囊状体未见。

生境：夏秋季生于阔叶林地上。

模式产地：法国。

世界分布：亚洲（中国）；欧洲（法国、英国、德国、丹麦）。

研究标本：广东连山城东北部小山，混交林地上，1984年9月9日，郑国杨、李泰辉（HMIGD 7533）；梅州大埔丰溪松树山，海拔400~450 m林中地上，1987年6月21日，郑国杨（HMIGD 11212）；梅州大埔丰溪林场，阔叶林地上，1987年6月22日，郑国杨（HMIGD 11227）。

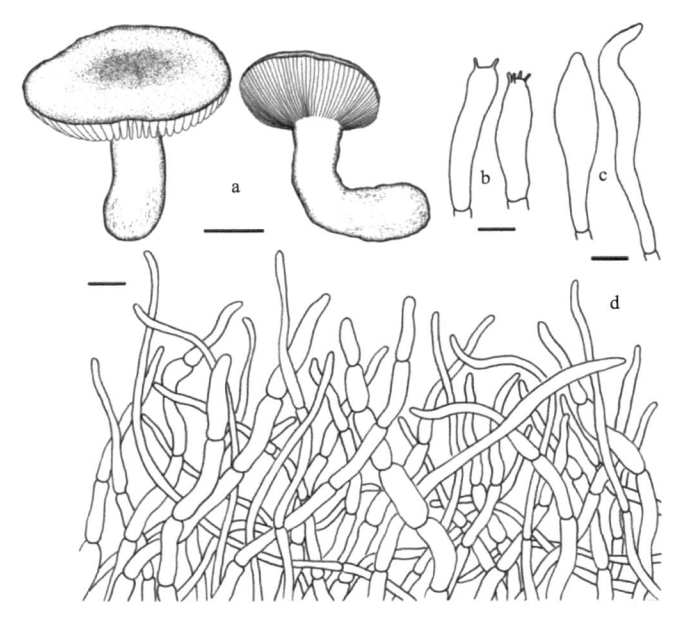

图130 无害红菇 *Russula innocua* (Singer) Romagn. ex Bon（HMIGD 7533）
a. 子实体；b. 担子；c. 侧生囊状体；d. 菌盖表皮菌丝。a. 标尺=1 cm；b~d. 标尺=10 μm

漆亮红菇 图131，图版XXIV 3

Russula laccata Huijsman, Fungus, Wageningen 25: 40, 1955.

Russula norvegica D.A. Reid, Fungorum Rariorum Icones Coloratae 6: 36, 1972.

Russula norvegica var. *rubromarginata* Kühner, Bull. trimest. Soc. mycol. Fr. 91(3): 389, 1975.

子实体较小型至中型。菌盖直径2.5~5.0 cm，中央凸起后平展，边缘常有较钝的脐状凸起，有时老后凹陷或呈杯状，光滑，有光泽，近似涂过油漆状，表面深红色、酱色或略带紫色，个别甚至近黑色，少见酒色，中央色深，幼嫩时有微细绒毛，干燥时具近白粉状物，不透明，近角质，略带轻微玫瑰色，边缘有明显棱纹。菌肉白色，受伤后不变色，味道极为辛辣，有时有氨水气味、水果发酵的香味，或椰子肉香味，但较柔弱。菌褶直生，较稀，初白色，后略变乳黄色。菌柄长5 cm，粗1 cm，圆柱形至近圆柱形，近基部处略膨大，表面有微细短软毛，海绵状，后中空，脆，白色，偶见粉色色调，多汁液，蜡质至水晶状，基部一般变黄色。孢子印白色至浅奶油色。

担子26~33 × 6~8 μm，棒状，具2~4个小梗，部分近顶端处稍膨大，无色透明。担孢子（20/1/1）6.3~7.5（7.7）×（5.1）5.8~6.5 μm [Q =（1.08）1.12~1.21，**Q** = 1.16 ± 0.04]，多数近球形至宽椭球形，少数球形，无色，表面有小疣刺，高 0.5~0.7 μm，疣刺间多有连线，呈网纹状或近网纹状，脐上区淀粉质点不显著。侧生囊状体 45~62 × 8~11 μm，梭形至近梭形，近基部处稍膨大至膨大，顶端尖锐至近尖锐，无色透明。菌盖表皮菌丝直立状，菌丝宽 2.5~5.0 μm，有隔，无色透明，末端细胞基部处略膨大至膨大，顶端近尖锐至尖锐。菌柄表皮菌丝宽 2.5~5.0 μm，有隔，无色透明，柄生囊状体 39~66 × 5~8 μm，较多，棒状，有隔，有颗粒状内含物，遇硫酸香草醛溶液变灰黑色。

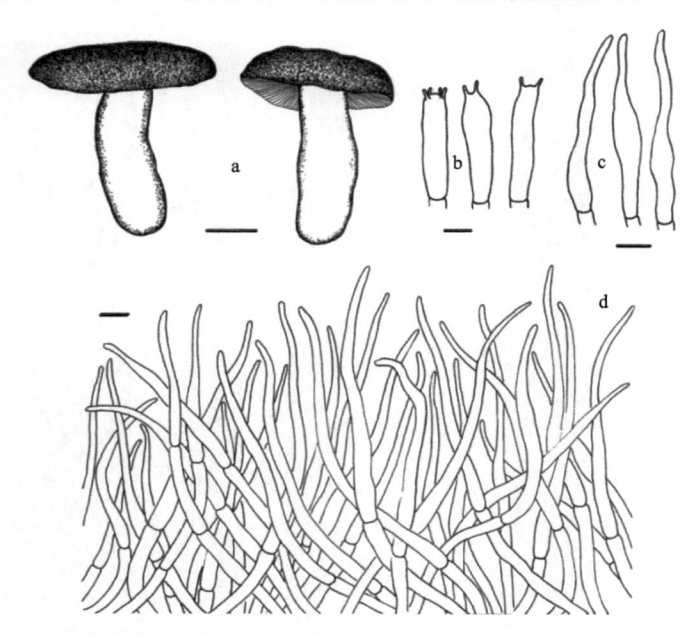

图 131　漆亮红菇 *Russula laccata* Huijsman（HMAS 75479）
a. 子实体；b. 担子；c. 侧生囊状体；d. 菌盖表皮菌丝。a. 标尺=1 cm；b~d. 标尺=10 μm

生境：夏秋季单生至散生于混交林地上。
模式产地：荷兰。
世界分布：亚洲（中国）；欧洲（英国、丹麦、荷兰、挪威、冰岛、瑞典、芬兰）；北美洲（格陵兰、加拿大）。
研究标本：山东文登区天福山，林中地上，1980 年 8 月 27 日，文华安、宗毓臣 20（HMAS 75477）。四川九寨沟，林中地上，1991 年 9 月，卯晓岚 4046（HMAS 69834）。贵州贵阳，林中地上，1988 年 7 月 1 日，李宇、宗毓臣、应建浙 119（HMAS 75479）。

诱吐组 sect. ***Emeticinae*** Melzer & Zvára

菌盖表面红色色调。菌肉受伤后不变色或变色不显著，有苦味和辛辣味。孢子印白色至奶油色。
模式种：*Russula emetica* (Schaeff.) Pers.（Burlingham，1915）。

中国诱吐组分种检索表

1. 子实体大型，达 11 cm，菌盖表面鲜红色、血红色、樱桃红色，中央颜色较深 ··· 毒红菇原变种 *R. emetica* var. *emetica*
1. 子实体较小或中型，菌盖非上述特征 ··· 2
    2. 菌盖表皮不易剥离 ··· 3
    2. 菌盖表皮易剥离 ··· 4
3. 菌肉伤后不变色至稍变黄色，有水果香 ··· 高贵红菇 *R. nobilis*
3. 菌肉伤不变色，有强的辛辣味 ··· 裘氏红菇 *R. chiui*
    4. 菌褶初白色，后变淡赭色 ·· 紫红菇 *R. punicea*
    4. 菌褶白色，不变色 ··· 5
5. 菌盖表皮有囊状体 ··· 毒红菇群生变种 *R. emetica* var. *gregaria*
5. 菌盖表皮无囊状体 ··· 6
    6. 菌褶离生至近直生 ·· 桦林红菇 *R. betularum*
    6. 菌褶离生 ··· 黏红菇 *R. viscosa*

桦林红菇　图 132，图版 XXIV 4

别名：毒红菇桦变种、桦红菇

Russula betularum Hora, Trans. Br. mycol. Soc. 43: 456, 1960.

Russula emetica var. *betularum* (Hora) Romagn., Russules d'Europe Afr. Nord. Essai sur la Valeur Taxinomique Specifique des Characteres des Spores et des Revetements: 410, 1967.

Russula betularum f. *alba* R. Socha & Hálek, Baier & Hálek, Holubinky (Russula) (Praha): 506, 2011.

Russula betularum var. *iodiolens* R. Socha, Hálek, Baier & Hálek, Holubinky (Russula) (Praha): 506, 2011.

子实体较小型至中型。菌盖直径 2~5 cm，扁半球形至近平展，中部稍下凹，边缘稍内卷至平展，钝圆，波纹状至有开裂，个别边缘呈锯齿状，粉红色或淡肉粉色，中央颜色较深，有时呈深红色、红铜色至近紫色色调，老后或成熟过程中整个菌盖有时褪色，呈粉色、金黄、近奶油色和白色色调，湿润时较黏，平滑至老后略有皱纹，边缘有粗棱条纹，表皮极易剥离，有时甚至可以完全剥离，边缘有皱纹和小疣。菌肉白色，较薄，初坚实，后脆而易碎，有明显的辛辣味道，气味不显著。菌褶离生至近直生，较稀疏，稍扭曲，有时可见分叉，近边缘处略宽而较钝圆，褶间具横脉，白色。菌柄长 3~6 cm，粗 0.6~0.8 cm，圆柱形，近基部处稍膨大，白色，有时略带柠檬黄色和灰褐色色调，初内实，后脆而中空，幼嫩时光滑，老后有较明显的皱纹。孢子印白色。

担子 38~50 × 11~13 μm，棒状，近顶端处略有膨大，具 2~4 个小梗，无色透明。担孢子（100/4/2）（5.9）6.3~10.3 × 5.5~8.5（9.2）μm [Q =（1.02）1.05~1.32（1.34），Q = 1.19 ± 0.08]，近球形至宽椭球形，部分球形和椭球形，无色，表面疣刺高 0.5~1.0 μm，近圆锥形，疣刺间有微细的连线，形成近于完整的网纹，脐上区淀粉质点较显著。侧生囊状体 62~74 × 9~14 μm，棒状至梭形，无色透明，顶端钝圆，表面光滑而无纹饰。菌盖表皮菌丝栅栏状，菌丝宽 3.8~5.8 μm，无色透明，有隔，末端近尖锐，个别尖锐，盖生囊状体未见。菌柄表皮菌丝宽 3.8~7.5 μm，有隔，无色透明，柄生囊状体未见。

生境：夏秋季生于混交林或阔叶林地上。

模式产地：英国。

世界分布：亚洲（中国）；欧洲（英国、法国、德国、丹麦、挪威、冰岛、瑞典、芬兰）；北美洲（美国）；非洲。

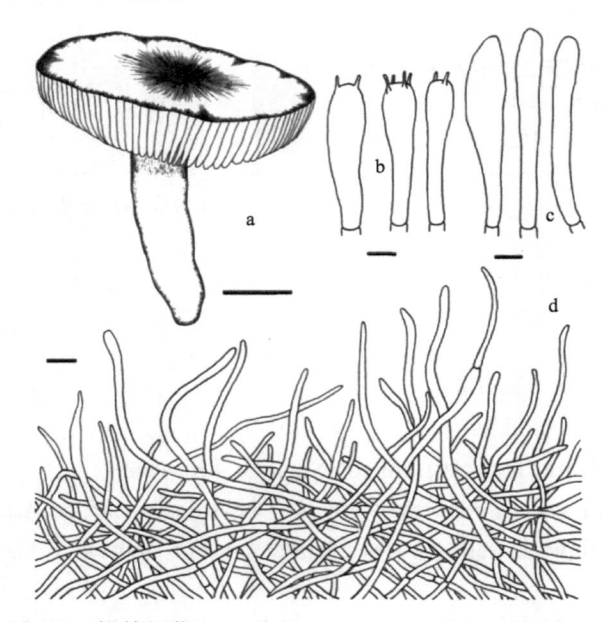

图 132　桦林红菇 *Russula betularum* Hora（HMAS 59755）
a. 子实体；b. 担子；c. 侧生囊状体；d. 菌盖表皮菌丝。a. 标尺=1 cm；b~d. 标尺=10 μm

研究标本：浙江开化古田山，混交林地上，2008 年 7 月 20 日，李国杰、杨晓莉 08185（HMAS 187241）。四川稻城巨龙，阔叶林地上，1983 年 7 月 31 日，文华安、苏京军 315（HMAS 49965）。云南鸡足山，海拔 2200 m 阔叶林地上，1989 年 8 月 12 日，李宇、宗毓臣 306（HMAS 59755）。陕西汉中秦岭，林中地上，1991 年 9 月 20 日，卯晓岚 3840（HMAS 61527）。甘肃甘南宕昌腊子口，林中地上。1992 年 9 月 9 日，卯晓岚 6166（HMAS 131013）。

经济价值：该种有毒。

裘氏红菇　图 133，图版 XXIV 5

Russula chiui G.J. Li & H.A. Wen, Mycol. Progr. 14(6/33): 5, 2015.

子实体小型至中型。菌盖直径 3.0~4.8 cm，初半球形，后扁半球形至中央凸起，老后菌盖中央易下凹，边缘平展，少见开裂，边缘无条纹，菌盖表面为鲜红色色调，可呈现桃红色、粉红色、鲑鱼肉红色、橙红色和血红色等多种红色的混合色调，菌盖近缘处通常有橙红色至橙黄色色调，湿时不黏，干燥后稍光滑，无光泽。菌肉厚 0.3 cm 左右，白色，伤不变色，老后或干燥后略变浅奶油色，幼时较坚实，老后稍脆，有强烈的辛辣味道，气味不显著。菌褶直生至稍离生，宽 0.2~0.5 cm，盖缘处 17~20 片/cm，钝圆至近尖锐，白色，伤不变色，老后微橙黄色，近柄处部分分叉，褶间微具横脉。菌柄长

4.6~6.3 cm，粗 0.8~1.2 cm，近圆柱形，近菌盖处渐细，表面光滑，老后有微细的纵条纹，白色，伤后略变浅黄色，初内实，后中空。孢子印白色。

担子 39~44 × 11~14 μm，棒状，近顶端处稍膨大，具 4 个小梗，小梗长 4~7 μm，无色透明。担孢子（200/10/9）（7.8）8.4~10.1（10.4）×（6.8）7.1~8.1（8.5）μm [Q =（1.06）1.13~1.30（1.34），**Q** = 1.20 ± 0.06]，近球形至宽椭球形，少数椭球形，无色，表面有近圆锥形疣刺，高 1.0~1.3 μm，疣刺间多连线，形成近于完整的网纹，脐上区淀粉质点不显著。侧生囊状体 60~106 × 9~14 μm，较少，近梭形至近圆柱形，内容物颗粒状至晶体状，在硫酸香草醛溶液中变黑，在 KOH 溶液中呈微黄色。菌盖表皮菌丝上层栅栏状，厚 125~150 μm，菌丝宽 2~5 μm，末端细胞稍膨大，无色透明，盖生囊状体宽 6~10 μm，长棒状，顶端钝圆，有结晶状内含物，在硫酸香草醛溶液中变黑色，菌盖表皮菌丝下层厚 100~120 μm，胶质，菌丝宽 2~6 μm，交织排列，无色透明。菌柄表皮菌丝宽 3~6 μm，无色透明，柄生囊状体未见。

生境：夏秋季单生至散生于混交林和阔叶林（栎树）地上。

模式产地：中国。

世界分布：亚洲（中国）。

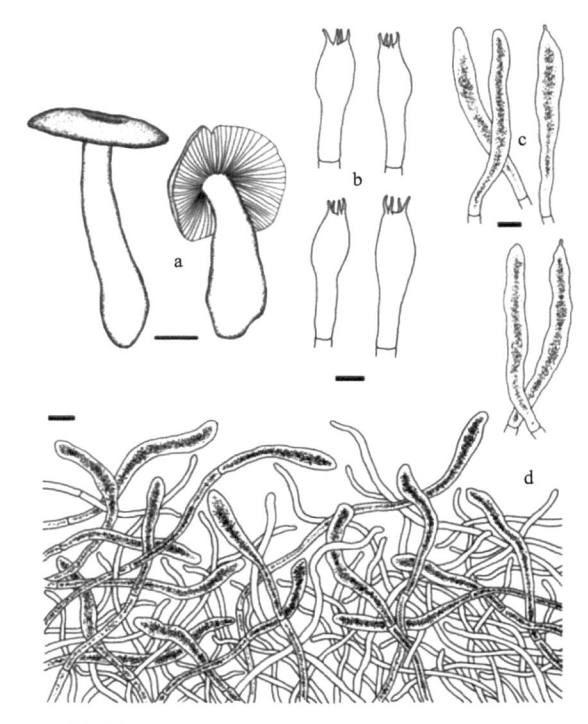

图 133 裘氏红菇 *Russula chiui* G.J. Li & H.A. Wen（HMAS 250410）
a. 子实体；b. 担子；c. 侧生囊状体；d. 菌盖表皮菌丝。a. 标尺=1 cm；b~d. 标尺=10 μm

研究标本：云南漾濞桃树坪大花园，阔叶林地上，2009 年 7 月 15 日，李国杰、杨晓莉 09112（HMAS 220778）。西藏林芝八一镇嘎定沟，阔叶林地上，2012 年 8 月 17 日，赵东、李国杰、蒋先芝 12584（HMAS 267532）；林芝鲁朗镇林海，混交林地上，2009 年 8 月 5 日，魏铁铮 721（HMAS 250410），2012 年 8 月 25 日，赵东、李国杰、齐莎 12093（HMAS 264826）；林芝鲁朗镇中科院藏东南高山站，混交林地上，2012年8月26日，赵东、李国杰、李伟 12874（HMAS 267531）；米林南伊沟，阔叶林地上，2012年8月18日，赵东、李国杰、杨顼 12206（HMAS 264832）；墨脱加热萨乡，阔叶林地上，2012年8月24日，赵东、李国杰、韩俊杰 12675（HMAS 267504）、12681（HMAS 267505）。

毒红菇
别名：呕吐红菇、诱吐红菇

Russula emetica (Schaeff.) Pers., Observ. mycol. (Lipsiae) 1: 100, 1796.

Agaricus emeticus Schaeff., Fung. bavar. palat. nasc. (Ratisbonae) 4: 9, 1774.

Agaricus emeticus var. *fallax* (Fr.) Fr., Syst. mycol. (Lundae) 1: 57, 1821.

Agaricus fallax Fr., Observ. mycol. (Havniae) 1: 70, 1815.

Agaricus linnaei var. *emeticus* (Schaeff.) Fr., Observ. mycol. (Havniae) 1: 67, 1815.

Russula alnijorullensis (Singer) Singer, Agaric. mod. Tax., Edn 4 (Koenigstein): 824, 1986.

Russula alpestris (Boud.) Singer, Bull. trimest. Soc. mycol. Fr. 52: 111, 1936.

Russula alpina (A. Blytt & Rostr.) F.H. Møller & Jul. Schäff., Annls mycol. 38(2/4): 333, 1940.

Russula atropurpurina (Singer) Crawshay, The Spore Ornamentation of Russulas: 128, 1930.

Russula clusii Fr., Hymenomyc. eur. (Upsaliae): 449, 1874.

Russula emetica f. *cordae* Singer, Z. Pilzk. 3(6): 111, 1924.

Russula emetica f. *lilacea* Singer, Z. Pilzk. 3(6): 111, 1924.

Russula emetica f. *truncigena* (Britzelm.) Singer, Z. Pilzk. 3(6): 111, 1924.

Russula emetica subsp. *alnijorullensis* Singer, Revue Mycol., Paris 15: 133, 1950.

Russula emetica subsp. *alpestris* (Boud.) Singer, Mycologia 35(2): 149, 1943.

Russula emetica subsp. *atropurpurina* Singer, Hedwigia 66: 214, 1926.

Russula emetica subsp. *euemetica* Singer, Beih. bot. Zbl., Abt. 2 49: 305, 1932.

Russula emetica subsp. *lacustris* Singer, Revue Mycol., Paris 15: 133, 1950.

Russula emetica var. *alpestris* Singer, Beih. bot. Zbl., Abt. 2 48: 524, 1931.

Russula emetica var. *alpestris* (Boud.) Singer, Z. Pilzk. 5: 76, 1936.

Russula emetica var. *alpina* A. Blytt & Rostr., in Blytt, Skr. VidenskSelsk. Christiania, Kl. I, Math.-Natur.(no. 6): 105, 1905.

Russula emetica var. *atropurpurea* Singer, Z. Pilzk. 3(6): 111, 1924.

Russula emetica var. *clusii* (Fr.) Cooke & Quél., Clavis syn. Hymen. Europ.(London): 146, 1878.

Russula emetica subsp. *alpina* A. Blytt, Skr. VidenskSelsk. Christiania, Kl. I. Math.-Natur. (no. 6): 105, 1904.

Russula emetica var. *fageticola* Melzer, Holubinky (Praha): 38, 1944.

Russula emetica var. *fumosa* Gillot & Lucand, Bull. soc. Hist. nat. Autun 2: 255, 1889.

Russula emetica var. *multifurcata* R. Schulz, in Michael & Schulz, Führ. Pilzfr. 1 End 5

(Berlin): Pl. 71, 1924.

Russula emetica var. *pineticola* Melzer, Holubinky (Praha): 38, 1944.

Russula emetica var. *pseudolongipes* Moënne-Locc. & Reumaux, Les Russules Émétiques, Prolégomènes à Une Monographie des Emeticinae d'Europe et d'Amérique du Nord (Bassens): 237, 2003.

Russula emetica var. *violacea* R. Schulz, in Michael & Schulz, Führ. Pilzfr. 1 End 5 (Berlin): Pl. 71, 1924.

Russula fragilis var. *alpestris* Boud., Bull. Soc. bot. Fr. 41: 246, 1894.

Russula gregaria (Kauffman) Moënne-Locc. & Reumaux, Les Russules Émétiques, Prolégomènes à Une Monographie des Emeticinae d'Europe et d'Amérique du Nord (Bassens): 237, 2003.

Russula nana var. *alpina* (A. Blytt & Rostr.) Bon, Docums Mycol. 17(no. 65): 56, 1986.

Russula nobilis var. *fumosa* (Gillot & Lucand) Reumaux, in Moënne-Loccoz. & Reumaux, Les Russules Émétiques, Prolégomènes à Une Monographie des Emeticinae d'Europe et d'Amérique du Nord (Bassens): 237, 2003.

Russula pectinata var. *truncigena* (Britzelm.) Singer, Z. Pilzk. 2(1): 6, 1923.

Russula silvestris var. *lacustris* (Singer) Moënne-Locc. & Reumaux, Les Russules Émétiques, Prolégomènes à Une Monographie des Emeticinae d'Europe et d'Amérique du Nord (Bassens): 238, 2003.

Russula truncigena Britzelm., Botan. Centralbl. 54(4): 100, 1893.

毒红菇原变种　图 134，图版 XXIV 6

Russula emetica var. **emetica** (Schaeff.) Pers., Observ. mycol. (Lipsiae) 1: 100, 1796.

　　子实体中型至大型，个别较小型。菌盖直径 3~11 cm，初扁半球形至中央强烈凸起，后平展，中部极少下凹，边缘多少有些内卷，无条纹或具微弱条纹，表面鲜红色、血红色、樱桃红色，中央颜色较深，有时黑红色至近黑色，盖缘色较淡，有时表面褪色至近白色，有时褪色后带浅黄色，有棱纹，表皮湿时非常黏，干后有光泽，表皮可全部剥离或部分剥离 1/3 左右。菌肉白色，老后或受伤后不变色或稍变黄，较脆，近表皮处红色至粉色，味道极为苦和辛辣，稍有水果气味。菌褶弯生至近延生，中等密或较稀，近柄处稍有分叉，褶缘处稍变宽，褶间具横脉，白色，有时略带奶油色。菌柄长 4~9 cm，粗 0.7~2.2 cm，白色或粉红色，有时略有黄色，圆柱形，有时上部或基部略细，表面有绸缎般的光泽，较明显的细纹，内实，后松软。孢子印白色。

　　担子 26~39 × 8~15 μm，短棒状，具 2~4 个小梗，无色透明。担孢子（80/4/2）（6.6）7.1~9.8（10.2）×（6.4）6.6~8.1（8.5）μm [Q = 1.03~1.25（1.28），**Q** = 1.14 ± 0.08]，近球形至宽椭球形，少数球形，无色，表面有小疣刺，疣刺高 0.5~0.7 μm，可达 1.0 μm，部分小疣刺间有连线，不形成网纹，脐上区淀粉质点稍显著。侧生囊状体 24~90 × 8~13 μm，近梭形，无纹饰，有时近顶端处略有纹饰至有纹饰，顶端近尖锐至钝圆。菌盖表皮菌丝栅栏状，菌丝宽 1.7~4.2 μm，末端钝圆至近尖锐，盖生囊状体 84~126 × 8~14 μm，棒状，顶端钝圆，表面有纹饰。菌柄表皮菌丝宽 1.7~6.6 μm，有隔，无色透明，柄生囊状体未见。

生境：散生至群生于阔叶林或针叶林地上。

模式产地：德国。

世界分布：亚洲（中国、日本）；欧洲（德国、瑞士、法国、英国、意大利、瑞典、丹麦、挪威、芬兰、波兰、斯洛伐克、保加利亚、克罗地亚）；北美洲（加拿大、美国）；大洋洲。

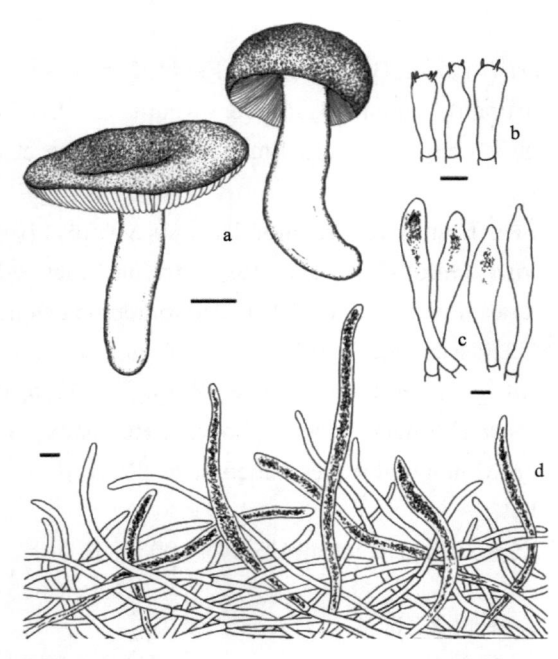

图 134 毒红菇原变种 *Russula emetica* var. *emetica* (Schaeff.) Pers. （HMAS 32612）
a. 子实体；b. 担子；c. 侧生囊状体；d. 菌盖表皮菌丝。a. 标尺=1 cm；b~d. 标尺=10 μm

研究标本：河北承德雾灵山，林中地上，1957 年 8 月 26 日，王云章 6331（HMAS 27506）。吉林延吉安图长白山，林中地上，1960 年 8 月 10 日，杨玉川 655（HMAS 32609），1960 年 8 月 15 日，杨玉川 783（HMAS 32608）；安图二道白河镇，林中地上，2001 年 7 月 19 日，图力古尔（HMJAU 5081）。黑龙江牡丹江林口，林中地上，1972 年 8 月 5 日，徐连旺、卯晓岚 87（HMAS 36836）。安徽黄山，林中地上，1957 年 8 月 27 日，邓叔群 5116（HMAS 32612）。福建南平浦城观前，林中地上，1960 年 8 月 25 日，王庆之 693（HMAS 32611）。河南内乡宝天曼，海拔 1200 m 林中地上，2009 年 7 月，申进文等（HMAS 195553）。湖北十堰神农架板仓，林中地上，1984 年 8 月 16 日，张小青、孙述霄 275a（HMAS 53890），2003 年 8 月 26 日，陈志刚（HMAS 85833）、（HMAS 85835）。湖南郴州宜章莽山，林中地上，1981 年 10 月 6 日，卯晓岚、宗毓臣 92（HMAS 52815）。广西桂林龙胜，林中地上，1969 年 7 月 25 日，宗毓臣、卯晓岚、李惠中、徐连旺、应建浙 25（HMAS 36852）。海南乐东尖峰岭，林中地上，2007 年 7 月 26 日，李增平 0469（HMAS 187171）。四川阿坝米亚罗磨子沟，林中地上，1960 年 9 月 12 日，马启明 1042（HMAS 32607）；甘孜贡嘎山，林中地上，1984 年 7 月 14 日，文华安、苏京军 1073（HMAS 49979）。云南大理宾川鸡足山，海拔 2100 m 林中地上，1989 年 8 月 8 日，李宇、宗毓臣 163（HMAS 57839）；大理漾濞，林中地上，1959 年 8 月 16 日，王庆之 1025（HMAS 32610）；昆明大普吉，林中地上，1943 年 7 月 8 日，裘维蕃 8212（HMAS 04212），1943 年 8 月 2 日，裘维蕃 8283（HMAS 06893）；丽江新主乡，针叶林地上，1958 年 11 月 12 日，韩树金 5109（HMAS 32773）；西双版纳勐龙，林中地上，1958 年 11 月 11 日，韩树金 5382（HMAS 27505）。西藏林芝波密扎木林场，林中地上，1976 年 7 月 30 日，宗毓臣 348（HMAS 38040）。甘肃陇南文县摩天岭，林中地上，1991 年 9 月 11 日，田茂林 7060（HMAS 66116）。台湾台中鞍马山船帆山苗圃，林中地上，2002 年 10 月 30 日，周文能 CWN05969（HKAS 50011）。

经济价值：该种可药用。与栎属、柳属 Salix、水青冈属、冷杉属、云杉属、落叶松属及松属等的一些树种形成外生菌根。

毒红菇群生变种 图 135

Russula emetica var. **gregaria** Kauffman, Report. Mich. Acad. Sci. 11: 79, 1909.

子实体较小型至中型。菌盖直径 2~6 cm，初扁半球形，后平展，中部下凹，胭脂红色至红色带灰青黄色，有时不同程度地褪色至灰青黄色，常从中央开始褪色，湿时黏，菌盖光滑，无附属物，表皮易剥离，肉质，盖缘延伸，有弱短条纹。菌肉厚 0.3~0.5 cm，白色，受伤后不变色，有辣味，无气味。菌褶直生，宽 0.3 cm，盖缘处 10~13 片/cm，等长，盖缘平滑，纯白色，受伤后不变色。菌柄长 3~5 cm，粗 0.4~1.2 cm，中生，圆柱形至粗圆柱形，较细长，基部略膨大，白色，上有微细的纵沟纹，肉质至海绵质，初内实，后中空。孢子印白色。

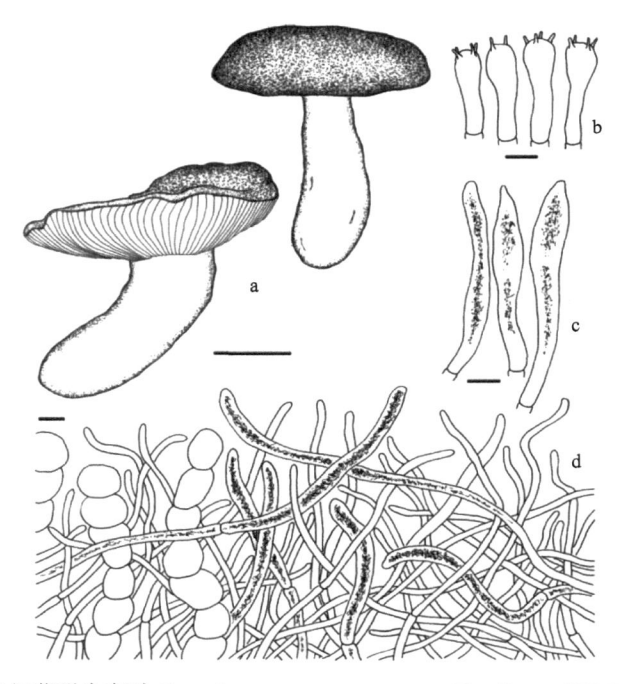

图 135 毒红菇群生变种 *Russula emetica* var. *gregaria* Kauffman（HMIGD 8155）
a. 子实体；b. 担子；c. 侧生囊状体；d. 菌盖表皮菌丝。a. 标尺=1 cm；b~d. 标尺=10 μm

担子 32~52 × 7~13 μm，棒状，无色至微黄色，具 2~4 个小梗，小梗长 2.0~2.5 μm。担孢子（40/2/2）(5.8) 6.0~7.2 (7.5) × (5.0) 5.3~6.6 μm [Q = 1.03~1.25 (1.33)，**Q** = 1.14 ± 0.07]，近球形至宽椭球形，少数球形和椭球形，近无色至微黄色，表面有小疣及网纹，高 0.7~1.0 μm，疣刺间有连线，形成近于完整的网纹，脐上区淀粉质点不显著。侧生囊状体 50~56 × 10~13 μm，数量较多，棒状，圆柱形至近梭形，浅黄色，表面有一定程度纹饰，在硫酸香草醛中变蓝灰色至灰黑色，末端近尖锐。菌盖表皮菌丝栅栏状，菌丝宽 1.7~4.2 μm，无色透明，有隔，末端钝圆至近尖锐，部分细胞破碎，呈胶黏状，部分菌丝膨大，直径可达 20~30 μm，盖生囊状体 44~61 × 5~8 μm，棒状，顶端钝圆，部分有隔，表面稍有纹饰，硫酸香草醛溶液中变灰色至灰黑色。菌柄表皮菌丝宽 1.7~5.0 μm，柄生囊状体未见。

生境：夏秋季群生于阔叶林地上。

模式产地：美国。

世界分布：亚洲（中国）；欧洲；北美洲（美国）。

研究标本：广东韶关曲江小坑林场阔叶林地上，1985 年 3 月 6 日，李泰辉（HMIGD 8155）。

高贵红菇　图 136，图版 XXV 1

Russula nobilis Velen., České Houby 1: 138, 1920.

Russula emetica var. *mairei* (Singer) Killerm., Denkschr. Bayer. Ges. In Regensb. 20: 27, 1939.

Russula fageticola Melzer ex S. Lundell, in Lundell & Nannfeldt, Fungi Exsiccati Suecici 47-48(Sched.): 37, 1956.

Russula fageticola (Romagn.) Bon, Docums Mycol. 17(no. 65): 55, 1986.

Russula fageticola var. *strenua* Carteret & Moënne-Locc.,in Moënne-Loccoz & Reumaux, Les Russules Émétiques, Prolégomènes à Une Monographie des Emeticinae d'Europe et d'Amérique du Nord (Bassens): 237, 2003.

Russula fagetorum Bon, Docums Mycol. 17(no. 67): 12, 1987.

Russula mairei Singer, Bull. trimest. Soc. mycol. Fr. 45: 103, 1929.

Russula mairei var. *fageticola* Romagn., Bull. mens. Soc. linn. Lyon 31(1): 174, 1962.

Russula mairei var. *sublongipes* Reumaux, in Reumaux, Bidaud & Moënne-Loccoz, Russules Rares ou Méconnues (Marlioz): 71, 1996.

Russula nobilis var. *semilucida* R. Socha, in Socha, Hálek, Baier & Hálek, Holubinky (Russula) (Praha): 510, 2011.

子实体较小型或中型。菌盖直径 3~7 cm，初近球形至扁半球形，中央凸起，后平展，中部稍下凹，有时近杯状，边缘有时波浪状至稍开裂，深红色至胭脂红色，常常部分或大部分褪色至近黄白色或黄色，稍黏，表皮不易剥离，可从边缘向菌盖中心剥离 1/3，老时盖缘具弱条纹。菌肉厚 0.4~0.7 cm，白色，伤后不变色至略变黄色，味道极辛辣，气味不明显或有可可味道和水果香味。菌褶直生至稍弯生，稍密，较宽，菌褶近等长，褶间具横脉，褶缘近钝圆，小菌褶极少，白色，有时带黄色和浅褐色色调。菌柄长 4~6 cm，粗 1~2 cm，中生，圆柱形至倒棒状，近顶端略膨大，白色，有时带粉红色色调，基部常带黄色至褐色色调，初内实，后松软至中空，表面稍粗糙。孢子印白色。

担子 32~39 × 12~17 μm，棒状，近顶端处略膨大，具 2~4 个小梗，无色透明。担孢子（80/4/2）（6.8）7.3~12.1（12.5）×（6.3）6.5~9.6（10.3）μm [Q =（1.02）1.04~1.31（1.33），Q = 1.18 ± 0.07]，多数近球形至宽椭球形，少数球形和宽椭球形，无色，表面有小疣刺，高 0.7~1.0 μm，疣刺圆锥形至近圆柱形，部分疣刺间有连线，形成不完整的网纹，脐上区淀粉质点稍显著。侧生囊状体 38~64 × 9~16 μm，梭形至近梭形，浅黄色，缘生囊状体稍呈棒状，大小和其他形态与侧生囊状体相同。菌盖外皮层平伏状至近栅栏状，菌盖表皮菌丝宽 1.7~4.1 μm，末端近尖锐至钝圆，盖生囊状体 50~154 × 5~10 μm，棒状，顶端钝圆，表面有纹饰。菌柄表皮菌丝宽 1.7~5.8 μm，有隔，无色透明，柄生囊状体未见。

生境：夏秋季散生于阔叶林地上。

模式产地：捷克。

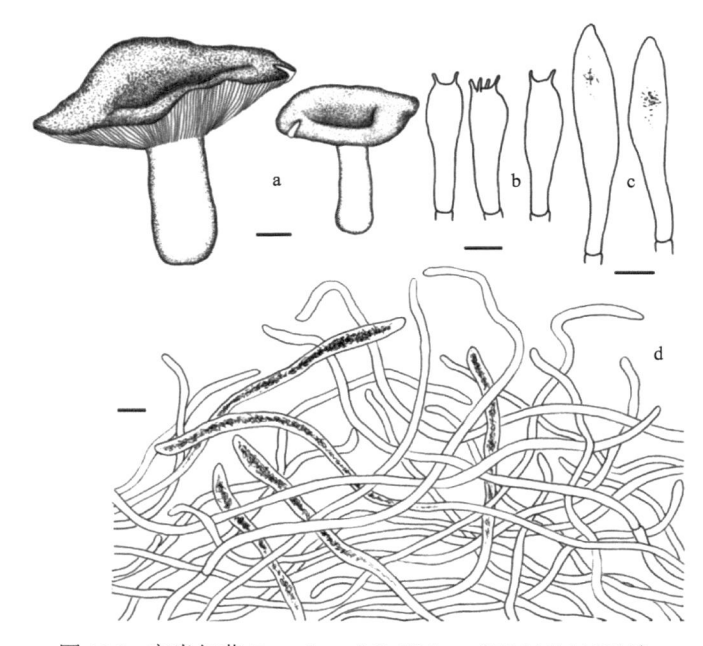

图 136 高贵红菇 *Russula nobilis* Velen.（HMAS 145818）
a. 子实体；b. 担子；c. 侧生囊状体；d. 菌盖表皮菌丝。a. 标尺=1 cm；b~d. 标尺=10 μm

世界分布：亚洲（中国）；欧洲（德国、英国、法国、丹麦、挪威、瑞典、捷克、波兰、克罗地亚）。

研究标本：河北兴隆雾灵山，海拔 1476 m 林中地上，2009 年 9 月 28 日，真菌室集体 09912（HMAS 220845）。吉林安图长白山，林中地上，2008 年 8 月 4 日，周茂新、Yusufjon Gafforov 08050（HMAS 194244）；蛟河前进林场，林中地上，2002 年 7 月，文华安、卯晓岚、孙述霄、栾洋（HMAS 145818）。四川冕宁彝海乡，海拔 2269 m 林中地上，2009 年 7 月 27 日，文华安、李赛飞、王波、钱茜 21（HMAS 220717）。云南大理苍山，海拔 2563 m 林中地上，2009 年 7 月 17 日，李国杰、杨晓莉（HMAS

220746）。贵州兴义则戎乡安章社区，海拔 1200 m 林中地上，2010 年 8 月 4 日，李国杰、李哲敏、龚光禄 10011（HMAS 262379）。陕西汉中秦岭，林中地上，1991 年 9 月，卯晓岚 4013（HMAS 61513）。

经济价值：该种有毒。

紫红菇　图 137

Russula punicea W.F. Chiu, Lloydia 8(1): 55, 1945.

子实体较小型至中型。菌盖直径 3~6 cm，幼嫩时扁半球形，后平展，中部下凹，边缘钝圆至近尖锐，虾粉色至秋海棠红色，有时有小块状带微细白粉区域，通常中部色深，边缘光滑，钝圆至近尖锐，呈现不同程度蜡质状。菌肉初结实，不易变形，老后海绵质或中空，白色，老后不变色，味道辛辣，气味不明显。菌褶宽 0.5 cm，近缘处尖锐，近柄处较窄，密，近缘处通常分叉，无小菌褶或小菌褶极少，初白色，后变淡赭色。菌柄长 1~3 cm，粗 2~3 cm，近圆锥形或球棍状，较粗而短，幼嫩时污白色或微粉色，表面光滑无毛，初内实，后中空。孢子印浅奶油色。

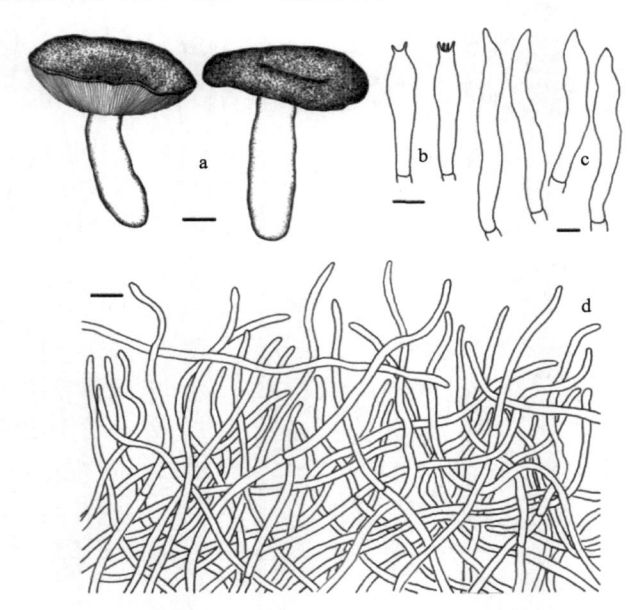

图 137　紫红菇 *Russula punicea* W.F. Chiu（HMAS 03991）
a. 子实体；b. 担子；c. 侧生囊状体；d. 菌盖表皮菌丝。a. 标尺=1 cm；b~d. 标尺=10 μm

担子 29~43 × 10~12 μm，棒状，具 2~4 个小梗，无色透明。担孢子（40/2/2）6.3~7.8（9.8）×（5.1）5.4~6.9（7.6）μm [Q =（1.04）1.06~1.27（1.30），**Q** = 1.15 ± 0.07]，近球形至宽椭球形，个别椭球形，无色，表面有疣，高 0.5~1.0 μm，疣间相连形成近于完整的网纹，脐上区淀粉质点不显著。侧生囊状体 37~87 × 6~10 μm，棒状，有时近顶端处膨大，顶端近尖锐至尖锐，呈喙状，无色透明。菌盖表皮菌丝栅栏状，菌丝宽 2.5~5.8 μm，无色透明，有隔，末端钝圆至近尖锐，盖生囊状体未见。菌柄表皮菌丝宽 1.7~5.0 μm，有隔，无色透明，柄生囊状体未见。

生境：夏秋季散生于阔叶林（栎属）地上。

模式产地：中国。

世界分布：亚洲（中国）。

研究标本：昆明普吉，林中地上，1942年7月14日，裘维蕃7991（HMAS 03991）。安徽金寨银山畈，海拔500 m林中地上，文华安、李国杰、杨晓莉08261（HMAS 187076）。

黏红菇　图138，图版XXV 2

Russula viscosa Henn., in Warburg, Monsunia 1: 149, 1900.

子实体较小型。菌盖直径3~4 cm，初半球形至扁半球形，后平展，中部下凹，中央有脐状突起，边缘近尖锐，中央浅灰葡萄酒红色、铅褐色、鲜褐色，光滑，黏性不明，菌盖边缘幼时无条纹，成熟后至老后有不明显的条纹，菌盖边缘很薄，尖锐。菌肉较薄，白色，受伤后不变色，脆，通常海绵质，味道辛辣，气味不显著。菌褶离生，宽0.4 cm，较密，近缘处尖锐，中部较宽，浅黄色或带白色，干燥后变浅赭黄色，近柄处分叉，脆。菌柄长3~4 cm，粗1~2 cm，圆柱形至棒状，等粗至近等粗，白色，受伤后不变色，表面光滑，老后或干燥后略粗糙，初内实，后海绵质，有时中空，较脆。孢子印白色。

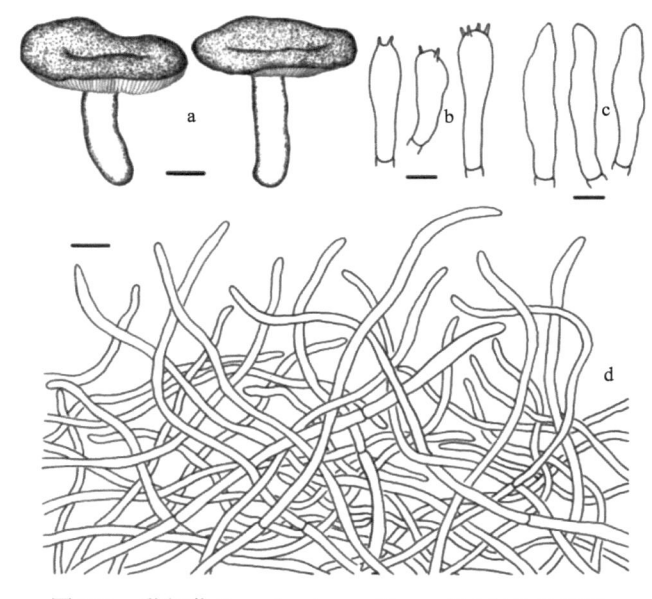

图138　黏红菇 *Russula viscosa* Henn.（HMAS 03983）
a. 子实体；b. 担子；c. 侧生囊状体；d. 菌盖表皮菌丝。a. 标尺=1 cm；b~d. 标尺=10 μm

担子29~43 × 8~12 μm，棒状至近梭形，具2~4个小梗，无色透明。担孢子（40/1/1）6.4~8.0（8.4）×（6.1）6.3~7.0（7.5）μm [Q = 1.02~1.23（1.25），**Q** = 1.13 ± 0.08]，球形、近球形至宽椭球形，无色，表面有稀疏的小疣刺，高0.3~0.7 μm，半球形至近圆锥形，疣刺间分散而无连线，脐上区淀粉质点不显著。侧生囊状体37~43 × 11~13 μm，短棒状至近梭形，无色透明，顶端钝圆，表面光滑而无纹饰。菌盖表皮菌丝栅栏状，菌丝宽2.5~4.2 μm，无色透明，有隔，末端钝圆，个别呈瓜子形，盖生囊状体未见。菌柄表皮菌丝宽1.7~4.2 μm，有隔，无色，柄生囊状体未见。

生境：夏秋季生于林中地上。

模式产地：印度尼西亚。

世界分布：亚洲（中国、印度尼西亚）。

研究标本：云南昆明普吉，林中地上，1942 年 7 月 8 日，裘维蕃 7983（HMAS 03983）。

桃红色组 sect. *Persicinae* Romagn.

菌盖表面红色和粉色色调，偶尔杂有黄色色调。菌肉有较为显著的苦味和辣味，受伤后变黄色。孢子印白色至奶油色。

模式种：*Russula persicina* Krombh.（Krombholz，1846）。

中国桃红色组分种检索表

1. 菌肉白色，伤变黄色 ··· 触黄红菇 *R. luteotacta*
1. 菌肉非上述特征 ·· 2
   2. 菌柄常为白色，老后稍变柠檬黄色至褐色 ························ 桃色红菇 *R. persicina*
   2. 菌柄常带红色，味道多少有些辛辣 ··· 3
3. 孢子印奶油色至浅赭色 ·· 血红菇 *R. sanguinea*
3. 孢子印乳黄色至乳白色 ·· 血根草红菇 *R. sanguinaria*

触黄红菇　图 139，图版 V 6

别名：红黄红菇

Russula luteotacta Rea, Brit. basidiomyc. (Cambridge): 469, 1922.

Russula luteotacta f. *alba* Fillion & Frund, in Frund & Reumaux, Bull. Mycol. Bot. Dauphiné-Savoie 46 (no. 180): 16, 2006.

Russula luteotacta f. *griseoalba* Bidaud & Frund, in Frund & Reumaux, Bull. Mycol. Bot. Dauphiné-Savoie 46 (no. 180): 16, 2006.

Russula luteotacta var. *cyathiformis* Reumaux & Frund, in Frund & Reumaux, Bull. Mycol. Bot. Dauphiné-Savoie 46(no. 180): 16, 2006.

Russula luteotacta var. *duriuscula* Reumaux & Frund, in Frund & Reumaux, Bull. Mycol. Bot. Dauphiné-Savoie 46(no. 180): 16, 2006.

Russula luteotacta var. *intactior* Jul. Schäff., Annls mycol. 36(1): 37, 1938.

Russula luteotacta var. *semitalis* J. Blum ex Bon, Cryptog. Mycol. 7(4): 303, 1986.

Russula luteotacta var. *semitalis* J. Blum, Bull. trimest. Soc. mycol. Fr. 72 (2): 143, 1956.

Russula luteotacta var. *serrulata* J. Blum, Bull. trimest. Soc. mycol. Fr. 72 (2): 142, 1956.

Russula luteotacta var. *terrifera* Reumaux & Frund, in Frund & Reumaux, Bull. Mycol. Bot. Dauphiné-Savoie 46 (no. 180): 16, 2006.

子实体较小型至中型。菌盖直径 3~7 cm，初半球形至扁半球形，后中央凸起，成熟后渐平展，中部下凹，边缘略有起伏，有短棱纹，有时开裂，粉红色、大红色至血红色，中央颜色略暗，湿润时褪色至奶油色至近白色，有时甚至整个菌盖白色，湿时不黏，干燥后光滑，被微细果霜至极短的绒毛，表皮不易剥离。菌肉厚 0.3~0.4 cm，白色，变黄色，较坚实，味道苦而辛辣，带酸的甜酒味，干标本有银翘药丸的气味。菌褶直生，白色，菌盖表皮下方带浅红色色调，老后和干后明显变黄色，盖缘处 16~17 片/cm，基本等长，有横脉和小量分叉，褶缘平滑。菌柄长 3~7 cm，近菌褶处粗 0.8~1.3 cm，中生至略偏生，圆柱形至近圆柱形，基本等粗，部分近基部处略变细，有时稍弯曲，表面白色带浅红色，干后和受伤后白色部分变淡黄色至黄色，初内实，后中空。孢子印白色。

担子 27~47 × 7~12 μm，棒状，近顶端处略膨大，具 2~4 个小梗，无色透明。担孢子（40/2/1）（6.7）7.1~8.3（8.6）×（6.0）6.3~7.6 μm [Q = 1.02~1.24（1.29），**Q** = 1.15 ± 0.07]，近球形至宽椭球形，少数球形，无色，表面具小疣刺，高 0.7~1.2 μm，近圆锥形，疣刺间部分连线，形成近于完整的网纹，脐上区淀粉质点不显著。侧生**囊**状体 45~71 × 9~11 μm，近梭形至梭形，顶端钝圆，表面稍有纹饰。菌盖表皮菌丝栅栏状，菌丝宽 1.7~3.3 μm，平伏至稍交错，部分短丛状突起，末端细胞顶端钝圆至近尖锐，菌丝有隔，无色透明，盖生**囊**状体未见。菌柄表皮菌丝宽 1.7~3.3 μm，柄生**囊**状体 56~68 × 6~7 μm，棒状，顶端钝圆，有少数分隔，微黄色。

生境：夏秋季生于混交林和灌木丛地上。

模式产地：英国。

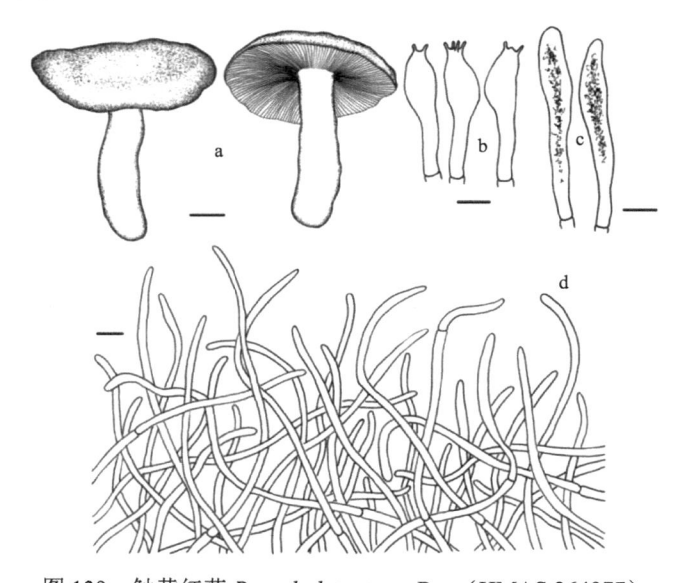

图 139　触黄红菇 *Russula luteotacta* Rea（HMAS 264977）
a. 子实体；b. 担子；c. 侧生囊状体；d. 菌盖表皮菌丝。a. 标尺=1 cm；b~d. 标尺=10 μm

世界分布：亚洲（中国）；欧洲（英国、法国、丹麦、挪威、瑞典、克罗地亚）；北美洲（美国、加拿大、巴拿马）。

研究标本：云南楚雄紫溪山，林中地上，2006 年 8 月 6 日，文华安、周茂新、李国杰 06013（HMAS 139838）。西藏林芝嘎定沟，海拔 3049 m 混交林地上，2012 年 8 月 17 日，赵东、李国杰 12003（HMAS 263661）；林芝鲁朗镇中科院藏东南高山站，海拔 3104 m 混交林地上，2012 年 8 月 26 日，赵东、李国杰、李伟 12118（HMAS 264950）、12127（HMAS 264977）；米林南伊沟，阔叶林地上，2012 年 8 月 18 日，赵东、李国杰、齐莎 12176（HMAS 264810）。

经济价值：该种有毒。

桃色红菇　图 140，图版 VI 1

Russula persicina Krombh., Naturgetr. Abbild. Beschr. Schwämme (Prague) 9: 12, 1845.

Russula intactior Jul. Schäff., Ark. Bot. 29A(no. 15): 54, 1939.

Russula luteotacta subsp. *intactior* Jul. Schäff., Ark. Bot. 29A(no. 15): 54, 1939.

Russula luteotacta subsp. *intactior* Jul. Schäff., Annls mycol. 36(1): 37, 1938.

Russula persicina f. *alba* Bon, Docums Mycol. 17(no. 67): 12, 1987.

Russula persicina f. *alboflavella* Battistin & Chiarello, Riv. Micol. 58(1): 36, 2015.

Russula persicina var. *intactior* (Jul. Schäff.) Kühner & Romagn., Fl. Analyt. Champ. Supér. (Paris): 461, 1953.

Russula persicina var. *intactior* (Jul. Schäff.) Bon, Docums Mycol. 13(no. 50): 27, 1983.

Russula persicina var. *montana* J. Blum, Bull. trimest. Soc. mycol. Fr. 73: 268, 1957.

Russula persicina var. *oligophylla* Zvára, in Melzer & Zvára, Arch. Přírod. Výzk. Čech. 17(4): 96, 1928.

Russula persicina var. *rubrata* Romagn., in Kühner & Romagnesi, Fl. Analyt. Champ. Supér. (Paris): 461, 1953.

Russula persicina var. *rubrata* Romagn., Russules d'Europe Afr. Nord: 436, 1967.

Russula rubicunda Quél., Assoc. Franç. Avancem. Sci. 24: tab. 6, fig. 9, 1895.

　　子实体小型至中型，个别大型。菌盖直径 4~13 cm，初球形至半球形，后扁半球形，平展至中部稍下凹至明显下凹，菌盖边缘较钝圆，有时波浪状至微锯齿状，有时开裂，亮红色、紫罗兰色、血红色，个别石榴红色，从中心区域到菌盖边缘常褪色，有时整个菌盖褪色至污白色、淡奶油色至近白色，表面光滑，边缘无棱纹，有时菌盖表面稍粗糙如皮革表面，湿时不黏，环境干燥时表面开裂，表皮不易剥离，从菌盖边缘至菌盖中央方向可剥离 1/3。菌肉白色，老后和伤后变奶油色至浅黄褐色，幼嫩时味道不明显，成熟后有明显的辛辣味道，或略有苦味，有明显水果香味。菌褶密集，较厚，灰奶油色。菌柄长 2~5 cm，粗 1~2 cm，中生至略有偏生，圆柱形，近顶部和基部处略变细，坚实，白色，有时带浅粉色色调，老后稍变柠檬黄色至褐色，表面略有白霜。孢子印奶油色至淡黄色。

　　担子 33~41 × 10~14 μm，棒状，具 2~4 个小梗，无色透明。担孢子（40/2/1）6.9~8.5（8.9）× 6.3~7（7.5）μm [Q = 1.1~1.24（1.31），Q = 1.18 ± 0.06]，近球形至宽椭球形，个别椭球形，无色至微黄色，表面有分散而低矮的疣刺，高 0.3~0.7 μm，疣刺半球形至扁半球形，疣间无连线，或只有部分疣刺间有连线，脐上区淀粉质点不显著。侧生囊状体 33~59 × 9~11 μm，梭形至近梭形，顶端近尖锐，表面有纹饰。菌盖表皮菌丝栅栏状，菌丝宽 2.5~5.8 μm，无色透明，有隔，盖生囊状体 54~97 × 10~14 μm，长棒状，无隔，顶端钝圆，表面有纹饰。菌柄表皮菌丝宽 3.3~5.8 μm，有隔，无色，柄生囊状体未见。

　　生境：秋季散生于针叶林和灌丛地上。

　　模式产地：捷克。

　　世界分布：亚洲（中国）；欧洲（法国、丹麦、挪威、瑞典、芬兰、克罗地亚）；北美洲。

　　研究标本：内蒙古牙克石南木林业局，针叶林地上，2013 年 7 月 29 日，李赛飞、赵东、李国杰 13182（HMAS 267779）。吉林长白山池北区二道白河镇生态站，混交林地上，2013 年 7 月 24 日，文华安、李赛飞、赵东、李国杰 13082（HMAS 267783）。四川松潘牟尼沟，海拔 3044 m 针叶林地上，2013 年 8 月 6 日，卢维来、蒋岚、李国杰 13237（HMAS 267901）、13238（HMAS 267904）、13239（HMAS 267907）、13883（HMAS 267903）。云南宾川鸡足山，阔叶林地上，1989 年 8 月 8 日，李宇、宗毓臣 180（HMAS 59684）；洱源邓川镇旧州村，海拔 2364 m 针叶林地上，2009 年 7 月 22 日，李国杰、赵勇 09319-2（HMAS 220905）。

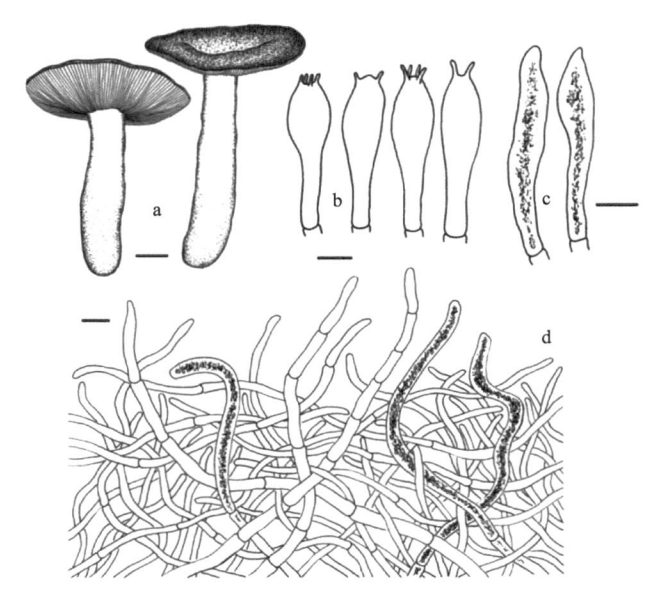

图 140　桃色红菇 *Russula persicina* Krombh.（HMAS 59684）
a. 子实体；b. 担子；c. 侧生囊状体；d. 菌盖表皮菌丝。a. 标尺=1 cm；b~d. 标尺=10 μm

血根草红菇　图 141

Russula sanguinaria (Schumach.) Rauschert, Česká Mykol. 43(4): 204, 1989.

Agaricus rosaceus Pers., Syn. meth. fung. (Göttingen) 2: 439, 1801.

Agaricus sanguinarius Schumach., Enum. pl. (Kjbenhavn) 2: 244, 1803.

Russula confusa Velen., České Houby 1: 141, 1920.

Russula luteotacta var. *rosacea* (Pers.) Singer, Beih. bot. Zbl., Abt. 2 46(2): 89, 1929.

Russula rosacea (Pers.) Gray, Nat. Arr. Brit. Pl. (London) 1: 618, 1821.

Russula rosacea f. *subcarnea* Britzelm., Hymenomycenten aus Südbayern 12(Theil XII): Leucospori, Hyporhodii, Dermini, Melanospori, Cortinarius, Gomphidius, Hygrophorus, Lactarius, Russula, Marasmius, Lentinus, Trogia, Panus, Boletus, Polyporus, Thelephorei, Clavariei: 238, tab. 505, 1893.

Russula rosacea var. *macropseudocystidiata* Grund, Mycotaxon 9(1): 101, 1979.

Russula sanguinaria var. *confusa* (Velen.) Bon, Docums Mycol. 23(no. 92): 48, 1994.

Russula sanguinaria var. *confusa* (Velen.) Melzer & Zvára, Arch. Přírod. Výzk. Čech. 17(4): 95, 1928.

Russula sanguinaria var. *pseudorosacea* (Maire) Bon, Docums Mycol. 23(no. 92): 48, 1994.
Russula sanguinaria var. *pseudorosacea* Maire, Bull. Soc. mycol. Fr. 26: 69, 1910.
Russula sanguinea var. *rosacea* (Pers.) J.E. Lange, Fl. Agaric. Danic. 5(Taxon. Consp): Vlll, 1940.

　　子实体小型，或中型至较大型。菌盖直径 4~12 cm，初扁半球形，后平展至中部下凹，有时老后呈漏斗状，玫瑰红色至桃红色，中部色深，盖缘色浅，老后有斑点或褪色，边缘尖锐至近尖锐，平滑无条纹或老后有短棱纹，稍黏，干燥迅速，较难剥离，有光泽至无光泽，从菌盖边缘至菌盖中央方向可剥离 1/3。菌肉白色，受伤后和老后变黄色，稍厚，初坚实，老后较脆，表皮下带红色，味辣而微苦，有轻微的水果香味。菌褶直生至近延生，宽 0.4~1.0 cm，稍密，等长或不等长，有分叉，小菌褶可见，较少，白色、苍白色至米黄色，老后有黄色斑点，受伤后不变色至稍变深黄色。菌柄长 4~10 cm，粗 2~3 cm，近圆柱形，白色，部分呈玫瑰红色至粉色，少见全部呈白色，表面光滑，稍有皱纹，初内实，后松软至中空，内部少见海绵质。孢子印乳黄色至乳白色。

　　担子 30~38 × 8~12 μm，棒状，近梭形，无色透明。担孢子（40/2/2）（6.1）6.3~7.8（8.7）×（5.4）5.8~6.8（8.1）μm [Q =（1.02）1.04~1.22（1.24），**Q** = 1.12 ± 0.06]，近球形至宽椭球形，少数球形，无色，表面有小疣刺，半球形至近圆柱形，高 0.7~1.0 μm，疣刺间有连线，形成不完整的网纹。侧生囊状体 44~72 × 7~10 μm，较多，梭形，有时近圆柱形或棒状，顶端近尖锐至钝圆，无色透明，表面无纹饰。菌盖表皮菌丝栅栏状，菌丝宽 2.5~5.8 μm，有隔，无色透明，顶端近尖锐，盖生囊状体 87~152 × 6~9 μm，数量较多，棒状，顶端钝圆，表面有强烈的纹饰。菌柄表皮菌丝宽 1.7~4.1 μm，有隔，无色，柄生囊状体未见。

　　生境：夏秋季散生至群生于针叶林（松属）或阔叶林（栎属）地上。与松属、云杉属和落叶松属等的树木形成外生菌根。

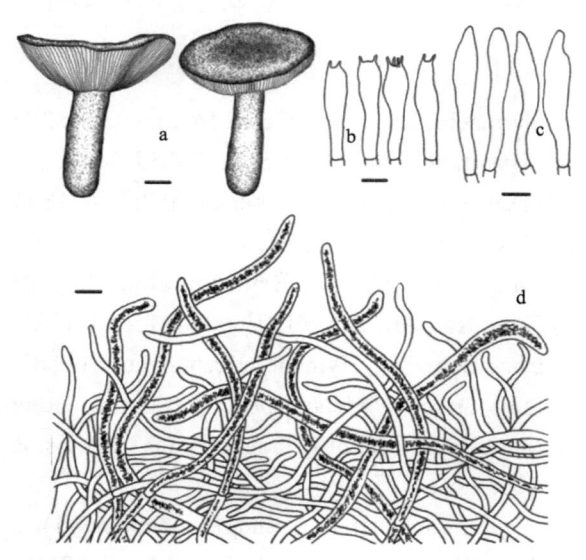

图 141　血根草红菇 *Russula sanguinaria* (Schumach.) Rauschert（HMAS 57865）
a. 子实体；b. 担子；c. 侧生囊状体；d. 菌盖表皮菌丝。a. 标尺=1 cm；b~d. 标尺=10 μm

模式产地：捷克斯洛伐克[①]。

世界分布：亚洲（中国、日本、泰国、菲律宾）；欧洲（西班牙、法国、德国、奥地利、俄罗斯、捷克、斯洛伐克）；非洲；北美洲（美国、加拿大）。

研究标本：河南南阳狮子坪洪河林场，林中地上，1968 年 8 月 30 日，卯晓岚等 244（HMAS 164061）。西藏自治区那曲市嘉黎县，海拔 4200 m 草地上，1990 年 8 月 28 日，蒋长坪、欧珠次旺 69（HMAS 57865）。

讨论：Singer（1957）指出产自菲律宾吕宋岛的血根草红菇标本难以确定是生长于本地植物地上还是欧洲引种的植物地上，分布存疑。我国在红菇分类研究中对血根草红菇一直使用的名称是玫瑰色红菇 *R. rosacea* (Pers.) Gray，因种名加词"*rosacea*"曾经被两个不同的种 *R. rosacea* (Pers.) Fr.和 *R. rosacea* (Pers.) Gray 同时使用，两个种十分简短的原始描述不能区分二者的差异，因此"*rosacea*"加词不宜继续使用（Singer and Machol，1983）。Singer（1961）对其模式标本研究后认为 *R. rosacea* (Pers.) Fr.与玫瑰红菇 *R. rosea* Pers.形态特征相同。Rauschert（1989）研究了 *R. rosacea* (Pers.) Gray 和血根草蘑菇 *Agaricus sanguinarius* Schumach 的模式标本，认为形态特征十分接近，应该归为一个种，提出使用血根草红菇，但这一主张并未得到 Sarnari（2005，1998）的认可。

经济价值：该种可食用。

血红菇　图 142，图版 VI 2、XXV 3

别名：血红色红菇

Russula sanguinea Fr., Epicr. syst. mycol. (Uppsaliae): 351, 1838.

Agaricus sanguineus Bull., Herb. Fr. (Paris) 1: pl. 42, 1781.

Russula sanguinea f. *bianca* Cetto, I Funghi dal Vero, Vol. 6. Edn. 2 (Trento): 447, 1991.

Russula sanguinea f. *umbonata* Britzelm., Botan. Centralbl. 71: 56, 1897.

子实体中型至较大型。菌盖直径 3~8 cm，初扁半球形，后平展中部下凹，稍具乳突，盖缘薄，多少有些尖锐，内卷，边缘表面平滑，最终呈波状或有短条纹，中央颜色较深，紫红色、血红色、玫瑰红色、洋红色，边缘或局部褪色至污乳黄色，湿时稍黏，不久干燥无光泽，表皮不易剥离，仅边缘处可略微剥离。菌肉致密，白色，表皮下洋红色，或缓慢地变暗或稍稍变黄，味道辛辣，不强烈，有水果香味或气味不显著。菌褶弯生至延生，密或较稀，有小菌褶混生，分叉，褶间具横脉，白色后深乳黄色。菌柄长 4~6 cm，粗 1~3 cm，近等粗或向下稍细，有时略扁，中生，有时偏生，白色带红色，受伤后变污黄色至铬黄色，表面平滑，初内实，后松软。孢子印奶油色至浅赭色。

担子 40~43 × 10~14 μm，棒状，无色透明，具 2~4 个小梗。担孢子（80/4/2）（6.3）6.5~8.8（9.0）×（5.5）5.8~7.6（8.0）μm [Q =（1.01）1.03~1.29（1.32），**Q** = 1.16 ± 0.08]，近球形至宽椭球形，部分球形和椭球形，淡黄色，表面有疣刺，高 0.7~1.2 μm，半球形至近圆锥形，疣间有较多连线，形成近于完整至完整的网纹，脐上区淀粉质点较显著。侧生囊状体 37~78 × 7~12 μm，棒状至近梭形，表面略有纹饰，顶端钝圆至有披针状凸起。菌盖表皮菌丝栅栏状，菌丝宽 2.5~4.2 μm，无色透明，有隔，末端钝圆至略呈近尖

[①] 该物种的模式标本发现于 1989 年的捷克斯洛伐克。捷克斯洛伐克现已分离为捷克和斯洛伐克。

锐，盖生囊状体 40~100 × 4.1~6.6 μm，棒状，表面有一定程度纹饰，顶端钝圆。菌柄表皮菌丝宽 1.6~5.0 μm，有隔，无色，柄生囊状体未见。

生境：夏秋季散生至群生于针叶林和混交林地上。

模式产地：瑞典。

世界分布：亚洲（中国、日本）；欧洲（英国、法国、德国、瑞士、瑞典、丹麦、挪威、芬兰、保加利亚、克罗地亚、高加索地区）；北美洲（美国、加拿大、墨西哥）。

研究标本：北京海淀香山，松林地上，1977 年 8 月 29 日，张小青、简荔 199（HMAS 38045）；密云北石城，林中地上，1998 年 7 月 4 日，文华安、卯晓岚 3145（HMAS 76941）。黑龙江虎林东方红林场，林中地上，2003 年 9 月 13 日，图力古尔（HMJAU 3216）；密山，林中地上，2003 年 8 月，冯坤（HMAS 85453）。福建南平浦城观前，海拔 450 m 林中地上，1960 年 8 月 29 日，王庆之 775（HMAS 32212）、777（HMAS 32214）。河南三门峡卢氏，林中地上，1968 年 8 月 27 日，卯晓岚、李惠中、应建浙 176（HMAS 36844）。广东省茂名市信宜市池洞镇雷公岭，林中地上，1998 年 10 月 21 日，文华安、孙述霄、卯晓岚 98564（HMAS 75311）。四川道孚各卡村，海拔 3471 m 针叶林地上，2013 年 8 月 12 日，卢维来、蒋岚、李国杰 13280（HMAS 268806）；壤塘哈寨村，海拔 3228 m 针叶林地上，2013 年 8 月 11 日，卢维来、蒋岚、李国杰 13682（HMAS 268807）。云南大理，林中地上，1940 年 9 月 2 日，周家炽 7984（HMAS 03984）；昆明，林中地上，1940 年 8 月，戴芳澜 8001（HMAS 04001）；昆明妙高寺，林中地上，1942 年 6 月 25 日，裘维蕃 8006（HMAS 04006）。青海海北门源，混交林地上，1996 年 8 月 5 日，文华安、孙述霄、卯晓岚 9096（HMAS 63217）。

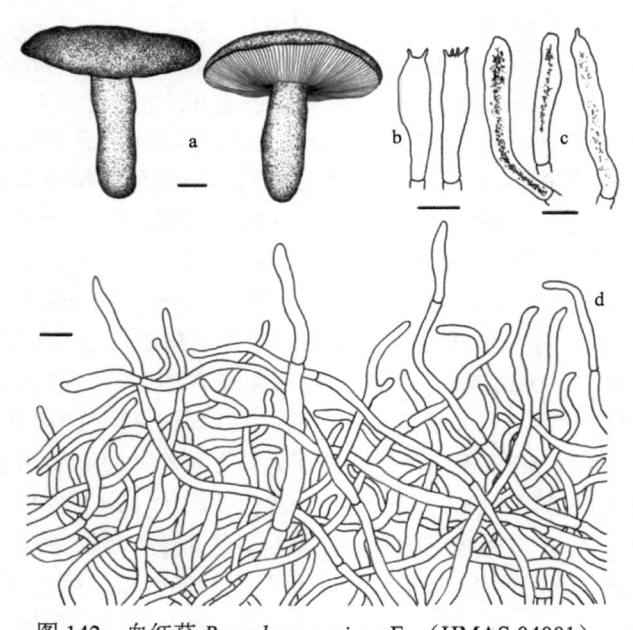

图 142　血红菇 *Russula sanguinea* Fr.（HMAS 04001）
a. 子实体；b. 担子；c. 侧生囊状体；d. 菌盖表皮菌丝。a. 标尺=1 cm；b~d. 标尺=10 μm

讨论：血红菇与血根草红菇的形态特征近似，主要区别是血根草红菇的担孢子表面的疣刺比血红菇担孢子表面的疣刺稀疏。血红菇的形态特征在各大洲报道中较为一致，但还是有细微差异，如欧洲的血红菇菌盖表皮囊状体遇硫酸香草醛溶液变黑蓝色，而北美洲的血红菇多变为灰黑色（Bills and Miller，1984）。欧洲、北美洲的血红菇多生长于针叶林中（Burlingham，1936）。

经济价值：该种可食用和药用。与松属、桦木属、栎属和栗属等的一些树种形成外生菌根。

红色组 sect. *Rubrinae* Singer

菌盖表面鲜红色色调。菌肉味道稍辛辣。菌柄通常白色。孢子印奶油色至赭色。

模式种：*Russula rubra* (Lam.) Fr.（Singer，1932）。

中国红色组分种检索表

1. 菌盖表面有微细的绒毛，菌褶离生至近延生 ·················· 大红菇 *R. rubra*
1. 菌盖表面无微细的绒毛，菌褶近弯生至直生 ·················· 汉德尔红菇 *R. handelii*

汉德尔红菇　图 143，图版 XXV 4

Russula handelii Singer, Annls mycol. 33(5/6): 319, 1935.

子实体较小型至中型。菌盖直径 5 cm，初扁半球形，后中央凸起，成熟后平展，有时中部多少有些下凹，边缘幼时内卷，后近尖锐，鲜红色、血红色、樱桃红色，中央颜色较深，带污红至黑红色，表面光滑而无绒毛，边缘无条纹。菌肉白色，受伤后不变色，老后略变浅灰黄色，新鲜时有辛辣味道，气味不显著。菌褶近弯生至直生，等长，稠密至略稠密，近边缘处渐宽，不分叉，褶间略有横脉。菌柄长 4 cm，粗 1 cm，棒状，近基部处略膨大，白色，初内实，后中空，幼时表面光滑，老后有微细的褶皱。孢子印奶油色至浅赭色。

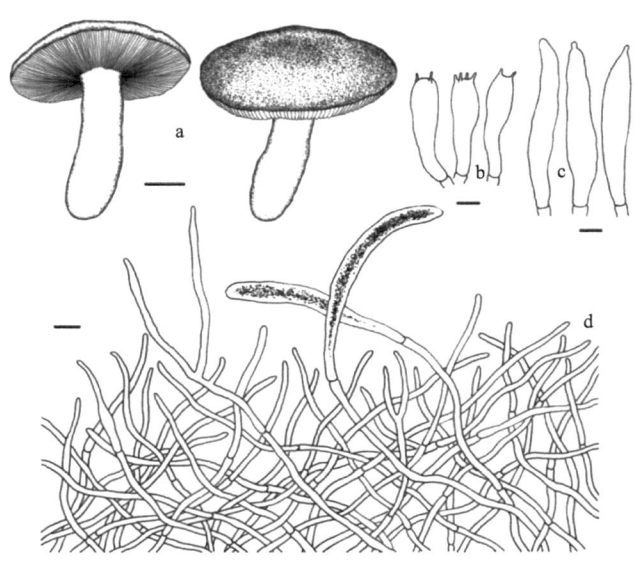

图 143　汉德尔红菇 *Russula handelii* Singer（WU 0045596）
a. 子实体；b. 担子；c. 侧生囊状体；d. 菌盖表皮菌丝。a. 标尺=1 cm；b~d. 标尺=10 μm

担子 28~43 × 8~13 μm，棒状，近顶端处略有膨大，多数具 2 个梗，少数 4 个小梗，无色透明。担孢子（100/2/1）(7.4) 7.6~9.4 (10.1) × (5.9) 6.1~7.5 (8.0) μm [Q =（1.05）1.15~1.41（1.44）, $Q = 1.30 \pm 0.08$]，椭球形至宽椭球形，少数球形至近球形，无色，表面有小疣刺，高 0.7~1.2 μm，近圆锥形，少数半球形至扁半球形，疣刺间少有连线，脐上区淀粉质点不显著。侧生囊状体 78~96 × 13~15 μm，梭形至近梭形，近尖锐，有时有小乳头状突起，无色透明，表面光滑而无纹饰。菌盖表皮菌丝直立状至栅栏状，菌丝较细长，宽 2.5~3.8 μm，有分隔和分叉，末端近尖锐，个别尖锐，无色透明，盖生囊状体 63~138 × 6~9 μm，棒状，表面有明显纹饰。菌柄表皮菌丝无色，菌丝宽 2.5~3.8 μm，柄生囊状体较多，棒状，表面有明显的纹饰，50~80 × 4~5 μm。

生境：夏秋季生于林中地上。

模式产地：中国。

世界分布：亚洲（中国）。

研究标本：云南丽江雪嵩村（Nguluke 村），阔叶林地上，1914 年 9~10 月，Heinrich Handel-Mazzetti（WU 0045596）。

大红菇　图 144

别名：大朱菇、大朱红菇、黑紫红菇、丽大红菇、朱红菇

Russula rubra (Lam.) Fr., Epicr. syst. mycol. (Upsaliae): 354, 1838.

Agaricus rubrus (Lam.) Fr., Syst. mycol. (Lundae) 1: 58 (1821).

Amanita rubra Lam., Encycl. Méth. Bot. (paris) 1(1): 105, 1783.

Russula rubra var. *hymenocysitidiata* Atri & Kour, Indian Journal. of Mushrooms 21: 2, 2003.

Russula rubra f. *poliopus* Romagn., Bull. mens. Soc. linn. Lyon 31(1): 174, 1962.

子实体中型至较大型。菌盖直径 4~10 cm，初扁半球形，中央凸起，后平展，有时中部下凹，边缘有时内卷，后钝圆至近钝圆，鲜红色色调，中央颜色较深，近血红色，老后色变暗，边缘粉红色或带白色，不黏，有微细绒毛，湿时稍黏，有光泽，干燥后变光滑，无光泽，有微细皱纹，可从菌盖边缘向中央的方向剥离 1/3，盖缘平滑，无条纹或有不明显条纹。菌肉较厚，坚实，近柄处稍软，白色，表皮下粉红色，老后变污黄色至污灰色，味道多少有些辛辣，略有蜂蜜的气味。菌褶离生至近延生，最宽处 0.8 cm，密集至稍稀疏，有时稍扭曲，通常基部分叉，边缘钝圆，褶间具较多横脉，白色至奶油色，后浅赭黄色。菌柄长 4~8 cm，粗 1~3 cm，圆柱形，等粗或向下稍渐细，白色，偶尔在基部有一侧带粉红色，老后变稻黄色、灰黄色至灰色，初内实，后变中空，表面幼时光滑，具果霜，老后有明显皱纹。孢子印奶油色至赭色。

担子 27~35 × 7~12 μm，短棒状，具 2~4 个小梗，无色透明。担孢子（40/2/2）(6.4) 6.9~8.8 (9.5) × (6.0) 6.3~7.9 μm [Q =（1.01）1.03~1.25（1.32）, $Q = 1.15 \pm 0.08$]，球形、近球形至宽椭球形，少数椭球形，浅黄色，表面有小疣刺，高 0.5~1.0 μm，疣间罕见连线，脐上区淀粉质点不显著。侧生囊状体 36~74 × 8~13 μm，近梭形至梭形，顶端钝圆至近尖锐，无色透明，表面光滑而无纹饰。菌盖表皮菌丝栅栏状，菌丝宽 1.6~3.3 μm，无色透明，无分隔，末端钝圆至近尖锐，盖生囊状体 65~114 × 8~10 μm，较多，

长棒状，末端近尖锐至钝圆，表面有明显的纹饰。菌柄表皮菌丝宽 2.5~4.1 μm，有隔，无色透明，柄生囊状体未见。

生境：夏秋季散生至群生于混交林地上。

模式产地：德国。

世界分布：亚洲（中国）；欧洲（德国、法国、意大利、克罗地亚）；北美洲。

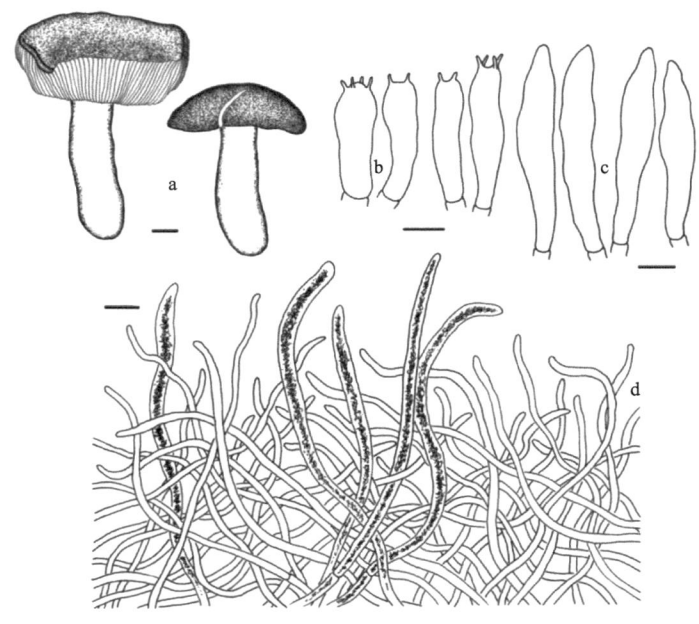

图 144 大红菇 *Russula rubra* (Lam.) Fr. （HMAS 38065）
a. 子实体；b. 担子；c. 侧生囊状体；d. 菌盖表皮菌丝。a. 标尺=1 cm；b~d. 标尺=10 μm

研究标本：吉林长春市净月潭，林中地上，2004 年 8 月 21 日，王建瑞（HMJAU 3720）。云南大理宾川鸡足山，林中地上，1989 年 8 月 4 日，李宇、宗毓臣 84（HMAS 59668）；剑川县石宝山，林中地上，2003 年 8 月 14 日，杨祝良 4007（HKAS 43037）；昆明黑龙潭公园，林中地上，2001 年 8 月，丁明仁 200115（HMAS 81887）；昆明西山，林中地上，1942 年 7 月 22 日，裘维蕃 8003（HMAS 04003）；昆明西山妙高寺混交，林中地上，2005 年 8 月 11 日，魏铁铮、王向华、于富强、郑焕娣 1221（HMAS 99530）；西双版纳勐仑，林中地上，1989 年 9 月 29 日，杨祝良 863（HMAS 72096）。西藏自治区山南市洛扎县拉康镇，林中地上，1975 年 9 月 1 日，宗毓臣 120（HMAS 38065）。甘肃陇南迭部，林中地上，1992 年 9 月 13 日，卯晓岚 6220（HMAS 66053）。

经济价值：该种可食用。与云杉属、栗属、松属、水青冈属和栎属等的一些树种形成外生菌根。

辣味组 sect. ***Sardoninae*** Singer

菌盖紫色、酒红色和橄榄色色调。菌肉味道辛辣，受伤后变黄色。菌柄带红色色调。孢子印白色至奶油色。

模式种：*Russula chrysodacryon* Singer.（Singer，1932）。

中国辣味组分种检索表

1. 菌褶稍弯生，薄，有分叉 ·· 细弱红菇 *R. gracillima*
1. 菌褶非上述特征 ··· 2
  2. 菌盖表皮无盖生囊状体 ·· 辣红菇 *R. sardonia*
  2. 菌盖表皮有盖生囊状体 ·· 3
3. 孢子印深乳黄色至浅赭黄色 ·· 非白红菇 *R. exalbicans*
3. 孢子印奶油色 ·· 凯莱红菇 *R. queletii*

非白红菇　图 145，图版 VI 3

Russula exalbicans (Pers.) Melzer & Zvára, Arch. Přírod. Výzk. Čech. 17(4): 97, 1927.

Agaricus exalbicans (Pers.) J. Otto, Vers. Anordnung Beschr. Agaricorum (Leipzig): 27, 1816.

Agaricus rosaceus ß *exalbicans* Pers., Syn. meth. fung. (Göttingen) 2: 439, 1801.

Russula exalbicans f. *decolorata* Singer, Bull. Soc. mycol. Fr. 54: 147, 1938.

Russula exalbicans var. *albipes* H. Raab & Peringer, in Raab, Sydowia 14(1-6): 72, 1960.

Russula nauseosa var. *pulchella* (I.G. Borshch.) Killerm., Denkschr, Bayer. Botan. Ges. In Regensb. 20: 43, 1939.

Russula pulchella I.G. Borshch., Fungi Ingrici (Petropoli) 9: tab. 2, 1857.

Russula pulchella f. *decolorata* (Singer) Vassilkov, in Novin (Ed.), Ecologiya i Biologiya Rastenii Vo.vtochnoevropeskot Lesotundry [Ecology and Biology of Plants of the East-European Forest Tundra], Pt. 1 (Leningrad): 60, 1970.

　　子实体中型。菌盖直径 5~9 cm，初扁半球形，后平展，中部略有下凹，边缘稍下垂至渐平展，有时开裂，表面颜色较为复杂，全部呈浅绿色、青黄色、粉红色或暗酒红色，或中部较浅绿色或青黄色而边缘为粉红色，湿时稍黏，干燥后光滑，边缘无条纹或具极不明显的短棱纹，表皮可从菌盖边缘向中央方向剥离 1/2。菌肉白色，菌盖表皮下方有微弱的粉红色色调，老后变污白色至灰白色，味道稍辛辣，气味不显著。菌褶凹生，不等长，顶端钝圆至近尖锐，褶间无横脉至微具横脉，小菌褶未见，白色至淡乳黄色，老后变浅灰褐色。菌柄长 3~8 cm，粗 1~2cm，圆柱形，近基部稍膨大，白色，有时带浅红色和粉红色色调，变灰色。孢子印深乳黄色至浅赭黄色。

　　担子 36~68 × 10~12 μm，棒状，具 2~4 个小梗，无色透明。担孢子（40/2/1）（6.5）7.0~8.4（9.2）×（6.1）6.3~7.0（7.5）μm [Q =（1.03）1.08~1.25（1.27），**Q** = 1.18 ± 0.06]，近球形至宽椭球形，少数球形，近无色至微黄色，表面有疣刺，高 0.5~1.0 μm，疣刺间分散，个别相连成嵴状，不形成网纹至形成极不完整的网纹，脐上区淀粉质点不显著。侧生囊状体 46~61 × 8~13 μm，近梭形，顶端近尖锐，部分有呈短棒状的小凸起，表面光滑而无纹饰。菌盖表皮菌丝直立状，菌丝宽 1.7~5.0 μm，无色透明，有分隔和分叉，末端钝圆至近尖锐，盖生囊状体 34~73 × 6~7 μm，棒状，顶端钝圆，表面有较强烈的纹饰。菌柄表皮菌丝宽 2.5~5.8 μm，有隔，无色透明，柄生囊状体未见。

　　生境：夏秋季生于针叶林或混交林（松属和桦木属）地上。

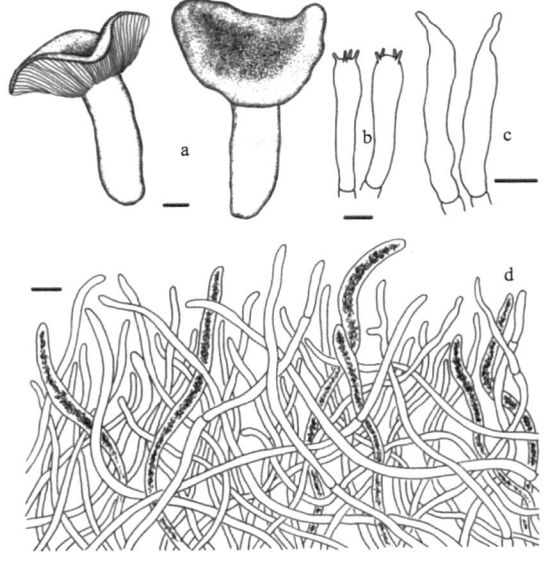

图 145　非白红菇 *Russula exalbicans* (Pers.) Melzer & Zvára（HMAS 187097）
a. 子实体；b. 担子；c. 侧生囊状体；d. 菌盖表皮菌丝。a. 标尺=1 cm；b~d. 标尺=10 μm

模式产地：捷克。

世界分布：亚洲（中国）；欧洲（英国、法国、瑞士、捷克、俄罗斯）；北美洲（格陵兰）。

研究标本：吉林长白山，林中地上，2009 年 8 月 2 日，周茂新（HMAS 187097）。四川道孚各卡村，针叶林地上，2013 年 8 月 12 日，卢维来、蒋岚、李国杰 13281（HMAS 268811）；九寨沟日则沟原始森林，针叶林地上，2013 年 8 月 5 日，卢维来、蒋岚、李国杰 13233（HMAS 267909）；壤塘哈寨村，海拔 3228 m 针叶林地上，2013 年 8 月 11 日，卢维来、蒋岚、李国杰 13274（HMAS 267842）；雅江剪子弯山，林中地上，1983 年 8 月 7 日，文华安、苏京军 569（HMAS 51020）。西藏波密米堆冰川，混交林地上，2012 年 8 月 20 日，赵东、李国杰、韩俊杰 12020（HMAS 264894）；林芝嘎定沟，混交林地上，2012 年 8 月 17 日，赵东、李国杰、齐莎 12010（HMAS 264855）；米林南伊沟，阔叶林地上，2012 年 8 月 18 日，赵东、李国杰、李伟 12192（HMAS 251814）。青海海东互助南门峡，林中地上，2004 年 8 月 13 日，周茂新、文华安 04058（HMAS 99651）。

讨论：Schaeffer（1952）将小美红菇 *R. pulchella* I.G. Borshch. 作为非白红菇的同物异名，Singer（1957）认为 Schaeffer 提出的理由并不充分，但他的意见未得到多数分类学者的认可。

经济价值：该种可食用。与桦木属和杨属等一些树种形成外生菌根。

细弱红菇　图 146，图版 XXV 5
Russula gracillima Jul. Schäff., Z. Pilzk. 10: 105, 1931.
Russula altaica (Singer) Singer, Lilloa 22: 715, 1951.
Russula gracillima f. *altaica* (Singer) Vassilkov, in Novin (Ed.), Ecologiya i Biologiya

Rastenii Vo.vtochnoevropeskot Lesotundry [Ecology and Biology of Plants of the East-European Forest Tundra], Pt. 1 (Leningrad): 60, 1970.

Russula gracillima f. *cremeo-olivacea* R. Socha, in Socha, Hálek, Baier & Hálek, Holubinky (Russula) (Praha): 507, 2011.

Russula gracilis subsp. *altaica* Singer, Bull. trimest. Soc. mycol. Fr. 54: 143, 1938.

Russula gracilis subsp. *gracillima* (Jul. Schäff.) Singer. Bull. trimest. Soc. mycol. Fr. 54: 144, 1938.

子实体小型至中型。菌盖直径 2~6 cm，初凸起，后扁平，有时中央凸起，边缘有时上翘，紫褐色、暗紫色至褐紫罗兰色，有时石榴红色，中央呈现烟色、岩羊皮色、紫褐色、暗绿色或橄榄色，有时变淡，边缘粉色，有时紫红色、暗紫色，薄，脆，有光泽，湿时较黏，干燥时光滑，表皮从菌盖边缘至中央剥离 1/3，边缘近钝圆至近尖锐，有棱纹。菌肉白色，味道轻微或中等辛辣，略微有水果香味。菌褶稍弯生，有分叉，薄，菌盖边缘有极少的小菌褶，白色至苍白奶油色，受伤后不变色，但受伤后较长时间变褐色。菌柄长 3.5~7.0 cm，粗 0.5~1.0 cm，棒状，有时近基部处变粗，白色至暗玫瑰红色，有时基部赭红色，老后颜色变淡，表面光滑至略有皱纹，初内实，后中空，松软，易碎。孢子印苍白奶油色至深奶油色。

担子 30~37 × 10~12 μm，短棒状至近梭形，小梗长 2.5~5.0 μm，无色透明。担孢子（80/4/4）7.0~8.8（9.4）× 6.3~7.6（7.9）μm [Q =（1.03）1.05~1.28，Q = 1.16 ± 0.06]，近球形至宽椭球形，少数球形，无色至微黄色，表面有疣，高 0.5~1.0 μm，疣扁半球形至半球形，疣间较少或无连线，脐上区淀粉质点不显著。侧生囊状体 37~66 × 7~10 μm，棒状至近梭形，表面无纹饰至略有纹饰，顶端近尖锐至尖锐。菌盖表皮菌丝栅栏状，菌丝宽 3.3~5.8 μm，末端细胞略宽，达 7 μm，顶端钝圆，盖生囊状体未见。菌柄表皮菌丝宽 2.7~5.0 μm，有隔，无色透明，柄生囊状体未见。

生境：夏秋季生于林中地上。

模式产地：德国。

世界分布：亚洲（中国、印度）；欧洲（英国、法国、德国、丹麦、冰岛、挪威、瑞典、芬兰、俄罗斯）；北美洲（美国）。

研究标本：河北兴隆雾灵山，海拔 1476 m 混交林地上，2009 年 8 月 29 日，真菌地衣室集体 09917（HMAS 220727）。吉林长白山二道白河镇生态站，海拔 736 m 混交林地上，2013 年 7 月 24 日，文华安、李赛飞、赵东、李国杰 13087（HMAS 267780）。四川壤塘哈寨村，海拔 3228 m 针叶林地上，2013 年 8 月 11 日，卢维来、蒋岚、李国杰 13272（HMAS 268805）；小金四姑娘山，海拔 2923 m 针叶林地上，2013 年 8 月 15 日，卢维来、蒋岚、李国杰 13299（HMAS 267839）。云南洱源邓川镇苍山，针叶林地上，2009 年 7 月 24 日，李国杰、赵勇 09513（HMAS 220973）；普洱澜沧，林中地上，1999 年 8 月 16 日，文华安、卯晓岚、孙述霄 294（HMAS 156227）；西双版纳勐仑，林中地上，1999 年 8 月 8 日，文华安、卯晓岚、孙述霄 5（HMAS 156221）。陕西汉中，林中地上，1991 年 9 月 23 日，卯晓岚 3844（HMAS 61598）。

讨论：细弱红菇的形态特征与凯莱红菇很近似，区别是细弱红菇的菌褶受伤后不变黄色，欧洲和北美洲的细弱红菇生于针叶林地上（Singer, 1957），亚洲的细弱红菇可以生于阔叶林地上（Romagnesi，1967）。

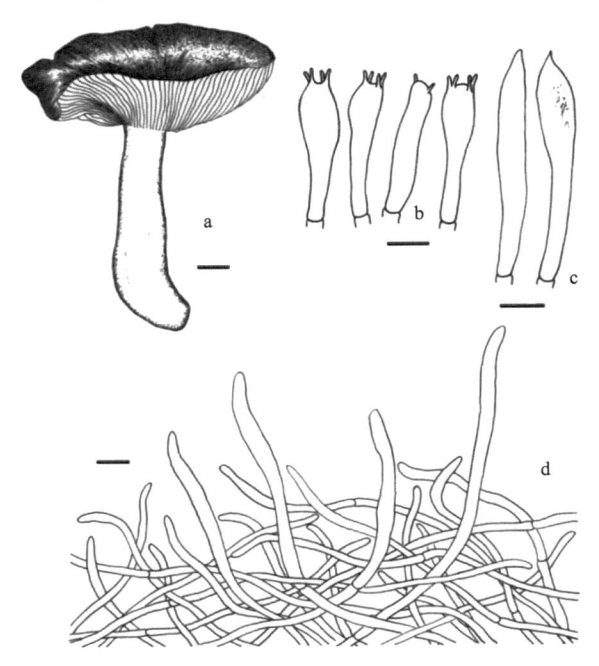

图 146 细弱红菇 *Russula gracillima* Jul. Schäff.（HMAS 61598）
a. 子实体；b. 担子；c. 侧生囊状体；d. 菌盖表皮菌丝。a. 标尺=1 cm；b~d. 标尺=10 μm

凯莱红菇 图 147，图版 VI 4，XXV 6
别名：褐紫红菇

Russula queletii Fr., in Quélet, Mém. Soc. Émul. Montbéliard, Sér. 2 5: 185, 1872.
Russula drimeia var. *queletii* (Fr.) Rea, Brit. basidiomyc. (Cambridge): 467, 1922.
Russula flavovirens E. Bommer & M. Rousseau, Bull. Soc. R. Bot. Belg. 23(no. 1): 310, 1884.
Russula queletii f. *albocitrina* Barbier, Bull. Soc. mycol. Fr. 20: 114, 1904.
Russula queletii f. *gracilis* Nicolaj, Micol. Ital. 5(3): 20, 1976.
Russula queletii var. *procera* Nicolaj, Micol. Ital. 5(3): 20, 1976.
Russula sardonia f. *queletii* (Fr.) Singer, Z. Pilzk. 2(1): 16, 1923.

　　子实体较小型至中型，个别较大型。菌盖直径 6~8 cm，初半球形至中部略凸起，后平展至中部稍下凹，暗紫色、紫红褐色、紫葡萄酒色，有时中央带橄榄色至褐色和绿色色调，老后整个菌盖色调变灰暗，湿时黏，有光泽，干燥后无光泽，边缘近尖锐至钝圆，有波状起伏至开裂，有棱纹和沟纹，表皮较容易剥离，可从菌盖边缘至中央剥离 1/2~2/3。菌肉白色，老后略变黄色，菌盖表皮下的菌肉带红色色调，厚，味道苦或辣，有水果发酵的香味和天竺葵叶子的味道。菌褶直生，密，白色或近白色后变乳黄色。菌柄长 4~5 cm，粗 1~2 cm，圆柱形，近顶处稍细，近基部处稍膨大和弯曲，带紫红色、红色、微红色至粉色色调，有时白色，且常有黄色斑点，脆，初内实，后部分中空，表面有皱纹。孢子印奶油色。

担子 44~57 × 8~14 μm，棒状至近梭形，具 2~4 个小梗，无色透明。担孢子（60/3/2）（5.8）6.3~6.5（6.7）× 5.0~8.1（8.4）μm [Q = 1.02~1.39（1.43），**Q** = 1.18 ± 0.11]，近球形至宽椭球形，少数球形和椭球形，无色至乳黄色，表面有疣刺，高 0.7~1.2 μm，圆柱形至近圆锥形，刺间多连线，形成不完整至近于完整的网纹，脐上区淀粉质点明显。侧生囊状体 64~94 × 8~14 μm，细长棒状至近梭形，顶端钝圆，无色透明，个别有结晶。菌盖表皮菌丝栅栏状，菌丝宽 2.5~5.8 μm，有隔，无色透明，末端近尖锐至钝圆，盖生囊状体 25~101 × 4~7 μm，长棒状，顶端钝圆，表面具纹饰。菌柄表皮菌丝宽 3.3~5.8 μm，有隔，无色透明，柄生囊状体未见。

生境：夏秋季生于混交林地上。

模式产地：英国。

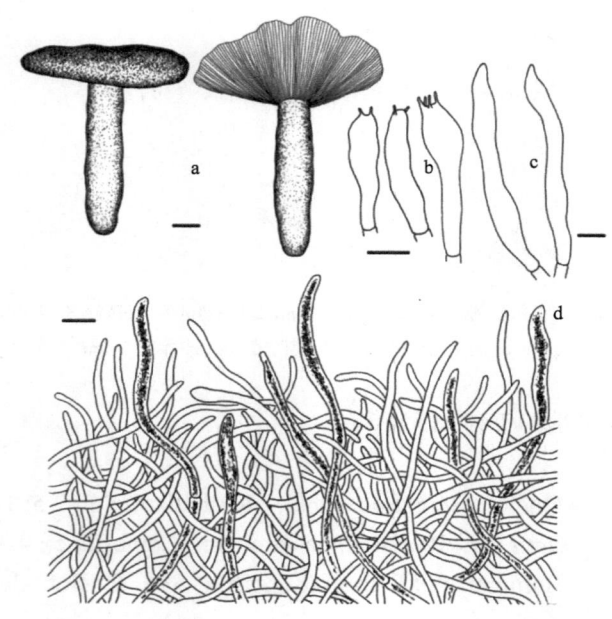

图 147　凯莱红菇 *Russula queletii* Fr.（HMAS 36923）
a. 子实体；b. 担子；c. 侧生囊状体；d. 菌盖表皮菌丝。a. 标尺=1 cm；b~d. 标尺=10 μm

世界分布：亚洲（中国）；欧洲（英国、法国、瑞士、德国、波兰、保加利亚）；北美洲（加拿大）。

研究标本：河北兴隆雾灵山，海拔 1476 m 混交林地上，2009 年 9 月 29 日，真菌地衣室集体 09907（HMAS 220809）。吉林长白山池北区二道白河镇北山门，海拔 1152 m 混交林地上，2013 年 7 月 22 日，范宇光、李国杰 13027（HMAS 267881）；长白山池北区二道白河镇西，混交林地上，2013 年 7 月 25 日，李赛飞、赵东、范宇光、李国杰 13108（HMAS 252618）。黑龙江牡丹江林口，林中地上，1972 年 8 月 23 日，徐联旺、卯晓岚 216（HMAS 36923）。福建南平浦城县观前，海拔 500 m 林中地上，1960 年 8 月 24 日，王庆之 677（HMAS 32631），1960 年 8 月 25 日，王庆之 698（HMAS 30150）、691（HMAS 32632）、711（HMAS 32633），1960 年 8 月 26 日，王庆之、袁文亮、何贵 738（HMAS 30148）。四川九寨沟日则沟原始森林，针叶林地上，2013

年 8 月 5 日，卢维来、蒋岚、李国杰 13235（HMAS 267856）；松潘牟尼沟，海拔 3044 m 针叶林地上，2013 年 8 月 6 日，卢维来、蒋岚、李国杰 13236（HMAS 267906）。贵州贵阳花溪，林中地上，1988 年 7 月 7 日，应建浙、宗毓臣、李宇 248（HMAS 72088）。云南大理，林中地上，2009 年 7 月 17 日，李国杰、杨晓莉 09226-1（HMAS 220672）。西藏林芝八一镇老虎山，林中地上，1995 年 7 月 22 日，文华安、孙述霄（HMAS 68997）。

经济价值：该种有毒。

辣红菇　图 148，图版 VI 5、XXVI 1
别名：红肉红菇、玛瑙红菇

Russula sardonia Fr., Epicr. syst. mycol. (Upsaliae): 353, 1838.
Russula chrysodacryon Singer, Z. Pilzk. 2(1): 16, 1923.
Russula chrysodacryon f. *viridis* Singer, Beih. bot. Zbl., Abt. 2 49(2): 289, 1932.
Russula drimeia Cooke, Grevillea 10 (no. 54): 46, 1881.
Russula drimeia f. *leucopes* (Nicolaj) Bidaux, in Reumaux, Bidaud & Moënne-Loccoz, Russules Rars ou Méconnues (Marlioz): 284, 1996.
Russula drimeia f. *mellina* (Melzer) Bon, Docums Mycol. 17(no. 65): 55, 1986.
Russula drimeia var. *flavovirens* Rea, Trans. Br. mycol. Soc. 17(1-2): 45, 1932.
Russula drimeia var. *pseudorhodopoda* (Romagn.) Bon, Docums Mycol. 17(no. 65): 55, 1986.
Russula drimeia f. *viridis* (Singer) Bon, Docums Mycol. 17(no. 65): 55, 1986.
Russula emeticiformis Murrill, Mycologia 30: 362, 1938.
Russula sardonia f. *cremea* R. Socha, in Socha, Hálek, Baier & Hálek, Holubinky (Russula) (Praha): 512, 2011.
Russula sardonia f. *leucopes* Nicolaj, Micol. Ital. 5(3): 20, 1976.
Russula sardonia f. *pseudorhodopoda* Romagn., Bull. mens. Soc. linn. Lyon 31(6): 174, 1962.
Russula sardonia var. *citrina* Pers., Observ. mycol. (Lipsiae) 1: 100, 1796.
Russula sardonia var. *mellina* Melzer, in Melzer & Zvara., Arch. Přírod. Výzk. Čech. 17(4): 96, 1928.

子实体中型至较大型。菌盖直径 4~10 cm，初扁半球形，中央初明显凸起至凸起，后逐渐平展至中央下凹，紫色、浅紫色或浅红褐色，有时紫罗兰色、酒红色至深红褐色，幼嫩时和老后浅绿色或赭色至淡黄色，边缘老后褪色明显，有时可褪色至赭色、赭绿色至黄色，表皮很难剥离至稍能撕离，湿时黏，表面光滑，干燥后微细颗粒状至皮革状，盖缘稍有棱纹，有时开裂。菌肉坚实，白色至柠檬黄色，味道极为辛辣，稍带水果香味。菌褶弯生至稍延生，盖缘处有小菌褶，尤以近柄处分叉多，褶间具横脉，幼嫩时褶缘有水滴，苍白色，之后带柠檬黄色色调，幼嫩时密。菌柄长 3~8 cm，粗 1~2 cm，近圆柱形，等粗或中部稍粗，浅紫色至浅灰红色、紫红色至紫色，有时整个菌柄呈白色，老后和受伤后略变黄色，上部被粉，表面光滑至有微细皱纹，初内实，后内部海绵质，松软。孢子印深奶油色至浅赭色。

担子 29~39 × 8~13 μm，棒状至近梭形，无色透明，具 2~4 个小梗。担孢子（40/2/2）（6.4）6.6~7.8（8.1）×（5.6）6.0~7.5 μm [Q = 1.03~1.23（1.29），**Q** = 1.13 ± 0.07]，近球形至宽椭球形，少数球形，近无色至微黄色，表面疣刺高 0.7~1.2 μm，近圆锥形至半球形，疣间多连线，形成较完整的网纹，脐上区淀粉质点稍显著。侧生囊状体 51~77 × 8~12 μm，数量多，梭形至近梭形，表面有纹饰，顶端近尖锐至有乳头状的小突起。菌盖表皮菌丝宽栅栏状，菌丝宽 2.5~4.2 μm，有隔，有较多的膨大菌丝细胞，宽度达 25 μm，末端钝圆，无色透明，盖生囊状体未见。菌柄表皮菌丝宽 2.5~5.8 μm，有隔，无色透明，柄生囊状体未见。

生境：夏秋季生于阔叶林或混交林地上。

模式产地：瑞典。

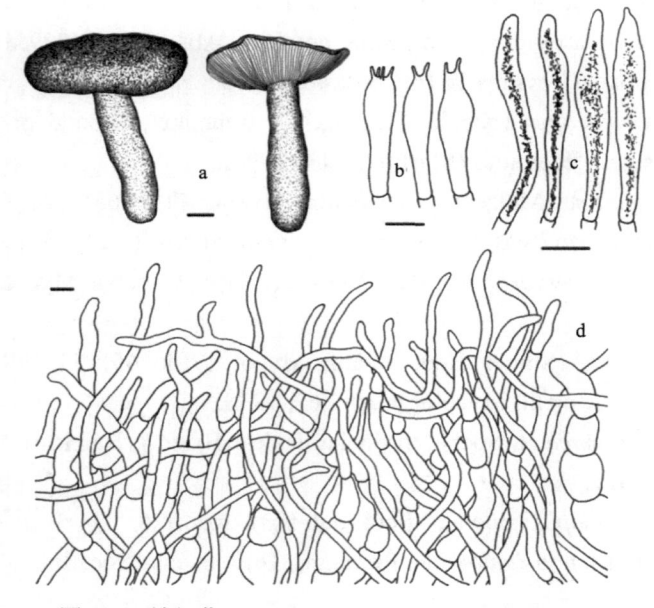

图 148　辣红菇 *Russula sardonia* Fr.（HMAS 59926）
a. 子实体；b. 担子；c. 侧生囊状体；d. 菌盖表皮菌丝。a. 标尺=1 cm；b~d. 标尺=10 μm

世界分布：亚洲（中国）；欧洲（捷克、英国、法国、瑞典、丹麦、冰岛、挪威、瑞典、芬兰）。

研究标本：北京门头沟东灵山，海拔 700 m 混交林地上，2008 年 7 月 8 日，李国杰、王琴、蒋先芝 08027（HMAS 187080）。河北兴隆雾灵山，海拔 1476 m 混交林地上，2009 年 8 月 30 日，真菌地衣室集体 09024（HMAS 221130）。云南大理宾川鸡足山，林中地上，1989 年 8 月 13 日，李宇、宗毓臣 336（HMAS 59926）。新疆喀纳斯，海拔 1300 m 林中地上，2003 年 8 月 7 日，文华安、栾洋 132（HMAS 145783）。

经济价值：该种与云杉属、椴树属和栎属等的树种形成外生菌根。

紫罗兰色组 sect. *Violaceinae* Romagn.

菌盖紫色色调。菌肉味道辛辣。菌柄白色至浅黄色，无紫色和红色等色调。孢子印白色至奶油色。

模式种：*Russula violacea* Quél.（Sarnari，1998）。

堇紫红菇 图 149，图版 VI 6、XXVI 2

Russula violacea Quél., C. r. Assoc. Franç. Avancem. Sci. 11: 397, 1883.
Russula betularum var. *carneolilacina* (Bres.) Bidaud, Moënne-Locc. & Reumaux, in Reumaux, Bidaud & Moënne-Loccoz, Russules Rares ou Méconnues (Marlioz): 282, 1996.
Russula captiosa var. *carneolilacina* (Bres.) Reumaux, in Moënne-Loccoz & Reumaux, Les Russules Émétiques, Prolégomènes à Une Monographie des Emeticinae d'Europe et d'Amérique du Nord (Bassens): 236, 2003.
Russula violacea var. *carneolilacina* Bres., Iconogr. Mycol. 9: tab. 444, 1929.
Russula violacea var. *viridis* Pers., Observ. mycol. (Lipsiae) 1: 100, 1796.

子实体小型至中型。菌盖直径 3~7 cm，初扁半球形，后中央凸起，成熟后平展，中部多少有些下凹，盖缘钝圆，略有起伏，部分开裂，稍有条纹，通常浅紫色、堇紫色至丁香紫色，有时全部为丁香紫色至紫红色，边缘颜色较浅，有时绿色色调，湿时黏，干燥后光滑而有光泽，边缘无棱纹至有不明显的短棱纹，表皮多少可以剥离。菌肉初坚实，后较脆，初白色，后污黄色，有浅褐色斑点，老后变浅褐色，味道十分辛辣，有近似天竺葵的气味。菌褶弯生，宽 0.45~0.6 cm，中等密，较脆，初白色，后乳黄色，顶端钝圆，近柄处稍有分叉，褶间具横脉，无小菌褶。菌柄长 4~7 cm，粗 1~2 cm，中生，近梭形至棒状，白色，后略微变黄色，老后明显变灰色，表面幼时光滑，后表面多少有些皱纹，初内实，后松软。孢子印乳黄色。

担子 30~42 × 11~13 μm，棒状，近顶端处膨大，具 2~4 个小梗，无色透明。担孢子（40/2/2）（5.8）6.3~8.5（8.9）×（5.1）5.4~6.9（7.1）μm [Q = 1.02~1.38（1.42），**Q** = 1.22 ± 0.11]，近球形至宽椭球形，少数球形和椭球形，无色，表面有小疣刺，高 0.5~1.2 μm，近圆锥形，分散，疣刺间无连线，不形成网纹，脐上区淀粉质点不显著至稍显著。侧生囊状体 39~56 × 8~11 μm，近梭形至梭形，顶端钝圆至近尖锐，无色透明至略有微黄色，表面光滑而无纹饰。菌盖表皮菌丝宽 3.3~5.8 μm，有分隔和分叉，菌丝末端细胞顶端钝圆，无色透明，盖生囊状体未见。菌柄表皮菌丝宽 1.7~4.2 μm，有隔，无色透明，柄生囊状体未见。

生境：夏秋季单生或群生于阔叶林地上。

模式产地：法国。

世界分布：亚洲（中国）；欧洲（法国、丹麦、挪威、瑞典、芬兰）。

研究标本：北京门头沟东灵山，林中地上，1995 年 7 月 28 日，刘晓娟、黄永清（HMAS 70300）。河北兴隆雾灵山，海拔 1476 m 混交林地上，2009 年 8 月 29 日，真菌地衣室集体 09908（HMAS 220721）、09913（HMAS 220712）。内蒙古扎兰屯秀水景区，海拔 373 m 混交林地上，2013 年 7 月 27 日，李赛飞、赵东、李国杰 13122（HMAS 267798）、

13127（HMAS 267752）、13134（HMAS 267772）。吉林安图长白山二道白河镇生态站，混交林地上，2013年7月24日，文华安、李赛飞、赵东、李国杰13081（HMAS 267778）。浙江开化古田山，混交林地上，2008年7月19日，李国杰、杨晓莉08162（HMAS 187079）。福建武夷山，海拔1000 m 林中地上，2009年7月，魏铁铮、吕鸿梅等577（HMAS 220841）。湖北十堰神农架，林中地上，2003年9月20日，陈志刚（HMAS 86166）。贵州道真大沙河自然保护区，林中地上，1988年7月19日，李宇、宗毓臣、应建浙414（HMAS 57893）。云南洱源苍山，海拔2516 m 林中地上，2009年7月24日，李国杰、赵勇09505（HMAS 221098）；牟定林中地上，2008年8月8日，文华安、周茂新、李国杰（HMAS 187101）；漾濞苍山，海拔1998 m 混交林地上，2009年7月15日，李国杰、杨晓莉09156（HMAS 221052）。西藏波密通麦迫龙沟，海拔2495 m 阔叶林地上，2012年8月19日，赵东、李国杰、杨顼12393（HMAS 264889）。

经济价值：该种可食用。

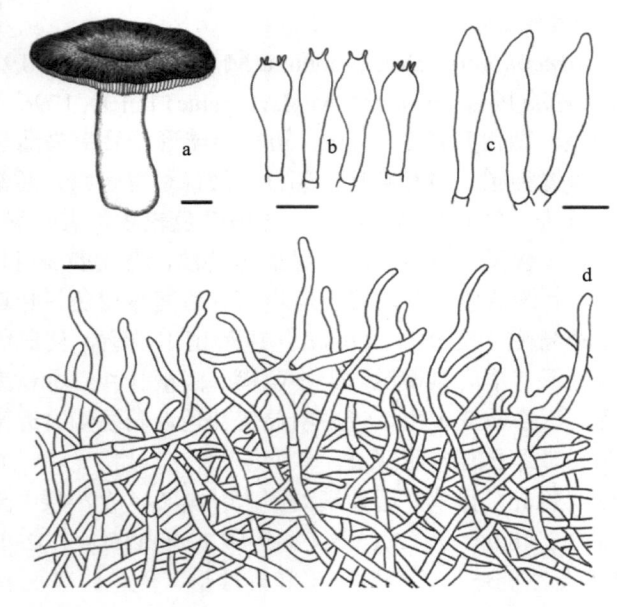

图149　堇紫红菇 *Russula violacea* Quél.（HMAS 57893）
a. 子实体；b. 担子；c. 侧生囊状体；d. 菌盖表皮菌丝。a. 标尺=1 cm；b~d. 标尺=10 μm

娇弱亚属 subgen. *Tenellula* Romagn.

子实体幼嫩时多数较小细长。菌盖表皮易剥离，湿时黏。菌肉质脆，常变黄。菌褶味道柔和至较为辛辣，边缘有条纹。菌柄基部通常稍膨大。孢子印奶油色、赭色至黄色。担子较短。囊状体短，较少。盖生囊状体多分隔。

模式种：*Russula puellaris* Fr.（Sarnari, 1987）。

中国娇弱亚属分组检索表

1. 菌柄老后和干燥后明显变黄褐色至锈褐色 ·· 美丽组 sect. ***Puellarinae***
1. 菌柄老后和干燥后变微黄色至黄色 ··· 2

2. 菌盖表面极少红色色调 ··· 落叶松组 sect. *Laricinae*
2. 菌盖表面主要为红色色调 ·· 蔷薇花组 sect. *Rhodellinae*

落叶松组 sect. *Laricinae* Romagn.

菌盖表面紫红色、紫色或绿色色调，无鲜红色和褐色色调。菌肉无显著味道至有辛辣味，老后和干燥后变微黄色至黄色。菌柄老后和干燥后变微黄色至黄色，孢子印奶油色至黄色。

模式种：*Russula nauseosa* (Pers.) Fr.（Sarnari，1998）。

中国落叶松组分种检索表

1. 菌褶凹生至近离生，乳黄色，老后橙黄色 ···································· 臭味红菇 *R. nauseosa*
1. 菌褶直生至稍弯生，或弯生 ·· 2
  2. 菌肉受伤后浅赭黄色至浅黄色 ··· 泥炭藓红菇 *R. sphagnophila*
  2. 菌肉受伤后变为灰褐色至赭褐色 ··· 葡萄酒褐红菇 *R. vinosobrunneola*
  2. 菌肉受伤后非上述特征 ··· 3
3. 孢子印黄色至深黄色 ·· 落叶松红菇 *R. laricina*
3. 孢子印浅赭黄色至黄色 ·· 晚生红菇 *R. cessans*

晚生红菇　图 150，图版 XXVI 3

Russula cessans A. Pearson, Naturalist: 101, 1950.

子实体较小型至中型。菌盖直径 2.5~7.0 cm，菌盖初扁半球形，后至中央凸起，成熟后渐平展，中央较少下凹，边缘钝圆，较厚，较少起伏，有时开裂，菌盖表面，颜色多样，中央一般颜色较菌盖边缘深，一般为黑褐色、深黄褐色，菌盖表皮黄色、黄褐色、灰红色、紫灰色、粉灰色、葡酒色、橄榄紫色和紫红色等，边缘颜色较浅，表皮可从菌盖边缘向中央方向剥离 1/2，湿时有光泽而光滑，边缘无条纹至有不明显的短条纹。菌肉初坚实，后变脆弱，白色，近菌柄处易变黄色，在极为湿润的环境中易变灰色，有甜味，气味不显著。菌褶直生至略弯生，宽 0.3~0.6 cm，边缘处 9~18 片/cm，有时分叉，褶间略有横脉，近边缘处略宽，边缘钝圆，奶油色，老后浅黄色，伤后不变色至变浅黄色。菌柄长 3~6 cm，粗 0.6~1.5 cm，近圆柱形，较粗短，基部稍粗，白色，海绵质，光滑，菌柄表面偶见淡锈色、淡黄色斑点，有较为明显的皱纹。孢子印浅赭黄色至黄色。

担子 $26\sim46 \times 6\sim11$ μm，棒状，无色透明，具 2~4 个小梗。担孢子（40/2/1）（7.8）$8.3\sim12.1$（12.3）×（7.3）$7.6\sim10.3$（10.6）μm [$Q = 1.02\sim1.27$（1.32），**Q** $= 1.13 \pm 0.09$]，近球形至宽椭球形，少数球形和椭球形，淡黄色，表面小疣高 $0.5\sim1.0$ μm，近圆锥形，疣间有连线，形成近于完整网纹，脐上区淀粉质点显著。侧生囊状体 $17\sim51 \times 5\sim11$ μm，棒状，个别近顶端处渐细，无色透明，顶端有披针状至乳头状的小突起，近尖锐。菌盖表皮菌丝栅栏状，菌丝宽 $1.7\sim3.3$ μm，无色透明，有隔，末端近尖锐，盖生囊状体 $58\sim91 \times 6\sim13$ μm，较少，长棒状，顶端钝圆，表面有较强烈的纹饰。菌柄表皮菌丝宽 $2.5\sim5.1$ μm，有隔，无色透明，柄生囊状体未见。

生境：夏秋季生于针叶林（松属）等地上。

模式产地：法国。

世界分布：亚洲（中国）；欧洲（英国、法国、奥地利、瑞典、德国、波兰、斯洛伐克）；北美洲（美国、加拿大）。

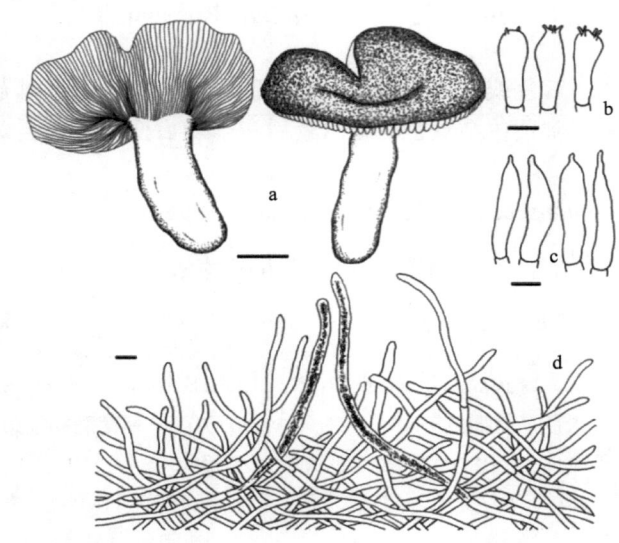

图150　晚生红菇 *Russula cessans* A. Pearson（HMAS 49966）
a. 子实体；b. 担子；c. 侧生囊状体；d. 菌盖表皮菌丝. a. 标尺=1 cm；b~d. 标尺=10 μm

研究标本：四川雅江剪子弯山，林中地上，1983年8月7日，文华安、苏京军559（HMAS 49966）。

讨论：晚生红菇与臭味红菇形态特征很相似，区别是晚生红菇的菌肉味道柔和，担孢子表面疣刺间有较多的连线，而臭味红菇有令人不愉快的强烈气味，担孢子表面疣刺间连线较少。

落叶松红菇　图151，图版Ⅶ 1、ⅩⅩⅥ 4

Russula laricina Velen., České Houby 1: 149, 1920.

子实体中型。菌盖直径 3.2~6.3 cm，初扁半球形，成熟后中央稍凸起至近平展，部分边缘稍上翘呈浅碟状，菌盖边缘有较明显的短条纹，部分菌盖表皮成熟后小块剥落，少见开裂，湿时黏，干燥后稍光滑，无光泽，表皮自盖缘处至中央方向可剥离1/2，表面呈多变的红褐色至紫褐色色调，可呈红褐色、暗砖红色和紫褐色，中央颜色较深，有时褪色至赭黄色和浅黄褐色，边缘常褪色至淡褐色和淡粉紫色，近表皮处菌肉白色，有时有浅紫红色色调。菌肉厚 0.3~0.8 cm，白色，雨后或环境极为潮湿时变灰，无显著味道，近菌褶处略有辛辣味道，无明显气味。菌褶弯生，宽 0.3~0.6 cm，深奶油色至微黄色，老后深黄色，伤后缓慢地变浅黄褐色，极少分叉，褶间具横脉。菌柄长 3.7~7.0 cm，粗 0.7~1.2 cm，圆柱形，近基部稍粗，表面光滑，表面白色至奶油色，老后带微黄色，初内实，后中空。孢子印黄色至深黄色。

担子 36~46 × 10~13 μm，棒状，近顶端处稍膨大，具 2~4 个小梗，小梗长 4~7 μm，无色透明。担孢子（100/5/5）（6.5）7.0~9.0（10.3）× 5.7~7.4（7.8）μm [Q =（1.01）

1.05~1.30（1.35），**Q** = 1.18 ± 0.10]，近球形至宽椭球形，少数球形和椭球形，表面疣刺高 0.3~0.7 μm，近圆锥形，疣刺间多有连线，形成近于完整至完整的网纹，脐上区淀粉质点较显著。侧生囊状体 49~62 × 11~13 μm，较少，棒状至略呈近梭形，末端钝圆，无色透明至略有颗粒状内含物。菌盖表皮菌丝栅栏状排列，菌丝宽 2.0~4.8 μm，部分有隔，菌丝末端细胞顶端钝圆至近尖锐，无色透明，盖生囊状体宽 5.3~7.8 μm，较多，棒状，部分近顶端处稍膨大，内有颗粒状内含物，在硫酸香草醛溶液中迅速变灰色至黑色。菌柄表皮菌丝平伏，宽 1.7~3.8 μm，有隔，无色透明，柄生囊状体未见。

生境：夏秋季单生至散生于针叶林和混交林（松属、冷杉属和落叶松属）地上。

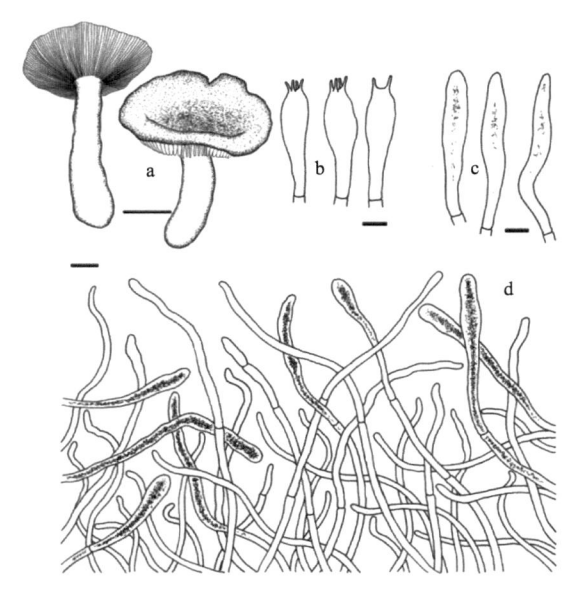

图 151 落叶松红菇 *Russula laricina* Velen.（HMAS 252564）
a. 子实体；b. 担子；c. 侧生囊状体；d. 菌盖表皮菌丝。a. 标尺=1 cm；b~d. 标尺=10 μm

模式产地：捷克。

世界分布：亚洲（中国）；欧洲（捷克、斯洛伐克、意大利、德国、英国、法国、瑞士、奥地利、瑞典、挪威、丹麦）。

研究标本：内蒙古鄂温克旗红花尔基樟子松国家森林公园，针叶林地上，2013 年 7 月 31 日，文华安、李赛飞、赵东、李国杰 13214（HMAS 267818）、13208（HMAS 252564）。辽宁沈阳棋盘山，海拔 303 m 阔叶林地上，2013 年 8 月 19 日，杨涛 13302（HMAS 267755）。吉林安图长白山池北区二道白河镇北山门，海拔 1152 m 针叶林地上，2013 年 7 月 22 日，范宇光、李国杰 13037（HMAS 267886）、13042（HMAS 267887）、13364（HMAS 267849）。云南大理喜洲镇至花甸坝，混交林地上，2009 年 7 月 17 日，李国杰、杨晓莉 06237（HMAS 220718）。陕西秦岭火地塘林场，混交林地上，2005 年 7 月 28 日，文华安、周茂新、李赛飞 05098（HMAS 139023）。青海大通东峡林场，混交林地上，2004 年 8 月 17 日，文华安、周茂新 04179（HMAS 132472）。

讨论：落叶松红菇与臭味红菇的形态特征十分近似，最显著的差异是落叶松红菇有呈深黄色的孢子印，臭味红菇的孢子印颜色为浅赭石色至赭石色。欧洲研究者的研究结果显示，落叶松红菇生长于落叶松林下等特征不稳定，在形态上区分以上两个种较为困难（Sarnari，2005）。我国的落叶松红菇和臭味红菇有时会生长在同一片林下。落叶松红菇的另一个近似种是晚生红菇，晚生红菇有更显著鲜红色的菌盖，担孢子表面疣刺间近于连接成网状，这两种的区分在分子系统研究中并未得到较好的支持，二者的ITS序列区段仅存在着1%左右的差异（Miller and Buyck，2002）。

臭味红菇　　图152，图版 VII 2
别名：臭红菇、厌味红菇

Russula nauseosa (Pers.) Fr., Epicr. syst. mycol. (Upsaliae): 363, 1838.

Agaricus nauseosus Pers., Syn. meth. fung. (Göttingen) 2: 446, 1801.

Russula firmula f. *atropurpurea* (Allesch.) Sarnari, Monografia Illustrata del Genere Russula in Europa 1: 755, 1998.

Russula laricina var. *flavida* (Cooke) Bon, Docums Mycol. 18(no. 69): 36, 1987.

Russula nauseosa f. *japonica* Hongo, J. Jap. Bot. 42: 156, 1967.

Russula nauseosa f. *xanthophaea* (Boud.) Singer, Beih. bot. Zbl., Abt. 2 49: 263, 1932.

Russula nauseosa var. *albida* Britzelm., Botan. Centralbl. 54(4): 100, 1893.

Russula nauseosa var. *atropurpurea* Allesch., Ber. bot. Ver. Landshut 11: 33, 1889.

Russula nauseosa var. *flavida* Cooke, Ill. Brit. Fung. (London) 7: pl. 1102, 1890.

Russula nauseosa var. *fusca* J.E. Lange, Fl. Agaric. Danic. 5: 81, 1940.

Russula nauseosa var. *pulchralis* (Britzelm.) Cooke, Handb. Brit. Fungi, 2nd Edn: 336, 1889.

Russula nauseosa var. *schaefferi* Killerm., Denkschr. Bayer. Botan. Ges. in Regensb. 20: 43, 1939.

Russula nauseosa var. *striatella* Jul. Schäff. ex Moënne-Locc., in Reumaux, Bidaud & Moënne-Loccoz, Russules Rares ou Méconnues (Marlioz): 285, 1996.

Russula nauseosa var. *vitellina* Fr., Epicr. syst. mycol. (Upsaliae): 363, 1838.

Russula pulchralis Britzelm., Ber. Naturhist. Augsburg 28: 140, 1885.

Russula xanthophaea Boud., Bull. Soc. mycol. Fr. 10(1): 60, 1894.

子实体小型至中型。菌盖直径2~6 cm，初半球形至扁半球形，中央凸起，成熟后平展，中部稍下凹，有时呈碟状，边缘钝圆，颜色多样，中央葡萄酒红色至红色、紫红色、橄榄紫色、浅灰红色、浅褐色、污淡黄褐色或带浅绿色，边缘颜色较浅，常呈现粉红色、浅粉红色至浅紫色，老后有时褪色至柠檬黄色，湿时稍黏，干燥后黏或不黏，表面光滑，盖缘有条纹，表皮易剥离。菌肉近柄处厚1.1~2.0 cm，白色或微带褐色，薄而较脆，鲜时气味不显著，或干燥后有令人不愉快的气味，味道柔和，有甜味或稍辛辣。菌褶凹生至近离生，或直生至近延生，宽0.3~1.0 cm，稍密，后略稀疏，顶端钝圆，不分叉或几乎不分叉，褶间有显著的横脉相连，乳黄色，老后橙黄色，干燥后深赭石色。菌柄长2~7 cm，粗0.5~1.0 cm，近圆柱形，向两端稍细，白色，常近基部处呈浅褐色或淡黄色，幼时表面有微细果霜，老后表面有微细皱纹，稍粗糙，初内实，后松软。孢子印浅赭石色至赭石色。

担子29~44 × 10~15 μm，棒状，部分近顶端处略有膨大，具2~4个小梗，无色透明。

担孢子（40/2/2）（6.3）6.6~9.4（9.9）×（5.8）6.0~7.3（7.8）μm [Q =（1.02）1.04~1.34（1.39），$Q = 1.18 \pm 0.10$]，近球形至宽椭球形，少数球形和椭球形，近无色至微黄色，表面疣刺高 0.3~0.7 μm，扁半球形、半球形至近圆锥形，疣间偶有连线，不形成网纹，脐上区淀粉质点稍显著。侧生囊状体 37~62 × 10~14 μm，棒状至近梭形，部分梭形，个别顶端有乳头状至披针状突起，表面有较明显的纹饰。菌盖表皮菌丝栅栏状，菌丝宽 2.5~5.8 μm，无色透明，无隔，末端近尖锐至钝圆，盖生囊状体未见。菌柄表皮菌丝宽 1.7~5.8 μm，有隔，无色透明，柄生囊状体 46~100 × 7~13 μm，棒状，有少量分隔，末端钝圆，内有颗粒状内含物。

生境：夏秋季单生于混交林地上。

模式产地：法国。

世界分布：亚洲（中国）；欧洲（英国、法国、瑞士、英国、德国、瑞典、冰岛、挪威、瑞典、芬兰、波兰、斯洛伐克、保加利亚）；北美洲（加拿大）。

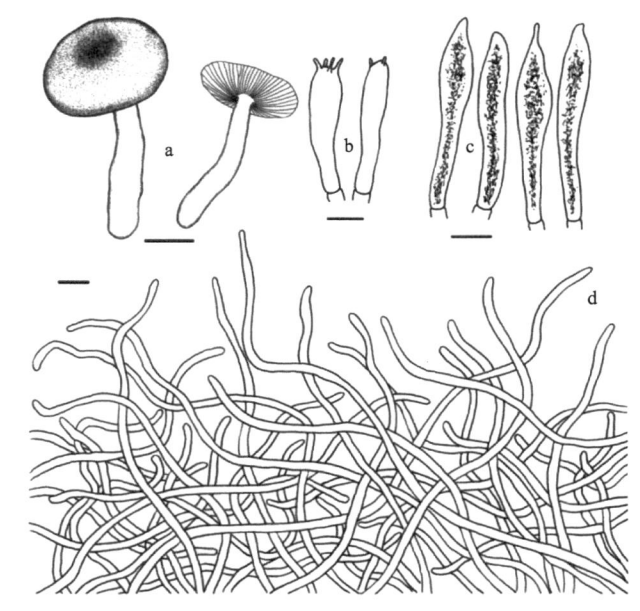

图 152　臭味红菇 *Russula nauseosa* (Pers.) Fr.（HMAS 72086）
a. 子实体；b. 担子；c. 侧生囊状体；d. 菌盖表皮菌丝。a. 标尺=1 cm；b~d. 标尺=10 μm

研究标本：吉林省延边州和龙市八家子林业局仙峰国家森林公园雪岭（老爷岭），海拔 1349 m 混交林地上，2013 年 7 月 23 日，文华安、王柏、李赛飞、赵东、李国杰 13075（HMAS 267760）。安徽黄山云谷寺，林中地上，1982 年 9 月 28 日，温俊芳（HMAS 72086）。四川阿坝汶川卧龙，林中地上，1984 年 8 月 5 日，文华安、苏京军 1452（HMAS 51009）。云南西双版纳大勐龙，阔叶林地上，1958 年 10 月 30 日，韩树金等 5334（HMAS 27504）。青海班玛玛可河林场，针叶林地上，2013 年 8 月 10 日，卢维来、蒋岚、李国杰 13255（HMAS 267790）。

经济价值：该种可食用。与松属、云杉属、栎属和水青冈属等的一些树种形成外生菌根。

泥炭藓红菇　图 153，图版 XXVI 5

Russula sphagnophila Kauffman, Report Mich. Acad. Sci. 11: 86, 1909.
Russula sphagnophila var. *americana* Singer, Bull. trimest. Soc. mycol. Fr. 54: 149, 1938.
Russula sphagnophila var. *europaea* Singer, Bull. trimest. Soc. mycol. Fr. 54: 150, 1938.
Russula sphagnophila var. *heterospora* Singer, Bull. trimest. Soc. mycol. Fr. 54: 150, 1938.
Russula sphagnophila var. *subheterosperma* Singer, Bull. trimest. Soc. mycol. Fr. 54: 150, 1938.
Russula sphagnophila var. *subintegra* Singer, Bull. trimest. Soc. mycol. Fr. 46: 209, 1930.
Russula subintegra (Singer) Joachim, Bull. trimest. Soc. mycol. Fr. 54(3-4): 22 [sect. iii], 1939.

　　子实体小型至中型。菌盖直径 2.3~5.1 cm，初中央凸起，后渐平展至中央略有凹陷，边缘不上翘，常内卷，幼时无条纹至有微细条纹，老后条纹显著，中央主要呈暗紫红色、暗紫罗兰色和紫褐色色调，边缘颜色较浅，呈浅粉紫色，部分区域有时褪至浅黄褐色、粉棕色或暗橄榄色，老后和干燥后菌盖色调明显变灰暗，表皮可从边缘至中央方向剥离 2/5~3/4，湿时黏，干燥后不光滑，无光泽。菌肉厚 0.2~0.5 cm，白色至浅奶油色，伤后变浅赭黄色至浅黄色，薄而较脆，味道柔和，或有时略有胡椒味道，无显著气味或有时有微弱的苹果香味。菌褶直生至稍弯生，宽 0.3~0.5 cm，较密集，菌盖边缘处 15~19 片/cm，个别分叉，褶间有横脉，边缘钝圆，幼嫩时白色，后浅奶油色至奶油色，老后和伤后变赭色至浅黄色。菌柄长 2.5~5.6 cm，粗 1.0~1.5 cm，圆柱形，表面有微细的纵向皱纹，白色，基部至近基部处略有浅黄色色调，伤不变色至略变浅黄色，初内实，后中空。孢子印深奶油色至浅赭色。

　　担子 28~41 × 7~11 μm，棒状，个别近顶端处稍膨大，具 4 个小梗，小梗长 4~6 μm，无色透明。担孢子（100/2/2）（7.7）8.0~10.1（10.3）×（6.1）6.5~7.6（8.1）μm [Q =（1.03）1.06~1.30（1.35），Q = 1.18 ± 0.07]，宽椭球形至近球形，少数椭球形和球形，微黄色至浅黄色，表面疣刺高 0.8~1.2 μm，圆柱形至近圆锥形，部分疣刺间有连线，形成不完整的网纹，脐上区淀粉质点显著。侧生囊状体 64~90 × 7~10 μm，棒状至近梭形，顶端钝圆至近尖锐，内有晶状内含物。菌盖表皮菌丝栅栏状排列，菌丝多数细长而直立宽 1.7~3.8 μm，多数无隔，少数分叉，末端多数钝圆，少数近尖锐或膨大，部分菌丝膨大宽 15~35 μm，无色透明，盖生囊状体宽 5.6~9.7 μm，数量较多，无隔，末端钝圆，有较多的晶状和颗粒状内含物，在硫酸香草醛溶液中变黑灰色。菌柄表皮菌丝宽 1.5~3.8 μm，无色透明，少数分隔，柄生囊状体未见。

　　生境：夏秋季单生至散生于混交林（云杉属）地上。
　　模式产地：美国。
　　世界分布：亚洲（中国）；北美洲（美国、加拿大）。
　　研究标本：西藏林芝扎绕乡，混交林地上，2004 年 7 月 22 日，郭良栋、高清明 228（HMAS 97978）。陕西秦岭火地塘林场，混交林地上，2005 年 7 月 29 日，文华安、周茂新、李赛飞 05082（HMAS 99690）。青海班玛玛可河林场，针叶林地上，2013 年 8 月 10 日，卢维来、蒋岚、李国杰 13259（HMAS 267874）。
　　讨论：泥炭藓红菇形态特征与臭味红菇、美红菇和落叶松红菇相近，区别是后三个种的最显著宏观形态特点为菌柄基部或近基部处老后易带黄色色调（Woo，1989）。泥炭藓红菇的子实体变黄的程度应介于美红菇和落叶松红菇之间，臭味红菇和落叶松红菇具有比泥炭藓红菇较深的赭黄色至黄色的孢子印，美红菇子实体老后和干燥过程中菌肉变黄的程度最为明显。

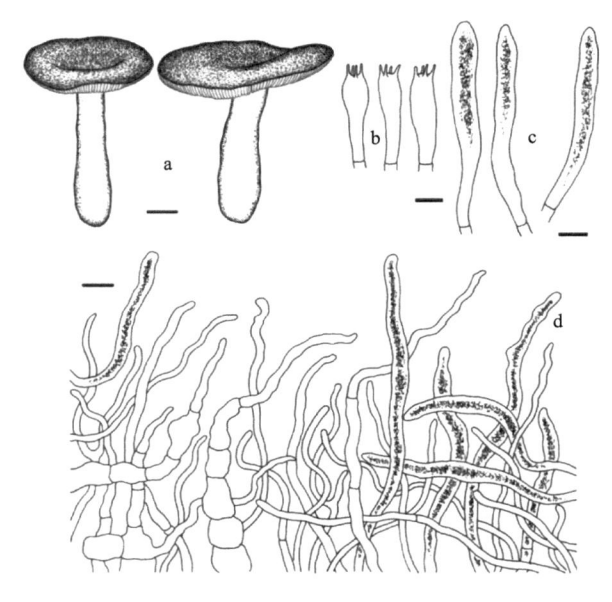

图 153　泥炭藓红菇 *Russula sphagnophila* Kauffman（HMAS 267874）
a. 子实体；b. 担子；c. 侧生囊状体；d. 菌盖表皮菌丝。a. 标尺=1 cm；b~d. 标尺=10 μm

葡萄酒褐红菇　图 154，图版 XXVI 6
Russula vinosobrunneola G.J. Li & R.L. Zhao, Mycosphere 9(4): 848. 2018.

子实体小型至中型。菌盖直径 1.1~5.4 cm，初近球形至半球形，成熟后平展，有时中央微下凹，边缘偶尔开裂，成熟后有 0.3~0.5 cm 微弱的条纹，表面光滑，湿时稍黏，表皮自边缘向中央可剥离 1/5~1/3，红褐色至褐色，中央颜色稍浅。菌肉厚 0.1~0.3 cm，白色，伤不变色或缓慢地变为灰褐色至赭褐色，质脆，无明显气味和味道。菌褶直生，宽 0.2~0.4 cm，边缘处 11~16 片/cm，不分叉，褶间具横脉，浅黄色至黄色，干燥后浅橙黄色，无小菌褶。菌柄长 4.2~6.5 cm，粗 0.9~1.6 cm，中生至略偏生，圆柱形至近圆柱形，近菌盖处稍细，表面略有微细的纵纹，无光泽，白色，伤后变褐色至灰褐色，初内实，老后中空。孢子印黄色。

担子 34~42 × 8~11 μm，棒状，顶端膨大，高于子实层面 15~25 μm，无色透明，在 KOH 溶液中不变色，具 4 个小梗，小梗长 4~6 μm，直立至略弯曲。担孢子（500/2/2）7.7~9.6（10.1）× 6.4~8（8.6）μm [Q = 1.06~1.33（1.38），**Q** = 1.19 ± 0.07]，近球形至宽椭球形，少数球形和椭球形，表面纹饰淀粉质，疣刺状至圆锥状，高 0.7~1 μm，之间有连线，偶尔孤立，形成不完整至完整的网纹，脐上区淀粉质显著。侧生囊状体分散，47~72 × 6~7 μm，突出子实层 20~35 μm，近梭形至棒状，顶端略膨大，偶尔梭形，顶端钝圆，个别近尖锐，内含物晶体状，遇硫酸香草醛试剂变黑灰色。菌盖表皮菌丝栅栏状，菌丝宽 2~4 μm，末端近尖锐，部分钝圆，盖生囊状体 37~55 × 3~5 μm，较多，圆柱形至近圆柱形，多分隔，末端钝圆，内含物密集，遇硫酸香草醛试剂变黑色。菌柄表皮菌丝宽 3~5 μm，无色，有隔，柄生囊状体未见。

生境：夏秋季散生于针阔混交林（冷杉属、松属、椴树属和柞木属）地上。

模式产地：中国。

世界分布：亚洲（中国）。

研究标本：黑龙江佳木斯市汤原县大亮子河国家森林公园，混交林地上，2016 年 7 月 18 日，张明哲、白旭明、代荣春、李国杰 ZRL20160383（HMAS 281131）；七台河勃利县西大圈国家森林公园，混交林地上，2016 年 7 月 8 日，张明哲、白旭明、代荣春、李国杰 ZRL20160434（HMAS 281138）、ZRL20160428（HMAS 278960）；伊春市带岭区凉水国家级自然保护区，混交林地上，2016 年 7 月 17 日，张明哲、白旭明、代荣春、李国杰 ZRL20160273（HMAS 278896）。

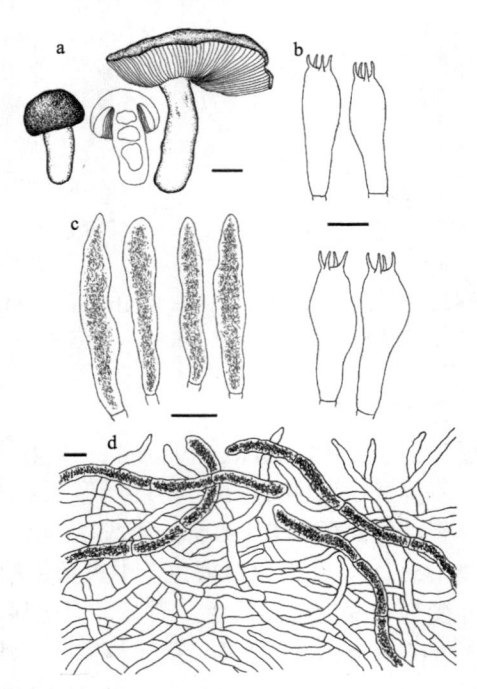

图 154　葡萄酒褐红菇 *Russula vinosobrunneola* G.J. Li & R.L. Zhao（HMAS 281138）
a. 子实体；b. 担子；c. 侧生囊状体；d. 菌盖表皮菌丝。a. 标尺=1 cm；b~d. 标尺=10 μm

美丽组 sect. ***Puellarinae*** Singer

菌盖颜色多样，呈红色，紫色，褐色和黄色多种色调。菌肉味道柔和至略辛辣，老后变黄色。菌柄老后和干燥后明显变黄褐色至锈褐色。

模式种：*Russula puellaris* Fr.（Sarnari，1998）。

中国美丽组分种检索表

1. 孢子印浅赭黄色至浅黄色 ··· 香红菇 *R. odorata*
1. 孢子印赭黄色 ·· 兴安红菇 *R. khinganensis*
1. 孢子印非上述颜色 ·· 2
   2. 菌盖赤褐色至浅赤褐色，有同心色环 ····························· 多色红菇 *R. versicolor*
   2. 菌盖非上述特征 ·· 3
3. 菌褶直生，奶油色至深奶油色 ·· 关西红菇 *R. kansaiensis*
3. 菌褶弯生至离生，或直生至短延生 ··· 美红菇 *R. puellaris*

关西红菇　图 155，图版 VII 3、XXVII 1
别名：小红菇

Russula kansaiensis Hongo, J. Jap. Bot. 54 (10): 305, 1979.

  子实体较小型。菌盖直径 1.0~2.0 cm，初半球形至扁半球形，成熟后渐平展，后中部下凹，边缘初近尖锐，后尖锐，平展，中央颜色较深，呈桃红色、粉红色、浅红色至红色至紫红色，干燥后深紫褐色，边缘颜色较浅，可褪色至奶油色至近白色，有条纹，平滑，无光泽，湿时黏，较薄，边缘有条棱，个别边缘开裂。菌肉较薄，脆弱，白色，后变浅黄色，气味不显著，无明显味道。菌褶直生，初密集，后渐稀疏，近缘处近尖锐，褶间具横脉，幼时白色，成熟后奶油色至深奶油色，老后浅赭色，较脆。菌柄长 1.0~1.2 cm，粗 0.2~0.3 cm，中生，棒状，上下等粗，内部海绵质至中空，较脆，表面乳白色，近基部处带黄色，表面光滑，老后略有微细皱纹。孢子印奶油色至浅赭黄色。

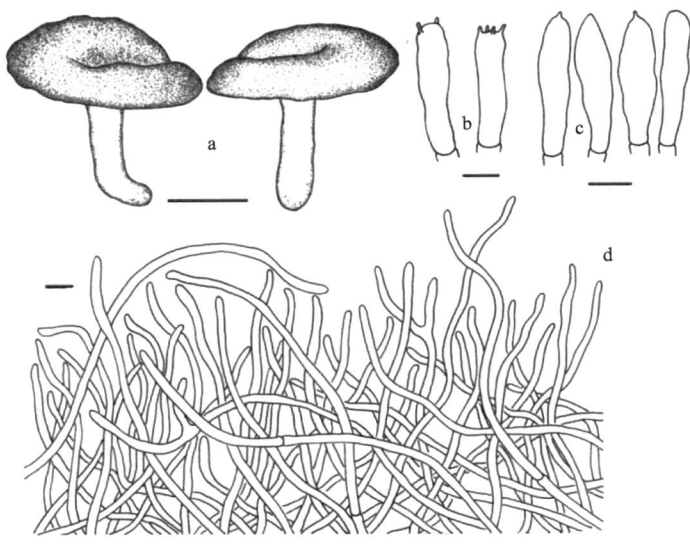

图 155　关西红菇 *Russula kansaiensis* Hongo（HMAS 75314）
a. 子实体；b. 担子；c. 侧生囊状体；d. 菌盖表皮菌丝。a. 标尺=1 cm；b~d. 标尺=10 μm

  担子 24~27 × 6~11 μm，棒状，无色透明，具 2~4 个孢子梗。担孢子（40/2/1）（6.4）6.9~8.1（8.4）× 5.8~7.0 μm [Q =（1.05）1.10~1.26（1.38），**Q** = 1.19 ± 0.06]，宽椭球形至椭球形，部分近球形，淡黄色至黄色，表面有小疣刺，高 0.7~1.2 μm，近圆锥形，

疣刺间多有连线，形成近于完整的网纹，脐上区淀粉质点显著。侧生囊状体 32~34 × 8~9 μm，较少，纺锤形至近梭形，有时棒状，顶端有乳头状的小突起，无色透明，表面光滑。菌盖表皮菌丝宽 2.5~5.8 μm，无色透明，有隔，有时分叉，末端钝圆至近尖锐，有时菌丝间有色素颗粒，盖生囊状体未见。菌柄表皮菌丝宽 1.7~5.1 μm，有隔，无色透明，柄生囊状体未见。

  生境：夏秋季单生于林中地上。

  模式产地：日本

  世界分布：亚洲（中国、日本）。

  研究标本：内蒙古科尔沁左后旗大青沟，林中地上，1996 年，图力古尔（HMJAU 1408）。广东鼎湖山，阔叶林地上，1998 年 10 月 10 日，文华安、孙述霄、卯晓岚 98511（HMAS 75314）。

兴安红菇 图 156，图版 XXVII 2

Russula khinganensis G.J. Li & R.L. Zhao, Mycosphere 9(3): 436, 2018.

  子实体小型至中型。菌盖直径 2.6~3.8 cm，初半球形，成熟后平展，老后中央在菌柄上方处稍下凹，边缘初内卷，后平展，偶尔开裂，有 0.5~1.0 cm 的微细条纹，表皮自边缘向中央可剥离 1/4~1/2，稍黏，紫灰色，中央深紫褐色至深紫色，边缘浅紫灰色。菌肉厚 0.2~0.3 cm，白色，伤后缓慢地变赭黄色，略坚实，味道柔和，近菌柄处辛辣，无明显气味。菌褶直生，宽 0.2~0.5 cm，菌盖边缘处 13~15 片/cm，不分叉，褶间略微有横脉，赭黄色，伤后不变色，无小菌褶。菌柄长 4.5~7.7 cm，粗 0.8~1.5 cm，中生至近中生，圆柱形至近圆柱形，近基部略变细，表面有微细的纵纹，白色，伤不变色，初内实，成熟后中空。孢子印赭黄色。

  担子 35~43 × 10~11 μm，无色透明，近顶端一侧膨大，突出子实层 10~15 μm，具 4 个小梗，小梗长 4~7 μm，直立或稍弯曲。担孢子（100/2/2）(6.0) 6.3~7.3 (7.6) × 5.2~6.4 (6.7) μm [Q = (1.07) 1.10~1.25 (1.33)，Q = 1.18 ± 0.05]，白色至浅奶油色，近球形至宽椭球形，少数球形和椭球形，表面纹饰淀粉质，疣刺高 0.5~1 μm，疣刺间有长短不一的嵴状连线，部分形成网纹，少数疣刺孤立，无连线，脐上区淀粉质点明显。侧生囊状体 51~65 × 6~9 μm，突出子实层 15~35 μm，近顶端一侧稍膨大至膨大，有时梭形至近梭形，末端常有棘状或乳头状突起，部分棘突呈近串珠状，内含物结晶状，在硫酸香草醛溶液中变黑色。菌盖表皮菌丝栅栏状排列，圆柱状，薄壁，无色透明，不分叉，菌丝宽 2~4 μm，盖生囊状体 37~55 × 3~5 μm，棒状，末端钝圆，有分隔，内含物晶体状，在硫酸香草醛溶液中变黑灰色。菌柄表皮菌丝宽 3~5 μm，无色，在 KOH 溶液中变浅黄色，多分隔，柄生囊状体未见。

  生境：夏秋季单生于针阔混交林（桦木属、落叶松属、杨属和云杉属）地上。

  模式产地：中国（黑龙江）。

  世界分布：亚洲（中国）。

  研究标本：黑龙江省伊春市带岭区凉水国家级自然保护区，混交林地上，2016 年 7 月 17 日，张明哲、白旭明、代荣春、李国杰 ZRL20162112（HMAS 279576）、ZRL20160285（HMAS 278895）。

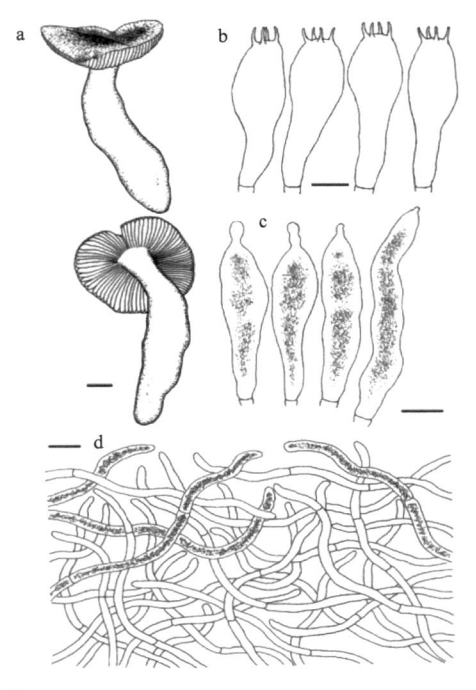

图 156 兴安红菇 *Russula khinganensis* G.J. Li & R.L. Zhao（HMAS 278895）
a. 子实体；b. 担子；c. 侧生囊状体；d. 菌盖表皮菌丝。a. 标尺=1 cm；b~d. 标尺=10 μm

香红菇 图 157，图版 VII 4、XXVII 3

Russula odorata Romagn., Bull. mens. Soc. linn. Soc. Bot. Lyon 19: 76, 1950.

Russula lilacinicolor J. Blum, Bull. trimest. Soc. mycol. Fr. 68(2): 253, 1952.

Russula odorata var. *lilacinicolor* (J. Blum) Romagn., Russules d'Europe Afr. Nord, Essai sur la Valeur Taxinomique et Spécifique des Charactères des Spores et des Revêtements: 619, 1967.

Russula odorata var. *rutilans* Sarnari, Boll. Gruppo Micol. 'G. Bresadola' (Trento) 29(1-2): 17, 1986.

子实体小型至中型。菌盖直径 2.3~4.8 cm，初半球形，后扁半球形至中央凸起，部分近平展，湿时较黏至很黏，干燥后光滑，无光泽，部分小块剥落，边缘无条纹至有微弱的短条纹，菌盖表皮从边缘至中央方向可剥离 3/5~4/5，部分甚至可全部剥离，表面酒红色、暗紫红色、紫橄榄色至红铜色，少数鲜红色，有时褪色至粉紫色，个别有微弱的黄绿色色调，边缘常颜色稍浅，可呈浅粉色至粉灰色，近表皮下白色，有时淡紫红色或浅粉红色。菌肉厚 0.2~0.4 cm，幼时白色，老后略变奶油色，受伤后略变浅黄褐色，味道柔和，有水果香味。菌褶直生至稍弯生，宽 0.4~0.8 cm，8~12 片/cm，中部至近缘处个别分叉，菌盖边缘钝圆，褶间具横脉，幼时白色，成熟后奶油色至深奶油色，老后微黄色，伤不变色。菌柄长 2.4~4.8 cm，粗 0.5~1.2 cm，圆柱形，近基部处稍粗，白色，老后有时部分带浅黄色，受伤后变浅黄色，表面光滑，初内实，后中空。孢子印浅赭黄色至浅黄色。

担子 29~39 × 10~12 μm，棒状，近顶端处显著膨大，具 4 个小梗，小梗长 3~5 μm，无色透明。担孢子（100/5/5）（6.7）7.2~8.6（8.9）×（5.0）5.5~7.5（7.9）μm [Q =（1.04）1.08~1.35（1.40）， **Q** = 1.20 ± 0.08]，宽椭球形至椭球形，少数近球形至球形，表面疣刺高 0.8~1.2 μm，圆柱形至近圆锥形，疣刺间无连线，部分临近的疣刺形成短嵴，脐上区淀粉质点显著。侧生**囊**状体 48~65 × 8~11 μm，棒状至近梭形，顶端钝圆至近尖锐，无色透明至略有少数颗粒状内含物。菌盖表皮菌丝栅栏状排列，菌丝宽 1.8~4.7 μm，少数有隔，无色透明，末端细胞顶端近尖锐，部分钝圆，稍膨大，盖生囊状体宽 4.9~8.4 μm，较多，棒状，无分隔至有较多分隔，部分顶端稍膨大，钝圆，有晶状至颗粒状内含物，在硫酸香草醛溶液中变灰黑色。菌柄表皮菌丝平伏状，菌丝宽 1.7~3.8 μm，末端细胞钝圆至近尖锐，无色透明，柄生囊状体未见。

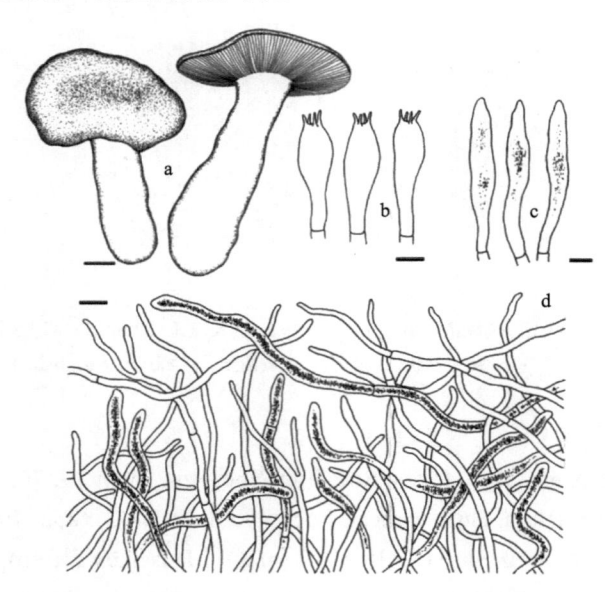

图 157　香红菇 *Russula odorata* Romagn.（HMAS 267800）
a. 子实体；b. 担子；c. 侧生囊状体；d. 菌盖表皮菌丝。a. 标尺=1 cm；b~d. 标尺=10 μm

生境：夏秋季单生至散生于阔叶林和混交林地上。
模式产地：法国。
世界分布：亚洲（中国）；欧洲（法国、意大利）。
研究标本：内蒙古扎兰屯秀水景区，海拔 373 m 混交林地上，2013 年 7 月 27 日，李赛飞、赵东、李国杰 13125（HMAS 267800）、13133（HMAS 267738）、13137（HMAS 267739）、13144（HMAS 267737）。吉林长白山池北区二道白河镇西，海拔 765 m 混交林地上，2013 年 7 月 25 日，李赛飞、赵东、范宇光、李国杰 13099（HMAS 267756）。
讨论：香红菇的菌盖表皮盖生囊状体无分隔至有较多无隔，Sarnari（2005）报道欧洲的香红菇菌盖表皮有多隔的盖生囊状体。
经济价值：该种与栎属和柞木属等一些树种形成外生菌根。

美红菇 图 158，图版 XXVII 4

别名：浅红菇、紫薇菇、紫薇红菇

Russula puellaris Fr., Epicr. syst. mycol. (Upsaliae): 362, 1838.

Russula abietina Peck, Ann. Rep. Reg. N.Y. St. Mus. 54: 180, 1902.

Russula caucasica (Singer) Singer, Lilloa 22: 714, 1951.

Russula minutalis Britzelm., Ber. naturhist. Augsburg 28: 140, 1885.

Russula puellaris f. *cutefracta* R. Socha, in Socha, Hálek, Baier & Hálek, Holubinky (Russula) (Praha): 511, 2011.

Russula puellaris f. *rubida* Romagn., Russules d'Europe Afr. Nord, Essai sur la Valeur Taxinomique et Spécifique des Charetères des Spores et des Revêtements: 922, 971, 1967.

Russula puellaris f. *rubida* Romagn., Bull. mens. Soc. linn. Lyon 31(1): 174, 1962.

Russula puellaris var. *abitina* (Peck) Bon, Docums Mycol. 18(no. 69): 36, 1987.

Russula puellaris var. *atrii* K. Das, S.L. Mll. & J.R. Sharma, Mycotaxon 95: 211, 2006.

Russula puellaris var. *caucasica* Singer, Beih. bot. Zbl., Abt. 2 49: 274, 1932.

Russula puellaris var. *cupreovinosa* Reumaux, in Reumaux, Bidaud & Moënne-Loccoz, Russules Rares ou Méconnues (Marlioz): 287, 1996.

Russula puellaris var. *intensior* Cooke, Handb. Brit. Fungi, 2nd End: 337, 1889.

Russula puellaris var. *leprosa* Bres., Fung. trident. 1(4-5): 58, 1884.

Russula puellaris var. *minutalis* (Britzelm.) Singer, Hedwigia 66: 223, 1926.

Russula puellaris var. *pseudoabeitina* Bidaud & Moënne-Locc., in Reumaux, Bidaud & Moënne-Loccoz, Russules Rares ou Méconnues (Marlioz): 287, 1996.

Russula puellaris var. *rubusta* Atri, Saini & D.K. Mann., Botanical Researches in India (Udaipur): 96, 1991.

Russula versicolor var. *intensior* (Cooke) Romagn., in Kühner & Romagnesi, Fl. Analyt. Champ. Supér. (Paris): 457, 1953.

子实体较小型至中型。菌盖直径 2.5~5.0 cm，初扁半球形，后中央凸起至平展，有时中部明显下凹，边缘钝圆，有时开裂，深紫褐色至深紫薇色，中部往往色较深，近黑红色至紫黑色，有时褪色至赭灰色或铜黄色，边缘易褪色，有时可呈淡紫色、浅奶油色至近白色，湿时黏，干燥后有光泽，菌盖边缘具棱纹，表皮易剥离。菌肉初坚实，后较脆，白色，后显著变黄色，味道柔和，有甜味，气味不显著。菌褶弯生至离生，初白色，宽 0.3~0.9 cm，等长，不分叉或略有分叉，边缘钝圆，褶间具横脉，初时密，后稀疏，近菌柄处较宽，小菌褶无或极少，后变奶油色至淡黄色，边缘颜色较深，有时浅红褐色，老后浅赭色。菌柄长 2~7 cm，粗 0.5~1.5 cm，圆柱形至近圆柱形，有时略呈近纺锤形，近基部稍粗，白色，杂有橙黄色斑点，基部颜色较深，老后变深黄色至浅褐色，表面有极为明显的皱纹，初内实，后松软，最后中空。孢子印深乳黄色。

担子 36~42 × 10~12 μm，棒状，近顶端处膨大，具 2~4 个小梗，无色透明。担孢子（80/4/4）（6.3）6.5~8.6（9.0）×（5.6）5.8~7.5（7.8）μm [$Q = 1.02~1.31（1.36）$，$Q = 1.16 ± 0.09$]，近球形、宽椭球形至椭球形，少数球形，淡黄色，表面小疣高 0.5~1.0 μm，

分散，疣间少见连线，扁半球形至半球形，少数近圆锥形，脐上区淀粉质点不显著。侧生囊状体 38~56 × 7~11 μm，近梭形，有的顶端具小乳头状突起，无色透明。菌盖表皮菌丝栅栏状，菌丝宽 1.7~3.3 μm，有分隔，末端顶端近尖锐，盖生囊状体未见。菌柄表皮菌丝宽 1.7~3.3 μm，有隔，无色透明，柄生囊状体未见。

生境：春至秋季单生至群生于针叶林和混交林地上。

模式产地：瑞典。

世界分布：亚洲（中国）；欧洲（英国、法国、瑞士、瑞典、丹麦、冰岛、挪威、保加利亚、克罗地亚）；北美洲（格陵兰、加拿大）。

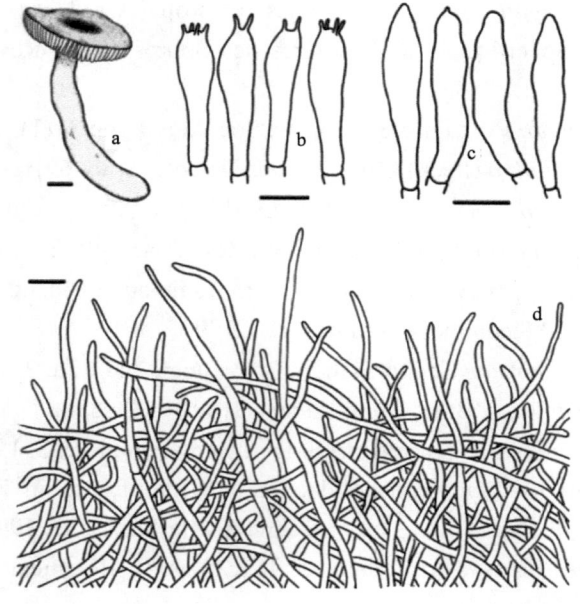

图 158　美红菇 *Russula puellaris* Fr.（HMAS 57899）
a. 子实体；b. 担子；c. 侧生囊状体；d. 菌盖表皮菌丝。a. 标尺=1 cm；b~d. 标尺=10 μm

研究标本：吉林长白山池北区二道白河镇生态站，混交林地上，2013 年 7 月 24 日，文华安、李赛飞、赵东、李国杰 13080（HMAS 267781）；延边州和龙市八家子林业局仙峰国家森林公园雪岭（老爷岭），海拔 1349 m 混交林地上，2013 年 7 月 23 日，文华安、王柏、李赛飞、赵东、李国杰 13080（HMAS 267900）。广东肇庆鼎湖山，阔叶林地上，1984 年 4 月 11 日，程书秋（HMIGD 10054）。四川九寨沟，林中地上，1991 年 9 月，卯晓岚 4036（HMAS 63156）；乡城无名山，林中地上，1983 年 8 月 2 日，文华安、苏京军 356（HMAS 51019）。贵州遵义绥阳宽阔水库，林中地上，1988 年 6 月 23 日，李宇、宗毓臣、应建浙 82（HMAS 57899）。云南大理宾川鸡足山，林中地上，1989 年 8 月 10 日，宗毓臣、李宇 256（HMAS 72090）；大理喜洲镇至花甸坝，海拔 2581 m 混交林地上，2009 年 7 月 17 日，李国杰、杨晓莉 09240（HMAS 220405）；洱源邓川镇旧州村，海拔 2315 m 混交林地上，2009 年 7 月 23 日，李国杰、赵勇 09459（HMAS 220383）；西双版纳勐海，林中地上，1999 年 8 月 15 日，文华安、卯晓岚、孙述霄（HMAS 156288）；漾濞桃树坪大花园，海拔 1993 m 混交林地上，2009 年 7

月 15 日，李国杰、杨晓莉 09161（HMAS 220781）。西藏波密通麦迫龙沟，海拔 2495 m 阔叶林地上，2012 年 8 月 19 日，赵东、李国杰、齐莎 12014（HMAS 264901）、12242（HMAS 264904）、12250（HMAS 265019）、12016（HMAS 264920）；林芝墨脱，林中地上，1982 年 8 月 19 日，卯晓岚 96（HMAS 46512）。

经济价值：该种可食用。与桦木属等树种形成外生菌根。

多色红菇 图 159

Russula versicolor Jul. Schäff., Z. Pilzk. 10: 105, 1931.

子实体较小型至中型。菌盖直径 3~5 cm，初扁半球形，后平展中部多少有些下凹，边缘钝圆，赤褐色至浅赤褐色，有时橄榄紫色，边缘黄褐色、酒红色至粉紫色，中央除以上颜色外有时带灰绿色，形成同心的色环，湿时黏而有光泽，有条纹，表皮易剥离。菌肉厚 0.3 cm，白色，后变浅黄色，向边缘逐渐变薄，气味不明显，味道柔和至稍辛辣，近菌褶处有极为显著的辛辣味道。菌褶直生，宽 0.3~0.7 cm，盖缘处 18~22 片/cm，初密集，后渐稀疏，白色，等长，具分叉，褶间具横脉，近褶缘处渐宽而钝圆，白色至苍白色，后亮赭色至奶油色。菌柄长 4 cm，近菌盖处粗 0.8 cm，中生，圆柱形，白色，后明显变黄色，有时带红褐色色斑，表面有明显皱纹，初内实，后海绵质而中空。孢子印深奶油色至浅赭色。

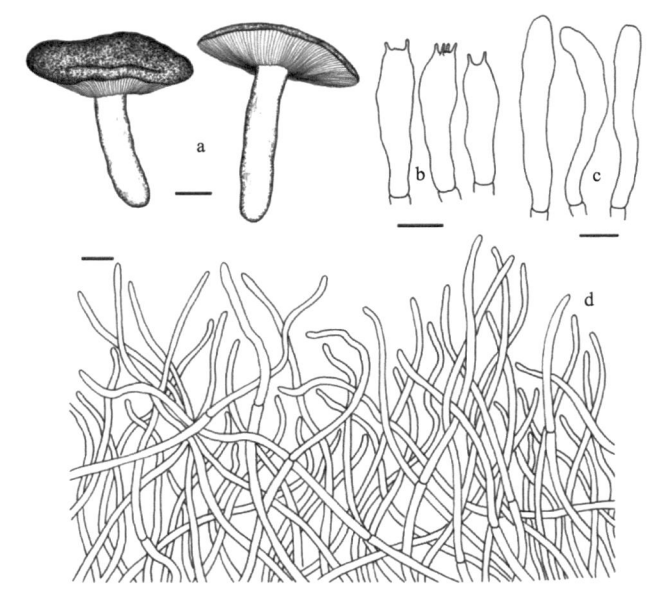

图 159 多色红菇 *Russula versicolor* Jul. Schäff.（HMAS 250966）
a. 子实体；b. 担子；c. 侧生囊状体；d. 菌盖表皮菌丝。a. 标尺=1 cm；b~d. 标尺=10 μm

担子 25~38 × 5~10 μm，棒状，近顶端处稍膨大，无色，具 2~4 个小梗，小梗长 2~3 μm。担孢子（40/2/1）（4.9）5.3~6.6（7.1）× 4.2~5.4（5.7）μm [Q =（1.07）1.13~1.28（1.37），**Q** = 1.20 ± 0.07]，宽椭球形至椭球形，部分近球形，微黄色至浅黄色；表面有小疣刺，高 0.5~1.0 μm，近圆柱形至近圆锥形，疣刺间相连形成网纹，脐上区淀粉质点稍显著。侧生囊状体 37~64 × 5~8 μm，长棒状至棒状，顶端钝圆，无色透明，表面光滑而无纹饰。菌盖表皮菌丝直立交错，菌丝宽 1.7~3.6 μm，淡黄褐色，末端近尖锐，盖生囊状体未见。菌柄表皮菌丝宽 3.6~5.1 μm，有隔，无色透明，柄生囊状体未见。

生境：春至秋季单生于混交林地上。

模式产地：德国。

世界分布：亚洲（中国、印度）；欧洲（德国、丹麦、挪威、瑞典、芬兰、冰岛）。

研究标本：北京门头沟东灵山，林中地上，2009 年 6 月 28 日，文华安、周茂新（HMAS 250966）。河北蔚县金河口，混交林地上，2013 年 9 月 6 日，真菌室集体 13390（HMAS 267794）。广东鼎湖山树木园庆云寺，海拔 100 m 混交林地上，1980 年 5 月 10 日，郑国杨（HMIGD 4105）。四川壤塘哈寨村，海拔 3228 m 针叶林地上，2013 年 8 月 11 日，卢维来、蒋岚、李国杰 13271（HMAS 268802）、13276（HMAS 268800）、13275（HMAS 268812）、13277（HMAS 268801）；小金四姑娘山，海拔 2923 m 针叶林地上，2013 年 8 月 15 日，卢维来、蒋岚、李国杰 13297（HMAS 267830）。

蔷薇花组 sect. *Rhodellinae* Romagn.

菌盖表面以鲜红色至粉色色调为主。菌肉无显著味道至有辛辣味。菌柄老后和干燥后变微黄色至黄色。孢子印奶油色至黄色。

模式种：*Russula rhodella* E.-J. Gilbert（Sarnari，1998）。

中国蔷薇花组分种检索表

1. 孢子印深奶油色至赭色 ································ 浙江红菇 *R. zhejiangensis*
1. 孢子印浅奶油色至奶油色 ··························· 长白红菇 *R. changbaiensis*

长白红菇　图 160，图版 VII 5、XXVII 5

Russula changbaiensis G.J. Li & H.A. Wen, Mycotaxon 124: 270, 2013.

子实体小型至中型。菌盖直径 2~6 cm，初扁半球形，后平展中部下凹，有时呈浅漏斗状，红色至粉红色，中部色较暗，有时个别局部带有浅黄色，边缘初稍内卷，后伸展，部分波浪状，有时上翘和开裂，色淡，有不显著的条纹，表面光滑，湿时黏，表皮可自边缘向菌盖中央方向剥离 1/2~3/4，有时小块脱落，干燥后表面带紫红色。菌肉厚 0.7~1.3 cm，白色，老后变浅奶油色至奶油色，较脆，无明显气味和味道。菌褶直生至近离生，宽 0.5 cm，边缘处 11~13 片/cm，近缘处变窄，个别近柄处有分叉，褶间具横脉，小菌褶未见，薄，质脆，有辛辣味道，奶油色。菌柄长 3~5 cm，粗 1~1.5 cm，中生，圆柱形，近基部处稍膨大，白色，老后略变浅黄色，偶尔有浅褐色斑点，表面光滑，初内实，后松软至空心。孢子印浅奶油色至奶油色。

担子 26~34 × 8~13 μm，棒状，近顶端处略膨大，具 4 个小梗，小梗长 2~4 μm，无色透明，有时稍弯曲。担孢子（100/5/5）（6.6）6.9~7.9（8.1）×（5.8）6.0~6.6（7.3）μm [Q =（1.03）1.11~1.24（1.28），Q = 1.19 ± 0.05]，近球形至宽椭球形，少数球形，无色，表面疣刺较密集，高 0.7~1.2 μm，疣刺间有较多的连线，形成近于完整的网纹，脐上区淀粉质点显著。侧生囊状体 43~56 × 6~10 μm，较少，棒状至近纺锤形，顶端钝圆，常有乳头状至念珠状突起，有结晶状内含物，在硫酸香草醛溶液中变灰色。菌盖表皮菌丝栅栏状排列，菌丝宽 2.5~4.0 μm，有隔，无色透明，盖生囊状体 70~130 × 6~8 μm，较多，长棒状，有隔，顶端钝圆，内有结晶状内含物，在硫酸香草醛溶液中变灰黑色。菌柄表皮菌丝宽 3.0~6.0 μm，平伏状排列，有隔，无色透明，柄生囊状体未见。

生境：夏季散生于针叶林（冷杉）和混交林地上。

模式产地：中国。

世界分布：亚洲（中国）。

研究标本：内蒙古牙克石南木林业局，海拔 450 m 林中地上，2013 年 7 月 30 日，李赛飞、赵东、李国杰 13176（HMAS 267736）。吉林安图县二道白河镇和平营子，海拔 882 m 混交林地上，2010 年 7 月 21 日，郭良栋、孙翔、李国杰、谢立璟 20100044（HMAS 262381）、20100514（HMAS 262376）；安图县二道白河镇和平林场，海拔 1014 m 针叶林地上，2010 年 7 月 22 日，郭良栋、孙翔、李国杰、谢立璟 20100344（HMAS 262369）、20100431（HMAS 262394）；安图县二道白河镇生态定位站，海拔 811 m 混交林地上，2010 年 7 月 25 日，孙翔、李国杰 20100299（HMAS 262355）；吉林省延边州和龙市八家子林业局仙峰国家森林公园雪岭（老爷岭），海拔 1349 m 混交林地上，2013 年 7 月 23 日，文华安、王柏、李赛飞、赵东、李国杰 13065（HMAS 267899）、13361（HMAS 267850）。

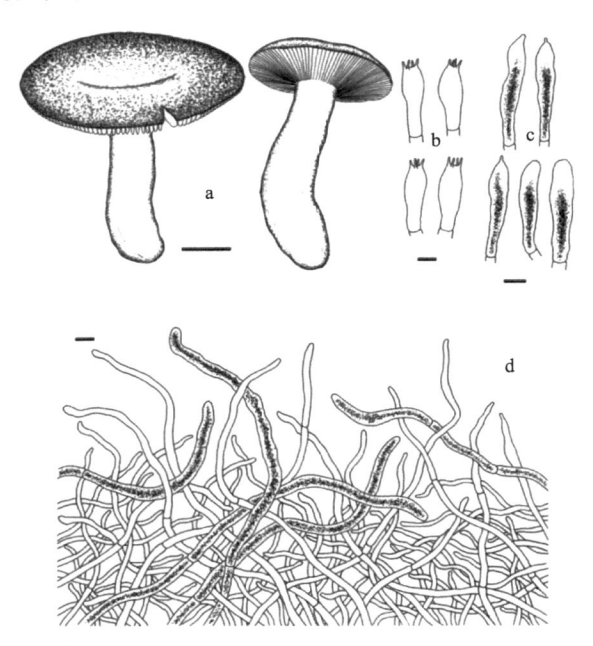

图 160 长白红菇 *Russula changbaiensis* G.J. Li & H.A. Wen（HMAS 262369）
a. 子实体；b. 担子；c. 侧生囊状体；d. 菌盖表皮菌丝。a. 标尺=1 cm；b~d. 标尺=10 μm

讨论：长白红菇与欧洲的欢乐红菇 *R. conviviales* Sarnari 和暗色红菇 *R. impolita* (Romagn.) Bon 很相似，区别是欢乐红菇具有赭色的孢子印，较为尖锐的菌盖表皮菌丝末端，盖生囊状体宽度可达 12 μm；暗色红菇的菌盖表面无光泽，菌肉具有显著的水果香气，担孢子表面纹饰间无连线（Li et al., 2013b）。

浙江红菇　图 161，图版 VII 6、XXVII 6

Russula zhejiangensis G.J. Li & H.A. Wen, Cryptog. Mycol., 32(2): 128, 2011.

子实体较小型。菌盖直径 1~3 cm，初半球形，中央略凸起，后成熟时平展，中央略下凹，幼嫩时表面略黏，有微绒毛，成熟后表面光滑，干燥后有皱纹，形成暗色的同心环，表皮自边缘向菌盖中心剥离 1/3，边缘全缘，有时开裂，钝圆，无条纹，老后有 0.4~0.9 cm 的微细条纹，亮红色至桃红色，干燥后暗红色至粉紫色。菌肉厚 0.5~1.0 cm，白色，老后淡黄色，较脆，无明显气味和味道。菌褶直生至稍弯生，宽 0.1~0.3 cm，边缘处 12~16 片/cm，有时近柄处有分叉，等长，较脆，初白色，渐变奶油色，老后变浅橙色，较密集。菌柄长 1~4 cm，粗 1~2 cm，白色，老后淡黄色，圆柱形，近基部处略膨大，初内实，后中空。孢子印深奶油色至赭色。

担子 28~40 × 10~14 μm，棒状，顶端略膨大，突出子实层 10~20 μm，小梗长 4~5 μm。担孢子（80/4/3）（5.5）6.3~7.8（8.0）×（5.0）5.6~6.4（6.5）μm [Q =（1.02）1.04~1.30（1.52），**Q** = 1.19 ± 0.09]，近球形至宽椭球形，少数球形和椭球形，浅黄色至黄色，疣刺间无连线，疣刺高 0.5~1.0 μm，脐上区淀粉质点不显著至稍显著。侧生囊状体 35~74 × 6~11 μm，较少，突出子实层面 10~30 μm，近顶端处略膨大，窄纺锤形，顶端钝圆，个别有乳头状小突起，表面有纹饰，在硫酸香草醛溶液中略变灰色。缘生囊状体未见。菌盖表皮菌丝层厚 150~200 μm，上层菌丝栅栏状，菌丝宽 2~5 μm，透明而有隔，近顶端处膨大，盖生囊状体宽 6~10 μm，有隔，末端钝圆，无色透明，下层由直径 15~30 μm 的球状细胞菌丝组成。菌柄表皮菌丝宽 2~5 μm，有隔，无色透明，柄生囊状体未见。

生境：夏秋季生于混交林地上。

模式产地：中国。

世界分布：亚洲（中国）。

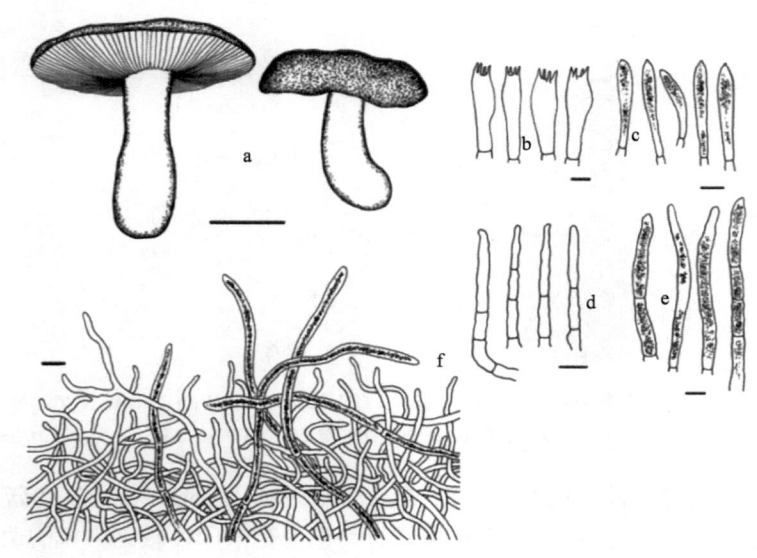

图 161　浙江红菇 *Russula zhejiangensis* G.J. Li & H.A. Wen（HMAS 187071）
a. 子实体；b. 担子；c. 侧生囊状体；d. 菌盖表皮菌丝；e. 菌盖表皮盖生囊状体；f. 菌盖表皮。
a. 标尺=1 cm；b~f. 标尺=10 μm

研究标本：浙江开化古田山，海拔 360 m 混交林地上，2008 年 7 月 11 日，李国杰、杨晓莉 08118（HMAS 187069），2008 年 7 月 17 日，李国杰、杨晓莉 08094（HMAS 187071），2008 年 7 月 20 日，李国杰、杨晓莉 08169（HMAS 187099）、08170（HMAS 187070），海拔 1257 m 混交林地上，2008 年 7 月 21 日，李国杰、杨晓莉 08191（HMAS 187072），2008 年 7 月 22 日，李国杰、杨晓莉，08169（HMAS 187100）。

讨论：浙江红菇与小红菇较小变种一样，也有小的子实体和鲜红的菌盖，二者的区别是小红菇较小变种有带黄色的菌盖边缘，白色的孢子印，较短的盖生囊状体和菌丝末端细胞（Li and wen，2011）。

笔者未观察的种

红菇属是大型真菌中引人注目的一个属，历史上有众多涉及本属真菌的论文和著作。红菇属真菌种类众多，研究历史久远，不同国家的红菇分类研究者缺乏交流，造成了该属部分研究较多的分类单位同物异名的情况。有部分红菇属分类单位在我国书刊有记载，作者未能找到相应标本。近年来，红菇属真菌引起较大的关注，在多种书刊中先后发表了一些新分类单位和新记录种，因多种缘由笔者未能观察到标本的 40 种，仅在本卷册中列出其学名和简短讨论。

无球胞红菇
Russula absphaerocellaris X.Y. Sang & L. Fan, Phytotaxa 289(2): 108, 2016.

讨论：子实体近球形至不规则近球形，基部凹陷。包被表面黄棕色，光滑，有沟。产孢组织赭色，迷宫状或褶状，具密集小隔。无菌柄。包被菌肉无球状细胞（Sang et al.，2016）。

白灰红菇
Russula albidogrisea J.W. Li & L.H. Qiu, Cryptog. Mycol. 38(3): 378, 2017.

讨论：菌盖初半球形，后平展至平展中凹，表面干燥光滑，白灰色。菌褶直生，白色，褶间具横脉。菌柄光滑，白色，伤不变色。盖生囊状体梭状至圆柱状，渐细，常具短尖或头状尖端（Das et al.，2017）。

平滑红菇
Russula aquosa Leclair, Bull. trimest. Soc. mycol. Fr. 48: 303, 1932.

讨论：子实体小。菌盖扁平，中部下凹，紫红色至暗土红色，边缘颜色变淡，或有条纹，或粗糙疣粒。菌肉白色，稍厚。菌褶近离生，白色稍密。菌柄白色，后变带黄色或灰色，质脆。

据卯晓岚（2000）报道，该种分布于江苏，未引证标本，笔者也未能在国内相关标本馆查到该种的标本。

金绿红菇

Russula aureoviridis J.W. Li & L.H. Qiu, Cryptog. Mycol. 38(3): 386, 2017.

讨论：菌盖黄绿色至金绿色，具条纹，不开裂。菌褶直生，褶间具横脉，较密，鲜时淡奶油色，伤后不变色。菌柄白色至淡奶油色，伤后不变色。盖生囊状体狭纺锤形，常具念珠状突起（Das et al., 2017）。

斑盖赭黄红菇

Russula ballouii Peck, Bull. N.Y. St. Mus. 167: 31, 1913.

讨论：菌盖直径较薄，近平展或中央稍凹陷，潮湿时黄色，干燥后灰黄色，有时菌盖边缘处表皮砖红色并开裂。菌褶直生至近弯生，薄而窄，密集，浅黄色。菌柄等粗，内实，颜色与菌盖近似。孢子近球形。

据黄年来（1998）报道，该种分布于广东和福建，笔者未能在国内相关标本馆查到该种的标本。

短盖囊体红菇

Russula brevipileocystidiata X.Y. Sang & L. Fan, Phytotaxa 289(2): 110, 2016.

讨论：子实体不规则球形，包被黄白色，具不明显的嵴和皱纹，产孢组织淡棕色，具不规律的小隔或紧实小隔，略呈迷宫状。无菌柄，无中柱。包被菌肉由松散交叉菌丝构成，无球状细胞（Sang et al., 2016）。

褐酒红红菇

Russula brunneovinacea X.M. Jiang, Y.K. Li & J.F. Liang, Mycotaxon 132(4): 791, 2017.

讨论：菌盖初亮珊瑚色至珊瑚色，中心呈深酒红色至矿物红色或深褐色，具明显条纹。菌褶直生，白色至奶油色，干燥后变麂皮色或淡灰鲑红色。菌柄白色，成熟后略带粉红色。侧生囊状体狭棒状至棒状，顶端常具乳头状附属物（Jiang et al., 2017）。

桂黄红菇

Russula bubalina J.W. Li & L.H. Qiu, Phytotaxa 392(4): 268, 2019.

讨论：菌盖成熟后平展，有时略向下凹陷，肉桂色，略带奶油色，边缘有条纹。菌肉白色，受伤后不变色。菌褶直生，白色，较致密，褶间有横脉。盖生囊状体棒状或近圆柱状，有珠状附属物（Li et al., 2019）。

栲裂皮红菇

Russula castanopsidis Hongo, Memoirs of Shiga University 23: 42, 1973.

讨论：子实体较小。菌盖扁半球形至扁平，浅灰黄褐色至黄褐色，表皮裂成小斑纹，边缘色浅或有短条纹，或开裂。菌肉白色。菌褶直生，白色。菌柄白色，基部渐变细。侧生囊状体梭形或纺锤形。

据王也珍等报道，该种分布于台湾。卯晓岚（2000）报道该种分布于福建和广西，均未见到标本。

凹柄红菇
Russula cavipes Britzelm., Hymenomyc. Südbayern 9: 17, 1893.

讨论：菌盖初半球形或近锥形，后渐平展，棕黄色至橄榄褐色，混有葡萄酒色、紫色和紫灰褐色，成熟后灰绿色，常变浅至橄榄褐色或灰绿色。菌肉初结实，后变脆，幼时白色，成熟后变黄色，气味强烈，有辛辣味道。菌褶少见分叉，褶间横脉显著，初白色，后象牙白色至近黄色。菌柄略偏生，初内实，后中空，白色，近基部处略带黄色，老后不变灰色。孢子印奶油色。担孢子倒卵形，表面纹饰形成近于完整的网纹（Tschen, 2007）。

据王也珍等报道，该种分布于台湾，未见到标本。

氯味红菇
Russula chlorineolens Trappe & T.F. Elliott, Fungal Systematics and Evolution 1: 232, 2018.

Macowanites chlorinosmus A.H. Sm. & Trappe, Mycologia 55(4): 423, 1963.

讨论：菌盖近黄褐色，球形，表面具疣突。菌肉黄白色，具浓烈刺鼻的类氯气味。产孢组织硫黄色至橙赭色，呈类菌褶状，有不规则小腔，白色，伤后不变色。包被由薄壁球状细胞构成，菌丝具锁状联合（许雯珺等，2019）。

鼎湖红菇
Russula dinghuensis J.B. Zhang & L.H. Qiu, Cryptog. Mycol. 38(2): 196, 2017.

讨论：菌盖初半球形，老后中心下凹。菌肉伤不变色。菌褶直生至近延生，密集，具分散小菌褶，白色。菌柄白色。盖生囊状体圆柱状至棒状，具短尖或锐尖。柄生囊状体近圆柱状至狭棒状（Zhang et al., 2017）。

象牙黄斑红菇
Russula eburneoareolata Hongo, Rep. Tottori Mycol. Inst. 10: 360, 1973.

讨论：子实体小至中型。菌盖扁半球形至扁平，表皮白黄色至象牙白色，边缘有条纹。菌肉白色。菌褶近离生，稍密。菌柄白色或带黄色，有条纹。侧生囊状体近梭形。

据卯晓岚（2000）报道，该种分布于江苏，未见到标本。

榄色红菇
Russula firmula J. Schäff., Annls mycol. 38(2/4): 111, 1940.

讨论：菌盖初半球形，边缘平展中心微凹，边缘较钝，灰褐色至鼠灰色，成熟后边缘浅褐色或黄褐色。菌肉白色，稍厚，不易碎。菌褶直生或近延生，较稀，乳白色，边缘淡白色。侧生囊状体不规则的棒状或梭状，上部较粗，顶端常有乳突状。缘生囊状体近圆柱状或窄棒状、棒状，具乳状突起或念珠状附属物（曹政等，2014）。

胶盖红菇
Russula gelatinosa Y. Song & L.H. Qiu, Cryptog. Mycol. 39(3): 34, 2018b.

讨论：菌盖表面胶质，成熟时赭色变为棕色，老后深棕色，边缘尖锐，具瘤状条纹。菌肉发白，伤不变色，味道柔和。菌褶直生，褶间具横脉，白色略带红色，伤不变色。菌柄白色略带红棕色，具纵向皱纹。盖生囊状体近纺锤形至圆柱形。柄生囊状体纺锤状至圆柱状（Song et al., 2018b）。

莲红菇
Russula lotus Fang Li, Mycol. Progr. 17(12): 1309, 2018.

讨论：菌盖平展中部下凹呈近漏斗状，湿时稍黏，粉白色至紫粉色。菌肉白色至奶油白色。菌褶直生，有小菌褶。菌柄圆柱形，光滑或略具纵皱纹，白色至奶油白色。盖生囊状体分散，棒状至圆柱状，或近纺锤状（Li and Deng, 2018）。

马关红菇
Russula maguanensis J. Wang, X.H. Wang, Buyck & T. Bau, Mycol. Progr. 18(6): 775, 2019.

讨论：菌盖具明显瘤状条纹，淡紫红色至淡紫色，湿时略黏。菌肉白色，味道辛辣。菌褶直生，稍密集，易碎，奶油白色。菌柄圆柱状，白色，内实至海绵状。盖生囊状体纺锤形、近披针形。柄生囊状体纺锤形、近披针形或近圆柱状（Wang et al., 2019）。

巨假囊体红菇
Russula megapseudocystidiata X.Y. Sang & L. Fan, Phytotaxa 289(2): 112, 2016.

讨论：子实体近球形，顶部扁平至下凹，基部凹陷。包被表面白奶油色，干燥变黄棕色，具皱状深沟。产孢组织象牙色至灰白色，成熟时暗黄色具小隔及紧实小隔。假囊状体近棒状至棒状。包被菌肉由松散交叉透明菌丝构成（Sang et al., 2016）。

矮小红菇
Russula nana Killerm., Denkschr. Bayer. Botan. Ges. in Regensb. 20: 38, 1939.

讨论：菌盖初半球形，后近平展，中央稍有凹陷，亮红色，中央颜色较深，成熟后局部常褪色至粉色、奶油色或近白色，边缘有不显著的条纹。菌肉较坚实，白色，味道辛辣，有香草和水果香味。菌褶纯白色，密集。菌柄圆柱形，白色，老后变灰白色。

据 Ying（1989）报道，该种分布于四川雅江，未找到标本。

深绿红菇
Russula nigrovirens Q. Zhao, Y.K. Li & J.F. Liang, Phytotaxa 236(3):252, 2014.

讨论：菌盖平展或稍下凹，具暗绿色至深绿色至叶绿色斑块，伤不变色。菌肉干燥后白色至奶油色。菌褶直生，密集，具小菌褶，白色。菌柄圆柱状，向基部略变细，白色至发白。盖生囊状体顶端尖锐或近末端缢缩。柄生囊状体丰富，具多晶状内含物（Zhao et al., 2015）。

霰红菇
Russula nivalis Fang Li, Mycol. Progr. 17(12): 1312, 2018.

讨论：菌盖白色，平展，中部略凹，具条纹。菌肉白色，无明显气味，味道温和。菌褶直生，稀疏，褶缘光滑，白色。菌柄圆柱形，白色。侧生囊状体近纺锤状、纺锤状至棒状，顶端钝圆。盖生囊状体棒状至圆柱状，偶见具隔分枝（Li and Deng，2018）。

奥地红菇
Russula orinocensis Pat. & Gaillard, Bull. Soc. mycol. Fr 4: 18, 1888.

讨论：菌盖中央略下凹，边缘有较明显的条纹，浅黄色，菌盖中央颜色深。菌肉白色，气味和味道不显著。菌褶白色，较密集，边缘处锯齿状。菌柄细长，基部膨大，初内实，后中空。孢子倒卵形，表面纹饰不显著。

据 Keissler 和 Lohwag（1937）根据 Handel Mazzetti 的标本报道，该种分布于云南，标本保存于奥地利维也纳大学植物标本馆（WU 0045604）；戴芳澜（1979）报道分布于湖南，但未见到标本。

假桂黄红菇
Russula pseudobubalina J.W. Li & L.H. Qiu, Phytotaxa 392(4): 269, 2019.

讨论：菌盖成熟后平展，中部肉桂色，偶尔略带奶油色，边缘有条纹。菌肉味道温和，白色，受伤后不变色。菌褶直生，白色，较致密，伤后不变色，褶间具横脉。菌柄近圆柱状，白色，内实。盖生囊状体无分隔，棒状或近圆柱状，具有珠状附属物。柄生囊状体细长棒状或纺锤状，顶端钝圆或较尖（Li et al.，2019）。

假晚红菇
Russula pseudocatillus F. Yuan & Y. Song, Cryptog. Mycol. 40(4): 50, 2019.

讨论：菌盖表面光滑，湿时微黏，边缘浅黄色，中部浅灰褐色。菌肉白色，伤不变色。菌褶直生，白色，伤不变色。菌柄圆柱状，褐色稍带淡红色，具纵向微皱。盖生囊状体圆柱状，顶端钝圆。柄生囊状体棍棒状至圆柱状，顶部钝圆或喙状（Yuan et al.，2019）。

紫疣红菇
Russula purpureoverrucosa Fang Li, Mycol. Progr. 17(12): 1314, 2018.

讨论：菌盖平展，中心下凹，幼时紫红色，老后灰紫色。菌肉白色，味道温和。菌褶直生，紧密，白色至奶油白色。菌柄圆柱状，内实。侧生囊状体棒状至近纺锤状，顶端钝圆。无盖生囊状体（Li and Deng，2018）。

赤柄基红菇
Russula rufobasalis Y. Song & L.H. Qiu, Cryptog. Mycol. 39(3): 352, 2018b.

讨论：菌盖成熟后变为近漏斗状。菌肉白色。菌褶直生至延生，白色或浅铁锈色，具褶间横脉。菌柄圆柱状，白色，具纵皱纹。侧生囊状体纺锤状至近圆柱状。缘生囊状体棒状至近圆柱状。盖生囊状体近锥状至圆柱状（Song et al.，2018b）。

甜汁红菇

Russula sapinea Sarnari, Boll. Assoc. Micol. Ecol. Romana 12(33): 21, 1994.

讨论：菌盖成熟后平展至中部下凹，湿时略黏，初淡粉橙色至紫丁香色，表面具沟状条纹。菌肉白色，老后略变锈赭色，具水果腐烂气味。菌褶直生或近离生，稍密，乳白色，边缘淡白色。菌柄白色，向基部逐渐变大，具细微皱纹。盖生囊状体棒状至细棒状，具隔，顶端钝圆。菌柄表皮菌丝具隔，无色透明（姜旭萌等，2017）。

金乌红菇

Russula solaris Ferd. & Winge, Meddr Foren. Svampekundsk. Fremme 2: 9, 1924.

讨论：菌盖初中央凸起至半球形，老后漏斗状，偶见波浪状至上翘，老后有显著条棱，金黄色、铬黄色、橙黄色至赭黄色，边缘常褪色至赭黄色、稻黄色和近白色，有时混有红铜色、鲑红色至鲑粉色调。菌肉较脆，白色，有水果香味，味道较辛辣。菌褶初密集，后较稀疏，初白色，后奶油色至赭色，褶间具横脉。菌柄近圆柱形，初内实，后中空，初白色，后稻黄色，稍具果霜和皱纹。担孢子倒卵形至椭球型，表面纹饰多为圆锥状，疣刺间连线较少。

据 Chou 和 Wang（2005）根据台湾南投翠峰山的标本报道了该种，标本保存于台湾自然科学博物馆标本馆（TNM），未能借到标本。

花脸红菇

Russula sordida Peck, Bull. N.Y. St. Mus. 105: 39, 1906.

讨论：据 Teng（1932）报道该种标本采集于江苏南京（中央大学农学院林中地上，1931 年 6 月 22 日，邓叔群 432）。未见到标本。

污盖红菇

Russula squalida Peck, Bull. N.Y. St. Mus. 116: 80, 1907.

讨论：据 Teng（1932）报道该种标本采集于浙江天目山（1932 年 6 月 25 日，邓叔群 1135 和 1379）。未见到标本。

亚黑紫红菇

Russula subatropurpurea J.W. Li & L.H. Qiu, Phytotaxa 392(4): 272, 2019.

讨论：菌盖成熟后平展中部下凹，棕紫色，无条纹。菌肉白色，味道不明显。菌褶白色，致密，无小菌褶。菌柄白色至灰白色，近圆柱状。盖生囊状体无分隔，纺锤状至近圆柱状。柄生囊状体近圆柱状，顶端具珠状附属物（Li et al.，2019）。

亚浅粉红菇

Russula subpallidirosea J.B. Zhang & L.H. Qiu, Cryptog. Mycol. 38(2): 197, 2017.

讨论：菌盖初半球形，后平展至中部下凹，表面浅粉色至浅灰粉色，边缘稍具条纹。菌肉干燥后白色至奶油色，伤不变色。菌褶直生，密集，白色。菌柄圆柱状，白色。侧生囊状体棒状至近纺锤状，顶端钝圆。缘生囊状体狭棒状至棒状或纺锤形，顶端念珠状至乳头状。盖生囊状体末端具短尖或尖端近末端缢缩。柄生囊状体近圆柱状至狭棒状（Zhang et al.，2017）。

亚红盖红菇

Russula subrutilans Y. K. Li & J.F. Liang, Phytotaxa 102(2): 97, 2015.

讨论：菌盖半球形，后呈近漏斗状，奶油白色至浅橄榄色。菌肉薄，白色。菌褶直生，密集，白色至奶油色。菌柄圆柱状至近圆柱状，内实。侧生囊状体棒状，有隔。缘生囊状体棒状至狭棒状。盖生囊状体棒状至近棒状。柄生囊状体狭棒状至棒状（Li et al., 2015）。

近条纹红菇

Russula substriata J. Wang, X.H. Wang, Buyck & T. Bau, Mycol. Progr. 18(6): 779, 2019.

讨论：菌盖成熟后边缘平展、中部下凹，具瘤状条纹，湿时胶质发黏，灰玫红色至淡紫色，中部颜色较深。菌肉白色。菌褶直生，较密集，奶油白色。菌柄圆柱状，上部奶油白色，中部紫粉色或粉色。盖生囊状体纺锤形、近披针形，顶端具锐尖。柄生囊状体近纺锤形、近圆柱形，具多晶状内容物（Wang et al., 2019）。

薄盖红菇

Russula tenuiceps Kauffman, Report Mich. Acad. Sci. 11: 81, 1909.

讨论：菌盖较薄而脆，中央凸起至平展，边缘较黏，有较密集的条纹，表面玫瑰红色至血红色。菌肉白色，表皮下方红色，成熟后脆弱。菌褶近直生至离生，初白色，后赭黄色，密集，脆弱。菌柄较脆，白色，带玫红色调，内部海绵状，近等粗至一段膨大，表面具有较显著的纵纹。孢子印赭黄色。孢子近球形，表面有纹饰。

据谢支锡等（1986）报道该种采集自长白山标本保存于IFP，笔者未见到标本，且未在国内其他标本馆查到有该种标本。

辛德红菇

Russula thindii K. Das & S.L. Miller, Mycosphere, 5(5): 618, 2014.

讨论：菌盖初半球形，成熟时平展或浅漏斗状，湿时黏或略黏，中部血红色和浅黄色混合色，成熟时中部偶带珊瑚色，边缘具纵皱纹。菌肉淡黄白色，味道略苦辣。菌褶直生至稍弯生，密集，乳白色，成熟时带淡黄色。菌柄近棒状，表面具脉络状条纹，淡红色至酒红色，成熟后渐变为橘黄色或淡黄色。盖生囊状体圆柱状或棍棒状，顶端钝圆（姜旭萌等，2017）。

疣孢红菇

Russula verrucospora Y. Song & L.H. Qiu, Cryptog. Mycol. 39(1): 133, 2018a.

讨论：菌盖初半球形，后中部平展至近漏斗状，初绿赭色，后变橄榄绿色或青绿色。菌肉伤后不变色，味道柔和。菌褶直生或近延生，伤不变色。菌柄圆柱状，向基部变细，内实，表皮具纵皱纹。盖生囊状体锥状至圆柱状，顶端具棘状短尖。柄生囊状体纺锤形至披针形，顶端棘状至念珠状（Song et al., 2018a）。

绿桂红菇

Russula viridicinnamomea F. Yuan & Y. Song, Cryptog. Mycol. 40(4): 47, 2019.

讨论：菌盖幼时半球状，成熟后平展，肉桂色中带翠绿色，边缘整齐。菌肉白色。菌褶直生，白色。菌柄白色，圆柱形。侧生囊状体近纺锤形至圆柱形，顶部喙状至短尖状突起。缘生囊状体圆柱状，顶部槌形。盖生囊状体狭棍棒状至圆柱状，顶部喙状或钝圆。柄表囊状体圆柱状（Yuan et al., 2019）。

绿盖红菇

Russula xanthovirens Y. Song & L.H. Qiu, Cryptog. Mycol. 39(1): 135, 2018a.

讨论：菌盖平展至中部稍下凹，光滑，黄绿色，后深绿色。菌肉伤不变色。菌褶直生至近延生，白色稍带红色，老后略变绿。菌柄圆柱状，向基部稍变细，白色稍带绿色，具纵皱纹。侧生囊状体近圆柱状。缘生囊状体棒状至纺锤状，顶端乳头状或具短尖。盖生囊状体细长棒状至近纺锤状，顶端圆形（Song et al., 2018a）。

沿河红菇

Russula yanheensis T.C. Wen, K. Hapuar & K.D. Hyde, Fungal Diversity 83: 236, 2017.

讨论：菌盖初半球形，后平展，表面光滑，成熟后开裂。菌肉伤后不变色。菌褶直生，边缘完整。菌柄棒状，向基部逐渐变粗，成熟后浅珊瑚色，圆柱状至近圆柱状，内实。缘生囊状体棒状，纺锤形至近纺锤形，顶端具乳头状突起，光滑。盖生囊状体稀少，棒状，光滑（Tibpromma et al., 2017）。

参 考 文 献

毕志树, 李泰辉. 1986. 广东地区红菇属的分类初报及一新种和一新变种. 广西植物, 6: 193-199
毕志树, 李泰辉, 章卫民, 等. 1997. 海南伞菌初志. 广州: 广东高等教育出版社. 1-388
毕志树, 郑国扬, 李泰辉. 1994. 广东大型真菌志. 广州: 广东科技出版社. 1-879
毕志树, 郑国扬, 李泰辉, 等. 1990. 粤北山区大型真菌志. 广州: 广东科技出版社. 1-450
曹政, 张鑫, 伍建榕, 等. 2014. 红菇属一中国新记录种——榄色红菇. 山西农业大学学报 (自然科学版), 36(4): 564-567
陈新华. 2010. 广东商品红菇形态和分子鉴定、营养成分分析及生物活性研究. 长沙: 中南大学. 1-103
陈作红, 杨祝良, 图力古尔, 等. 2016. 毒蘑菇识别与中毒防治. 北京: 科学出版社. 1-308
戴芳澜. 1979. 中国真菌总汇. 北京: 科学出版社. 1-1527
戴贤才, 李泰辉. 1994. 四川省甘孜州菌类志. 成都: 四川科学技术出版社. 1-330
邓叔群, 1964. 中国的真菌. 北京: 科学出版社. 1-808
黄年来. 1998. 中国大型真菌原色图鉴. 北京: 中国农业出版社. 224
姜旭萌, 李杨坤, 梁俊峰, 等. 2017. 中国红菇属 2 个新记录种. 福建农林大学学报 (自然科学版), 46(1): 103-108
李国杰, 李赛飞, 文华安. 2010. 中国红菇属物种资源经济价值. 食用菌学报 (增刊): 155-160
李国杰, 文华安. 2009. 中国红菇属分类研究进展. 菌物学报, 28: 303-309
李建宗, 胡新文, 彭寅斌. 1993. 湖南大型真菌志. 长沙: 湖南出版社. 1-298
李泰辉, 毕志树, 郑国扬. 1987. 粤北山区红菇属的 12 个新记录种. 山西大学学 (自然科学版), 10(1): 80-85
卯晓岚. 1987. 毒蘑菇识别. 北京: 科学出版社. 1-216
卯晓岚. 1998. 中国经济真菌. 北京: 科学出版社. 1-762
卯晓岚. 2000. 中国大型真菌. 郑州: 河南科学技术出版社. 1-719
卯晓岚, 蒋长坪, 欧珠次旺. 1993. 西藏大型经济真菌. 北京: 北京科学技术出版社. 1-651
卯晓岚, 庄剑云. 1997. 秦岭真菌. 北京: 中国农业科技出版社. 1-181
上官舟建. 1987. 闽西红菇.资源与生境考察. 食用菌, 2:3
宋斌, 李泰辉, 吴兴亮, 等. 2007.中国红菇属种类及其分布. 菌物研究, 5: 20-42
孙文波, 李海鹰, 王桂文, 等. 2000. 应用 RAPD 鉴定红菇组织分离菌株的探索试验. 广西科学, 7(3): 222-224
田慧敏, 刘铁志. 2013. DNA 分子标记技术在红菇分子鉴定中的应用进展. 江苏农业科学, 41(4): 28-31
王桂文, 孙文波. 2004. 广西红菇子实体及分离株的 rDNA ITS 序列分析. 广西科学, 11: 261-265
王向华. 2008. 中国西南的乳菇属: 分类、个体发育与区系地理. 昆明: 中国科学院昆明植物研究所博士学位论文. 1-326
王向华. 2020. 红菇科可食真菌的若干分类问题. 菌物学报, 39(9): 1617-1639
王向华, 刘培贵, 于富强. 2004. 云南野生商品蘑菇图鉴. 昆明: 云南科技出版社. 1-136
吴兴亮. 1989. 贵州大型真菌. 贵阳: 贵州人民出版社. 1-197
吴征镒, 孙航, 周浙昆, 等. 2005. 中国植物区系中的特有性及其起源和分化. 云南植物研究, 27(6): 577-604
肖东来, 陈宇航, 杨菁, 等. 2013. 福建正红菇遗传多样性分析. 福建农业学报, 28(9): 902-905

小五台山菌物科学考察队. 1997. 河北小五台山菌物. 北京: 中国农业出版社. 1-205
谢支锡, 王云, 王柏. 1986. 长白山伞菌图志. 长春: 吉林科学技术出版社. 1-288
许雯珺, 乔鹏, 万山平, 等. 2019. 中国地红菇属新记录种. 西部林业科学, 38(3): 137-140
杨祝良. 2005. 中国真菌志. 第二十七卷. 鹅膏科. 北京:科学出版社. 1-258
杨祝良, 臧穆. 2003. 中国南部高等真菌的热带亲缘. 云南植物研究, 25: 129-144
尹军华, 张平, 龚庆芳, 等. 2008. 亚稀褶黑菇和稀褶黑菇的 ITS 序列分析. 菌物学报, 27: 237-242
应建浙, 臧穆. 1994. 西南地区大型经济真菌. 北京: 科学出版社. 1-399
应建浙, 赵继鼎, 宗毓臣, 等. 1982. 食用蘑菇. 北京: 科学出版社. 1-255
余玲. 2013. 福建省红菇遗传多样性的分子分析. 福州: 福建农林大学硕士学位论文. 1-56
袁明生, 孙佩琼. 1995. 四川蕈菌. 成都: 四川科学技术出版社. 1-737
臧穆, 李滨, 郗建勋. 1996. 横断山区真菌. 北京: 科学出版社. 397-403
张树庭, 卯晓岚. 1993. 香港蕈菌. 香港: 中文大学出版社. 1-470
中国科学院登山科学考察队. 1995. 南迦巴瓦峰地区生物. 北京: 科学出版社. 1-315
中国科学院青藏高原综合科学考察队. 1983. 西藏真菌. 北京: 科学出版社. 1-226
中国科学院青藏高原综合科学考察队. 1994. 川西地区大型经济真菌. 北京: 科学出版社. 1-137
中国科学院微生物研究所. 1975. 真菌名词与名称. 北京: 科学出版社. 1-467
中国科学院微生物研究所真菌组. 1979. 毒蘑菇. 北京: 科学出版社. 1-216
周茂新. 2006. 中国乳菇属的分类研究. 北京: 中国科学院微生物研究所硕士学位论文. 1-158
Adamčík S. 2002. Taxonomy of the *Russula xerampelina* group. 2. Taxonomic and nomenclatural study of *Russula xerampelina* and *R. erythropoda*. Mycotaxon, 82: 241-267
Adamčík S, Buyck B. 2012. Type studies in American *Russula* (Russulales, Basidiomycota): in and out subsection Roseinae. Nova Hedwigia, 94: 413-428
Adamčík S, Jančovičová S. 2012. Type-studies in *Russula* subsection *Maculatinae*: R. decipiens and related txa as interpreted by H. Romagnesi. Cryptogamie Mycologie, 33: 411-420
Adamčík S, Jančovičová S. 2013. Type studies in *Russula* subsection *Maculatinae* and affiliated taxa: four species as interpreted by Henri Romagnesi. Sydowia, 65: 83-104
Adamčík S, Knudsen H. 2004. Red-capped species of *Russula* sect. *Xerampelinae* associated with dwarf scrub. Mycol. Res., 108: 1463-1475
Adamčík S, Marhold K. 2000. Taxonomy of the *Russula xerampelina* group. 1. Morphometric study of the *Russula xerampelina* group in Slovakia. Mycotaxon, 76: 463-480
Ariyawansa H A, Hyde K D, Jayasiri S C, et al. 2015. Fungal diversity notes 111–252— taxonomic and phylogenetic contributions to fungal taxa. Fungal Diversity, 75: 27-274
Baccarini P. 1905. Funghi dello Schensi Schense setentrionale raccolti dal Padre Giuseppe Giraldi. App. al Nuovo. Giom. Bot. Ital., 22 (Nuova Serie): 689-698
Barbier M. 1908. Description synthétique des *Russules* de France. Bulletin de la Société mycologique del la Cote-d'Or, 3: 1-45
Bas C. 1969. Morphology and subdivision of *Amanita* and a monograph of its section *Lepidella*. Persoonia, 5: 285-279
Bataille F. 1908. Flore monographique des astérosporés. Lactaires & Russules. Mémoires. Societe d' Emulation du Doubs, 8: 163-260
Beardslee H C. 1918. The Russulas of North Carolina. Elisha Mitchell Scientific Society, 33: 147-197
Bergemann S E, Douhan G W, Garbelotto M, et al. 2006. No evidence of population structure across three isolated subpo-pulations of *Russula brevipes* in an oak/pine woodland. NewPhytol., 170: 177-184
Bills G F. 1984. Southern Appalachian *Russulas* II. Mycotaxon, 12: 92-96

Bills G F, Holtzman G I, Miller O K. 1986. Comparison of ectomycorrhizal-basidiomycete communities in red spruce versus northern hardwood forests of West Virginia. Canadian Journal of Botany, 64: 760-768

Bills G F, Miller O K. 1984. Southern Appalachian *Russulas* I. Mycologia, 76: 975-1002

Blum J. 1962. Les *Russules*- Flore Monographique des *Russules* de le France et des Pays Voisins. Paul Lechevalier. Paris. 1-228

Bon M. 1988. Clémonographique des russules d'Europe. Documentation Mycologique, 18: 1-220

Bougher N L. 1997. Three new sequestrate Basidiomycetes from western australia. Mycotaxon, 63: 37-48

Bresadola A G. 1881. Fungi Tridentini novi vel nondum delineati descripti et iconibus illustrate. lith. typ. J. Zippel, Spain. 1-118

Britzelmayr M. 1897. Hymenomyceten aus Südbayern. Zur Hymenomycetenkunde. Berlin. 3-15

Brunner I L. 1989. Two New Species of *Russula* (Stirps Atropurpurea) associated with Alnus crispa in Alaska. Mycologia, 81: 667-676

Burlingham G S. 1915. *Russula*. North American Flora, 9: 201-236

Burlingham G S. 1936. New or noteworthy species of *Russula* and *Lactaria*. Mycologia, 28: 253-267

Buyck B. 1988a. Etude microscopique de spécimens-types de Russules tropicales de la sous-section Pluviales. Mycotaxon, 33: 57-70

Buyck B. 1988b. Etude microscopique de spécimens-types de Russules tropicales de la sous-section Diversicolores. Mycotaxon, 33: 71-80

Buyck B. 1989a. Rivision du genre *Russula* Persoon en Afrique Centrale. PhD dissertation, Rijksunversiteit Gent. 1-590

Buyck B. 1989b. Etude microscopique de spécimens-types de Russules tropicales: *Mineticinae* subsect. nov. Mycotaxon, 35: 55-63

Buyck B. 1990a. New taxon of tropical *Russulae*: *Psdudoepitheliosinae* subsect. nov. Mycotaxon, 39: 317-327

Buyck B. 1990b. Nouveaux taxons infrageneriques dans le genre *Russula* Persoon en Afrique centrale. Bulletin du Jardin Botanique National de Belgique, 60: 191-211

Buyck B. 1994a. *Russula* I. (Russsulaceae). Flore Illustrée des Champignons d'Afrique centrale, 15: 335-408

Buyck B. 1994b. *Russula* II. (Russulaceae). Flore Illustrée des Champignons d'Afrique centrale, 16: 411-542

Buyck B. 1995. A global and integrated approach on the taxonomy of Russulales. Russulales News, 3: 3-17

Buyck B. 1997. *Russula* III. (Russulaceae). Flore Illustrée des Champignons d'Afrique centrale, 17: 545-597

Buyck B. 2008. The edible mushrooms of madagascar: an evolving enigma. Economic Botany, 62: 509-520

Buyck B, Adamčík S. 2008. *Russula* section *Xerampelinae* in Texas. Cryptogamie Mycologie, 29: 121-128

Buyck B, Atri N S. 2011. A *Russula* (Basidiomycota, Russulales) with an unprecedented hymenophore configuration from northwest Himalaya (India). Mycologie Cryptogamie, 32: 185-190

Buyck B, Desjardin D E. 2003. *Russula* zonaria, a new species of *Russula* subsect. *Ochricompactae* from Thailand. Mycologie Cryptogamie, 24: 111-116

Buyck B, Hofstetter V, Eberhardt U, et al. 2008. Walking in the thin line between *Russula* and *Lactarius*: a dilema of *Russula* subsect. *Ochricompactae*. Fungal Diversiy, 28: 15-40

Buyck B, Hofstetter V, Verbeken A, et al. 2010. Proposal 1919: to conserve *Lactarius* nom. cons. (Basidiomycota) with a conserved type. Mycotaxon, 111: 504-508

Buyck B, Horak E. 1999. New taxa of Russulaceae. Mycologia, 91: 532-537

Buyck B, Mitchell D, Parrent J. 2006. *Russula parvovirescens* sp. nov., a common but ignored species in the eastern United States. Mycologia, 98: 612-615

Buyck B, Thoen D, Watling R. 1996. Ectomycorrhizal fungi of the Guinea-Congo Region. Proceeding of the

Royal Edinburgh B, 104: 313-333

Buyck B, Zoller S, Hofstetter V. 2018. Walking the thin line... ten years later: the dilemma of above-versus below-ground features to support phylogenies in the Russulaceae (Basidiomycota). Fungal Diversity, 89(1): 267-292

Calonge F D, Martín M P. 2000. Morphological and molecular data on the taxonomy of *Gymnomyces, Martellia* and *Zelleromyces* (Russulales). Mycotaxon, 76: 9-15

Cao Y, Zhang Y, Yu Z F, et al. 2013. Structure, gene flow, and recombination among geographic populations of a *Russula virescens* ally from southwestern China. PLoS One, 8(9): e73174

Cavara F. 1898. Contributo alla conoscenza delle Podazineae (Elasmomyces mattirolianus nov. gen. et sp.). Malpighia, 11: 414-428

Cheo Z H. 1935. A miscellaneous collection of fungi in the National Normal University of Peiping. Bulletin of Fan Memorial Institute of Biology (Botany), 6: 30-35

Chiu W F. 1945. The Russulaceae of Yunnan. Lloydia, 8: 31-59

Chou W N, Wang Y Z. 2005. Nine species of *Russula* (Basidiomycotina) new to Taiwan. Taiwania, 50(2): 93-100

Claridge A W, Castellano M A, Trappe J M. 1996. Fungi as a food resource for mammals in Australia. Fungi of Australia 1B: 239-268

Claridge A W, May T W. 1994. Mycophagy among Australian mammals. Australian Journal of Ecology, 19: 251-275

Clémençon H. 1998. Anatomie der Hymenomyceten. Eine Einführung in die Cytologie und Plectologie der Krustenpilze, Porlinge, Keulenpilz, Leistlinge, Blätterpilze und Rohrlinge. Switzerland: Flück Wirth. 1-996

Clémençon H, Emmett V, Emmett E. 2004. Cytology and plectology of the Hymenomycetes. Bibliotheca Mycologica. Vol 199. Berlin: J Cramer. 1-488

Crawshay R. 1930. The spore Ornamentation of the Russulae. London: Bailliere, Tindall & Cox. 1-185.

Das K, Atri N S, Buyck B. 2013. Three new species of *Russula* (Russulales) from India. Mycosphere, 4: 722-732

Das K, Ghosh A, Chakraborty D, et al. 2017. Fungal biodiversity profile 31–40. Cryptogamie Mycologie, 38(3): 353-406

Das K, Miller S L, Sharma J R. 2006a. *Russula* in Kumaon Himalaya 2: Four new taxa. Mycotaxon, 95: 205-215

Das K, Putte K V, Buyck B, et al. 2010. New and interesting *Russula* from Sikkim Himalaya (India). Cryptogamie Mycologie, 31: 373-387

Das K, Sharma J R, Atri N S. 2006c. *Russula* in Himalaya 3: A new species of subgenus *Ingratula*. Mycotaxon, 95: 271-275

Das K, Sharma J R, Sharma P, et al. 2006b. *Russula* in Kumaon Himalaya 1: A new species of subgenus *Amoenula*. Mycotaxon, 94: 85-88

Earle F S. 1909. The genera of North American gill fungi. Bulletin of the New York Botanical Garden, 5:373-451

Eberhardt U. 2002. Molecular kinship analyses of the agaricoid Russulaceae: correspondence with mycorrhizal anatomy and sporocarp features in the genus *Russula*. Mycological Progress, 1: 201-223

Elliott T F, Trappe J M. 2018. A worldwide nomenclature revision of sequestrate *Russula* species. Fungal Systematics and Evolution, 1: 229-242

Fatto R M. 1998. Notes on four little red Russulas. Mycotaxon, 68: 193-204

Felsenstein J. 1985. Confidence limits on phylogenies: an approach using bootstrap. Evolution, 38: 783-791

Fries E M. 1821. Systema Mycologicum. Vol I. Greifswald. 1-518

Fries E M. 1835-1838. Epicrisis Systematic Mycologici, seu synopsis Hymenomycetum. Upsaliae. 1-472

Fries E M. 1863. Monographia Hymenomycetum Sueciae. 2. C.A: Leffler. 1-194

Fries E M. 1874. Hymenomycetes Europaei. Uppsala: Ed Berlingiana. 1-768

Gao J M, Dong Z J, Liu J K. 2001. A new ceramide from Basidiomycetes Russula cyanoxantha. Lipids, 36: 175-280

Gardes M, Bruns T D. 1996. Community structure of ectomycorrhizal fungi in a *Pinus muricata* forest: above- and below- ground views. Canadian Journal of Botany, 74: 1572-1583

Gray S F. 1821. A natural arrangement of British plants. Vol. I. London: Baldwin, Cradock, and Joy. 1-824

Grund D W. 1979. New and interesting taxa of *Russula* Pers. ex S.F. Gray occurring in Washington State. Mycotaxon, 9: 93-113

Heim R. 1931. Les liens phylétique entre les Agarics ochrosporés et certains Gastéromyces. C. R. Hebd. Seances. Acad. Sci. Ser D, 192: 291-293

Heim R. 1936a. Sur la phylogénie des Lactario-Russulés. C. R. Hebd. Seances. Acad. Sci. Ser D, 203: 108-110

Heim R. 1936b. Sur la parenté entre Lactaries et certains Gastéromycès. C. R. Hebd. Seances. Acad. Sci. Ser D, 202: 2101-2103

Heim R. 1937a. Observations sur la flore mycologiques malagache V. Les Lactario-Russules à anneau: ontogenie et phylogénie. Rev. Mycol., 2: 4-17

Heim R. 1937b. Observations sur la flore mycologiques malagache III-IV. Les Lactario-Russules à anneau: ontogenie et phylogénie. Rev. Mycol., 2: 61-75

Heim R. 1938. Les Lactario-russulés du domaine oriental de Madagascar, essai sur la classification et la phylogénie des Astérosporales. Prodrome á une flore mycologique de Madagascar et dépendances I. 374-393

Heim R. 1943. Ramarques sur les forms primitives ou degrades de Lactario-Russulés tropicaux. Boissiera, 7: 266-280

Heim R. 1948. Phylogeny and natural classification of macrofungi. Trans. Br. Mycol. Soc., 30: 161-178

Heim R. 1971. The interrelationships between the Agaricales and Gasteromycetes. In: Petersen RH ed. Evolution of the higher Basidiomycetes. Knoxville, Tennessee: The Unerversity of Tennessee Press. 505-534

Henkel T W, Aime M C, Miller S L. 2000. Systematic of pleuroid Russulaceae from Guyana and Japan, with notes on their ectomycorrhizal status. Mycologia, 92: 1119-1132

Hennicke F, Pipenbring M. 2008. Critical review of recent records of Russulaceae from Panama. Mycotaxon, 106: 455-467

Hennings P. 1901. Beiträge zur Flora von Afrika. XXI. Fungi. camerunenses novi. III. Botanische Jahrbücher für Systematik Pflanzengeschichte und Pflanzengeographie, 30: 39-57

Hesler L R. 1961. A study of Julius Schaeffer's Russulas. Lloydia, 24: 182-198

Hesler L R. 1961. A Study of *Russula* Types, II. Mycologia, 53: 605-625

Hibbett D S, Binder M, Bischoff J F, et al. 2007. A higher-level phylogenetic classification of the Fungi. Mycological Research, 111: 509-547

Holmgren P K, Holmgren N H, Barnett L C. 1990. Index Herbariorum. Part 1: Herbarium of the world, 8th ed. Bronx: New York Botanic Garden, USA. 1-693

Hongo T. 1955. Notes on Japanese larger fungi. Japanese Journal of Botany, 30: 215-222

Horton T R, Bruns T D. 2001. The molecular revolution in ectomycorrhizal ecology: peeking into the black-box. Molecular Ecology, 10(8): 1855-1871

Imazeki R, Hongo T. 1989. Colored illustrations of mushrooms of Japan Vol. II. Hoikusha Publish Co., Ltd: Osaka. 1-315

Jiang X M, Li Y K, Liang J F, et al. 2017. *Russula brunneovinacea* sp. nov., from northeastern China. Mycotaxon, 132: 789-797

Kauffman C H. 1909. Unreported Michigan Fungi for 1908, with a monograph of the Russulas of the state. Michigan Academy of Science Report, 11: 55-91

Kauffman C H. 1918. The Agaricaceae of Michigan. Michigan Geological and Biological Survey, 26:1-924

Keissler K, Lohwag H. 1937. Fungi in Handel-Mazzetti Symbolae Sinicae, 2. Wien: Julius Springer. 1-89

Kibby G, Fatto R M. 1990. Key to the species of *Russula* in northeastern North America. 3rd ed. Somerville, NJ: Kibby-Fatto enterprises. 1-61

Kirk P M, Cannon P F, David J C, et al. 2008. Dictionary of the Fungi. 9th Edition. Wallingford: CAB International. 1-784

Kleine C S, McClean T, Miller S L. 2013. Genetic divergence among disjunct populations of three *Russula* spp. from Africa and Madagascar. Mycologia, 105: 80-89

Knudsen H, Borgen T. 1982. Russulaceae in Greenland. Arctic and Alpine Mycology, 1: 216-238

Knudsen H, Borgen T. 1992. New and rare taxa of *Russula* from Greenland. Persoonia, 14: 509-517

Kong A, Hernandez Y, Estrada-Torres A, et al. 2008. Notes on *Cystangium pineti* and *Macowanites mexicanus* (Russulaceae). Cryptogamie Mycologie, 29: 285-292

Kong A, Montoya A, Estrada-Torres A. 2002. *Russula herrerae*, a new species with margin weil from Mexico. Mycologia, 94: 290-296

Konrad P, Josserand M, 1934. Notes sur la classification des Russules. Bulletin. Societe Mycologique de France, 50: 253-269

Kränzlin F. 2005. Fungi of Switzerland, 6, Russulaceae: *Lactarius*, *Russula*. Luzern: Verlag Mykologia. 1-317

Krombholz J V von. 1846. Naturgetreue Abbildungen und Beschreibungen der Schwämme, 10. Prague: Von J. V. Krombholz. 1-28

Kuyper T W, Vuure M V. 1985. Nomenclatural notes on *Russula*. Persoonia, 12: 447-455

Lange J E. 1926. Studies in the agarics of Denmark. Part VI. *Psalliota*, *Russula*. Densk Bontanisk Arkiv, 4: 1-52

Lange J E. 1940. Flora Agaricina Danica. Vol. 5. Copenhagen: Recato A/S. 1-105

Larget B, Simon D L. 1999. Markov chain Monte Carlo algorithms for the Bayesian analysis of phylogenetic trees. Mol. Biol. Evol., 16: 750-759

Larsson E, Larsson K H. 2003. Phylogenetic relationships of russuloid basidiomycetes with emphasis on aphyllophoralean taxa. Mycologia, 95(6): 1037-1065

Lebel T, Castellano M A. 2002. Type studies of sequestrate Russulales II. Australian and New Zealand species related to *Russula*. Mycologia, 94(2): 327-354

Lebel T, Tonkin J E. 2007. Australasian species of *Macowanites* are sequestrate species of *Russula*. Australian Systematic Botany, 20: 355-381

Lebel T, Trappe J M. 2000. Type studies of sequestrate Russulales. I. Generic type species. Mycologia, 92: 1188-1205

Li F, Deng Q L. 2018. Three new species of *Russula* from South China. Mycological Progress, 17: 1305-1321

Li G J, Hyde K D, Zhao R N, et al. 2016. Fungal diversity notes 253-366: taxonomic and phylogenetic contributions to fungal taxa. Fungal Diversity, 78: 1-237

Li G J, Li S F, Liu X Z, et al. 2012. *Russula jilinensis* sp. nov. (Russulaceae) from northeast China. Mycotaxon, 120: 49-58

Li G J, Wen H A. 2011. *Russula zhejiangensis* sp. nov. from East China. Cryptogamie Mycologie, 32: 127-133

Li G J, Zhang C L, Zhao R L, et al. 2018a. Two new species of *Russula* from northeast China. Mycosphere, 9(3): 431-443

Li G J, Zhao D, Li S F, et al. 2013b. *Russula changbaiensis* sp. nov. from northeast China. Mycotaxon, 124: 269-278

Li G J, Zhao D, Li S F, et al. 2015. *Russula chiui* and *R. pseudopectinatoides*, two new species from southwestern China supported by morphological and molecular evidence. Mycolgical Progress, 14(6): 33

Li G J, Zhao Q, Zhao D, et al. 2013a. *Russula atroaeruginea* and *R. sichuanensis* spp. nov. from southwest China. Mycotaxon, 124: 173-188

Li G J, Zhao R L, Zhang C L, et al. 2018b. Hypogeous gasteroid *Lactarius sulphosmus* sp. nov. and agaricoid *Russula vinosobrunneola* sp. nov. (Russulaceae) from China. Mycosphere, 9(4): 838-858

Li J W, Zheng J F, Song Y, et al. 2019. Three novel species of *Russula* from southern China based on morphological and molecular evidence. Phytotaxa, 392(4): 264-276

Li M C, Liang J F, Li Y C, et al. 2010. Genetic diversity of dahongjun, the commercially important "big red mushroom" from southern China. PLoS ONE, 5(5): 1-11

Li Y K, Zhang X, Yuan Y, et al. 2015c. Morphological and molecular evidence for a new species of *Russula* (Russulaceae) from southern China. Phytotaxa, 202(2): 94-102

Liang Y, Guo L D, Ma K P. 2004. Genetic structure of a population of the ectomycorrhizal fungus *Russula vinosa* in subtropical woodlands in southwest China. Mycorrhiza, 14: 235-240

Linnaeus C. 1753. Species Plantarum. Holmiae: impensis Laurentii Salvii. 1-1200

Lohwag H. 1924. Entwicklungsgeschichte und systematische Stellung von Secotium agaricoides (Czern.) Holl. Österreichische Botanische Zeitschrift, 73 (7-9): 161-174

Lotsy J P. 1907. Algen und Pilze. Vorträge über Botanische Stammesgeschichte. Jena: 1. Verlag von Gustav Fischer. 1-842

Maire R R. 1910. Les bases de la classification dans le genre *Russula*. Bulletin Société Mycologique de France, 26: 49-125

Malençon G. 1931a. La Série des Astérospores. Recueil de travaux cryptogamiques dédiés à Louis Mangin. Paris: Laboratoire de Cryptogamie du Museum National d'Histoire Naturelle. 1-34

Malençon G. 1931b. Considerations sur les spores des Russulés et Lactaires. Bull. Soc. Mycol. Fr., 47: 72-86

Manassila M, Sooksa-Nguan T, Boonkerd N, et al. 2005. Phylogenetic diversity of wild edible *Russula* from northeastern Thailand on the basis of internal transcribed spacer sequence. Science Asia, 31: 323-328

Massee G. 1902. European Fungus-Flora: Agaricaceae. London: Duckworth. 1-293

Mattirolo O. 1900. Gli ipogei di Sardinia e di Sicilia. Malpighia, 14: 39-110

McNabb. 1973. Russulaceae of New Zealand 2. Russula Pers. ex S. F. Gray. New Zealand Journal of Botany, 11: 673-730

Melzer V, Zvára J. 1927. Ceské holubinky. Archiv pro Prirodovedecky Vyzkum Cech (Praha), 17: 1-126

Miller S L, Aime M C, Henkel T W. 2012. Russulaceae of the Pakaraima Mountains of Guyana 2. New species of *Russula* and *Lactifluus*. Mycotaxon, 121: 233-253

Miller S L, Buyck B. 2002. Molecular phylogeny of the genus Russula in Europe with a comparison of modern infrageneric classifications. Mycol. Res., 106: 259-276

Miller S L, Larsson E, Larsson K H, et al. 2006. Perspectives in the new Russulales. Mycologia, 98: 960-970

Miller S L, McClean T M, Walker J F, et al. 2001. A molecular phylogeny of the Russulales including agaricoid, gasteroid and pleurotoid taxa. Mycologia, 93: 344-354

Miroslav C, Li G J, Saba M, et al. 2019. Phylogenetic study documents different speciation mechanisms within the *Russula globispora*, lineage in boreal and arctic environments of the Northern Hemisphere. IMA Fungus, 10(1): 5

Moseer M, Binyamini N, Avizohar-Hershenzon Z. 1977. New and noteworthy Russulales from Israel. Transactions of British Mycological Society, 68: 371-377

Murrill W A. 1912. Illustrations of fungi-XII. Mycologia, 4: 289-293

Park M S, Fong J J, Lee H, et al. 2013. Delimitation of *Russula* subgenus *Amoenula* in Korea using three molecular markers. Mycobiology, 41(4): 191-201

Patouillard N, 1895. Enumeration des champignons récoltés par les R. P. Farges et Soulié dans le Thibet orientale et le Sutchuen. Bulletin de la Société Mycolgique de France, 11: 196-199

Peck C H. 1906. New York species of Russula. Report of the State Botanist. New York State Museum Bulletin, 116: 67-117

Pegler D N, Singer R. 1980. New taxa of *Russula* from the Lesser Antilles West Indies. Mycotaxon, 12(1): 92-96

Pegler D N, Young T W K. 1979. The gasteroid Russulales. Transactions of the British. Mycological Society, 72: 353-388

Persoon C H. 1796. Observations Mycologicae, Seu, Descriptiones tam novorum quan notabilium fungorum. Lipsiae: Wolf. 221

Quélet L. 1888. Flore mycologique de la France et des pays limtrothes. Paris: Octave Doin.. 1-522

Rammeloo J, Walleyn R. 1993. The edible fungi of Africa south of the Sahara: a literature survey. Meise: National botanic garden of Belgium. 1-62

Rauschert R. 1989. Nomenklatorische studien bei höheren Pilzen I. Russulales (Täublinge und Milchlinge). Česká Mykologie, 43(4): 193-209

Richardson M J. 1970. Studies of *Russula emetica* and other agarics in a Scotspine plantation. Transactions of the British Mycological Society, 55: 217-229

Ricken A. 1915. Die Blätterpilze (Agaricaceae). Deutschlands und der angrenzenden Länder, besonders Oesterreichs und der Schweiz. Leipzig: Theodor Oswald Weigel. 1-480

Ridgway R. 1912. Color standards and color nomenclature. Washington: Robert Ridgway. 1-105

Robert V, Buyck B. 1996. ALLRUS: a system for standard description, identification and classification of Russulaceae. Mycotaxon, 60: 471-480

Romagnesi H. 1936. Les Russules. Supplement A. Revue de Mycologie, 1(5): 3-14

Romagnesi H. 1967. Les Russulaes d' Europe et d' afrique du Nord. Paris: Bordas. 1-998

Romagnesi H. 1985. Les Russulaes d' Europe et d' afrique du Nord. J. Cramer. Lehre. 1127-1130

Romagnesi H. 1987. Status et noms nouveaux pour les infragénériques dans le genre Russula. Documentation Mycologique, 18: 39-40

Ronikier A, Adamčík S. 2009. *Russulae* in the Montane and Subalpine Belts of the Tatra Mountains (Western Carpathians). Sydowia, 61: 53-78

Roze E. 1876. Atlas des Champigonos. Bulletin de la Société botanique de France. 23: 110

Sang X Y, Li X D, Wang Y W, et al. 2016. Four new sequestrate species of Russulaceae found in China. Phytotaxa, 289(1): 101-117

Sarnari M. 1987. Le russule dell'erbario di Giacomo Bresadola. 1a parte. Micologia Italiana, 16(3): 211-221

Sarnari M. 1998. Monographia illustrate del genere *Russula* in Europa. Tomo Primo. Trento: Associazione Micologica Bresadola

Sarnari M. 2005. Monografia illustrate de genere *Russula* in Europa. Tomo Secondo. Trento: AMB, Centro Studi Micologici

Schaeffer J. 1933. *Russula* Monographie. Spezieller Teil. Annales mycologici, 31: 305-516

Schaeffer J. 1934. *Russula* Monographie. Allgemeiner Teil. Annales mycologici, 32: 141-243

Schaeffer J. 1935. Le système natural des Russules. Bulletin de la Société Mycologique de France, 51: 263-276

Schaeffer J. 1952. *Russula* monographie. Stuttgart: Verlag Julius Klinkhardt, Bad Heilbrunn Obb

Schaffer R L. 1964. The Subsection Lactarioideae of *Russula*. Mycologia, 56: 203-221

Schaffer R L. 1970a. Cuticular terminology in *Russula* (Agaricales). Brittonia 14(3): 230-239

Schaffer R L. 1970b. Notes on the subsection *Crassotunicatinae* and other species of *Russula*. Lloydia, 33: 49-96

Schaffer R L. 1972. North American Russulas of the subsection *Foetentinae*. Mycologia, 64: 1008-1053

Schröder J. 1889. Kryptogamen-Flora von Schlesien, 3-1(5). Lehre, Germany: Cramer. 1-549

Shimono Y, Kato M, Takamatsu S. 2004. Molecular phylogeny of Russulaceae (Basidiomycetes; Russulales) inferred from the nucleotide sequences of nuclear large subunit rDNA. Mycoscience, 45: 306-316

Singer R. 1926. Monographie der Gattung *Russula*. Nova Hedwigia, 66: 163-260

Singer R. 1932. Monographie der Gattung *Russula*. Beihefte zum Botanischen Zentralblatt, 49: 205-280

Singer R. 1935a. Supplemente zu meiner Monographie der Gattung *Russula*. Annales Mycologici, 33: 297-352

Singer R. 1935b. Sur quelques Russules exotiques. Ann. Crypt. Exot., 8: 88-93

Singer R. 1938. Contribution à l'étude des *Russules* 3. Quelques Russules Américaines et asiatiques. Bull. Soc. Mycol. France, 54: 132-177

Singer R. 1939. Contribution à l'étude des *Russules* 4. Quelques Russules Américaines et asiatiques. Bull. Soc. Mycol. France, 55: 233-283

Singer R. 1942. Type Studies on Basidiomycetes. I. Mycologia, 34: 64-93

Singer R. 1943. Type Studies on Basidiomycetes. II. Mycologia, 35: 142-163

Singer R. 1947. Type Studies on Basidiomycetes. III. Mycologia, 39: 171-189

Singer R. 1951. The Agaricales (mushrooms) in modern taxonomy. Lilloa, 22: 5-832

Singer R. 1952. Russulaceae of Trinidad and Venezuela. Kew Bulletin, 7: 295-301

Singer R. 1957. New and interesting species of Basidiomycetes V. Descriptions of *Russulae*. Sydowia, 11: 141-272

Singer R. 1961. Type Studies on Basidiomycetes. X. Persoonia, 2: 1-62

Singer R. 1962. The Agaricales in modern taxonomy. 3rd Edition. Weinheim: J. Cramer. 1-987

Singer R. 1975. The Agaricales in modern taxonomy. 3rd Edition. Lehre: J. Cramer. 1-996

Singer R. 1986. The Agaricales in modern taxonomy. 4th Edition. Koenigstein: Koeltz Scientific Books. 1-981

Singer R, Machol R E. 1983. The Sydney rules and the nomenclature of *Russula* species. Mycotaxon, 18: 191-200

Singer R, Smith A H. 1960. Stidies on secotiaceous fungi IX the astrogastraceous series. Memoirs. 21(3): 1-112

Smith A H. 1963. New astrogastraceous fungi from the Pacific Northwest. Mycologia, 55: 421-441

Song Y, Buyck B, Li J W, et al. 2018b. Two novel and a forgotten *Russula* species in sect. *Ingratae* (Russulales) from Dinghushan Biosphere Reserve in southern China. Cryptogamie Mycologie, 39(3): 341-357

Song Y, Li J W, Buyck B, et al. 2018a. *Russula verrucospora* sp. nov. and *R. xanthovirens* sp. nov., two novel species of *Russula* (Russulaceae) from southern China. Cryptogamie Mycologie, 39(1): 129-142

Stearn WT. 1981. 植物学拉丁文. 秦仁昌译. 北京: 科学出版社. 1-712

Tai F L. 1936-1937. A list of fungi hitherto known from China. Science reports of national Tsing Hua University. Series B, 2: 137-165, 191-639

Teng S C. 1932. Fungi from southwestern China, Contr. Biol. Lab. Sci. Soc. China Bot. Ser., 7: 69-84

Teng S C. 1932. Fungi of Chekiang I. Contr. Biol. Lab. Sci. Soc. China Bot. Ser., 8: 49-71

Teng S C. 1939. A contribution to our knowledge of the higher Fungi of China. Chongqing: Institute of Zoology and Botany, Academia Sinica. 1-614

Teng S C. 1996. Fungi of China. New York: Mycotaxon Ltd. 1-586

Thiers H D. 1984a. The genus Acangeliella Cav. in the Western United States. Sydowia, 37: 296-308

Thiers H D. 1984b. The secotioid syndrome. Presidential address to the Mycological Society of America. Mycologia, 76: 1-8

Thompson J D, Gibson T J, Plewnlak F, et al. 1997. The Clustal X windows interfaces: flexible strategies for multiple sequence alignment aided by quality analysis tools. Nucleic Acids Research, 24: 4876-4882

Tibpromma S, Hyde K D, Jeewon R, et al. 2017. Fungal diversity notes 491-602: taxonomic and phylogenetic contributions to fungal taxa. Fungal Diversity, 83: 1-261

Trappe J M, Lebel T, Castellano M A. 2002. Nomenclatural revisions in the sequestrate russuloid genera. Mycotaxon, 81: 195-214

Tschen E F T. 2007. Studies on *Russula castanopsidis* and *R. cavipes* of Taiwan. Fungal Science, 22(1, 2): 7-12

Verbeken A. 1996. Biodiversity of the genus *Lactarius* Pers. in tropical Africa. Gent: Ghent University. 1-342

Villeneuve N, Grandtner M M, Fortin J A. 1989. Frequency and diversity of ectomycorrhizal and saprophytic macrofungi in the Laurentide Mountains of Quebec. Canadian Journal of Botany, 67: 2616-2629

Villeneuve N, Grandtner M M, Fortin J A. 1991. The coenological organization of ectomycorrhizal macrofungi in the Laurentide Mountains of Quebec. Canadian Journal of Botany, 69: 2215-2224

Wang J, Buyck B, Wang X H, et al. 2019. Visiting *Russula* (Russulaceae, Russulales) with samples from southwestern China finds one new subsection of *R.* subg. *Heterophyllidia* with two new species. Mycological Progress, 18(6): 771-784

Wang X H, Liu P G. 2010. *Multifurca* (Russulales), a genus new to China. Cryptogamie Mycologie, 31: 9-16

Wang X H, Yang Z L, Li Y C, et al. 2009. *Russula griseocarnosa* sp. nov. (Russulaceae, Russulales), a commercially important edible mushroom in tropical China: mycorrhiza, phylogenetic position, and taxonomy. Nova Hedwigia, 88: 269-282

Wen H A, Ying J Z. 2001. Study on the genus *Russula* Pers from China II. Two new taxa from Yunnan and Guizhou. Mycosystema, 20: 153-155

Woo B. 1989. Trial field key to the species of *Russula* in the Pacific Northwest. A macroscopic field key to selected common species reported from Washington, Oregon, and Idaho. Pacific Northwest Key Council. https://www.svims.ca/council/Russul.htm[2024-5-8]

Yang Z L. 2000. Type studies on agarics described by N. Patouillard (and his co-authors) from Vietnam. Mycotaxon, 75: 431-476

Yang Z L. 2002. On wild mushroom resources and their utilization in Yunnan Province, Southwest China. Journal of Natural Resources, 17: 463-469

Yang Z L, Zang M. 2003. Tropical affinities of higher fungi in southern China. Acta Botanica Yunnanica, 25: 129-144

Ying J Z. 1983. A study on *Russula virdi-rubrolimbata* sp. nov. and its related species of subsection *Virescentinae*. Mycosystema, 2: 34-37

Ying J Z. 1989. Study on the genus *Russula* Pers from China I. New taxa of *Russula* from China. Mycosystema, 8: 205-209

Ying J Z, Mao X L, Ma Q M, et al. 1987. Icons of medicinal fungi from China. Beijing: Science Press. 1-575

Yomyart S, Piapukiew J, Watling R, et al. 2006. *Russula siamensis*: a new species of annulate *Russula* from Thailand. Mycotaxon, 95: 247-254

Yuan F, Song Y, Buyck B, et al. 2019. *Russula viridicinnamomea* F. Yuan & Y. Song, sp. nov. and *R. pseudocatillus* F. Yuan & Y. Song, sp. nov., two new species from southern China. Cryptogamie Mycologie, 40 (4): 45-56

Zang M, Yuan M S. 1999. Contribution to the knowledge of new basidiomycetous taxa from China. Acta Botanica Yunnanica, 21: 37-42

Zeller S M, Dodge C W. 1936. Elasmomyces, Arcangeliella, and Macowanites. Annals of the Missouri Botanical Garden, 23: 599-638

Zhang J B, Li J W, Li F, et al. 2017. *Russula dinghuensis* sp. nov. and *R. subpallidirosea* sp. nov., two new species from southern China supported by morphological and molecular evidence. Cryptogamie Mycologie, 38(2): 191-203

Zhao Q, Li Y K, Zhu X T, et al. 2015. *Russula nigrovirens* sp. nov. (Russulaceae) from southwestern China. Phytotaxa, 236(3): 249-256

Zhao S, Zhao Y C, Li S H, et al. 2010. A novel lectin with highly potent antiproliferative and HIV-1 reverse transcriptase inhibitory activities from the edible wild mushroom *Russula delica*. Glycoconj. J., 27: 259-265

Zhuang W Y. 2001. Higher fungi of tropical China. New York: Mycotaxon Ltd. 326-332

Zhuang W Y. 2005. Fungi of northwestern China. New York: Mycotaxon Ltd. 357-362

索 引

真菌汉名索引

A

矮红菇　128, 144, 145
矮小红菇　286
暗菇属　11
暗灰色红菇　73
暗酒色红菇　198
暗绿红菇　70, 72, 73, 93
暗湿伞属　11
凹柄红菇　285
凹黄红菇　187
奥地红菇　287

B

白柄红菇　180
白菇　128
白红菇　96, 127, 128, 129
白灰红菇　283
白青纲纹红菇　95
白纹红菇　95
斑点组　180
斑柄红菇　154, 166, 173, 174, 176
斑盖赭黄红菇　284
板菌属　1, 11, 12
薄盖红菇　289
薄红菇　141
北方红菇　27, 30
篦形红菇　155, 167, 168, 170
变红红菇　20, 24, 26
变蓝红菇　15, 154, 166, 167
变绿红菇　1, 5, 16, 95, 104, 107

变绿组　5, 54, 69, 94
变色红菇　191
宾川红菇　20
波氏红菇　208, 213
布氏菇属　11

C

草绿红菇　81, 85
侧生红菇　12
侧褶红菇　12
叉褶红菇　95, 101, 102
叉褶乳菇　12
茶褐红菇　176
茶黄菇　176
长白红菇　280, 281
成堆解毒红菇　176
橙黄红菇　37
赤柄基红菇　287
赤菇属　11
赤黄红菇　59
臭红菇　1, 154, 156, 158, 160, 179, 268
臭黄菇　156
臭辣菇　155
臭味红菇　265, 266, 267, 268, 270, 271
触黄红菇　246
脆红菇　15, 145, 225, 229, 232

D

大白菇　60
大红菇　208, 253, 254
大理红菇　15, 109, 114, 115

大朱菇　254
大朱红菇　254
担子菌门　1
淡孢红菇　55, 66, 67
淡红柄红菇　135
淡黄褐红菇　217
淡黄红菇　36, 37
淡蓝色红菇　78
淡绿菇　99
淡紫红菇　123
淡紫红菇网孢亚种　117, 123, 124
淡紫红菇原亚种　117, 122, 123, 124
邓氏红菇　180, 186
地红菇属　1, 12, 14
点柄臭红菇　174
点柄红菇　15, 173
点柄黄红菇　1, 2, 154, 166, 174, 176
靛青组　69, 89
鼎湖红菇　285
丁香紫色组　108, 117
毒红菇　1, 2, 10, 15, 122, 235, 238
毒红菇桦变种　235
毒红菇群生变种　235, 241
毒红菇原变种　235, 239
短柄红菇　55, 57, 63, 65
短盖囊体红菇　284
钝柄红菇　34
多隔皮囊体红菇　187
多色红菇　273, 279
多色亚属　6, 19, 190
多褶菇属　1, 12, 14
多褶红菇　6, 60, 89, 93, 94

F

非白红菇　256, 257
非凡红菇　146, 150
粉柄红菇　8, 154, 155, 172
粉柄黄红菇　155
粉红菇　198, 203
粉粒白红菇　95, 96
腐臭组　146, 154, 164, 170

G

橄榄绿红菇　202, 208, 211
高贵红菇　235, 242
革质红菇　1, 15, 208
关西红菇　273
光亮红菇　27, 34
光亮组　19, 26
广东红菇　5, 154, 163, 164
广西红菇　128, 132, 133
桂黄红菇　284

H

汉德尔红菇　15, 253
赫氏红菇　12
褐酒红红菇　284
褐紫红菇　117, 119, 120, 121, 259
黑白红菇　46, 50, 51, 54
黑菇　47
黑龙江红菇　180, 185
黑绿红菇　225, 228
黑色组　46
黑紫红菇　225, 226, 228, 254
黑紫色组　225
红斑黄菇　28
红柄红菇　225
红赤紫菇　126
红菇科　1, 7, 10, 11, 12, 13, 14, 16
红菇目　1, 10, 11, 13
红菇属　1, 2, 4, 5, 6, 7, 8, 9, 10, 11, 12, 13, 14, 15, 16, 17, 18, 19, 30, 170, 225, 283
红菇亚属　5, 6, 13, 19, 225
红黄红菇　246
红色组　225, 253
厚皮红菇　6, 81, 83, 208
花盖菇　90
花盖红菇　90
花脸红菇　288

桦红菇　235
桦林红菇　235
欢乐红菇　281
环带红菇　12
黄白红菇　146, 152, 154
黄斑红菇　28, 99
黄斑绿菇　99
黄孢红菇　63, 222
黄袍华盖菇　222
黄孢花盖红菇　1, 217, 222, 224, 225
黄孢紫红菇　109, 110, 115, 117, 218
黄茶红菇　1, 155, 158, 176, 177, 178
黄褐红菇　211
黄姜红菇　37
黄金红菇　28
黄绿红菇　55, 57
黄色红菇　222
灰红菇　69, 73
灰肉红菇　1, 9, 24, 25, 198, 201, 202
灰色组　69
火炭菇　50

J

鸡冠红菇　208, 214, 217
鸡屎菇　155
鸡足山红菇　15, 20, 21
吉林红菇　27, 33, 34
假侧担菌属　10
假大白菇　67
假桂黄红菇　287
假金红菇　15, 27
假堇紫红菇　121
假鳞盖红菇　217, 221
假罗梅尔红菇　191, 195, 197
假美味红菇　55, 63, 65, 67, 69
假拟篦形红菇　155, 172, 173
假皮氏红菇　135
假全缘红菇　127, 140, 141
假铜绿红菇　69, 79

假晚红菇　287
尖褶红菇　46
酱色红菇　217
交褶菌属　14
娇弱亚属　6, 19, 264
胶盖红菇　285
解毒红菇　146, 147
解毒红菇成堆变种　177, 178
金红菇　26, 27, 28, 30
金黄红菇　28, 30
金黄蘑菇　30
金绿红菇　284
金乌红菇　288
堇紫红菇　263
近江红菇　117, 126, 127
近绿红菇　107
近条纹红菇　289
酒色红菇　201
巨假囊体红菇　286

K

喀斯喀特红菇　57
凯莱红菇　256, 258, 259
栲裂皮红菇　284
壳皮状红菇　99
壳状红菇　1, 5, 95, 99
可爱红菇　8, 154, 158, 161, 163, 164
克罗姆氏红菇　228
刻点红菇　109, 112, 115
客家红菇　127, 133, 135
哭泣组　45, 55, 65, 69
苦红菇　146, 149, 150
苦味组　146

L

辣红菇　256, 261
辣味组　225, 255, 256
辣褶红菇　46, 47
蓝黄红菇　1, 4, 89, 90, 92, 93
蓝黄红菇彼得卢变型　93

蓝黄红菇原变型　93
蓝紫红菇　198
榄色红菇　285
老红菇　180, 185, 187
类全缘组　190, 197, 198
篱边红菇　167
丽大红菇　254
莲红菇　286
亮黄红菇　146, 154
劣味亚属　5, 19, 146
裂皮红菇　99
鳞盖红菇　141, 144
鳞盖色红菇　128, 133, 135
菱红菇　1, 8, 81, 87, 89
硫孢红菇　55, 63, 65
罗梅尔红菇　191, 196, 197
裸腹菌属　1, 14
落叶松红菇　265, 266, 267, 268, 270, 271
落叶松组　265
绿盖红菇　290
绿菇　104
绿桂红菇　290

M

马关红菇　286
马特拉菌属　1, 11, 12, 14
玛瑙红菇　261
毛柄红菇　133
玫瑰柄红菇　7, 109, 113, 114
玫瑰红菇　127, 129, 132, 141, 144, 251
玫瑰色红菇　251
玫瑰色组　108, 127, 129
美红菇　270, 271, 273, 277
美丽红菇　141
美丽组　264, 272, 273
美味红菇　1, 15, 55, 60, 63, 65, 69
米黄菇　167
密集红菇　55, 59, 60, 94
密集亚属　5, 6, 19, 45

蜜味组　190, 205
密褶黑菇　51
密褶红菇　1, 6, 46, 51, 54, 94
蜜黄菇　152
蜜黄红菇　152
蜜味红菇　5, 205
绵粒红菇　154, 159, 160, 161
绵粒黄菇　159
绵粒黄红菇　159
蘑菇属　10, 11, 30
牧场红菇　217, 220, 221

N

奶榛色红菇　27, 32
南褶菇属　11
内向亚属　5, 19, 180
泥炭藓红菇　265, 270, 271
拟篱边红菇　169
拟篱形红菇　155, 160, 168, 169, 170, 173, 177
拟变色红菇　140
拟臭黄菇　161
拟臭黄红菇　161
拟菱红菇　81, 86
拟米黄菇　169
拟土黄红菇　180, 183, 185
黏红菇　5, 235, 245
黏绿菇　101
黏质红菇　5, 205, 206, 208
柠檬黄红菇　150
牛犊菇　156

O

呕吐红菇　238
呕吐色红菇　117, 121, 122

P

皮氏红菇　127, 135, 139, 140
平滑红菇　283
葡酒紫红菇　185
葡萄酒褐红菇　265, 271

葡萄酒红菇　24, 202

葡紫红菇　118

Q

漆亮红菇　225, 233

浅红菇　277

浅蓝色组　108

浅绿组　190, 217

浅榛色红菇　32

浅紫红菇　135

腔囊菌属　1, 10, 14

蔷薇花组　265, 280

切氏红菇　15, 180

青黄红菇　211

青灰红菇　78

青脸菌　70

青色红菇　198

青头菌　16, 104

裘氏红菇　235, 236

全缘红菇　1, 34, 141, 191, 197

全缘形红菇　191, 194

全缘组　190, 191

R

日本红菇　2, 55, 63, 65

绒紫红菇　14, 117, 123, 124, 126, 127

乳菇属　7, 10, 11, 12, 13, 14

乳蘑属　11

软红菇　198, 202

S

伞菌纲　1

伞菌目　10, 11

伞菌亚门　1

山毛榉红菇　217, 219

珊瑚藻色红菇　128, 131, 132

深红亚属　6, 19

深绿红菇　286

湿生红菇　37, 38, 39

似金红菇　27

似天蓝红菇　69, 78

水乳菇属　10

斯氏红菇　25

斯坦巴克红菇　20, 25, 26

四川红菇　8, 37, 42

松红菇　232

髓质红菇　69, 76, 93

T

桃红色组　225, 246

桃色红菇　246, 248

天蓝红菇　117, 118, 119

天青红菇　118

甜汁红菇　288

同型红菇　176

铜绿菇　70

铜绿红菇　1, 70, 93

铜色红菇　180, 181

土黄菇　155

土黄褐红菇　149

土黄红菇　173

土生红菇　38

褪色红菇　20, 22, 26

褪色组　19, 20

W

晚生红菇　265, 266, 268

王氏红菇　180, 189

网孢红菇　123

微紫柄红菇　103

微紫红菇　37, 41

污盖红菇　288

污红菇　154, 164, 166, 217

无害红菇　225, 232

无球胞红菇　283

X

细裂皮红菇　44

细皮囊体红菇　37, 44

细绒盖红菇　135

细弱红菇　87, 256, 257, 258
暹罗红菇　12
苋菜红菇　198, 199
霰红菇　286
香红菇　273, 275, 276
象牙黄斑红菇　285
小白菇　128
小白红菇　96, 127, 129
小毒红菇　229
小红菇　133, 136, 273
小红菇较小变种　128, 136, 137, 283
小红菇原变种　128, 137, 138
小美红菇　257
小小红菇　136
辛德红菇　289
星鲨红菇　83
猩红菇　156
兴安红菇　273, 274
血根草红菇　246, 249, 251, 252
血根草蘑菇　251
血红菇　1, 7, 246, 251, 252, 253
血红色红菇　251

Y

鸭绿红菇　95, 98
亚臭红菇　154, 158, 178, 179
亚黑红菇　54
亚黑紫红菇　288
亚红盖红菇　289
亚浅粉红菇　288
亚稀褶毒黑菇　54
亚稀褶黑菇　54
亚稀褶黑红菇　2, 6, 15, 46, 54
烟色红菇　15, 46, 47, 50, 51
沿河红菇　290
厌味红菇　268
叶绿菇　81
叶绿红菇　81
怡红菇　95, 96, 103, 126
怡人色红菇　135

怡人亚属　14
异白粉红菇　154, 171, 172
异褶红菇　81, 102
异褶亚属　19, 69
异褶组　69, 80, 81
硬壳亚属　5, 19, 108
油辣菇　156
疣孢红菇　289
诱吐红菇　238
诱吐组　225, 234, 235
鱼鳃菇　174
云南红菇　95, 107
云南浅绿红菇　107

Z

杂色红菇　172
泽勒腹菌属　10, 14
沼泽红菇　37, 39
沼泽组　19, 36
浙江红菇　138, 139, 280, 282, 283
真红菰　201
正红菇　16, 201
致密红菇　59
致密赭红菇　12
皱盖红菇　140
朱菰　201
朱红菇　254
紫柄红菇　14, 95, 103
紫橄榄色组　190, 208
紫褐红菇　217, 218
紫红菇　199, 235, 244
紫晶红菇　108, 109, 110, 112, 117, 119
紫晶红菇邓氏亚种　109, 110, 112
紫菌　70
紫罗兰色组　225, 263
紫绿红菇　69, 75
紫绒红菇　126
紫薇菇　277
紫薇红菇　277
紫疣红菇　287

真菌学名索引

A

Agaricales 10
Agaricomycetes 1
Agaricomycotina 1
Agaricus 10
Agaricus adustus 47
Agaricus adustus var. *elephantinus* 47
Agaricus alboniger 50
Agaricus alutaceus 208, 211
Agaricus alutaceus ß *xanthopus* 208
Agaricus alutaceus var. *olivaceus* 211
Agaricus alutaceus var. *substypticus* 191
Agaricus atropurpureus 226
Agaricus aureus 28
Agaricus caerulea 198
Agaricus chamaeleontinus 214
Agaricus chloroides 57
Agaricus consobrinus 148
Agaricus consobrinus var. *grisea* 148
Agaricus consobrinus var. *livescens* 148
Agaricus consobrinus var. *umbrinus* 148
Agaricus cupreus 181
Agaricus cyanoxanthus 90
Agaricus decolorans 22
Agaricus depallens 199
Agaricus elephantinus 47
Agaricus emeticus 238
Agaricus emeticus var. *fallax* 238
Agaricus esculentus var. *xerampelinus* 222
Agaricus exalbicans 256
Agaricus exsuccus 60
Agaricus fallax 229, 238
Agaricus felleus 149
Agaricus foetens 156
Agaricus foetens var. *lactifluus* 156
Agaricus fragilis 229
Agaricus furcatus 101
Agaricus furcatus ß *heterophyllus* 81
Agaricus galochrous 81
Agaricus griseus 73
Agaricus heterophyllus 81
Agaricus incrassatus 156
Agaricus integer 191
Agaricus lacteus 141
Agaricus linnaei 141
Agaricus linnaei var. *depallens* 199
Agaricus linnaei var. *emeticus* 238
Agaricus linnaei var. *fragilis* 229
Agaricus livescens 166
Agaricus lividus 81
Agaricus luteus 214
Agaricus nauseosus 268
Agaricus nigrescens 47
Agaricus nigricans 48
Agaricus nitidus 34
Agaricus niveus 229
Agaricus ochroleucus 152, 167
Agaricus olivaceus 211
Agaricus pallescens 148
Agaricus pectinaceus 167
Agaricus piperatus var. *exsuccus* 60
Agaricus risigallinus 214
Agaricus rosaceus ß *exalbicans* 256
Agaricus rubrus 254
Agaricus sanguinarius 249, 251
Agaricus sanguineus 251
Agaricus vescus 81
Agaricus virescens 104
Agaricus vitellinus 214

Agaricus xerampelinus   222
Amanita rubra   254
Amanita rubra var. *integer*   191
Arcangeliella   14

B

Basidiomycota   1
Bucholtzia   11, 18

C

Cystangium   1

D

Dixophyllum   11, 18
Dixophyllum furcatum   101

E

Elasmomyces   1, 18

G

Galorrheus chloroides   57
Gymnomyces   1

H

Hypophyllum integrum   187

L

Lactarelis   11, 18
Lactarelis nigricans   48
Lactarius   7
Lactarius chloroides   57
Lactarius exsuccus   60
Lactarius furcatus   12
Lactarius piperatus ß *exsuccus*   60
Lactarius vellereus ß *exsuccus*   60
Lactarius vellereus var. *exsuccus*   60
Lactifluus   10
Lactifluus exsuccus   60

M

Macowanites   1, 18

Macowanites chlorinosmus   285
Martellia   1, 18
Multifurca   1
Myxacium decolorans   22

O

Omphalia adusta   48
Omphalia adusta ß *elephantinus*   48
Omphalia adusta var. *elephantinus*   48
Omphalomyces   11, 18
Omphalomyces galochrous   81

P

Phaeohygrocybe   11, 18
Pilosace pallescens   148
Pseudoxenasma   10

R

Russula   1, 4, 10, 11, 18
Russula abietina   277
Russula absphaerocellaris   283
Russula acetolens   214
Russula acrifolia   46
Russula adulterina   191
Russula adulterina f. *frondosae*   191
Russula adusta   47
Russula adusta f. *gigantea*   48
Russula adusta f. *rubens*   48
Russula adusta var. *albonigra*   50
Russula adusta var. *coerulescens*   48
Russula adusta var. *sabulosa*   48
Russula aeruginea   1, 70
Russula aeruginea f. *rickenii*   70
Russula aeruginea var. *cremeo-ochracea*   70
Russula aeruginea var. *pseudoaeruginea*   79
Russula aeruginea var. *rufa*   70
Russula aeruginosa   101
Russula albida   127, 128
Russula albidogrisea   283
Russula albidula   127, 129

Russula alboareolata   95
Russula albonigra   46, 50
Russula albonigra f. *pseudonigricans*   50
Russula albonigra var. *pseudonigricans*   50
Russula alnijorullensis   238
Russula alpestris   238
Russula alpina   238
Russula altaica   257
Russula alutacea   1, 15, 196, 208
Russula alutacea f. *flavella*   208
Russula alutacea f. *grisella*   191
Russula alutacea f. *integrella*   208
Russula alutacea f. *olivacea*   208
Russula alutacea f. *pavonina*   208
Russula alutacea f. *pseudo-olivascens*   191
Russula alutacea f. *purpurea*   208
Russula alutacea f. *purpurella*   191
Russula alutacea f. *roseola*   208
Russula alutacea f. *rufoalba*   208
Russula alutacea f. *vinosobrunnea*   208
Russula alutacea subsp. *ambigua*   208
Russula alutacea subsp. *eualutacea*   208
Russula alutacea subsp. *integra*   191
Russula alutacea subsp. *romellii*   196
Russula alutacea var. *brunneola*   208
Russula alutacea var. *citrinicolo*   208
Russula alutacea var. *erythropus*   222
Russula alutacea var. *olivacea*   211
Russula alutacea var. *olivascens*   208
Russula alutacea var. *roseipes*   113
Russula alutacea var. *roseola*   211
Russula alutacea var. *xanthopus*   208
Russula amara   198
Russula amethystina   108, 109
Russula amethystina f. *multiodorata*   109
Russula amethystina subsp. *tengii*   109, 110
Russula amethystina var. *multiodorata*   109
Russula amoena   95, 96
Russula amoena f. *acystidiata*   96

Russula amoena f. *viridis*   96
Russula amoena var. *intermedia*   96
Russula amoena var. *violeipes*   103
Russula anatina   95, 98
Russula anatina var. *sejuncta*   98
Russula anatina var. *subvesca*   98
Russula anatina var. *xanthochlora*   98
Russula aquosa   283
Russula armeniaca   214
Russula artesiana   206
Russula atroaeruginea   70, 72
Russula atropurpurea   225, 226, 228
Russula atropurpurea var. *atropurpurea*   226
Russula atropurpurea var. *dissidens*   226
Russula atropurpurea var. *fuscovinacea*   226
Russula atropurpurea var. *krombholzii*   226
Russula atropurpurea var. *sapida*   205
Russula atropurpurea var. *undulata*   226
Russula atropurpurina   238
Russula atrosanguinea   222
Russula atrovinosa   228
Russula atrovirens   228
Russula atroviridis   225, 228
Russula auraiacearum   27
Russula aurata   28, 30
Russula aurata f. *axantha*   28
Russula aurata f. *esculenta*   28
Russula aurata subsp. *esculenta*   28
Russula aurata var. *esculenta*   28
Russula aurea   26, 28
Russula aurea var. *axantha*   28
Russula aureoviridis   284
Russula autumnalis f. *fumosa*   229
Russula azurea   117, 118
Russula badia   217
Russula badia var. *cinnamomicolor*   181
Russula ballouii   284
Russula barlae   223
Russula barlae subsp. *cuprea*   181

Russula barlae var. *cuprea*   181
Russula barlae var. *marthae*   223
Russula barlae var. *pseudomelliolens*   223
Russula bataillei   229
Russula betularum   235
Russula betularum f. *alba*   235
Russula betularum var. *carneolilacina*   263
Russula betularum var. *iodiolens*   235
Russula binchuanensis   20
Russula borealis   27, 30
Russula brevipes   55
Russula brevipes var. *acrior*   55
Russula brevipes var. *megaspora*   55
Russula brunneomarginata   101
Russula brunneovinacea   284
Russula brunneoviolacea   117, 119
Russula brunneoviolacea var. *cristatispora*   119
Russula brunneoviolacea var. *diverticolata*   119
Russula brunneoviolacea var. *macrospora*   119
Russula bubalina   284
Russula caerulea   198
Russula caerulea var. *umbonata*   198
Russula captiosa var. *carneolilacina*   263
Russula castanopsidis   284
Russula caucasica   277
Russula cavipes   285
Russula cernohorskyi   15, 180
Russula cessans   265
Russula chamaeleontina   214, 217
Russula chamaeleontina var. *bicolor*   214
Russula chamaeleontina var. *fusca*   214
Russula chamaeleontina var. *latelamellata*   214
Russula chamaeleontina var. *lutea*   214
Russula chamaeleontina var. *maxima*   215
Russula chamaeleontina var. *ochracea*   215
Russula chamaeleontina var. *ochrorosea*   215
Russula changbaiensis   280
Russula chichuensis   15, 20, 21
Russula chiui   235, 236

Russula chlora   103
Russula chlorineolens   285
Russula chloroides   55, 57
Russula chloroides var. *glutinosa*   57
Russula chloroides var. *godavariensis*   57
Russula chloroides var. *parvispora*   57
Russula chloroides var. *trachyspora*   57
Russula chrysodacryon   256, 261
Russula chrysodacryon f. *viridis*   261
Russula cinnamomicolor   181
Russula citrina   150, 152
Russula citrina f. *separata*   152
Russula citrina f. *umbonata*   152
Russula citrina var. *rufescens*   152
Russula claroflava   146
Russula claroflava var. *viridis*   146
Russula clusii   238
Russula compacta   55, 59
Russula confusa   249
Russula consobrina   146, 147
Russula consobrina subsp. *sororia*   176
Russula consobrina var. *intermedia*   176
Russula consobrina var. *pectinata*   167
Russula consobrina var. *pectinatoides*   169
Russula consobrina var. *rufescens*   148
Russula consobrina var. *sororia*   176, 177
Russula constans   146
Russula corallina   128, 131
Russula cremeoavellanea   27, 32
Russula crustosa   1, 95, 99
Russula cuprea   180, 181
Russula cuprea f. *aurantiopurpurea*   181
Russula cuprea f. *griseinoides*   182
Russula cuprea f. *ocellata*   182
Russula cuprea f. *pseudofirmula*   182
Russula cuprea f. *pseudomaculata*   182
Russula cuprea f. *rubro-olivascens*   182
Russula cuprea var. *cinnamomicolor*   182
Russula cuprea var. *dichroa*   182

Russula cuprea var. *juniperina* 182
Russula cutefracta 90
Russula cyanoxantha 1, 89, 90
Russula cyanoxantha f. *atroviolacea* 90
Russula cyanoxantha f. *cutefracta* 90
Russula cyanoxantha f. *pallida* 90
Russula cyanoxantha f. *peltereaui* 90, 93
Russula cyanoxantha var. *cutefracta* 90
Russula cyanoxantha var. *flavoviridis* 90
Russula cyanoxantha var. *subacerba* 90
Russula decipiens 180, 183
Russula decolorans 19, 20, 22
Russula decolorans var. *albida* 22
Russula decolorans var. *cichoriata* 22
Russula decolorans var. *cinnamomea* 22
Russula decolorans var. *constans* 146
Russula decolorans var. *rubriceps* 22
Russula decolorans var. *tenera* 22
Russula delica 1, 55, 60
Russula delica f. *chloroides* 57
Russula delica var. *bresadolae* 60
Russula delica var. *centroamericana* 60
Russula delica var. *chloroides* 57
Russula delica var. *dobremezii* 60
Russula delica var. *glaucophylla* 60
Russula delica var. *porolamellata* 60
Russula delica var. *puta* 60
Russula delica var. *trachyspora* 57
Russula densifolia 1, 46, 51
Russula densifolia f. *cremeispora* 52
Russula densifolia f. *dilatoria* 52
Russula densifolia f. *fragrans* 52
Russula densifolia f. *gregata* 52
Russula densifolia f. *subrubescens* 52
Russula densifolia var. *caucasica* 52
Russula densifolia var. *colettarum* 52
Russula densifolia var. *fumosella* 52
Russula depallens 198, 199
Russula depallens var. *atropurpurea* 226

Russula dinghuensis 285
Russula drimeia 261
Russula drimeia f. *leucopes* 261
Russula drimeia f. *mellina* 261
Russula drimeia f. *viridis* 261
Russula drimeia var. *flavovirens* 261
Russula drimeia var. *pseudorhodopoda* 261
Russula drimeia var. *queletii* 259
Russula eburneoareolata 285
Russula eccentrica 48
Russula elephantina 48
Russula emetica 1, 18, 225, 238
Russula emetica f. *cordae* 238
Russula emetica f. *knauthii* 229
Russula emetica f. *lilacea* 238
Russula emetica f. *truncigena* 238
Russula emetica subsp. *alnijorullensis* 238
Russula emetica subsp. *alpestris* 238
Russula emetica subsp. *alpina* 238
Russula emetica subsp. *atropurpurina* 238
Russula emetica subsp. *euemetica* 238
Russula emetica subsp. *fragilis* 230
Russula emetica subsp. *lacustris* 238
Russula emetica var. *alpestris* 238
Russula emetica var. *alpina* 238
Russula emetica var. *atropurpurea* 238
Russula emetica var. *betularum* 235
Russula emetica var. *clusii* 238
Russula emetica var. *emetica* 235, 239
Russula emetica var. *fageticola* 238
Russula emetica var. *fallax* 230
Russula emetica var. *fragilis* 230
Russula emetica var. *fumosa* 238
Russula emetica var. *gregaria* 235, 241
Russula emetica var. *mairei* 242
Russula emetica var. *multifurcata* 238
Russula emetica var. *pineticola* 239
Russula emetica var. *pseudolongipes* 239
Russula emetica var. *violacea* 239

Russula emeticicolor   117, 121
Russula emeticicolor f. *purpureoatra*   121
Russula emeticiformis   261
Russula erythrocephala   104
Russula erythropus   223, 225
Russula erythropus var. *atrosanguinea*   223
Russula erythropus var. *ochracea*   223
Russula esculenta   28
Russula europae   196
Russula exalbicans   256
Russula exalbicans f. *decolorata*   256
Russula exalbicans var. *albipes*   256
Russula fageticola   242
Russula fageticola var. *strenua*   242
Russula fagetorum   242
Russula faginea   217, 219
Russula fallax   230, 232
Russula farinipes   8, 154, 155
Russula fellea   146, 149
Russula fingibilis   152
Russula firmula   268, 285
Russula flava   146
Russula flavida   36, 37
Russula flavispora   55, 63
Russula flavispora var. *blumiana*   63
Russula flavovirens   259
Russula flavoviridis   90
Russula foetens   1, 146, 154, 156
Russula foetens subsp. *laurocerasi*   161
Russula foetens var. *grata*   161
Russula foetens var. *laurocerasi*   161
Russula foetens var. *minor*   156
Russula foetens var. *subfoetens*   178
Russula fragilis   15, 225, 229
Russula fragilis f. *atroviolacea*   230
Russula fragilis f. *fennica*   230
Russula fragilis f. *fumosa*   230
Russula fragilis f. *griseoviolacea*   230
Russula fragilis f. *pseudoraoultii*   230

Russula fragilis f. *violascens*   230
Russula fragilis f. *viridilutea*   230
Russula fragilis var. *alpestris*   239
Russula fragilis var. *chionea*   230
Russula fragilis var. *fallax*   230
Russula fragilis var. *gilva*   230
Russula fragilis var. *knauthii*   230
Russula fragilis var. *mitis*   230
Russula fragilis var. *nivea*   230
Russula fragilis var. *rufa*   230
Russula fragilis var. *salicina*   230
Russula fragilis var. *violascens*   230
Russula friesii   217, 218
Russula furcata   95, 101
Russula furcata f. *brunneomarginata*   101
Russula furcata f. *subtomentosa*   101
Russula furcata var. *aeruginosa*   101
Russula furcata var. *heterophylla*   81
Russula furcata var. *pictipes*   73
Russula fusca f. *pseudo-olivascens*   191
Russula fusca f. *purpurella*   191
Russula fuscovinacea   226
Russula galochroa   81
Russula gaminii   96
Russula gelatinosa   285
Russula gilva var. *lutea*   191
Russula glauca   73
Russula gracilis subsp. *altaica*   258
Russula gracilis subsp. *gracillima*   258
Russula gracillima   256, 257
Russula gracillima f. *altaica*   257
Russula gracillima f. *cremeo-olivacea*   258
Russula granulata   154, 159
Russula granulata var. *lepiotoides*   159
Russula granulosa   152
Russula grata   8, 161
Russula grata var. *laurocerasi*   161
Russula gregaria   239
Russula grisea   69, 73

Russula grisea f. *viridicolor*   73
Russula grisea var. *ambigua*   73
Russula grisea var. *iodes*   73
Russula grisea var. *ionochlora*   75
Russula grisea var. *leucospora*   74
Russula grisea var. *olivascens*   74
Russula grisea var. *parazuroides*   74
Russula grisea var. *pictipes*   74
Russula grisea var. *xanthochlora*   98
Russula griseocarnosa   1, 198, 201
Russula guangdongensis   5, 154, 163
Russula guangxiensis   128, 132
Russula hakkae   127, 133
Russula handelii   15, 253
Russula heilongjiangensis   180, 185
Russula heterophylla   81
Russula heterophylla f. *adusta*   81
Russula heterophylla f. *galochroa*   81
Russula heterophylla f. *laeticolor*   81
Russula heterophylla f. *pseudo-ochroleuca*   81
Russula heterophylla var. *avellanae*   81
Russula heterophylla var. *chlora*   103
Russula heterophylla var. *chloridicolor*   81
Russula heterophylla var. *galochroa*   81
Russula heterophylla var. *livida*   81
Russula heterophylla var. *vesca*   87
Russula heterophylla var. *virginea*   81
Russula humidicola   37, 38
Russula illota   154, 164
Russula incarnata   142
Russula incarnata var. *livida*   142
Russula innocua   225, 232
Russula insignis   146, 150
Russula intactior   248
Russula integra   1, 190
Russula integra f. *flavella*   208
Russula integra f. *fulvidula*   191
Russula integra f. *gigas*   191
Russula integra f. *grisella*   191
Russula integra f. *phlyctidospora*   191
Russula integra f. *pluricolor*   191
Russula integra f. *pseudo-olivascens*   191
Russula integra f. *purpurella*   191
Russula integra subsp. *adulterina*   192
Russula integra subsp. *substiptica*   192
Russula integra var. *adulterina*   192
Russula integra var. *brunneorosea*   192
Russula integra var. *lutea*   192
Russula integra var. *oreas*   192
Russula integra var. *paludosa*   39
Russula integra var. *phlyctidospora*   192
Russula integra var. *pseudo-olivascens*   192
Russula integra var. *purpurella*   192
Russula integra var. *rubrotincta*   192
Russula integra var. *substyptica*   192
Russula integriformis   191, 194
Russula ionochlora   69, 75
Russula japonica   2, 55, 65
Russula jilinensis   27, 33
Russula juniperina   182
Russula juniperina f. *aurantiopurpurea*   182
Russula juniperina f. *pseudomaculata*   182
Russula juniperina var. *aurantiopurpurea*   182
Russula juniperina var. *pseudomaculata*   182
Russula kansaiensis   273
Russula knauthii   230
Russula krombholzii   226, 228
Russula krombholzii f. *violaceomarginata*   226
Russula krombholzii var. *dissiidens*   226
Russula krombholzii var. *flavo-ochracea*   226
Russula krombholzii var. *fusovinacea*   226
Russula krombholzii var. *luteoviridis*   226
Russula laccata   225, 233
Russula lactea   142
Russula lactea var. *australis*   142
Russula lactea var. *incarnata*   142
Russula laeta   26
Russula laricina   265, 266

Russula laricina var. *flavida*   268
Russula laurocerasi   161, 163
Russula laurocerasi var. *amarescens*   161
Russula laurocerasi var. *illota*   164
Russula laurocerasi var. *microcarpa*   161
Russula lepida   142, 144
Russula lepida subsp. *flavescens*   142
Russula lepida var. *alba*   142
Russula lepida var. *albolutescens*   142
Russula lepida var. *britannica*   142
Russula lepida var. *cypriani*   142
Russula lepida var. *flavescens*   142
Russula lepida var. *giacomoi*   142
Russula lepida var. *lactea*   142
Russula lepida var. *laetissima*   142
Russula lepida var. *linnaei*   142
Russula lepida var. *salmonea*   142
Russula lepida var. *sapinea*   142
Russula lepida var. *speciosa*   142
Russula lepidicolor   128, 135
Russula leucospora   74
Russula lilacea   108, 117
Russula lilacea f. *purpureoatra*   121
Russula lilacea subsp. *lilacea*   117, 122
Russula lilacea subsp. *retispora*   117, 123
Russula lilacinicolor   275
Russula linnaei   142
Russula livescens   15, 154, 166
Russula livescens var. *depauperata*   150
Russula livescens var. *sororia*   176
Russula livida   81
Russula livida var. *galochroa*   81
Russula livida var. *virginea*   82
Russula lotus   286
Russula lutea   215
Russula lutea f. *batschiana*   215
Russula lutea f. *gilletii*   215
Russula lutea f. *luteorosella*   215
Russula lutea f. *maxima*   215

Russula lutea f. *montana*   215
Russula lutea subsp. *roseipes*   113
Russula lutea var. *armeniaca*   215
Russula lutea var. *chamaeleontina*   215
Russula lutea var. *maxima*   215
Russula lutea var. *ochracea*   215
Russula lutea var. *postiana*   215
Russula lutea var. *roseipes*   113
Russula lutea var. *subcristulata*   215
Russula luteorosella   215
Russula luteotacta   246
Russula luteotacta f. *alba*   246
Russula luteotacta f. *griseoalba*   246
Russula luteotacta subsp. *intactior*   248
Russula luteotacta var. *cyathiformis*   246
Russula luteotacta var. *duriuscula*   246
Russula luteotacta var. *intactior*   246
Russula luteotacta var. *rosacea*   249
Russula luteotacta var. *semitalis*   246
Russula luteotacta var. *serrulata*   246
Russula luteotacta var. *terrifera*   246
Russula maculata   180
Russula maculata var. *decipiens*   183
Russula maguanensis   286
Russula mairei   242
Russula mairei var. *fageticola*   242
Russula mairei var. *sublongipes*   242
Russula mariae   14, 117, 124
Russula mariae var. *flavida*   37
Russula mariae var. *subflavida*   124
Russula medullata   69, 76
Russula megapseudocystidiata   286
Russula melliolens   5, 205
Russula melliolens f. *subkrombholzii*   205
Russula melliolens f. *viridescens*   205
Russula melliolens var. *cerasinirubra*   205
Russula melliolens var. *chrismantiae*   206
Russula metachroa   171, 172
Russula metachroa f. *eliochroma*   171

Russula minutalis 277
Russula minutula 136
Russula minutula var. *minor* 128, 136
Russula minutula var. *minutula* 128, 137
Russula mitis 87
Russula mollis 198, 202
Russula monspeliensis var. *sejuncta* 98
Russula morganii 142
Russula mustelina 6, 81, 83
Russula mustelina var. *fulva* 83
Russula mustelina var. *iodiolens* 83
Russula nana 286
Russula nana var. *alpina* 239
Russula nauseosa 265, 268
Russula nauseosa f. *japonica* 268
Russula nauseosa f. *xanthophaea* 268
Russula nauseosa var. *albida* 268
Russula nauseosa var. *atropurpurea* 268
Russula nauseosa var. *flavida* 268
Russula nauseosa var. *fusca* 268
Russula nauseosa var. *pulchella* 256
Russula nauseosa var. *pulchralis* 268
Russula nauseosa var. *schaefferi* 268
Russula nauseosa var. *striatella* 268
Russula nauseosa var. *vitellina* 268
Russula nigricans 45, 46, 48
Russula nigricans subsp. *eccentrica* 48
Russula nigricans var. *adusta* 48
Russula nigricans var. *albonigra* 50
Russula nigrovirens 286
Russula nitida 27, 34
Russula nitida f. *ochraceoalba* 34
Russula nitida f. *olivaceoalba* 34
Russula nitida f. *pseudoamethystina* 34
Russula nitida f. *subingrata* 34
Russula nitida var. *cuprea* 182
Russula nitida var. *heterosperma* 35
Russula nitida var. *oirotica* 35
Russula nitida var. *subheterosperma* 35

Russula nivalis 286
Russula nivea 230
Russula nobilis 235, 242
Russula nobilis var. *fumosa* 239
Russula nobilis var. *semilucida* 242
Russula norvegica 233
Russula occidentalis 206
Russula ochroleuca 146, 152
Russula ochroleuca var. *claroflava* 146
Russula ochroleuca var. *fingibilis* 152
Russula ochroleuca var. *frondosaria* 152
Russula ochroleuca var. *granulosa* 152
Russula ochrospora 78
Russula odorata 273, 275
Russula odorata var. *lilacinicolor* 275
Russula odorata var. *rutilans* 275
Russula olivacea 208, 211
Russula olivacea var. *pavonina* 208
Russula olivacea var. *roseola* 211
Russula olivascens 209
Russula olivascens var. *citrinus* 103
Russula omiensis 117, 126
Russula orinocensis 287
Russula pallidospora 55, 66
Russula paludosa 19, 36, 37, 39
Russula palumbina 74
Russula palumbina f. *pictipes* 74
Russula palumbina subsp. *parazurea* 78
Russula palumbina var. *pictipes* 74
Russula parazurea 69, 78
Russula parazurea f. *dibapha* 78
Russula parazurea f. *purpurea* 78
Russula parazurea var. *ochrospora* 78
Russula pascua 217, 220
Russula peckii 127, 139
Russula pectinata 155, 167
Russula pectinata subsp. *pectinatoides* 169
Russula pectinata var. *brevispinosa* 167
Russula pectinata var. *insignis* 150

Russula pectinata var. *sororia*   176
Russula pectinata var. *subgrisea*   167
Russula pectinata var. *truncigena*   239
Russula pectinatoides   155, 169
Russula pectinatoides f. *alba*   169
Russula pectinatoides f. *amarescens*   169
Russula pectinatoides f. *dimorphocystis*   169
Russula pectinatoides var. *pseudoamoenolens*   169
Russula pectinatoides var. *pseudoconsobrina*   169
Russula peltereaui   90
Russula persicina   246, 248
Russula persicina f. *alba*   248
Russula persicina f. *alboflavella*   248
Russula persicina var. *intactior*   248
Russula persicina var. *montana*   248
Russula persicina var. *oligophylla*   248
Russula persicina var. *rubrata*   248
Russula phlyctidospora   192
Russula poichilochroa   154, 171
Russula poichilochroa f. *eliochroma*   171
Russula poichilochroa f. *pseudoatropurpurea*   171
Russula polyphylla   6, 60, 89, 93
Russula polyphylla subsp. *guanacastae*   93
Russula porolamellata   60
Russula postiana   208, 213
Russula prasina   81, 85
Russula pseudoaeruginea   69, 79
Russula pseudoaeruginea f. *galochroa*   79
Russula pseudoaurata   15, 27
Russula pseudobubalina   287
Russula pseudocatillus   287
Russula pseudodelica   55, 67
Russula pseudointegra   127, 141
Russula pseudointegra f. *persicolor*   140
Russula pseudointegra var. *subdecolorans*   140
Russula pseudolepida   217, 221
Russula pseudopectinatoides   155, 172
Russula pseudoromellii   191, 195

Russula pseudovesca   81, 86
Russula pseudoviolacea   119, 121
Russula puellaris   264, 272, 273, 277
Russula puellaris f. *cutefracta*   277
Russula puellaris f. *rubida*   277
Russula puellaris var. *abitina*   277
Russula puellaris var. *atrii*   277
Russula puellaris var. *caucasica*   277
Russula puellaris var. *cupreovinosa*   277
Russula puellaris var. *intensior*   277
Russula puellaris var. *leprosa*   277
Russula puellaris var. *minutalis*   277
Russula puellaris var. *pseudoabeitina*   277
Russula puellaris var. *roseipes*   113
Russula puellaris var. *rubusta*   277
Russula pulchella   256, 257
Russula pulchella f. *decolorata*   256
Russula pulchralis   268
Russula punctata   97, 109, 112
Russula punctata f. *citrina*   103
Russula punctata f. *olivacea*   97
Russula punctata f. *violeipes*   103
Russula punctata var. *gaminii*   97
Russula punctata var. *leucopus*   97
Russula punctipes   15, 154, 173
Russula punicea   235, 244
Russula purpureoverrucosa   287
Russula purpurina   37, 41
Russula queletii   256, 259
Russula queletii f. *albocitrina*   259
Russula queletii f. *gracilis*   259
Russula queletii var. *procera*   259
Russula retispora   123
Russula rhodella   280
Russula risigallina   208, 214
Russula risigallina f. *bicolor*   215
Russula risigallina f. *chamaeleontina*   215
Russula risigallina f. *luteorosella*   215
Russula risigallina f. *montana*   215

Russula risigallina f. *roseipes*   113
Russula risigallina var. *acetolens*   215
Russula risigallina var. *subcristulata*   215
Russula risigallina var. *superba*   215
Russula romellii   191, 196
Russula romellii f. *alba*   196
Russula romellii f. *europae*   196
Russula romellii var. *alternata*   196
Russula rosacea   249, 251
Russula rosacea f. *subcarnea*   249
Russula rosacea var. *macropseudocystidiata*   249
Russula rosea   127, 141, 251
Russula rosea f. *pulposa*   142
Russula rosea var. *minutula*   136
Russula roseipes   7, 109, 113
Russula roseipes subsp. *dictyospora*   209
Russula roseipes subsp. *thermophila*   209
Russula rubescens   20, 24
Russula rubicunda   248
Russula rubra   253, 254
Russula rubra f. *poliopus*   254
Russula rubra var. *hymenocysitidiata*   234
Russula rubra var. *sapida*   205
Russula rubriceps   22
Russula rubrotincta   192
Russula rufobasalis   287
Russula sanguinaria   246, 249
Russula sanguinaria var. *confusa*   249
Russula sanguinaria var. *pseudorosacea*   250
Russula sanguinea   1, 246, 251
Russula sanguinea f. *bianca*   251
Russula sanguinea f. *umbonata*   251
Russula sanguinea var. *rosacea*   250
Russula sapinea   288
Russula sardonia   256, 261
Russula sardonia f. *cremea*   261
Russula sardonia f. *leucopes*   261
Russula sardonia f. *pseudorhodopoda*   261
Russula sardonia f. *queletii*   259

Russula sardonia var. *citrina*   261
Russula sardonia var. *mellina*   261
Russula schiffneri   187
Russula schiffneri f. *duriuscula*   187
Russula senecis   1, 154, 174
Russula seperina var. *gaminii*   96
Russula seperina var. *luteovirens*   96
Russula sichuanensis   8, 37, 42
Russula silvestris var. *lacustris*   239
Russula singeriana   215
Russula smaragdina var. *innocua*   232
Russula solaris   288
Russula sordida   288
Russula sororia   1, 155, 176
Russula sphagnophila   265, 270
Russula sphagnophila f. *olivaceoalba*   35
Russula sphagnophila var. *americana*   270
Russula sphagnophila var. *europaea*   270
Russula sphagnophila var. *heterosperma*   35
Russula sphagnophila var. *heterospora*   270
Russula sphagnophila var. *olivaceoalba*   35
Russula sphagnophila var. *pallida*   35
Russula sphagnophila var. *subheterosperma*   270
Russula sphagnophila var. *subheterospora*   35
Russula sphagnophila var. *subingrata*   35
Russula sphagnophila var. *subintegra*   270
Russula squalida   288
Russula steinbachii   20, 25
Russula subatropurpurea   288
Russula subdepallens   198, 203
Russula subfoetens   154, 178
Russula subfoetens var. *grata*   161
Russula subfoetens var. *johannis*   178
Russula subfragilis   230
Russula subintegra   270
Russula subnigricans   2, 46, 54
Russula subpallidirosea   288
Russula subrutilans   289
Russula substiptica   192

Russula substriata   289
Russula subtomentosa   101
Russula taliensis   15, 109, 114
Russula tengii   180, 186
Russula thindii   289
Russula trimbachii f. *gigas*   192
Russula truncigena   239
Russula turci   109, 115
Russula turci var. *gilva*   115
Russula uncialis   128, 144
Russula undulata   226
Russula urens   182
Russula variata   90
Russula velenovskyi   37, 44
Russula velenovskyi var. *pallida*   44
Russula velenovskyi var. *scrobiculata*   44
Russula velutipes   127, 133
Russula venosa   35
Russula venosa var. *pallida*   35
Russula verrucospora   289
Russula versicolor   273, 279
Russula versicolor var. *intensior*   277
Russula vesca   1, 81, 87
Russula vesca f. *major*   87
Russula vesca f. *montana*   87
Russula vesca f. *pectinata*   87
Russula vesca f. *tenuis*   87
Russula vesca f. *viridata*   87
Russula vesca var. *major*   88
Russula vesca var. *neglecta*   88
Russula vesca var. *romellii*   88
Russula veternosa   180, 187
Russula veternosa f. *insipida*   187
Russula veternosa f. *subdulcis*   187
Russula veternosa var. *britzelmayrii*   188
Russula veternosa var. *duriuscula*   188
Russula vinosa subsp. *occidentalis*   206
Russula vinosobrunneola   265, 271
Russula violacea   263

Russula violacea var. *carneolilacina*   263
Russula violacea var. *viridis*   263
Russula violeipes   14, 95, 103
Russula violeipes f. *citrina*   103
Russula virescens   1, 95, 104
Russula virescens f. *erythrocephala*   104
Russula virescens var. *albidocitrina*   104
Russula virginea   82
Russula viridella var. *yunnanensis*   107
Russula viridicinnamomea   290
Russula viridirubrolimbata   104
Russula viridis   217
Russula viscida   5, 205, 206
Russula viscida f. *occidentalis*   206
Russula viscida var. *alutipes*   206
Russula viscida var. *artesiana*   206
Russula viscida var. *chlorantha*   206
Russula viscida var. *dissidens*   226
Russula viscosa   5, 235, 245
Russula vitellina   215
Russula wangii   180, 189
Russula xanthophaea   268
Russula xanthovirens   290
Russula xerampelina   1, 217, 222
Russula xerampelina var. *alutacea*   211
Russula xerampelina var. *marthae*   223
Russula xerampelina var. *murina*   223
Russula xerampelina var. *olivascens*   209
Russula xerampelina var. *pascua*   220
Russula xerampelina var. *pseudomelliolens*   223
Russula xerampelina var. *putorina*   223
Russula xerampelina var. *quercetorum*   223
Russula xerampelina var. *semirubra*   223
Russula xerampelina var. *tenuicarnosa*   223
Russula yanheensis   290
Russula yunnanensis   95, 107
Russula yunnanensis var. *pseudoviridella*   107
Russula zhejiangensis   280, 282
Russulaceae   1, 10

Russulales 1, 10
Russulina 11, 18

S

sect. *Amethystinae* 108
sect. *Atropurpurinae* 225
sect. *Decolorantinae* 19
sect. *Emeticinae* 225, 234
sect. *Felleinae* 146
sect. *Foetentinae* 146, 154
sect. *Griseinae* 69
sect. *Heterophyllinae* 69, 80
sect. *Indolentinae* 69, 89
sect. *Integrinae* 190
sect. *Integroidinae* 190, 197
sect. *Laetinae* 19, 26
sect. *Laricinae* 265
sect. *Lilacinae* 108, 117
sect. *Maculatinae* 180
sect. *Melliolentinae* 190, 205
sect. *Nigricantinae* 46,
sect. *Olivaceinae* 190, 208
sect. *Paludosinae* 19, 36
sect. *Persicinae* 225, 246
sect. *Plorantinae* 45, 55
sect. *Puellarinae* 264, 272
sect. *Rhodellinae* 265, 280
sect. *Roseinae* 108, 127
sect. *Rubrinae* 225, 253
sect. *Sardoninae* 225, 255
sect. *Virescentinae* 5, 69, 94
sect. *Viridantinae* 190, 217
sect. *Violaceinae* 225, 263
subgen. *Amoenula* 14
subgen. *Coccinula* 6, 19
subgen. *Compacta* 5, 19, 45
subgen. *Heterophyllidia* 19, 69
subgen. *Incrustatula* 5, 19, 108
subgen. *Ingratula* 5, 19, 146
subgen. *Insidiosula* 5, 19, 180
subgen. *Polychromidia* 6, 19, 190
subgen. *Russula* 5, 19, 225
subgen. *Tenellula* 6, 19, 264

Z

Zelleromyces 10

图版 I

1 金红菇 *Russula aurea* Pers. (HMAS 187082); 2 吉林红菇 *Russula jilinensis* G.J. Li & H.A. Wen (HMAS 267852); 3 辣褶红菇 *Russula acrifolia* Romagn. (HMAS 252599); 4 密褶红菇 *Russula densifolia* Secr. ex. Gillet(HMAS 220543); 5 短柄红菇 *Russula brevipes* Peck (HMAS 252579); 6 美味红菇 *Russula delica* Fr. (HMAS 145788)

图版 II

1 假美味红菇 *Russula pseudodelica* J.E. Lange (HMAS 196538); 2 暗绿红菇 *Russula atroaeruginea* G.J. Li, Q. Zhao & H.A. Wen (HKAS 53626); 3 似天蓝红菇 *Russula parazurea* Jul. Schäff. (HMAS 51018); 4 厚皮红菇 *Russula mustelina* Fr.（HMAS 220740）; 5 菱红菇 *Russula vesca* Fr. (HMAS 220563); 6 蓝黄红菇 *Russula cyanoxantha* (Schaeff.) Fr. (HMAS 264797)

图版 III

1 变绿红菇 *Russula virescens* (Schaeff.) Fr. (HMAS 262500); 2 紫晶红菇 *Russula amethystina* Quél. (HMAS 252603); 3 紫晶红菇邓氏亚种 *Russula amethystina* subsp. *tengii* G.J. Li, H.A. Wen & R.L. Zhao (HMAS 253336); 4 玫瑰柄红菇 *Russula roseipes* Secr. ex Bres.(HMAS 252575); 5 天蓝红菇 *Russula azurea* Bres.(HMAS 267888); 6 白红菇 *Russula albida* Peck (HMAS 269874)

图版 IV

1 客家红菇 *Russula hakkae* G.J. Li, H.A. Wen & R.L. Zhao (HMAS 267765); 2 皮氏红菇 *Russula peckii* Singer (HMAS 187065); 3 玫瑰红菇 *Russula rosea* Pers. (HMAS 264917); 4 粉柄红菇 *Russula farinipes* Romell (HMAS 220820); 5 篦形红菇 *Russula pectinata* Fr. (HMAS 262392); 6 拟篦形红菇 *Russula pectinatoides* Peck (HMAS 252571)

图版 V

1 王氏红菇 *Russula wangii* G.J. Li, H.A. Wen & R.L. Zhao (HMAS 268809); 2 全缘形红菇 *Russula integriformis* Sarnari (HMAS 252623); 3 灰肉红菇 *Russula griseocarnosa* X.H. Wang, Z.L. Yang & Knudsen (HMAS 196525); 4 橄榄绿红菇 *Russula olivacea* (Schaeff.) Fr. (HMAS 267731); 5 牧场红菇 *Russula pascua* (F.H. Møller & Jul. Schäff.) Kühner (HMAS 252605); 6 触黄红菇 *Russula luteotacta* Rea (HMAS 263661)

图版 VI

1 桃色红菇 *Russula persicina* Krombh. (HMAS 267779); 2 血红菇 *Russula sanguinea* Fr. (HMAS 268806); 3 非白红菇 *Russula exalbicans* (Pers.) Melzer & Zvára (HMAS 267909); 4 凯莱红菇 *Russula queletii* Fr. (HMAS 252618); 5 辣红菇 *Russula sardonia* Fr. (HMAS 145783); 6 堇紫红菇 *Russula violacea* Quél (HMAS 187101)

图版 VII

1 落叶松红菇 *Russula laricina* Velen. (HMAS 267818); 2 臭味红菇 *Russula nauseosa* (Pers.) Fr. (HMAS 267790); 3 关西红菇 *Russula kansaiensis* Hongo (HMAS 75314); 4 香红菇 *Russula odorata* Romagn. (HMAS 267800); 5 长白红菇 *Russula changbaiensis* G.J. Li & H.A. Wen (HMAS 267736); 6 浙江红菇 *Russula zhejiangensis* G.J. Li & H.A. Wen (HMAS 187071)

图版 VIII

1 宾川红菇 *Russula binchuanensis* H.A. Wen & J.Z. Ying (HMAS 69679)；2 鸡足山红菇 *Russula chichuensis* W.F. Chiu (HMAS 3982)；3 金红菇 *Russula aurea* Pers. (HMAS 187082)；4 北方红菇 *Russula borealis* Kauffman (HMAS 03981)；5 奶榛色红菇 *Russula cremeoavellanea* Singer (HMAS 49967)；6 吉林红菇 *Russula jilinensis* G.J. Li & H.A. Wen (HMAS 194253)

图版 IX

1 光亮红菇 *Russula nitida* (Pers.) Fr. (HMAS 51011); 2 淡黄红菇 *Russula flavida* Frost ex Peck (HMAS 3987); 3 湿生红菇 *Russula humidicola* Burl.(HMAS 04282); 4 四川红菇 *Russula sichuanensis* G.J. Li & H.A. Wen (HKAS 46615); 5 辣褶红菇 *Russula acrifolia* Romagn.(HMIGD 9215); 6 烟色红菇 *Russula adusta* (Pers.) Fr. (HMAS 23017)

图版 X

1 黑白红菇 *Russula albonigra*（Krombh.）Fr. (HMAS 58254)；2 密褶红菇 *Russula densifolia* Secr. ex Gillet (HMAS 194246)；3 短柄红菇 *Russula brevipes* Peck (HMAS 252609)；4 黄绿红菇 *Russula chloroides* (Krombh.) Bres. (HMIGD 8953)；5 密集红菇 *Russula compacta* Frost (HMAS 61144)；6 美味红菇 *Russula delica* Fr. (HMAS 250960)

图版 XI

1 硫孢红菇 *Russula flavispora* Romagn.(HMIGD 7099); 2 日本红菇 *Russula japonica* Hongo (HMAS 81952); 3 淡孢红菇 *Russula pallidospora* J. Blum ex Romagn. (HMIGD 10712); 4 暗绿红菇 *Russula atroaeruginea* G.J. Li & H.A. Wen (HKAS 53618); 5 灰红菇 *Russula grisea* (Batsch) Fr. (HMAS 49982); 6 紫绿红菇 *Russula ionochlora* Romagn. (HMAS 61650)

图版 XII

1 髓质红菇 *Russula medullata* Romagn.(HMAS 57903); 2 似天蓝红菇 *Russula parazurea* Jul. Schäff. (HMAS 63625); 3 异褶红菇 *Russula heterophylla* (Fr.) Fr. (HMAS 35600); 4 厚皮红菇 *Russula mustelina* Fr. (HMAS 220308); 5 草绿红菇 *Russula prasina* G.J. Li & R.L. Zhao (HMAS 281232); 6 拟菱红菇 *Russula pseudovesca* J.Z. Ying (HMAS 49915)

图版 XIII

1 蓝黄红菇 *Russula cyanoxantha* (Schaeff.) Fr. (HMAS 20451)；2 多褶红菇 *Russula polyphylla* Peck (HMAS 35825)；3 粉粒白红菇 *Russula alboareolata* Hongo (HMAS 75330)；4 怡红菇 *Russula amoena* Quél. (HMAS 53633)；5 鸭绿红菇 *Russula anatina* Romagn. (HMAS 54090)；6 壳状红菇 *Russula crustosa* Peck(HMAS 75478)

图版 XIV

1 紫晶红菇 *Russula amethystina* Quél. (HMAS 252603); 2 紫晶红菇邓氏亚种 *Russula amethystina* subsp. *tengii* G.J. Li, H.A. Wen & R.L. Zhao (HMAS 253336); 3 玫瑰柄红菇 *Russula roseipes* Secr. ex Bres. (HMIGD 7733); 4 大理红菇 *Russula taliensis* W.F. Chiu (HMAS 03995); 5 黄孢紫红菇 *Russula turci* Bres. (HMAS 32636); 6 天蓝红菇 *Russula azurea* Bres (HMAS 36941)

图版 XV

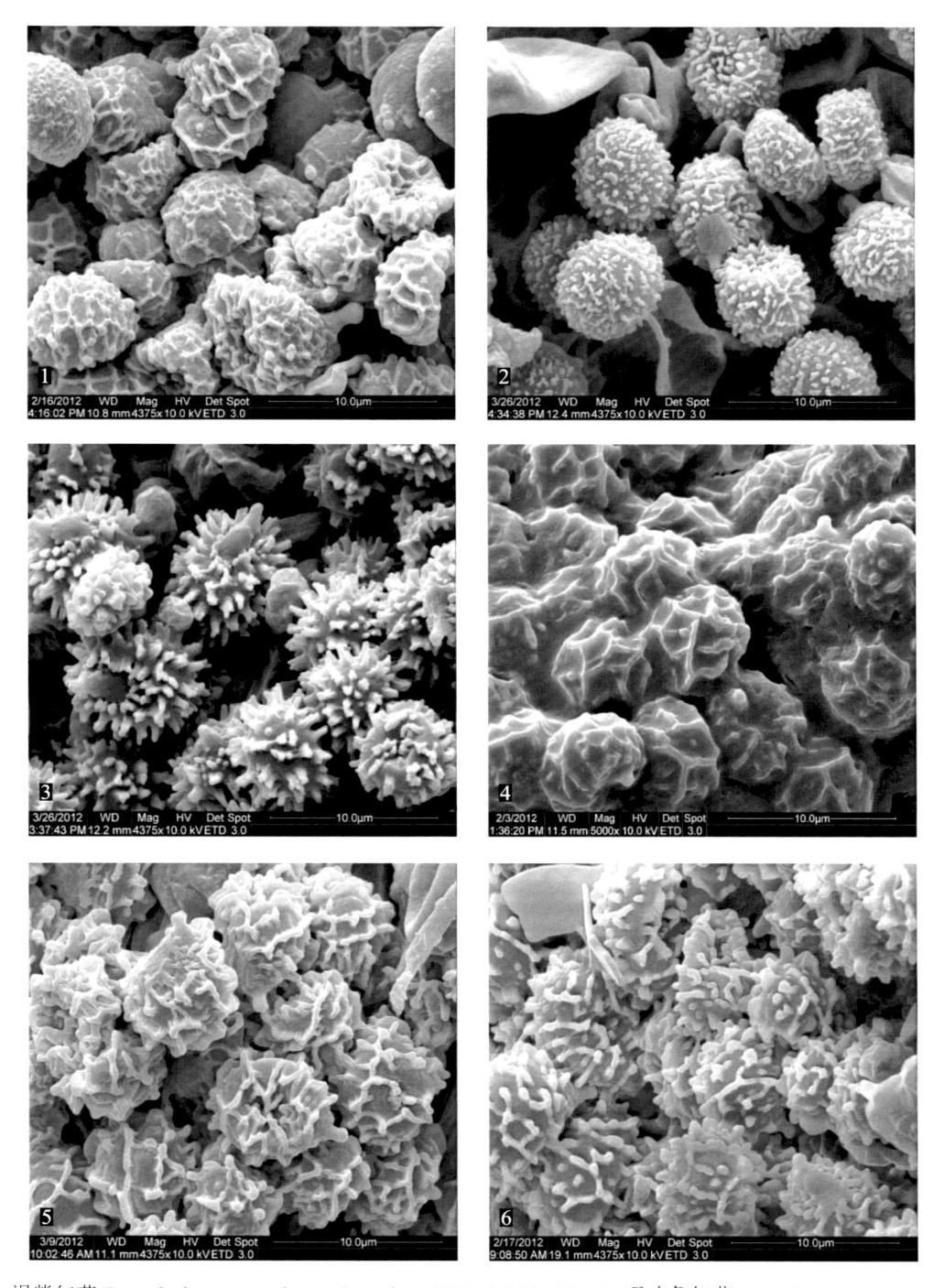

1 褐紫红菇 *Russula brunneoviolacea* Crawshay (HMAS 220752); 2 呕吐色红菇 *Russula emeticicolor* Jul. Schäff (HMAS 78192); 3 淡紫红菇原亚种 *Russula lilacea* subsp. *lilacea* Quél. (HMAS 36919); 4 淡紫红菇网孢亚种 *Russula lilacea* subsp. *retispora* Singer (HMIGD 15391); 5 绒紫红菇 *Russula mariae* Peck (HMAS 36786); 6 近江红菇 *Russula omiensis* Hongo (HMAS 187095)

图版 XVI

1 白红菇 *Russula albida* Peck (HMAS 36918); 2 小白红菇 *Russula albidula* Peck（HMAS 36917; 3 广西红菇 *Russula guangxiensis* G.J. Li, H.A. Wen & R.L. Zhao (HMAS 267867); 4 客家红菇 *Russula hakkae* G.J. Li, H.A. Wen & R.L. Zhao (HMAS 267765); 5 鳞盖色红菇 *Russula lepidicolor* Romagn. (HMAS 78199); 6 小红菇较小变种 *Russula minutula* var. *minor* Z. S. Bi (HMIGD 7996)

图版 XVII

1 小红菇原变种 *Russula minutula* var. *minutula* Velen. (HMIGD 4347); 2 皮氏红菇 *Russula peckii* Singer (HMAS 187065); 3 假全缘红菇 *Russula pseudointegra* Arnould & Goris (HMAS 59666); 4 玫瑰红菇 *Russula rosea* Pers. (HMAS 32626); 5 矮红菇 *Russula uncialis* Peck (HMAS 03990); 6 亮黄红菇 *Russula claroflava* Grove (HMAS 35785)

图版 XVIII

1 苦红菇 *Russula fellea* (Fr.) Fr. (HMAS 36850); 2 非凡红菇 *Russula insignis* Quél. (HMAS 267770);
3 黄白红菇 *Russula ochroleuca* Fr.(HMAS 66187); 4 粉柄红菇 *Russula farinipes* Romell (HMAS 220820);
5 臭红菇 *Russula foetens* Pers. (HMAS 75494); 6 绵粒红菇 *Russula granulata* Peck (HMAS 36922)

图版 XIX

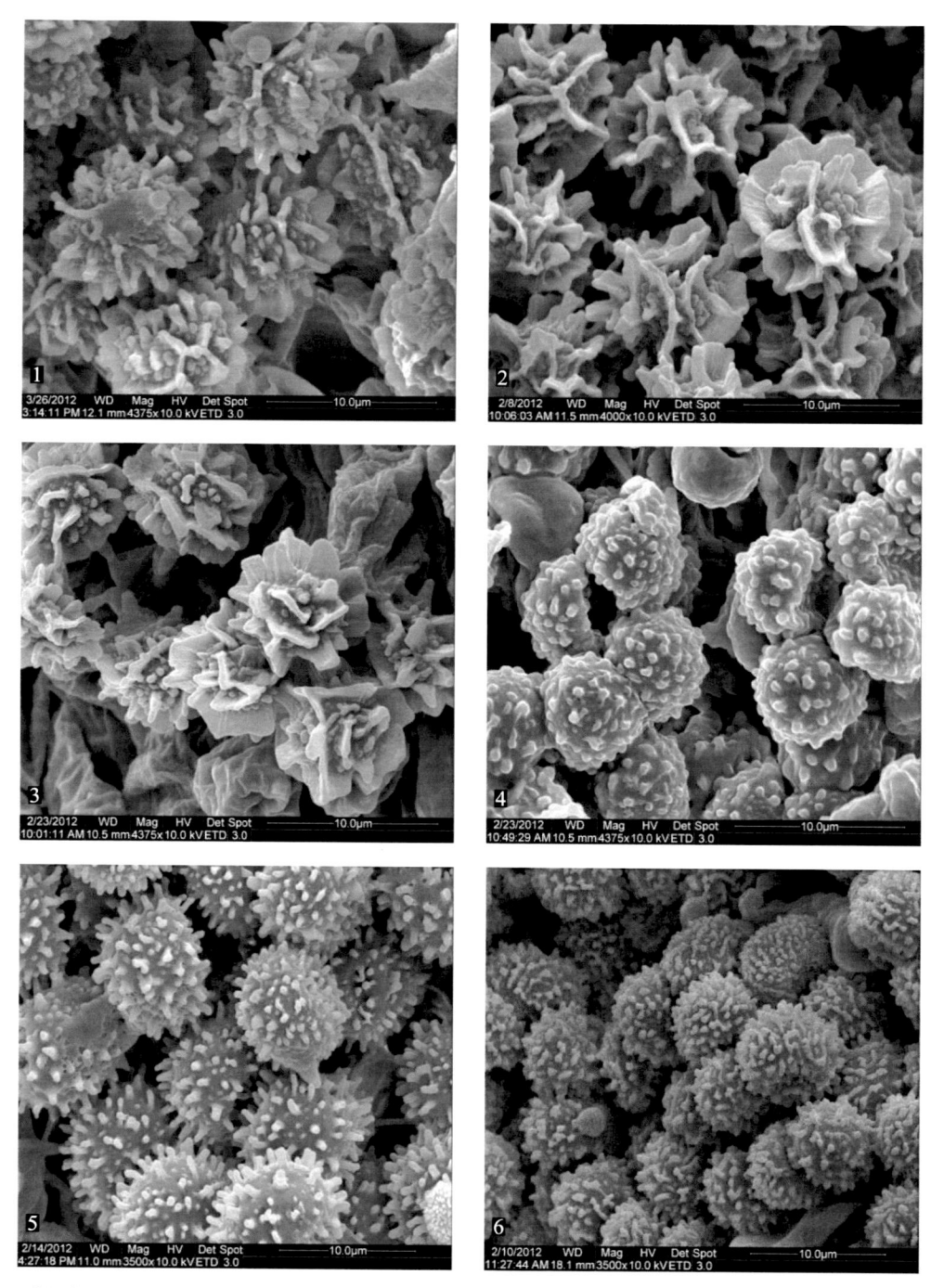

1 可爱红菇 *Russula grata* Britzelm. (HMAS 196524); 2 广东红菇 *Russula guangdongensis* Z. S. Bi & T. H. Li (HMIGD 13911); 3 污红菇 *Russula illota* Romagn.(HMAS 54079); 4 变蓝红菇 *Russula livescens* (Batsch) Bataille (HMIGD 13448); 5 篦形红菇 *Russula pectinata* Fr. (HMAS 23030); 6 拟篦形红菇 *Russula pectinatoides* Peck (HMAS 79992)

图版 XX

1 异白粉红菇 *Russula poichilochroa* Sarnari (HMAS 63528); 2 假拟篦形红菇 *Russula pseudopectinatoides* G.J. Li & H.A. Wen(HMAS 251523); 3 斑柄红菇 *Russula punctipes* Singer (HMAS 20458); 4 点柄黄红菇 *Russula senecis* S. Imai (HMAS 39271); 5 黄茶红菇 *Russula sororia* (Fr.) Romell (HMAS 32634); 6 亚臭红菇 *Russula subfoetens* W.G. Sm. (HMAS 53852)

图版 XXI

1 切氏红菇 *Russula cernohorskyi* Singer (WU 0045595); 2 黑龙江红菇 *Russula heilongjiangensis* G.J. Li & R.L. Zhao (HMAS 255142); 3 邓氏红菇 *Russula tengii* G.J. Li & H.A. Wen (HMAS 262728); 4 老红菇 *Russula veternosa* Fr. (HMAS 32640); 5 王氏红菇 *Russula wangii* G.J. Li, H.A. Wen & R.L. Zhao (HMAS 268809); 6 全缘红菇 *Russula integra* (L.) Fr. (HMAS 32624)

图版 XXII

1 假罗梅尔红菇 *Russula pseudoromellii* J. Blum ex Bon (HMAS 59765); 2 青色红菇 *Russula caerulea* Fr. (HMAS 66160); 3 粉红菇 *Russula subdepallens* Peck (HMAS 57836); 4 革质红菇 *Russula alutacea* (Fr.) Fr. (HMAS 04360); 5 鸡冠红菇 *Russula risigallina* (Batsch) Sacc. (HMAS 72082); 6 紫褐红菇 *Russula badia* Quél.(HMAS 36790)

图版 XXIII

1 山毛榉红菇 *Russula faginea* Romagn. (HMIGD 9595); 2 牧场红菇 *Russula pascua* (F.H. Møller & Jul. Schäff.) Kühner (HMAS 252605); 3 假鳞盖红菇 *Russula pseudolepida* Singer (HMAS 04008); 4 黄孢花盖红菇 *Russula xerampelina* (Schaeff.) Fr. (HMAS 139879); 5 黑紫红菇 *Russula atropurpurea* (Krombh.) Britzelm. (HMAS 36784); 6 黑绿红菇 *Russula atroviridis* Buyck (HMAS 57895)

图版 XXIV

1 脆红菇 *Russula fragilis* Fr. (HMAS 20050); 2 无害红菇 *Russula innocua* (Singer) Romagn. ex Bon (HMIGD 7533); 3 漆亮红菇 *Russula laccata* Huijsman (HMAS 75479); 4 桦林红菇 *Russula betularum* Hora (HMAS 59755); 5 裘氏红菇 *Russula chiui* G.J. Li & H.A. Wen (HMAS 250410); 6 毒红菇原变种 *Russula emetica* var. *emetica* (Schaeff.) Pers. (HMAS 32612)

图版 XXV

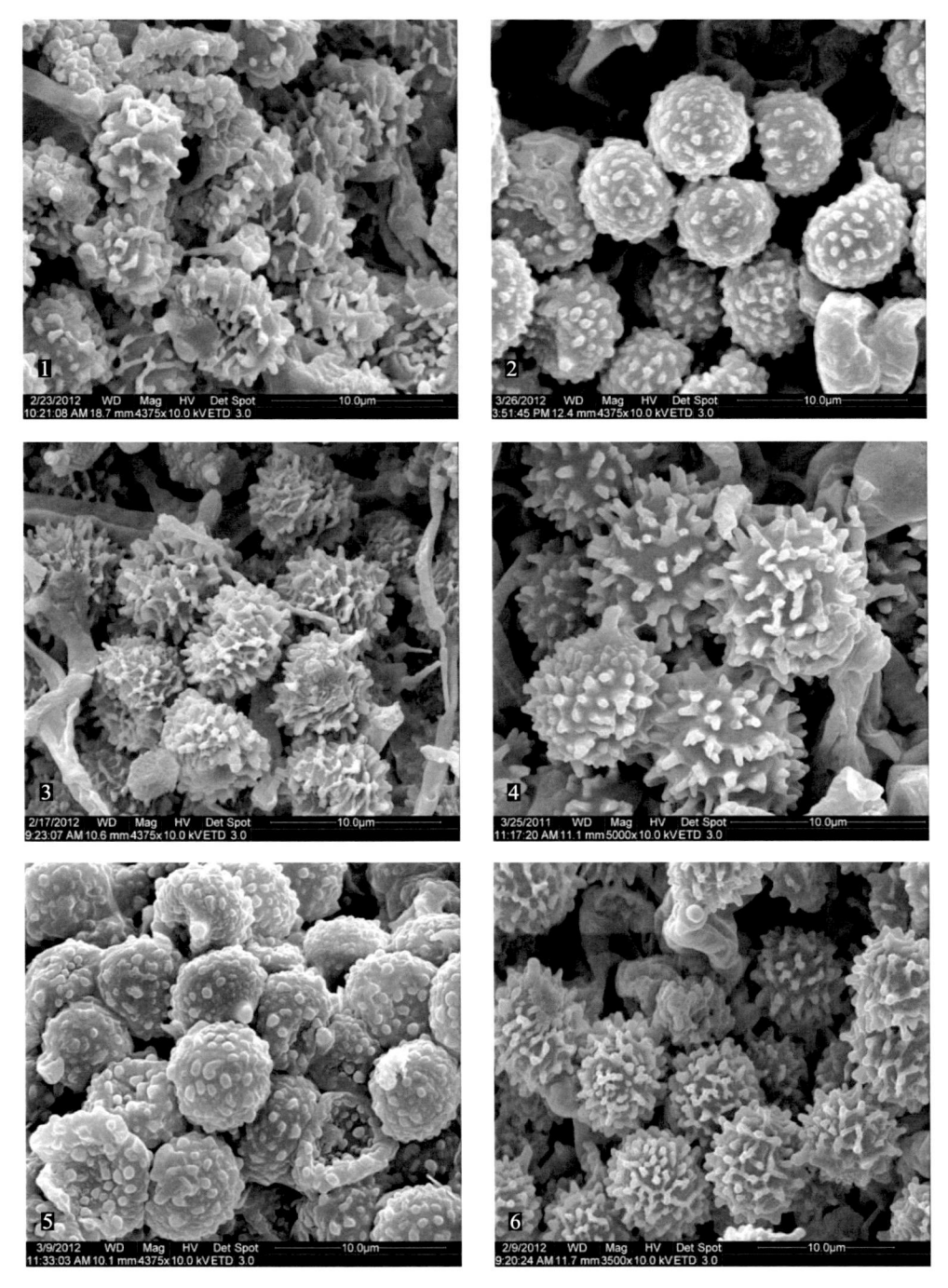

1 高贵红菇 *Russula nobilis* Velen.(HMAS 145818); 2 黏红菇 *Russula viscosa* Henn. (HMAS 03983); 3 血红菇 *Russula sanguinea* Fr. (HMAS 04001); 4 汉德尔红菇 *Russula handelii* Singer (WU 0045596); 5 细弱红菇 *Russula gracillima* Jul. Schäff. (HMAS 61598); 6 凯莱红菇 *Russula queletii* Fr. (HMAS 36923)

图版 XXVI

1 辣红菇 *Russula sardonia* Fr. (HMAS 59926); 2 堇紫红菇 *Russula violacea* Quél. (HMAS 57893); 3 晚生红菇 *Russula cessans* A. Pearson (HMAS 49966); 4 落叶松红菇 *Russula laricina* Velen. (HMAS 252564); 5 泥炭藓红菇 *Russula sphagnophila* Kauffman (HMAS 267874); 6 葡萄酒褐红菇 *Russula vinosobrunneola* G.J. Li & R.L. Zhao (HMAS 278896)

图版 XXVII

1 关西红菇 *Russula kansaiensis* Hongo (HMAS 75314); 2 兴安红菇 *Russula khinganensis* G.J. Li & R.L. Zhao (HMAS 278895); 3 香红菇 *Russula odorata* Romagn. (HMAS 267800); 4 美红菇 *Russula puellaris* Fr. (HMAS 57899); 5 长白红菇 *Russula changbaiensis* G.J. Li & H.A. Wen (HMAS 262369); 6 浙江红菇 *Russula zhejiangensis* G.J. Li & H.A. Wen (HMAS 187071)

(SCPC-BZBDZF13-0074)

ISBN 978-7-03-078752-1

定 价：398.00 元